Handbuch der Umweltveränderungen und Ökotoxikologie

Springer-Verlag Berlin Heidelberg GmbH

Robert Guderian (Hrsg.)

Handbuch der Umweltveränderungen und Ökotoxikologie

Band 1B: Atmosphäre

Aerosol/Multiphasenchemie
Ausbreitung und Deposition von Spurenstoffen
Auswirkungen auf Strahlung und Klima

Mit 183 Abbildungen und 100 Tabellen

Springer

Professor Dr. Robert Guderian
Universität GH Essen
Fachbereich 9, Bio- und Geowissenschaften,
Landschaftsarchitektur
Universitätsstr. 5
45117 Essen

Danksagung
Der Gesamtverband des deutschen Steinkohlebergbaus, Essen, hat die Herausgabe der vorliegenden Buchreihe finanziell gefördert.

ISBN 978-3-642-63038-5

Die Deutsche Bibliothek – CIP-Einheitsaufnahme
Handbuch der Umweltveränderungen und Ökotoxikologie/Hrsg.: Robert Guderian; Günter Gunkel. – Berlin; Heidelberg; New York; Barcelona; Hongkong; London; Mailand; Paris; Singapur; Tokio: Springer, 2000
Bd. 1B. Atmosphäre. Aerosol/Multiphasenchemie – Ausbreitung und Deposition von Spurenstoffen – Auswirkungen auf Strahlung und Klima
ISBN 978-3-642-63038-5 ISBN 978-3-642-57096-4 (eBook)
DOI 10.1007/978-3-642-57096-4

Ursprünglich erschienen bei Springer-Verlag Berlin Heidelberg New York 2000
Softcover reprint of the hardcover 1st edition 2000

Satz: K+V Fotosatz GmbH, Beerfelden
Umschlaggestaltung: design & production GmbH, Heidelberg

SPIN 10735429 31/3136-5 4 3 2 1 0 – Gedruckt auf säurefreiem Papier

Handbuch der Umweltveränderungen und Ökotoxikologie

Band 1: Atmosphäre

Band A: Anthropogene und biogene Emissionen –
Photochemie der Troposphäre –
Chemie der Stratosphäre und Ozonabbau
ISBN 3-540-66184-0

Band B: Aerosol/Multiphasenchemie – Ausbreitung und Deposition von Spurenstoffen – Auswirkungen auf Strahlung und Klima
ISBN 3-540-66185-9

Band 2: Terrestrische Ökosysteme

Band A: Immissionsökologische Grundlagen – Wirkungen auf Boden – Wirkungen auf Pflanzen
ISBN 3-540-66857-8

Band B: Wirkungen auf Pflanzen – Diagnose und Überwachung – Wirkungen auf Tiere
ISBN 3-540-66858-6

Band 3: Aquatische Systeme

Band A: Grundlagen – Physikalische Belastungsfaktoren – Anorganische Stoffeinträge
ISBN 3-540-66187-5

Band B: Biogene Belastungsfaktoren – Organische Stoffeinträge – Verhalten von Xenobiotika
ISBN 3-540-66188-3

Vorwort

Vor 10 000 Jahren, zu Beginn des Neolithikums begann der Mensch seßhaft zu werden. Er leitete damit einen neuen Prozeß in das erdgeschichtliche Geschehen ein, nämlich Wachstum und Expansion der eigenen Spezies über die naturgegebene Umweltkapazität hinaus. Erkauft wird diese Entwicklung mit der starken Inanspruchnahme der endlichen Ressourcen Materialien und Raum sowie der Belastung von Natur und Umwelt auf eine unseren Planeten nachhaltig bedrohende Art und Weise.

Bis zur „agrarischen Revolution" in der Jungsteinzeit war der Mensch als Jäger und Sammler Teil natürlicher Ökosysteme und damit vergleichbar den tierischen Organismen den naturgegebenen Gesetzmäßigkeiten unterworfen. Dann rodete er den Wald, bearbeitete den Boden, kultivierte ausgewählte Pflanzen, entwickelte die Haustierhaltung und schuf mit festem Wohnsitz in seinen dörflichen Siedlungsgemeinschaften die Voraussetzung für eine systematische Vorratshaltung. Die Tragfähigkeit eines Gebietes war jetzt nicht mehr ausschließlich durch die in Raum und Zeit begrenzten Naturressourcen bestimmt. Der Mensch hatte einen Weg gefunden, sie durch zielgerichtete Maßnahmen systematisch zu erweitern. Mit dieser Befreiung aus der strengen Abhängigkeit von der Natur scherte der Mensch aus den regelnden Zwängen der Evolution aus und begann, sich über die populationserhaltende Reproduktion hinaus nachhaltig zu vermehren.

Seit 1850 hat sich die Weltbevölkerung verfünffacht auf 6 Mrd. gegen Ende des 20. Jahrhunderts. Gleichzeitig wuchs der Verbrauch an Primärenergie, gegenwärtig zu 75% durch fossile Energieträger gedeckt, um mehr als das Dreißigfache. Spätestens jetzt wurde das besonders verschwenderische Verhalten des Menschen offenbar. Abweichend von den anderen Lebewesen beanspruchen wir die Ressourcen unserer Umwelt nicht nur zum Leben und Überleben, sondern in stark erhöhtem Maße zum Leben auf bestimmten Standard mit hoher Mobilität. Hieraus sowie aus den extrem ungleichen Lebensbedingungen der Menschen auf unserer Erde ist zu folgern, daß der Bedarf an

Materialien und Energie weiterhin stärker zunehmen wird als das Bevölkerungswachstum, und mit einer abermaligen Verdoppelung der Weltbevölkerung auf annähernd 12 Mrd. bis zum Erreichen des prognostizierten stationären Zustandes Mitte des 22. Jahrhunderts muß gerechnet werden.

Nach seiner Seßhaftwerdung erwies sich der Mensch aber nicht nur als auffälliger Umweltausbeuter, sondern auch als großer Umweltverschmutzer. Waren die Belastungen bis zu Beginn des 19. Jahrhunderts im wesentlichen ein lokales Problem, so veränderte sich in den vergangenen 150 Jahren die Umweltsituation grundlegend. Mit der Industrie, der Energiegewinnung aus fossilen Energieträgern und – etwas später – mit dem Kraft- und Flugverkehr sowie der Intensivlandwirtschaft kamen vier Emittentengruppen hinzu, deren Ausstoß an umweltbelastenden Stoffen die bisherigen Emissionen nach Zahl und Menge größenordungsmäßig übertreffen. Naturfremde Stoffe, die Xenobiotika, stellen eine zusätzliche und neuartige Gefahr für die Atmosphäre und Biosphäre dar. Als Folge hoher Emittentendichten bildeten sich regionale Belastungsgebiete mit komplexen, aus vielen Verunreinigungen bestehenden Immissionstypen heraus. Die damit verbundenen Gefahren für den Menschen und seine Umwelt wurden in ihrer Bedeutung zunächst nicht erkannt. Zu groß war das Vertrauen in die Selbstreinigungskraft fließender Gewässer und in das endlos erscheinende „Luftmeer", als daß man sich bleibende Folgen hätte vorstellen können. Erst als in der zweiten Hälfte unseres Jahrhunderts lokale Katastrophen und großräumige Belastungen auftraten, begannen die industrialisierten Länder, vorbeugenden Umweltschutz in erweitertem Maße zu betreiben. Zu spät, wie sich bald herausstellte. Bestimmte Umweltveränderungen, wie der Anstieg des troposphärischen Ozongehalts und klimawirksamer Spurengase oder der Ozonabbau in der Stratosphäre und die daraus resultierende erhöhte UV-B-Strahlung, hatten inzwischen eine überregionale oder gar globale Dimension erlangt. Direkt oder indirekt sind davon alle Kompartimente von Ökosystemen betroffen, die Medien Boden, Wasser und Luft ebenso wie der Organismenbestand und die daraus resultierenden übergeordneten ökosystemaren Strukturen und Funktionen. Der über die Jahrtausende schleichende Wandel von der Bedrohung des Menschen durch die Natur zur wahren Bedrohung der Natur durch den Menschen hat sich seit Beginn der industriellen Revolution zur globalen Dimension ausgeweitet.

Art und Umfang der Umweltbelastungen und der Umweltschäden hatten weltweit einen starken Anstieg der Forschungsaktivitäten zur Folge. Zur Entstehung, Verbreitung und Wirkung von Luft-, Wasser-

und Bodenverunreinigungen auf die Biosphäre liegt mittlerweile eine unübersehbare Zahl von Publikationen vor. In ihrer Gesamtheit enthalten sie vielfältige Erkenntnisse über vorliegende Gefahren und Möglichkeiten, ihnen zu begegnen. Indessen lassen sich Handlungsbedarf und Handlungsmöglichkeit selten aus einzelnen Veröffentlichungen ableiten. Auch die bereits vorliegenden zusammenfassenden Darstellungen zu einzelnen Komponenten oder Teilsystemen erschließen das Erkenntnispotential für Belange des praktischen Umweltschutzes und für Aus- und Fortbildung unzureichend. Das gilt insbesondere für das Zusammenwirken der verschiedenen Belastungsarten, die Interaktionen der beeinflußten Kompartimente und die daraus resultierenden ökosystemaren Folgen.

Es erscheint daher zunehmend wichtiger, auch wesentlich größere Ausschnitte aus der Umweltforschung zusammenfassend zu behandeln. Die drei Bände der vorliegenden Buchreihe, in jeweils zwei Teilbände unterteilt, dokumentieren und beschreiben die Entstehung und Verbreitung von Belastungen der Medien Boden, Wasser und Luft mit chemischen Verunreinigungen, Radionukliden und erhöhter UV-Strahlung und die dadurch bedingten Wirkungen auf die Atmosphäre sowie die terrestrischen und aquatischen Ökosysteme. Der Bewertung von Belastung und Belastbarkeit von Ökosystemen und Ökosystemteilen wird besondere Beachtung geschenkt. Mit der weiter zunehmenden Globalisierung wird es künftig noch mehr als heute in allen Ländern auf den vorbeugenden Umweltschutz ankommen. Dementsprechend werden hier auch Prognosen über Gefährdungspotentiale vorgenommen und Möglichkeiten zu ihrer Bewältigung aufgezeigt, soweit die vorliegenden Erkenntnisse bei Anwendung anerkannter Bewertungsmethoden dies erlauben.

Mit der gewählten Zielsetzung und Themenbreite wird ein großer Benutzerkreis angesprochen, der sich in vier Zielgruppen unterteilen läßt: Wissenschaftler, insbesondere aus den naturwissenschaftlichen Disziplinen, Lehrer an Hochschulen und Schulen sowie Studenten, Verantwortliche für den praktischen Umweltschutz in Politik, Wirtschaft und Verwaltung sowie Bevölkerungskreise, die an Umweltschutzfragen interessiert sind. Verständliche Einführungen, Erläuterungen zu komplizierten Zusammenhängen, instruktive Abbildungen und ein umfangreiches Glossar werden die Lektüre erleichtern.

In Band 1 „Atmosphäre" werden die anthropogenen und biogenen Emissionen dokumentiert und bewertet, die wichtigsten chemisch-physikalischen Vorgänge in der Troposphäre sowie die Immissions- und Depositionsverhältnisse beschrieben und die Prozesse des Ozonabbaus in der Stratosphäre und seine Bedeutung für die UV-Strahlung ebenso behandelt wie die möglichen Folgen ansteigender Gehalte von Treibhausgasen für das Stadt-, Regional- und Globalklima.

In Band 2 „Terrestrische Ökosysteme" werden unter Bezug auf die Darlegungen in Band 1 die Auswirkungen anthropogener Veränderungen in der Atmosphäre auf Boden, Pflanze und Tier einschließlich der quantitativen Beziehungen zwischen Immission und Wirkung dargestellt, die Gefahren für bestimmte Biozönosen und Ökosysteme prognostiziert und schließlich Konzepte und Methoden für Abhilfemaßnahmen unterbreitet.

In Band 3 „Aquatische Ökosysteme" werden die Veränderungen und Belastungen der Seen, Fließgewässer, Küstengewässer und des Grundwassers behandelt sowie deren Auswirkungen auf die Organismen und die ökologischen Prozesse erläutert und quantifiziert. Zusätzlich werden Konzepte und Methoden zur Vermeidung bzw. zur Minimierung der verschiedenen Belastungsfaktoren und Schädigungen der Gewässer vorgestellt.

Die Errungenschaften in Naturwissenschaft und Technik haben mit der industriell-ökonomischen Revolution einen beispiellosen Zivilisationssprung ausgelöst, zum Segen der Menschen, jedoch mit vielen nicht vorausgesehenen Neben- und Folgewirkungen. Wissenschaft und Technik stellen aber auch Ergebnisse, Handlungsanweisungen und Instrumente zur Verfügung, mit deren Hilfe sich Belastungen voraussagen, vermeiden oder vermindern und vorliegende Schäden kompensieren oder gar beheben lassen. Herausgeber und Autoren hoffen, mit der vorliegenden Buchreihe in diesem Sinne einen Beitrag zum verantwortungsvollen Umgang mit dem begrenzten Naturpotential als Grundvoraussetzung für die nachhaltige zukunftsverträgliche Entwicklung von Ökonomie und Ökologie in globaler sozialer Verantwortung zu liefern.

Eine Buchreihe in der vorliegenden Themenbreite kann heute nur noch von einem Team von Spezialisten aus verschiedenen naturwissenschaftlichen Disziplinen bearbeitet werden. Ich habe einem großen Kreis von Fachkollegen dafür zu danken, daß sie sich neben ihren vielfältigen anderweitigen Verpflichtungen zur Mitarbeit bereit gefunden haben. Die stets sachliche und konstruktive Zusammenarbeit hat das Vorhaben sehr gefördert. Besonderen Dank schulde ich dem Mitherausgeber von Band 3 „Aquatische Ökosysteme", Herrn Privat-Dozent Dr. G. Gunkel sowie den Herren Professoren Dr. U. Arndt, Dr. K.H. Becker, Dr. A. Ebel, Dr. H.-J. Jäger, Dr. W. Kuttler, Dr. D. Möller, Dr. R. Zellner und Herrn Dr. D.E. Meyer für klärende und anregende Gespräche. Meinen langjährigen Mitarbeitern Frau H. Braun und Herrn Dr. J. Bücker danke ich für die tatkräftige Unterstützung bei der Herausgabe der Buchreihe, Herrn Dr. D. Czeschlik, Frau U. Gramm und Frau K. Matthias vom Springer-Verlag für die verständnisvolle Zusammenarbeit.

Meiner Ehefrau Beatrice danke ich sehr herzlich dafür, daß sie mein zeitraubendes berufliches Engagement bis über die Emeritierungsgrenze hinaus stets mit sehr viel Verständnis begleitet hat.

Essen
November 1999

Robert Guderian

Vorwort zum Band „Atmosphäre"

Art und Ausmaß der Umweltbelastungen haben in der zweiten Hälfte des 20. Jahrhunderts einen grundlegenden Wandel erfahren. Stärker als andere Kompartimente des Systems Erde ist davon die Atmosphäre betroffen. Mit steigender Anzahl und Menge emittierter Stoffe bildeten sich weltweit regionale oder gar überregionale Belastungsgebiete aus komplexen Immissionstypen heraus. Einzelne Gase mit langer atmosphärischer Lebensdauer haben inzwischen globale Bedeutung erlangt. Waren früher allein die stofflichen Belastungen, die Luftverunreinigungen in den bodennahen Luftschichten von toxikologischer bzw. ökotoxikologischer Relevanz, so sind mit dem Anstieg ozonabbauender und wärmewirksamer Komponenten neue Belastungsarten hinzugekommen. An der Wechselbeziehung zwischen Mensch und Atmosphäre ist nun nicht nur die Troposphäre, sondern zusätzlich auch die Stratosphäre beteiligt. Über die Verunreinigung des Mediums Luft hinaus verursachen heute anthropogene Spurengase im übergeordneten System Atmosphäre chemische und physikalische Veränderungen, welche die natürlichen Schutz- und Versorgungsfunktionen der Erdatmosphäre bedrohen und damit fundamentale neuartige Gefahren für die Biosphäre heraufbeschwören, umsomehr, als dieser Wandel in einer erdgeschichtlich bisher nicht nachgewiesenen Dynamik abläuft. Folglich hat heute anders als früher die Begrenzung von Emission und Immission nicht nur im Hinblick auf den unmittelbaren Schutz des Menschen und seiner Umwelt zu erfolgen, die Atmosphäre selbst ist vor anthropogenen Veränderungen zu schützen durch entsprechende Emissionsbegrenzung.

In den zwei Teilbänden von Band 1 „Atmosphäre" werden anhand der Ergebnisse aus Laboruntersuchungen, Feldmessungen und Modellentwicklungen die Beziehungen zwischen der Emission von Spurenstoffen und deren Wirkung in Troposphäre und Stratosphäre dokumentiert, analysiert und bewertet. Die so gewonnenen Ergebnisse stellen zugleich die Grundlage zur Abschätzung möglicher Auswirkungen auf Boden und Wasser sowie den Organismenbestand in terrestrischen und aquatischen Ökosystemen in den Bänden 2 und 3 dar.

In Band 1A werden nach einem allgemeinen Überblick über Arten und Ursachen von Umweltbelastungen, einem Abriß zur Geschichte der Luftverunreinigungen und einer Beschreibung von Aufbau und Funktion der Atmosphäre die Entstehungsprozesse anthropogener und biogener Luftverunreinigungen, das Spektrum der emittierten Spurenstoffe und die relevanten Quellgruppen behandelt. An diese Ergebnisse anknüpfend, werden Bildung und Abbau der Photooxidantien in Abhängigkeit von der Konzentration der Vorläufergase sowie atmosphärischer Parameter beschrieben sowie die Möglichkeiten zur Begrenzung der Ozonbildung in der Troposphäre diskutiert. Im abschließenden Beitrag werden die Ursachen, die chemischen und dynamischen Prozesse sowie das Ausmaß des Ozonabbaus in der Stratosphäre behandelt und durch Einschätzung seiner künftigen Entwicklung ergänzt.

Band IB wird eingeleitet mit zwei Beiträgen über die vielfältigen physikalisch-chemischen Wechselwirkungen in der Troposphäre als einem Multikomponenten- und Multiphasensystem. Wie es durch homogene und heterogene Prozesse unter Beteiligung von Gasen, Aerosolpartikeln und Hydrometeoren zu Abbau, Umwandlung oder Bildung neuer, „sekundärer" Luftverunreinigungen kommt, wird detailliert erläutert und interpretiert. Die beiden folgenden Artikel handeln von Art und Grad der Ablagerung von Spurenstoffen auf die Erdoberfläche bzw. der Modellierung der Spurenstoffausbreitung in der Atmosphäre. Die abschließenden Kapitel befassen sich mit der Bedeutung der durch den Menschen beeinflußten Vorgänge in der Atmosphäre für die UV-Strahlung an der Erdoberfläche, für biogeochemische Spurenstoffkreisläufe sowie für den Treibhauseffekt und dessen mögliche Folgen für das Stadt-, Regional- und Globalklima.

Essen
November 1999

Robert Guderian

Inhaltsverzeichnis

Mitarbeiterverzeichnis

Professor Dr. Adolf Ebel
Institut für Geophysik und Meteorologie der Universität zu Köln, EURAD-Projekt, Aachener Str. 201–209, 50931 Köln,
Tel. 0221/4002258, Fax 0221/2002320, e-mail: eb@eurad.uni-koeln.de

Professor Dr. Gode Gravenhorst
Institut für Bioklimatologie, Universität Göttingen, Büsgenweg 1, 37077 Göttingen, Tel. 0551/393682/683, Fax 0551/399619,
e-mail: ggraven@gwdg.de

Professor Dr. Robert Guderian
Universität Gesamthochschule Essen, Fachbereich 9,
Bio- und Geowissenschaften, Landschaftsarchitektur,
Universitätsstr. 11, 45117 Essen
Tel. 0201-1832976, Fax: 0201-1833118,
e-mail: guderian@uni-essen.de

Professor Dr. M. Heimann
Max-Planck-Institut für Biogeochemie, Tatzendpromenade 1a,
07745 Jena, Tel. 03641/643773 od. 643701, Fax 03641/643710,
e-mail: martin.heimann@bgc-jena.mpg.de

Dr. Andreas Ibrom
Institut für Bioklimatologie, Universität Göttingen, Büsgenweg 1,
37077 Göttingen, Tel. 0551/393682/683, Fax 0551/399619

Dr. Peter Köpke
Meteorologisches Institut der Ludwig-Maximilians Universität München, Theresienstr. 37, 80333 München, Tel. 089/23944367,
Fax 089/23944381, e-mail: peter.koepke@lrz.uni-muenchen.de

Dr. Heinrich Kreilein
Institut für Bioklimatologie, Universität Göttingen, Büsgenweg 1,
37077 Göttingen, Tel. 0551/393682/683, Fax 0551/399619

Professor Dr. Wilhelm Kuttler
Universität GH Essen, Institut für Ökologie, Abt. Landschaftsökologie, Universitätsstr. 5, 45117 Essen, Tel. 0201/183-2734, Fax 0201/183-3239, e-mail: w.kuttler@uni-essen.de

Professor Dr. Detlev Möller
Brandenburgische Technische Universität, Lehrstuhl für Luftchemie und Luftreinhaltung, Postfach 101344, 03013 Cottbus, Tel. 0355/7813131, Fax 0355/7813132, e-mail: moe@btu-lc.fta-berlin.de

Dr. Erik Nützmann
Institut für Bioklimatologie, Universität Göttingen, Büsgenweg 1, 37077 Göttingen, Tel. 0551/393682/683, Fax 0551/399619

Dr. Karl-Georg Schnitzler
Institut für Bioklimatologie, Universität Göttingen, Büsgenweg 1, 37077 Göttingen, Tel. 0551/393682/683, Fax 0551/399619

Professor Dr. Christian-D. Schönwiese
J.W. Goethe-Universität Frankfurt a. M., Institut für Meteorologie und Geophysik, Postfach 111932, 60054 Frankfurt a. M., Tel. 069/798-23578, Fax 069/798-22482, e-mail: schoenwiese@meteor.uni-frankfurt.de

Dr. Peter Winkler
Deutscher Wetterdienst, Meteorologisches Observatorium Hohenpeißenberg, Albin Schwaiger-Weg 10, 82383 Hohenpeißenberg Tel. 08805/920041, Fax 08805/920046, e-mail: pwinkler@mohp.dwd.d400.de

1 Verteilung und Chemie des atmosphärischen Aerosols

1.1 Atmosphärisches Aerosol

P. Winkler

1.1.1 Einleitung

Aerosolpartikeln sind als ein wichtiger Bestandteil der Luft für viele meteorologische Vorgänge verantwortlich, aber auch in hygienischer Hinsicht und für Spurenstoffkreisläufe von Interesse. Aerosol bedeutet wörtlich „in Luft gelöst", bezeichnet also im strengen Sprachgebrauch das Gemisch aus Partikeln und dem suspendierenden Medium Luft. Häufig werden aber die Partikeln als „Aerosole" bezeichnet oder man spricht vom Aerosolgehalt der Luft, ein nicht sehr korrekter Sprachgebrauch.

Zur qualitativen Aerosol-Charakterisierung von Luftmassen verwendet man seit jeher Begriffe wie diesig, dunstig oder unterscheidet zwischen feuchtem und trockenem Dunst. Bei hoher Partikeldichte spricht man auch, je nach Quelle, von Staub oder Rauch. Eine sachgerechte Darstellung erfordert die Charakterisierung der Größenverteilung von Partikeln, ihrer chemischen und hygroskopischen Eigenschaften, ihrer Lebensdauer und Ausbreitung, der Bildung von Partikeln sowie deren Senken, Angaben zur Vertikalverteilung, Wechselwirkung mit der Strahlung (Streuprozesse, Trübung, optische Eigenschaften), der tages- und jahreszeitlichen Gänge, Trends usw. Im Rahmen dieser Darstellung wird versucht, Schwerpunkte zu setzen. Fragen zur Wirksamkeit als Kondensationskerne oder Eiskeime, Behandlung von Auswaschvorgängen (Regen, Schnee), Gas-Partikel-Bildung (Nukleation), usw. werden nur gestreift. Verfahren der Meßtechnik und Theorien werden nicht behandelt. Da jedoch die Kenntnis der Meßtechnik und ihrer Grenzen wesentlich für eine Bewertung von

Meßergebnissen ist, fließt deren Bewertung indirekt in die Behandlung mit ein.

1.1.2 Begriffe und Definitionen

Im folgenden werden einige in der Aerosolfachsprache übliche Begriffe benötigt, die vorweg erläutert werden sollen.

Unter Partikelradius oder -durchmesser wird der sog. Äquivalentradius verstanden, das ist der Radius einer Kugel gleichen Volumens wie das des unregelmäßig geformten Partikels. Die unregelmäßige Form selbst bzw. die Abweichung von der Kugelform (z.B. Fasern) kann über den Formfaktor beschrieben werden, mit dem der Äquivalentradius zu multiplizieren ist, um den gleichen aerodynamischen Widerstand der volumensgleichen Kugel zu erhalten, wie ihn das unregelmäßige Partikel besitzt.

Die Äquivalentradien erstrecken sich über mehrere Zehnerpotenzen. Daher wird oft eine Grobeinteilung in Größenbereiche verwendet, von der die deutschen und englischen Begriffe in der folgenden Tabelle zusammengestellt sind. Es sei angemerkt, daß sich die Bereichsgrenzen nicht exakt decken, was aber wegen der Grobklassifikation weniger wichtig ist.

Diese Einteilung hat sich in vielfacher Hinsicht als sinnvoll herausgestellt, da bestimmte Prozesse in diesen Größenklassen besonders wirksam - oder unwirksam - sind und die chemischen Bestandteile eine entsprechende Verteilung aufweisen.

Bestimmte Inhaltsstoffe wie z.B. Spurenmetalle oder Metallverbindungen verteilen sich über einen größeren Radiusbereich, weshalb zur Charakterisierung der Begriff des mittleren Massendurchmessers geprägt wurde. Man versteht darunter den Schwerpunktdurchmesser, unterhalb und oberhalb dessen sich jeweils 50% der Masse der Substanz befinden.

Tabelle 1.1-1. Grobklassifikation des atmosphärischen Aerosols

Radiusbereich µm	dt. Bezeichnung nach Junge (1963)	engl. Bezeichnung nach Whitby u. Sverdrup (1973)
<0,01	Ultrafeine Partikeln	Ultrafine mode
0,01–0,1	Aitkenpartikeln	Nucleation mode
0,1–1	Große Partikeln	Accumulation mode
>1	Riesenpartikeln	Coarse mode

Für alle Wechselwirkungen von Aerosolpartikeln mit der Gasphase ist die freie Weglänge von Bedeutung, das ist die mittlere Entfernung, nach der ein Molekül auf einen Stoßpartner trifft. Das Verhältnis der freien Weglänge zum Äquivalentradius wird als Knudsenzahl bezeichnet. In Bodennähe beträgt die freie Weglänge etwa 0,1 µm und wächst in 10 km Höhe wegen der Druckabnahme auf 0,2 µm an, in 15 km Höhe beträgt sie bereits 0,7 µm. Die Kraft, die die umgebenden Moleküle auf ein Aerosolpartikel ausüben, wird kleiner, wenn sich seine Größe der freien Weglänge nähert. Dies wird durch die sog. Slip-Korrektur (C) berücksichtigt, die angibt, durch welchen Faktor bei gegebener Größe die ausgeübte Kraft zu dividieren ist:

Durchmesser µm	C
0,001	216
0,01	22,2
0,1	2,85
1	1,164
10	1,016

Ultrafeine und Aitkenpartikeln besitzen daher nahezu gleiches Diffusionsverhalten wie Luftmoleküle und koagulieren entsprechend rasch, große und Riesenpartikeln werden dagegen mit der Luftstömung gut mitgeführt. Dies ist besonders von Bedeutung beim größenfraktionierten Sammeln von Aerosolpartikeln mittels Impaktoren.

1.1.3 Größenverteilung

Partikeln entstehen ständig und werden ständig wieder aus der Atmosphäre entfernt. Zu den Entstehungsprozessen zählen Partikelbildung aus der Gasphase, Aufwirbeln von Bodenpartikeln und Staub, Abtrocknen von Wolken, Verbrennungsprozesse, Vulkane usw., Hauptentfernungsprozesse sind Sedimentation, trockne und vor allem nasse Deposition (Niederschlag). Dazu kommen Umwandlungsprozesse wie Koagulation, Bildung- und Wiederverdampfung von Wolkentropfen, Anlagerung schwerflüchtiger Gase oder Reaktion von Gasen mit Partikeln. All diese Prozesse wirken nicht gleichzeitig, sondern statistisch in Raum und Zeit verteilt. Als Resultat ihrer Überlagerung bildet sich die Größenverteilung heraus, wobei sich je nach Überwiegen oder Zusammenwirken der Prozesse einige typische Größenverteilungen erkennen lassen, die im folgenden dargestellt werden. Es muß dabei aber im Bewußtsein bleiben, daß die Größenverteilung immer ein momentanes Gleichgewicht des Wirkens der verschiedenen Quell-, Senken- und Modifikationsprozesse darstellt und sich bei einem Wechsel des Zusammenspiels auch die Größenverteilung ändert. Hauptmerkmal der Größenverteilung für die Anzahl der Partikeln ist ein Maximum bei etwa 0,05 bis 0,1 µm Radius, ein rascher Abfall nach größeren Radien hin und eine mehr oder minder große Variabilität unterhalb des Maximums, da stochastische Bildung aus der Gasphase und die rasche Koagulation zu sehr kurzfristigen Veränderungen führen. Das Maximum bildet sich heraus, weil Partikeln dieser Größe von Senkenprozessen nur schwer erfaßt werden. Die größeren Partikeln werden dagegen von den Senkenprozessen wieder gut erfaßt, d.h. mit wachsendem Radius wird die Aufenthaltsdauer der Partikeln zunehmend kürzer und die Konzentration ist entsprechend gering.

Große Gebiete mit einheitlicher Größenverteilung sind Kontinente, Ozeane mit der Seesalzbildung durch Gischt, Wüsten mit Sandstürmen, Polargebiete, die obere Troposphäre und die Stratosphäre. Eine im Winter stärker geschichtete und im Sommer vermehrt durch Konvektion gemischte Atmosphäre sorgt für jahreszeitlich unterschiedliche Ausbreitungsbedingungen und entsprechende Auswirkungen auf die Vertikalverteilung.

Mit die umfangreichsten Zusammenstellungen typischer Aerosolgrößenverteilungen sind bei Jaenicke (1988, 1993) zu finden. Die mittleren Größenverteilungen werden approximiert aus der Überlagerung von 3 Log-Normal-Verteilungen und sind damit durch folgende Formel analytisch darstellbar:

$$\frac{dN}{d\log r} = \sum_{i=1}^{i=3} \frac{n_l}{\sqrt{2\pi}\log\sigma_i} \exp\left(-\frac{1}{2}\frac{\log\left(\frac{r}{R_i}\right)}{\log\sigma_i}\right)^2$$

mit: r = Partikelradius in µm; N(r) = kumulative Anzahldichte (cm^{-3}) der Partikeln > r; R_i = mittlerer modaler Partikelradius; n_i = Gesamtzahl aller Partikeln eines Modes Integral der i-ten Normalverteilung; σ_i = Maß für den Dispersionsgrad der i-ten Normalverteilung.

Für Deutschland sind die Aerosoltypen maritim, ländlich, Reinluft, kontinentale Reinluft und Stadtluft von Bedeutung, weshalb die entsprechenden Parameter in Tabelle 1.1-2 nach Jaenicke (1988) zusammengestellt sind.

Dabei gelten folgende Luftmassenbezeichnungen

Reinluft: Troposphäre oberhalb der Mischungsschicht. Diese kann im Sommer bei 3 km liegen, im Winter kann sie auf 300 bis 500 m ab-

Tabelle 1.1-2. Parameter der Größenverteilung verschiedener Aerosoltypen (Jaenicke 1993). In Spalte i bezeichnen die Zeilen I, II, III drei Moden, aus deren Überlagerung sich die Größenverteilung ergibt

Aerosoltype	i	n_i (cm^{-1})	R_i (μm)	log_i
Reinluft	I	$1{,}29\times10^2$	0,0036	0,645
	II	$5{,}97\times10^1$	0,127	0,253
	III	$6{,}35\times10^1$	0,259	0,425
Kontinentale Reinluft	I	$3{,}20\times10^3$	0,01	0,161
	II	$2{,}90\times10^3$	0,058	0,217
	III	$3{,}00\times10^{-1}$	0,9	0,380
Ländliche Luft	I	$6{,}65\times10^3$	0,00739	0,225
	II	$1{,}47\times10^2$	0,0269	0,557
	III	$1{,}99\times10^3$	0,0419	0,266
Stadtluft	I	$9{,}93\times10^4$	0,00651	0,245
	II	$1{,}11\times10^3$	0,00714	0,666
	III	$3{,}64\times10^4$	0,0248	0,337
Maritim	I	$1{,}33\times10^2$	0,0039	0,657
	II	$6{,}66\times10^1$	0,133	0,210
	III	$3{,}06\times10^0$	0,29	0,396

sinken. An Bergstationen wird dieser Aerosoltyp oberhalb von Inversionen besonders im Winter gefunden. Nach Kaltfrontdurchgängen kann dieser Aerosoltyp kurzfristig zum Boden gelangen.

Kontinentale Reinluft: Aerosoltyp, der fernab von anthropogenen Aktivitäten in unberührten Gebieten fern von Städten anzutreffen ist.

Ländliche Luft: Typisches Aerosol, das in den meisten Gebieten abseits von Städten anzutreffen ist.

Städtisches Aerosol: Typisches Aerosol in Städten. Die Variabilität ist je nach Durchlüftung sehr groß. Unter Smogbedingungen bei geringen Austauschverhältnissen oder an Verkehrszentren können noch weit höhere Konzentrationen erreicht werden, als die Verteilung in Tabelle 1.1-2 ergibt.

Maritime Luft: Typisches Aerosol über dem Ozean bei Windgeschwindigkeiten von 5 bis 8 m/s. Da die Seesalzproduktion stark von der Windgeschwindigkeit abhängt (Schaumkronen), ist der Mode III sehr variabel (Marks 1987). Beim Landeinwärtsdringen solcher Luftmassen nimmt der Seesalzgehalt nach Rossknecht et al. (1973) rasch ab. Kleine Salzpartikeln lassen sich aber bei starkem Wind noch in mehreren 100 km Küstenentfernung nachweisen (Junge u. Gustafsen 1956; Meszaros 1968).

Es sei erwähnt, daß bei der Partikelbildung aus der Gasphase kurzfristig (1 bis 2 Stunden in ländlicher Luft) Anzahldichten von 30 000 cm^{-3} gegenüber Mittelwerten um 5 000 cm^{-3} auftreten können, wobei aber die Partikeln sich rasch an andere anlagern (Koagulation) und die Anzahldichte der ultrafeinen Partikeln sehr schnell auf „normale" Werte zurückgeht. Nachts werden ultrafeine Partikeln nur selten gefunden.

Da die Partikelradien von der relativen Luftfeuchte abhängen, wird von dieser auch die Größenverteilung beeinflußt. Die hydrophoben Teile des Aerosols ändern den Radius nur unwesentlich, während die hydrophilen Partikeln je nach chemischer Zusammensetzung mit steigender relativer Feuchte mehr oder weniger ausgeprägt anwachsen. Insgesamt gesehen wird die Größenverteilung mit wachsender Feuchte daher etwas breiter ausfallen.

Wegen der Verteilung der Partikelgrößen und Anzahldichten über mehrere Zehnerpotenzen fallen die Maxima der Partikelzahl, der Partikeloberfläche und der Volumenverteilung in jeweils andere Größenklassen, wie an Abb. 1.1-1 für Stadt- und ländliches Aerosol verdeutlicht wird.

Aerosolpartikeln sind neben Luftmolekülen für Streuprozesse in der Atmosphäre verantwortlich, wobei außer der Partikelgröße die Anzahldichte maßgebend ist. Die maximale Anzahl tritt in der Stadt bei Radien um 0,01 μm, im Landaerosol um 0,03 μm auf. Die Oberflächenverteilung variiert mit r^2 und ist daher in den Bereich der großen Partikeln verschoben. Nicht nur alle chemischen Wechselwirkungen mit der Gasphase verlaufen proportional zur Oberfläche, sondern ebenso die Koagulationsprozesse, wofür dieser Größenbereich besonders wichtig ist. Die Volumensverteilung und damit auch die Massenverteilung hängt von r^3 ab. Also ist die Volumenverteilung bedeutsam für das Verständnis der Anteile der chemischen Bestandteile an der Gesamtmasse und für die Transporte oder Stoffkreisläufe. Partikeln mit Radien >10 μm sedimentieren bereits rasch, weshalb dieser Bereich lokal geprägt ist. Da die Lebensdauer der großen Partikeln mehrere Tage beträgt, ist diese Größenklasse stärker regional geprägt und die Transportwege sind länger (vgl. Tabelle 1.1-3).

1.1.4 Das Mischkernkonzept

Atmosphärische Aerosolpartikeln bestehen selten aus reinen Substanzen, sie stellen in der Regel Substanzgemische dar, die auch als Mischkerne bezeichnet werden. Das Mischkernkonzept unterscheidet

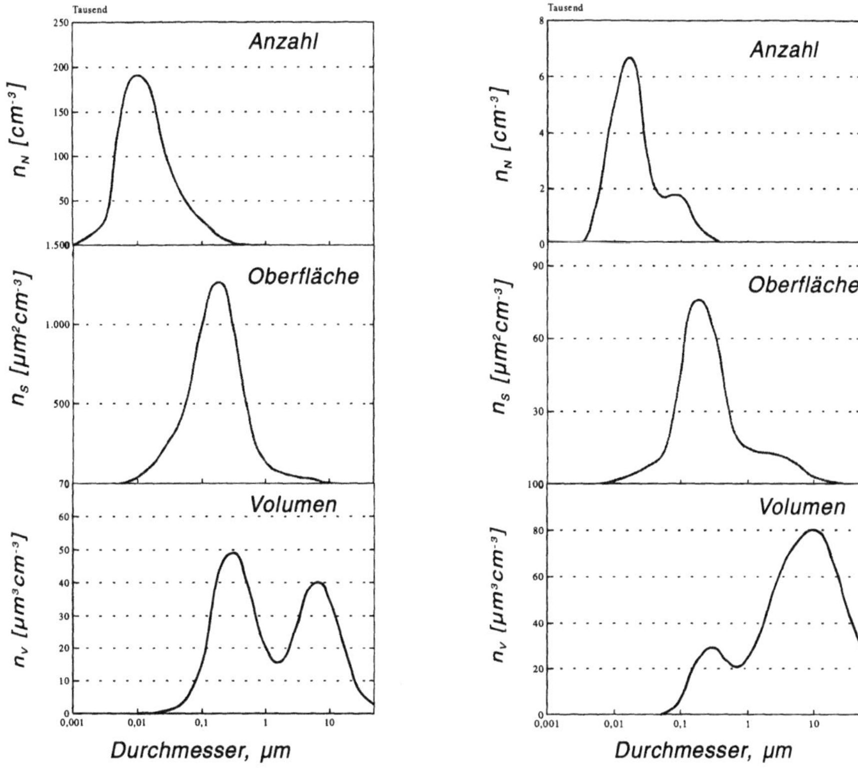

Abb. 1.1-1. Typische Verteilungen der Anzahldichte, der Oberfläche und des Volumens von Aerosolpartikeln in Stadtluft (linke Spalte) und Landluft (rechte Spalte). Beachte, daß die y-Achsen der linken und rechten Spalten nicht identisch sind

dabei zwischen äußerer und innerer Mischung, wobei auch alle Übergänge vorkommen. Als äußere Mischung wird bezeichnet, wenn das Aerosol zwar verschiedene Substanzen enthält, jedes individuelle Partikel aber aus einer reinen Substanz besteht. Eine innere Mischung liegt dagegen vor, wenn die verschiedenen Substanzen in allen Partikeln gleichverteilt vorkommen, sie alle also praktisch die gleiche Zusammensetzung aufweisen.

Es gibt zahlreiche Prozesse, die äußere Mischungen erzeugen, und es gibt andere, die die Bildung einer inneren Mischung fördern: Äußere Mischungen entstehen beim Aufwirbeln von Saharastaub durch Winderosion, durch Rußbildung bei unvollständiger Verbrennung, als Flugasche usw. Die innere Mischung wird durch Prozesse erzeugt wie Koagulation von Partikeln mit unterschiedlicher Zusammensetzung, Kondensation und Wiederverdampfung, Aufnahme und Reaktionen von Gasen in der Wasserhülle von Aerosolpartikeln, Ad-

Tabelle 1.1-3. Quellen von Aerosolpartikeln, Bildungsprozesse, Aerosoltypen und Ausbreitungsverhalten

Quellen	Prozeß, Ursache	Aerosol	Transportdistanz, horizont., vertikal
Aufwirbeln von Bodenmaterial	Winderosion	„Saharastaub“	mehrere 1000 km; <5 km Höhe
Ozean	Gischtbildung	Seesalz	mehrere 100 km; <3 km Höhe
Biologische Quellen	„biolog. Uhr“	Pollen, Sporen u.ä. blauer Sommerdunst	mehrere 100 km; <1 km Höhe
Gas-Partikel-Bildung	Homogene Nucleation	Ultrafeine Partikel	gesamte Atmosphäre (?)
	Heterogene Nucleation (Flüssigphasenreaktion)	Abtrocknende Wolken	mehrere 1000 km; <10 km Höhe
Natürliche Brände (Wald, Savanne, Tundra)	Blitze, Trockenheit	Flugasche, Ruß	mehrere 1000 km; <3 km Höhe
Biomassenverbrennung	Brandrodung	Flugasche, Ruß	–
Vulkane		Troposphäre: Asche Stratosphäre: Gas-Partikel-bildung	global, bis 25 km Höhe
Anthropogene Quellen Industrie	Verhüttung, Kraftwerke	Sulfataerosol, Schwermetalle, Ruß, ...	mehrere 1000 km; <3 km Höhe
Hausbrand	Unvollständige Verbrennung	Ölruß, Flugasche	<1 km Höhe
Verkehr	Unvollständige Verbrennung Reifenabrieb		mehrere 100 km; <1 km Höhe

sorption von gasförmigen Substanzen mit niedrigem Dampfdruck usw. Besonders die Wasseranlagerung bei steigender Feuchte fördert die Mischkernbildung, da lösliche Gase aufgenommen werden (z. B. SO_2, NH_3, H_2SO_4, HNO_3, H_2O_2), die dort reagieren und deren Reaktionsprodukte nicht wiederverdampfen, wenn bei sinkender Feuchte der Wasseranteil der Partikeln zurückgeht. Hydrophobe Partikeln bleiben vorzugsweise als äußere Mischung erhalten, da potentielle Reaktionen in der fehlenden Wasserhülle entfallen. Die Hydrophilisierung geschieht hier entweder durch Koagulation mit löslichen Partikeln, durch Anlagerung von Schwefelsäure (niedriger Dampfdruck) oder Oberflächenreaktionen mit OH-Radikalen u. ä. Da diese Prozesse aber langsam verlaufen oder an besondere Bedingungen geknüpft sind, haben hydrophobe Partikeln vorzugsweise eine längere Lebensdauer, da die Aktivierung bei Kondensationsvorgängen gehemmt und die Entfernung über Regentropfen gering ist.

Die Existenz von Partikeln mit innerer Mischung ist gut durch Einzelpartikelanalysen belegt (Wieser 1991; Gieray et al. 1991, 1997).

Aufgrund ihres hydrophoben Verhaltens ist inzwischen auch die Existenz von teilweise äußeren Mischungen gut dokumentiert (z. B. Covert u. Heintzenberg 1984; Martinsson et al. 1997; Svenningson et al. 1992; Eichel 1996). Einzelpartikelanalysen haben auch hier zu einer Bestätigung geführt (Giggy et al. 1989). Eine äußere Mischung dürfte vorzugsweise in der Nähe von solchen Quellen vorzufinden sein, in denen Partikeln aus einem einheitlichen Material erzeugt werden, also dort, wo Aerosolbildungsprozesse unmittelbar in Gang sind. Wird aber die Quellstärke gering oder liegt die Quelle entfernt, so sorgen Umwandlungsprozesse für eine Zunahme des Anteils der Partikeln mit innerer Mischung. Zeitkonstanten für die Umwandlungsraten in der Atmosphäre sind noch nicht bekannt.

1.1.5 Feuchtewachstum

Eine wichtige Eigenschaft der Aerosolpartikeln besteht in dem Vermögen, mit wachsender relativer Feuchte Wasser anzulagern, ohne daß es bereits zur Kondensation und Bildung von Nebel- oder Wolkentröpfchen kommt. Der Effekt beruht auf der dampfdruckerniedrigenden Wirkung von in den Partikeln enthaltenen Salzen (z. B. $(NH_4)_2SO_4$ oder NaCl) oder auch von Säuren wie HNO_3 oder HCl. Reine Salze gehen beim Überschreiten einer für sie charakteristischen relativen Luftfeuchte spontan in Lösung, sie wechseln vom Kristall zum Lösungströpfchen. Die Atmosphäre ist dabei als nicht geschlosse-

dargestellt, wobei typische Bestandteile in den einzelnen Radiusklassen zu finden sind:

Radius	Hauptbestandteil
<0,1 µm	$(NH_4)_2SO_4$, NH_4^+, H_2SO_4, Ruß
0,1 bis 1 µm	Sulfat, Beimengungen von Cl^-, NO_3^-, organische Stoffe, Ruß
>1 µm	Mineralien, Nitrate (wenig SO_4^{2-})
	Seesalz (d.h. NaCl (80%), $MgCl_2$ (12%) u.a.)

In Städten kommen die Aerosolpartikeln aus Verkehr und Industrieprozessen (meist Verbrennungsprodukte, Flugasche) hinzu. In Abb. 1.1-3 sind typische Feuchtewachstumskurven dieser Aerosoltypen dargestellt, die die mittlere Radiusänderung mit der Feuchte angeben. Einzelpartikeln weisen je nach ihrer individuellen Zusammensetzung mehr oder minder starke Abweichungen vom mittleren Verhalten auf.

Das auffallendste Merkmal von Mischkernen im kontinentalen Aerosol ist das gleichmäßige Wachstum ohne die für reine Salze charakteristischen Sprünge. Dieses Wachstumsverhalten ist mit verschiedenen Verfahren bestätigt worden. Das Feuchtewachstum in Städten oder außerhalb davon unterscheidet sich dabei nicht so sehr, obwohl die Zusammensetzung eine andere ist. Im kontinentalen Aerosol stellt man ein ähnliches Wachstumsverhalten für große und Riesenpartikeln fest (Abb. 1.1-3a, b) Im maritimen Aerosol verhalten sich die großen Partikeln wieder ähnlich denen im kontinentalen Aerosol (Abb. 1.1-3c).

Die Wasseraufnahme von Seesalzaerosol weist dagegen Sprünge bei den beiden Feuchten 33% und 75% auf (Abb. 1.1-3c), bei denen die Hauptbestandteile $MgCl_2$ (33%) und NaCl (75%) vom kristallinen in den gelösten Zustand überwechseln.

Wie anhand von Abb. 1.1-3d gezeigt wird, wachsen Partikeln einer Aerosolpopulation mit hohem löslichen Anteil je nach chemischer Zusammensetzung oder Gemische aus löslichen Teilen mit unlöslichem Kern bei wachsender relativer Feuchte stark an, während die Größe der hydrophoben Partikeln von Feuchteänderungen nahezu unbeeinflußt bleibt (Svenningson et al. 1992; Eichel 1996).

Das zweite wichtige Merkmal ist der Hysteresiseffekt, der besagt, daß die Wassergehalte bei sinkender Feuchte etwas höher sind als bei steigender Feuchte (gestrichelter Verlauf in Abb. 1.1-3). Beim Seesalz ist dies beim Unterschreiten von 75% Feuchte bis herab zu 60 bis 55% besonders auffallend (Abb. 1.1-3c). Hauptursache für den Hysteresiseffekt ist die Bildung übersättigter Lösungen bei sinkender Feuchte. Als weitere Ursache können auch Effekte wie verstärktes

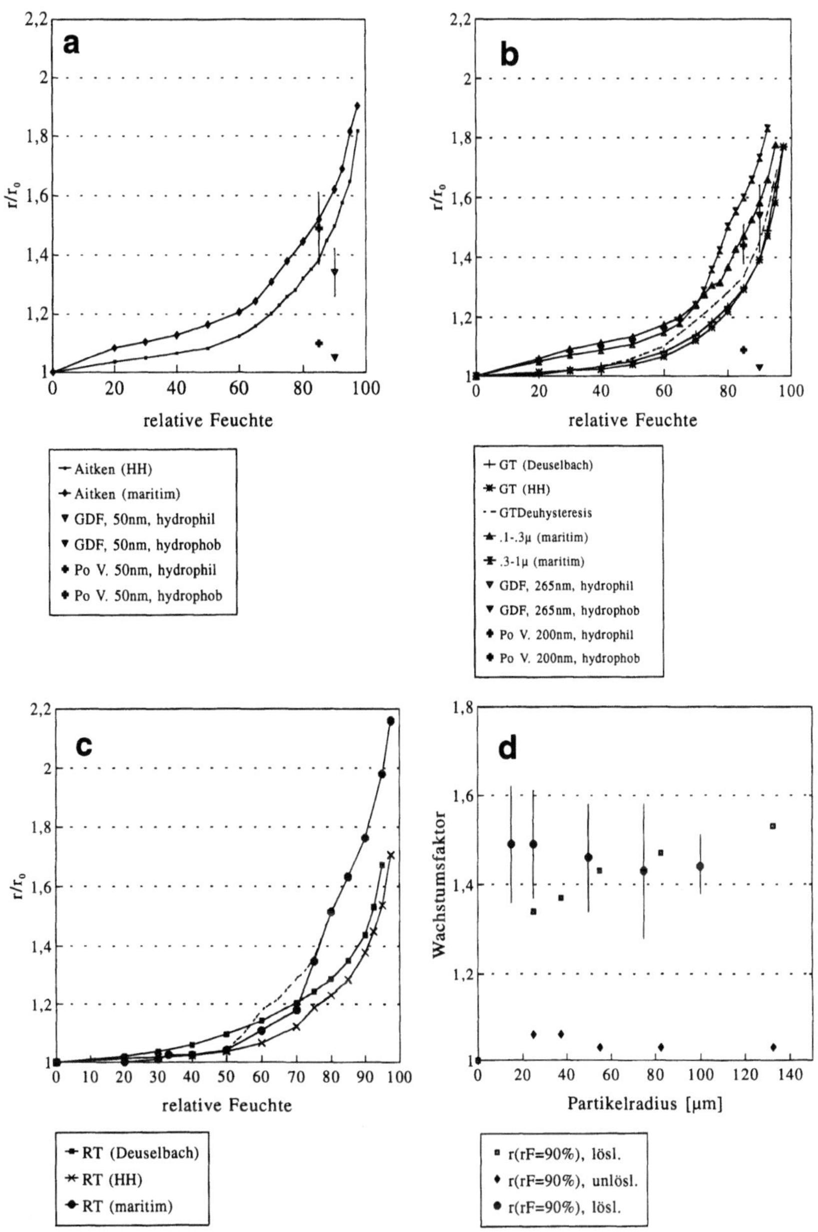

Abb. 1.1-3. Wachstum von Aerosolpartikeln mit der relativen Feuchte. **a:** Aitkenpartikeln von Hamburg und Atlantik, Symbole: Messungen in Great Dun Fell (England) und Po-Ebene (Martinsson et al. 1979). **b:** große Partikeln von Deuselbach (ländlich), Hamburg (Stadtaerosol), Atlantik (2 Größenklassen), Symbole: Great Dun Fell (England) und Po-Ebene. **c:** Riesenpartikeln von Deuselbach (ländlich), Hamburg (Stadtaerosol), Atlantik. Die Linien ohne Symbole charakterisieren den Hysteresiseffekt bei sinkender Feuchte. **d:** Wachstumsfaktoren löslicher und unlöslicher Partikeln als Funktion des Radius (Svenningson et al. 1997)

Festhalten von Wasser in Kapillaren „schwammartiger“ Partikeln in Frage kommen, also in Partikeln, die infolge von Koagulation entstanden sind und innere Hohlräume aufweisen. Eine solche Struktur ist aus Aufnahmen mit dem Elektronenmikroskop belegt.

1.1.6 Chemische Zusammensetzung

Zur chemischen Zusammensetzung tragen zahlreiche Quellen bei, wobei je nach Witterung, Tages- und Jahreszeit die verschiedenen Prozesse unterschiedliches Gewicht erhalten und die chemische Zusammensetzung des Aerosols eine entsprechende Variabilität aufweist. Einige der Prozesse sind in Tabelle 1.1-3 zusammengestellt.

1.1.6.1 Mineralaerosol

Das Aufwirbeln von Bodenmaterial ist eine wichtige Quelle von Aerosolpartikeln. Es sei nur daran erinnert, daß die fruchtbaren Lößböden Mitteleuropas alle äolischen Ursprungs sind. Heute ist der Wüstengürtel der Erde eine starke Quelle von Mineralaerosol. Saharastaub wird mit dem Passatwind bis in die Karibik verfrachtet (Schütz 1980; Delany et al. 1967), Staub der Wüste Gobi wurde in Hawaii nachgewiesen.

Den Transport von Saharastaub nach Deutschland findet man vor allem im Frühjahr (April, Mai), da um diese Jahreszeit Kaltluftvorstöße nach Nordafrika vielfach Sandstürme auslösen und die Staubmassen bei starken Meridionaltransporten auch Deutschland überqueren und bis Grönland nachgewiesen sind. Die Häufigkeit solcher Ereignisse ist mit ca. 10mal pro Monat im Frühjahr relativ hoch, allerdings ist der Mineralstaubanteil am Gesamtaerosol meist nur gering, wie langjährige Meßreihen in Hamburg gezeigt haben. In anderen Jahreszeiten kommen Saharastaubausbrüche nach Deutschland zwar auch vor, jedoch weniger häufig. Saharastaubfälle spektakulären Ausmaßes sind seltener, aber vielfach belegt (z.B. Reiter et al. 1985). In den ersten 1000 km Quellentfernung sedimentieren Partikeln >1 μm Radius in der Regel weitgehend aus, während kleinere Partikeln nur wenig deponiert werden (Schütz 1981).

Bestandteile des Mineralaerosols sind natürlich hauptsächlich Quarz (SiO_2), Oxide (Al_2O_3), aber auch Phosphor. Der Eintrag von Saharastaub z.B. in Spanien liefert hohe Beiträge zur Düngung (Avila et al. 1998). Mineralstaub reagiert alkalisch wegen seines hohen Karbonatgehaltes und ist daher in der Lage, Säure zu binden. Diesbezügliche Abschätzungen von Dentener et al. (1996) haben ergeben, daß in der Größenordnung von 40% der HNO_3-Konzentration und ebensoviel SO_2 an Mineralpartikeln gebunden werden kann.

Die großen Prärien der USA waren in den 30er Jahren sehr anfällig für Winderosion und haben zu großen Verlusten von wertvoller Akkerkrume geführt. Reiter et al. (1984) konnten auch in jüngerer Zeit anhand von Satellitenphotos einen Fall dokumentieren, bei dem Mineralstaub aus dem mittleren Westen der USA bis nach Europa verfrachtet wurde.

Die Obergrenze von Staubstürmen erreicht Höhen von typischerweise 5 km, selten auch 6 km, wie aus Pilotenberichten bekannt ist, so daß das Vorkommen von Mineralaerosolen auf niedrigere Höhen beschränkt bleibt.

1.1.6.2 Maritimes Aerosol

Beim Zerplatzen von Luftblasen im Meer (Schaumkronen) entstehen 2 bis 3 große „Jet-Tropfen" und zahlreiche kleine „Filmtropfen" aus dem zerreißenden Flüssigkeitsfilm (Abb. 1.1-4). Die Tropfen, die von der Wasseroberfläche infolge von Turbulenz nach oben getragen werden, können abtrocknen und bilden Seesalzpartikeln.

Zum Teil kann auch organisches oberflächenaktives Material, das aus biologischen Prozessen stammt und manchmal große Gebiete (sog. Slicks) an Konvergenzlinien oder Stromgrenzen bedeckt, mit in das Aerosol überführt werden (Barger u. Garrett 1976). Mikroorganismen wie Algen können ebenfalls über Gischtbildung in die Luft gelangen. Wiederholt wurde Vermutungen nachgegangen, daß es bei der Filmbildung platzender Blasen zu Ionentrennung kommen könne und die chemische Zusammensetzung der entstehenden Aerosolpartikeln nicht der des Seewassers entspräche (Block u. Lücke 1968; Komabaya-

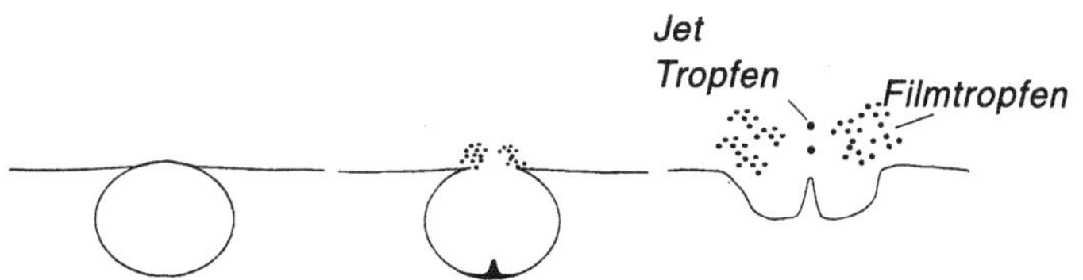

Abb. 1.1-4. Entstehung von Seesalzaerosol durch Platzen von Luftblasen an der Meeresoberfläche (Schaumkronen, Gischt). Es entstehen wenige Jet-Tropfen und sehr zahlreiche Filmtropfen

si 1964). Diese Vermutungen ließen sich nicht glaubhaft bestätigen (Gravenhorst 1975).

Bei Verfügbarkeit von Säuren wie HNO_3 oder H_2SO_4 reagieren Seesalzpartikeln vermöge der Reaktion

$$NaCl_{aer} + H^+ \rightarrow Na_{aer} + HCl_g$$

wobei gasförmige Salzsäure freigesetzt und $NaNO_3$ oder Na_2SO_4 gebildet werden (Möller u. Mauersberger 1990). Hierdurch kann es zu markanten Verschiebungen des Na:Cl-Verhältnisses kommen. Abgesehen von dieser Veränderung entsprechen Seesalzpartikeln in ihrer chemischen Zusammensetzung dem Seewasser. Eine andere mögliche Reaktion von Seesalz mit H_2O_2 kann zur Freisetzung von Chlor führen, dessen Reaktivität höher als die des OH-Radikals ist. Beide Reaktionen sind aber nur dort von Bedeutung, wo Seesalz in Gebiete mit hoher anthropogener Belastung mit entsprechenden Reaktanten gelangt.

Die Hauptbestandteile im Seesalz sind:

$$NaCl(81\%), MgCl_2(11\%), MgSO_4(5\%) \text{ und weitere Ionen.}$$

Dabei findet man, daß für Partikeln mit r > 1 μm die Seesalzpartikeln den Hauptbeitrag zur Gesamtmasse liefern (Abb. 1.1-5), bei Partikeln mit r < 1 μm aber anderen Bestandteile, z. B. aus Ferntranspor-

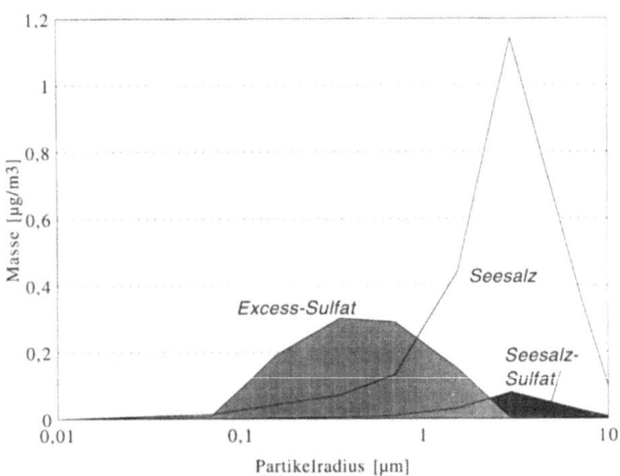

Abb. 1.1-5. Komponenten des maritimen Aerosols: Im Bereich >1 μm findet sich die Hauptmasse des Seesalzes, unterhalb von 1 μm trifft man überwiegend Sulfat-Partikeln an, die aus der Gasphase neu gebildet oder die von Kontinenten auf den Ozean verfrachtet wurden. (Meßergebnisse vom Atlantik nach Gravenhorst 1975)

ten von Kontinenten oder Gas-Partikel-Bildung, eine ebenfalls wichtige Rolle zukommt (Gravenhorst 1975). Die Konzentration von Seesalz nimmt in Bodennähe rasch mit dem Küstenabstand ab, etwa auf 25% nach 15 km bei auflandigem Wind (Rossknecht et al. 1973). In höherem Niveau (1 bis 4 km) dringt Seesalz weiter landeinwärts vor, nach 100 km Küstenabstand beträgt die Abnahme etwa 50% (Junge u. Gustafson 1957; Meszaros 1968).

Da die Schaumbildung stark von der Windgeschwindigkeit abhängt, ist die Seesalzkonzentration ebenfalls eine ausgeprägte Funktion der Windgeschwindigkeit. Die Seesalzkonzentration liegt für Windstärken <2 bei 10 $\mu g/m^3$ und steigt mit zunehmender Windgeschwindigkeit exponentiell an, um bei Windstärke 12 Konzentrationen um 1000 $\mu g/m^3$ zu erreichen (Junge 1963; Lovett 1978; Marks 1987).

Im Bereich der großen Partikeln sind außer Seesalz auch andere Substanzen vorhanden, insbesondere Sulfat, das aus der DMS-Abgabe von Algen gebildet wird. Der nicht aus dem Seesalz stammende Anteil des Sulfats wird auch als Excess-Sulfat bezeichnet. Abb. 1.1.-5 zeigt die Radiuszuordnung von Seesalz, Seesalz-Sulfat und Excess-Sulfat über dem Atlantik (Gravenhorst 1975). Man erkennt, daß die Hauptmasse des Seesalzes im Radiusbereich >1 µm und das Excess-Sulfat im Bereich <1 µm konzentriert sind.

Ein zusätzlicher Grund für die Excess-Sulfat-Bildung liegt auch in der Alkalinität der Seesalztröpfchen begründet, da sich in diesen SO_2 (aus DMS) löst und bei hohem pH-Wert durch Ozon zu Sulfat oxidiert wird. Nach Abschätzungen von Keene et al. (1998a) kann innerhalb von einer Stunde die Seesalzalkalinität durch H_2SO_4 titriert werden. Der pH-Wert sinkt dabei ab und die Effizienz der Ozonoxidation geht zurück. Im Bereich der großen Partikeln ist der Prozeß wegen der großen Aerosoloberfläche relativ wirksam, im Bereich der Riesenpartikeln können etwa 14 bis 20% und maximal bis zu 38% des Excess-Sulfats durch Ozonoxidation gebildet werden (Keene et al. 1998b).

Wegen der ausgesprochen leichten Aktivierbarkeit von Seesalzpartikeln als Kondensationskerne dringt Seesalz kaum in Höhen oberhalb von 2,5 bis 3 km empor („Wolkenfilter").

1.1.6.3 Zusammensetzung großer Partikel

Die großen Partikeln mit $0{,}1<r<1$ µm stellen die Aerosolfraktion mit der längsten Lebensdauer, da die Depositionsgeschwindigkeit gering ist und die Auswaschvorgänge für diese Partikelklasse minimale

mittel konnten sogar 2000 μg/m³ an einzelnen Stationen überschritten werden (Werner 1992a,b), da in der früheren DDR praktisch keine Luftreinhaltemaßnahmen ergriffen wurden. Dies war im Winter mit entsprechend starker SO_4^{2-}-Bildung verknüpft. Seit 1990 ist in Sachsen ein starker Rückgang der Aerosolbelastung (vgl. Abb. 1.1-8; nach Bieber 1999, pers. Mitteilung) zu verzeichnen, die schlesischen und böhmischen Gebiete hinken aber nach. Im Winter, wenn es über Schnee zur Bildung sehr stabil geschichteter Kaltluftmassen kommt, treten starke Akkumulationen des Aerosols in Bodennähe auf. Eine Extremsituation mit Smog durch Ferntransport wurde z.B. 1982 in Hamburg aufgezeichnet mit Aerosolmassenkonzentrationen bis 800 μg/m³ und Rußkonzentrationen bis 50 μg/m³ (Winkler et al. 1983; Blanchet et al. 1986). Die stark verschmutzte Luftschicht war nur 200 bis 300 m mächtig (Klapheck et al. 1983), oberhalb wurden normale Konzentrationen von 20 μg/m³ angetroffen. Bei stagnierenden Wetterlagen können Smogsituationen dieser Art bis 1 Woche dauern. Inzwischen sind solche Extremsituationen seltener geworden bzw. in ihrer räumlichen Ausdehnung zurückgegangen (s. Abschnitt 1.1.6.7). Bei solchen Smoglagen kann es durch starke Ausstrahlung auch zur Bildung von Hochnebel an der Obergrenze einer bodennahen verschmutzten Schicht kommen, verbunden mit einem schwachen Nieseln. Die Deposition nimmt dabei zu, die Nieseltröpfchen sind dann meist hochkonzentriert, und diese Selbstreinigung begrenzt die Maximalkonzentrationen des Aerosols auf Werte um 200 μg/m³. Wenn keine Schneedecke vorhanden ist, sorgt ein höherer Turbulenzgrad der Luft für besseren Vertikalaustausch, und die verschmutzte bodennahe Schicht hat Mächtigkeiten von 500 bis 600 m mit entsprechend verringerten Spitzenkonzentrationen.

Während in Europa die SO_2-Emissionen rückläufig sind (vgl. Bd. 1A, Kap. 2.2) und damit auch die Sulfatkonzentration im Aerosol zurückgeht, ist weltweit gesehen die SO_2-Emission durch den steigenden Energiebedarf im Anstieg begriffen (Dignon u. Hameed 1989; Hameed u. Dignon 1992). Die Konzentration von Sulfat-Partikeln im Bereich der großen Partikeln dürfte daher weltweit zunehmen. Aus Meßreihen in Hamburg ließ sich für Mitteleuropa der Schluß ziehen, daß der mittlere Partikelradius der Sulfat-Partikeln geringer wird, denn die Anzahldichte der großen Partikeln zeigte eine Zunahme, während die Aerosol-Gesamtmasse zurückging. Dies Verhalten kann nur durch eine Zunahme des Dispersionsgrades, also eine Abnahme des mittleren Partikelradius erklärt werden (Kaminski u. Winkler 1994).

1.1.6.4
Zusammensetzung von Riesen- und Aitkenpartikeln

Langjährige Meßreihen aus Hamburg (Kaminski u. Winkler 1994) zeigen, daß die Riesenpartikeln vergleichsweise viel Nitrat enthalten. Das NO_3/SO_4-Verhältnis bei den großen Partikeln beträgt etwa 0,8, bei den Riesenpartikeln dagegen 1,4. Wegen der mehr alkalischen Reaktion der Riesenpartikeln gegenüber dem starken Säuregehalt der großen Partikeln kann sich gasförmige Salpetersäure stärker an die Riesenpartikeln anlagern und somit den relativ hohen Beitrag zur Ionenbilanz erklären (Warneck 1987). Im Bereich der großen Partikeln treibt nämlich die dort stärker vorhandene Schwefelsäure wegen ihres höheren pK-Wertes die Salpetersäure bei niedrigen Feuchten (d.h. tiefer pH-Wert) aus, die sich dann bevorzugt an die Riesenpartikeln anlagert.

In der Größenklasse der Riesenpartikeln haben Luftreinhaltemaßnahmen zu stark rückläufigen Konzentrationen geführt. Die Großkessel-Feuerungsverordnung und Entstaubungsmaßnahmen im Industriebereich, aber auch der Rückgang der Kohlenutzung zur Gebäudeheizung haben zu einem höheren Säuregrad des Aerosols geführt. Zu erkennen ist dies an der Absenkung des pH-Werts im Niederschlag vor allem in den neuen Bundesländern infolge des Rückgangs alkalischer Flugasche (Marquardt et al. 1996). Elemente wie Ca, Ti, Fe, Ba sind im Bereich der Riesenpartikeln zu finden, da sie hauptsächlich aus Bodenquellen stammen (Ketelsen u. Knöchel 1985).

Wegen der relativ hohen Sedimentationsrate der Riesenpartikeln (>1 cm/s) ist deren chemische Zusammensetzung stärker lokal geprägt als die der großen Partikeln.

Die Aitkenpartikeln sind von der Masse her unbedeutend, da sie weniger als 10% zum Gesamtaerosol beitragen. Als wichtig anzusehen ist aber der hohe Rußanteil in dieser Größenklasse und dessen hoher Dispersionsgrad (Heintzenberg u. Winkler 1984). Langjährige Untersuchungen in Hamburg ergaben, daß $(NH_4)_2SO_4$ den Hauptbestandteil der Aitkenpartikel neben NH_4NO_3 bildet (Kaminski u. Winkler 1994).

Aufgrund einer Bilanzbetrachtung über organische Substanzen kommt Jaenicke (1978) zu dem Schluß, daß Aitkenpartikeln zu etwa 25 bis 30% organisches Material enthalten müßten. Dazu kommen eine Reihe von Schwermetallen, allerdings liegt ihre Konzentration meist um mehr als eine Größenordnung unter der von Schwefel, dem Hauptelement. Die Vermutung liegt nahe, daß diese Metalle über flüchtige Verbindungen, z.B. Methylierung durch Bakterien (Wood 1974), in die Luft gelangen und über Gas-Partikel-Umwandlung in

Spuren in den Aitkenkernbereich überführt werden (Schütz et al. 1978).

1.1.6.5 Organische Substanzen

Organische Substanzen können über direkte Emission oder durch Kondensation schwerflüchtiger organischer Gase zum Aerosol beitragen (s. Bd. 1A, Kap. 2.8.2). Direkte Emissionen aus der Pflanzenwelt von Pollen und Sporen sind jahreszeiten- und witterungsabhängige Vorgänge, die episodenhaft hohe Beiträge liefern können (z.B. Petersen 1968). Diese Art „biologischen Aerosols“ soll ja – evolutionsmäßig betrachtet – zum Genaustausch zwischen Pflanzenbeständen an unterschiedlichen Orten beitragen. Gräser, aber auch Koniferen können bei günstiger Witterung große Mengen an Pollen freisetzen, die als Allergieauslöser bei dafür disponierten Menschen unangenehme Wirkungen hervorrufen können. Die Hauptmenge dieser Partikeln verbleibt in Bodennähe und damit ortsgebunden. Weiträumige Verfrachtungen im Einzelfall sind jedoch nicht ungewöhnlich.

Komplex und noch wenig geklärt ist der Übergang schwerflüchtiger Substanzen aus der Pflanzenwelt zum Aerosol. Solche Substanzen werden von den Pflanzen bei hohen Temperaturen freigesetzt, um Wasserstreß zu mindern oder um zu hohe Blattemperaturen bei starker Einstrahlung zu vermeiden. In der Luft werden diese Substanzen dann oxidiert oder anderweitig umgewandelt, so daß sie wasserlöslich werden und sich dann leicht an das Aerosol anlagern. Möglich sind auch Adsorptionsgleichgewichte am Aerosol. In den großen Waldgebieten der Appalachen hat die mit der starken Aerosolbildung verknüpfte Umwandlung solcher Gase zur Namensgebung „Smoky Mountains“ geführt.

Mit welchen Zeitkonstanten organische Gase ins Aerosol überführt werden, hängt von der Reaktivität der Substanzen z.B. mit OH und dessen Bildungsbedingungen (Temperatur, Strahlung) ab. Die Überführung ins Aerosol kann je nach Wetterbedingungen und Wind daher auch entfernt vom Emissionsort stattfinden. Mehrere hundert Einzelsubstanzen wurden im Aerosol identifiziert (Ketseridis et al. 1976, sowie Zusammenstellung in Seinfeld u. Pandis 1998). Die Kenntnis der organischen Aerosolfraktion ist daher noch sehr unvollständig. Massenmäßig liegt der organische Anteil im Aerosol bei 25 bis 30% und umfaßt vorwiegend organische Säuren, Basen und Neutralstoffe. Über jahreszeitliche Variationen liegen praktisch keine Ergebnisse vor. Details, soweit überhaupt bekannt, sind in Warneck (1987) zu finden.

1.1.6.6
Jahreszeitliche Variation

Die verschiedenen Quell- und Senkenprozesse und deren jahreszeitenabhängige Wirksamkeit führen auch zu jahreszeitlichen Variationen der Aerosolzusammensetzung. Die anthropogenen Emissionen (z. B. Heizung), die photochemische Aktivität und deren Auswirkung auf Gas-Partikel-Bildung, Temperaturabhängigkeit der SO_2 oder NO_x Oxidation, nasse Deposition, Transport durch Wind oder Konvektion sind Prozesse, die jahreszeitlich unterschiedlich intensiv ausfallen.

Nach Nodop (1990) treten die höchsten Sulfatkonzentrationen im europäischen bodennahen Aerosol im Februar/März auf, in Skandinavien dagegen im Mai, in Polen im Dezember. Das Minimum fällt in den Zeitraum September–November.

Auch die relativen Beiträge der Ionen im Aerosol variieren mit der Jahreszeit, wie Untersuchungen in Hamburg gezeigt haben (Kaminski u. Winkler 1994). Der relative Sulfatanteil der Riesenpartikeln besitzt ein Februarmaximum und ein Augustminimum, in den Aitkenpartikeln dagegen ein Sommermaximum und Winterminimum. Beim Nitrat liegen die Verhältnisse umgekehrt. In den Riesenpartikeln geht das Sulfat parallel zum Chlorid, es existiert also ein starker Seesalzanteil infolge der Winterstürme. Die hohe Sulfatbildung im Sommer im Aitkenkernbereich ist photochemisch bedingt. Der damit verbundene hohe Säureanteil treibt Nitrat aus (als HNO_3), weshalb es in dieser Partikelfraktion zum Nitratminimum im Sommer kommt. Die großen Partikeln verhalten sich ähnlich den Aitkenpartikeln, so daß sich die freigesetzte HNO_3 dann vorzugsweise an die Riesenpartikeln bindet und so zu den höheren Anteilen im Sommer führt.

1.1.6.7
Langzeitveränderungen

Von einzelnen Orten in Deutschland liegen längere Meßreihen der Gesamtaerosolmasse vor. In Hamburg zeigte sich dabei eine ständige Zunahme der Aerosolmassenkonzentration bis Mitte der 80er Jahre und danach ein allmählicher Rückgang (Kaminski u. Winkler 1994). Die Abnahme seit 1985 wurde sehr wahrscheinlich durch Luftreinhaltemaßnahmen bewirkt, bei denen vor allem der Grobstaub (Riesenpartikeln) verringert wird. Feinstaub im Bereich der großen Partikeln läßt sich in Filteranlagen nur schwer zurückhalten und hat kaum einen Rückgang gezeigt.

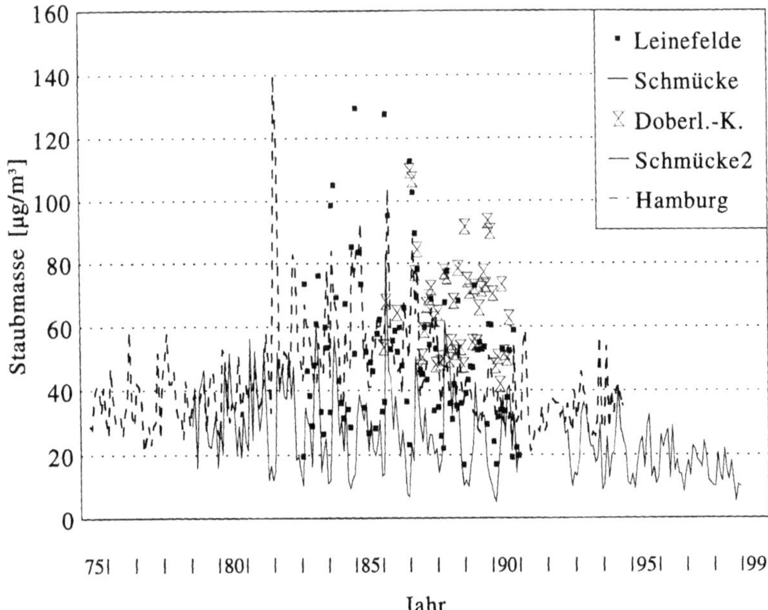

Abb. 1.1-8. Langzeitveränderung der Aerosolgesamtmasse an verschiedenen Orten Deutschlands

Bedeutsam ist ein Vergleich mit Meßstationen aus der früheren DDR (Bieber 1999, pers. Mitteilung). Die als mindestens ländlich einzustufende Station Schmücke im Thüringer Wald (937 m Seehöhe) zeigte trotz ihrer Höhenlage häufig ähnlich hohe Werte wie die Stadtstation Hamburg (Abb. 1.1-8). Industrienähere, aber immer noch ländliche Stationen wie Leinefelde und Doberlug-Kirchhain (Sachsen), für die Daten aus der begrenzten Periode 1983 bis 1990 vorliegen, zeigen im Mittel Werte, die oberhalb der in Hamburg beobachteten Werte lagen. Im Jahresverlauf traten die monatlichen Spitzenkonzentrationen meist im Januar und Februar auf, also wenn aufgrund schlechter Austauschbedingungen die Akkumulation von Schadstoffen begünstigt war.

Monatswerte	Hamburg (1976–94)	Schmücke (1979–98)	Leinefelde (1983–90)	Doberlug-K. (1985–90)
Mittl. Konzentration µg/m^3	44	25	51	66
Spitzen-konzentration µg/m^3	140 (1982)	83 (1986)	130 (1985)	110 (1987)

Inzwischen sind infolge der Umstrukturierungsmaßnahmen in den neuen Bundesländern die Aerosolmassenkonzentrationen auf „normale" Werte abgesunken. So wurden in Schmücke seit Mitte 1994 30 $\mu g/m^3$ als Monatsmittel nicht mehr überschritten, und der Gesamtmittelwert ist auf 19 $\mu g/m^3$ abgesunken.

1.1.6.8 Toxische Substanzen im Aerosol

Eine Reihe potentiell toxischer Substanzen aus anthropogener Aktivität gelangt direkt als Aerosol in die Umwelt oder lagert sich an das Aerosol an. Es gibt daneben auch Hinweise auf natürliche Quellen, z. B. von Schwermetallen aus bakterieller Aktivität im Boden und im Wasser (Wood 1974) sowie aus höheren Pflanzen (z. B. Beauford et al. 1975), die sich an Aerosolpartikeln anlagern. Die dadurch in die Luft gelangenden Mengen sind allerdings gering.

Anhand einiger prominenter Beispiele kann gezeigt werden, daß das Aerosol eine wichtige Rolle bei der Verbreitung toxischer Substanzen in der Umwelt und den weiteren Kreisläufen dieser Substanzen spielt. Denn betrachtet man die gesamte Atmosphäre, so gelangen zunächst Substanzen anthropogenen Ursprungs aus zahlreichen Quellen wie Industrie, Energieerzeugung, Verkehr, Hausbrand usw. in die Luft (s. Bd. 1A, Kap. 2.1), verbleiben dort eine gewisse Zeit und werden dann mit Senkenprozessen wie Niederschlag oder trockener Deposition aus der Atmosphäre entfernt. Für den Boden oder das Meer stellen die nasse und trockene Deposition aber Quellen dar, und der Stoffkreislauf setzt sich dort unter anderen Bedingungen fort.

In bezug auf die Umweltbelastung werden für potentiell toxische Stoffe meist Grenzwerte vorgesehen, die nicht überschritten werden dürfen. Dabei wird als ein Grenzwert die Immission über eine bestimmte Dauer ermittelt (z. B. Stunde, Monat, Quartal) und als zweiter Grenzwert der 95%-Wert angegeben, bei deren Überschreitung jeweils Maßnahmen ergriffen werden sollen, um unerwünschte Wirkungen zu vermeiden. Die Allgemeingültigkeit einer solchen Festlegung von Grenzwerten ist zu bezweifeln, da z. B. die Pflanzen zahlreichen Streßbedingungen ausgesetzt ist und der zusätzliche toxische Stoff einen weiteren Zusatzstreß darstellt. In rauhen Klimata wird daher ein Grenzwert für die Immission anders zu werten sein als unter günstigen Wuchsbedingungen (s. Bd. 2A, Kap. 4.3).

Für toxische Substanzen, die stochastisch wirken, kann ein Schwellenwert überhaupt nicht definiert werden. Ein eingeatmetes radioaktives Aerosolpartikel z. B., das in der Lunge abgeschieden wird, strahlt vermöge der Halbwertszeit der enthaltenen Isotope, und eine cancerogene Wirkung, die mit einer gewissen Wahrscheinlichkeit eintritt, kann trotz geringster Gesamtdosis ausgelöst werden (vgl. Bd. 2B, Kap. 2).

Potentiell toxische Stoffe, die über das Aerosol in die Umwelt gelangen, sind Schwermetalle, Bleialkyl aus verbleitem Benzin, polyzyklische aromatische Kohlenwasserstoffe (PAH's), Polychlorierte Biphenyle (PCB's), Hexachlorbenzol (s. Bd. 2B, Kap. 1.5), Quecksilber, Dioxine und Furane (s. Bd. 2B, Kap. 1.6). Müllverbrennungsanlagen zählen hierbei zu den Quellen für Schwermetalle.

Nach Untersuchungen zur Radiusabhängigkeit der Schwermetallkonzentration im Aerosol zeigen die verschiedenen Elemente nach Wagner u. Georgii (1984) sowie Michaelis u. Stößel (1986) typische Verteilungen: Hauptsächlich mineralisch gebundene Elemente wie z.B. Ti weisen die höchsten Konzentrationen im Bereich der Riesenpartikeln auf mit einem Abfall zu kleineren Radien hin. Zn, das aus verschiedenen Quellen stammt, besitzt ein Maximum bei etwa 0,5 µm Radius. Elemente, die flüchtige Verbindungen eingehen, gelangen wahrscheinlich durch Gas-Partikel-Umwandlung ins Aerosol wie z.B. Pb und Cd. Sie besitzen die höchsten Konzentrationen bei kleinen Radien (Abb. 1.1-9).

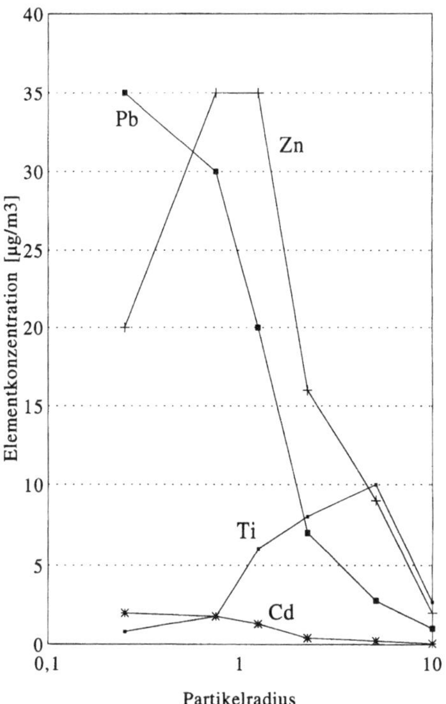

Abb. 1.1-9. Verteilung ausgewählter Schwermetalle in Aerosolpartikeln als Funktion des Radius. (Nach Michaelis u. Stößel 1986)

Vergleichende Untersuchungen zum Schwermetallgehalt im Aerosol von Stadtluft und von Reinluft (Nottrod et al. 1980) anhand von Filterproben zeigen den starken Konzentrationsabfall mit zunehmender Quellentfernung. Man erkennt eine um Faktoren zwischen 20 und 100 höhere Konzentration der Schwermetalle in Stadtluft im Vergleich zum ländlichen und zum Reinluftaerosol.

$\mu g/m^3$	Fe	Cd	Zn	Pb
Frankfurt Stadt	0,85	0,22	0,14	0,52
Kleiner Feldberg	0,24	–	0,046	0,085
St. Moritz	0,053	0,009	0,006	0,007

Anhand der nachfolgend dargestellten Beispiele soll erläutert werden, wie potentiell toxische Stoffe über das Aerosol in die Umwelt gelangen und sich dort weiter verteilen.

Beispiel PAH: PAH's entstehen bei jeder unvollständigen Verbrennung und Pyrolyse von organischem Material. Neben natürlichen Quellen wie z.B. Waldbränden sind als anthropogene Quellen der KFZ-Verkehr, industrielle Verbrennungs- und Pyrolyseprozesse sowie Hausbrand zu nennen. Die Affinität der PAH's zum Aerosol läßt sich durch den K_p-Wert beschreiben, der die Verteilung zwischen gasförmigen und am Aerosol absorbierten Teilen beschreibt.

$$\log K_p = -1{,}028 \log(p^\circ) - 8{,}4$$

wobei p° der Dampfdruck in Torr ist und K_p in $m^3/\mu g$ (Pankow 1994). K_p hängt von der Temperatur ab. PAH's, für die log p° (Torr) etwa 6 beträgt, liegen in gleichen Anteilen gasförmig und aerosolgebunden vor. Liegt log p° niedriger, so überwiegt der an das Aerosol gebundene Anteil.

Während es umfangreiche Literatur zur Verteilung der einzelnen PAH's gibt (s. z.B. Zusammenstellung in Seinfeld u. Pandis 1998), sei auf einen Ausbreitungsweg bis in das Grundwasser hingewiesen, der von Kühnhardt u. Nießner (1994) aufgeklärt wurde. Partikelgebundene PAH's gelangen danach vor allem durch den Niederschlag auf den Boden und können aufgrund der starken Absorption an Partikeln über Sickerwassertransport durch Spalten und Risse in das Grundwasser gelangen. Die Filterwirkung des Bodens nimmt bei Wassersättigung ab. Die Grundwasserbelastung mit PAH's folgt dabei einem Jahresgang, der vor allem durch die Heizperiode im Winter geprägt wird. Entscheidend ist, festzuhalten, daß die PAH's auch im Sicker-

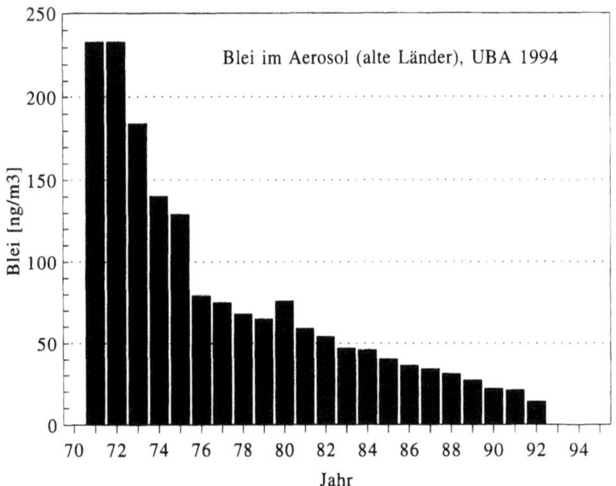

Abb. 1.1-10. Zeitlicher Verlauf des Bleigehaltes im atmosphärischen Aerosol der alten Bundesländer in Deutschland. (Nach UBA 1994)

wasser partikelgebunden bleiben, wenn auch die einzelnen Beiträge der verschiedenen PAH's sich beim Transport verändern.

Beispiel Blei: Blei wird in vielen Verarbeitungsprozessen verwendet und gelangt in relativ hohen Konzentrationen in die Umwelt, z. B. aus Batterien, Kraftstoffen, Legierungen und Farbanstrichen. Besonders das Alkylblei aus Benzin und Abgase aus Müllverbrennungsanlagen führen zur Anlagerung von Blei an Aerosolpartikeln. Während 1970 und 1971 noch in Deutschland die mittlere Blei-Immission etwa 230 ng/m^3 betrug, ist sie mit Einführung des Benzinbleigesetzes und anderer Luftreinhaltemaßnahmen bis 1991 und 1992 auf 21 bzw. 14 ng/m^3 gesunken (UBA 1994). Es muß berücksichtigt werden, daß an diesem Rückgang auch die Zunahme der Westwindlagen im Winter beteiligt ist, weshalb es in jüngerer Zeit seltener zu stagnierenden Wetterlagen verbunden mit einer starken Akkumulation von Aerosolpartikeln in Bodennähe kam (Abb. 1.1-10). In früherer Zeit lagen die Bleikonzentrationen noch deutlich niedriger. Aus den Bleigehalten von Moosen, deren Nährstoffe ausschließlich aus Stoffeinträgen durch Niederschläge (d. h. Aerosolauswaschung) stammen, lassen sich Vergleichszahlen zu heute aus alten Vegetationsschichten (Torf) erschließen. Kempter (1996) leitete auf diese Weise ab, daß im Mittelalter die Einträge etwa 40% der heutigen Werte betrugen und in der Völkerwanderungszeit nur 10%. In anderen Untersuchungen lassen sich anthropogene Schwermetallablagerungen in ombrotrophen Mooren, Polareis und aquatischen Sedimenten gar bis zu Beginn umfangreicher Schwermetallgewinnung vor etwa 3000 Jahren zurückverfolgen (s. Bd. 1A, Kap. 1.2).

Interessant ist auch der Eintrag von Blei in die Nordsee, wo es ja keine direkten Emittenten gibt. Der über das Aerosol bzw. das vom Niederschlag ausgewaschene Aerosol bedingte Eintrag betrug im Jahr 1990 ungefähr 960 t, d.h. etwa 25% des Gesamteintrags erfolgte über das Aerosol.

Eintrag von Blei in die Nordsee 1990 über den Luftpfad (UBA 1994)

Gesamt 1990	Nordsee	Anteil des Aerosols
Flüsse, Verklappung	3900 t	
Niederschlag (Aerosol)	960 t	(25%)

Eine Rückabschätzung auf die Verhältnisse im Jahr 1970 ergibt, daß damals der Eintrag über Aerosol (Niederschlag) etwa das 3- bis 4fache betragen hat und ungefähr die Hälfte des Gesamteintrages in die Nordsee über das Aerosol und dessen Niederschlagsauswaschung erfolgte. Eine andere Abschätzung von Michaelis u. Stößel (1986) anhand von Depositionsmessungen auf der Insel Pellworm ergab eine ähnliche Größenordnung.

Beispiel Störfall Algeciras: Im Juni 1998 wurden an zahlreichen europäischen Standorten erhöhte radioaktive Konzentrationen im Aerosol gemessen, die durch Cäsium-137 hervorgerufen wurden. Es konnte sich nicht um altes, vom Boden aufgewirbeltes „Tschernobyl-Cäsium“ handeln, da sonst Cs-134 gleichzeitig hätte beobachtet werden müssen. Das Cs-137 wurde am 12.6.98 aus dem Stahlwerk Acerinox in Algeciras in Südspanien freigesetzt. Die folgende Tabelle 1.1-4 gibt einige Meßwerte an verschiedenen Überwachungsorten Europas wieder:

Tabelle 1.1-4. Konzentrationsmessung von Cäsium-137 an verschiedenen europäischen Orten nach einem Störfall in Spanien (Weiss 1999)

Station	Land	Probenzeitraum	Cs-137 [$\mu Bq/m^3$]
Zugspitze	D	01.06.–08.06.98	21,8
Schauinsland	D	01.06.–08.06.98	17,2
München	D	01.06.–08.06.98	9,4
Braunschweig	D	01.06.–08.06.98	2,1
Mailand	I	01.06.–03.06.98	1700
La Seyne sur Mer	F	25.05.–02.06.98	2430
Nizza	F	02.06.98	2100
Bilthoven	NL	29.05.–05.06.98	5,8
Cern	CH	25.05.–02.06.98	32
Mte Ceneri	CH	25.05.–08.06.98	152
Prag	CZ	02.05.–05.06.98	4,7

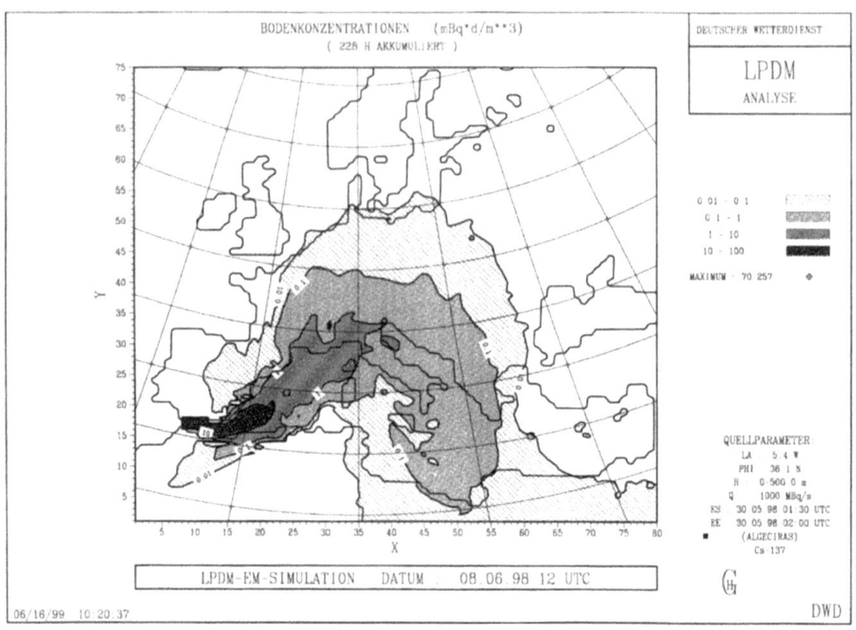

Abb. 1.1-11. Ausbreitung einer Cäsium-137-Wolke, die bei einem Störfall in Südspanien freigesetzt wurde, anhand einer Rechnung mit realistischen meteorologischen Bedingungen. (Nach Glaab u. Jacobsen 1999)

Man erkennt, daß die radioaktive Wolke zu verschiedenen Zeiten an den einzelnen Orten eintraf und hauptsächlich die südeuropäischen Standorte berührte. Eine vom Deutschen Wetterdienst durchgeführte Ausbreitungsrechnung für das radioaktive Aerosol mit einem relativ hochauflösenden Modell und realistischer Meteorologie zeigt in der Karte (Abb. 1.1-11) mit den über 228 Stunden (9,5 Tage) akkumulierten bodennahen Konzentrationen die Ausbreitung der Aerosolwolke mit der mittleren Luftströmung. Wichtig ist auch die Verbreiterung infolge der atmosphärischen Turbulenz und Austauschvorgänge, wodurch große Gebiete West-, Mittel-, und vor allem Südeuropas auch außerhalb der direkten Trajektorie erfaßt wurden. Die Konzentrationen blieben zwar an allen Stationen weit unter gesundheitsgefährdenten Schwellenwerten, das Beispiel vermittelt aber einen Eindruck für die Komplexität der atmosphärischen Ausbreitungsvorgänge.

1.1.7 Lebensdauer

Der Begriff Lebensdauer wird in der Literatur nicht einheitlich verwendet. Es ergibt sich ein unterschiedlicher Bezug je nachdem, ob sich die Aussage auf die Anzahldichte (Größenverteilung) bezieht oder ob die Inhaltsstoffe gemeint sind, die bei der Betrachtung von Spurenstoffkreisläufen von Interesse sind. Die Lebensdauer von Aerosolpartikeln hängt vom Radius ab, ultrafeine Partikeln koagulieren beispielsweise rasch und verlieren dabei ihre eigenständige Existenz. Ihre Inhaltsstoffe - und damit die Wirkung in der Atmosphäre, beispielsweise die von Ruß - verbleiben aber im Aerosol, sie lagern sich mit andern längerlebigen Partikeln zusammen. Bei Riesenpartikeln geht die Masse mit der Anzahl parallel: Sedimentiert ein solches Partikel aus der Atmosphäre, so ist mit ihm auch die Masse verschwunden. In der folgenden Tabelle 1.1-5 sind Lebensdauern für einzelne Radiusklassen und verschiedene Höhen zusammengestellt (Jaenicke 1988):

Die Hauptprozesse, die die Lebensdauer begrenzen, sind Sedimentation und Niederschlag vor allem bei den Riesenpartikeln und Koagulation bei den ultrafeinen- und Aitkenpartikeln. Im Bereich der großen Partikeln sind alle Prozesse vergleichsweise wenig wirksam, weshalb sich hier die längsten Lebensdauern und damit die größten Verbreitungswege ergeben.

1.1.8 Stratosphärisches Aerosol

Im Höhenbereich von 15 bis 23 km findet sich eine stratosphärische Aerosolschicht, die nach ihrem Entdecker auch als Junge-Schicht bezeichnet wird (Junge 1963). Diese Aerosolschicht hat eine globale Ausdehnung und zeigt besonders nach Vulkanausbrüchen eine große

Tabelle 1.1-5. Lebensdauer von Aerosolpartikeln

	Ultrafeine Partikeln <0,01 μm	Aitken-partikeln 0,01–0,1 μm	Große Partikeln 0,1–1 μm	Riesenpartikeln >1 μm
Untere Troposphäre	<1 h bis 24 h	6 Tage	8 Tage	1–7 Tage
Obere Troposphäre	<1 h bis 24 h	12 Tage	24 Tage	2–10 Tage
Stratosphäre	<1 h bis 24 h	24 Tage	300 Tage	<100 Tage

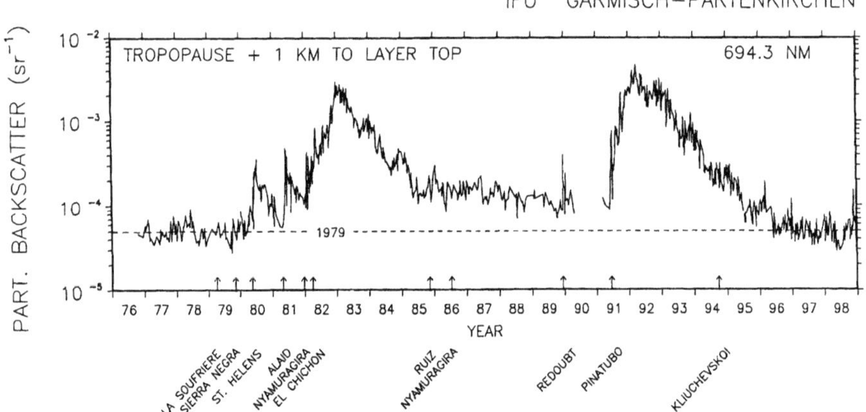

Abb. 1.1-12. Zeitlicher Verlauf des integralen Rückstreukoeffizienten des stratosphärischen Aerosols in Garmisch-Partenkirchen, gemessen mit einem Lidar in der Schicht 1 km oberhalb der Tropopause bis zur Schichtobergrenze (Jäger 1996 und pers. Mitteilung)

Konzentrationszunahme, da sich die vulkanischen Gase im Verlauf von 1 bis 2 Jahren nach dem Ausbruch in Schwefelsäuretröpfchen umwandeln, die dort eine Lebensdauer von etwa 1 Jahr aufweisen und vor allem im Frühjahr durch Tropopausenfaltungen in die Troposphäre gelangen, wo sie vom Regen rasch entfernt werden. Neben H_2SO_4 enthalten die stratosphärischen Partikeln 10 bis 30% HNO_3 und 10 bis 20% H_2O. Der mittlere Partikelradius liegt bei 0,2 µm in ungestörten Zeiten und wächst nach Vulkanausbrüchen auf 0,5 µm an.

Eine Zeitreihe des stratosphärischen Aerosols für Garmisch (Abb. 1.1-12) zeigt nach Vulkaneruptionen das Abklingen der Konzentration auf normale Werte im Verlauf von 1 bis 2 Jahren. Auch die Abschätzung der Lebensdauer stratosphärischer Partikeln aus radioaktivem Aerosol (oberirdische Atombombenversuche) ergab Werte dieser Größenordnung (Moore et al. 1973). Die Aufrechterhaltung der stratosphärischen Aerosolschicht durch Partikelbildung in vulkanfreien Perioden wurde zum Teil auf die Photolyse von OCS mit nachfolgender Oxidation zu Sulfat zurückgeführt, jedoch wird die Bedeutung dieses Prozesses nach Berresheim (1995) überschätzt, und vulkanisches SO_2 scheint die Hauptquelle zu sein.

Die Bedeutung der stratosphärischen Aerosolschicht liegt in ihrem Beitrag zum Ozonabbau in der unteren Stratosphäre (Solomon et al. 1996), der besonders nach Vulkanausbrüchen erhöht ist. Die Variation dieser Aerosolschicht wirkt sich auch auf den diffusen Anteil der kurzwelligen Sonnenstrahlung aus (Köhler et al. 1998).

1.1.9 Klimawirkung des Aerosols

Der unkontrollierte und ungebremste anthropogene Ausstoß von Treibhausgasen wie CO_2, CH_4, Fluorchlorkohlenwasserstoffen (FCKW) und anderen Spurengasen beschwört die Gefahr einer globalen Klimaerwärmung herauf (s. Kap. 4.2). Die Treibhausgase lassen die kurzwellige Sonnenstrahlung nahezu ungehindert durch, halten aber die langwellige Strahlung der Erde zurück, da sie Absorptionsbanden für diese Wellenlängen besitzen und die Strahlungsbilanz verändern können. Aus der Akkumulation der Treibhausgase allein errechnet sich für das Jahr 2100 eine Klimaerwärmung zwischen 1,5 und 4,5 K (Hasselmann et al. 1995), die zu einer drastischen Verschiebung der Klimagürtel und weiteren unabsehbaren Folgen führen würde, insbesondere durch die Beeinflussung des Wasserkreislaufes, der allerdings von den Klimamodellen noch unzureichend dargestellt wird.

Das atmosphärische Aerosol dämpft diese Wirkung und erzeugt den sogenannten Anti-Treibhauseffekt (Graßl 1986; Charlson et al. 1992). Aerosolpartikeln streuen kurzwellige Strahlung zurück und reflektieren sozusagen einen Teil des Sonnenlichtes (Liu et al. 1990). Der negative Strahlungsantrieb liegt in der Größenordnung von $-1{,}5\ W/m^2$ und wird auch als direkte Klimawirkung des Aerosols bezeichnet. Die quantitative Abschätzung ist wegen des Fehlens langer Meßreihen und der großen regionalen Schwankung der Partikelkonzentration entsprechend unsicher (Graßl 1995). Neben der direkten Wirkung gibt es eine sogenannte indirekte Wirkung des Aerosols über die Beeinflussung der Bewölkung durch Kondensationskerne: Je nach ihrer chemischen Zusammensetzung werden Aerosolpartikeln bei Übersättigung der Luft als Kondensationskerne aktiviert (Pruppacher u. Klett 1997; Junge u. McLaren 1971). Mehr Kondensationskerne, wie sie in belasteter Luft z. B. durch eine verstärkte Bildung aus der Gasphase aus aerosolbildenden Spurengasen wie SO_2, NO_x, NH_3 entstehen, führen zu zahlreicheren Wolkentröpfchen in Wolken, die dadurch „heller“ erscheinen, d. h. Sonnenstrahlung besser reflektieren (Grassl 1975; Twomey 1977). Daneben gibt es auch Hinweise dafür, daß sich die Lebensdauer der Wolken bei einem Anstieg der Kondensationskerne erhöht (Albrecht 1989). Sind hohe absorbierende Anteile im Aerosol (Ruß) enthalten, so spielt auch die Verteilung der absorbierenden Teile in Wolkentropfen eine Rolle: Bei homogener Verteilung kann es sogar zu einer Erniedrigung der Wolkenalbedo kommen (Heintzenberg u. Wendisch 1996). In Gebieten mit starker anthropogener Aerosolbildung dürfte sich aber in der Regel die Wolkenalbedo wegen der schlechten Aktivierbarkeit von Rußpartikeln erhöhen, da sie im interstitiellen Aerosol verbleiben. Insgesamt wird dadurch mehr Sonnenstrahlung in den Weltraum reflektiert. Zusätzlich wird durch die Erhöhung der Anzahl von Wolkentröpfchen die Neigung zur Regenbildung gehemmt, da zahlreichere kleine Wolkentropfen langsamer koagulieren und die Entstehung von Regentropfen verzögert wird. Die Abschätzung dieser indirekten Klimawirkung ist noch sehr viel unsicherer als die der direkten Wirkung, so daß ein globaler Mittelwert heute noch nicht angegeben werden kann (Graßl 1995). Es wird jedoch ebenfalls eine Anti-Treihaus-Wirkung erwartet, die in der gleichen Größenordnung (zwischen 0 und –2 W/m^2) wie die der direkten Wirkung liegen könnte.

Für das Verständnis der Klimawirkung sind zwei weitere Gesichtspunkte wichtig: Erstens ist das Aerosol kurzlebig, weshalb sich direkter und indirekter Klimaantrieb rasch verändern können. Außerdem ist das Aerosol im Gegensatz zu den langlebigen Treibhausgasen regional sehr unterschiedlich verteilt. Aerosolpartikeln werden durch den Niederschlag rasch ausgewaschen, weshalb die troposphärische Lebensdauer nur etwa 2 bis 3 Wochen beträgt, gegenüber von Jahrzehnten bis Jahrhunderten der Treibhausgase. Die erwünschten Erfolge bei der Reduzierung der anthropogenen SO_2-Emissionen haben für die betroffenen Industrieregionen die verringerte Bildung von Sulfataerosolen und damit einen verringerten Anti-Treibhauseffekt zur Folge. Die regionale Verteilung der Partikeln ist schwer zu erfassen und unterliegt raschen Veränderungen. Sie führt, ebenfalls im Unterschied zu den sich gleichmäßig in der Atmosphäre verteilenden langlebigen Treibhausgasen, zu einem regional unterschiedlichen Klimaantrieb, weshalb die Auswirkung einer Klimastörung durch das Aerosol sehr komplex wird. Große Naturereignisse wie starke Vulkanausbrüche vermitteln einen Hinweis auf die Größenordnung der Aerosolwirkung. Aus langen Temperaturreihen läßt sich nachweisen, daß es im ersten und oft im zweiten Folgejahr nach einem Ausbruch zu einer Absenkung der globalen Mitteltemperatur um bis zu 0,5 K kommt. Die verzögerte Wirkung entsteht durch die langsame Bildung von Schwefelsäurepartikeln in der Stratosphäre aus dem vulkanischen SO_2, die dort wegen des fehlenden Niederschlags eine lange Lebensdauer besitzen (z. B. Moore et al. 1973). Sedimentation und stratosphärisch-troposphärischer Austausch sind weniger intensive Prozesse, weshalb die Lebensdauer stratosphärischen Aerosols mit 1 bis 2 Jahren sehr viel länger als die troposphärischer Partikeln ist. Sehr große Vulkanausbrüche, wie der des Tambora (1815), haben sogar zu Mißernten und Hungersnöten geführt (1816: „Das Jahr ohne Sommer“; von Rudloff 1967).

Als eine massive Bedrohung des Weltklimas wurde auch der sog. „nukleare Winter“ erkannt, wenn es nach Atomschlägen zu verbreiteten Bränden mit erheblicher Rußbildung kommen sollte. Da Ruß wegen seiner hydrophoben Eigenschaft kaum als Kondensationskern wirksam ist und daher vom Niederschlag nur langsam entfernt wird, haben diese Partikeln eine lange Lebensdauer und vermögen eine drastische Abkühlung durch Abschirmung der Sonneneinstrahlung hervorzurufen (Crutzen et al. 1984; Covey et al. 1984), so daß ausbleibende Sommer als Folge zu befürchten wären. Covey et al. (1984) errechneten mittels eines Modells einen Temperaturabfall von bis zu 30 K in Bodennähe mit so starken Auswirkungen auf das Windfeld, daß eine verläßliche Prognose der Aerosolausbreitung und damit eine Gesamteinschätzung der Auswirkung einer starken Rußschicht auf das Klima nicht möglich war.

1.1.10 Literatur

Albrecht BA (1989) Aerosols, cloud microphysics, and fractional cloudiness. Science 245:1227–1230

Avila A, Alarcon M, Queralt I (1998) The chemical composition of dust transported in red rains-its contribution to the biogeochemical cycle of a Holm Oak Forest in Catalonia (Spain). Atmos Environ 32:179–191

Barger WR, Garrett WD (1976) Surface active organic material in air over the mediterranean and over the eastern equatorial pacific. J Geophys Res 81:3151–3157

Beauford W, Barber J, Barringer AR (1975) Heavy metal release from plants into the atmosphere. Nature 256:35–37

Berresheim H (1995) Sulfur in the atmosphere. In: Singh HB (ed) Composition, chemistry, and climate of the atmosphere, chap 8. Van Nostrand Reinhold, New York, pp 251–307

Bieber E (1999) UBA Meßnetzdatenzentrale Langen, pers Mitteilung

Blanchet JP, Heintzenberg J, Winkler P (1986) Radiative heating during an intense pollution episode in Hamburg, FRG. Beitr Phys Atmos 59:359–374

Block MR, Luecke W (1968) Uneinheitliche Verschiebung der Ionenverhältnisse zwischen Meerwasser und Niederschlägen durch Gischtbildung. Naturwissenschaften 55:441–444

Brosset C (1983) Characterization of acidity in natural Waters. In: Beilke S (ed) Acid Deposition, pp 44–55

Chameides WL, Stelson AW (1992) Aqueous-phase chemical processes in deliquescent sea-salt aerosols: a mechanism that couples the atmospheric cycles of S and sea salt. J Geophys Res 97:20565–20580

Charlson RJ, Schwarz SE, Hales JM, Cess RD, Coakley DA, Hansen JE, Hofmann DJ (1992) Climate forcing by anthropogenic aerosols. Science 255:423–430

Covert DS, Heintzenberg J (1984) Measurement of the degree of internal/external mixing of hygroscopic compounds and soot in atmospheric aerosols. Sci Tot Environ 36:347–352

Covey C, Schneider SH, Thompson SL (1984) Global atmospheric effects of massive smoke injections from a nuclear war: results from general circulation model calculations. Nature 308:21–25

Crutzen PJ, Galbally JE, Brühl C (1984) Atmospheric effects from post-nuclear fires. In: Climate change. Reidel, Dordrecht, pp 323–364

Delany A, Delany AC, Parkin DW, Griffin JJ, Goldberg ED, Reimann BE (1967) Airborne dust collected at Barbados. Geochim Cosmochim Acta 31:885–909

Dentener FJ, Carmichael GR, Zhang Y, Lelieveld J, Crutzen PJ, (1996) Role of mineral aerosol as a reactive surface in the global troposphere. J Geophys Res 101:22 869–22 889

Dignon J, Hameed S (1989) Global emissions of nitrogen and sulfur oxides from 1860 to 1980. JAPCA 39:180–186

Eichel C, Krämer M, Schütz L, Wurzler S (1996) The water-soluble fraction of atmospheric aerosol particles and its influence on cloud microphysics. J Geophys Res 101:292–299

EMEP (1998) Vol. 1/98, MSC-W Status Rep.: Transboundary acidifying air pollution in Europe, part 2: numerical addend. Blindern Met Synth Centre-West, Norway

Gieray R, Lammel G, Metzig G, Wieser P (1991) Chemische Charakterisierung einer orographischen Wolke mit Hilfe von Einzelpartikel- und mittelnden Analysetechniken Förderkennzeichen 88/005/2 und 88/003/2: Projekt Europäisches Forschungszentrum für Maßnahmen zur Luftreinhaltung (PEF)

Gieray R; Wieser P, Engelhardt T, Swietlicki E, Hansson H-C, Mentes B, Orsini D, Martinsson B, Svenningsson B, Noone KJ, Heintzenberg J (1997) Phase partitioning of aerosol constituents in cloud based single-particle and bulk analysis. Atmos Environ 31:2491–2502

Giggy CL, Friedlander SK, Sinka MP (1989) Measurement of externally mixed sodium containing particles in ambient air by single particle mass spectrometry. Atmos Environ 23:2223–2229

Glaab H, Jacobsen I (1999) Deutscher Wetterdienst, pers Mitteilung

Graßl H (1975) Albedo reduction and radiative heating of clouds by absorbing aerosol particles. Beitr Phys Atmos 48:199–210

Graßl H (1986) Der Einfluß des Aerosols auf das Klima. Promet 1:19–26

Graßl H (1995) Der veränderte Energiehaushalt der Erde. Phys Bl 51:487–492

Gravenhorst G (1975) The sulfate component in aerosol samples over the North Atlantik. Meteor-Forschungsergeb B 13:22–31

Hameed S, Dignon J (1992) Global emissions of nitrogen and sulfur oxides in fossil fuel combustion. J Air Waste Manag Assoc 42:159–163

Hansson H-C, Rood MJ, Koloutsou-Vakakis S, Hämeri K, Orsini D, Wiedensohler A (1998) NaCl aerosol particle hygroscopicity dependence on mixing with organic compounds. J Atmos Chem 31:321–346

Hasselmann K, Bengtsson L, Cubasch U, Hegerl GC, Rodhe H, Roeckner E (1995) Detection of anthropogenic climate change using a fingerprint method. Report MPI Meteorologie 168:20

Heintzenberg J, Winkler P (1984) Elemental carbon in the urban aerosol: Results of a seventeen month study in Hamburg, FRG. Sci Tot Environ 36:27–38

Heintzenberg J (1989) Fine particles in the global troposphere. A review. Tellus 41B:149–160

Heintzenberg J, Covert DS (1990) On the distribution of physical and chemical particle properties in the atmospheric aerosol. J Atmos Chem 10:383–397

Heintzenberg J, Wendisch M (1996) On the sensitivity of cloud albedo to the partitioning of particulate absorbers in cloudy air. Beitr Phy Atmos 69:491–500

Jaenicke R (1978) The role of organic material in atmospheric aerosols. PAGEOPH 116:283–292

Jaenicke R (1988) Aerosol physics and chemistry. In: Landolt-Börnstein (ed) New series, vol 4, Meteorology. Springer, Berlin Heidelberg New York, pp 391–456

Jaenicke R (1993) Tropospheric aerosols. In: Aerosol-cloud-climate interactions. Academic

Jäger H (1996) Three years of remote sensing of Pinatubo aerosol extinction, mass, and surface area. In: Fiocco G, Fuá D, Visconti G (eds) The Mt Pinatubo eruption effects on the atmosphere and climate. Springer, Berlin Heidelberg New York, pp 61–70

Junge CE, Gustafson P (1956) Precipitation sampling for chemical analysis. Bull Am Met Soc 37:244

Junge CE, McLaren E (1971) Relationship of cloud nuclei spectra to aerosol size distribution and composition. J Atmos Sci 28:382–390

Junge CE (1963) Air chemistry and radiactivity. Academic, New York

Kaminski U, Winkler P (1994) Die luftchemischen Meßreihen des Meteorologischen Observatoriums Hamburg. Ber DWD 192:1–124

Klapheck K, Winkler P, Kaminski U (1983) Luftbeimengungen und Lidarbeobachtungen während winterlicher Inversionen. Ann Meteorol 20:223–224

Keene WC, Sander R, Erickson DJ III (1998) The pH of deliquesced sea-salt aerosol in polluted marine air. Geophys Res Lett 24:2237–2240

Keene WC, Sander R, Psenny AAP, Vogt R, Crutzen PJ, Galloway JN (1998) Aerosol pH in the marine boundary layer: a review and model evaluation. J Aerosol Sci 29:339–356

Kempter H (1996) Der Verlauf des anthropogenen Elementeintrags in Regenwassermoose des westlichen Mitteleuropa während des jüngeren Holozäns. Paläoklimaforschung 26:309

Ketelson P, Knöchel A (1985) Multielementanalyse von größenklassierten Luftstaubproben. Staub 45:175–178

Ketseridis G, Hahn J, Jaenicke R, Junge CE (1976) The organic constituents of atmospheric particulate matter. Atmos Environ 10:603–610

Köhler U, Vandersee W, Winkler P, Gantner L (1998) Spectral and integral observations of UV-B-radiation compared with ozone measurements. Ber DWD 204:1–56

Komabayasi M (1964) Primary fractionation of chemical compounds in the formation of submicron spray drops from seasalt particles. J Met Soc Jpn 42:309

Kühnhardt M, Nießner R (1995) Untersuchung zum Ausbreitungsverhalten von PAH's in einem variablen Modellaquifer. Z Geol Ges 146:30–38

Liu CM, Ou SS (1990) Effects of tropospheric aerosols on the solar radiative heating in a clear atmosphere. Theor Appl Clim 41:97–106

Lovett RF (1978) Quantitative measurement of aiborne sea salt in the North Atlantic. Tellus 30:358–364

Marks R (1987) Marine aeosols and whitecaps in the North Atlantic and Greenland Sea regions. Dt Hydrogr Z 40:71–79

Martinsson HC, Wiedensohler B, Swietlicki A, Cederfelt E, Wendisch M, Bower KN, Choularton TW, Colvile RN (1997) Cloud droplet nucleation scavenging in relation to the size and hygroscopic behaviour of aerosol particles. Atmos Environ 31:2463–2476

Meszaros E (1968) Water soluble particles in the atmosphere. Tellus 20:443–448

Marquardt W, Brüggemann E, Ihle P (1996) Trends in the composition of wet deposition: effects of the atmospheric rehabilitation in East-Germany. Tellus 48B:361–371

Michaelis W, Stößel R-P (1986) Untersuchungen zur Schwermetalldeposition auf der Insel Pellworm. Ein Beitrag zur Ermittlung des atmosphärischen Schadstoffeintrags in die Nordsee. GKSS Jahresber S 8–23

Michaelis W, Repelnik R, Theopold F, Rademacher P (1992) Deposition atmosphärischer Spurenstoffe und Stoffflüsse im Ökosystem Wald. In: GKSS-Report 92/E/100, S 11–60

Möller D, Mauersberger G (1990) Auswaschen von Gasen und Aerosolen durch Niederschläge unter Berücksichtigung einer komplexen Flüssigphasenchemie. 2. Modellergebnisse für Regentropfen. Z Metorol 40:330–339

Moore HE, Poet SE, Martell EA (1973) 222-Rn, 210-Pb, 210 Bi, and 210 Po profiles and aerosol residence times versus altitude. J Geophys Res 78:7065–7075

Nodop K (1990) Weiträumige Verteilung und zeitliche Entwicklung säurebildender Spurenstoffe in Europa, 1978 bis 1985. Ber Inst Meterol Geophys Uni Frankfurt 81

Nottrod KH, Georgii H-W, Groeneveld KO (1980) Temporal and spatial differences in the elemental composition of atmospheric aerosols. Sci Total Environ 14:113–128

Pankow JF (1994) An absorption model of the gas/aerosol partitioning involved in the formation of secondary organic aerosol. Atmos Environ 28:189–193

Potukuchi S, Wexler AS (1995) Identifying solid-aqeous pase transitions in atmospheric aerosols. II. Acidic solutions. Atmos Environ 29:3357–3364

Petersen CM (1968) Measuring and relating atmospheric pollution to meteorolocical parameters. JAPCA 18:654–655

Pruppacher HR, Klett JD (1997) Microphysics of cloud and precipitation. Kluwer

Reiter R, Pötzl K, Sladkovic R (1984) Determination of the concentration of chemical main and trace elements (chemical matrix) in the aerosol from 1972 to 1982 at a north-alpine pure air station at 1780 m a.s.l. Part I: methods of measurement, total concentrations, families of elements, annual variations, trend analysis. Arch Met Geophys Bioklim B 34:215–241

Reiter R, Pötzl K, Sladkovic R (1985) Determination of the concentration of chemical main and trace elements (chemical matrix) in the aerosol from 1972 to 1982 at a north-alpine pure air station at 1780 m a.s.l. Part IV: Analysis of routes of transport of air masses with a high content of predominantly mineral as well as anthropogenic material. Arch Met Geophys Bioklim B 36:430–466

Robock E (1987) Bemerkungen über die löslichen und unlöslichen Schwermetallverbindungen im Niederschlagswasser. Staub 47:244–248

Rossknecht GF, Elliott WP, Ramsey FL (1973) The size distribution and inland penetration of sea-salt particles. J Appl Meteor 12:825–830

von Rudloff H (1967) Die Schwankungen und Pendelungen des Klimas in Europa seit dem Beginn der regelmäßigen Instrumenten-Beobachtungen (1670). Vieweg, Braunschweig

Schütz L, Ketseridis G, Rahn KA (1978) Elemental composition of Aitken particles. Proc Ann Gaef Meeting, Vienna

Schütz L (1980) Long-range transport of desert dust with special emphasis on the Sahara. Ann NY Acad Sci 338:515–532

Schütz L, Jaenicke R, Pietreck H (1981) Saharan dust transport over the North Atlantic Ocean. Geol Soc Am Spec Paper 186:87–100

Seinfeld JH, Pandis SN (1998) Atmospheric chemistry and physics. Wiley, New York

Svenningsson IB, Hansson H-C, Wiedensohler A, Ogren JA, Noone KJ, Hallberg A (1992) Hygroscopic growth of aerosol particles in the Po Valley. Tellus 44B: 556–569

Solomon S, Portmann WR, Garcia RR, Thomason LW, Poole LR, McCormick MP (1996) The role of aerosol variations in anthropogenic ozone depletion at northern midlatitudes. J Geophys Res 101:6713–6727

UBA, Umwelbundesamt (1994) Daten zur Umwelt 1992/1993. Schmidt, Berlin

Wagner H, Georgii H-W (1984) Untersuchung von atmosphärischem Schwermetallaerosol mittels eines Fünf-Stufen-Impaktors. Staub 44:522–525

Warneck P (1987) Chemistry of natural atmosphere, vol 41. Academic

Weiss W (1999) Bundesamt für Strahlenschutz, pers Mitteilung

Werner H, Berger F (1992a) Wintersmog in der ehemaligen DDR. Teil 1: Ursachen, Kriterien und Datengewinnung. Staub 52:119–126

Werner H (1992b) Wintersmog in der ehemaligen DDR. Teil 2: Datenanalyse, Diskussion und Ausblick. Staub 52:239–244

Whitby KT, Sverdrup GM (1973) California aerosols: Their physical and chemical characteristics. Adv Environ Sci Technol 10:477

Winkler P, Klapheck K, Kaminski U (1983) Der Hamburger Smog vom 14-22. Januar 1982. Reinhaltung der Luft in den großen Städten. VDI-Verlag Düsseldorf: In: VDI-Bericht Nr 477

Winkler P (1988) The growth of atmospheric aerosol particles with relative humidity. Physica Scripta 37:223–230

Wieser P, Greiner W, Hildenbrandt T, Kapr T, Schreiber H (1991) Lasermikrosonden Massenspektrometrie atmosphärischer Aerosolpartikeln. Forschungsbericht KFK-PEF 87, Förderkennz 86/002/2

Wood JM (1974) Biological cycles for toxic elements in the environment. Science 183:1049–1052

1.2 Atmosphärische Multiphasenchemie

D. Möller

Die Atmosphäre wird generell als ein gasförmiges Medium betrachtet, weshalb die Atmosphärenchemie sich für lange Zeit auf Gasphasenreaktionen (vgl. Bd. 1A, Kap. 3.2), speziell auf photochemische Prozesse konzentrierte. Diese Schwerpunktlegung – etwa die Periode 1950 bis 1980 – resultierte nicht zuletzt aus den die Atmosphärenchemie stimulierenden Wirkungsereignissen, wie den zuerst im Los Angeles-Becken in den 1940er Jahren beobachteten „neuartigen" Pflanzenschäden (Los-Angeles-Smog oder Sommersmog, s. Bd. 1A, Kap. 3.2

und Bd. 2, Kap. 4.4) und der London-Katastrophe 1952 (London- oder Winter-Smog).

Es ist jedoch eine allgemeine Erfahrung und bedarf keines speziellen Wissens, zu erkennen, daß in der Atmosphäre häufig gewaltige Mengen nicht-gasförmigen (festen und flüssigen) Materials gebildet und schließlich als flüssiger und fester Niederschlag (Regen, Schnee, Staub) abgelagert werden. Bevor es zu dieser Deposition (vgl. Kap. 2) kommt, sind im atmosphärischen Wasser und Aerosol[1] vielfältige chemische Reaktionen und physikalische Umwandlungen abgelaufen. Die Atmosphäre ist deshalb als ein Multikomponenten- und Multiphasensystem aufzufassen. Eine komplettes Verständnis erfordert daher eine Herangehensweise, die als „Multiphasenchemie" (Jaeschke 1986) bezeichnet wird. Der Term „multiphase" wurde zum ersten Mal 1981 auf der Konferenz „Multiphase processes - including heterogeneoeus catalysis - relevant to atmospheric chemistry" anstelle von „heterogeneous" vorgeschlagen (Castleman et al. 1981).

Meilensteine in der Multiphasenchemie wurden durch Junge u. Ryan (1958) gesetzt, die als erste die Flüssigphasenoxidation von SO_2 und seine Bedeutung für die atmosphärische Chemie untersuchten, sowie von Penkett et al. (1979), welche die Bedeutung von O_3 und H_2O_2 als Oxidationsmittel für SO_2 bzw S(IV) in der Flüssigphase erkannten. Allerdings haben sich viele Wissenschaftler schon vor mehr als hundert Jahren mit der chemischen Analyse von Regenwasser beschäftigt (Smith 1872). Heute wissen wir, daß diese nasse Deposition jedoch das Endergebnis ist von vielfältigen luftchemischen Prozessen, an denen an große Anzahl gas- und aerosolförmige Stoffe sowie von Hydrometeoren beteiligt sind. Von dieser komplizierten stofflichen Ausbreitungs- und Umwandlungskette war bis 1940 praktisch nichts bekannt (Drischel 1940).

Auch heute sind wir noch weit entfernt von einer differenzierten Beschreibung dieser komplexen Vorgänge, obwohl im Rahmen des europäischen Forschungsprogramms EUROTRAC umfangreiche Feldexperimente zur Wolken- und Nebelchemie (Fuzzi u. Wagenbach 1997), La-

[1] Atmosphärisches Wasser existiert nur flüssig in Form von Tropfen oder fest in Form von Eispartikeln und Schneekristallen. Diese Wasserpartikeln werden Hydrometeore genannt. Als atmosphärisches Aerosol werden alle festen, fest/flüssigen und flüssigen Partikeln, in deren Zusammensetzung Wasser eine untergeordnete Rolle spielt, bezeichnet. Diese Partikeln haben einen Radius von etwa $<5\ \mu m$ und unterliegen daher nicht der Sedimentation. Größere Partikeln, welche der Sedimentation unterliegen, werden als Grobstaub oder Sedimentationsstaub bezeichnet. Manchmal, insbesondere in der angewandten Luftreinhaltung, wird atmosphärisches Aerosol auch als Schwebstaub bezeichnet.

borexperimente (Warneck 1996) und Modellentwicklungen (Ebel 1997) erfolgten. Trotz der noch bestehenden Begrenztheit unseres Wissens läßt sich aber feststellen, daß wir die troposphärische Chemie nur verstehen, wenn die Gasphasen- mit der Flüssigphasenchemie gekoppelt betrachtet wird. Bis jetzt existiert kein Chemie-Transport-Modell, das heterogene Prozesse mit derselben Differenziertheit berücksichtigt wie die Transport- und Gasphasenprozesse. Ungeachtet dessen existieren umfangreiche Modelle und Kenntnisse über chemische Mechanismen (z.B. Möller u. Mauersberger 1995), mit denen explizit heterogene Prozesse simuliert werden können. Die Bedeutung wolkenchemischer Prozesse für das globale Ozonbudget wurde erstmals von Lelieveld u. Crutzen (1991) sowie für die belastete Atmosphäre von Möller u. Mauersberger (1992) modellmäßig gezeigt und experimentell durch Acker et al. (1995) mit Messungen im Rahmen des kontinuierlichen wolkenchemischen Meßprogramms am Brocken nachgewiesen.

Die chemischen Prozesse, die am (Oberflächenreaktionen) oder gar im (Porendiffusion und Kristallchemie) Aerosol ablaufen, sind bisher wenig untersucht worden. Indessen erweitern die wenigen bei heterogenen Prozessen, d.h. bei Reaktionen zweier Phasen (Gas/Aerosol, Gas/Tropfen, s. 1.2.4.3) gewonnenen Erkenntnisse unsere Vorstellungen von der Troposphärenchemie bereits wesentlich.

Im vorliegenden Kap. 1.2 wird der Schwerpunkt auf die chemischen Prozesse am/im Aerosol und an/in Hydrometeoren gelegt, wobei die Flüssigphasenchemie aufgrund ihrer erkannten Bedeutung und des bereits vorhandenen Kenntnisstandes im Vordergrund stehen wird. Die aerosolphysikalischen Prozesse, welche natürlich eng mit den chemischen Reaktionen verbunden sind, wurden bereits in Kap. 1.1 behandelt.

Die kondensierte Phase der Atmosphäre ist klein, troposphärische Wolken enthalten Tropfen mit häufigen Radien zwischen 5 und 10 µm und haben einen Flüssigwassergehalt (LWC) zwischen 10^{-6} und 10^{-7} (Verhältnis zwischen Wasservolumen und Luftvolumen). Dennoch spielen Wolken eine große Rolle in der Troposphärenchemie, da sie (Summers 1991)

- Spurenstoffe vertikal umverteilen und horizontal über große Entfernungen transportieren können,
- signifikant die Geschwindigkeit chemischer Reaktionen im Vergleich zur Gasphase erhöhen,
- Niederschlag bilden und damit einen effektiven Mechanismus zur Entfernung der meisten Spurenstoffe darstellen sowie
- das Strahlungsbudget und damit photochemische Prozesse in der Gasphase ändern.

1.2.1 Einführung: Zusammenspiel von Gasen, Aerosolen und Tropfen

Abbildung 1.2-1 zeigt das Wechselspiel der verschiedenen atmosphärischen Phasen. Die Bildung von Wassertropfen in der Atmosphäre ist an die Existenz von festen Partikeln, sogenannten Wolkenkondensationskernen (CCN) gebunden. Das atmosphärische Aerosol (vgl. Kap. 1.1) entstammt sowohl primären (direkten) Quellen als auch sekundären (indirekten) Quellen über physikalisch-chemische Bildungs- und Umwandlungsprozesse in der Atmosphäre. Von großer Wichtigkeit sind wolkenzyklische Prozesse (Wolkenbildung durch Nukleation und Wolkenauflösung infolge Verdampfen), bei denen sowohl die physikalische Struktur als auch die chemischen Eigenschaften des Aerosols verändert werden. Als allgemeine Tendenz dieser Änderungen kann insbesondere eine Zunahme der Größe und Wasserlöslichkeit der Partikeln angesehen werden. Diese Veränderungen sind von Bedeutung bei der Regenerierung von CCN und für die Klimawirksamkeit des Aerosols. Insbesondere die Aerosolbildung aus Gasen („gas-to-particle conversion", Kapitel 1.2.2), ist für die CCN-Bildung von großer Bedeutung. Der wolkenzyklische Prozeß beinhaltet auch die Aufnahme von Gasmolekülen, die in der Flüssigphase chemischen Umwandlungen (z.B. SO_2-Oxidation) und – nach protolytischer Umwandlung – Säure-Base-Gleichgewichten unterliegen (z.B. SO_2, NH_3,

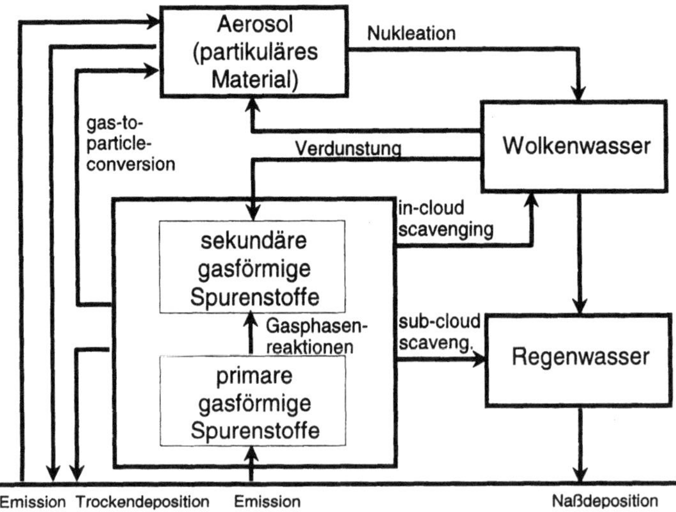

Abb. 1.2-1. Schema der physikalisch-chemischen Wechselwirkungen im atmosphärischen Multiphasensystem

CO_2, HNO_2). Damit ändern sich neben der Reservoirverteilung der chemischen Spurenstoffe gleichzeitig derart wichtige chemisch-toxikologische Eigenschaften wie Oxidationspotential, Versäuerungspotential und die Klimawirksamkeit (Treibhauseffekt und Aerosolantrieb).

Niederschläge, im allgemeinen durch Regen, führen schließlich zur Entfernung chemischer Stoffe aus der Atmosphäre (Selbstreinigungseffekt). Auf der anderen Seite ist dieser Prozeß neben der kontinuierlich ablaufenden trockenen Deposition eine wichtige und ereignisbezogene intensive Quelle von Spurenstoffen für die Biosphäre.

Die Gasphasenchemie (Bd. 1A, Kap. 3.2) kommt zunächst ohne Betrachtung der Aerosol- und Flüssigphasenchemie aus. Allerdings darf nicht vergessen werden, daß Stoffübergänge zur Aerosol- und Tropfenphase eine Rückkopplung auf die Gasphasenchemie haben. Die unterschiedliche Löslichkeit und heterogene Reaktivität der gasförmigen Stoffe führt zu einer veränderten Verteilung der Edukte in der Gasphase und damit zu anderen Stoffumsätzen, insbesondere bei nichtlinearen Reaktionsbeziehungen zwischen Edukten und Produkten, als ohne Berücksichtigung der Phasenübergänge. Atmosphärisches Aerosol ist stets vorhanden, allerdings mit hoher Variabilität von Konzentration (d.h. Anzahl- und Massenverteilung) und chemischer Zusammensetzung; Hydrometeore hingegen existieren nur bei entsprechenden physikalisch-chemischen Bedingungen, die zur Wasserdampfkondensation in der Atmosphäre führen. Chemische Prozesse am feinen Aerosol (< 1 μm Durchmesser) sind bisher allerdings so wenig experimentell untersucht worden, daß weder Kinetik noch Mechanismen hinreichend verstanden werden, um diese Prozesse in Chemie-Transport-Modellen (CTM) zu berücksichtigen. Besser bekannt sind chemische Prozesse in der Flüssigphase. Hier liegen die Schwierigkeiten bei deren Berücksichtigung in CTM vor allem in mathematischen Problemen (stark unterschiedliche raum-zeitliche Skalen im Multiphasensystem) und in der noch unzureichenden physikalischen Modellierung der Flüssigwasserphase.

Der Stoffaustausch zwischen der Gasphase und der Partikelphase kann auf verschiedene Weisen stattfinden: homogene Nukleation von Gasmolekülen und Wachstum feiner Partikeln, Adsorption von Gasen an der Oberfläche fester Partikeln, Aufnahme von Wasserdampf bis zur Bildung einer wäßrigen Lösung (Oberflächenfilm) und schließlich Bildung von Wolkentropfen durch heterogene Nukleation sowie Aufnahme von Gasen in die Tropfen und das Ablaufen chemischer Reaktionen im Tropfen. Diese Schritte werden in den folgenden Kapiteln dargestellt.

1.2.2 Bildung von Partikeln aus Molekülen („gas-to-particle conversion")

Partikeln können direkt aus Gasen durch homogene Nukleation (nicht zu verwechseln mit der als *heterogene* Nukleation bezeichneten Bildung von Wolkentropfen aus CCN) gebildet sowie durch Adsorption von Gasen und nachfolgende Oberflächenreaktionen chemisch geändert werden.

1.2.2.1 Homogene Nukleation

Einige Produkte von Gasphasenreaktionen wie SO_3/H_2SO_4 (Schwefelsäure), CH_3HSO_3 (Methansulfonsäure) und viele oxygenierte organische Verbindungen besitzen einen sehr niedrigen Dampfdruck und teilweise eine hohe Affinität zum Wasser. Die klassische Theorie der homogenen Nukleation beschreibt die Partikelbildung über die Bildung kleiner Cluster (Embryos), die einen kritischen Radius erreichen müssen, bevor sie stabil werden. Seinfeld (1986) hat als erster Thermodynamik und Kinetik der homogenen Nukleation geschlossen beschrieben. Die Gasmoleküle „reagieren" mit sich selbst (z.B. $SO_3 + SO_3$), mit Wassermolekülen (z.B. $SO_3 + H_2O$) sowie anderen Molekülen (z.B. $H_2SO_4 + NH_3$, $NH_3 + HNO_3$) und bilden Cluster, bestehend aus *ca.* 100 Molekülen und einem Radius von ca. 1 nm. Entscheidend für die Bildung der Cluster ist dabei die Änderung der freien Enthalpie das Systems:

$$\Delta G = D_{Embryo} - G_{Dampf} \tag{1.2-1}$$

Die freie Bildungsenthalpie der Cluster ist zunächst positiv, da die Abnahme der Entropie S (zur Erinnerung: $\Delta G = \Delta H - T\Delta S$) bei der „geordneten Clusterbildung" aus dem Gasgemisch größer ist als die Abnahme der Enthalpie H. Das Wachstum der Cluster ist daher anfangs reversibel. Nach Erreichen einer gewissen Größe wird ΔG negativ, und die Partikeln wachsen spontan. Sie sind jedoch nicht stabil, außer sie befinden sich in einer übersättigten Atmosphäre. Aus der Erfahrung ist bekannt, daß sich feinverteilte Flüssigkeitstropfen spontan zu größeren Tropfen vereinigen. Das ist die Folge davon, daß die Enthalpie eines Stoffes auch eine Funktion der Oberfläche ist (zur Erinerung: $h = u + pv$, d.h. innere Energie + Volumenarbeit) und damit die in Tropfen zerteilte Flüssigkeit ein höheres chemisches Potential[2] besitzt als dieselbe Flüssigkeitsmenge in kompakter Form (Bulk-Flüssigkeit). Eine weitere Folge ist, daß auch der Dampfdruck der Tröpfchen höher ist ($p^0+\Delta p=p$) als der einer Bulk-Flüssigkeit mit ebener Oberfläche (p^0). Das Verhältnis der Dampfdrücke (p/p^∞) stellt ein Stabilitätskriterium dar und wird auch als Sättigungsverhältnis S bezeichnet. Die Dampfdruckerhöhung Δp kann einfach abgeleitet werden (kugelförmige Teilchen vorausgesetzt). Mit einer Vergrößerung des Tropfens werden eine Volumenarbeit ($dA_v=\Delta p dv=\Delta p\ 4\pi r^2 dr$) und eine Oberflächenarbeit ($dA_f=\sigma df=\sigma 8\pi r dr$) geleistet, die gleich sein müssen; r Partikelradius, σ Oberflächenspannung[3]. Aus $dA_v=dA_f$ folgt für die Dampfdruckerhöhung $\Delta p=2\sigma/r$. Um die bei der Änderung der Tropfengröße erfolgende Änderung des chemischen Potentials zu berechnen, benutzen wir die Definition des Molvolumens $V=(\delta\mu/\delta p)_T$, so daß sich für die Änderung des chemischen Potentials bei Verteilung einer *bulk*-Flüssigkeit auf Tropfen die Beziehung

$$\int_{p^0}^{p^0+\Delta p} d\mu = \int_{p^0}^{p^0+\Delta p} \tag{1.2-2}$$

ergibt. Unter Verwendung der allgemeinen Definition des chemischen Potentials ($\mu=\mu+RT\ln p$) folgt nach Integration und Einsetzen des oben gewonnenen Ausdrucks für die Dampfdruckerhöhung

$$\ln\frac{p}{p^0} = \ln\frac{p^0+\Delta p}{p^0} = \ln S = \frac{2\sigma V}{rRT} . \tag{1.2-3}$$

Beispielsweise ist ein reiner Wassertropfen mit $r=10$ nm erst stabil (d.h. verdampft nicht), wenn die Übersättigung etwa 120% beträgt. Das sogenannte Adsorptionspotential ε

$$\varepsilon = RT\ln p^0/p \tag{1.2-4}$$

kennzeichnet die negative freie molare Energie des Vorgangs der Überführung des Dampfes vom Dampdruck p^0 in der Gasphase auf den Gleichgewichtsdampfdruck über der Oberfläche. Es gilt (vgl. Gl. 1.2-1)

---

[2] Das chemische Potential der Komponente i ist definiert als die partielle Änderung der freien Enthalpie mit der Molzahl bei T,p = const.: $\mu_i=(\delta g/\delta n)_{T,p}$

[3] Es ist $\sigma=F/l$ definiert, wobei F die Kraft darstellt, mit der ein Oberflächenstreifen der Breite 1 die Oberfläche in der Längsrichtung zusammenzieht.

$\varepsilon \equiv \Delta F = \Delta G - p\Delta V$. Gl. 1.2-3 gilt in dieser Form nur für reine Substanzen. In der Regel wird es sich bei der Clusterbildung um ein System X–H_2O handeln (z.B. $X = H_2SO_4$) bzw. um ein Mehrkomponentengemisch. Nach dem Raoultschen Gesetz ist das Verhältnis des Partialdampfdrucks p_X der Komponente X in einem idealen Gemisch zum Dampfdruck p_X^0 der reinen Komponente über einen ebenen Fläche gleich dem Molenbruch von X: $p_X = x_X\, p_X^0$. Im allgemeinen sind die Anziehungskräfte zwischen den Molekülen des Gemisches größer als zwischen den Molekülen der reinen Substanzen, und es werden daher negative Abweichungen vom Raoultschen Gesetz erwartet (die Partialdampfdrücke der Komponenten sind kleiner als in idealen Mischungen). In der Atmosphäre wird es sich überwiegend um die Lösung eines nichtflüchtigen Stoffes in Wasser handeln. Der Dampfdruck des Lösungsmittels (Wasser) ist kleiner als der des reinen Wassers. Die relative Dampfdruckerniedrigung ist gleich dem Molenbruch des gelösten Stoffes Y:

$$\frac{p_X^0 - p_X}{p_X^0} = 1 - x_X = x_Y \tag{1.2-5}$$

Aus Gl. 1.2-3, in welche anstelle von p^0 der reinen Phase der Dampfdruck der Lösung nach Gl. 1.2-5 eingesetzt werden muß, folgt nach einigen Umformungen[4]

$$\ln \frac{p}{p^0} = \frac{A}{r} - \frac{B}{r^3}\,, \tag{1.2-6}$$

wobei $A = 2\sigma V/RT$ und $B = 3n_A V/4\pi$ und n_A die Molzahl der gelösten Substanz A bezeichnet (V Molvolumen des Wassers). Kurven vom Typ der Gl. 1.2-6 werden als „Köhler-Kurven" bezeichnet. Bei einem Sättigungsverhältnis $S = p/p^{\infty} \leq 1 + (4A^3/27B)^{1/2}$ dominiert der Lösungseffekt und S nimmt mit r stark ab. Für $S > 1 + (4A^3/27B)^{1/2}$ nähert sich die Köhler-Kurve dem Dampfdruckverhalten reinen Wassers (Abb. 1.2-2).

Betrachten wir die Kurve aus der Sicht der Partikelgröße (zur Erinnerung: Jeder Punkt der Kurve stellt das Gleichgewichtssättigungsverhältnis von Wasser, d.h. die relative Feuchtigkeit dar, bei dem ein Tropfen mit einer gegebenen Menge gelösten Stoffes und einem gegebenen Radius existiert). Für $r < r_c$ besteht ein stabiles Gleichgewicht.

[4] Dabei muß beachtet werden, daß $x_X = n_X/(n_x + n_{H_2O})$ – wenn ein binäre Lösung angenommen wird – und das Tropfenvolumen sich aus den partiellen Molvolumina ergibt: $\pi r^3/3 = n_A V_A + n_{H_2O} V_{H_2O}$ und im weitern bei verdünnten Lösungen das Volumen der gelösten Komponente A vernachlässigt werden kann, also $n_A V_A \ll \pi r^3/3$.

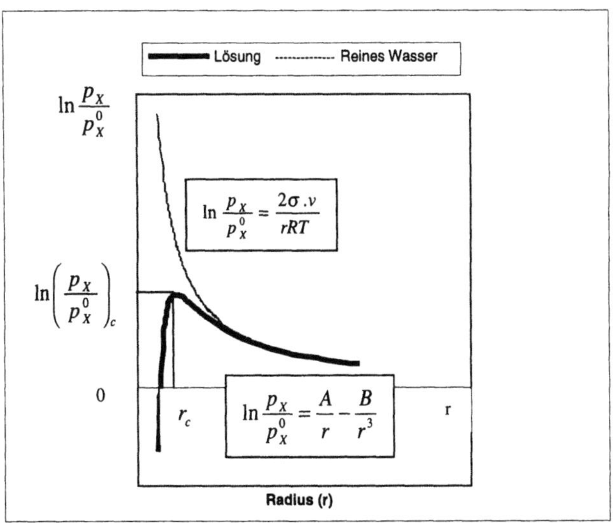

Abb. 1.2-2. Verhältnis des Dampfdruckes p des Lösungsmittels (Wassers) über dem Tropfen zum Dampfdruck p^o des reinen Wassers über einen ebenen Fläche als Funktion des Partikelradius (Köhler-Kurve)

Bei konstantem S würde der Tropfen bei geringem Wachstum infolge Adsorption einiger Wassermoleküle schnell wieder (infolge des momentan höheren Gleichgewichtdampfdruckes) Wasser verdampfen und zum Gleichgewicht zurückkehren.

Für $r < r_c$ zeigt sich, daß für größere Tropfen das Sättigungsverhältnis geringer wird und damit Wassermoleküle beständig zum Tropfen wandern und dieser wachsen wird. Umgekehrt, schrumpft der Tropfen durch spontanen Masseverlust, wird er völlig verdampfen, wenn es reines Wasser ist oder sich dem S entsprechenden kleineren r auf dem abfallenden Teil der Köhler-Kurve zubewegen, da sein Gleichgewichtsdampfdruck höher ist als der in der Umgebung.

Die spontane Partikelbildung unter übersättigten Bedingungen (z.B. bei einem Expansionsprozeß, der eine partikelfreie Gasphase abkühlt) wird *homogene Nukleation* genannt. Eines der wichtigsten Beispiele ist die Clusterbildung im System SO_3/H_2SO_4-H_2O, die Schwefelsäure-Embryos (Größe etwa 1 nm) nach dem Schema

$$SO_2 + OH \xrightarrow[\text{langsam}]{k_1} HSO_3 \xrightarrow[\text{schnell}]{+H_2O} H_2SO_4 \xrightarrow[\text{schnell}]{+nH_2O+mH_2SO_4} \text{Embryo}$$

$$\xrightarrow[\text{langsam}]{+X} \text{Kerne}$$

bildet (Möller 1986). In Wirklichkeit wird jedoch eine zusätzliche Adsorption von weiteren Substanzen, insbesondere NH_3, aber auch HNO_3 stattfinden. Auch dürften die gebildeten Cluster keineswegs als ideale Mischungen aufgefaßt werden. Die oben angeführten Gleichungen stellen also eine wesentlich vereinfachte, nur qualitative Darstellung des Prozesses dar. Die Kinetik der Clusterbildung kann entsprechend der Theorie heterogener Reaktionen beschrieben werden (für Details sei z.B. auf Seinfeld 1986 verwiesen).

Ein spezieller Fall der Partikelbildung ohne Beteiligung von Wasser ist die Bildung von Ammoniumnitrat nach

$$NH_3(g) + HNO_2(g) \longleftrightarrow NH_4NO_3(s) \,, \qquad (1.2\text{-}7)$$

die Indizes g und s bezeichnen die gasförmige bzw. die feste Phase. Sind genügende Mengen an beiden Gasen vorhanden, so werden die Gleichgewichtspartialdrücke durch eine Gleichgewichtskonstante bestimmt:

$$p_{HNO_3} p_{NH_3} = K_p(NH_4NO_3) \,. \qquad (1.2\text{-}8)$$

K_p ist eine Funktion der Temperatur und – da im allgemeinen doch Wassermoleküle adsorbiert werden – der relativen Feuchtigkeit. Dieses Gas-Partikel-Gleichgewicht ist von erheblicher Bedeutung für die Trockendeposition von NH_3 und HNO_3, welche für diese Gase sehr schnell, aber für die Partikelphase sehr langsam verläuft. Ähnlich verläuft das Gleichgewicht $NH_3(g) + HCl(g) \leftrightarrow NH_4Cl(s)$. Allerdings ist dieses Gleichgewicht infolge des zum HNO_3 vergleichweise geringen Vorkommens von HCl (HCl wird in der maritimen Atmosphäre aus Seesalz gebildet; dort kommt jedoch sehr wenig NH_3 im Vergleich zur

Tabelle 1.2-1. SANA 1991 Experiment (nach Dlugi et al. 1996); Konzentrationen in neq m^{-3}

Komponente	Gase	Partikeln <1,7 µm	Partikeln >1,7 µm
SO_4^{2-}	–	162	42
HNO_3/NO_3^-	22 (±100%)	29	27
NH_3/NH_4^+	251 (±100%)	178	21
Cl^-	–	6	31
Na^+	–	11	37
Gesamtmasse in mg m^{-3} (Ionenanteil in %)	–	21 (71)	32 (20)

kontinentalen Atmosphäre vor) ohne große Bedeutung. Die feine Partikelmasse in der Atmosphäre besteht überwiegend aus NH_4^+, SO_4^{2-}, NO_3^- und H_2O, also ausnahmslos gasförmigen Vorläufern (NH_3, reduzierte S-Verbindungen und NO). Tabelle 1.2-1 zeigt die Zusammensetzung der Gas- und Aerosolphase in Melpitz bei Leipzig.

Aus diesen Daten kann man folgende Aussagen ableiten:

- Das molare Konzentrationsverhältnis zwischen Gas- und Aerosolphase beträgt etwa 1 sowohl für Ammonium/Ammoniak als auch für Nitrat/Salpetersäure;
- Ammonium „neutralisiert" in der feinen Partikelfraktion Sulfat und Nitrat, d.h. es liegt $(NH_4)_2SO_4NO_3$ vor, dagegen werden in der groben Partikelfraktion nur 30% des Sulfats und Nitrats gebunden (Ca und andere Kationen bilden den Rest);
- 62% der Masse der feinen Fraktion wird durch Ammonium, Sulfat und Nitrat gebildet, wohingegen nur 13% der groben Partikelfraktion aus diesen Ionen besteht;
- Sulfat und Ammonium sind in der feinen Fraktion bestimmend (ein Indiz für ihre Herkunft über homogene Nukleation);
- der prozentuale Anteil von Nitrat, bezogen auf alle Ionen, ist in der groben Fraktion wesentlich größer (17%) als in der feinen Fraktion (8%), ein Zeichen, daß Nitrat auch über andere Prozesse (wahrscheinlich wolkenzyklische) gebildet wird;
- in der feinen Fraktion besteht ein erhebliches Cl-Defizit bezüglich zum Seesalzgehalt (Möller 1990).

Neben anthropogenen Quellen gibt es auch bedeutende natürliche Quellen (Bd. 1A, Kap. 2.3, 2.4.2 und 2.8.2) dieser Gase; als dominierende natürliche Gasquelle wir die ozeanische DMS-Emission angesehen (Bd. 1A, Kap. 2.3.4). Ein erheblicher Anteil des emittierten DMS wird über SO_2 zu Sulfataerosol in der maritimen Atmosphäre umgewandelt. Als direkte Partikelquelle feinen Aerosols (d.h. $<1\ \mu m$) ist bisher nur Seesalz bekannt, allerdings können Bodenpartikeln und biogenes Material nicht ausgeschlossen werden. Ein großer Teil dieser Partikeln kann Wolkenkondensationskerne bilden (s. 1.2.3.1) und ist somit Vorausetzung einer Wolkenbildung und – weiter abstrahiert – des Wasserkreislaufes überhaupt. Der Anstieg feinen Aerosols durch anthropogene Quellen kann die Wolkenbildung ändern. Es wird allgemein angenommen, daß mehr feine Partikeln zu mehr und kleineren Wolkentropfen führen und damit zu einem höheren Albedo der Wolken sowie zu geringerer Niederschlagsneigung der Wolken („Twomey-Effekt"). Bisher konnte dieser Zusammenhang jedoch nicht zweifelsfrei experimentell nachgewiesen werden.

Die Sulfataerosolbildung aus DMS, von Meeresalgen gebildet, haben Lovelock u. Margulis (1974) zur „Gaia-Hypothese“ angeregt, die eine enge, die Systeme einander bestimmende Wechselwirkung zwischen Biosphäre und Atmosphäre beinhaltet.

1.2.2.2 Oberflächenreaktionen an Partikeln (heterogene Chemie)

Der Begriff „heterogen“ bezieht sich in der Atmosphäre streng genommen nur auf Reaktionen, die an der Oberfläche von Partikeln (fest oder flüssig) ablaufen. Handelt es sich um einen Wolkentropfen, so können direkt an der Oberfläche chemische Reaktionen ablaufen (s. 1.2.4.4), die aber bisher kaum direkt untersucht wurden. Bekanntestes Beispiel ist die vermutete Bildung von HNO_2 aus adsorbiertem NO_2. Wird das adsorbierte Molekül schließlich absorbiert, also gelöst und im Tropfen verteilt, spricht man von Flüssigphasenchemie, die selbst eine *homogene* Chemie ist. Als *heterogen* kann aber dennoch der gesamte Prozeß, bestehend aus dem Antransport an die Phasengrenze, dem Phasenübergang und der Lösung mit nachfolgender chemischer Reaktion (Protolyse, radikalische und thermische sowie photolytische Reaktionen) betrachtet werden. Abb. 1.2-3 zeigt schematisch diesen Prozeß.

Bezüglich der Flüssigphase werden die einzelnen Prozesse im Kap. 1.2.4 näher beschrieben. Sowohl der festen als auch der flüssigen Partikelphase ist der Antransport des Moleküls aus der Gasphase an die Phasengrenze und die Ausbildung einer definierten Oberflächenkonzentration, z.B. eines adsorbierten Zustandes, gemeinsam. Die Oberflächenspezies kann desorbieren oder chemisch umgewandelt werden. Unter Annahme einer „Boltzmann-Geschwindigkeitsverteilung“ gilt für die Anzahl N_s der Moleküle, die in der Zeit τ auf die

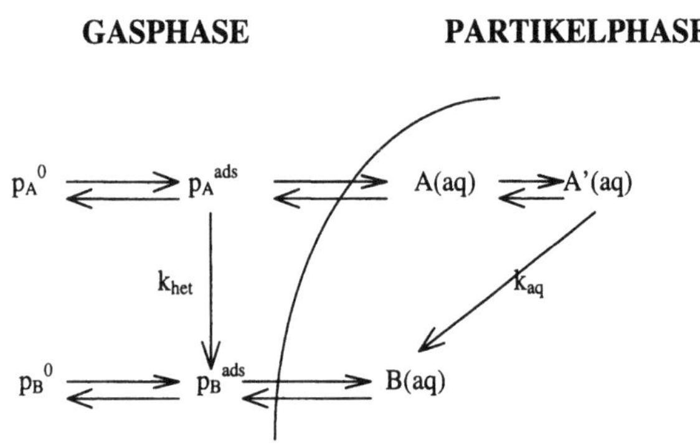

Abb. 1.2-3. Schema der Transport- und Transformationprozesse im System Gas-Partikel

Fläche A aus einem dreidimensionalen Raum durch Zufallsbewegung treffen, $N_s = (n_g vA\tau)/4$ (s. *kinetische Theorie der Gase* in jedem Lehrbuch der physikalischen Chemie), wobei n_g die Teilchendichte in der Gasphase bedeutet (Moleküle/Volumen) und v die mittlere molekulare Geschwindigkeit $(8RT/\pi M)^{1/2}$. Für den Fluß der Moleküle an die Oberfläche (Moleküle pro Zeit und Fläche) kann somit

$$F_s = \gamma n_g (8RT/\pi M)^{1/2}/4 \tag{1.2-9}$$

geschrieben werden, wobei γ den dimensionslosen Aufnahmekoeffizienten („uptake coefficient") kennzeichnet, der die Wahrscheinlichkeit eines „erfolgreichen" Phasenübergangs kennzeichnet. Entsprechend einem sogenannten Widerstandsmodell (wie es bei der trockenen Deposition auch angewendet wird), kann γ aus „Einzelwahrscheinlichkeiten" zusammengesetzt werden:

$$\frac{1}{\gamma} = \frac{1}{\Gamma_g} + \frac{1}{\alpha} \ . \tag{1.2-10}$$

Der Gastransportkoeffizient Γ_g berücksichtigt, daß die Stoßrate N_s nicht immer entsprechend dem kinetischen Boltzmann-Gasfluß ($n_g v/4$) gegeben ist (für Details siehe z. B. Kolb et al. 1995). Der Accommodation-Koeffizient[5] α kennzeichnet das Verhältnis (Anzahl der adsorbierten Moleküle)/(Anzahl der Zusammenstöße). Der Accommodations-Koeffizient α kann auch aus dem Verhältnis der Adsorptionsgeschwindigkeitskonstanten k_s und Desorptionsgeschwindigkeitskonstanten k_d gebildet werden (Möller 1995) nach $\alpha = k_s/(k_s - k_d)$, woraus unter Berücksichtigung der Definition einer Gleichgewichtskonstanten ($K = k_+/k_-$)

$$\frac{\alpha}{\alpha - 1} = \frac{k_s}{k_d} = K_{ads} = \exp(-\Delta G_{ads}/RT) \tag{1.2-11}$$

folgt. Unter Berücksichtigung von $n_g = p/kT$ (folgt aus der allgemeinen Gasgleichung; $k = R/L$, L „Loschmidt-Zahl") ergibt sich für den molaren Fluß an die Partikeloberfläche

$$F_s = \frac{\gamma p}{4RT}\sqrt{\frac{8RT}{M\pi}} = \frac{p}{\sqrt{2MRT\pi}} \ . \tag{1.2-12}$$

---

[5] Wird auch als Sticking-Koeffizient bezeichnet (manchmal mit γ). In dieser Arbeit wird grundsätzlich die Bezeichnung Accomodations-Koeffizient benutzt.

Tabelle 1.2-2. Diffusionskoeffizienten einiger Gase in Luft (in cm^2s^{-1}). (Nach Schwartz 1986)

H_2O	0,264
NH_3	0,234
CO_2	0,159–0,170
SO_2	0,126
HCOOH	0,153

Unter Berücksichtigung der Oberflächenadsorption kann der molekulare Fluß F_s (Moleküle pro Fläche und Zeit) an die Oberfläche, ausgehend vom 1. Fickschen Gesetz ($dn/dt = -Dq\ dc/dx$), auch wie folgt dargestellt werden (hier sind die Teilschritte molekulare Gasdiffusion und Diffusion infolge von Konzentrationsgradienten miteinander verbunden):

$$\frac{dn}{dt} = F_s q = \frac{Dq}{l}(c_{ads} - c_g) \tag{1.2-13}$$

wobei q Fläche, l Diffusionsstrecke (Diffusionsschicht) und D molekularer Diffusionskoeffizient (s. Tabelle 1.2-2). Es folgt unter Berücksichtigung von $p = cRT$

$$F_s = \frac{k_g}{RT}(p_{ads} - p^{\infty}) \tag{1.2-14}$$

wobei der Stoffübergangskoeffizient $k_g = D/l$ hierbei definiert ist. Es muß beachtet werden, daß k_g unterschiedliche Bedeutungen hat, je nachdem, welche Teilschritte in den Stoffübergang mit einbezogen werden (hier nur Antransport und Oberflächenadsorption). k_g hat die Dimension [Weg/Zeit] und stellt analog zur Trockenablagerungsgeschwindigkeit v_T den reziproken Widerstand des Stoffübergangsprozesses dar, also $k_g = 1/\gamma$ (vgl. Gl. 1.2-10).

Oberflächenreaktionen an festen Partikeln haben eine große Bedeutung in der Stratosphäre beim katalytischen Ozonabbaus, wobei hier an Eispartikeln zahlreiche Radikalreaktionen ablaufen sowie Salpeter- und Schwefelsäurepartikeln gebildet werden (s. Kap. 1.2.2). Aber auch in der Troposphäre werden viele Oberflächenreaktionen an Partikeln, insbesondere Reaktionen an Seesalzpartikeln, für bedeutungsvoll gehalten. Allerdings wurden diese Reaktionen bisher ausschließlich unter Laborbedingungen untersucht. Es ist dabei häufig nicht klar, ob die Reaktionen an der festen Oberfläche oder an flüssigen Oberflächen (d.h. das feste Partikel bildet einen Flüssigkeitsfilm) ablaufen. Daher werden die bisher bekannten Beispiele in 1.2.4.4 behandelt.

1.2.3 Bildung von Tropfen aus festen Partikeln

Aus den bisherigen Darlegungen wurde deutlich, daß der Übergang von einem festen zum flüssigen Partikel „fließend" ist. Wahrscheinlich können Schwefelsäureembryos als flüssiges Partikel aufgefaßt werden; die sich daraus bildenden Kerne (z.B. NH_4HSO_4) sind dagegen feste Partikeln (amorphe und/oder kristalline Struktur) ebenso wie NH_4NO_3. In Abhängigkeit von der relativen Feuchtigkeit können die Partikeln Hydratwasser enthalten und/oder einen Wasserfilm an der Oberfläche bilden und schließlich zu einem aktivierten Kondensationskern werden. Die wesentliche Eigenschaft, die diesen Wasseraufnahmeprozeß bestimmt, ist die *Hygroskopizität.*

1.2.3.1 Hygroskopizität und Wolkenkondensationskerne

Die Kondensation von Wasserdampf an Partikeln erfolgt erst (Tropfenbildung und -wachstum), wenn das kritische Sättigungsverhältnis S_c (s. Kap. 1.2.2.1: „Köhler-Gleichung") überschritten wird. Die Affinität der Partikeloberfläche zu Wassermolekülen (Hygroskopizität) ermöglicht jedoch den Stoffübergang von Wasserdampf an die Partikelphase auch bei Bedingungen, wo die Atmosphäre nicht mit Wasser gesättigt ist. Diese Partikeln werden als Wolkenkondensationskerne (CCN) bezeichnet.

Dabei ist nicht die innere chemische Zusammensetzung ausschlaggebend, sondern ausschließlich die Eigenschaft der Oberfläche. So können auch organische, biogene und Rußpartikeln CCN sein, wenn deren Oberfläche vorher durch Gase (z.B. SO_2, NH_3, HNO_3) hygroskopisch gemacht wird. Die Bildung einer Sulfatschicht durch Oberflächenoxidation von adsorbiertem SO_2 dürfte von dominanter Bedeutung sein. Jede mineralische Oberfläche wird bei einer bestimmten relativen Feuchtigkeit (RH) „zerfließen" („Deliqueszenz-Punkt"). Für reine Salze ist dieser Punkt gut bestimmt, s. Tabelle 1.2-3. RH ist definiert nach

Tabelle 1.2-3. „Deliqueszenz-Punkt“ (RH) für reine Salze

$MgCl_2 \cdot H_2O$	33
NH_4HSO_4	40
$K_2CO_3 \cdot 2\,H_2O$	43
NH_4NO_3	66
$NaCl$	76
$(NH_4)_2SO_4$	80
$NaNO_3$	80
$KHSO_4$	86

$$\mathrm{RH(T)} = \frac{p_W}{p_W^0(T)} \tag{1.2-15}$$

wobei p_W der Partialdruck des Wasserdampfes und p^0 der Sättigungsdampfdruck bei der Umgebungstemperatur T. Da RH über dem Deliqueszenz-Punkt ansteigt, nimmt das Partikel kontinuierlich Wasser auf, um der folgenden Gleichgewichtsbeziehung zu genügen:

$$\mathrm{RH} = a_W = \frac{p_{W,s}}{p_W^0(T)} \tag{1.2-16}$$

wobei $p_{W,s}$ den Partialdruck des Wassers über dem Partikel (vgl. Gl. 1.2-2) und a_W die Aktivität des Wassers in der Salzlösung darstellen. Partikeln, die den Deliqueszenz-Punkt erreicht haben, werden als aktivierte CCN bezeichnet. Hanson et al. (1994) haben zwei Gruppen von hygroskopischen Teilchen charakterisiert. Nur aktivierte CCN können – in Abhängigkeit von der Wasserdampfübersättigung – Wolkentropfen bilden (s. nächstes Kap.). Diese Prozesse wurden von Kulmala et al. (1996) modelliert.

1.2.3.2 Heterogene Nukleation (Wolkenbildung)

Wenn die Atmosphäre eine (geringe) Übersättigung an Wasserdampf erreicht, beispielsweise durch adiabatische Abkühlung, tritt schlagartig eine Kondensation an aktivierten CCN ein, und es bilden sich innerhalb kurzer Zeit (Sekunden) Wolkentropfen. Dieser Prozeß wird heterogene Nukleation genannt. Die Anzahl der Wolkentropfen ist viel geringer als die Anzahl der CCN, da die Menge an kondensierbarer Wasserphase weder ausreicht, um alle CCN zu aktivieren, noch um alle aktivierten CCN in Wolkentropfen zu überführen. Effektivster

Prozeß der Abkühlung ist der Aufstieg eines Luftpaketes (z. B. durch intensive Erwärmung der Erdoberfläche oder Anheben der Luftmasse vor Bergen). Die Kondensation ist verbunden mit dem Freiwerden latenter Wärme, wodurch der Abkühlungsprozeß (und damit die Übersättigung) begrenzt wird. Weiterhin wird der Kondensationsprozeß begrenzt durch das „entrainment" trockener Luft in die Wolke aus der Umgebung. Einige physikalische Eigenschaften von Wolken wurden in Kap. 1.1.5 beschrieben. Auf eigene Messungen an der wolkenchemischen Brocken-Station im Harz wird unter 1.2.6.3 eingegangen.

Die heterogene Nukleation im Sinne eines Aerosolauswaschens („nucleation scavenging") wurde bereits von Junge (1963) durch folgende einfache Gleichung beschrieben.

$$c_a = \varepsilon \frac{M_a}{LWC} \tag{1.2-17}$$

c_a ist die gelöste Aerosolkonzentration im Wolkenwasser, ε stellt den „ausgewaschenen" Anteil der in der Gasphase vorhandenen Aerosolkonzentration M_a und LWC den Flüssigwassergehalt (*L*iquid *W*ater *C*ontent) in Volumen Wasser pro Kubikmeter Luft[6] dar. Unter den meisten troposphärischen Bedingungen wurde von Mészáros (1981) $\varepsilon = 0{,}9\text{–}1{,}0$ bestimmt, d. h., praktisch wird die gesamte Aerosolmasse in die Wolkenwasserphase überführt. Das ist nicht im Widerspruch zu der weiter oben getroffenen Aussage, daß nur eine geringe Anzahl der Aerosolpartikeln tatsächlich Tropfen bilden, da hier zwischen Anzahl- und Massenkonzentration unterschieden werden muß (die Partikeln $< 0{,}1\ \mu m$ tragen zu weniger als 10% zur Aerosolmasse, aber zu $> 90\%$ zur Anzahl bei).

1.2.4 Lösung von Gasen in Tropfen

Sofort mit der heterogenen Nukleation beginnt der Stoffübergang von Gasen in den gebildeten Tropfen. Neben den bereits behandelten Teilschritten Antransport der Moleküle aus der Gasphase und Adsorption an der Oberfläche (s. 1.2.2.2) erfolgt nun ein Durchtritt der Grenzschicht Gas-Tropfen, eine Diffusion innerhalb des Tropfens sowie mögliche nachgelagerte chemische Umwandlungen.

---

[6] Nach dieser Definition ist LWC dimensionslos und stellt ein Volumenmischungsverhältnis (ppb) dar. Eine weitere gebräuchliche Definition kennzeichnet LWC als Masse Wolkenwasser pro Luftvolumen (gm^{-3}).

1.2.4.1
Gas-Flüssig-Gleichgewicht, Henry-Gesetz und Protolysegleichgewichte

Jede gasförmige Komponente bildet mit der in einer Bulk-Flüssigkeit gelösten Komponente ein Gleichgewicht, d.h. das Verhältnis zwischen den Konzentrationen in der Flüssigphase und in der Gasphase ist konstant bei gegebener Temperatur.

$$A(g) \leftrightarrow A(aq) \tag{1.2-18}$$

Allerdings müssen folgende Einschränkungen gemacht werden bei der Anwendung auf die Atmosphäre:

- Es sind die Konzentrationen in Nähe der Phasengrenze Gas-Tropfen anzuwenden (unter Annahme einer schnellen Durchmischung im Tropfen kann die Bulk-Tropfenkonzentration verwendet werden);
- Gl. 1.2-18 gilt für die physikalisch gelösten Komponente (s. weiter unten für die Berücksichtigung der Protolysestufen);
- das „Henry-Gleichgewicht" muß strenggenommen für jeden einzelnen Tropfen und seine Umgebung angewendet werden – es gilt nur für das Gesamtflüssigwasser (LWC) und die interstitielle Gasphase insgesamt (gesammeltes Bulk-Wolkenwasser), wenn alle Tropfen die gleiche chemische Zusammensetzung aufweisen;
- es darf keine Limitierung des Stoffübergangs auftreten (geschwindigkeitsbestimmender Transportprozeß, Behinderung des Phasenübergangs z.B. durch oberflächenaktive Stoffe, d.h. $\alpha \ll 1$).

In älterer deutschsprachiger Literatur wird die aus Gl. 1.2-18 folgende Gleichgewichtskonstante auch als „Ostwaldsche Löslichkeit" α' bezeichnet ($\alpha' = [A(aq)]/[A(g)]$); diese Größe ist folglich dimensionslos. Als Henry-Konstante wird $H = [A[aq)]/p(g)$ bezeichnet; Dimension Mol l^{-1} atm^{-1}. Als „Bunsenscher Absorptionskoeffizient" β wird das von einer Volumeneinheit Lösungsmittel (Wasser) bei der betreffenden Temperatur aufgenommene Volumen eines Gases (reduziert auf 0 °C und 1 atm) bezeichnet, wenn der Teildruck des Gases 1 atm beträgt; es gilt somit:

$$\beta = H \cdot RT\,. \tag{1.2-19}$$

Eine weitere gebräuchliche Größe ist die Löslichkeit , welche die Masse (in Gramm) des Gases angibt, die von 100 g reinem Wasser aufgenommen werden, wenn der Gesamtdruck (d.h. Partialdruck des

Tabelle 1.2-4. Diffusionskoeffizienten einiger Gase in Wasser (in $10^{-5}\,cm^2\,s^{-1}$) (Nach Schwartz 1986)

SO_2	1,8–2,0
O_2	2,1–2,4
Cl_2	1,4–1,7
H_2S	1,4
N_2O	2,5

Gases plus Sättigungsdruck des Wassers) 1 atm beträgt; es gilt annähernd: $l = H\,M/10$, wobei M Molmasse des gelösten Gases. Beispielsweise findet man folgende Werte für SO_2 neben H (=1,2) bei 298 K (D'Ans u. Lax 1943):

$$a = 32{,}79$$

$$l = 8{,}98$$

Die Temperaturabhängigkeit von H folgt aus der „Van't-Hoffschen Reaktionsisotherme" für die „Reaktion" 1.2-18

$$\Delta_S G^0 = -RT \cdot \ln H \tag{1.2-20}$$

wobei $\Delta_S G^0$ die molare freie Lösungsenthalpie unter Gleichgewichtsbedingungen bedeutet. Mit $\Delta_S G^0 = \Delta_S H^0 - t\Delta_S S^0$ (H^0 Lösungsenthalpie, S^0 Lösungsentropie) folgt nach Differentiation nach T

$$d \ln H/dt = \Delta_S H^0/RT^2 \tag{1.2-21}$$

und nach anschließender Integration zwischen den Temperaturbereichen T_0 und T

$$H = H_0 \exp\left[\frac{\Delta_S H^0}{R}\left(\frac{1}{T_0} - \frac{1}{T}\right)\right] \tag{1.2-22}$$

Bezogen auf Standardbedingungen, wird $\Delta_S H^0$ auch als Standardlösungsenthalpie bezeichnet. Gl. 1.2-22 kann in dieser Form für alle Typen von Gleichgewichtskonstanten angewendet werden. Diese Gleichung gilt allerdings nur in einem begrenzten Temperaturbereich (es wurde angenommen, daß $\Delta_S S^0$ temperaturunabhängig ist). Für einen größeren Temperaturbereich muß die Standardlösungsenthalpie nach dem

„Kirchhoffschen Gesetz" als Funktion der Temperatur ausgedrückt werden (s. Lehrbücher der physikalischen Chemie) unter Berücksichtigung der temperaturabhängigen Molwärmen, die durch empirische Interpolationsformeln ausgedrückt werden (A_i und I Konstanten):

$$\ln H = -\frac{\Delta_S H^0}{RT} - \frac{1}{R}\left(A_1 \ln T + \frac{A_2}{2}T + \frac{A_3}{6}T^2 + \dots\right) + I \qquad (1.2\text{-}23)$$

Häufig findet man Darstellungen unter Verwendung der Konstanten A, B, C und D in folgender Form:

$$\ln H = A + B/T + C \ln T + DT \qquad (1.2\text{-}24)$$

Tabelle 1.2-5 listet einige H-Werte entsprechend Gl. (1.2-18) auf. Beachte, daß für sehr lösliche Gase ($H \gg 1$) der H-Wert oftmals auf dem „zusammengefaßten" Gleichgewicht (Phasenübergang + Protolyse) beruht:

$$A(g) \leftrightarrow B(aq) + H^+ \ , \qquad (1.2\text{-}25)$$

also in der Form $H_{eff} = H\ K_a$, z.B., $HCl(g) \Leftrightarrow Cl^- + H^+$, da Konzentrationen von HCl (und auch HNO_3) praktisch nicht meßbar sind in wäßriger Lösung (zur Frage der Meßbarkeit sehr großer K_a s. Kap. 1.2.5.1). Die Gleichgewichtskonstante von Gl. 1.2-25, $K_a = [B(aq)][H^+]/[[A(g)]$, wird auch als Säurekonstante bezeichnet. Die sog. „effektive Henry-Konstante" H_{eff} erweitert das Phasengleichgewicht auf die gesamtgelöste Menge an Gas einschließlich seiner Pro-

Tabelle 1.2-5. Henry-Konstante für ausgewählte Komponenten (298 K); Referenzen s. in Möller u. Mauersberger (1995)

Komponente	H in Mol dm^{-3} atm^{-1}	Komponente	H in Mol dm^{-3} atm^{-1}
HCl	$1.7 \cdot 10^6$	H_2O_2	$7{,}4 \cdot 10^4$
HNO_3	$1.5 \cdot 10^5$	O_3	$1{,}3 \cdot 10^{-2}$
HO_2NO_2	$1 \cdot 10^5$	OH	$2{,}5 \cdot 10^1$
CH_3COOH	$5{,}0 \cdot 10^3$	RCHO	$4{,}2 \cdot 10^3$
HCOOH	$3{,}7 \cdot 10^3$	ROOH	$9{,}0 \cdot 10^3$
CH_3OOH	$2{,}25 \cdot 10^2$	H_2S	$1 \cdot 10^{-1}$
NH_3	$5{,}8 \cdot 10^1$	CO_2	$3{,}1 \cdot 10^{-2}$
HNO_2	$4{,}9 \cdot 10^1$	NO_3	$2{,}1 \cdot 10^5$
SO_2	$1{,}2 \cdot 10^0$		

tolysestufen (H wird dann auch als „wahre Henry-Konstante" bezeichnet); $A_{ges} = A(aq) + B(aq)$

$$H_{eff} = [A]_{ges}(aq)/p(g) . \qquad (1.2\text{-}26)$$

Eine umfangreiche Sammlung der H-Werte von etwa 500 Spezies hat Sander (1997) zusammengestellt. Für eine einstufige Protolysereaktion entsprechend Gl. (1.2-26) gilt auch

$$\lg([B(aq)][A(g)]) = \lg H_{eff} + pH . \qquad (1.2\text{-}27)$$

Für nicht sehr gut lösliche Gase wie z.B. SO_2, NH_3, CO_2 und HNO_2 wird die Bildung der freien Azidität in der Wasserphase infolge des pH-abhängigen effektiven „Henry-Gesetzes" komplizierter.

Die weiter oben erwähnte Kompliziertheit bei der Umrechnung der verschiedenen Maße für die Gaslöslichkeit hängt mit dem in Realität veränderlichen Partialdruck des Gases, also der Reservoirverteilung zwischen der Gas- und Wasserphase (beachte: ein Volumenelement Luft besteht aus x_1 Gas- und x_2 Wasser-Volumenelementen) zusammen. Die Gesamtmasse das Gases (ausgedrückt als p_0) wird zwischen der Gasphase (ausgedrückt als Gleichgewichts-Partialdruck $p_{eq} = p_0 - p' = n(g)RT/V(g)$) und der wäßrigen Phase, ausgedrückt als $n(aq) = V(aq)H_{eff}$, wobei $p' = p_{eq}H_{eff}RT$ verteilt. Somit folgt für gelöstes CO_2 (als Beispiel)

$$H_{eff} = \{[CO_2(aq))] + [H_2CO_3] + [HCO_3^-] + [CO_3^{2-}]\}/[CO_2(g)] , \qquad (1.2\text{-}28)$$

wobei $K_{a1} = [H_2CO_3]/[CO_2(aq)]$, $K_{a2} = [HCO_3^-][H^+]/[H_2CO_3]$ und $K_{a3} = [CO_3^{2-}][H^+]/[HCO_3^-]$ und somit

$$H_{eff} = H(1 + K_{a1} + K_{a1}K_{a2}[H^+]^{-1} + K_{a1}K_{a2}K_{a3}[H^+]^{2-}) \qquad (1.2\text{-}29)$$

Das Reservoirverteilungsverhältnis q (Masse in Wasserphase/Masse in Gasphase) ist gegeben durch

$$q = n(aq)/n(g) = H_{eff}V \cdot RT , \qquad (1.2\text{-}30)$$

wobei V das Volumenverhältnis zwischen den Phasen bezeichnet: V = Volumen Wasserphase/Volumen Gasphase, also $(V(aq)/V(g)) \approx V(aq)$/Luftvolumen = LWC (Flüssigwassergehalt). In Fällen, wenn

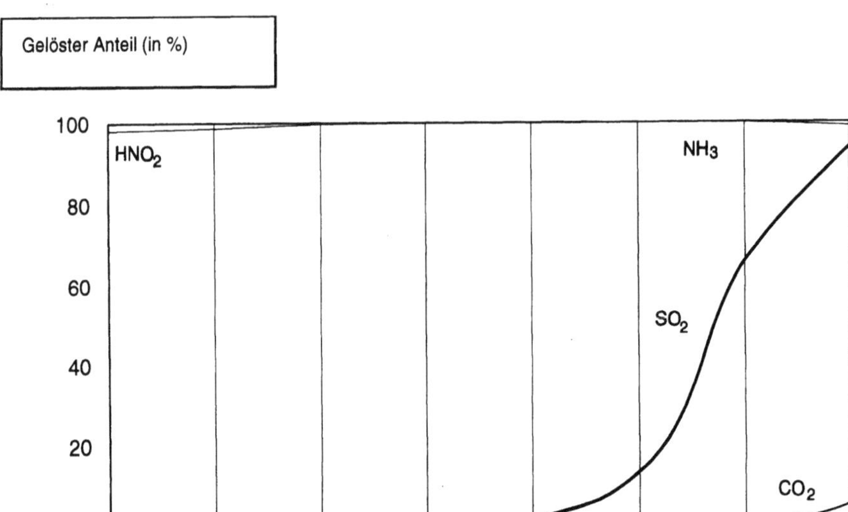

Abb. 1.2-4. Reservoirverteilung von Gasen zwischen Gas- und Tropfenphase

$q \ll 1$, muß in allen bisherigen Gleichungen die Gasphasenkonzentration p(g) durch den Gleichgewichtspartialdruck p_{eq} ausgedrückt werden, also z.B. für das CO_2-System nach

$$[CO_2(g)] = (1 + q)[CO_2(g)]_{eq} \tag{1.2-31}$$

In Abb. 1.2-4 ist die Reservoirverteilung einiger Gase zwischen Tropfen- und Gasphase berechnet. Man sieht, daß im pH-Bereich 4 bis 7 nur q-SO_2 eine signifikante Abhängigkeit vom pH zeigt; andere Gase sind entweder ausschließlich in der Gas- oder Flüssigphase in diesem pH-Bereich.

1.2.4.2 Gas-Tropfen-Phasenübergang und Diffusion im Tropfen

Der Stoffübergang unter atmosphärischen Gesichtspunkten wurde am besten bisher von Schwartz (1986) beschrieben und seither von allen Modellierern in dieser Form verwendet. Wieder werden die thermodynamischen und kinetischen Grundlagen des molekularen Transportes zur Phasengrenze angewendet (s. 1.2.2.2), wie sie von Seinfeld (1986) beschrieben wurden. Entsprechend dem in Abb. 1.2-2 dargestellten Schema kann der Fluß in die Tropfenphase nun unter Berücksichtigung der Lösung und Protolyse wie folgt dargestellt werden (vgl. Gl. 1.2-14):

$$F_{aq} = \frac{k_g}{RT}\left(\frac{c_{aq}}{H_{eff}} - p^{\infty}\right) \tag{1.2-32}$$

Dabei bedeuten c_{aq} die Konzentration der betrachteten Komponente (einschließlich der eventuellen Protolysestufen) in der Flüssigphase und H_{eff} die effektive Henry-Konstante, p^{∞} stellt den Partialdruck der gasförmigen Komponete dar. Der Stoffübergangskoeffizient k_g (welcher den Gasphasen- und Grenzflächen-Stofftransport beschreibt) ergibt sich nach Schwartz (1986) gemäß

$$k_g = \left(\frac{r^2}{3D_g} + \frac{4r}{3v\alpha}\right)^{-1} \tag{1.2-33}$$

r Radius des Tropfens, D_g Diffusionskoeffizient in Luft, v mittlere molekulare Geschwindigkeit und α Accommodation-Koeffizient. Die Gleichung für den Stoffübergangskoeffizienten basiert auf der 1971 von Fuchs u. Satugin aufgestellten Theorie des molekularen Transportes an eine sphärische Oberfläche (vgl. Gl. 1.2-14), s. Seinfeld (1986). Die Massenbilanz des gelösten Gasspezies in der Wolke kann folgendermaßen dargestellt werden.

$$\frac{dc_g}{dt} = -RT(LWC)F_{aq} + \left(\frac{dc}{dt}\right)_{chem} + E \tag{1.2-34}$$

$$\frac{dc_{aq}}{dt} = F_{aq} + \left(\frac{dc}{dt}\right)_{chem} \tag{1.2-35}$$

$(dc/dt)_{chem}$ stellt die Summe der chemischen Reaktionen, die zur Bildung und Abnahme der Spezies-Konzentration führen, dar; E ist der „Entrainment-Term". Ein mittlerer Auswaschkoeffizient des Gasspezies kann nach

$$\lambda = (RT \cdot LWC) \int_0^{t_c} \frac{F_{aq}(t)}{c_g(t)} dt \tag{1.2-36}$$

berechnet werden; t_c ist die Lebenszeit der Wolke. Für die Einstellung der Gleichgewichte und die Kinetik der chemischen Reaktion in der Flüssigphase ist die charakteristische Zeit der Diffusion im Tropfen von Wichtigkeit (der langsamste Teilschritt bestimmt die Kinetik des Gesamtprozesses). Nach Schwartz (1986) gilt

$$\tau_{ad} = \frac{r^2}{\pi^2 D_{aq}} \tag{1.2-37}$$

wobei D_{aq} der Diffusionskoeffizient der Spezies in der Flüssigphase ist (s. Tabelle 1.2-4).

Ein repräsentativer Wert für D_{aq} von $2 \cdot 10^{-5}$ cm^2 s^{-1} ergibt eine charakteristische Zeit von 0,005 s. Damit dürfte die Diffusion schnell genug sein, um eine homogene Reaktionsmischung für die meisten Gase zu gewährleisten. Selbst wenn die schnellsten bekannten Radikalreaktionen ($k_{aq} \approx 10^{10}$ l Mol^{-1} s^{-1}) betrachtet werden, so ist die charakteristische Zeit der Flüssigphasenreaktion $\tau_{aq} = (k_{aq} X_{aq})^{-1}$ größer als 0,2 s, wobei X die Flüssigphasenkonzentration des Radikals bezeichnet ($\leq 10^{-9}$ Mol l^{-1}). Umgekehrt jedoch kann die charakterische Zeit für das Radikal (z.B. OH) bei einer Reaktion mit einer gelösten Substanz im μMol-Bereich kleiner sein (in diesem Beispiel 0,0001 s) als die Diffusionszeit. Auf diese reaktiven Spezies (Radikale) ergibt sich dann eine Begrenzung des Stoffübergangs aus der Gasphase (z.B. „OH-scavenging"). Allerdings muß bei Radikalen zusätzlich berücksichtigt werden, daß sie auch in der Flüssigphase chemisch gebildet werden (s. 1.2.5.2). Dadurch ergibt sich eine andere Brutto-Kinetik ($\tau_{aq} = (k \cdot X_{aq} - k \cdot Y_{aq})^{-1}$), die im allgemeinen wieder die Diffusion als schnelleren Prozeß zur Grundlage hat.

1.2.4.3
Zur Rolle von Kohlendioxid und Karbonat

CO_2 spielt eine besondere Rolle in der Atmosphäre bei der Bildung der atmosphärischen Azidität (1.2.5.1) infolge seiner hohen (etwa 360 ppb) und etwa konstanten Konzentration. Im binären H_2O-CO_2 System finden die folgende Reaktionen statt (Abb. 1.2-5):

$$CO_2(g) \leftrightarrow CO_2(aq) \tag{1.2-38}$$

$$CO_2(aq) + H_2O \rightarrow H_2CO_3 \tag{1.2-39}$$

$$H_2CO_3 \rightarrow CO_2(aq) + H_2O \tag{1.2-40}$$

$$H_2CO_3 \leftrightarrow HCO_3^- + H^+ \tag{1.2-41}$$

$$HCO_3^- \leftrightarrow CO_3^{2-} + H^+ \tag{1.2-42}$$

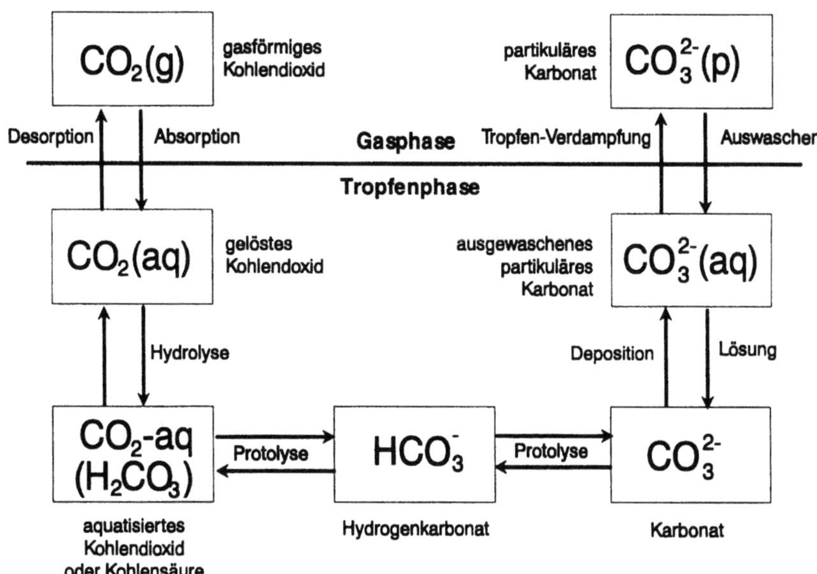

Abb. 1.2-5. Schematische Darstellung des CO_2 Gas-Flüssig-Gleichgewichtes und des Auswaschens karbonathaltiger Partikeln

In alkalischer Lösung (pH≥9) läuft folgende Reaktion direkt ab:

$$CO_2(aq) + OH^- \underset{k_{43}^-}{\overset{k_{43}^+}{\longleftrightarrow}} HCO_3^- , \tag{1.2-43}$$

$k_{43}^+ = 8{,}5 \cdot 10^{-3}\ Mol^{-1}\ s^{-1}$ and $k_{43}^- = 2 \cdot 10^{-4}\ s^{-1}$ (Sigg u. Stumm 1996), d.h., $K_{43} = 42{,}5$. Die Einstellung der Gleichgewichte (41) und (42) erfolgt sehr schnell. Unterschiede bei der Beschreibung der Dissoziation der „Kohlensäure" (H_2CO_3 oder auch als $CO_2 \cdot H_2O$ und CO_2-aq geschrieben) treten in der Literatur auf. Hier soll zwischen den folgenden Gleichgewichten unterschieden werden:

$$CO_2(aq) + H_2O \longleftrightarrow HCO_3^- + H^+ \tag{1.2-44}$$

$$CO_2(aq) + H_2O \underset{k_{40}}{\overset{k_{39}}{\longleftrightarrow}} H_2CO_3/CO_2\text{-aq} \tag{1.2-45}$$

mit $K_{45} = k_{39}/k_{40}$ (Cotton u. Wilkinson 1967). $K_{44} \equiv K_{ap}$ wird als *scheinbare* Dissoziationskonstante (oder Protolysekonstante) bezeichnet, in der Literatur manchmal verwechselt mit K_{41} (z.B. Adewyui et al. 1984). Für K_{ap} wird angegeben: $4{,}16 \cdot 10^{-7}$(Cotton u. Wilkinson 1967), $7{,}7 \cdot 10^{-7}$ (Graedel u. Weschler 1981), $4{,}3 \cdot 10^{-7}$ (Chameides 1984), $4{,}4 \cdot 10^{-7}$ (Jacob

1986). Die *wahre* Konstante K_{41} wird berechnet nach $K_{41} = K_{ap}/K_{45}$, wobei $K_{45} = k_{39}/k_{40} = 3 \cdot 10^{-2}/20 \approx 1{,}5 \cdot 10^{-3}$ und damit $K_{41} \approx 2{,}8 \cdot 10^{-4}$.

Abb 1.2-5 zeigt, daß ein wichtiger Pfad zur Bildung von *Alkalinität* (Karbonat) über CCN selbst (heterogene Nukleation) sowie das Auswaschen von Aerosol erfolgt. Der letztere Prozeß ist von geringer Bedeutung für die Wolke, aber sehr wichtig als „sub-cloud scavenging" beim Stoffeintrag in fallende Regentropfen. Eine Vielzahl von Aerosolpartikeln trägt zur Alkalinität (Säureneutralisationspotential) bei: Flugasche, Bodenstaub und Industriestäube. Karbonatpartikeln können zu einem hohen pH des Wolkentropfens am Anfang seiner Entstehung führen und somit die Aufnahme von gasförmigen Säuren und Säurebildnern (z.B. SO_2) erheblich begünstigen. Die wäßrige Lösung wird übersättigt an Karbonat (fallender pH), und folglich wird CO_2 desorbiert. Die Neutralisationsstöchiometrie folgt der Beziehung

$$CO_3^{2-}(p) + 2H^+ \rightarrow CO_2(g) + H_2O \,. \qquad (1.2\text{-}46)$$

Analytische Bestimmungen des im Regenwasser enthaltenen Karbonates lassen die Schlußfolgerung zu, daß es keineswegs zu einem Gleichgewicht zwischen atmosphärischen CO_2 und gesamtgelösten Karbonat kommt. So sollte im Regenwasser, das sich im Gleichgewicht mit atmosphärischen CO_2 befindet, das gelöste $[HCO_3^-]$ nur zwischen 0,2 and 0,5 μMol l^{-1} im pH-Bereich 4,0 bis 4,5 betragen. Tatsächlich wurden als Mittel von verschiedenen Stationen in der ehemaligen DDR eine Hintergrund-Konzentration von 98 μMol l^{-1} und in belasteter Atmosphäre (Halle/Leipzig) sogar 130 bis 260 μMol l^{-1} gefunden (Zierath 1981). Diese um mehrere Größenordnungen höhere Konzentration an Hydrogenkarbonat unterstützt die Idee eines effektiven „sub-cloud scavenging" von karbonathaltigen Partikeln durch fallende Regentropfen. Infolge der begrenzten Fallzeit der Regentropfen und einer offensichtlichen Verzögerung beim Auflösen der Teilchen kommt es zu einer „Übersättigung" der Regentropfen mit Karbonat. Nach Sammeln des Regenwassers als Bulk-Lösung bleibt diese bei der Lagerung in Chemikalienflaschen ebenso übersättigt gegenüber der Umgebungsatmosphäre. Eigene Untersuchungen zeigen, daß viele Wochen nach dem Sammeln von Regenwasser im Labor noch Hydrogenkarbonat nachgewiesen werden kann. Die Karbonatanalyse gehört nicht zum Routinemeßprogramm (sie ist auch nicht einfach) – deshalb fehlt diese Information in nahezu allen publizierten niederschlagschemischen Daten.

Der Nicht-Gleichgewichtszustand bei gesammelten Hydrometeoren (Wolken- und Niederschlagswasser) bezüglich des CO_2 ist oftmals eine Erklärung für die offene Ionenbilanz (Möller u. Zierath 1986).

Die auf der Bilanz analysierter Ionen (fehlendes HCO_3^-) und gemessenen Leitfähigkeit (HCO_3^- berücksichtigt) beruhende Qualitätskontrolle ergibt dann eine falsche Bewertung. Des weiteren können alle auf Gleichgewichten beruhenden Berechnungsformeln (s. z.B. für Azidität im Kap. 1.2.5.1) nicht angewendet werden.

Weitere wichtige neutralisierende Spezies sind Oxide, die häufig in Flugaschen gefunden werden und OH^--Ionen nach folgender Reaktion liefern:

$$CaO(p) + H_2 \rightarrow Ca^{2+} + 2OH^- \quad (1.2\text{-}47)$$

1.2.4.4 Oberflächenreaktionen an Tropfen (heterogene Chemie) – Bildung von HNO_2

Die Grundlagen des Transportes aus der Gasphase an die Phasengrenze und der Phasenübergang wurden bereits unter 1.2.2.2 behandelt. Einen experimentellen Hinweis auf „echte" heterogene Prozesse, also weder „reine", d.h. ausschließliche Gasphasen- oder Flüssigphasenchemie, erhält man immer dann, wenn die Kinetik einer chemischen Reaktion deutlich verschieden (i.a. schneller) ist, als sie aus der Gas- oder Flüssigphase bekannt ist. Im Labor kann man solche Reaktionen in einem Zweiphasenreaktor bezüglich der Abnahme des Eduktes und/oder der Zunahme des Produktes untersuchen. Oftmals kamen Hinweise auf Oberflächenreaktionen auch bei gemessenen „Querempfindlichkeiten" (z.B. Staffelbach et al. 1995) bei In-situ-Analysatoren und Probenahme-Anlagen für Spurengase (z.B. H_2O_2-Bildung in feuchten Glasrohren, wahrscheinlich aus O_3):

$$O_3(ads) + OH^-(ads) \rightarrow HO_2^-(ads) + O_2 \quad (1.2\text{-}48)$$

$$HO_2^-(ads) + H^+(ads) \rightarrow H_2O_2(g) \quad (1.2\text{-}49)$$

Bekannt sind auch die Reaktionen von N_2O_5 und $ClONO_2$ an feuchten Oberflächen (Kolb et al. 1995):

$$N_2O_5(ads) + H_2O \rightarrow 2HNO_3(ads) \quad (1.2\text{-}50)$$

$$HOClNO_2(ads) + H_2O \rightarrow HOCl(g) + \text{Produkte} \quad (1.2\text{-}51)$$

Die in Reaktion 1.2-50 gebildete HNO_3(ads) wird augenblicklich im Tropfen gelöst werden ($\rightarrow H^+ + NO_3^-$), so daß es schwierig ist, diese Reaktion von einer Lösung des N_2O_5 und nachfolgender Bildung von Salpetersäure zu unterscheiden. Für derartige Reaktionen ist es sinnvoll, das Konzept der Reaktionswahrscheinlichkeit γ (vgl. Gl. 1.2-9) für den Gesamtprozeß des Phasenübergangs einschließlich chemischer Umwandlung zu verwenden. So wurde $\gamma = 0{,}1$ für N_2O_5 bestimmt (Dentener 1993). Für NO_3 wurden sehr unterschiedliche γ-Werte bestimmt (0,001–1); da die Reaktion des NO_3 an feuchten Oberflächen (und in Lösung) extrem schnell als Elektronentransfer zum NO_3^- erfolgt, ist $\gamma = 1$ sehr wahrscheinlich – und der Transport aus der Gasphase an die Phasengrenze der geschwindigkeitsbestimmende Schritt (Dentener 1993).

Eine (Pseudo-)Beschleunigung des Gastransfers erfolgt auch, wenn der (physikalischen) Absorption eine nachgelagerte chemische Reaktion in der Flüssigphase folgt, z.B. wird der Phasenübergang von H_2O_2 bei gleichzeitiger Anwesenheit von genügend SO_2 (> 1 ppb) ausschließlich durch die Flüssigphasenreaktion S(IV)+H_2O_2 bestimmt (Möller u. Mauersberger 1992).

Sievering et al. (1991) haben erstmals auf die hohe Bedeutung der alkalischen Oberfläche von Seesalz-Aerosol für die Sorption von SO_2 (welches durch Oxidation von DMS gebildet wird) und dessen Oxidation zu Sulfat hingewiesen. Sie haben eine Gesamtaufnahme von 20 ng SO_2 m^{-3} h^{-1} am Aerosol in 150 m Höhe über der Meeresoberfläche gemessen (stark abhängig vom Tropfenradius, vgl. Gl. 1.2-19). Die Oxidation mit O_3 bei pH $\approx$ 7 wurde 100 Mal schneller eingeschätzt als durch H_2O_2 (s. 1.2.5.3)

Bisher bekanntestes Beispiel für eine Reaktion an der Phasengrenze Gas-Tropfen und von außerordentlich großer Bedeutung für die troposphärische Chemie ist die heterogene Bildung von gasförmiger salpetriger Säure (HNO_2), auf die im folgenden genauer eingegangen wird. Gasförmige salpetrige Säure wurde zum ersten Mal in der Atmosphäre von Platt u. Perner (1979) mittels DOAS gemessen. Die große Bedeutung dieser Verbindung liegt in folgendem:

- Die Photolyse von HNO_2 (Lebenszeit etwa 10 min bei $\Theta = 0$, Θ Solarzenithwinkel) führt zur Bildung des OH; insbesondere nach Sonnenaufgang wird ein „OH-Schub" angenommen (bisher nicht experimentell nachgewiesen!), der in Modellen eine wichtige photochemische „Beschleunigung" darstellt.
- HNO_2 zeigt (wie teilweise andere NO_y Komponenten) große Unterschiede in Bildungs- und Abbauprozessen zwischen Tag und Nacht und führt daher über die anthropogene NO_x-Emission zu einer für

lufthygienische Maßnahmen zu berücksichtigenden wichtigen Tagesvariation.

- HNO_2 ist moderat löslich (H=49) und befindet sich in einem Gas-flüssig-Gleichgewicht (pK=3,3), das unter atmosphärischen Bedingungen zu einer räumlichen Umverteilung durch Wolken und Niederschlag führen kann.
- Durch die effektive Trockenablagerung und nasse Deposition stellt HNO_2 eine der wenigen (neben $HNO_3/NO_3/N_2O_5$) tatsächlichen Oxidantiensenken aus der Atmosphäre dar.
- HNO_2 kann möglicherweise an Oberflächen von Partikeln und Tropfen mit organischen Verbindungen zu Nitro- und Nitrosoverbindungen führen; diese und auch das Nitrit (NO_2^-) selbst sind gesundheitsschädigend.
- Die Innenraum-Bildung von HNO_2 (Febo et al. 1991) als Sekundärprodukt der NO_2-Bildung (Heiz- und Kochanlagen) - bei Akzeptanz der bisher bekannten heterogenen Bildungswege - kann deshalb von besonderer lufthygienischer Bedeutung sein.

Die heterogene Bildung von HNO_2 aus NO_2 kann inzwischen als gesichert angenommen werden, allerdings sind die Geschwindigkeitskonstanten und der Einfluß der verschiedenen Oberflächen weitgehend unbekannt und Gegenstand der Untersuchungen vieler Arbeitsgruppen. Bisherige Untersuchungen haben sich vor allem mit dem Einfluß der Erdoberfläche und dem atmosphärischen Aerosol beschäftigt. Bisher sind keine Feldexperimente bekannt, die eine mögliche Bildung von HNO_2 an der Oberfläche von Hydrometeoren nachgewiesen haben. Laboruntersuchungen zeigen jedoch eindeutig die Bildung von HNO_2 an Wasseroberflächen. Die aus der Literatur bekannten (und eigene gemessene) Werte von Nitrit in Wolken und Regenwasser lassen den Schluß zu, daß erhebliche Mengen an HNO_2 aufgenommen werden müssen, die sich weder aus der homogenen Gasphasenbildung noch aus dem Henry-Gleichgewicht erklären lassen. Die vergleichsweise sehr große spezifische Oberfläche läßt unter Annahme aller bisher bekannten Vorstellungen den Schluß zu, daß Wolken eine wichtige - wenn nicht sogar die dominierende - Quelle von HNO_2 sein können (s. a. 1.2.5.7).

HNO_2 wird in der Gasphase unmittelbar aus der primären Komponente NO in Reaktion mit OH gebildet (Abb. 1.2-6). Es wird jedoch angenommen, daß die Geschwindigkeit dieser Bildung in etwa gleich der des Zerfalls in der Reaktion $HNO_2 + OH$ ist, d.h. es wird nur eine kleine „Steady-state-Konzentration" an HNO_2 gebildet. Tagsüber führt die Photolyse (in Abhängigkeit vom tatsächlichen j-Wert; j Photolyserate,

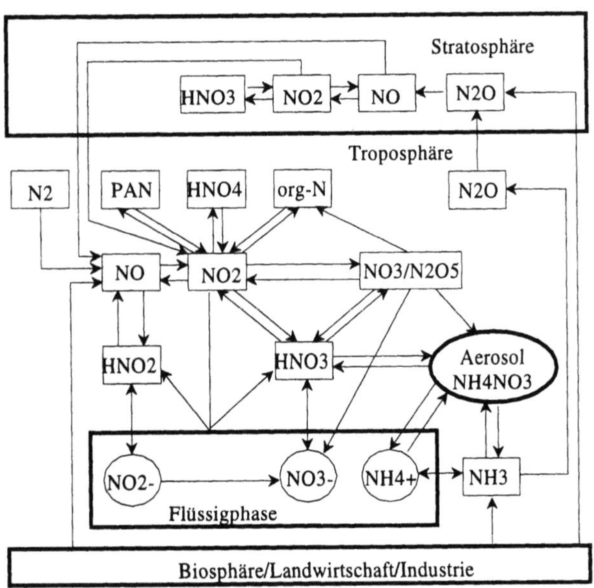

Abb. 1.2-6. Schema der Quellen und Umwandlungen von Stickstoffverbindungen in der Atmosphäre

s. Bd. 1A, Kap. 3.2.2.3) folglich zu einem überwiegenden Abbau. Ein grundlegender Schritt zur Klärung des HNO_2-Budgets besteht in der Charakterisierung seiner Quellen. Deshalb muß die Verbindung zwischen dem HNO_2-Fluß aus den Quellen und der HNO_2-Konzentration in der Luft geklärt werden. In stark verschmutzten Luftmassen können nachts 3 bis 20 ppb beobachtet werden (Harris et al. 1982; Appel et al. 1990; Febo et al. 1993a; Harrison u. Kito 1994). Die Quellen zeigen unterschiedliche zeitliche und räumliche Muster und Emissionsraten (Febo 1993b). So wurden während Feldmessungen in Milano ähnliche Muster bei HNO_2 und primären Verunreinigungen gefunden. Die enge Korrelation zwischen HNO_2 und dem Element Radon (Bodenemanation) untermauert die Hypothese der dominierenden Oberflächenbildung. Es wurde aber auch beobachtet, daß die typische Abnahme von HNO_2 nach Tagesanbruch an nebligen Tagen nicht auftrat. Eine HNO_2-Bildung am atmosphärischen Aerosol scheint als gesichert zu gelten; Lammel et al. (1989) beobachteten mehr NO_2^- im Aerosol als lediglich aus dem Gas-Flüssig-Gleichgewicht zu erwarten wäre.

Eine heterogene Bildung von HNO_2 konnte auch in anderen Feldstudien (z.B. Sjödin u. Ferm 1985; Baltensperger 1997) gezeigt werden. Lammel et al. (1989) schlußfolgerten, daß trockenes Aerosol mit großen inneren Oberflächen als Quelle für gasförmiges HNO_2 agiert. Notholt et al. (1992) zeigten, daß die Bildung von HNO_2 in der Atmosphäre mit NO, NO_2 und der Anwesenheit als auch der Oberfläche von feuchtem Aerosol korreliert. Neueste Untersuchungen (Amman et al. 1997) lassen den Schluß zu, daß HNO_2 außerordentlich schnell an Ruß gebildet wird.

Seit langem sind die Reaktionen von NO_x mit Wasser und Alkalien bekannt:

$$3NO_2 + H_2O = 2HNO_3 + NO \tag{1.2-52}$$

$$2NO_2 + OH^- = NO_3^- + NO_2^- + H_2O \tag{1.2-53}$$

$$2NO_2 + H_2O = HNO_2 + HNO_3 \tag{1.2-54}$$

$$NO + NO_2 + H_2O = 2HNO_2 \tag{1.2-55}$$

Diese Reaktionen (von denen 1.2-52, 1.2-54 und 1.2-55 sowohl in der Gas- als auch in der Flüssigphase ablaufen) sind jedoch als homogene Reaktionen zu langsam (Chan et al. 1976; Kaiser u. Wu 1977; Sakamaki et al. 1983), um gemessene HNO_2-Konzentrationen zu erklären (Lee u. Schwartz 1981). So wurden in einem gekoppelten Gas-Tropfen-Reaktionssystem alle bisher bekannten homogenen N(III)-Reaktionen (einschließlich der N_2O_3 und N_2O_4-Gleichgewichte) modelliert und für bedeutungslos für die Atmosphäre bewertet (Möller u. Mauersberger 1990).

Bereits seit 1976 ist jedoch bekannt, daß die aufgeführten Reaktionen beschleunigt an Oberflächen von Laborsystemen ablaufen und die Bildungsrate stark variabel sowie oberflächenabhängig ist (Pitts et al. 1984; Finlayson-Pitts u. Pitts 1986). Becker et al. (1993) zeigten, daß vorzugsweise „saure" Oberflächen HNO_2 bilden und dabei sogar N_2O gebildet werden kann. Junkermann u. Ibusuki (1992) zeigten eine heterogene Bildung von HNO_2 bei der Reaktion von N_2O_5 an feuchtem NaCl-Aerosol.

Erste feldexperimentelle Hinweise, daß HNO_2 aus NO_2 heterogen an Oberflächen in der Atmosphäre in einer Reaktion erster Ordnung mit im Mittel 0,5% h^{-1} (maximal 1,5% h^{-1}) gebildet wird, stammen von Kessler (1984). Er wies auch die direkte Emission von HNO_2 bei Verbrennungsprozessen nach (in Kraftfahrzeugsabgasen und Rauchgasen). Als Schätzung wird angegeben, daß weniger als 0,2% der gesamten NO_x-Emission als HNO_2 emittiert werden. Kürzliche Tunnelmessungen (Becker 1997) ergaben jedoch extrem hohe Konzentrationen an HNO_2, so daß entweder eine direkte - wesentlich höhere -Emission oder eine sekundäre Bildung an Oberflächen angenommen werden muß. Inzwischen zeigten zahlreiche Feldmessungen die mögliche HNO_2-Bildung an der Erdoberfläche (z. B. Harrison 1994), am Aerosol (z.B. Lammel et al. 1990) und an Wasseroberflächen (z.B. Mertes u. Wahner 1995). Alle bisherigen Untersuchungen (s. a. Literatur zitiert in Vogt u. Finlayson-Pitts 1994) deuten auf Reaktion 1.2.54 als heterogene HNO_2-Quelle hin. Für Aerosol- und die Erdoberflächen wird die Oberflächen-Entfernungsrate mit $K_r = 3 \cdot 10^{-6} \ldots 10^{-4}\ m\,s^{-1}$ angegeben (Febo 1993). Unter Berücksichtigung der Oberflächen-Volumen-Verhältnisse ($F_c = O/V$) folgt für die spezifische Reaktionsgeschwindigkeit $k = K_r F_c$ (in s^{-1}). Aus der Stöchiometrie von Reaktion 1.2.54 ergibt sich damit für die heterogene Bildungsrate des HNO_2 (bezogen auf das Luftvolumen):

$$d[HNO_2(g)]/dt = (1-\gamma)\alpha\, 0{,}5\, K_r F_c [NO_2]\ , \qquad (1.2\text{-}56)$$

wobei γ den Bruchteil der absorbierten HNO_2-Moleküle (d.h. in die Bulk-Tropfenphase übergehend) und α der Accommodation-Koeffizient ist. Das $HNO_2(g)/HNO_2(aq)$-Verhältnis wird von der effektiven Henry-Konstante bestimmt, wobei schnelle Gleichgewichte angenommen werden. Die Möglichkeit einer (homogenen) Flüssigphasenoxidation von NO_2^- führt zu einer weiteren Nichtlinearität zwischen $HNO_2(g)$ und $NO_2(g)$; allerdings ist dieser Prozeß relativ langsam, nach Daten von Möller u. Mauersberger (1990, 1995) ergibt sich unter atmosphärischen Bedingungen eine Verweilzeit von NO_2^- im Wolkentropfen von etwa 1 Stunde (zum Vergleich: die Verweilzeit von S(IV) bezüglich seiner Oxidation zum Sulfat liegt bei 5 bis 10 min); auf die Flüssigphasenchemie von N(III) wird in Bd. 1A, Kap. 3.2.5.7 eingegangen. Im einzelnen werden folgende Schritte angenommen (vgl. das allgemeines Schema in Abb. 1.2-6):

$$NO_2(g) \leftrightarrow NO_2(ads) \qquad (1.2\text{-}57)$$

$$2NO_2(ads) + H_2O \rightarrow HNO_2(ads) + HNO_3(ads) \qquad (1.2\text{-}58)$$

$$HNO_3(ads) \rightarrow H^+ + NO_3^- \qquad (1.2\text{-}59)$$

$$HNO_2(ads) \leftrightarrow HNO_2(g) \qquad (1.2\text{-}60)$$

$$HNO_2(ads) \leftrightarrow HNO_2(aq) \qquad (1.2\text{-}61)$$

$$HNO_2(aq) \leftrightarrow H^+ + NO_2^- \qquad (1.2\text{-}62)$$

$$NO_2^- + OX \rightarrow NO_3^- + X \qquad (1.2\text{-}63)$$

Die Möglichkeit der HNO_2-Bildung an der Oberfläche von Tropfen (Wolken, Nebel) wurde erstmals von Becker u. Wahner (1995) auf der Basis von Labormessungen am laminaren Wasserstrahl diskutiert; es wurde $k\beta^2 = (3{,}4 \pm 0{,}9) \cdot 10^{16}\ \mathrm{cm^4\ s^{-1}}$ bestimmt ($\beta = [NO_2(ads)]/[NO_2(g)]$). Becker u. Wahner haben jedoch bei ihrer Abschätzung der Bedeutung dieses Prozesses für Wolken für F_c um 2 Größenordnungen zu kleine Werte angenommen (s. 1.2.5.4). Mertes u. Wahner (1995) bestimmten für den NO_2-Accommodations-Koeffizienten einen sehr kleinen Wert mit $\alpha \geq 2 \cdot 10^{-4}$, d.h. die Geschwindigkeit der NO_2-Aufnahme ist durch einen Oberflächenprozeß kontrolliert. Die Laboruntersuchungen lassen bisher nur den Schluß zu, daß die NO_2-Aufnahme in die Wasserphase wesentlich größer ist als durch die (physikalische) Henry-Konstante bestimmt wird. Damit wird die Idee einer Oberflächenreaktion unterstützt, wobei angenommen werden kann, daß HNO_3 vollständig in der Flüssigphase verbleibt, wohingegen HNO_2 teilweise in die Gasphase desorbiert wird (35% der NO_2-Aufnahme in den Experimenten von Mertes u. Wahner). Bongatz et al. (1994) bestimmten den HNO_2-Accommodation-Koeffizienten $\alpha \approx 0{,}05$ an Tropfen. Daraus geht hervor, daß der HNO_2-Phasentransfer nicht durch Massentransferwiderstände an der Phasengrenzfläche gehemmt ist. In Laborexperimenten verwendete Konzentrationen liegen allerdings um den Faktor 10^3 (Becker et al. 1993) höher als in Feldexperiment gemessen, so daß eine Übertragung der Ergebnisse mit Vorbehalten versehen werden muß.

1.2.5 Chemische Reaktionen im Tropfen (Flüssigphasenchemie)

Eine der wichtigsten chemischen Eigenschaften, welche die Flüssigphase von der Gas- und Aerosolphase unterscheidet, ist die *Azidität* (s. 1.2.5.1), die in erster Linie durch die Existenz von Protonium-Ionen (H_3O^+) charakterisiert wird. Die Azidität des Tropfens wird bestimmt durch die Gasaufnahme (s. 1.2.4.1 und 1.2.4.2), den protolytischen Zustand und damit die gesamte Flüssigphasenchemie. Die Säurebildung ist eng mit der atmosphärischen Oxidationskapazität verbunden: Säuren werden durch Oxidation (reduzierter) Vorläuferkomponenten (SO_2, NO) gebildet, umgekehrt bestimmt die Azidität die Oxidantienchemie in der Flüssigphase wesentlich (s. 1.2.5.5). Die Anwendung des Begriffes Azidität auf das *Multiphasensystem* (atmosphärische Azidität) erfolgt im Kap. 1.2.6.1.

Wenn im folgenden ein Überblick über die Flüssigphasenchemie gegeben wird, darf nicht vergessen werden, daß fast ausnahmslos alle

Tabelle 1.2-6. Verfügbare kinetische Daten für ausgewählte Spezies (NIST 1994)

Komponente	Anzahl der Reaktionen
OH	1629
HO_2/O_2^-	600
O_3	296
NO_x	185
SO_x^-	370

Laborergebnisse in Bulk-Lösungen, also einer kompakten Wassermenge, und nicht in Tropfen (genauer: einem Tropfenspektrum), gewonnen wurden. Wolkenchemie (s. 1.2.6) bedeutet Multiphasenchemie, also ständige Wechselwirkung zwischen der Gasphase und dem Spektrum unterschiedlich großer und chemisch zu charakterisierender Tropfen (die sogenannte interstitielle Aerosolphase kann wahrscheinlich als reaktives Medium in einer Wolke in erster Näherung vernachlässigt werden). Laborerkenntnisse der (homogenen) Flüssigphasenchemie dürfen also keineswegs auf die in einer Wolke ablaufenden chemischen Prozesse direkt übertragen werden. Es bleibt zunächst auch fraglich, ob die Kinetik der Bulk-Flüssigphase auf die Tropfenphase ohne weiteres übertragen werden kann (sicherlich gibt es keine schwerwiegenden Probleme bei der Übertragung des Mechanismus).

Über Flüssigphasenreaktionen sind inzwischen sehr viele Daten bekannt (Tabelle 1.2-6); so ist eine Datenbank für 7800 Spezies, 10 800 Reaktionen und 14 000 Geschwindigkeitskonstanten vorhanden (NIST 1994). Dennoch ist unser Wissen noch begrenzt für spezielle Anwendungen auf die atmosphärische Chemie, u. a. insbesondere bezüglich (NIST 1995)

- kinetischer und thermodynamischer Daten über einen größeren Temperaturbereich (0 bis 40 °C),
- Daten für Lösungen hoher Azidität und hoher Ionenstärken (Übergangsbereich Tropfen-Aerosol bei der Nukleation und Evaporation),
- Photolysedaten (Absorptionskoeffizienten, Quantenausbeuten) für gelöste Spezies (H_2O_2, HNO_2, HNO_3, Metallkomplexe, Chromophore u.a. organische Verbindungen).

1.2.5.1 Säuren und Basen in der Atmosphäre (Azidität Teil 1)

Die älteste wissenschaftliche Definition für Säuren (A) und Basen (B) wurde von Arrhenius (1887) und Ostwald (1894) gegeben. Danach sind Säuren Stoffe, die bei ihrer Lösung in Wasser Hydrogen-Ionen (H^+), und Basen Stoffe, welche Hydroxyl-Ionen (OH^-) bilden:

$$A + H_2O \rightarrow H^+ + \text{Produkte}\,, \tag{1.2-64}$$

$$B + H_2O \rightarrow OH^- + \text{Produkte}\,, \tag{1.2-65}$$

Diese Definition schließt Ionen als Säure aus. Brönstedt (1934) hat daher die Arrhenius-Definition dahingehend erweitert, daß Säuren Stoffe sind, welche H^+ abgeben, wohingegen Basen H^+ aufnehmen:

$$A \longleftrightarrow B + H^+\,. \tag{1.2-66}$$

Entsprechend dieser Definition ist H^+ keine Säure, aber OH^- eine Base.

Die Brönstedt-Theorie schließt die von Arrhenius ein und ist die am meisten angewendete für verdünnte wäßrige Systeme mit Gas-Flüssig-Transfer. Nach dieser Definition sind in Tabelle 1.2-7 die häufigsten atmosphärischen Säuren und Basen aufgelistet. Man beachte, daß die für Aerosol genannten Spezies nicht in ihrer ionischen Form sondern als Salze existieren (z.B. NH_4NO_3) oder als freie Säuren (z.B. H_2SO_4); O^{2-} bezeichnet Oxide (dieses „Ion" existiert nicht in wäßriger Lösung), RCOOH sind organische Säuren. Hydroperoxide sind schwache Säuren und bilden radikalische Ionen nach folgendem Schema: $H_2O_2 \leftrightarrow H^+ + HO_2^{\bullet-}$, $HO_2^{\bullet} \leftrightarrow H^+ + O_2^{\bullet-}$, $ROOH \leftrightarrow H^+ + ROO^{\bullet-}$. Die Vorzüge der Brönstedt-Theorie liegen darin, daß die Bildung von Säuren und Basen in protolytischen Reaktionen unter Einschluß korrespondierender Basen und Säuren erklärt wird:

Tabelle 1.2-7. Atmosphärische Säuren und Basen

	starke Säuren	schwache Säuren	starke Basen	schwache Basen
Gase	H_2SO_4 HCl HNO_3 HNO_2	H_2O_2 HO_2 RCOOH ROOH	NH_3	
Aerosol und gelöste Stoffe	HSO_4^-	HCO_3^- NH_4^+ HSO_3^-	CO_3^{2-} HCO_3^- OH^- O^{2-} $RCOO^-$	SO_4^{2-} HSO_4^- SO_3^{2-} HSO_3^- NO_3^- NO_2^-

$$A_1 + B_2 \longleftrightarrow B_1 + A_2 \,, \tag{1.2-67}$$

Der Dissoziationgrad α beschreibt die „Lage" des Säure-Base-Gleichgewichts; die Gleichgewichtskonstante K_a wird auch als Säurekonstante bezeichnet.

$$\alpha = [B]/([A] + [B]) = 1 - [A]/([A] + [B]) \,, \tag{1.2-68}$$

wobei die Konzentrationen (eckige Klammern) als Aktivitäten aufzufassen sind und nur in verdünnten Lösungen molare Konzentrationen Anwendung finden. Für $\alpha = 0{,}5$ folgt $[A] = [B]$. Für binäre Lösungen (Säure + Wasser) wurde α ursprünglich folgendermaßen definiert:

$$\alpha' = [H^+]/[A] = [B]/[A] \,. \tag{1.2-69}$$

Somit folgt aus den Gln. 1.2-68 und 1.2-69

$$\alpha = \alpha'/(1 + \alpha') \,. \tag{1.2-70}$$

Das Lösungsmittel H_2O selbst ist amphoter, d. h. es reagiert sowohl als Säure als auch als Base:

$$H_2O \leftrightarrow OH^- + H^+ \,, \tag{1.2-71}$$

$$H_3O^+ \leftrightarrow H_2O + H^+ \,. \tag{1.2-72}$$

Die Säurekonstante (im engl. auch häufig als „acidity[7] constant" bezeichnet) ist definiert als $([B][H^+])/[A]$. Unter Einschluß der korrespondierenden Basenreaktion

$$H_2O + B \leftrightarrow A + OH^- \,, \tag{1.2-73}$$

$$K_a K_b = K_w \text{ oder } pK_a + pK_b = pK_w \tag{1.2-74}$$

kann eine Basenkonstante $K_b = [S][OH^-]/[B]$ definiert werden und schließlich erhalten werden, wobei das Ionenprodukt $K_w = [H^+][OH^-] \approx 10^{-14}$ oder, in logarithmischer Form geschrieben, $pK_w = -\lg K_w \approx 14$. Im Unterschied zum Hydrogen-Ion (H^+) ist das Hydronium-Ion H_3O^+ eine Säure. Mit $pK_a(H_3O^+) = -1{,}74$ ist H_3O^+ die stärkste bekannte Säure, die im wäßrigen Medium existiert. Das be-

[7] Es wird empfohlen, nur den Begriff Säurekonstante anstelle Aziditätskonstante zu verwenden um Mißverständnisse zum Begriff *Azidität* zu vermeiden.

Tabelle 1.2-8. pK_a-Werte (in Mol-l Einheiten) für verschiedene atmosphärische Säuren (298 K); siehe Referenzen in Möller u. Mauersberger (1995)

Säure	H^+ +Base	pK_a
HCl	$H^+ + Cl^-$	-6.23
HO_2NO_2	$H^+ + {}^-O_2NO_2$	-5
HNO_3	$H^+ + NO_3^-$	-1,34
$H_2O_2^+$	$H^+ + HO_2$	-1
$HOCH_2SO_3H$	$H^+ + HOCH_2SO_3^-$	<0
HSO_4^-	$H^+ + SO_4^{2-}$	1,92
SO_2 $(+H_2O)$	$H^+ + HSO_3^-$	1,76
$Fe(H_2O)_6^{3+}$	$H^+ + Fe(H_2O)_5OH^{2+}$	2,2
HNO_2	$H^+ + NO_2^-$	3,3
$Fe(H_2O)_5OH^{2+}$	$H^+ + Fe(H_2O)_4(OH)^+$	3,5
CO_2 $(+H_2O)$	$H^+ + HCO_3^-$	3,55
$HCOOH$	$H^+ + HCOO^-$	3,74
CH_3COOH	$H^+ + CH_3COO^-$	4,75
HO_2	$H^+ + O_2^-$	4,7
HSO_3^-	$H^+ + SO_3^{2-}$	7,2
H_2S	$H^+ + HS^-$	7,2
NH_4^+	$H^+ + NH_3$	9,23
HCO_3^-	$H^+ + CO_3^{2-}$	10,3
H_2O_2	$H^+ + HO_2^-$	11,7
HS^-	$H^+ + S^{2-}$	12,9

deutet, daß Spezies mit $K_a < K_a(H_3O^+) \approx 55$ völlig protolysiert („dissoziiert") sind ($\alpha = 1$) und nicht länger als Säure im Wasser existieren. Weiterhin bedeutet das, daß K_a nur ungenau bestimmbar ist (mathematisch eigentlich keinen Sinn hat), da $K_a \to \infty$ (vgl. Tabelle 1.2-8). Mit $pK_a(H_2O) = ([H+][OH^-])/[H_2O] \approx 15{,}74$ ist OH^- die stärkste bekannte Base in wäßriger Lösung; beachte, daß $[H_2O] \approx 55$ Mol l^{-1} in diesen Gleichungen gesetzt wurde. Für Wasser gilt somit

$$H_2O + H_2O \longleftrightarrow OH^- + H_3O^+ \qquad (1.2\text{-}75)$$

Es sei darauf hingewiesen, daß Gl. 1.2-71 keine chemische Reaktion darstellt; das Hydrogen-Ion (Proton) existiert nicht frei in wäßriger Lösung, sondern nur in hydratisierter Form, wobei H_3O^+ nur ein erster Schritt ist und die Hydratation weiter abläuft, z. B. zum $H_9O_3^+$ (Wicke et al. 1954). Allerdings soll auf Empfehlung der IUPAC nur das Symbol H^+ benutzt werden. Die hohe Mobilität des „Protons" in wäßriger Lösung (Beitrag zur Leitfähigkeit) wird durch einen Tunneltransfer entlang von Wasserstoff-Brücken im H_2O-Cluster realisiert. Die Dissoziation neutralen Wassers ist sehr klein ($\alpha' = 1{,}8 \cdot 10^{-9}$). Daher wird die Wasser-Aktivität lg $[H_2O] \approx 1{,}745$ als konstant betrachtet und $[H_2O]$ in alle Gleichgewichtskonstanten mit eingeschlossen. Entsprechend der Größe von pK_a kann man Säuren in „stark" und „schwach" unterteilen (diese Einteilung ist kein objektives Kriterium):

sehr stark	$pK_a \leq pK_a(H_3O^+) = -1{,}74$	schwach	$4{,}5 \leq pK_a \leq 9{,}0$
stark	$-1{,}74 < pK_a \leq 4{,}5$	sehr schwach	$pK_a \geq 9{,}0$

Die Definition von Säuren kann nach der Solvent-Theorie (diese ist im Unterschied zur Brönstedt-Theorie symmetrisch bezüglich der Säure-Base-Relation) wie folgt erweitert werden: Säuren/Basen erhöhen/erniedrigen H^+ oder erniedrigen/erhöhen OH^-.

$$A \leftrightarrow H^+ + B \text{ (Donator-Säure)} \tag{1.2-76}$$

$$A + OH^- \leftrightarrow B \text{ (Akzeptor-Säure)} . \tag{1.2-77}$$

Wir haben gesehen, daß $[H^+]$ eine sehr wichtige chemische Größe in verdünnten wäßrigen Systemen ist. Sörensen (1909) hat daher den pH-Wert definiert:

$$pH = -\lg[H^+] . \tag{1.2-78}$$

Heute wird der pH-Wert als *Aziditätsmaß* definiert nach $pH = -\lg a_{H^+}$. Einzelaktivitäten sind jedoch nicht meßbar. Deshalb werden mittlere Aktivitäten $a_\pm$ verwendet und eine *konventionelle* pH-Skala auf der Basis fester Puffer-Lösungen mit bekanntem pH eingeführt. Ein anderes Aziditätsmaß ist die Hammet-Funktion

$$H_0 = pK_a + \lg([B]/[A]) , \tag{1.2-79}$$

wobei $H_0 = -\lg [H^+]$. Im folgenden wird kein Unterschied gemacht zwischen den verschiedenen pH-Definitionen auf der Basis der Annahme, daß in den meisten Fällen (Ausnahmen: Augenblick der heterogenen Nukleation und Evaporation, d.h. Übergangszustände fest-flüssig) $a_{H^+} = a_\pm = [H^+]$ und $\gamma = 1$ (γ Aktivitätskoeffizient). Aus der verallgemeinerten Säure-Base-Beziehung

$$S + H_2O \leftrightarrow H_3O^+ + B \tag{1.2-80}$$

folgt

$$pK_a = pH - \lg([B]/[S]) \, . \tag{1.2-81}$$

Die (mittlere) Aktivität der Hydrogen-Ionen kann als pH-Wert direkt durch eine Wasserstoff-Elektrode (gegen eine Referenz-Elektrode) durch Messung des elektrochemischen Potentials (EMK) bestimmt werden. Aus der Nernst-Gleichung, $E_H = RT \ln a_{\pm}/F$ folgt, F Faraday-Konstante[8]

$$pH = F(E - E_B)/2{,}303\,RT \, , \tag{1.2-82}$$

wobei E_B das Referenz-Elektrodenpotential ($E = E_H - E_B$) ist; zu weiteren Einzelheiten siehe z. B. Schwabe (1976) und Galster (1990). Gl. 1.2-82 berücksichtigt nicht das Diffusionspotential, wodurch pH-Messungen in der Praxis wesentlich komplizierter werden, s. Schwabe (1959). Eigene Erfahrungen haben gezeigt, daß die Genauigkeit der pH-Bestimmung in Proben atmosphärischen Wassers für den pH-Bereich 4 bis 5 nicht besser als ±0,1 pH-Einheiten ist, ungeachtet einer *Qualitätssicherung* der pH-Messung gegen Standards von ± 0,02 im genannten pH-Bereich.

1.2.5.2 Das Konzept der Azidität in der Flüssigphase (Azidität Teil 2)

In der atmosphärischen Flüssigwasserphase (Wolken-, Nebel- und Regentropfen) werden folgende Hauptkomponenten berücksichtigt: SO_4^{2-}, NO_3^-, Cl^-, HCO_3^-, NH_4^+, Ca^{2+}, Mg^{2+}, Na^+, K^+, H^+ (Granat 1972). Von geringerer Bedeutung sind HSO_4^-, HSO_3^-, SO_3^{2-}, NO_2^-, CO_3^{2-}, F^-, OH^-. Da die Elektroneutralitätsbedingung gilt, muß[9]

$$\Sigma[\text{Anionen}] = \Sigma[\text{Kationen}] \, . \tag{1.2-83}$$

Daraus folgt (nicht zu verwechseln mit [H+] = [a]- [b], basierend auf Gl. 1.2-66):

$$[H^+] = [\text{Anionen}] - [\text{Kationen außer } H^+] = [A] - [B] \, . \tag{1.2-84}$$

---

[8] $F = 96{,}48$ As Mol^{-1} or J V^{-1}, Elementarladung $e = F/N = 1{,}6 \cdot 10^{-19}$ As (1 As = 1 C), N Loschmidt-Zahl.

[9] Diese Gleichung wird auch zur Qualitätskontrolle der chemischen Analyse angewendet. Wenn die Abweichung des Quotienten $\Sigma[\text{Anionen}]/\Sigma[\text{Kationen}] \geq 1{,}2$ oder $\leq 0{,}8$ („Ionenlücke" ≥20%) sollte die Analyse wiederholt oder der Datensatz verworfen werden.

Stumm u. Mitarb. (s. z.B. Stumm et al. 1981; Sigg u. Stumm 1996; Zobrist 1987) haben die *Azidität* als eine Basenneutralisationskapazität BNC eingeführt, die dem Äquivalent aller Säuren in der Lösung, titriert gegen einen Referenzpunkt, entspricht:

$$\mathrm{BNC} \equiv [\mathrm{Acy}] = [\mathrm{a}] + [\mathrm{H}^+] - [\mathrm{OH}^-] \qquad (1.2\text{-}85)$$

Eine korrespondierende *Alkalinität* wird als Säureneutralisationskapazität ANC bezeichnet:

$$\mathrm{ANC} \equiv [\mathrm{Alk}] = [\mathrm{b}] + [\mathrm{OH}^-] - [\mathrm{H}^+]\,, \qquad (1.2\text{-}86)$$

wobei [a] und [b] die Summe der Säuren bzw. Basen darstellen. Die Gln. 1.2-85 und 1.2-86 basieren nicht auf der Elektroneutralitätsbedingung, da auch schwache Säuren und Basen berücksichtigt werden, die nicht protolysiert sind (daher nicht zum pH beitragen), aber dennoch zur Säure- bzw. Basentitration beitragen.

Ein erster Versuch zur Bestimmung dieser Azidität erfolgte durch sorgfältige Titration von Proben nach der „Gran's-Methode" (Brosset 1976). Jedoch ist der Referenzpunkt kein objektives Kriterium[10]. Zobrist (1987) erweiterte die Definition zu der allgemeinen Gleichung

$$\text{tot-Acy} = [\mathrm{H}^+] + [\mathrm{a}] - [\mathrm{b}] \approx \text{H-Acy} = [\mathrm{H}^+] + [\mathrm{a}]_{\mathrm{stark}} - [\mathrm{b}]\,, \qquad (1.2\text{-}87)$$

wobei tot-Acy die Gesamtazidität (einschließlich der schwachen Säuren) und H-Acy die freie Azidität bedeuten. Diese Definitionen haben sich als nützlich erwiesen für Gewässer. Atmosphärisches Wasser besteht jedoch aus einzelnen Tropfen, die während der Probenahme vermischt werden. Darüberhinaus werden individuelle Proben oftmals weiter vereinigt, um mittlere Proben (z.B. Monatsproben) zu gewinnen. Damit werden individuelle Tropfen oder Proben mit verschiedener Azidität/Alkalinität vermischt, wobei sich neue Säure-Basen-Gleichgewichte und Gas-Flüssig-Gleichgewichte einstellen mit dem Ergebnis eines neuen Referenzpunktes und einer mittleren Azidität (die nichts mit einem mathematischen Mittel zu tun hat). Deshalb ist es wichtig, Azidität und Alkalinität als *konservative* Parameter zu definieren, d.h. unabhängig vom Druck, der Temperatur, Ionenstärke und

[10] Die Deutsche DIN 38406 (1979) definiert die Säurekapazität als Äquivalent des Verbrauchs an Chlorwasserstoffsäure bis zum pH = 4,3 als Summe aller Karbonat-gebundenen Kationen: $[\mathrm{H\text{-}Ac}] = [\mathrm{HCO_3^-}] + 2[\mathrm{CO_3^{2-}}] + [\mathrm{OH^-}] - [\mathrm{H^+}]$.

insbesondere dem CO_2-Partialdruck. Liljestrand (1985) sowie Sigg u. Stumm (1996) haben daher die Azidität folgendermaßen definiert:

$$[\mathrm{Acy}] = [\mathrm{H}^+] - [\mathrm{HCO}_3^-] - [\mathrm{CO}_3^{2-}] - [\mathrm{OH}^-] = -[\mathrm{Alk}]\,. \qquad (1.2\text{-}88)$$

Unter Verwendung von [Acy] = [A′]-[B], wobei A′ = Anionen außer HCO_3^-, CO_3^{2-}, OH^-, sowie des Gleichgewichtsausdrucks für die Ionen (vgl. Gl. 1.2-34) folgt

$$[\mathrm{Acy}] = [\mathrm{H}^+] - (K_{ap}H_{CO_2}[\mathrm{CO_2(g)}] + K_w)[\mathrm{H}^+]^{-1} - K_{ap}K_{42}H_{CO_2}[\mathrm{CO_2(g)}][\mathrm{H}^+]^{-2} \qquad (1.2\text{-}89)$$

beachte, daß $K_{ap} = K_{41}K_{45}$. Unter Standardbedingungen (360 ppm CO_2, 298 K) ergibt sich

$$[\mathrm{Acy}] \approx [\mathrm{H}^+] - 4{,}42 \cdot 10^{-12}[\mathrm{H}^+] - 2{,}2 \cdot 10^{-22}[\mathrm{H}^+]^{-2}\,. \qquad (1.2\text{-}90)$$

Gl. 1.2-90 ist nur gültig bei konstantem Partialdruck (p_0), d.h. die Reservoirverteilung zwischen Gas- und Flüssigphase wird vernachlässigt (vgl. Gl. 1.2-37). Abb. 1.2-7 zeigt eine Berechnung von $[H^+]$, $[OH^-]$, [Acy] und [Alk], ausgedrückt als logarithmische Abhängigkeit vom pH, basierend auf Gl. 1.2-90. Folgende charakteristische Punkte ergeben sich aus der Abbildung 1.2-7:

pH	[Acy]	[Alk]
$<5{,}68$	$\approx [H^+]$	<0
$=5.68$	$\rightarrow 0$	$\rightarrow 0$
>5.68 (aber <10.3)	<0	$\approx [HCO_3^-]$

Man kann jedoch nun nicht ableiten, daß pH = 5,68, d.h. [Acy → 0] einen Referenzpunkt für die „neutrale“ Atmosphäre darstellt, also Wasser mit pH < 5,68 „sauer“ ist. Dieser „Referenzpunkt“ ist nur für das binäre System CO_2-H_2O gültig. Um Änderungen der Säure-Base-Bilanz zu quantifizieren, muß man einen Zustand mit einem adäquaten Referenzzustand vergleichen. In natürlichen Systemen wird dieser Referenzzustand durch das System selbst gegeben (damit gibt es keinen raum-zeitlich überall gleichen Referenzzustand). Andere (definierte) Bezugspunkte haben keinen physikalischen und chemischen Sinn, können jedoch nützlich sein von einem praktischen (modelltheoretischen) Standpunkt (Odén 1976).

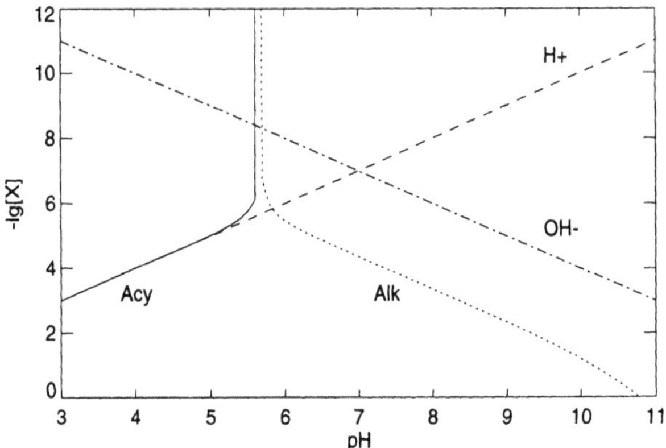

Abb. 1.2-7. Abhängigkeit der Azidität und Alkalinität vom pH

Andere atmosphärische Ionen, die sich aus den natürlichen Emissionen gasförmiger und partikulärer Spurenstoffe bilden, führen zu einer natürlichen $[Acy]_{nat}$ oder Alkalinität, die in Raum und Zeit variiert (s. z.B. Diskussion in Möller u. Zierath 1986; Möller u. Horváth 1988). Deshalb wird eine Definition für *sauren* Regen oder Wolken durch

$$[Acy]_{meas} = [Acy]_{anthr} + [ACY]_{nat} > [ACY]_{nat} , \qquad (1.2\text{-}91)$$

gegeben, wobei *meas* die experimentell bestimmte Acidität in der Probe bezeichnet.

Für pH > 10,3 muß CO_3^{2-} in der Ionenbilanz berücksichtigt werden. Ein derart alkalische Regime ist jedoch völlig unwahrscheinlich in Wolken und Regen; für pH = 10,7 folgt [Alk] = 1 Mol l^{-1}, d.h. in Lösung befinden sich 1 Mol l^{-1} Kationen (z.B. Ca^{2+}). Derart hochkonzentrierte Lösungen existieren nur in Phasenübergangszuständen (Kondensation/Evaporation). Wird CO_3^{2-} vernachlässigt, folgt aus Gl. 1.2-89

$$[H^+] = 0{,}5[Acy] + (0{,}25[Acy]^2 + \beta)^{1/2} \qquad (1.2\text{-}92)$$

wobei $\beta = K_{ap}H_{CO_2}\,[CO_2(g)] + K_w \approx 4.42 \cdot 10^{-12}$.

Wie bereits im Kap. 1.2.4.3 erwähnt, befinden sich in der Atmosphäre gesammelte Wasserproben nicht im Gleichgewicht mit atmosphärischen CO_2. In diesem Fall bleibt Gl. 1.2-88 weiterhin gültig, jedoch kann $[HCO_3^-]$ nicht durch die Henry-Beziehung ausgedrückt werden. Als einziger Weg bleibt die analytische Bestimmung von $[HCO_3^-]$, beispielsweise durch Ionenchromatographie. Man beachte, daß die traditionelle Titration die Summe $[H_2CO_3/CO_2\text{-aq}] + [HCO_3^-]$

ergibt, wobei $[HCO_3^-]$ aus dem (immer gültigen) Gleichgewicht nach Gl. 1.2-41 berechnet werden kann. Unter der Annahme einer gesamtgelösten Karbonatkonzentration von 100 µeq l^{-1} bei pH 4,5 folgen $[HCO_3^-] = 90$ und $[H_2CO_3/CO_2\text{-aq}] = 10$ µeq l^{-1}. Das physiklaisch gelöste CO_2 ist um den Faktor $1{,}5 \cdot 10^{-3}$ (K_{45}) kleiner als $[H_2CO_3/CO_2\text{-aq}]$.

1.2.5.3 Katalytische Reaktionen

Häufig werden chemische Prozesse an der Phasengrenze oder in der Flüssigphase als *katalytisch* charakterisiert, wobei nicht immer klar ist, welche Definition für den *Katalysator* angewendet wird. Die ursprüngliche Definition nach Ostwald (1902), wonach ein Katalysator eine chemische Spezies ist, welche die Reaktionsgeschwindigkeit verändert, ohne selbst an der Reaktion teilzunehmen, hat vielfältige Veränderungen seitdem erlebt. Von der IUPAC (1981) wird empfohlen, einen *Katalysator* als eine Substanz zu bezeichnen, der die Geschwindigkeit der Reaktion erhöht, ohne deren freie Reaktionsenthalpie zu verändern. Dieser Prozeß wird als *Katalyse* bezeichnet und die Reaktion, in welcher der Katalysator einbezogen ist, *katalytische Reaktion.* Damit wird keine Aussagen mehr über das „Schicksal" des Katalysators getroffen.

Für die homogene Katalyse ist es erforderlich, daß Reaktanten und Katalysator gelöst vorliegen. Entscheidend ist eine Beschleunigung des Umsatzes $A \rightarrow B$ infolge Verringerung der Aktivierungsenergie im Vergleich zur unkatalysierten Reaktion. Damit ändert sich der Mechanismus (d.h. die Abfolge der Elementarreaktionen) der stöchiometrischen Reaktion. Häufig findet man säurekatalysierte Reaktionen (s. 1.2.5.5). Der Begriff „photochemische Katalyse" ist gemäß der oben getroffenen Definition nicht korrekt, da hier als „Katalysator" Licht, also Photonen und nicht chemische Spezies zu einer Beschleunigung des Umsatzes führen. Als ein Beispiel soll die Autoxidation von Sulfit genannt werden:

$$SO_3^{2-} + O_2 \rightarrow 2SO_4^{2-} \tag{1.2-93}$$

Diese Reaktion läuft bei Abwesenheit anderer Oxidantien und Katalysatoren sehr langsam ab. Strahlung ($\lambda \leq 285$ nm) erhöht die Geschwindigkeit der S(IV)-Oxidation um ein Mehrfaches (Hoffmann 1990). Allerdings spielt diese Photolyse in der Atmosphäre keine Rolle (auch wegen der geringen Lichtintensität bei der angegebenen Wellenlänge), da andere Prozesse bei der Sulfatbildung (s. 1.2.5.5) entscheidender sind. Eine heterogene Katalyse ist nicht nur an der Phasengrenze Gas-Tropfen, sondern auch innerhalb von Hydrometeoren an der Phasengrenze Flüssig-Fest von großer Bedeutung. Ungelöste Mineralien und kolloidale Substanzen bieten Oberflächen, an denen vielfältige Reaktionen ablaufen können. Während viele dieser Prozesse für Gewässer gut untersucht wurden (Stumm 1990), sind sie für Hydrometeore weitgehend hypothetisch (lediglich übertragen von der Bulk-Wasserchemie), aber sicherlich auch von atmosphärischer Bedeutung.

1.2.5.4 Spezifikation von Übergangsmetallionen

Aufgrund ihres ubiquitären Auftretens sind Übergangsmetallionen (TMI – „transition metal ions“) in Aerosolen und Hydrometeoren immer vorhanden. Sie katalysieren die Oxidation von S(IV), sind photochemisch aktiv und bilden verschiedene Redoxzyklen mit O_xH_y-Verbindungen. Ihre Bedeutung für die Niederschlags- und Wolkenchemie wurde zuerst von Graedel u. Weschler (1981) erkannt. Seitdem sind viele Arbeiten zur Chemie von TMI in Hydrometeoren erschienen (z.B. Graedel et al. 1986; Weschler et al. 1986; Weinstein-Lloyd u. Schwartz 1992; Dedik et al. 1992; Erel et al. 1993; Sedlak u. Hoigné 1993; Brandt u. van Eldik 1995). Die besondere Rolle von TMI besteht im Elektronenübergang zwischen reduzierter und oxidierter Form:

$$M^{n+} + e^- \leftrightarrow M^{(n-1)+} ; \qquad (1.2\text{-}94)$$

Als wichtigste TMI werden Fe, Cu und Mn betrachtet. Die katalytische Rolle der TMI kommt darin zum Ausdruck, daß sie in Redoxzyklen mitwirken und dabei Radikalketten initiieren, die nach folgendem allgemeinen Schema ablaufen:

$$M^{n+} + X^{m-} \leftrightarrow M^{(n-1)+} + x^{(m-1)-\bullet} . \qquad (1.2\text{-}95)$$

Das Radikal $X^{(m-1)-\bullet}$ (z.B. HSO_3) löst eine Kettenreaktion aus. Die oxidierte Stufe des TMI wird dabei über eine zweite Reaktion wieder zurückgebildet:

$$M^{(n-1)+} + Y^{m-} \leftrightarrow M^{n+} + Y^{(m+1)-} . \qquad (1.2\text{-}96)$$

Die einzelnen Reaktionen im Zusammenhang mit Oxidantien und S(IV) werden in den nachfolgenden Abschnitten behandelt. Im folgenden wird auf die Lösungs- und Komplexgleichgewichte sowie die Photochemie dieser TMI eingegangen.

Die Problematik der analytischen und modelltheoretischen Behandlung von TMI in wäßrigen Lösungen besteht in den zahlreichen Gleichgewichten und Komplexbildungen, die stark vom pH abhängig sind und teilweise eine feste Phase im Tropfen bilden. Als Liganden sind neben H_2O (Hexahydrate) insbesondere OH^-, SO_4^{2-}, SO_3^{2-} und $C_2O_4^{2-}$ (Oxalat) von Bedeutung. Numerische Modellstudien zeigen (Möller u. Mauersberger 1990), daß das momentane Verhältnis $M^{n+}/M^{(n-1)+}$ vom Oxidationspotential abhängt und großen Schwankungen unterliegen kann. Herkömmliche analytische Methoden (AAS, ICP) ergeben die Summe an [M]. Bisherige Versuche, mittels Komplexation (insbesondere Chelat-Bildung) und Spektrophotometrie sowie Ionenchromatographie den Gehalt an Fe(II) und Fe(III) separat in der wäßrigen Phase zu erfassen (z.B. Erel et al. 1992), waren sehr aufwendig und erscheinen fragwürdig. Wichtiger ist die Differenzierung zwischen gelösten und ungelösten TMI und deren Spezifikation im atmosphärischen Aerosol. Dedik et al. (1992) fanden in verschiedenen (Filter-)Aerosolproben, genommen in Mainz und Darmstadt, einen löslichen Anteil am Gesamteisen von nur 5 bis 17 % und ein stark schwankendes Fe(II)/Fe(III)-Verhältnis.

Für eine Langzeitprobe aus Darmstadt fanden die Autoren ein Verhältnis Fe(II)/Fe(III) ≈ 1 im löslichen Anteil (12% des Gesamteisens) und Fe(II)/Fe(III) $\approx 0,1$ in der gesamten Aerosolprobe, s. Tabelle 1.2-9. Als wichtigstes Ergebnis dieser Arbeit kann die Tatsache gesehen werden, daß Fe(II) auch im festen Aerosol vorhanden ist und nicht nur in der Flüssigphase durch Redoxprozesse generiert wird. Cocks u. McElroy (1987) nehmen an, daß 60 bis 90% des Fe und 20 bis 40% des Mn als unlösliche Komponenten im atmosphärischen Aerosol vorkommen. Modellstudien komplexer chemischer Systeme haben hierbei

Tabelle 1.2-9. Spezifikation von Fe (mittels Mösbauer-Spektroskopie) in einer Aerosolprobe, genommen vom 13. 12. 1990 bis 23. 5. 1991 in Darmstadt (Dedik et al. 1992)

Spezies	Anteil am Gesamt-Fe (%)
Fe(III) ionisch	75,2
Fe(II) ionisch	9,4
Fe_3O_4 Magnetit	7,6
Fe_2O_3 Hämatit	5,5
FeO(OH) Geothit	2,4

gezeigt, daß mit einem beliebigen Anfangswert für das Verhältnis $M^{n+}/M^{(n-1)+}$ innerhalb kurzer Zeit (Sekunden) sich ein systembedingtes Redoxverhältnis einstellt, z.B.: F(II)/Fe(III) ≈ 2, Mn(II)/Mn(III) ≈ 10^3, Cu(I)/Cu(II) ≈ 10^3 (Möller u. Mauersberger 1990).

Für Fe(III) als Beispiel seien die Hydroxylkomplexe angegeben, wobei jedes Gleichgewicht durch eine *Stabilitätskonstante* K beschrieben wird.

$$Fe(H_2O)_6^{3+} \leftrightarrow Fe(H_2O)_5(OH)^{2+} + H^+ \tag{1.2-97}$$

$$Fe(H_2O)_5(OH)^{2+} \leftrightarrow Fe(H_2O)_4(OH)_2^+ + H^+ \tag{1.2-98}$$

$$Fe(H_2O)_4(OH)_2^+ \leftrightarrow Fe(H_2O)_3(OH_3) \downarrow + H^+ \tag{1.2-99}$$

Das Eisen-(III)-Hydroxid wird dabei in einem kolloidalen Zustand gebildet. Es ist auch die Bildung von Mischliganden möglich (viele K-Werte sind dabei unbekannt). Für die Kinetik der verschiedenen Reaktionen des Fe(III) muß angenommen werden, daß Unterschiede zwischen den Fe-Komplexen bestehen, die möglicherweise nur gering sein können.

Die Photolyse von TMI-Komplexen führt zur Bildung von Oxidantien; dabei wird Eisen-(III) reduziert, Fe(III) → Fe(II), infolge eines Ladungstransfers vom Liganden zum Kern:

$$Fe(H_2O)_5(OH)^{2+} + H_2O + h\nu\,(\lambda \leq 350\,\text{nm}) \rightarrow Fe(H_2O)_6^{2+} + OH\,. \tag{1.2-100}$$

Auch andere Fe(III)-Komplexe sind photosensitiv. Als Photolysekonstante wurde am 30. 6. 1987 in Dübendorf (Schweiz) bei $\Theta = 24{,}3^\circ$ (mittags) $j = 6{,}3 \cdot 10^{-4}\ s^{-1}$ gemessen (Faust und Hoigné 1990). Mit einer Verweilzeit $\tau = 0{,}44$ h kann diese Reaktion damit als eine wichtige OH-Quelle in Hydrometeoren angesehen werden. Eine weitere bedeutende photolytische Radikalquelle geht von F(III)-Oxalato-Komplexen aus:

$$Fe(C_2O_4)^+ + h\nu(\lambda \leq 350\,\text{nm}) \rightarrow Fe^{2+} + [C_2O_4^-]^\bullet \tag{1.2-101}$$

Das Oxalat-Radikal $[C_2O_4^-]^\bullet$ überträgt ein Elektron auf gelöstes O_2 (vgl. Reaktion 1.2-103) unter Bildung des Peroxo-Anions O_2^- und gleichzeitigem Zerfall des Radikalrestes zu CO_2:

$$[C_2O_4^-]^\bullet + O_2 \rightarrow 2CO_2 + O_2^- \qquad (1.2\text{-}102)$$

Das weitere „Schicksal" von Fe^{2+} und O_2^- wird im folgenden Abschnitt behandelt. Die Lichtempfindlichkeit von Fe(III)-Oxalaten ist bereits seit langem bekannt (Remy 1961) und wurde früher zur Messung von Lichtmengen genutzt.

1.2.5.5 Oxidantienchemie

Es ist seit langem in der Wasserchemie und Biochemie bekannt, daß in wäßriger Phase eine Bildung von Oxidantien erfolgt (z.B. durch Strahlung und direkte Aufnahme von Oxidantien) und zu Zellschädigungen führen kann (oxidativer Streß), s. z.B. Möller (1989). Diese Reaktionen laufen als biochemisch-enzymatische Katalyse ab:

$$O_2 + e^- \rightarrow O_2^- \text{ (enzymatische Reduktion)} \qquad (1.2\text{-}103)$$

$$2O_2^- + 2H^+ \rightarrow O_2 + H_2O_2 \text{ (Dismutase)} \qquad (1.2\text{-}104)$$

$$H_2O_2 + Fe^{2+} \rightarrow OH + OH^- + Fe^{3+} \text{ (\textit{Fenton}-Reduktion)} \qquad (1.2\text{-}105)$$

$$2H_2O_2 \rightarrow 2H_2O + O_2 \text{ (Katalase)} \qquad (1.2\text{-}106)$$

In Hydrometeoren wird eine Radikalbildung beispielsweise über Chromophore (Faust u. Allen 1992) diskutiert:

$$W + h\nu \rightarrow W^* \xrightarrow{O_2} (W - O_2)^* \rightarrow W + {}^1O_2^* \qquad (1.2\text{-}107)$$

$$(W\text{-}O_2)^* \rightarrow (W^+\text{-}O_2^-) \xrightarrow{H_2O} W^+ + O_2^- \qquad (1.2\text{-}108)$$

Die chemische Form der Chromophore ist unbekannt; es wird angenommen, daß es sich um organische Verbindungen, TMI und unidentifizierte anorganische Verbindungen handelt. Kürzlich durchgeführte Experimente (Anastasio et al. 1997) zeigten, daß vielfältige natürlich vorkommende Verbindungen (aromatische Karbonyle, z.B. Methoxybenzaldehyd und Methoxyazetophenon), die bei der Verbrennung von Biomasse (insbesondere Holz) gebildet werden, aber auch aus huminartigen Substraten von Bodenstaub entstammen könnten, in wäßriger Phase ein Chromophor darstellen und bei Bestrahlung zur H_2O_2-Bildung führen. Bemerkenswerterweise wurden dabei nicht die

Karbonyle, jedoch die Phenole zerstört. Experimentell wurde die Peroxid-Bildung bei Bestrahlung von Hydrometeor-Proben nachgewiesen. Die angeregte Singulett-Sauerstoff-Spezies wurde spektroskopisch nachgewiesen; es hat eine sehr kurze Verweilzeit infolge von „quenching" (Energieverlust durch Stoß). Obgleich die vorgeschlagenen Mechanismen hypothetisch sind, dürfte als Elementarschritt die Bildung eines aquatisierten Elektrons e^-_{aq} angenommen werden. Entsprechend Gl. 1.2-103 kann dieses nun direkt auf gelöste O_2-Moleküle übertragen werden oder über den analog zur Gasphase bekannten Zwischenschritt der H-Bildung zur Peroxo-Radikalbildung kommen:

$$e^-_{aq}(H_2O^-) \rightarrow OH^- + H \xrightarrow{O_2} OH^- + HO_2 \leftrightarrow H_2O + O_2^- \; . \tag{1.2-109}$$

Die Bildung von H_2O_2 wird dabei im sauren Medium beschleunigt (Anastasio et al. 1997). Die direkte Übertragung von e^-_{aq} auf O_2 und H^+ sowie die Rekombination von H mit O_2 sind sehr schnelle Reaktionen ($\approx 2{\cdot}10^{10}\,l\,Mol^{-1}\,s^{-1}$), s. Bielski et al. (1985). Neben dem direkten Gastransfer von HO_2 dürfte diese Flüssigphasenbildung des HO_2/O_2^- zukünftig von großem Interesse sein, da bisher (aufgrund fehlender „zuverlässiger" kinetischer Daten) diese Prozesse in keinem numerischen Modell der atmosphärischen Flüssigphasenchemie berücksichtigt werden. Anastasio et al. (1997) berechneten H_2O_2-Bildungsraten bei Anwesenheit von $10\,\mu Mol\,l^{-1}$ Chromophoren (methoxysubstituierte Aldehyde und Ketone) von 3 bis $8\,\mu Mol\,h^{-1}$ in der Flüssigphase. Als wichtigste Quelle von Oxidantien in der Tropfenphase wurde bisher der Phasenübergang von O_3, OH, HO_2 und H_2O_2 angenommen (Abb. 1.2-8).

Die gelösten Peroxide verhalten sich als schwache Säuren (vgl. Tabelle 1.2-7 und 1.2-8), wobei die H_2O_2-Protolyse nicht relevant ist für atmosphärisches Wasser (pH > 10 wäre erforderlich). Die Protolyse von HO_2 ist dagegen von großer Bedeutung (pK = 4,7), da beide Spezies unterschiedliche chemische Reaktionen eingehen und damit die Oxidantienchemie in wesentlichen Teilen pH-abhängig macht:

$$HO_2 \leftrightarrow H^+ + O_2^- \tag{1.2-110}$$

Aus Abb. 1.2-8 geht hervor, daß die Oxidantien in der Flüssigphase durch gekoppelte Bildungs- und Abbauprozesse miteinander verknüpft sind. Von besonderer Bedeutung ist die Anwesenheit von S(IV), da O_3, OH und H_2O_2 durch die Umwandlung S(IV) → S(VI)

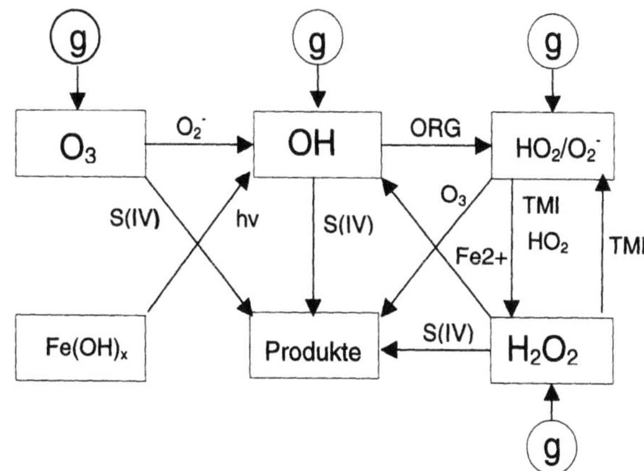

Abb. 1.2-8. Schema der Oxidantienchemie in Hydrometeoren (g = Gasphase)

verbraucht werden (s. nächstes Kap.). Die SO_2-Konzentration in der Gasphase und der pH-Wert der Tropfenphase bestimmen somit das atmosphärische Oxidationspotential im Multiphasensystem (z. B. einer Wolke), s. 1.2.6.2. In einer S(IV)-limitierten Flüssigphase (etwa <1 ppb SO_2) dominieren folgende Reaktionen:

$$OH + ORG \rightarrow HO_2 + ORG' \tag{1.2-111}$$

$$O_3 + O_2^-(+H^+) \rightarrow 2O_2 + OH \tag{1.2-112}$$

$$HO_2(O_2^- + H^+) + M^{(n-1)+}(+H^+) \leftrightarrow H_2O_2 + M^{n+} \tag{1.2-113}$$

$$H_2O_2 + M^{(n-1)+} \rightarrow OH + OH^- + M^{n+} \; (\textit{Fenton}\text{-Reaktion}) \tag{1.2-114}$$

$$HO_2 + O_2^-(+H^+)/HO_2 \rightarrow H_2O_2 + 2O_2 \tag{1.2-115}$$

Im Ergebnis dieser Reaktionen existiert eine vom Redoxpotential abhängige Relation zwischen HO_2/O_2^- und H_2O_2, wobei mit Zunahme des Oxidationspotentials eine H_2O_2-Bildung dominiert. Reaktion 1.2-111 verläuft analog zum Mechanismus der Gasphasenchemie über eine H-Abstraktion, nachfolgende O_2-Adduktbildung und schließlich HO_2-Bildung. Nicht in jedem Fall sind die organischen Produkte bekannt (vom Gesichtspunkt der Modellierung spielte dieser Prozeß im wesentlichen als OH-Senke und HO_2-Quelle bisher eine Rolle - allerdings gewinnt die organische Flüssigphasenchemie zunehmend auch aus toxikologischen Gesichtspunkten an Bedeutung). Es wird davon

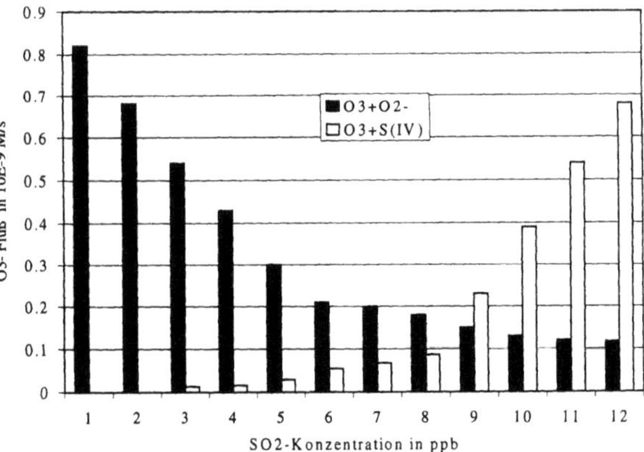

Abb. 1.2-9. Berechneter Ozonfluß aus der Gas- in die Flüssigphase über eine Stunde in einer stratiformen Wolke bei 30 ppb O_3 (die Ozonakkumulation in der Flüssigphase ist Null, d. h. Gastransfer = Summe der Abbaureaktionen in der Flüssigphase). (Nach Möller u. Mauersberger 1992)

ausgegangen, daß Aldehyde zu Alkansäuren und Alkansäuren zu unbekannten Produkten umgewandelt werden.

Die Gleichung (1.2-112) stellt eine Folge von Elementarreaktionen dar:

$$O_2^- + O_3 \rightarrow O_2 + O_3^-$$

$$O_3^- + H^+ \rightarrow O_2 + OH$$

Sie wird als eine wichtige O_3-Senke betrachtet (Lelieveld u. Crutzen 1990) und verläuft effektiv bei höherem pH und niedrigen S(IV)-Konzentrationen (Möller u. Mauersberger 1992), s. Abb. 1.2-9.

Die Bildung von H_2O_2 über Reaktion 1.2-115 kann bei Anwesenheit von TMI (welche immer vorausgesetzt werden darf) vernachlässigt werden im Vergleich zu Rkt. 1.2-113. Der H_2O_2-Abbau nach der Fenton-Reaktion 1.2-114 – neben Fe verläuft diese Reaktion auch mit Mn und Cu – ist vergleichweise langsam, so daß die atmosphärische Flüssigphase eher eine Tendenz zur Akkumulation von H_2O_2 aufweist. Jedoch kann Fe(II) die „scheinbare" Ausbeute an H_2O_2 infolge der Fenton-Reaktion stark senken (Weinstein-Lloyd u. Schwartz 1992).

Man kann annehmen, daß organische Radikale (RO, RO_2) und Peroxide (ROOH) ebenfalls von Bedeutung sind, obgleich – außer für die S(IV)-Oxidation – bisher wenig über deren Flüssigphasenchemie bekannt ist. Der große Unterschied zur Gasphase besteht darin, daß die Flüssigphase – trotz einer vom Prinzip vergleichbaren Chemie (s. Abb. 1.2-9) – keine Quelle von Ozon ist. Die nachgewiesene Photolyse von Nitrat

$$NO_3^- + h\nu(+O_2) \rightarrow NO_2^- O_3 \qquad (1.2\text{-}116)$$

Abb. 1.2-10. Vergleich der Oxidantienchemie zwischen Gas- und Flüssigphase

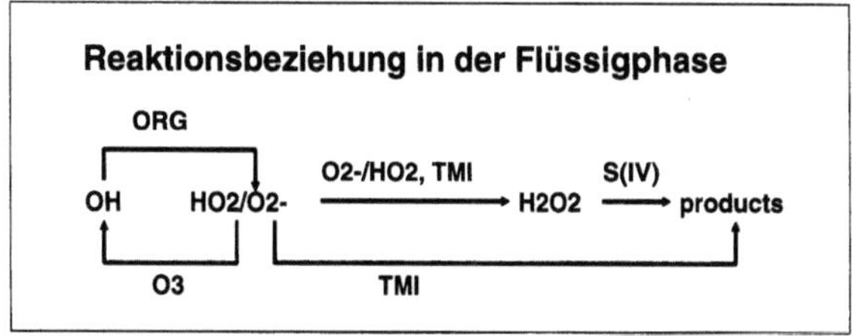

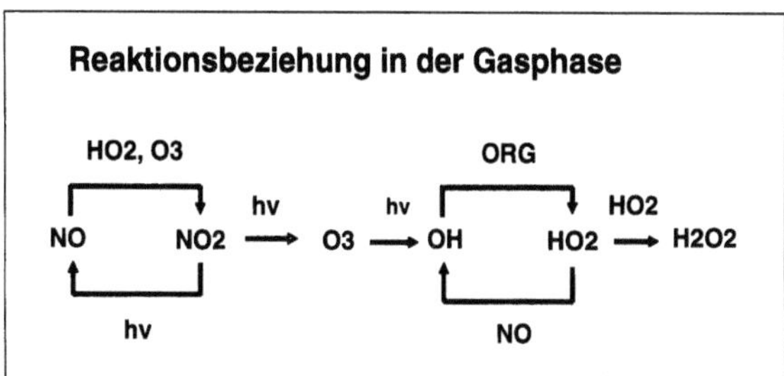

ist zu langsam ($j \approx 10^{-7}\ s^{-1}$), um in der Flüssigphase im Vergleich zum O_3-Gastransfer Berücksichtigung zu finden. So läuft die Kette

$$O_3 \rightarrow OH \rightarrow HO_2/O_2^- \leftrightarrow H_2O_2 \rightarrow OH$$

ab, wobei zusätzlich zu den Quellen durch Gastransfer die OH- und HO_2-Bildung aus photolytischen Reaktionen berücksichtigt werden muß.

Unter S(IV)-limitierten Verhältnissen (maritime Atmosphäre und infolge der Rauchgasentschwefelung auch zunehmend in kontinentalen Regionen) dürfte die H_2O_2-Bildung über die Flüssigphase nach dem im Abb. 1.2-10 dargestellten Schema von größerer Bedeutung sein als die (relativ langsame) Gasphasenbildung nach $HO_2 + HO_2$ $(+H_2O) \rightarrow H_2O_2 + O_2$.

Die Bildung von H_2O_2 nach dem Reaktionsschema (1.2-101, 1.2-102 und 1.2-113), also im Ergebnis der Photolyse von Fe-Oxalat, wurde von Zuo u. Hoigné (1992) nachgewiesen. Offen bleibt die Frage nach der Herkunft von Oxalsäure $(COOH)_2$ in der Atmosphäre. $(COOH)_2$ gehört jedoch zu den verbreitetsten Pflanzensäuren und findet sich auch als Salz in der Natur (Beyer 1966), so daß eine primäre natürliche Emission möglich ist. Nicht unwahrscheinlich ist auch die Bildung durch Gasphasenoxidation der entsprechenden C_2-Vorläufer (Glyoxal, das wiederum aus Ethan und Ethanal gebildet wird).

Der Fluß von H_2O_2 in den Tropfen wird stark erhöht mit der Gasphasenkonzentration an SO_2 infolge der Reaktion $S(IV) + H_2O_2$ (s.

Tabelle 1.2-10. Mittlere Auswaschkoeffizienten λ (nach Gl. 1.2-22) in $10^{-4}\,s^{-1}$ von H_2O_2 und SO_2 für verschiedene SO_2-Gasphasenkonzentrationen (in ppb) in einer stratiformen Wolke. (Nach Möller u. Mauersberger 1992)

SO_2-Konzentration	0,1	1,0	2,0	5,0
λ-H_2O_2	4,1	13,5	69,0	269,0
λ-SO_2	27,9	8,8	3,6	0,8

nächsten Abschnitt); umgekehrt sinkt die Rate des SO_2-Transfers mit zunehmender SO_2-Konzentration (Selbstinhibition infolge abnehmendes pH-Wertes und kleiner werdender H_{eff}), s. Tabelle 1.2-10.

Diese Beispiele zeigen, wie stark die atmosphärische SO_2-Konzentration das atmosphärische Oxidationspotential (hier als Konzentration von O_3 und H_2O_2) beeinflußt – dieser Zusammenhang wurde bisher ungenügend untersucht. In Hinblick auf die sich seit einigen Jahren drastisch verringernde SO_2-Emission in Nordamerika und Europa soll nachfolgend auf der Basis von chemischen Analysen von Eisbohrkernen dieser Zusammenhang hypothetisch untermauert werden. Sigg u. Neftel (1991) haben anhand von H_2O_2-Analysen im Grönländischen Eisbohrkernen den Nachweis eines 50%igen Anstiegs von H_2O_2 in den letzten 200 Jahren erbracht und führen ihn auf anthropogene Aktivitäten zurück (s. Abb. 1.2-11).

Betrachtet man jedoch die H_2O_2-Kurve genauer (Abb. 1.2-11), so lassen sich verschiedene Zeitabschnitte festlegen mit „typischem" H_2O_2-Verhalten, die folgendermaßen erklärt werden können. Die charakteristischen Korrelationen zwischen Erdbevölkerung (als Maß der „anthropogenen Aktivität") und H_2O_2 sowie SO_2 als auch die Antikorrelation zwischen SO_2 und H_2O_2 werden dabei in die Erklärung mit einbezogen.

1. 1300–1750: konstante H_2O_2-Konzentration ($3{,}6 \pm 0{,}3$ µMol l^{-1}) im Eis; keine signifikanten anthropogenen Aktivitäten (bzw. kompensiert durch langsamen H_2O_2-Abbau im Eis).
2. 1790–1860: H_2O_2-Anstieg auf 4,4 µMol l^{-1} (um 20%) im Eis infolge zunehmender Erdbevölkerung und damit verbundener Biomasseverbrennung (Holz) als zunächst einzige signifikante Aktivität. Durch den Anstieg an VOC in der Atmosphäre verschiebt sich das OH-HO_2-Verhältnis zum HO_2 und damit zur Bildung von H_2O_2 (Abb. 1.2-10). Außerdem ist die H_2O_2-Bildung durch Photolyse von Chromophoren (Produkte der Biomasseverbrennung) in der Flüssigphase möglich (Anastasio et al. 1997). Des weiteren wird die Biomasseverbrennung als eine direkte H_2O_2-Quelle diskutiert (Lee

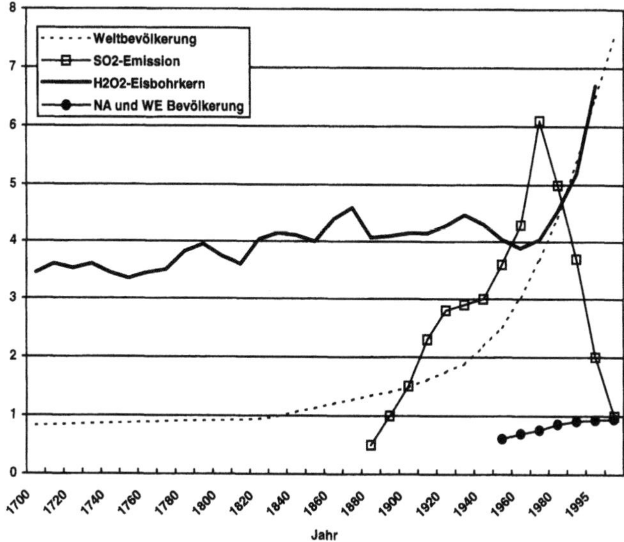

Abb. 1.2-11. Vergleich zwischen der zeitlichen Änderung des H_2O_2-Gehalts im Grönländischen Eisbohrkern (nach Sigg u. Neftel 1992) in µMol l^{-1}, der Erdbevölkerung in 10^9 Menschen und der SO_2-Emission Nordamerikas und Westeuropas (nach Gschwandtner et al. 1986 und Mylona 1996) in 10^7 t S a^{-1} (Werte für 1990 und 2000 geschätzt)

et al. 1997). Eine Zunahme der O_3-Konzentration ohne Zunahme „anthropogener" Komponenten (NO_x, VOC) ist nicht zwangsläufig mit einer Zunahme von H_2O_2 verbunden, da $O_3 + HO_2 \rightarrow OH + 2\,O_2$ zu einer Antikorrelation zwischen O_3 und H_2O_2 führt, wie sie kürzlich in Reinluftgebieten nachgewiesen wurde (Ayers et al. 1996).

3. 1860–1975: H_2O_2-Abnahme auf 4,0 µMol l^{-1} (um 10%) im Eis infolge Anstiegs der SO_2-Emission durch zunehmende Verbrennung fossiler Rohstoffe (s. Reaktionsschema in Abb. 1.2-10). Eine „tatsächliche" H_2O_2-Zunahme (als Gasphasenkonzentration) ist durchaus denkbar infolge einer Zunahme des HO_2 durch Anstieg an anthropogenen VOC's (inzwischen aus Industrie und Verkehr) und eines verstärkten Kreislaufes $OH \rightarrow HO_2 \rightarrow OH$ durch NO_x und dem damit gekoppelten Anstieg an troposphärischen Ozon. Allerdings wird diese H_2O_2-Produktion offenbar überkompensiert durch den H_2O_2-Abbau über SO_2 (welcher in Wolken abläuft und folglich über Niederschlag das entsprechende reduzierte H_2O_2-Signal im arktischen Eis liefert).
4. 1975–1990: H_2O_2-Anstieg auf 5,4 µMol l^{-1} (um 45%) im Eis infolge Rückgangs der SO_2-Emission durch zunehmende Rauchgasentschwefelung. Möller (1989) hat eine H_2O_2-Zunahme um 1980 auch

als Folge der O_3-Olefin-Reaktionen diskutiert und verantwortlich gemacht für die um 1980 schlagartig aufgetretenen neuartigen Waldschäden.

Die weitere drastische Abnahme der SO_2-Emission ab 1990 führte daher folgerichtig zu einem weiteren starken Anstieg der H_2O_2-Konzentration im Grönländischen Eis (Anklin u. Bales 1997).

Leider gibt es keinerlei atmosphärische H_2O_2-Meßprogramme, die eine sichere Zunahme dessen Gasphasenkonzentration nachweisen könnten. Dieser hypothetische Zusammenhang (Möller 1998) zeigt eine methodische Analogie zur gegenwärtig diskutierten Änderung der atmosphärischen Temperatur, die durch den Treibhauseffekt erhöht (positiver Klimaantrieb) und durch die Aerosolstreuung erniedrigt (negativer Klimaantrieb) wird. Durch verschiedene primäre anthropogene Emissionen wird das Potential zur Erhöhung *und* Erniedrigung von sekundären atmosphärischen Größen (Temperatur, H_2O_2-Konzentration) gegeben. Werden beide Prozesse nicht richtig verstanden oder aus ihrem Zusammenhang gelöst, so können Maßnahmen der Luftreinhaltung (Begrenzung der SO_2-Emission und Aerosolbildung) *ohne* gekoppelte weitere Maßnahmen (z.B. Begrenzung der Emission von VOC und CO_2) einen drastischen Anstieg atmosphärischer Schadfaktoren zur Folge haben. Dieser Zusammenhang zeigt auch sehr eindrucksvoll, wie die Flüssigphasenchemie eine wichtige Rückkopplung zur Gasphase bringt. Anders ausgedrückt, die Konzentrationsänderungen atmosphärischer Luftbeimengungen können nur aus der Sicht der Multiphasenchemie richtig verstanden werden.

Neben den bereits genannten Reaktionen von S(IV) mit O_3, OH und H_2O_2 (s. nächsten Abschnitt) tritt noch ein Verbrauch an Oxidantien durch die Oxidation von NO_2 und N(III) auf (s. 1.2.5.7). Schließlich kann das O_2^--Radikal durch TMI zum O_2 umgewandelt werden

$$O_2^- + M^{n+} \rightarrow O_2 + m^{(n-1)+} ; \qquad (1.2\text{-}117)$$

allerdings hat dieser Reaktionspfad nur einen Anteil von 1 bis 10% (Möller u. Mauersberger 1992) im Vergleich H_2O_2-Bildung nach Reaktion 1.2-113. Insgesamt kann eingeschätzt werden, daß als einzige bedeutende Oxidantiensenke die S(IV)-Oxidation auftritt. Bei Abwesenheit von SO_2 dürfte die Flüssigphase eine Quelle von Oxidantien (HO_2/O_2^- und H_2O_2) sein. Die atmosphärische Flüssigphase ist dagegen eine indirekte (sehr effektive) Senke gasförmiger Oxidantien durch Auswaschen von NO_y-Verbindungen, in denen O_3 und OH „gespeichert" sind.

1.2.5.6 Schwefelchemie und Sulfatbildung

Gasförmige Schwefelverbindungen sind moderat (SO_2), wenig (H_2S) oder kaum (DMS, CS_2, COS) löslich.

H_2S ist um 4 Größenordnungen geringer löslich (bezogen auf die effektive Henry-Konstante) als SO_2 (Penkett 1992), jedoch doppelt so gut löslich wie CO_2. Es bildet eine Protolysegleichgewicht aus:

$$H_2S \leftrightarrow HS^- + H^+ \; (pK \approx 7) \,. \tag{1.2-118}$$

Es ist seit langem bekannt, daß H_2S in Lösung oxidiert wird (Remy 1961) wobei HS^- als reaktives Spezies angesehen wird (Chen u. Morris 1972). Bemerkenswerterweise sind keine neueren Arbeiten über die Flüssigphasenchemie von H_2S bekannt; wahrscheinlich machen die schnelle Gasphasenoxidation und geringe Emission diese Komponente im Vergleich zum SO_2 uninteresant für Studien.

Die Löslichkeit von SO_2 hängt stark vom pH ab (s. Abb. 1.2-4). Da der Gesamtumsatz $S(IV) \rightarrow S(VI)$ in der Atmosphäre vom SO_2-Fluß in den Tropfen abhängt, spielt eine Abpufferung der Hydrometeore durch Ammoniak (NH_3) eine große Rolle (Möller u. Schieferdecker 1985). Lange Zeit hat man auf der Basis der von Junge u. Ryan (1958) gemachten Feststellung dem NH_3 eine „katalytische" Rolle bei der SO_2-Oxidation beigemessen. Wichtigste S(IV)-Komponente in wäßriger Lösung ist das Hydrogensulfit:

$$SO_2(aq) \leftrightarrow HSO_3^- + H^+ \; (pK \approx 1{,}8)$$

Die zweite Protolysestufe unter Bildung von Sulfit SO_3^{2-} (pK=7,2) kann meistens (pH≤6) vernachlässigt werden. Die freie schweflige Säure (H_2SO_3) existiert nicht (Cotton u. Wilkinson 1967), so daß (in Analogie zur „Kohlensäure") von hydratisiertem SO_2 gesprochen werden sollte. Das bereits öfter verwendete Symbol S(IV) stellt die Summe aller (mit Ausnahme von HMS) in der Oxidationsstufe (IV) in Lösung existieren S-Spezies dar:

$$S(IV) = SO_2(aq) + HSO_3^- + SO_3^{2-} \,. \tag{1.2-120}$$

Sulfite bilden in wäßriger Phase mit Aldehyden (genauer: der Glykolform von Aldehyden) Addukte, die Hydroxyalkylsulfonate. Wichtigstes Produkt ist das α-Hydroxymethylsulfonat (HMS). Die Addukte sind von besonderer Bedeutung, da sie weder durch O_3 noch H_2O_2 oxidiert werden und damit ein stabiles S(IV)-Reservoir in der Atmosphäre darstellen. Formaldehyd (eine in der Atmosphäre ubiquitäre Substanz als Abbauprodukt von VOC und direkte anthropogene Emission) bildet in wäßriger Lösung ein Hydrat.

$$HCHO + H_2O \leftrightarrow CH_2(OH)_2 \quad pK = 3{,}4 \tag{1.2-121}$$

Nur das freie Formaldehyd (Warneck 1989) reagiert mit HSO_3^- und SO_3^{2-}:

$$HCHO + HSO_2^- \rightarrow HCH(OH)SO_3^- (HMS) \tag{1.2-122}$$

$$HCHO + SO_3^{2-} \rightarrow HCH(O)^-SO_3^- \xrightarrow{H^+} HCH(OH)SO_3^- (HMS) \tag{1.2-123}$$

Ähnliche Bildungswege sind für Benzaldehyd, Methylglyoxal und Hydroxyazetaldehyd beschrieben worden (Olson u. Hoffmann 1989). HMS ist das Anion der sehr starken Hydroxymethansäure (HMSA), die als vollständig protolysiert angenommen wird (Munger et al. 1984); die zweite Protolysestufe ($HCH(O)^-SO_3^-$) ist die einer sehr schwachen Säure (pK $\approx$ 10; Sörensen u. Anderson 1970). HMS zerfällt wieder langsam in die Ausgangprodukte ($k_{124} = 7{,}7 \cdot 10^{-3}\ s^{-1}$; s. Möller u. Mauersberger 1995),

$$HCH(OH)SO_3^- \rightarrow HCHO + HSO_3^- \tag{1.2-124}$$

so daß die Gln. 122, 123 und 124 manchmal als Gleichgewicht geschrieben werden ($K_{122/124} = 6{,}6 \cdot 10^9$). Oftmals wird das Gleichgewicht der Hydrat-Bildung (Gl. 1.2-121) mit einbezogen (Deister et al. 1986):

$$K_{121/122/124} = [CH_2(OH)SO_3^-]/[CH_2(OH)_2][HSO_3^-] = 3{,}6 \cdot 10^6 \tag{1.2-125}$$

Im alkalischen Medium wird HMS zersetzt nach ($k_{126} = 3{,}7 \cdot 10^{-3}$ l $Mol^{-1}s^{-1}$)

$$HCH(OH)SO_3^- + OH^- \rightarrow CH_2(OH)_2 + SO_3^{2-}\,. \tag{1.2-126}$$

Als einziger Oxidationsmechanismus wird die Reaktion mit OH beschrieben (Buxton et al. 1991), wobei dieser Reaktionsweg nicht als Quelle von Sulfat sondern lediglich als Senke von OH betrachtet wird:

$$HCH(OH)SO_3^- + OH \xrightarrow{O_2} HC(O)SO_3^- + H_2O + HO_2 \,. \qquad (1.2\text{-}127)$$

Von allen drei Senkenreaktionen des HMS (Zerfall, alkalische Zersetzung und OH-Oxidation) wird nur Reaktion 124 als signifikant eingeschätzt (Möller u. Mauersberger 1995); für die Pseudo-erster-Ordnung-Raten ergeben sich um mehrere Größenordnungen kleinere Werte im Vergleich zu k_{124} ($7{,}7 \cdot 10^{-3}$): $k_{126}^* \approx 3{,}7 \cdot 10^{-7}$ und $k_{127}^* \approx 1{,}5 \cdot 10^{-5}\ s^{-1}$.

Die Flüssigphasenchemie von S(IV) kann in folgende Oxidationsmechanismen unterteilt werden:

- Oxidation durch H_2O_2 und ROOH
- Oxidation durch O_3
- Oxidation durch O_2 unter Teilnahme von TMI als Katalysatoren
- Oxidation durch Radikale (OH, NO_3 u.a.).
- Oxidation durch andere Oxidantien (HNO_4, HOCl).

Die autokatalytische Oxidation in wäßriger Phase spielt in der Atmosphäre keine Rolle, da immer Oxidantien oder TMI als Katalysatoren vorhanden sind. Im folgenden werden die einzelnen Mechanismen zusammenfassend dargestellt (für weitergehende Einzelheiten wird auf Spezialliteratur verwiesen, z.B. Warneck 1996). Die enorme Bedeutung der SO_2- bzw. S(IV)-Oxidation in der Atmosphäre hängt mit zwei Phänomenen zusammen:

a) Durch die Oxidation wird freie Azidität (H^+) gebildet; die in den 70er Jahren beobachtete Periode des „sauren Regens" wird in erster Linie im Zusammenhang mit der Emission und atmosphärischen Oxidation von SO_2 gesehen (Oden 1976).
b) Das durch die SO_2-Oxidation gebildete Sulfat bildet die wichtigste Komponente des Sub-µm-Aerosols in der Atmosphäre und wird seit Beginn der 90er Jahre als Hauptanteil des „negativen Klimaantriebs", d.h. Abkühlung der Atmosphäre und „Maskierung" des Treibhauseffektes, betrachtet (Heintzenberg u. Charlson 1995).

Trotz eines weitgehenden Verständnisses aller wichtigen Gas- und Flüssigphasenprozesse wird die atmosphärische Sulfatbildung in globalen Chemie-Transport-Modellen (CTM) immer noch zu ungenau beschrieben, da nach allgemeiner Akzeptanz (Langner u. Rodhe 1991; Möller 1995) etwa 80 bis 90% der troposphärischen Sulfatbildung über die Wolkenwasserphase abläuft und diese Multiphasenprozesse noch nicht explizit in CTM beschrieben werden. Deshalb werden oftmals viel zu ungenaue Konversionsraten für S(IV) → S(VI) genutzt (z. B. global 0,5 in Klimamodellen). Eine Betrachtung der Sulfatbildung aus der Sicht der Multiphasenchemie wird unter 1.2.6.2 vorgestellt.

S(IV)-Oxidation durch H_2O_2 und organische Peroxide (ROOH)

Diese Reaktion wurde zuerst von Hoffmann u. Edward (1975) untersucht und in ihrer Bedeutung für die Atmosphäre von Penkett et al. (1979) erkannt; viele weitere Studien (Tabelle 1.2-10) haben im wesentlichen die Kinetik bestätigt, die nach folgendem Gesetz abläuft:

$$-(d[S(IV)]/dt_{aq} = (d[S(VI)]/dt)_{aq} = R = k[H^+][HSO_3^-][H_2O_2] \qquad (1.2\text{-}128)$$

Es wird folgender Mechanismus mit einem schnellen Vor-Gleichgewicht und einer geschwindigkeitsbestimmenden sauren Hydrolyse von HSO_4^- (Peroxomonosulfat) angenommen.

$$HSO_3^- + H_2O_2 \xleftrightarrow{\text{schnell}} HSO_4^- + H_2O \qquad (1.2\text{-}129)$$

$$HSO_4^- + H^+ \xrightarrow{\text{langsam}} SO_4^{2-} + 2H^+ \qquad (1.2\text{-}130)$$

Möller u. Mauersberger (1995) empfehlen $k = (5{,}3 \pm 2{,}7) \cdot 10^7\ l^2\ Mol^{-2}\ s^{-1}$. Chandler et al. (1988) fanden bei Feldexperimenten am Great Dun Fell (Schottland) einen wesentlich höheren Wert $k = (3{,}4 \pm 1{,}4) \cdot 10^8\ l^2\ Mol^{-2}\ s^{-1}$ in bemerkenswerter Übereinstimmung mit dem frühesten aus Laborexperimenten bekannten Wert von Hoffman u. Edwards (1975), s. Tabelle 1.2-11.

Tabelle 1.2-11. Geschwindigkeitskonstante der Reaktion $HSO_3^- + H_2O_2$

Autor	k in $10^7\ l^2\ Mol^{-2}\ s^{-1}$
Hoffman u. Edwards 1975	35,0
Penkett et al. 1979	2,6
Martin u. Damschen 1981	4,7
McArdle u. Hoffmann 1983	2,4
Kunen et al. 1983	8,0
Lee et al. 1986	9,5

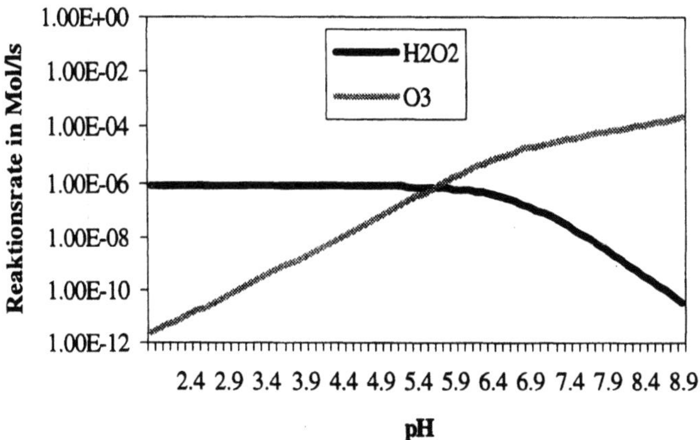

Abb. 1.2-12. Abhängigkeit der Reaktionsraten der S(IV)-Oxidation durch H_2O_2 und O_3 vom pH-Wert

Die Geschwindigkeit der Oxidation von S(IV) durch organische Peroxide (ROOH) liegt in der gleichen Größenordnung wie für H_2O_2. Infolge der im allgemeinen wesentlich geringeren atmosphärischen Konzentration von ROOH (etwa 1/10 von H_2O_2) ist deren Beitrag zur Sulfatbildung dennoch gering (etwa 5%). Trotz der Abhängigkeit der Flüssigphasenreaktion vom pH (vgl. Abb. 1.2-12), infolge des säurekatalysierten zweiten Schrittes (1.2-130), ist die Oxidation in der Wolke als offenes System pH-unabhängig, da $[HSO_3^-] = K_a H_{SO_2} p(SO_2)[H^+]^{-1}$ mit $K_a = [HSO_3^-][H^+]/[SO_2\text{-aq}]$ und schließlich die kinetische pH-Abhängigkeit in der Flüssigphase kompensiert wird durch die pH-Abhängigkeit der SO_2-Löslichkeit, d.h. die effektive Henry-Konstante (s. Abb. 1.2-12). Unter Berücksichtigung von Gl. 1.2-36) folgt somit aus 1.2-126:

$$(d[S(VI)]/dt)_{air} = \mathbf{k}RT(LWC)H_{H_2O_2}p(H_2O_2)H_{SO_2}p(SO_2)K_a\ . \tag{1.2-131}$$

Werden die bekannten Werte in Gl. 1.2-131 eingesetzt und $LWC = 0{,}3\cdot10^{-6}$ sowie 1 ppb für $p(H_2O_2)$ angesetzt, folgt $(d[S(VI)]/dt)_{Luft} \approx 3{,}4\cdot10^{-4}\,p(SO_2)$, d.h. $k_{Luft} \approx 3{,}4\cdot10^{-4}\,s^{-1}$ und somit $\tau \approx 0{,}8$ h. Für 5 ppb SO_2 kann die Sulfatbildung 8 ppb h^{-1} in einer Wolke betragen, das ist eine 100fach höhere Rate als die homogene Gasphasenoxidation nach SO_2+OH maximal an einem Sommertag ergibt. Unter Berücksichtigung des vertikalen Volumenanteils von Wolken (etwa 25%) an der planetaren Grenzschicht und eines „mittleren" LWC-Gehalts (Zeitanteil Wolken pro Jahr von etwa 30%), reduziert sich die mittlere Sulfatbildung durch H_2O_2 im Jahr auf 0,6 ppb h^{-1}. Damit wird aber auch deutlich, daß der „Fehler“ von k_{aq} unbedeutend ist für die Abschätzung des volumenbezogenen Umsatzes in der Atmosphäre, da die wolkenstatistischen Parameter bestimmend sind.

S(IV)-Oxidation durch O_3

Auch diese Reaktion wurde in den letzten 20 Jahren intensiv untersucht, zum großen Teil von den gleichen Forschergruppen, welche sich auch mit der Oxidation durch H_2O_2 beschäftigten. Die Bedeutung dieser Reaktion liegt vor allem darin, daß

a) sie eine der wenigen (neben der bedeutenderen NO_y-Deposition) effektiven Senkenreaktion für O_3 ist (Lelieveld u. Crutzen 1990) und
b) die Konzentration von O_3 stets wenigsten um eine Größenordnung höher ist als die von H_2O_2 und praktisch keine Oxidantienlimitierung angenommen werden kann.

Bis jetzt ist nicht klar, nach welchem Mechanismus diese Oxidation abläuft (Möller u. Mauersberger 1995; Warneck 1996). Alle Autoren (Tabelle 1.2-12 und 1.2-13) finden eine Beschleunigung der Sulfatbildung mit steigendem pH (Abb. 1.2-12). Die eine Gruppe von Autoren („nukleophile Reaktionstheorie“) erklärt dieses Verhalten mit SO_3^{2-} als reaktivste Spezies, während die andere Gruppe („Radikaltheorie“) die pH-Abhängigkeit erklärt durch die im alkalischen Medium erfolgende Umsetzung des O_3 zu Radikalen, welche dann mit S(IV) reagieren.

Für die nukleophile Reaktion des O_3 werden alle S(IV)-Spezies als reaktiv angesehen (direkte O-Übertragung); als allgemeines Geschwindigkeitsgesetz kann formuliert werden:

$$-(d[S(IV)]dt)_{aq} = R_1 = (k_0[SO_2] + K_1[HSO_3^-] + K_3[SO_3^{2-}])[O_3] \tag{1.2-132}$$

Das Geschwindigkeitsgesetz (1.2-132) kann unter Verwendung der Protolysegleichgewichte umgeformt werden zu

Tabelle 1.2-12. Kinetische Konstanten (in l Mol^{-1} s^{-1}) basierend auf der nukleophilen Reaktionstheorie

Autor	10^4 k_0	10^5 k_1	10^9 k_2
Erickson et al. 1977	0	3,1	2,2
Hoigné et al. 1985	2,2	3,2	1,0
Hoffmann 1986	2,4	3,7	1,5

Tabelle 1.2-13. Kinetische Konstanten (in $l^{1/2}$ $Mol^{1/2}$ s^{-1}) basierend auf der Radikaltheorie

Autor	10^{-4} k
Penkett et al. 1979	1,45
Maahs 1983	1,4...3,5
Martin 1984	1,9
Nahir u. Dawson 1987	1,23
Lagrange et al. 1992	2,99
Botha et al. 1994	1,27

$$R_1 = \frac{k_0[H^+]^{-1/2} + k_1 H_a[H^+] + K_a K_b}{[H^+]^2 - K_a[H^+] + K_a K_b}[S(IV)][O_3] \qquad (1.2\text{-}133)$$

und weiter vereinfacht für pH>3 zu

$$R_1 \approx (k_1 + k_2 K_b [H^+]^{-1})[S(IV)][O_3] \; ;$$

K_a und K_b sind die Konstanten der ersten (SO_2-aq) bzw. zweiten Protolysestufe (HSO_3^-). Dieser Ausdruck (1.2-134) ist beispielsweise identisch mit dem Geschwindigkeitsgesetz von Maahs (1983), der jedoch einen radikalischen Mechanismus annimmt (s. weiter unten).

Der Radikalmechanismus geht zunächst von der alkalischen Ozonzersetzung (Staehelin et al. 1984) aus sowie von einer Atacke des OH-Radikals zum S(IV); s. auch nächsten Unterabschnitt.

$$2O_3 + OH^- \rightarrow OH + O_2^- + 2O_2 \qquad (1.2\text{-}135)$$

$$OH + HSO_3^- \rightarrow OH^- + HSO_3 \qquad (1.2\text{-}136)$$

$$OH + SO_3^{2-} \rightarrow OH^- + SO_3^- \qquad (1.2\text{-}137)$$

Als geschwindigkeitsbestimmender Schritt wird

$$HSO_5 + HSO_3^- \rightarrow HSO_5^- + HSO_3 \qquad (1.2\text{-}138)$$

angesehen. Als Geschwindigkeitsgesetz wird die folgende allgemeine Form angesehen (im Detail gibt es Unterschiede bei verschiedenen Autoren, die sich jedoch quantitativ kaum bemerkbar machen):

$$R_2 = k[H^+]^{-1/2}[S(IV)][O_3] \; . \qquad (1.2\text{-}139)$$

Tabelle 1.2-14. Vergleich der Geschwindigkeitskonstanten für den nukleophilen Mechanismus (^1k) und Radikalmechanismus (^2k) in Abhängigkeit vom pH

k in l Mol^{-1} s^{-1}	pH = 3	pH = 4	pH = 5
^1k	$4{,}3 \cdot 10^5$	$1{,}3 \cdot 10^6$	$1{,}0 \cdot 10^7$
^2k	$6{,}0 \cdot 10^5$	$1{,}9 \cdot 10^6$	$0{,}6 \cdot 10^7$

Aus den verschiedenen Ansätzen für die Rate (1.2-134) und (1.2-139) folgen für die Geschwindigkeitskonstante die Ausdrücke

$$^1k = k_1 + k_2K_b[H^+]^{-1}$$

$$^2k = k[H^+]^{-1/2} \, ,$$

welche quantitativ bezüglich des Umsatzes kaum differieren (Tabelle 1.2-14).

In der vorläufig letzten bisher erschienenen Arbeit zur S(IV)-Oxidation durch O_3 (Botha et al. 1994) wird folgendes Geschwindigkeitsgesetz experimentell abgeleitet, das beide Mechanismen als Erklärung zuläßt, obwohl Botha et al. einen Radikalmechanismus vorschlagen.

$$R_{03} = (k_a\alpha_0 + k_b\alpha_1 + k_c\alpha_2)[H^+]^{-1/2}[S(IV)]_{total}[O_3] \, . \qquad (1.2\text{-}140)$$

α_0, α_1 und α_2 bezeichnen die Fraktionen des S(IV), die als SO_2-aq, HSO_3^- und SO_3^{2-} vorliegen; für die k-Werte geben Botha et al. (1994) an (in $l^{1/2}$ $Mol^{-1/2}s^{-1}$): $k_a = 9{,}42 \cdot 10^3$, $k_b = 1{,}27 \cdot 10^4$ und $k_c = 1{,}74 \cdot 10^5$. Botha et al. zeigen, daß das von Penkett et al. (1979) abgeleitete Gesetz den Gesamttrend gut beschreibt, wohingegen das Geschwindigkeitsgesetz von Hoigné et al. (1985) das detaillierte kinetische Verhalten besser beschreibt. Die von Botha et al. (1994) abgeleitete Gleichung 1.2-140 ist deshalb eine Kombination beider genannten Geschwindigkeitsgesetze.

S(IV)-Oxidation durch Radikale (OH, NO_3)

Im vorangegangenen Unterabschnitt wurde gezeigt, daß wahrscheinlich Radikale, insbesondere die Bildung des HSO_3- oder SO_3^--Radikals als Startphase der S(IV)-Oxidation, eine wichtige Funktion bei der Sulfatbildung durch Ozon haben. Die entscheidende Initial-

Tabelle 1.2-15. Vergleich verschiedener S(IV)-Oxidationspfade in einer stratiformen Wolke (nach Möller 1995) als mittlere Rate R (in pp h^{-1}) über 1 h bei 298 K und LWC = $3 \cdot 10^{-7}$ sowie in % des Gesamtumsatzes

Mechanismus	Sommertag		Sommernacht		Wintertag		Winternacht	
H_2O_2	1,41	99,6	0,074	87,3	0,031	26,7	0,015	34,7
O_3	0,004	0,3	0,002	2,2	0,077	65,5	0,011	24,1
OH[a]/NO_3[b]	0,001	0,1	0,009	10,5	0,009	7,8	0,018	41,2
Gesamt	1,42		0,085		0,12		0,045	

[a] Tag
[b] Nacht

phase ist ein Elektronentransfer zum Radikal ($OH+e^- \rightarrow OH^-$, $NO_3+e^- \rightarrow NO_3^-$).

Im nachfolgenden Unterabschnitt werden wir sehen, daß Übergangsmetallionen (TMI) dieselbe Funktion übernehmen. Neben OH und NO_3 sind daher auch andere Radikale (z.B. Cl) als potentielle Oxidantien zu betrachten. Für den Umsatz (Sulfatbildung) ist neben der spezifischen Reaktionsgeschwindigkeit (die sich bei den verschiedenen Radikalmechanismen kaum unterscheidet) vor allem die Radikalkonzentration entscheidend. In Kap. 1.1 wurde ausgeführt, daß OH als „Tag-Spezies" und NO_3 als „Nacht-Spezies" angesehen werden kann. Der Beitrag zum Gesamtumsatz kann dabei unter Umständen (Tabelle 1.2-15) signifikant sein.

Entscheidende Zwischenprodukte sind das Sulfit-Radikal (SO_3^-), Sulfat-Radikal (SO_4^-) und das Peroxomonosulfat-Radikal (SO_5^-). Diese radikalischen Ionen bilden protolytische Gleichgewichte:

$$SO_3^- \xleftrightarrow{H^+} HSO_3\,,\; SO_5^- \xleftrightarrow{H^+} HSO_5\,,\; SO_4^- \xleftrightarrow{H^+} HSO_4\,,$$

wobei angenommen werden kann, daß die protonierte Form sich als sehr starke Säure in wäßriger Phase verhält und daher vollständig protolysiert ist. Nach dem Kettenstart (1.2-136 und 1.2-137) erfolgt die Propagationsphase durch Bildung des Peroxomonosulfat-Radikals aus dem Sulfit-Radikal, welches dann verschiedene Reaktionswege einschlagen kann (Abb. 1.2-13). Eine zentrale Rolle stellt dabei das Sulfat-Radikal dar. Ein Kettenabbruch kann nach Warneck (1996) durch Radikal-Radikal-Reaktionen unter Bildung von Peroxodisulfat ($S_2O_8^{2-}$) und Dithionat ($S_2O_6^{2-}$) erfolgen. Möller u. Mauersberger (1995) halten diese Reaktionen für vernachlässigbar im Vergleich zu Radikal-Nichtradikal-Reaktionen. Wahrscheinlicher ist ein Kettenab-

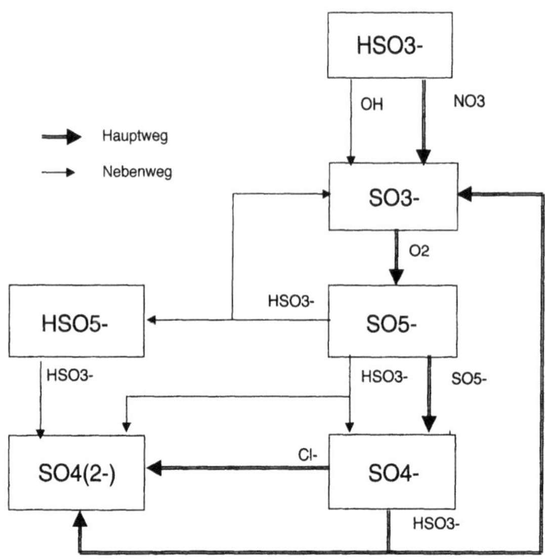

Abb. 1.2-13. Schema der radikalischen S(IV)-Oxidation

bruch durch Radikalfänger, z. B. organische Substanzen und insbesondere reduzierte TMI nach

$$SO_x^{m-} + M^{n+} \rightarrow SO_x^{(m+1)-} + M^{(n+1)+} \,. \tag{1.2-141}$$

Diese Reaktionen vom Typ 1.2-141 sind auch als „Konkurrenz" zu den Reaktionen TMI+Ox (Ox=OH, O_2^-) zu betrachten (vgl. 1.2.5.4). Dithionat, Disulfat ($S_2O_7^{2-}$, wird zu Sulfat langsam hydrolisiert) und Peroxomonosulfat wurden bisher nicht in Hydrometeoren analytisch nachgewiesen. Man kann davon ausgehen, daß sie zwischen Sulfit und Sulfat lediglich (wenn überhaupt) ein Zwischenprodukt darstellen. Die S-Radikale gehen weitere Reaktionen ein (s. z. B. Übersichtsarbeit von Brandt u. Eldik 1995), deren atmosphärische Signifikanz noch nicht in numerischen Modellen getestet wurde.

1.2.5.7
Stickstoffchemie und Nitratbildung

In der atmosphärischen Flüssigphase (Wolken, Nebel) sind weitere Reaktionen bekannt, die auch zur HNO_2-Bildung führen. Die bereits 1969 beobachtete alkalische Hydrolyse von PAN (Finlayson-Pitts u. Pitts 1986; Lammel et al. 1990) kann jedoch gemessene Nitrit-Konzentrationen nicht erklären (Möller u. Mauersberger 1992). Weitere bekannte Flüssigphasenmechanismen der HNO_2-Bildung über peroxosalpetrige Säure (HNO_4 aus $NO_2 + HO_2$) und die Photolyse von NO_3^-

können aufgrund von Modellrechnungen wahrscheinlich vernachlässigt werden (Möller u. Mauersberger 1995).

NO_2^- wurde im Wolkenwasser am Great Dun Fell (Cape et al. 1992; Colvile et al. 1994) im Mittel zu 0,5 μMol l^{-1} gefunden. Von diesen Autoren wurde Nitrit ausschließlich als Ergebnis der HNO_2-Gasaufnahme diskutiert infolge einer fehlenden Korrelation zwischen NO_2^- in der Flüsigphase und NO_2 in der Gasphase. Diese Schlußfolgerung ist jedoch nicht zulässig, da (a) Gleichgewichtsannahmen aus experimentellen wolkenchemischen Daten prinzipiell fragwürdig sind (s. Diskussion in Möller 1998a) und (b) die Frage nach einer alternativen HNO_2-Quelle weder von den Autoren beantwortet wurde noch nach bisherigem Kenntnisstand anderer Quellen (Gasphase, Boden, Aerosol) die gefundenen hohen Werte erklären kann. Nichts spricht jedoch gegen die Annahme einer HNO_2-Bildung an der Tropfenoberfläche (wobei sowohl die heterogene Bildungsrate als auch das lokale HNO_2/NO_2^--Verteilungsverhältnis tropfenspezifisch sein kann und somit die Nicht-Korrelation und die Nicht-(Bulk-)Gleichgewichte erklärt). Die (effektive) Bildung von NO_2^- in der Flüssigphase läßt sich aus dem Vergleich von im Regenwasser gemessenen Konzentrationen (Zierath 1981) in der ehemaligen DDR (1,4...15, im Mittel 4,9 μMol l^{-1}) und berechneten Werten, wobei keine heterogene Bildung angenommen wurde (0,5 μMol l^{-1}), ableiten (Möller u. Mauersberger 1990; in dieser Arbeit wurde diese Diskrepanz als damals nicht erklärbar betrachtet).

Unterschiede in der Kinetik (und möglicherweise des Mechanismus) der Oberflächenumwandlung von NO_2 für Wasseroberflächen und Aerosoloberflächen können nur Laborexperimente ergeben. Die Untersuchungen von Mertes u. Wahner (1995) zeigen, daß die NO_2-Aufnahme unabhängig sowohl vom pH-Wert als auch der Oxidantienkonzentration in der Flüssigphase ist.

Für die volumenbezogene HNO_2-Bildungsrate (= NO_2-Verlustrate) ist das spezifische Oberflächenverhältnis F_c eine entscheidende Größe. Für die Erdoberfläche wird $F_c \approx 0{,}2$ angenommen (z.B. Lammel et al. 1989), wobei die Mischschichthöhe $h = 50$ m (nachts) und die spezifische Oberfläche sich einfach mit dem Faktor 10 aus der geometrischen Fläche ergeben. Tagsüber (Abstieg der Mischschichthöhe) kann $F_c < 0{,}02$ werden. Für Aerosole werden hingegen wesentlich kleinere F_c-Werte angegeben ($\sim 10^{-4}$ für die unverschmutzte und $\sim 10^{-2}$ für die verschmutzte Atmosphäre). Bereits Lammel et al. (1989) argumentieren, daß nur die Erdoberfläche als Reaktionsort die gemessenen HNO_2-Konzentrationen nicht erklären kann.

Wolken zeichnen sich durch große F_c-Werte und einen hohen Volumenanteil an der Mischschicht aus. Aus publizierten Werten der gemessenen Tropfengrößenverteilungen und Flüssigwassergehalte (LWC), s. z.B. Arends (1996), ergibt sich nach

$$R_{eff} = \frac{\int r^3 N(r) dr}{\int r^2 N(R) dr} \tag{1.2-142}$$

für unterschiedliche Wolkentypen ein enger Bereich von R_{eff} zwischen 8 und 10 µm. Aus

$$F_c = 3LWC/R_{eff} \tag{1.2-143}$$

folgt mit einem mittleren LWC von 0,3 gm^{-3} eine Bereich von 0,2...0,5 für F_c. Im Jahresmittel kann für den Volumenanteil von tiefen Wolken an der Mischungsschicht (1000 m) etwa 0,3 angenommen werden, wobei dieser Wert sich aus der fünfjährigen Wolkenbeobachtung von unserer Brockenstation ableitet. Für die „reaktive" Oberfläche, auf die gesamte Mischungsschicht bezogen, ergeben sich zusammenfassend folgende Jahresmittelwerte (in m^2/m^2):

Erdoberfläche	$\leq 0{,}005$
Aerosol	$< 0{,}01$
Wolken	$\sim 0{,}1$

Die Bedeutung von Wolken für die troposphärische HNO_2-Bildung liegt damit auf der Hand.

Es gibt keinen Grund gegen die Annahme, daß die heterogene HNO_2-Bildung am Tage anders verlaufen sollte als in der Nacht. Die schnelle Photolyse des HNO_2 (am Tage liegen HNO_2-Konzentrationen unterhalb der Nachweisgrenzen) kann damit zu einer zusätzlichen kontinuierlichen OH-Quelle (neben dem morgentlichen OH-Schub) führen, die direkt der heterogenen Bildungsrate proportional sein muß (s. Abb. 1.2-14).

Für Wolken kann sich somit die interessante photochemische Relevanz ergeben, daß nach Evaporation der Wolken in die Gasphase gebrachtes HNO_2 eine plötzliche OH-Quelle darstellt. Weiterhin könnte

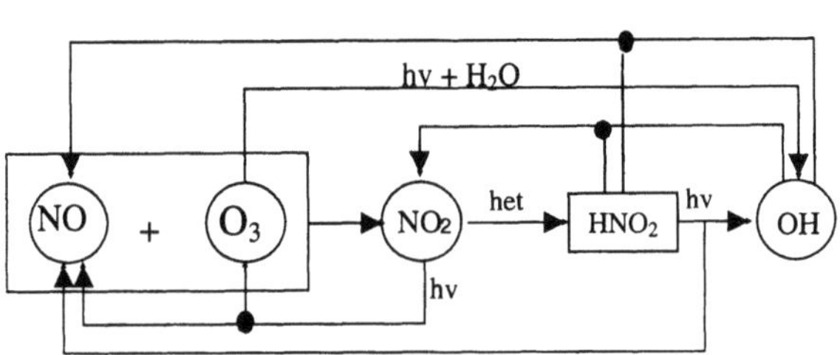

Abb. 1.2-14. Schema der Radikalbildung aus heterogen gebildetem HNO_2

im Detrainment (d.h. oberhalb der Wolkenschicht) infolge der HNO_2-Photolyse eine erhöhte photochemische Reaktivität bestehen (welche neben dem erhöhten Strahlungsangebot zusätzlich zu verstärkter Radikalbildung führt). Inwieweit dabei Nitrit am Aerosol verbleibt, müssen zukünftige Messungen ergeben.

1.2.5.8 Organische Verbindungen

Die Anzahl der untersuchten organischen Verbindungen und deren chemischer Umsetzungen in der Flüssigphase übersteigt die der anorganischen Verbindungen naturgemäß größenordnungsmäßig; vgl. Tabelle 1.2-16. Im National Institute of Standards and Technology (Gaithersburg, USA) lagen 1994 kinetische Daten von 7800 Komponenten in der Flüssigphase vor (Möller u. Mauersberger 1995). Mehr als 1600 Flüssigphasenreaktionen mit dem OH-Radikal und über 3000 Reaktionen mit RO_2- und R-Radikalen sind bekannt. Die wenigsten davon dürften allerdings von atmosphärischer Bedeutung sein. Die Tabelle 1.2-16 enthält über 450 Spezies, die von atmosphärischer Bedeutung sein können.

Tabelle 1.2-16. Anzahl verschiedener organischer Verbindungen, unterteilt nach funktionellen Gruppen, für die Henry-Konstanten vorliegen (Sanders 1997)

Anzahl	Verbindungsklasse	Bereich von **H**
40	Alkane	$< 10^{-2}$
21	Alkene	$< 10^{-2}$
33	Aromate	≤ 1
29	Alkohole	$> 10^{1}$
30	Polyalkohole	$> 10^{2}$ (bis 10^{26})
3	Peroxide	$> 10^{2}$ (bis 10^{6})
19	Aldehyde	$\geq 10^{0}$ (bis 10^{4})
10	Ketone	$\geq 10^{0}$ (bis 10^{2})
16	Karbonsäuren	$\geq 10^{2}$ (bis 10^{9})
29	Ester	$\geq 10^{0}$ (bis 10^{1})
11	Ether	$\geq 10^{-1}$ (bis 10^{0})
23	Bikarbonyle	$\geq 10^{1}$ (bis 10^{16})
80	Organische N-Verbindungen	$> 10^{1}$
18	Organische S-Verbindungen	$\geq 10^{-1}$ (bis 10^{3})
53	Organische Cl-Verbindungen	$< 10^{-1}$
25	Organische Br-Verbindungen	$< 10^{0}$
8	Organische J-Verbindungen	$< 10^{-1}$
23	Organische F-Verbindungen	$\geq 10^{-4}$ (bis 10^{2})
21	Organische F-Cl-Verbindungen	$\geq 10^{-3}$ (bis 10^{1})

In erster Näherung gibt der Henry-Koeffizient auch die Bedeutung der Verbindungen für die Flüssigphase an. So wurden organische Säuren in der Atmosphäre erstmals über deren Auffindung im Regenwasser (Likens u. Galloway 1983) erkannt. Organische Säuren sind in Hydrometeoren von Bedeutung bei der Bestimmung der natürlichen Azidität; in Abwesenheit bzw. bei sehr kleinen Konzentrationen anorganischer Säuren bestimmen sie sogar deren pH-Wert. Sie sind häufig – neben anderen leicht löslichen Verbindungen wie Alkoholen, Estern und Ethern – Bestandteil biogener Emissionen (Puxbaum 1997). Auf der anderen Seite sind sie Oxidationsprodukt einer Vielzahl von Reaktionen des OH-Radikals mit organischen Verbindungen, so daß sich eine komplizierte Verteilung zwischen Gas- und Flüssigphase ergibt (Helas et al. 1992). Aromaten, zyklische und polyzyklische Verbindungen werden ebenfalls im Niederschlag gefunden (Kiss et al. 1997; Levsen et al. 1990). Neben dem toxikologischen Interesse wird die Bedeutung von Aldehyden seit langem im Zusammenhang mit der Inhibition der S(IV)-Oxidation (s. 1.2.5.5; Adewuyi et al. 1994) sowie der OH-Chemie (Graedel u. Goldberg 1983; Jacob 1986) gesehen. Die aus der Sicht der Flüssigphasenchemie wichtigste Rolle organischer Verbindungen besteht in der Umwandlung $OH \rightarrow HO_2$ (s. 1.2.5.4), wobei die Oxidationskette Alkan/Alkohol → Aldehyd → Karbonsäure abläuft. Noch unzureichend sind die Kenntnisse der Reaktionen mit dem Nitratradikal. Aus anorganischer Sicht ist wiederum die Umwandlung zu Nitrat ($NO_3 \rightarrow HNO_3/NO_3^-$) durch H-Abstraktion von Bedeutung. Die organischen Oxidationsprodukte sind noch weitgehend unbekannt. Die Oxidation von Aldehyden sei am nachfolgenden Reaktionsschema dargestellt.

$$CH_2(OH)_2 + OH(+O_2) \rightarrow HCOOH + H_2O + HO_2$$

$$HCOOH + OH(+O_2) \rightarrow CO_2 + H_2O + HO_2$$

Damit wird im Prinzip analog zur Gasphase schließlich ein Abbau der organischen Verbindung erzielt. Als Bedeutung für die Flüssigphase kann einmal die Versäuerung infolge Bildung organischer Säuren angesehen werden. Dieser Reaktionsweg gewinnt zunehmend mit der Emissionsminderung „klassischer" anorganischer Säurevorläufer (SO_2, NO) an Bedeutung. Zum anderen liegt die Bedeutung organischer Verbindungen in der Flüssigphase in der Umwandlung $OH \rightarrow HO_2$ und schließlich (bei geringer SO_2-Konzentration) in der möglichen Netto-Bildung von ökotoxikologisch bedeutsamen Peroxiden.

1.2.6 Wolkenchemie

Die Wolkenchemie charakterisiert die chemischen Umwandlungen (unter Beachtung der gleichzeitig ablaufenden Transport- und wolkenphysikalischen Prozesse) in einer Wolke, also dem Multiphasensystem Hydrometeore (Tropfenphase) - Aerosol (Partikelphase) - interstitielle Luft (Gasphase). Da die chemisch „aktiven" Aerosolpartikeln sich bereits in der Flüssigphase (im allgemeinen gelöst) befinden, ist im wesentlichen die Chemie in der Gas- und Flüssigphase gleichzeitig zu betrachten. Oftmals wird jedoch Wolkenchemie im engeren Sinne lediglich als die (Flüssigphasen-)Chemie der Wolkentropfen verstanden. Die Flüssigphasenchemie wurde in den vorhergehenden Abschnitten behandelt. Nachfolgend wird der Schwerpunkt auf die Aspekte der Multiphasenchemie gelegt.

1.2.6.1 Aziditätspotential (Azidität Teil 3)

Im Kap. 1.2.5.2 wurde ausgeführt, daß die Azidität nur in wäßrigen Lösungen definiert ist. Es macht jedoch Sinn, eine Gesamtazidität oder atmosphärische Azidität für das Volumen Luft, also das Multiphasensystem Gas-Aerosol-Hydrometeore, einzuführen, um die *potentielle* Azidität in der festen und gasförmigen Phase mit zu berücksichtigen. Fachini u. Fuzzi (1993) haben die atmosphärische Azidität in diesem Sinne als eine Basenneutralisationskapazität (BNC) in einer Einheit Luftvolumen definiert. In Analogie zur wäßrigen Chemie kann das Hinzufügen von sauren oder basischen Komponenten zum atmosphärischen System als Titration des Gesamtsystems aufgefaßt werden. Im Sinne einer Wirkung auf andere Reservoire (z. B. Boden, Gewässer) ist allerdings die saure Deposition (nicht zu verwechseln mit H^+-Deposition) die entsprechende physikalisch-chemische Größe des Wirkungspotentials. Diese saure Deposition setzt sich aus allen atmosphärischen Phasen und den verschiedenen Depositionsprozessen (s. Kap. 2) zusammen. Möller (1999 a) hat daher ein *Aziditätspotential* definiert, das sich aus der potentiellen Azidität der Aerosolphase, der gasförmigen Vorläufer und der Flüssigphasenazidität in Hydrometeoren zusammensetzt.

Die Analogie zum *Oxidationspotential*[11] der Atmosphäre im Sinne einer integralen chemischen Eigenschaft ist beabsichtigt.

Das Problem soll am Beispiel des SO_2 erläutert werden. Im Sinne von Fuzzi u. Fachini macht das „Titrieren" der sich im Einheitsvolumen Luft befindlichen äquivalenten Menge SO_2 keinen Sinn, um eine Größe für das Aziditätspotential zu bestimmen. Zweifellos ist SO_2 eine säurebildende Komponente („acidifying species"). Der tatsächliche Anteil an gebildeten Säuren (H_2SO_3, H_2SO_4) hängt von den konkreten atmosphärischen Bedingungen (Trocken- und Naßdeposition, Oxidation, Auswaschen) ab.

Das Aziditätspotential kann daher (Möller 1998a) als die Summe der potentiellen Azidität in der Gas- $[Acy]_g$ und Aerosol- $[Acy]_a$ sowie in Flüssigphase $[Acy]_{aq}$ aufgefaßt werden:

$$[Acy]_{atm} = [Acy]_g + [Acy]_a + [Acy]_{aq} \,. \tag{1.2-144}$$

Dabei wird $[Acy]_{aq}$, entsprechend der Definition nach Gl. 1.2-88, die auch in der Form

$$[Acy] = [A'] + [B] \,, \tag{1.2-145}$$

geschrieben werden kann - wobei $[A']$ die Summe der Anionen ohne Karbonat und OH^- bedeutet - als *potentielle Aerosol-Azidität* definiert

$$\begin{aligned}[Acy]_a = &[Anionen]_{sol} + [Kationen]_{sol} \approx [SO_4^{2-}] + [NO_3^-] + [Cl^-] \\ &- [Mg^{2+}] - [Na^+] - [Ca^{2+}] - [K^+] - [NH_4^+] \,;\end{aligned} \tag{1.2-146}$$

wobei *sol* die gelösten Ionen bezeichnet. Die in Gl. 1.2-146 aufgeführten Ionen stellen die Hauptbestandteile von CCN und damit der Hydrometeore dar.

Des weiteren können noch Spezies wie Hydrogenkarbonat, Sulfit, Nitrit, Eisen u. a. berücksichtigt werden.

Die „freie Azidität" der Aerosolpartikeln (sie läßt sich nicht eindeutig definieren) wurde von Winkler (1983) zu 1 bis 2% für Partikeln mit einem Radius von 0,1 bis 1 µm und zu 5% für Partikeln

[11] Es gibt keine einheitliche Beschreibung der Oxidationskapazität oder des Oxidationspotentials der Atmosphäre. Es ist sicherlich falsch, sie lediglich mit der OH-Radikalkonzentration gleichzusetzen. Becker (1997) hat sie im kinetischen Sinne als eine VOC-Oxidationsrate definiert. Völlig analog zum Aziditätspotential liegen die Schwierigkeiten in der integralen Erfassung der Oxidationskapazität in der Gas- und Flüssigphase (wenn einmal die Aerosolphase vernachlässigt wird). Ein Redoxpotential ist nur in der wäßrigen Phase definiert.

$< 0{,}1\ \mu m$ (die Prozentzahl bedeutet den Gehalt an H^+ bezüglich des molaren Gesamtionengehaltes) angegeben. Unter Verwendung einer Mikro-pH-Sonde hat Winkler (1983) pH's zwischen 1 und 3 gemessen. Partikeln größer 1 µm wurden oft als alkalisch gefunden.

Die Löslichkeit der Partikelbestandteile wird auf reines Wasser bezogen, welches im Gleichgewicht mit atmosphärischen CO_2 steht. Damit wird gewissermaßen der Nukleationsprozeß simuliert. Aufgrund der Erfüllung der Elektroneutralität muß die gelöste partikuläre Masse (aufgelistete Ionen in Gl. 1.2-146) ausbilanziert sein mit H^+, HCO_3^-, CO_3^{2-} und OH^- (s. Gl. 1.2-88).

Die Definition der *potentiellen gasförmigen Azidität* ist komplizierter. Gasmoleküle können Azidität erst nach ihrer Lösung und nachfolgenden protolytischen Reaktionen in Hydrometeoren bilden. Die Löslichkeit hängt u. a. vom pH der Tropfen selbst ab. Des weiteren kann zusätzliche Azidität durch Flüssigphasenoxidation gebildet werden (S-IV → S-VI). Damit wird die potentielle Azidität eines Gases abhängig vom Gesamtsystem und ist nicht mehr nur substanzspezifisch. Es macht deshalb keinen Sinn, einfach gasförmige Säuren und Vorläufer in Gl. 1.2-144 zu addieren. Mit hinreichender Näherung kann man annehmen, daß starke gasförmige Säuren (z. B. HCl, HNO_3) und Basen (NH_3) vollständig in die Flüssigphase übergehen und dort dissoziieren ($\alpha \rightarrow 1$, $q \rightarrow 1$). Schwache Säuren (z. B. Karbonsäuren RCOOH) tragen somit nur zu einem Bruchteil ihrer molaren Masse zur Azidität bei (in Abwesenheit von starken Säuren, z. B. in Reinluftgebieten, können sie jedoch die Azidität im wesentlichen bestimmen; Galloway et al. 1982). Ein weiteres Problem bei der Bewertung ihres Beitrages zur Azidität stellen Anhydride dar, also Gase (SO_2, SO_3, N_2O_5)[12], welche erst nach chemischer Reaktion mit dem Wasser Säuren bilden. Andere Gase (z. B. NO_2), welche kein Anhydrid sind, können in Reaktion mit Wasser ebenfalls Säuren (HNO_3, HNO_2) bilden. Werden nur SO_2 und NH_3 berücksichtigt, könnte die folgende Gleichung die potentielle gasförmige Azidität darstellen.

$$[\mathrm{Acy}]_g \approx [\mathrm{HNO_3}] + [\mathrm{HNO_2}] + [\mathrm{HCl}] + \varepsilon[\mathrm{SO_2}] - [\mathrm{NH_3}]\,, \qquad (1.2\text{-}147)$$

wobei $\varepsilon = 1/(1+q)$. Letztlich gelingt es nicht, eine analytisch einfache Beziehung für die atmosphärische Azidität aufzustellen, da sie ein Ergebnis der multiphasenchemischen Prozesse ist und von vielen Parametern, insbesondere der Oxidationskapazität, abhängt. Der hier ein-

[12] CO_2 ist ebenfall ein Anhydrid. Infolge seiner konstanten Konzentration in der Atmosphäre hängt sein Beitrag zur Azidität nur vom pH des Hydrometeors ab.

geführte Begriff des Aziditätspotentials soll daher auch vielmehr eine Zielgröße für Chemie-Transport-Modelle darstellen, und, darüber hinaus, für eine noch nicht gelungene Kopplung atmosphärischer mit biosphärischen Wirkungsmodellen.

1.2.6.2
Sulfatbildung in der Atmosphäre

In globalen Klimamodellen wird bisher von einem Umwandlungsgrad des S(IV) - als SO_2 vorliegend - zum Sulfat (S-VI) von 0,5 ausgegangen. Aus theoretischen Überlegungen (Möller 1995) läßt sich ableiten, daß diese Rate sowohl kleiner und auch raum-zeitlich stark variabel sein muß.

Die bessere Kenntnis des Anteils anthropogen gebildeten Sulfataerosols ist äußerst wichtig zur Einschätzung des negativen Klimaantriebs. Chemie-Transport-Modelle (z.B. Langner u. Rodhe 1991) zeigen, daß mehr als 80% der S(IV)-Oxidation in der atmosphärischen Flüssigphase (überwiegend Wolken) abläuft. Dabei stellt sich eine bestimmte Reservoirverteilung zwischen SO_2 und Sulfataerosol in der Gasphase sowie S(IV) und Sulfat in der Flüssigphase ein. Nur etwa 10% der gebildeten Wolken regnen aus, so daß sogenannnte wolkenzyklische Prozesse zu einer effektiven Umwandlung und Veränderung des S(IV)/S(VI)-Verhältnisses führen können. Zur Einschätzung der Klimawirksamkeit des Sulfataerosols ist es erforderlich, diese Reservoirverteilung zu kennen, insbesondere das sich im zeitlichen Mittel in der Gasphase (also nicht gelöste) befindliche Sulfataerosol. Möller (1995) stellte die Hypothese auf, daß sich im zeitlichen Mittel bedeutende Mengen an Sulfat gelöst in der Flüssigphase befinden (also nicht klimawirksam sein können).

In Regen- und Wolkenwasser gemessenes S(IV) ist in Tabelle 1.2-17 zusammengestellt. Generell läßt sich aussagen, daß im Wolkenwasser höhere Konzentrationen gefunden werden. Allerdings ist diese Konzentration im (gesammelten) Wolkenwasser nicht gleichzusetzen mit dem Anfangswert c_0 an der Wolkenbasis im Niederschlagswasser. Die Niederschlagselemente werden über „Verdünnungsmechanismen" (z.B. Seeder-Feeder-Effekt) gebildet. Im Niederschlagswasser am Boden wird wahrscheinlich noch ein erheblicher Anteil des in der Wolke enthaltenen S(IV) nachzuweisen sein, da die Fallzeit kurz ist (5 bis 10 min) und in den Regentropfen eine Oxidantienlimitierung anzunehmen ist, wodurch der Anteil der S(IV)-Oxidation begrenzt wird. In Abhängigkeit von der SO_2-Konzentration in der „Sub-cloud-Schicht" und dem pH-Wert der Regentropfen kann darüber hinaus

Tabelle 1.2-17. Zusammenstellung gemessener S(IV)-Konzentrationen (in µMol/l) in Regen- und Wolkenwasser

	Ort	Zeit	Konz.	Autor
Regen	ländl. Gebiet in Japan	1971	max. 6,25	Radojevic 1985
Regen	ländl. Gebiet England	1978	max. 12,5	Martin u. Barber 1978
Regen	urbanes Gebiet ländl. Gebiet, England	1979	max. 13,7 max. 6,2	Davies 1975
Regen	Franfurt/M, Deutschland	1980	max. 7	Gravenhorst et al. 1980
Wolke	Los Angeles, USA	1981 (Nov) 1982 (Mai)	89–129 5–365	Richards et al. 1983
Nebel- und Wolke	urbaner Nebel und Seenebel, Wolken, Kalifornien (USA)	1981–1983 1982 1982–1983	8–2980 3,5–18 1–365	Munger et al. 1984
Regen	urbanes Gebiet, England	1985	3,4–61,5	Radojevic 1985
Regen	ländl. Gebiet Minn. (USA)	1984	0–9,5	Guiang et al. 1984
Wolke	Meßflüge-Nordsee	1987	4–23	Jaeschke 1989
Regen	Tasmanien	1987	0,125–0,5	Davies u. Ivey 1987
Wolke	Meßflüge, Süddeutschland	1992	0,1–4	Preiss et al. 1994
Wolke	Great Dun Fell, Schottland	1993	0,2–47	Möller et al. 1995
Wolke	Brocken, Deutschland	1994 (Okt–Nov)	0,1–1,8	Möller et al. 1995

sich noch weiteres S(IV) im fallenden Niederschlag akkumulieren. Dieses ist insbesondere in belasteten Gebieten, z. B. in der Nähe braunkohlengefeuerter Kraftwerke, anzunehmen. Im Verlaufe einiger Stunden wird jedoch das in der Niederschlagsprobe befindliche S(IV) vollständig zu Sulfat oxidiert, so daß alle „normalen" niederschlagschemischen Meßprogramme mit dem analytischen Sulfatwert den Gesamtschwefel repräsentieren.

Es wird weitgehend die Meinung vertreten, daß sich die im Regenwasser nachgewiesenen Substanzen im wesentlichen durch „In-cloud-Prozesse" bilden. Unter Bedingungen wie den oben beschriebenen zeigen Modellergebnisse (Mauersberger u. Möller 1990; Möller u. Mauersberger 1990; Huang et al. 1995) jedoch eine unter Umständen starke Anreicherung an Flugstäuben und gelöstem SO_2, Spurenstoffe, die sich gut vermischt in der planetaren Grenzschicht befinden. In Abb. 1.2-15 ist die S(IV)-S(VI)-Verteilung in der Wolkenschicht schematisch dargestellt.

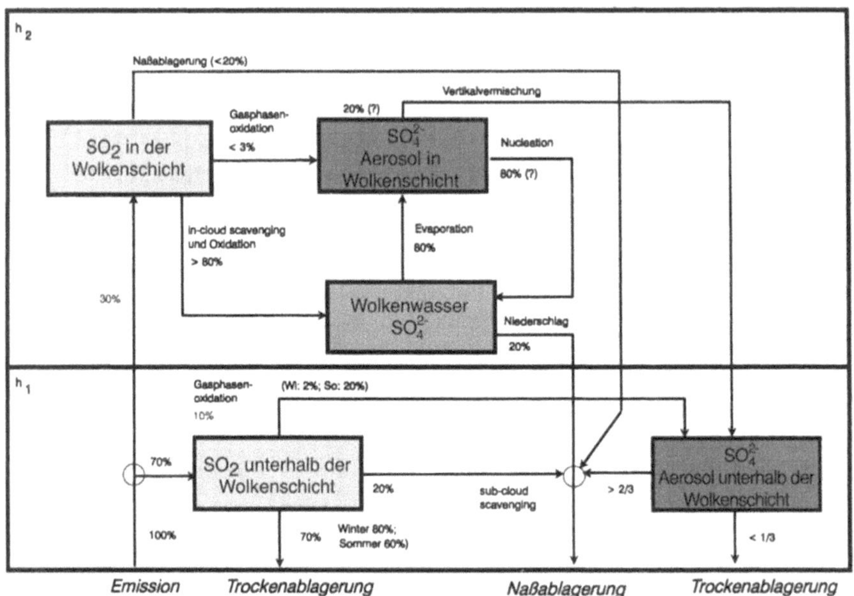

Abb. 1.2-15. Schematische Darstellung der Schwefel-Reservoirverteilung in der Wolkenschicht

Tabelle 1.2-18. S(IV) und S(VI) in simultan gesammelten Regenwasser am Boden und in 300 m Höhe am Frohnauer Turm in Berlin (November 1997). (Nach Tian et al. 1999)

Datum/Zeit/ Probenanzahl	oben			unten			S(IV unten/ oben	S(VI) unten/ oben
	S(IV)	S(VI)	S(IV)/ S(VI)	S(IV)	S(VI)	S(IV)/ S(VI)		
6.11.97 13:00–14:00 (n=3)	3,91	14,87	0,26	10,52	10,90	0,97	2,69	0,71
6.11.97 02:00–05:00 (n=3)	5,00	20,13	0,24	9,32	25,08	0,37	1,86	1,25
9.11.97 17:00–21:00 (n=4)	5,53	16,52	0,31	6,66	13,98	0,48	1,20	0,85
15.11.97 12:00–19:00 (n=7)	4,87	21,87	0,23	4,73	24,01	0,20	0,97	1,10
alle Werte (n=19)	4,89	19,45	0,25	7,35	21,01	0,35	1,50	1,08

Es sind nur wenige Meßergebnisse an S(IV) im Niederschlag publiziert worden (z.B. Martin u. Barber 1978; Radojevic 1985); neuere Werte sind für den europäischen Raum nicht vorhanden. Aufgrund der hohen analytischen Anforderungen dürften darüber hinaus Zweifel an der Richtigkeit vieler älterer Werte angebracht sein. In einer Meßkampagne im Herbst 1997 wurden am Frohnauer Turm (nördlicher Stadtrand von Berlin) am Boden und in 300 m Höhe gleichzeitig Niederschlagswasser gesammelt und auf S(IV) neben vielen anderen Komponenten analysiert (Tian et al. 1999). Folgende Ergebnisse wurden erzielt:

a) Sowohl am Boden als auch in 324 m Höhe konnten erhebliche Anteile an S(IV) am Gesamtschwefel gemessen werden. Das S(IV)/S(VI)-Verhältnis schwankt von 0,20 bis 0,97.
b) Generell wurde am Boden mehr S(IV) als auf dem Turm gefunden, das Verhältnis schwankt von 0,97 bis 2,69 (Mittelwert 1,50).
c) Die H_2O_2-Konzentration im Regenwasser waren - wie in dieser Jahreszeit zu erwarten - sehr gering. Sie lagen entweder unterhalb der Nachweisgrenze (10 nMol l^{-1}) oder zwischen 40 und 350 nMol l^{-1}.
d) Bei 10 (von 17 Gesamtproben) Proben war das Verhältnis Boden/Turm für H_2O_2 bei 0,77.

Die Ergebnisse können wie folgt interpretiert werden:

- SO_2 wird effektiv durch „sub-cloud scavenging“ aus der bodennahen Atmosphäre entfernt,
- ein geringer Teil davon wird durch H_2O_2 in den fallenden Regentropfen bis zum Boden oxidiert,
- ein erheblicher Teil des S(IV) - im Mittel 50% - liegt in Form von HMSA, also gegen Oxidation stabilisiert, vor; wahrscheinlich bereits in der Wolke.

Damit kann zunächst eine Hypothese von Möller (1995) unterstützt werden, daß durch nasse Deposition ein nicht zu vernachlässigender Teil des atmosphärischen Schwefels unoxidiert entfernt wird und somit nicht zum negativen Sulfat-Klimaantrieb beitrug. Ziel einer zweiten Kampagne im Herbst 1998 an der wolkenchemischen Station Brocken war es (Tian et al. 1999), herauszufinden, ob freies S(IV) bereits durch Wolkenprozesse in den Niederschlag gelangt. Die Daten zeigen, daß tatsächlich „sub-cloud scavenging“ der wesentliche Prozeß für das Vorfinden von S(IV) im Niederschlag sein muß. Das mittlere S(IV)/S(VI)-Verhältnis betrug in der Wolke 0,04 (Regen: 0,3). Die absolute Konzentration an S(IV) in der Wolke betrug nur 3 μMol l^{-1} (Regen: 7). Im Niederschlagswasser werden infolge des Prozesses der Niederschlagsbildung stets geringere Konzentrationen (für „konservative" Spezies) im Vergleich zur Wolke gefunden (z.B. für Sulfat beträgt der Konzentrationsunterschied etwa 4). Dadurch wird der absolute Anteil von Wolken-S(IV) im Niederschlagswasser noch wesentlich geringer und beträgt nur noch ca. 10%. Die Konzentration von H_2O_2 ist hingegen im Wolkenwasser um den Faktor 10 bis 20 höher als im Niederschlagswasser. Selbst unter Berücksichtigung der erwähnten „Verdünnungseffektes" bleibt ein Defizit an H_2O_2 im Niederschlagswasser am Boden übrig, was wohl nur durch die Reaktion mit S(IV) erklärt werden kann. Die Werte in Tabelle 1.2-17 zeigen, daß ein erheblicher Anteil S(IV) naß abgelagert wird und damit nicht zur Sulfatbildung in der Atmosphäre beigetragen hat.

1.2.6.3
Wolkenchemisches Meßprogramm Brocken

Der Brocken im Harz (1142 m über NN, 51.80° N, 10.67° E, höchste nördliche Erhebung in Deutschland) ist eine ideale Plattform für ein wolkenchemisches Meßprogramm in Zentraleuropa. Im jährlichen Mittel ist der Brockengipfel mehr als 40% der Zeit in Wolken. Die mittlere Andauer von Wolken zeigt eine große Variationsbreite von weniger als 30 Minuten bis hin zu mehreren Tagen. Der jährliche mittlere Flüssigwassergehalt der Wolken liegt zwischen 250 und 300 mg m^{-3}. Als häufigster Wolkentyp werden konvektive Wolken (33%) mit einer Basis von ca. 1000 m über NN beobachtet. Die Probenahme von Wolkenwasser (im 1-h-Rhythmus, nur während der frostfreien Zeit; bis Ende 1999 wurden ca. 9000 Proben gewonnen) und die Messung luftchemischer, meteorologischer und wolkenphysikalischer Parameter werden seit Mitte 1992 ausgeführt. Die Brocken-Station ist die einzige außerhalb der USA betriebene wolkenchemische Langzeitmeßstation. Zahlreiche Ergebnisse wurden bisher veröffentlicht (Möller et al. 1993, 1995, 1997; Acker u.a. 1995, 1996).

Bei der Analyse der Wolkenwasserproben wurden große Unterschiede in der chemischen Zusammensetzung zwischen den einzelnen Ereignissen beobachtet, viel stärker, als dies aus der Niederschlagschemie bekannt ist (Rodhe u. Granat 1984; Marquardt u. Ihle 1988; Baron u. Denning 1993; Hansen et al. 1994). Auch während eines Wolkenereignisses können sich die Spurenstoffkonzentrationen erheblich ändern. Haupteinflußfaktoren sind Unterschiede in der Belastung der Luftmassen mit Schadstoffen, in der großräumigen Transportcharakteristik sowie im wolkendynamischen und mikrophysikalischen Verhalten der Luftpakete, die den Brocken erreichen. Eine detaillierte Untersuchung dieser einzelnen Faktoren ist Voraussetzung für ein Ver-

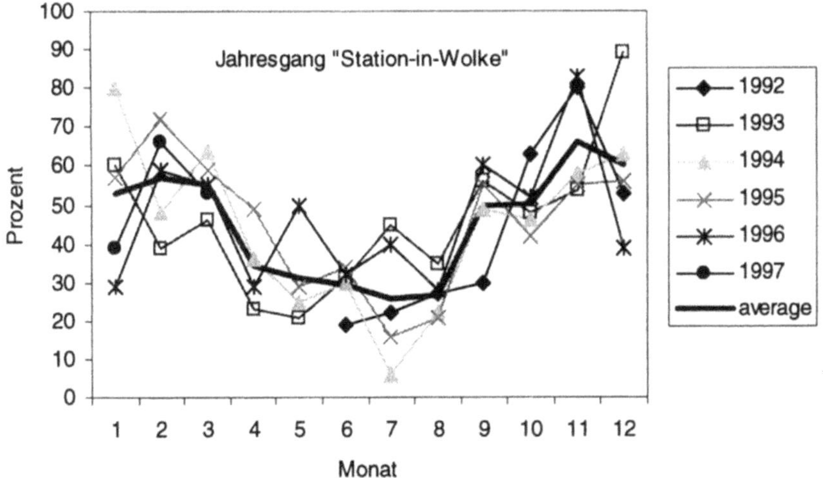

Abb. 1.2-16. Jahresgang des Auftretens von Wolken auf dem Brocken (Signal „Station-in-Wolke")

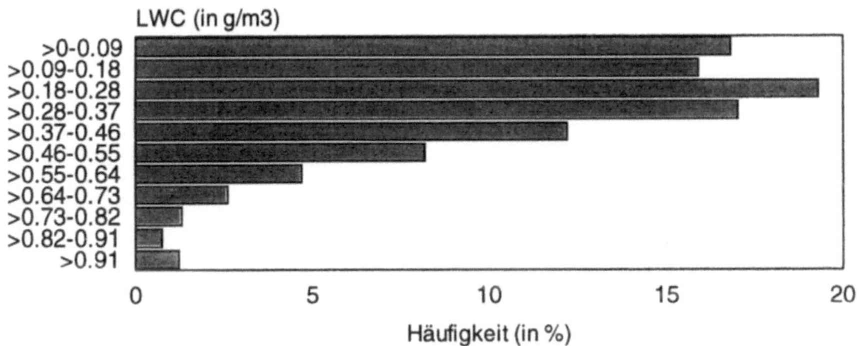

Abb. 1.2-17. Verteilung der LWC-Klassen in Brocken-Wolken in den Jahren 1992 bis 1996

ständnis der Rolle von Wolken in der Atmosphärenchemie (ten Brink et al. 1987; Noone 1988; DeFelice et al. 1991; Leaitch et al. 1992; Collett et al. 1995).

Zur luftchemischen Interpreation ist es zunächst unerläßlich, die statistischen Details der Wolken zu kennen (Wolkenklimatologie); dazu gehören in erster Linie der Flüssigwassergehalt (LWC), die Andauer und jahreszeitliche Verteilung der Wolken, Wolkenbasis und Wolkenoberkante sowie auch die Tropfengrößenverteilung. Die letzten beiden Parameter können infolge des meßtechnischen Aufwandes im allgemeinen nur während Meßkampagnen erfaßt werden. Die Abb. 1.2-16 und 1.2-17 zeigen über den Zeitraum 1992 bis 1996 gemittelte Werte.

Tabelle 1.2-19. Häufigkeitsverteilung der Wolkenarten pro Höhenstufe in %. Beobachtungen der Wetterstation Braunlage 1981 bis 1990 (Voraussetzung: Brockengipfel liegt innerhalb der Wolke)

Höhe der Wolkenbasis (in m)	*Cu hum*	*Cu med*	*con*	*Cb*	*Sc/Cu*	*Sc*	*St neb*	*St fra*
<700	0	0		1,0	0	9,6	31,6	58,2
700–800	0,2	0,6		0,6	4,5	39,3	19,9	34,9
800–900	0,5	3,3		1,2	24,2	53,1	9,7	8,0
900–1200	2,5	11,3		3,3	51,5	28,4	2,2	0,8

Die jährlichen Mittel des Flüssigwassergehaltes und die Häufigkeitsverteilung der LWC-Klassen zeigen am Brocken nur eine geringe Variation (in mg m^{-3}:1991: 260, 1992: 274, 1993: 298, 1994: 287; 1995: 353 1996: 270). Während dieser Jahre dominieren mit ca. 75% der Häufigkeit Wolkenereignisse mit Flüssigwassergehalten bis 370 mg m^{-3}. Trotz Schwankungen des Signals „Station-in-Wolke" (Abb. 1.2-16) läßt sich kein Trend erkennen; kein anderer Berg in Deutschland ist auch nur annähernd so häufig in Wolken wie der Brocken.

Für den Zeitraum 1981 bis 1991 (April bis Oktober) wurde auf der Basis der Beobachtungsdaten der Wetterstation von Braunlage folgende Verteilung der Wolkenarten über alle Höhen und für verschiedene Höhenstufen über der Wolkenbasis (Tabelle 1.2-19), wenn der Brocken in Wolken ist, ermittelt (in %):

Cumulus	8,1	*Stratocumulus*	37,9
Cumulonimbus	2,1	*stratus neb*	8,6
Sc/Cu	31,6	*stratus fractus*	11,7

Der Flüssigwassergehalt innerhalb eines Wolkenereignisses variiert mit der Zeit wesentlich stärker, als es die Variation des jährlichen Mittels zeigt. Der LWC nimmt stark zu oder ab bei beginnenden, endenden oder unterbrochenen Wolkenereignissen (Typ A), während er im Wolkeninnern (Typ B) geringeren Schwankungen unterliegt. Da der Flüssigwassergehalt ganz entscheidend die Konzentration der gelösten Spurenstoffe in der Wolke bestimmt (Junge 1963), ist der LWC die wichtigste Kenngröße für die Bewertung gemessener Gehalte an Wolkenwasserinhaltsstoffen. Daher wird aus dem kontinuierlich gemessenen Flüssigwassergehalt der zu jeder Wolkenwasserprobe gehörende mittlere LWC sowie dessen Schwankungsbreite (Standardabweichung σ) bestimmt. Der so erhaltene Datensatz läßt sich prinzipiell in zwei Klassen einteilen:

Klasse A: $\sigma > 50\%$ für Ereignisse vom Typ A
(Nähe Wolkenbasis, mittleres $\sigma \geq 60\%$)
Klasse B: $\sigma < 50\%$ für Ereignisse vom Typ B
(Wolkeninneres, mittleres $\sigma \leq 30\%$).

Der funktionelle Zusammenhang zwischen dem Flüssigwassergehalt und der Höhe über der Wolkenbasis wurde am Brocken untersucht (Wieprecht et al. 1995; Möller et al. 1996a) und ist in der Literatur beschrieben (Matveev 1984; Daum et al. 1984; Nicholls 1984; Mazin u. Khrgian 1989; Johnson et al. 1992). In der ungestörten Wolke wird im allgemeinen feuchtadiabatische Kondensation angenommen, so daß der LWC mit der Höhe über der Wolkenbasis angenähert linear zunimmt, sein Maximum bei 80 bis 90% der Wolkenmächtigkeit erreicht und danach zur Wolkenobergrenze hin stark abfällt.

Studien am Whiteface Mountain/USA (Mohnen u. Kadlecek 1989; Mohnen und Vong 1993) und am Brocken (Möller et al. 1996a) zeigen eine signifikante Korrelation zwischen der Konzentration von Spurenstoffen im Wolkenwasser und dem Flüssigwassergehalt sowie für die Hauptionen Sulfat, Nitrat, Ammonium einen höhenabhängigen Gradienten innerhalb der Wolke, wobei höhere Konzentrationen in der Nähe der Wolkenbasis bebachtet werden. Abb. 1.2-18 verdeutlicht den Zu-

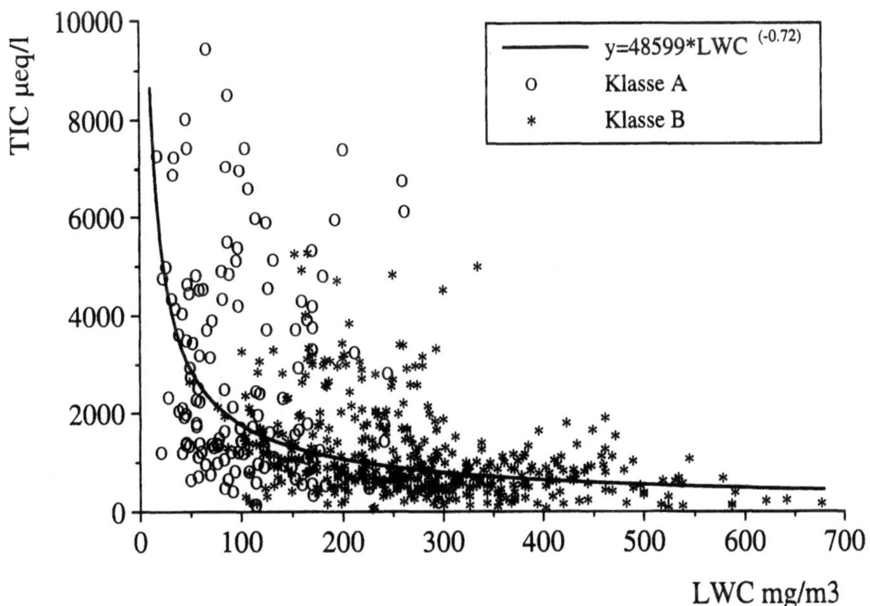

Abb. 1.2-18. Zusammenhang zwischen LWC und TIC für alle Proben aus nichtregnenden Wolken am Brocken im Jahr 1993 (n = 570)

sammenhang zwischen dem Gesamtionengehalt (TIC) im Wolkenwasser und dem dazugehörenden Flüssigwassergehalt. Dabei ist TIC die Summe der Flüssigphasenkonzentrationen an SO_4^{2-}, NO_3^-, Cl^-, NH_4^+, Ca^{2+}, Mg^{2+}, Na^+ und K^+. Diese Beziehung zwischen TIC und LWC wird am besten durch eine Exponentialfunktion beschrieben (r = 0,52):

$$\text{TIC} = 48599 \cdot \text{LWC}^{-0,72} \tag{1.2-148}$$

mit TIC in μeq l^{-1} und LWC in mg m^{-3}. Es wird deutlich, daß der Bereich der Funktion mit starkem Anstieg des Ionengehaltes bei geringer Zunahme des LWC durch Proben der Klasse A (Nähe Wolkenbasis) repräsentiert wird, während der Bereich der geringen Zunahme des TIC bei großer Zunahme des LWC durch Proben der Klasse B (Wolkeninneres, LWC > 150 mg m^{-3}) bestimmt wird. Aus obiger Gleichung folgt, daß $Y = \text{TIC} \cdot \text{LWC}^{0,72}$ konstant sein muß. Das Produkt TIC·LWC stellt die in den Wolkentropfen eines Luftpaketes gelöste Gesamtmasse an Spurenstoffen dar. Für beide Klassen A und B wurden folgende Beziehungen gefunden:

$$Y_1 = 5574 + 24 \cdot \text{TIC (Klasse A, r = 0,82)}$$

$$Y_2 = 9571 + 43 \cdot \text{TIC (Klasse B, r = 0,91)}$$

Der einzige signifikante Unterschied zwischen diesen beiden Gleichungen besteht im Anstieg, was darauf hindeutet, daß für die Beziehung zwischen TIC und LWC verschiedene physikalische Prozesse eine Rolle spielen. In der Nähe der Wolkenbasis (Klasse A) verdampft Wolkenwasser infolge des Eintrages untersättigter Luft, während die gelöste Masse in einer steigenden Anzahl kleinerer Tropfen fixiert bleibt. Der Gas-Flüssig-Transfer ist effektiver an kleineren Tropfen. Außerdem können gutlösliche Gase wie Salpetersäure und Ammoniak durch Entrainment in die Flüssigphase übergehen. Im Wolkeninneren (Klasse B) dagegen könnte die Beziehung zwischen TIC und LWC vereinfacht durch einen Verdünnungseffekt beschrieben werden aufgrund des annähernd linearen Anstieges des LWC mit der Höhe über der Wolkenbasis.

Die Daten in Tabelle 1.2-20 zeigen den annähernd linearen Zusammenhang zwischen Höhe über der Wolkenbasis und Flüssigwassergehalt für die am Brocken am häufigsten (siehe Tabelle 1.2-18) auftretenden Wolkentypen. Die daraus berechnete LWC-Änderung pro Meter Höhe über der Wolkenbasis ist für konvektive Wolken generell höher (> 1 mg m^{-3} m^{-1}) als für stratiforme Wolken ($\leq$1 mg m^{-3} m^{-1}).

Die Daten in Tabelle 1.2-20 verdeutlichen weiterhin, daß besonders in stratiformen Wolken adiabatische Bedingungen bestehen können,

Tabelle 1.2-20. Flüssigwassergehalt (LWC) in mg m^{-3} und Gesamtionengehalt (TIC) in μeq l^{-1} in stratiformen und konvektiven Wolken in Abhängigkeit von der Höhe über der Wolkenbasis am Brocken 1993/1994 (n. b. = nicht beobachtet)

Höhe über Wolkenbasis [m]	LWC konvektiv	LWC stratiform	TIC konvektiv	TIC stratiform
25±25	88±55	50±25	3564 ±1379	2726 ±1388
100±50	174±93	108±44	1494±782	1296±742
200±50	304±68	192±45	622±285	657±251
300±50	365±90	315±98	792±515	594±271
400±50	425±50	402±38	392±11	217±21
500±50	n.b.	481±68	n.b.	375±33

wenn der Abstand zur Wolkenbasis größer als 100±50 m ist. Dies wird durch den annähernd linearen Anstieg des TIC mit der Höhe über der Wolkenbasis im Bereich von 100±50 m bis 400±50 m bekräftigt, wobei der Korrelationskoeffizient für Stratuswolken bei $r^2 = 0{,}91$ und für konvektive Wolken bei $r^2 = 0{,}79$ liegt (Möller et al. 1996a). Dagegen stören Entrainmentprozesse in der Nähe der Wolkenbasis bzw. am Wolkenoberrand die adiabatischen Bedingungen.

Die Geschichte der Luftmasse (Herkunft, Beladung mit Schadstoffen, charakteristische Transportparameter) stellt eine weitere wesentliche Einflußgröße auf den Gesamtionengehalt im Wolkenwasser dar. Tabelle 1.2-21 zeigt die chemische Zusammensetzung von Wolkenereignissen für unterschiedliche Herkunft und verschmutze Luft. Die Analyse wurde mit dreidimensionalen Rücktrajektorien-Modellen durchgeführt, die an der FU Berlin entwickelt wurden (Reimer u. Scherer 1991).

Eine der interessantesten Änderungen, die im Brocken-Wolkenwasser zwischen 1992 und 1996 beobachtet wurde, ist die Azidität. Zunächst wurde ein „dramatischer" Anstieg von 35 (1992) auf 140 μeql^{-1} (1994) gefunden; seit 1995 nimmt die Azidität wieder langsam ab (vgl. Abb. 1.2-19). Es wurde jedoch kein deutlicher Trend eines anderen ionischen Bestandteils des Wolkenwasser gefunden. Die pH-Verteilung (Abb. 1.2-20) zeigt ebenfalls einige Besonderheiten. Zunächst fällt die bimodale pH-Verteilung auf, die besonders deutlich 1992, 1993 und 1995 und weniger deutlich 1996 (Ausnahme: 1994) ist. Der häufigste pH ist 4,25 (24,4±0,8% aller Ereignisse), einzige Ausnahme ist das Jahr 1994 mit einem deutlich höheren Anteil (31,4%). Die Darstellung zeigt weiterhin, daß die Anzahl „alkalischer" Ereignisse (pH > 5) seit 1992 abnimmt, wohingegen die Anzahl saurerer Ereignisse (pH < 4) zunimmt bis 1995. Das wird jedoch nicht deutlich ausgedrückt durch die Jahresmittelwerte in Tabelle 1.2-22, insbesondere,

Tabelle 1.2-21. Mittlere Spurenstoffkonzentration (in µeql^{-1}) und mittlerer Flüssigwassergehalt (in mg m^{-3}) für ausgewählte Wolkenereignisse mit unterschiedlicher Luftmassencharakteristik

	30.9.-01.10 15.00–04.00	21.8. 04.00–13.00	9.10. 09.00–15.00	11.10. 05.00–6.00	5.10. 05.00–15.00
	Extrem verschmutzte Wolke aus dem Ballungsgebiet Böhmisches Becken	Typisch für die Hauptwindrichtung (270°)	Inhomogene Transportepisode aus zunächst SW und im letzten Teil westl. Richtungen	Ereignis mit Luftmassen aus SW Richtungen mit geringer Belastung	Luftmassentransport über Nordfrankreich und den nordöstlichen Atlantik
n	13	9	6	11	10
Cl^-	52±36	36±33	281±282	24±34	27±26
NO_3^-	1038±381	561±329	455±224	110±73	183±146
SO_4^{2-}	1508±564	468±346	450±242	96±91	193±190
NH_4^+	1596±539	902±771	858±490	150±165	217±267
Na^+	37±25	15±14	324±350	21±29	11±8
Ca^{2+}	423±328	14±17	55±40	9±7	60±86
Mg^{2+}	86±54	3±5	76±79	8±9	11±8
H^+	289±286	236±173	40±78	50±33	97±40
TIC	5036±1851	2477±1417	2540±1642	470±389	858±725
LWC	162±70	274±100	160±147	350±181	166±128

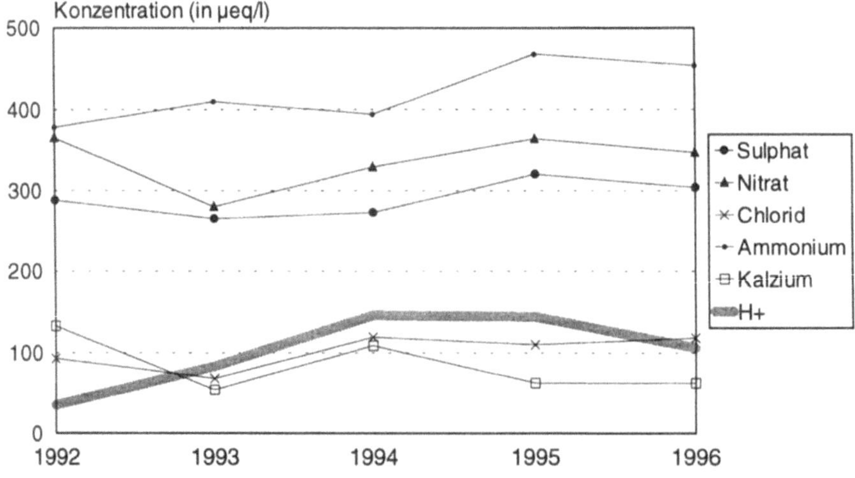

Abb. 1.2-19. Trend von Ionenkonzentrationen (Jahresmittelwerte) im Wolkenwasser an der Brocken-Station

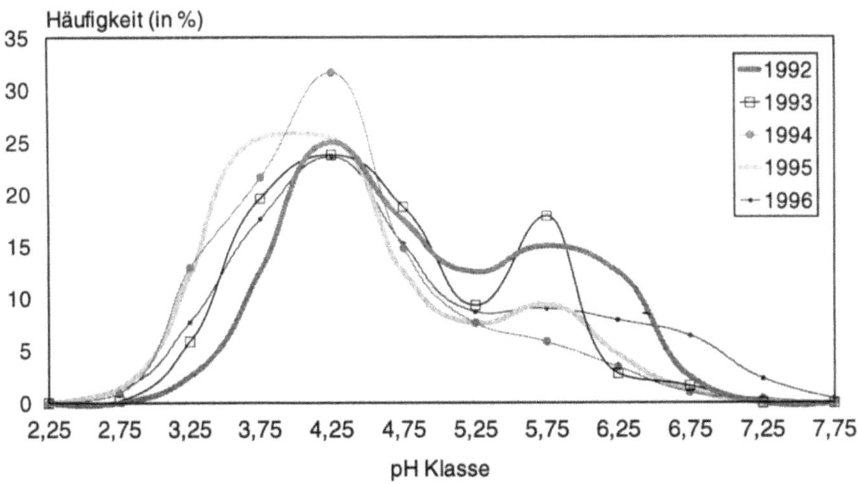

Abb. 1.2-20. Häufigkeitsverteilung des pH im Wolkenwasser an der Brocken-Station

Tabelle 1.2-22. Wolkenwasserzusammensetzung für verschiedene pH-Klassen (Jahresmittel) in μeq l^{-1}, LWC in mg m^{-3}, $A-B = [SO_4^{2-}] + [NO_3^-] - [NH_4^+] - [Ca^{2+}]$

pH/ Param.	<3,5			3,5–5,5			>5,5		
	1993	1994	1995	1993	1994	1995	1993	1994	1995
SO_4^{2-}	883	617	784	233	198	235	203	363	301
NO_3^-	888	927	1050	250	211	252	213	384	275
NH_4^+	988	1096	1044	354	257	352	436	457	501
Ca^{2+}	175	169	119	47	68	44	46	323	97
H^+	500	619	598	74	80	87	0,9	0,9	0,8
A–B	608	279	671	82	84	91	-66	-33	-22
Na/Cl	0,82	0,81	1,20	0,89	0,98	1,0	0,99	1,15	1,0
LWC	169	247	233	288	323	429	273	290	364
n	63	148	182	754	808	952	237	113	206

wenn der relative Anteil zu den pH-Klassen dargestellt wird: 11,1% (±32%) zu pH<3,5, 72,7% (±3%) zu pH 3,5 bis 5,5 und 16,1% (±30%) zu pH>5,5. Mehr als Tendenz denn als Trend läßt sich feststellen, daß Nitrat für Proben mit pH<3,5 und Ammonium bei pH>5,5 zunehmen. Insgesamt kann festgestellt werden, daß die Pufferkapazität (a–b) in alkalischen Proben (pH>5,5) abgenommen hat.

Ungeachtet großer Konzentrationsunterschiede zwischen den Klassen $pH < 3{,}5$ und $pH = 3{,}5–5{,}5$ scheint die chemische Charakteristik ähnlich zu sein, da es keine Unterschiede in den Konzentrationsverhältnissen zwischen den verschiedenen Spezies gibt. Nur die Klasse $pH > 5{,}5$ zeigt ein anderes Verhalten. Diese Ereignisse können als „Kalzium-reich" und „Nitrat-arm" charakterisiert werden

1.2.6.4 Einfluß von Wolken auf die Ozonkonzentration

Wolken beeinflussen die Spurengasverteilung durch viele nichtlineare Wechselwirkungen zwischen dynamischen, mikrophysikalischen und physiko-chemischen Prozessen. Sie spielen eine bedeutende Rolle bei der vertikalen Umverteilung, chemischen Transformation und dem Entfernen von Spurenkomponenten aus der Troposphäre. Darüber hinaus beeinflussen sie die Strahlung und Photolyseraten. Die Verweilzeit von Ozon in der Troposphäre wird durch Senkenprozesse bestimmt, zu denen die trockene Deposition, Gasphasenreaktionen sowie heterogene Prozesse gehören. Wolken vermindern die Konzentrationen der Radikale OH und HO_x beträchtlich. Dabei besteht zwischen der Gas- und der Flüssigphase ein permanentes Ungleichgewicht. In der Nettobilanz ist die Gasphase Produzent und die Flüssigphase Konsument von Oxidantien in der belasteten Atmosphäre. So wird bei Anwesenheit von Wolken die Produktion von Ozon unterdrückt. Theoretische Studien zur Rolle der Wolken in der Oxidantienchemie z.B. durch Lelieveld u. Crutzen (1991), Möller u. Mauersberger (1992), Walcek (1993) unter Nutzung von Modellen mit gekoppelter Gas- und Flüssigphasenchemie weisen darauf hin, daß aber nicht nur die Nettoproduktion von Ozon bei Anwesenheit von Wolken reduziert sein kann, sondern daß auch ein heterogener Ozonabbau möglich ist. Das heißt, daß Ozon auch durch Flüssigphasenreaktionen aus der Atmosphäre entfernt werden kann. Neueste Modellrechnungen zeigen (Matthisen et al. 1997; Lian u. Jacob 1997; Walcek et al. 1997), daß vor allem die wolkenphysikalischen Parameter (Häufigkeit und Volumenanteil der Wolken an der Mischschicht) die Größe der Ozonabsenkung bestimmen.

Acker et al. (1995) haben erstmals experimentell an der Brocken-Station gezeigt, daß in bestimmten Wolken eine erhebliche Ozonabsenkung im Vergleich zur wolkenfreien Luft auftreten kann. Während der kontinuierlichen Aufzeichnung von Ozon auf dem Brocken wurde häufig beobachtet, daß die Ozonkonzentration mit Durchzug einer Wolke rasch abnahm. Auch Laurila et al. (1995) berichteten, daß um ca. 10 ppb verminderte Ozonkonzentrationen an der Pallas-Bergstation in Finnland (560 m über NN) auftreten, wenn die Station in Wolken ist. Bei allen zur Auswertung herangezogenen Ereignissen wurde eine Ozonabnahme infolge NO_2-Einflusses ausgeschlossen. Die am Brocken registrierte interstitielle O_3-Konzentration kann bis zu 50% niedriger sein als vor und nach dem Wolkenereignis. Aus dem kontinuierlich laufenden Programm zur Wolkenwasserprobenahme wurde ein Datensatz (Einzelereignisse und mittlere Konzentrationen) zur Charakterisierung der Wolkenereignisse mit (Klasse I) und ohne (Klasse II) Effekt auf die Ozonkonzentration. Dabei treten große Unterschiede in der chemischen Zusammensetzung des Wolkenwassers zwischen beiden Klassen auf (Tabelle 1.2-23), die jedoch nicht durch unterschiedliche LWC verursacht werden, sondern auf eine unterschiedliche „Vergangenheit" der Wolkenereignisse zurückgeführt wurde. So stellten Wolkenereignisse der Klasse II Wolken dar, die durch intensive wolkenzyklische Prozesse (Nukleation, Ausregnen, Verdampfen) gekennzeichnent sind. Das wurde auch durch die Analyse dreidimensionaler Rücktrajektorienrechnungen bestätigt.

Wolkenereignisse der Klasse I zeigen wesentlich höhere Konzentrationen an NO_3^-, SO_4^{2-}, NH_4^+, Ca^{2+} und Mg^{2+} im Vergleich zu Proben von Ereignissen ohne Ozonabnahme (Klasse II). Es wurden große Unterschiede in der mittleren Andauer von Wolkenereignissen der Klasse I und Klasse II gefunden (Tabelle 1.2-24). Episoden ohne Ozonrückgang dauern im Mittel 18,5±16 h und damit länger als Ereignisse mit Ozonabnahme bei Auftreten von Wolken (im Mittel 9,8±11 h; wo-

Tabelle 1.2-23. LWC-gewichtete mittlere Zusammensetzung (in μeq/l) und LWC (in mg/m^3) für ausgewählte Ereignisse des Jahres 1993 im Vergleich zu den mittleren Zusammensetzungen der Klasse I (Ozonabnahme) und Klasse II (keine Ozonabnahme) für die Jahre 1992 und 1993

	Klasse I		Klasse II	
	1992 (n=9)	1993 (n=22)	1992 (n=15)	1993 (n=39)
Cl^-	67	67	85	71
NO_3^-	643	482	218	131
SO_4^{2-}	462	453	205	131
Na^+	70	59	91	62
NH_4^+	652	680	239	199
Ca^{2+}	242	87	61	26
Mg^{2+}	47	32	21	19
H^+	37	142	39	47
LWC	249	233	277	266

bei 30%≤2 h). Ein deutlicher Unterschied in der Verteilung der Wolkenarten konnte dabei nicht festgestellt werden.

Mit dem Programm TRAP (Acker et al. 1995), das weit über die Trajektorienberechnung hinausgehend die Transportmerkmale analysiert, wurden zu den Trajektorienkollektiven die dreidimensionalen Koordinaten der mittleren Trajektorie und deren Variabilität sowie weitere relevante Parameter wie der Anteil des Transportprozesses in einer Wolke (relative Feuchte >80%) bzw. in der Mischungsschicht bestimmt. Mit dem Anteil des Wolkentransportes nehmen sowohl chemische Umsetzungen von atmosphärischen Spurenstoffen als auch deren nasse Deposition durch Niederschlagsprozesse zu. Die detaillierte Transportanalyse zeigt klar, daß der einzige signifikante Unterschied in der Geschichte der Luftmasse zwischen Ereignissen der Klasse I und der Klasse II durch die Zeit gegeben ist, die die Luftmasse in Wolken transportiert worden ist während der zwei Tage vor Erreichen des Brockens (Tabelle 1.2-24). Für Ereignisse mit Ozonrückgang ist dieser Anteil des Transportes in der Wolke mit 12% relativ gering. Dagegen wird ein deutlich höherer Anteil des Transportes der Luftmassen in Wolken (43%) für die Ereignisse ohne Ozoneffekt beobachtet. Man kann schlußfolgern, daß diese Ereignisse, welche auch länger andauern, auf ihrem Weg zum Brocken mehr mit Niederschlägen und folglich mit einem Entfernen von Spurenstoffen verbunden sind, was letztlich zu geringeren Ionengehalten im gesammelten Wolkenwasser führt.

Es liegt die Vermutung nahe, daß Episoden der Klasse II durch wolkenzyklische Prozesse (mit Wolkenneubildung durch Kondensation und Wolkenauflösung durch Niederschläge und Verdampfen) charakterisiert sind (großskalige Bewölkung), während Ereignisse der

Tabelle 1.2-24. Charakteristische Parameter der Wolkenereignisse von 1993 mit (Klasse I) und ohne (Klasse II) Ozonminderung

	Mittlere Andauer der Wolkenereignisse (in h)	Ozonkonzentration (in ppb)		Anteil der Zeit des Transportes in Wolken während der zwei Tage vor Erreichen des Brockens
		vor/nach dem Ereignis	während des Ereignis	
Klasse I	9,8±11,0	45±9	33±8	12%
Klasse II	18,5±16,0	29±3 [a]		43%

[a] Gesamtereignis

Klasse I mehr mit einzelnen, meist isolierten Wolken assoziiert sind (kleinskalige Bewölkung). Wie bereits erwähnt, reduzieren Wolkenzyklen, verbunden mit Niederschlag, die atmosphärische Beladung mit typischen anthropogenen Wolkenspurenstoffen wie Sulfat, Nitrat und Ammonium. Im Gegensatz dazu wird Seesalz (in Form von NaCl) kaum entfernt aufgrund seiner homogenen Verteilung in der Mischungsschicht. Die sogar etwas höhere NaCl-Konzentration bei Klasse II-Wolkenereignissen kann durch effektives Einmischen von Seesalz in die Wolkenschicht bedingt sein.

Es kann aber keinesfalls ausgeschlossen werden, daß während Klasse II-Episoden nicht auch ein Ozonrückgang auftritt, aber die Variation der Ozonkonzentration mit der Passage von Wolken ist zu gering für eine direkte Beobachtung. Wahrscheinlich sind diese Ereignisse wegen der großen Ausdehnung der Wolkendecke bedeutend für das mesoskalige Ozonbudget. Diese Auffassung wird unterstützt durch die gemittelten Ozonkonzentrationen beider Klassen (s. Tabelle 1.2-24). Die mittlere Hintergrund-Konzentration von Ozon (nicht die interstitielle Konzentration) ist bei Ereignissen mit Ozonrückgang mit 45±9 ppb signifikant höher als für Ereignisse der Klasse II (29±3 ppb). Das kann bedeuten, daß bei Episoden ohne am Brocken „registriertem" Ozonrückgang die mesoskalige Ozonkonzentration bereits reduziert war infolge großräumiger Wolkenprozesse. Außerdem ist die interstitielle O_3-Konzentration der Ereignisse der Klasse I („wolkenreduziertes" Ozon) mit 33±8 ppb sehr ähnlich dem Wert der Hintergrundkonzentration des Ozons der Klasse II (29±3 ppb). In Wolken der Klasse I tritt die Ozonabnahme als mehr isolierter und deshalb meßbarer Effekt auf. Der Einfluß von Wolken (und letztlich ihrer chemischen Zusammensetzung, wodurch die multiphasenchemischen Prozesse bestimmt werden) konnte auch überzeugend gezeigt werden durch die Änderung der jahreszeitlichen Amplitude des Ozons (Verhältnis von Sommermaximum zu Winterminimum) im Vergleich zu anderen deutschen Bergstationen, an denen O_3 gemessen wird (Möller et al. 1998).

Abb. 1.2-21 zeigt den erwarteten Zusammenhang, daß mit zunehmender Höhe die jahreszeitlichen Schwankung des Ozons geringer wird. Während für die anderen deutschen Bergstationen kein Trend zu erkennen ist im betrachteten Zeitraum, hat der Brocken 1992 eine deutlich höhere Amplitude (3,4) als aus dem generellen Höhenamplitudenverlauf zu erwarten währe (etwa 2). Die Amplitude nimmt stetig ab bis 1994 und zeigt seitdem keine Veränderungen mehr. Dieser Verlauf ist nur durch die Zunahme des Winterminimums bestimmt (Abb. 1.2-22), das letztlich durch einen Zusammenhang zwischen der

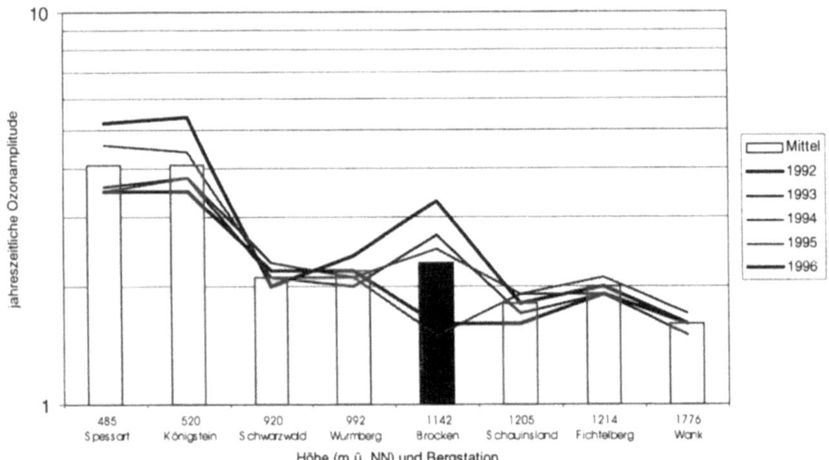

Abb. 1.2-21. Abhängigkeit der jahreszeitlichen Ozonamplitude von der Höhe über NN für die Jahre 1992 bis 1996

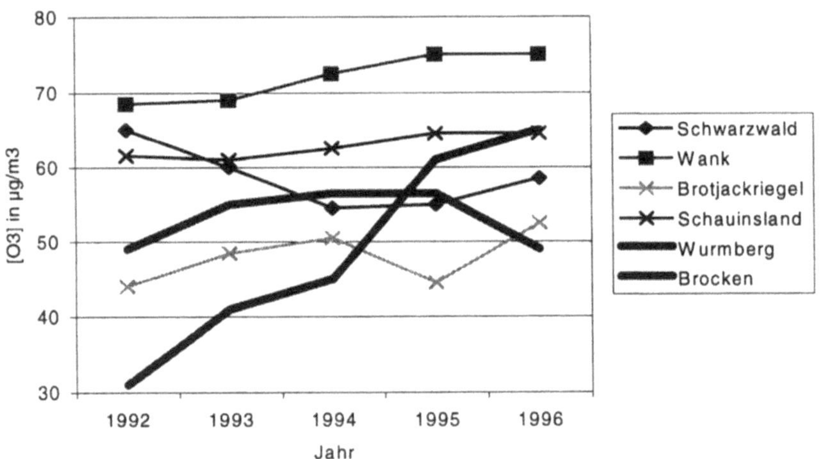

Abb. 1.2-22. Trend des Winter-Ozon-Minimums an verschiedenen Deutschen Bergstationen

sich veränderten chemischen Zusammensetzung (s. 1.2.6.3) und der damit verbundenen Kapazität der Wolken, Ozon abzubauen, erklärt werden kann. Besonders deutlich wird die Hypothese dadurch unterstützt, daß an dem nur 10 km weiter südlich gelegenen Wurmberg keine signifikante Änderung des Winter-Ozon-Minimums beobachtet wird. Der Gipfel des Wurmbergs ist infolge seiner geringeren Höhe nur zu einem Bruchteil des Jahres im Vergleich zum Brocken in Wolken, so daß er im Mittel die „wolkenfreie" Ozonkonzentration repräsentiert.

Diese Daten zeigen deutlich, daß ein Verständnis des troposphärischen Ozonbudgets unvollständig ist ohne Berücksichtigung der chemischen Prozesse in den Wolken. Dabei kommt verschmutzten Luftmassen eine besondere Rolle beim heterogenen Ozonabbau zu.

1.2.7 Niederschlagschemie

Unter Niederschlagschemie wird sowohl die „Chemie" (im Sinne der analytischen Zusammensetzung) des gesammelten Niederschlags (Regen, Schauer, Niesel, Schnee, Graupel, Hagel) als auch die Regentropfenchemie (also die chemischen Prozesse während des Niederschlagsereignisses) verstanden. Unter „Niederschlag" wird im meteorologischen Sinne auch die Nebeltropfendeposition sowie die Tau- und Reifbildung verstanden. Deposition von Nebel und Impaktion von Wolken an Oberflächen stellen insbesondere in Mittelgebirgen den wichtigsten Anteil an Wasserniederschlag und nasser Spurenstoffdeposition dar. Regentropfen entstehen aus Wolkentropfen (0,005 bis 0,030 mm Radius) durch Tropfenwachstumsprozesse, um zu größeren Tropfen (< 0,5 mm Radius) zu gelangen, die eine Fallgeschwindigkeit von $> 1\ m\ s^{-1}$ aufweisen. Das geschieht einmal durch die Kollisionsprozesse: Koaleszenz (Tropfen an Tropfen), Aggregation (Festpartikel an Festpartikel) und Akkretion (Tropfen an Festpartikel). Zum anderen erfolgt Tropfenwachstum noch effektiver in Wolken, die aus unterkühlten Tropfen und Eispartikeln bestehen, indem die Eispartikeln auf Kosten der unterkühlten Tropfen wachsen infolge der unterschiedlichen Sättigungsdampfdrucke über Eis und Wasser (Bergeron-Findeisen-Prozeß), s. z.B. Sumner (1988), Pruppacher u. Klett (1978).

Auf die chemische Zusammensetzung der nassen Deposition (s. z.B. Möller u. Lux 1992) wird unter 1.2.7.2 am Beispiel der Meßreihe an der meteorologischen Meßstation Seehausen eingegangen werden. Die chemischen Prozesse im Regentropfen wurden (modellmäßig) zeitlich eher untersucht als die im Wolkentropfen (Graedel u. Weschler 1981; Graedel u. Goldberg 1993; Möller u. Mauersberger 1990). Infolge der auf 10 bis 20 Minuten begrenzten Lebensdauer von Regentropfen und des geringen zeitlichen Anteils von Niederschlagsereignissen (etwa 5% des Jahres) spielen diese chemischen Umwandlungsprozesse wohl eine vernachlässigbare Rolle im raum-zeitlichen Mittel in der Troposphäre. Allerdings darf die Entfernung von Spurenstoffen durch „sub-cloud scavenging" nicht unterschätzt werden

(s. nächstes Kap.). Die Bedeutung der Niederschläge besteht vor allem in dem zeitlich hoch konzentrierten Austrag von Spurenstoffen aus der Atmosphäre und damit dem „peakmäßigen" Eintrag in die Biosphäre im Unterschied zur trockenen Deposition, die ständig erfolgt (beachte, daß während eines Niederschlagsereignisses auch die Rate der Trockendeposition infolge Verringerung der Oberflächenwiderstand an nassen Flächen ansteigt). Der Spurenstoffeintrag kann während eines Niederschlagsereignisse durch nasse Deposition um mehr als das Hundertfache höher sein als im zeitlichen Mittel. Die wesentlich höhere Bedeutung wolkenchemischer Prozesse ersieht man schon alleine aus der Tatsache, daß nur etwa 10% aller Wolkenereignisse zum Niederschlag führen (5% eines Jahres regnet es) und im Jahresmittel man für Mitteleuropa eine Wolkenandauer in der planetaren Grenzschicht von etwa 30% annehmen kann.

1.2.7.1
Aufnahme von Gasen und Aerosolen durch Niederschlag

Das Auswaschen von Partikeln und Gasen unterhalb der Wolkenschicht („sub-cloud scavenging") besteht in Analogie zum „in-cloud scavenging" ebenfalls aus einer Folge von Transport-, Phasenübergangs- und Reaktionsprozessen. Das Gesamtergebnis, die nasse Deposition der Spurenstoffe, kann durch Sammeln und chemische Analyse von Niederschlagswasser recht einfach erfaßt werden. Dagegen können differenzierte Aussagen zur Dynamik einzelner Prozesse nur aus Laborversuchen oder Simulationsmodellen (Mauersberger u. Möller 1990) gewonnen werden.

Die Prinzipien des Stoffübergangs aus der Gasphase zum Tropfen wurden bereits im Kap. 1.2.4.1 beschrieben. Während für den Wolkentropfen (ruhender Tropfen) im wesentlichen molekulare Diffusion als bestimmender Transportprozeß angenommen wird, ist bei umströmten (fallenden) Regentropfen konvektive Diffusion maßgebend. Leclair et al. (1972) haben die gekoppelten Strömungsfelder außerhalb und innerhalb eines Tropfens durch Lösung der Navier-Stokes-Gleichung numerisch gelöst. Auf dieser Grundlage haben Babool et al. (1981) erstmals das Auswaschen von SO_2 in fallende Tropfen berechnet. Für den radialen Fluß der Komponente i in den fallenden Tropfen kann folgende Gleichung abgeleitet werden (Mauersberger u. Möller 1990; vgl. auch Gln. 1.2-18 und 1.2-19):

$$F_{aq} = \frac{\frac{c_{aq}}{H_{eff}} - c_g}{RT\left(\frac{2r}{Sh \cdot D} + \frac{4}{v\alpha}\right)} \tag{1.2-149}$$

D molekularer Diffusionskoeffizient der Komponenten i in Luft, v mittlere molekulare Geschwindigkeit, α Accommodations-Koeffizient. Die Sherwood-Zahl Sh ergibt sich als ein Ansatz folgender Beziehung (Mauersberger u. Möller 1990); Re Reynolds-Zahl und Sc Schmidt-Zahl:

$$Sh = 2 + 0{,}61 Re^{1/2} \cdot Sc^{1/3} \tag{1.2-150}$$

Durch die mit der effektiven Henry-Konstante erfaßten Protolyseprozesse und Gas-Flüssig-Gleichgewichte kann der Massentransfer in reversibel und irreversibel unterteilt werden. Die dem Phasenübergang möglicherweise nachgelagerten chemischen Reaktionen verlaufen in gleicher Weise wie bei Wolkentropfen ab.

Die Aufnahme von Aerosolpartikeln in den fallenden Regentropfen wird stets als irreversibel betrachtet, d.h. für die Partikelmassenkonzentration wird an der Tropfenoberfläche die Randbedingung $c^0_{part} = 0$ angenommen. Hingegen sind die Mechanismen (Brownsche Diffusion, Interzeption, Impaktion) des Partikeltransport in der Tropfenumgebung stark vom Tropfenradius abhängig (s. Seinfeld 1986; Pruppacher u. Klett 1978). Als eine charakteristische Größe der Partikelinkorporation hat sich die Scavenging-Koagulationsfunktion K(r, x) durchgesetzt, die das effektive Sammelvolumen pro Zeiteinheit ausweist (Herbert u. Beheng 1986):

$$K(r,x) = \frac{4\pi B_p \cdot H}{\exp\left(\frac{2B_p \cdot H}{Sh \cdot D_p \cdot r}\right) - 1} + \pi r^2 B_p mg \tag{1.2-151}$$

Dabei bedeuten B_p die Teilchenbeweglichkeit, D_p der Teilchendiffusionskoeffizient, M die Teilchenmasse, g die Schwerebeschleunigung und πr^2 der effektive Kollisionsquerschnitt der mechanischen Transportkräfte. Weitere äußere phoretische und elektrische Kräfte werden durch die Funktion H = H (r, x) mit einbezogen.

Die nasse Deposition im Sinne eines Stofflusses beinhaltet die Summe aller Auswaschprozesse innerhalb und unterhalb der Wolkenschicht. Oftmals wird das Auswaschen unterhalb der Wolkenschicht als ein Prozeß erster Ordnung ($dc/dt = \Lambda c$) gekennzeichnet. Dann kann der Stofffluß in der Form (der Index g bezeichnet Gase, p Partikeln)

$$W_g \int_0^\infty \Lambda(z,t)c(x,y,z,t)dz \tag{1.2-152}$$

$$W_p \int^0 \Lambda(D_p,z,t)n(D_p,x,y,z,t)dz \tag{1.2-153}$$

und eine Naßdepositiongeschwindigkeit v_w (Dimension: Weg pro Zeit) definiert werden (Seinfeld 1986).

$$v_w = W_g/c(x,y,0,t) \tag{1.2-154}$$

Sind die auszuwaschenden Gase (sinngemäß gelten die Gleichungen auch für Partikeln) gleichmäßig in der Auschwaschschicht *h* verteilt, gilt

$$v_w = \int_0^h \Lambda(z,t)dz = \overline{\Lambda}h \tag{1.2-155}$$

Λ hat oftmals Werte in der Größenordnung $10^{-4}\ s^{-1}$. Das in der Literatur ebenfalls häufig gebrauchte dimensionslose Auswaschverhältnis w (Konzentration der Substanz im Niederschlag/Konzentration der Substanz in der Luft in Bodennähe), also $c(aq)/c(x,y,0,t)$, wird mit der nassen Depositiongeschwindigkeit in folgenden Zusammenhang gebracht

$$v_w = W/c(x,y,0,t) = c(aq)R_n/c(x,y,0,t) = w \cdot R_n = \overline{\Lambda} \cdot h \tag{1.2-156}$$

wobei R_n die Niederschlagshöhe (in $mm\ h^{-1}$) darstellt (eigentlich die „Wasserdeposition" in Volumen pro Zeit und Fläche), s. Seinfeld (1986). Allerdings kann man keineswegs den Auswaschkoeffizienten Λ aus dem bodennahen „Auschwaschverhältnis" w ermitteln, wie es bis vor wenigen Jahren noch publiziert wurde. In Analogie zum in Kap. 1.2.4.1 definierten Auswaschkoeffizienten innerhalb der Wolke (Gl. 1.2-22) wird unter Berücksichtigung von $F_{aq} = k_g c_g$ bei einer gegebenen Regentropfengrößenverteilung N(r)

$$\Lambda = RT \int_0^\infty \pi r^2 k_g N(r)dr \tag{1.2-157}$$

1.2.7.2
Langzeitrends in Europa

Nach Möller u. Horváth (1988) führen natürliche alkalische Komponenten annähernd zu einer Neutralisation der aus biogenen und vulkanischen Quellen stammenden Säuren in der Atmosphäre über Europa, so daß die Azidität des Niederschlagswassers in vorindustrieller Zeit neutral oder schwach sauer war (5,4). Der pH des Niederschlagswassers über Sibirien war mit 5,5 etwa konstant über den Zeitraum 1956 bis 1984, dabei mehr alkalisch in den ariden Gebieten des Nordkaukasus mit 6,5 zwischen 1962 und 1984 (Ryaboshapko 1997). Es wird angenommen, daß der Regenwasser-pH von 4,4 über Deutschland und Mitteleuropa sich zwischen 1930 und 1980 nicht geändert hat (Winkler 1981, 1983; Möller 1983). Seit Beginn der Diskussion um den „sauren Regen" sind viele Veröffentlichungen erschienen, die sowohl einen positiven als auch negativen Trend im pH und der chemischen Zusammensetzung des Niederschlagswassers zeigten (z. B. Klockow et al. 1978; Georgii 1981; Oden 1976). Allerdings besteht die verwendete Datenbasis generell aus einem Zeitraum von weniger oder etwa 10 Jahren, wobei Änderungen des pH um 0,5 Einheiten diskutiert werden. Längere Zeitreihen (s. nächstes Kap.) zeigen, daß lediglich Schwankungen zwischen wenigen Jahren auftraten. Auf der Basis historischer Daten zu Emissionen kann man zu der Schlußfolgerung kommen (Möller 1998a), daß der gleichzeitige Anstieg „basischer" und „saurer" Emissionen zu einem etwa konstanten pH im Regen seit der industriellen Revolution (etwa 1860) bis 1980 führte (vgl. Tabelle 1.2-25). Nach 1980 wurden kontinuierliche Änderungen in der Niederschlagschemie in Westeuropa und Deutschland beobachtet. Zwischen 1982 und 1995 nahm der Gesamtionengehalt im Regen um 20 bis 50% ab (als Mittelwert von 5 Stationen des Umweltbundesam-

Tabelle 1.2-25. Veränderungen der Niederschlagszusammensetzung in Europa (als Faktor angegeben)

Spezies	1900 → 1960	1960 → 1980	Autor
NO_3^-	4–6	1,5–2,0	Jost u. Beilke (1983); Rodhe u. Rood (1986); Fay et al. (1986); Horváth (1983); Georgii et al. (1986)
SO_4^{2-}-	$\approx$2	1,2–1,5	Rodhe u. Granat (1984); Fay et al. (1986)
NH_4^+	$\approx$konst.	$\approx$konst.	Brimblecombe u. Pitman (1980); Horváth (1983)

tes) nach Beilke (1997) und Fricke et al. (1997). Der pH stieg von 4,1–4,6 im Jahre 1982 bis 4,6–4,8 im Jahre 1995 an, hauptsächlich bedingt durch die Abnahme des Sulfates um 20 bis 30% als ein Ergebnis der Rauchgasentschwefelung.

Leider existieren nur wenige Daten über den Trend alkalischer Komponenten wie Ca. An verschiedenen Stationen Nordamerikas und Nordeuropas fanden Hedin et al. (1994) eine signifikante Abnahme (32 bis 79%) basischer Kationen zwischen 1980 und 1990, wohingegen Sulfat nur um 22 bis 43% abnahm. Im Mittel nahmen die basischen Kationen um den Faktor 1,8±0,6 mehr ab als Sulfat. Diese Periode war gekennzeichnet durch die Einführung der Rauchgasentschwefelung in der betrachteten Region. Keine Information über die Rückhaltung von Flugstäuben ist verfügbar. Ein genereller Trend in der Abnahme von Flugstaubemissionen kann angenommen werden infolge (a) Kohlesubstitution durch andere Enegieträger (Öl, Gas, Kernkraft) und (b) verbesserte Filterung als eine technologische Voraussetzung der Entschwefelung.

1.2.7.3 Seehausen Niederschlagschemie

An der meteorologischen Station Seehausen (52° 06′ N, 12° 24′ E, etwa 100 km NW von Magdeburg) wird Regenwasser seit Oktober 1982 auf der Basis von 4-Stunden-Proben gesammelt (Marquardt u. Ihle 1988; Marquardt et al. 1996). Seit Sommer 1996 wird die Station von der Universität Cottbus betrieben. Sie ist die längste deutsche niederschlagschemische Meßreihe mit höchster Datenqualität und zeigt in beeindruckender Weise die Änderungen in der Niederschlagszusammensetzung nach der deutschen Vereinigung 1990, welche zunächst zu einer drastischen Verringerung nahezu aller Emissionen (SO_2, Stäube, NO, NH_3 u. a.) und im nachhinein zu Änderungen bei den Immissionen führte (Marquardt et al. 1996; Möller et al. 1996b; Tabelle 1.2-26).

Tabelle 1.2-26. Gemittelte niederschlagsgewichtete Zusammensetzung des Regens in Seehausen vor und nach 1990 (in μeq l^{-1}); Abnahme in % zwischen beiden Perioden

	SO_4^{2-}	Ca^{2+}	Mg^{2+}	Cl^-	NH_4^+	Na^+	NO_3^-	K^+
1983–1989	150±17	59±12	12±2	63±18	85±11	33±9	45±9	6±2
1991–1994	72±11	28±9	7±1	39±6	52±5	31±7	44±4	6±2
Abnahme	52	53	42	38	39	–	–	–

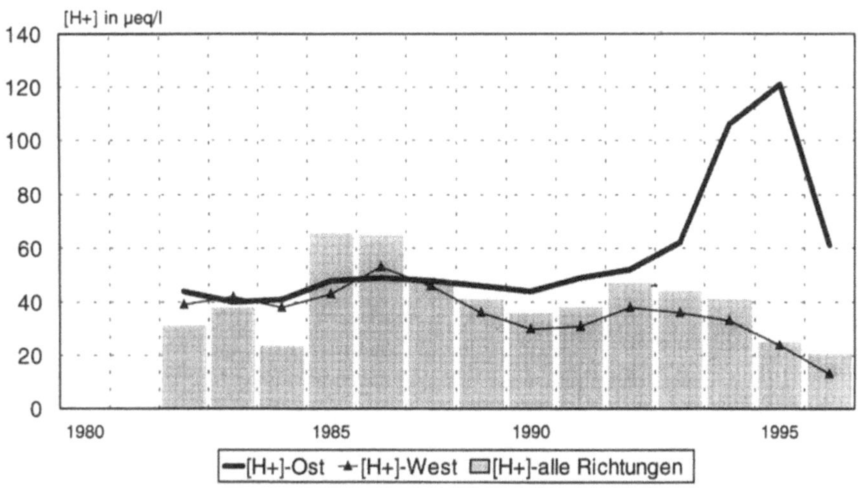

Abb. 1.2-23. Trend in der H^+-Konzentration und dem Verhältnis zwischen den Anionen *a* ($SO_4^{2-}+NO_3^-+Cl^-$) und Kationen *b* ($Ca^{2+}+NH_4^+$) in Seehausen für niederschlagsgewichtete Jahresmittelwerte von Einzugsektoren „Ost" (106°–208°) und „West" (209°–259°)

Abb. 1.2-23 zeigt die Trends in der H^+-Konzentration zwischen Einzugssektoren (Luftmassen) aus westlichen und südöstlichen Richtungen, die charakteristisch sind für das Emissionsgebiet der Bundesrepublik und DDR bzw. Neuen Bundesländer (im folgenden „West" und „Ost" genannt). Die Azidität (ausgedrückt als [H^+]) war zwischen 1993 und 1987 für „West" und „Ost" gleich; seit 1986 erfolgte eine signifikante Abnahme von [H^+] um den Faktor 2,5 für „West", wohingegen für „Ost" die Azidität konstant blieb bis 1991 und danach stark anstieg (bis 1995 um den Faktor 2,5).

Seit 1996 wird wieder eine starke Abnahme von [H^+] beobachtet (Abb. 1.2-23). Es ist sicher aufgrund der Entwicklung der Emissionssituation, daß „Ost"-[H^+] sich dem „West"-[H^+] in den nächsten Jahren angleichen wird.

Mit großer Sicherheit wird damit die Emissionssituation reflektiert. Wahrscheinlich wurde vor 1990 der Anstieg säurebildender Vorläuferkomponenten aus dem östlichen Raum (90% der SO_2-Emission resultierte aus Kraftwerken) durch alkalische Komponenten (Flugaschen der Braunkohlenkraftwerke) annähernd kompensiert (s. a. Tabelle 1.2-25). Infolge der schlechter werdenden Kohlequalität gegen Ende der 80er Jahre in der DDR stieg der Aschegehalt und damit das Säureneutralisationspotential an. In Westdeutschland wurde hingegen die Rauchgasentschwefelung seit Mitte der 80er Jahre schrittweise ein-

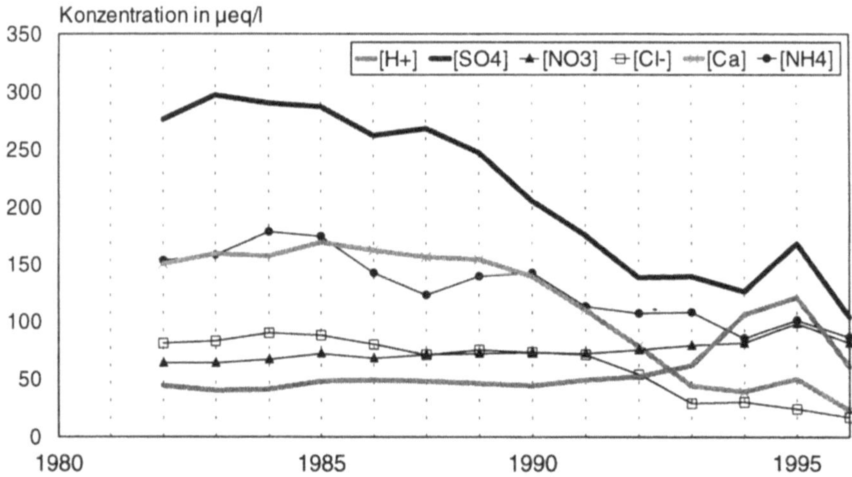

Abb. 1.2-24. Trend der Ionenkonzentrationen im Niederschlag an der Station Seehausen für „Ost"-Einzugssektoren

geführt. Der Sulfattrend im Niederschlagswasser reflektiert diese allgemeine Entwicklung. Die drastische Erhöhung der Azidität im „Ost"-Regen kann jedoch durch eine viel stärkere Abnahme (Abb. 1.2-24) des Säureneutralisationspotentials (Ca^{2+}, NH_4^+) nach 1991 erklärt werden, wodurch das Verhältnis a/b sich wie in Abb. 1.2-23 dargestellt änderte und damit [H^+] zunahm. Die Aziditätserhöhung ist zeitlich begrenzt, und durch die inzwischen erfolgte Rauchgasentschwefelung in den neuen Ländern kann sogar eine Dominanz alkalischer Bestandteile erwartet werden. Von allen primären Emissionen wird NH_3 aus landwirtschaftlichen Quellen im Verhältnis zu anderen Spurenkomponenten an Bedeutung gewinnen. Es ist bemerkenswert, daß [NO_3^-] seit 1982 kontinuierlich zunimmt und erst seit 1995 einen Trend zur Abnahme aufweist trotz (rechnerisch ermittelter) abnehmender NO-Emissionen.

1.2.7.4 Zum Verhältnis zwischen Seesalz-Chlorid und Excess-Chlorid

Excess-Chlorid (Nicht-Seesalz-Chlorid) trug in Deutschland erheblich zur atmosphärischen Azidität und Chlorbelastung der Atmosphäre bei. Excess-Cl kann auf der Basis des Verhältnisses Na/Cl berechnet werden, wenn angenommen wird, daß Na ausschließlich aus Seesalz-Aerosol entstammt. $[Na^+]/[Cl^-] = R_{sea}$ stellt das Verhältnis der Seesalzkomponenten im Aerosol und Wolken- sowie Niederschlagswasser dar, wobei allgemein angenommen wird, daß $R_{sea} \approx R_{bulk} = 0{,}86$. Das Verhältnis R_{bulk} ist das (für alle Meere relativ) konstante Na/Cl-Verhältnis im Oberflächenwasser. Excess-Cl läßt sich dann nach

$$Cl^-_{excess} = Cl^-_{sea}(R_{sea}/R - 1) \tag{1.2-158}$$

berechnen; $R = (Na^+/Cl^-)_{Probe}$. Nach 1991 wurde eine starke Abnahme des Gesamt-Cl im Niederschlag beobachtet (Tabelle 1.2-26). Die Änderungen des Na vor und nach 1990 sind nicht signifikant, so daß weiter angenommen werden kann, es ist nahezu ausschließlich Seesalz-Na. Daraus folgt, daß ausschließlich Excess-Cl abnahm. Als Hauptquelle von Excess-Cl wurden HCl-Emissionen von braunkohlegefeuerten Kraftwerken identifiziert (Möller 1990), die etwa 95 kt a^{-1} im Jahre 1985 betrugen. Abfallverbrennung als eine weitere mögliche Quelle war in der DDR vernachlässigbar. Die Kaliindustrie als eine weitere Cl-Quelle läßt sich nicht mehr quantifizieren, jedoch dürfte sie erheblich zur atmosphärischen Cl-Belastung beigetragen haben.

Das erwähnte Meereswasser-Na/Cl-Verhältnis ($R_{sea} = 0{,}86$) ist jedoch nicht anwendbar auf den Seesalz-Beitrag zu kontinentalem Niederschlag ($R_{sea} > R_{bulk}$). Möller (1990) hat eine Hypothese aufgestellt, wonach das Na/Cl-Verhältnis sich beim Transport der Luftmassen zum Kontinent infolge unterschiedlich effektiver Ablagerungsprozesse für Na und Cl ändert. Über den Ozeanen ist ein großer Anteil des Cl in der feinen Aerosolfraktion durch Versäuerungsprozesse (wahrscheinlich überwiegend SO_2-Oxidation an Partikeln) als HCl in die Gasphase verdrängt. Bei Niederschlag über dem Meer wird die atmosphärische Gesamtmenge ($HCl + Cl^- + Na^+$) aus der Gas-, Aerosol- und Wolkenwasserphase entfernt und führt damit zu $R_{sea} = R_{bulk}$. Dabei bestimmt insbesondere die Cl-Masse im groben Aerosol unmittelbar über der Wasseroberfläche die Bilanz. Infolge der höheren Trockenablagerung von HCl tritt beim Transport zum Kontinent ein Cl-Defizit ein, und R_{sea} für die gesamte atmosphärische Säule erhöht

Tabelle 1.2-27. Berechnung von Excess-Chlorid im Niederschlag in Seehausen auf der Basis verschiedener Werte für R_{sea}

Periode	$[Na^+]$	$[Cl^-]$	$R = [Na]/[Cl]$	Cl_{excess} berechnet nach	
				$R_{sea} = 0{,}86$	$R_{sea} = 1{,}16$
1983–1989	33±9	63±18	0,52±0,11	25	35
1990–1994	31±7	39±6	0,79±0,15	3	12

sich auf 1,16, wie Möller (1990) aus niederschlagschemischen Daten nordskandinavischer Reinluftstationen ableitete. Dieser Wert muß daher auch als Referenzwert zur Ermittlung von kontinentalem Excess-Cl in Gl. 1.2-158 Verwendung finden.

Der nach 1990 aufgetretene zeitliche Gradient des Excess-Cl läßt sich zur Überprüfung dieser Annahme verwenden (Möller et al. 1996). Wird $R_{sea} = 0{,}86$ verwendet, nimmt Excess-Cl von 25 auf 3 $\mu eq\, l^{-1}$ ab (Tabelle 1.2-26), d.h. die Abnahme entspricht 86%, ein unwahrscheinlicher Wert, da die prozentuale Abnahme etwa der Abnahme (52%) der Sulfat- und Kalzium-Ionenkonzentration (als gemeinsam angenommene Quelle der Kraftwerke) entsprechen sollte. Wird jedoch $R_{sea} = 1{,}16$ verwendet, nimmt Excess-Cl um 65% ab (von 35 auf 12 $\mu eq\, l^{-1}$). Dieser Wert ist wahrscheinlicher, liegt jedoch etwas höher als die Abnahme von Sulfat und Kalzium und kann durch den völligen Stop der Verbrennung salzhaltiger Kohle und das Schließen der Kaliindustrie nach 1990 erklärt werden. Dieses wissenschaftliche Monitoring über Zeiten sich schnell ändernder Emissionsbedingungen ist ein hervorragendes Beispiel für die Aufklärung eines komplizierten multiphasenchemischen Zusammenhangs.

1.2.8 Literatur

Acker K, Wieprecht W, Möller D, Mauersberger G, Naumann S, Oestreich A (1995) Evidence for ozone destruction in clouds. Naturwissenschaften 82:86–89

Acker K, Möller D, Wieprecht W, Naumann S (1996) Mt. Brocken, a site for a cloud chemistry measurement programme in Central Europe. Water Air Soil Pollut 85:1979–1984

Adewuyi YG, Cho S-Y, Tsay R-P, Carmichael GR (1984) Importance of formaldehyde in cloud chemistry. Atmos Environ 18:2413–2420

Anastasio C, Faust BC, Rao CJ (1997) Aromatic carbonyl compounds as aqueous-phase photochemical sources of hydrogen peroxide in acidic sulfate aerosols, fogs, and clouds. 1. Non-phenolic methoxybenzaldehydes and methoxyacetophenonones with reductants (phenols). Environ Sci Technol 31:218–232

Anklin M, Bales RC (1997) Recent increase in H_2O_2 concentration at Summit, Greenland. J Geophys Res 102:19099–19104

Arends BG (1996) Aerosol and cloud microphysics, measurements and interpretations. Dissertation, University of Utrecht

Ayers GP, Penkett SA, Gillett RW, Bandy B, Gallbally IE, Meyer CP, Eisworth CM, Bentley ST, Forgan BW (1996) The annual cycle of peroxides and ozon in marine air at Cape Grim, Tasmania. J Atmos Chem 23:221–252

Baron J, Denning AS (1993) The influence of mountain meteorology on precipitation chemistry at low and high elevations of the Colorado front range, USA. Atmos Environ 27:2337–2349

Becker K-H, Becker K-K, Barnes I, Ruppert L, Wiesen P (1999) Is the oxidising capacity of the atmosphere changing? In: Möller D (ed) Prediction of atmospheric environmental problems between technology and nature. Springer, Berlin Heidelberg New York

Beilke S (1997) Changing concentrations and deposition of sulfur and nitrogen compounds in Germany between 1980 and 1995. Publikation des Umweltbundesamtes, Offenbach

Beyer H (1966) Lehrbuch der organischen Chemie. Hirzel, Leipzig

Bielski BHJ, Cabelli DE, Arudi RL, Ross AB (1985) Reactivity of HO_2/O_2^- radicals in aqueous solution. J Phys Chem Ref Data 14:1041–1099

Botha CF, Hahn J, Pienaar JJ, van Eldik R (1984) Kinetics and mechanism of the oxidation of sulfur(IV) by ozone in aqueous solution. Atmos Environ 28:3207–3212

Brandt C, van Eldik R (1995) Transition metal-catalysed oxidation of sulfur(IV) oxides. Atmospheric-relevant processes and mechansims. Chem Rev 95:119–190

Breytenbach L, van Pareen W, Piennaar JJ, van Eldik R (1994) The influence of organic acids and metal ions on the kinetics of the oxidation of sulfur (IV) by hydrogen peroxide. Atmos Environ 28:2451–2459

Brimblecombe P, Pitman J (1980) Long-term deposition at Rothamsted, southern Englan. Tellus 32:261–267

Buxton GV, Salmon GA, McGowan S (1991) Kinetics and mechanism of acid generation in clouds and precipitation. In: EUROTRAC annual report, part 6 (HALIPP), Garmisch-Partenkirchen, pp 34–40

Cape JN, Hargreaves KJ, Storeton-West R, Fowler D, Colvile RN, Choularton TW, Gallagher MW (1992) Nitrite in orographic clouds as an indicator of nitrous acid in rural air. Atmos Environ 26A:2301–2307

Castleman AW (1981) Executive summary: conference on multiphase processes – including heterogeneous catalysis – relevant to atmospheric chemistry. Albany, New York, USA, 29.6.–3.7.81

Chen T, Morris JC (1992) Kinetics of oxidation of aqueous sulfide by O_2. Environ Sci Technol 6:529

Cocks AT, McElroy WJ (1987) The role of transition metal ions in atmospheric droplet chemistry. In: Angeletti G, Rastelli G (eds) Proceedings of the 4th European symposium on physico-chemical behaviour of atmospheric pollutants. Reidel, Dordrecht, pp 345–355

Collett J Jr, Iovinelli R, Demoz B (1995) A three-stage cloud impactor for size-resolved measurement of cloud drop chemistry. Atmos Environ 29:1145–1154

Colvile RN, Choularton TW, Gallagher MW, Wicks AJ, Downer RM, Tyler BJ, Storeton-West KJ, Fowler D, Cape JN, Dollard GJ, Davies TJ, Jones BMR, Penkett SA, Bandy BJ, Burgess RA (1994) Observation on Great Dun Fell of the pathways by which oxides of nitrogen are converted to nitrate. Atmos Environ 28:397–408

Cotton FA, Wilkinson G (1967) Anorganische Chemie. VEB Deutscher Verlag der Wissenschaften, Berlin

Daum PH, Kelly TJ, Schwartz SE, Newman L (1984) Measurement of the chemical composition of stratiform clouds. Atmos Environ 18:2671–2684

Davies TD (1975) Dissolved sulphur dioxide and sulphate in urban and rural precipitation (Norfolk, U.K.) Atmos Environ 13:1275–1285

Dedik AN, Hoffmann P, Ensling J (1992) Chemical characteriziation of iron in atmospheric aerosols. Atmos Environ 26A:2545–2548

DeFelice TP, Saxena VK (1991) The characterization of extreme episodes of wet and dry deposition of pollutants on an above cloud-base forest during its growing season. J Appl Meteorology 30:1548–1561

Deister U, Neeb R, Helas G, Warneck P (1986) Temperature dependence of the equilibrium $CH_2(OH)_2+HSO_3^-=CH_2(OH)SO_3^-+H_2O$ in aqueous solution. J Phys Chem 90:3213–3217

Dentener F (1993) Heterogeneous chemistry in the troposphere. PhD thesis, University of Utrecht

Dlugi et al (1996) Modellierung von Aerosolprozessen zur Diagnose von Feldmessungen in der belasteten Atmosphäre. SANA-Abschlußbericht (BMBF)

Drischel H (1940) Chlorid, Sulfat- und Nitratgehalt der atmosphärischen Niederschläge in Bad Reinerz und Oberschreiberhau im Vergleich zu bisher bekannten Werten anderer Orte. Balneologe 7:321–334

Ebel A (1997) Tropospheric modelling and emission estimation, vol 7: transport and chemical transformation of pollutants in the troposphere. Springer, Berlin Heidelberg New York

Erel Y, Pekhonen SO, Hoffmann MR (1993) Redox chemistry of iron in fog and stratus clouds. J Geophys Res 98:18423–18434

Erickson RE, Yates LM, Clarke RL, McEwen D (1977) The reaction of sulfur dioxide with ozone in water and ist possible atmospheric significance. Atmos Environ 11:813–817

Faust BC, Allen JM (1992) Aqueous-phase photochemical sources of peroxyl radicals and singlet molecular oxygen in clouds and fog. J Geophys Res 97:12913–12926

Faust BC, Hoigné J (1990) Photolysis of Fe(III)-hydroxy complexes as sources of OH radicals in clouds, fog and rain. Atmos Environ 24A:79–89

Fay JA, Colomb D, Kumar S (1986) Modelling of the 1900–1980 trend of precipitation acidity at Hubbard Brook, New Hampshire. Atmos Environ 20:1825–1828

Finlayson-Pitts BJ, Pitts JN (1986) Atmospheric chemistry: fundamentals and experimental techniques. Wiley, New York

Fricke W, Beilke S, Bieber E, Uhse K, Wallasch M (1997) Ergebnisse täglicher Niederschlagsanalysen in Deutschland von 1992 bis 1995. Bericht 1/97 Umweltbundesamt, Offenbach

Fuzzi S, Fachini MC, Winiwarter W, Fierlinger H, Arends BG (1992) Non-equilibrium chemistry in clouds? In: Borrell PM (ed) Proceedings of EUROTRAC symposium '92. SPB Academy, The Hague, pp 481–485

Fuzzi S, Wagenbach D (1997) Cloud multi-phase processes and high alpine air and snow chemistry, vol 5: transport and chemical transformation of pollutants in the troposphere. Springer, Berlin Heidelberg New York

Georgii H-W (1981) Review of the acidity of precipitation according to the WMO network. Idöjaras 85:1–9

Georgii H-W, Grosch S, Schmitt G (1986) Feststellung der Schadstoffbelastung von Waldgebieten in der Bundesrepublik Deutschland durch trockene und nasse Deposition. Forschungsbericht, Institut für Meteorologie, Universität Frankfurt/M

Gschwandtner G, Gschwandtner K, Eldridge K, Mann C, Mobly D (1986) Historic emissions of sulphur and nitrogen oxides in the United States from 1900 to 1980. J Air Poll Contr Assoc 36:139–149

Graedel TE, Weschler CJ (1981) Chemistry within aqueous atmospheric aerosols and raindrop. Rev Geophys Space Phys 19:505–539

Graedel T, Goldberg KI (1983) Kinetic studies of raindrop chemistry. 1. Inorganic and organic processes. J Geophys Res 88:10865–10882

Graedel TE, Mandich ML, Weschler CJ (1986) Kinetic model studies of atmospheric droplet chemistry. 2. Homogeneous transition metal chermistry in raindrops. J Geophys Res 91:5205–5221

Granat L (1972) On the relation between pH and the chemical composition in atmospheric precipitation. Tellus 24:550–560

Gravenhorst G et al (1980) Sulfur dioxide absorbed in rain water. In: Hutchinson TC, Havas M (eds) Effects of acid precipitation of terrestrial ecosystems. Plenum, New York

Guiang SF, Krupa SV, Pratt GC (1984) Measurement of S(IV) and organic anions in Minnesota rain. Atmos Environ 18:1677–1682

Hansson H-C, Svenningson B, Martinson B, Swietlicki E, Wiedensohler A (1994) Incorporation of aerosls and clouds. In: Borrell PM (ed) Proccedings of EUROTRAC symposium '94. Comput Mechan, Ashurst, pp 984–988

Hansen K, Draaijers G, Ivens WP, Gunderson P, van Leeuwen N (1994) Concentration variations in rain and canopy throughfall collected sequentially during individual rain events. Atmos Environ 28:3195–3205

Hedin LO, Granat L, Likens GE, Bulshand TA, Galloway JN, Butler TJ, Rodhe H (1994) Steep decline in atmospheric basic cations in regions of Europe and North America. Nature 367:351–354

Heintzenberg J, Charlson RJ (1995) Aerosol forcing of climate. Wiley, New York

Helas G, Andreae MO, Hartmann WR (1992) Behavior of atmospheric formic and acetic acid in the presence of hydrometeors. J Atmos Chem 15:101–115

Herbert F, Beheng KD (1986) Scavenging of airborne particles by collison with water drops – model on the combined effect of essential microdynamic mechanism. Met Atoms Phys 35:201–211

Hoigné J, Bader H, Haag WR, Staehelin J (1985) Rate constants of reactions of ozone with organic and inorganic compounds in water-III. Water Res 19:993–1004

Hoffmann MR, Edwards JO (1975) Kinetics of the oxidation of sulphite by hydrogen peroxide in acidic solution. J Phys Chem 79:2096–2098

Hoffmann MR (1986) On the kinetics and mechanism of the oxidation of aquated sulfur dioxide by ozone. Atmos Environ 20:1145–1154

Hoffmann MR (1990) Catalysis in aquatic environments. In: Stumm W (ed) Aquatic chemical kinetics. Wiley, New York

Horvath L (1983) Trend of nitrate and ammonium content of precipitation water in Hungary for the last 80 years. Tellus 35B:304–308

Huang MY et al (1995) Modeling studies on sulphur deposition and transport in East Asia. Water Air Soil Poll 85:1921–1928

IUPAC (1981) Manual of symbols and terminology for physicochemical quantities and units, appendix V, symbolism and terminology in chemical kinetics. Pure Appl Chem 53:753

Jaeschke W (1986) Chemistry of multiphase atmospheric system. Springer, Berlin Heidelberg New York

Jaeschke W (1989) Atmosphärische Flüssigphasenchemie. Promet Meteorologische Fortbildung 19:86–94

Johnson DW, Brown PRA, Martin GM, Moss SJ (1992) Recent measurement campaigns at U.K. meteorological research flight to improve numerical model cloud parametrisation. In: Proceedings of the WMO workshop on cloud microphysics and application to global change, Toronto, 10–14 Aug, WMO-Rep 19:257-262, WMO, CH-1211, Geneva 2

Jost D, Beilke S (1983) Trend saurer Depositionen. VDI-Berichte 500:135–140

Junge CE, Ryan TG (1958) Study of SO_2 oxidation in solution and ist role in atmospheric chemistry. Q J R Met Soc 84:46–59

Junge CE (1963) Air chemistry and radioactivity. Academic, New York

Kiss G, Gelencser A, Krivascy Z, Hlavay J (1997) Occurrence and determination of organic pollutants in aerosol, precipitation and sediment samples collected at Lake Balaton. J Chromat 774:349–361

Klockow D, Deuzinger H, Rönicke G (1978) Zum Zusammenhang zwischen pH-Wert und Elektrolytzusammensetzung von Niederschlägen. VDI-Berichte 314:21–26

Kulmala M, Korhonen P, Vesala T, Hansson H.-C, Noone K und Svenningsson B (1996) The effect of hygroscopicity on cloud droplet formation. Tellus 48B, 347–360

Kunen SM, Lazrus AL, Kopk GL, Heikes BH (1983) Aqueous oxidation of SO_2 by H_2O_2. J Geophys Res 88:3671–3674

Kolb CE, Worsnop DR, Zahniser MS, Davidovits P, Keyser LF, Leu M-T, Molina MJ, Hanson DR, Ravishankara AR, Williams LR, Tolbert MA (1995) Laboratory studies of atmospheric heterogeneous chemistry. In: Barker JR (ed) Progress and problems in atmospheric chemistry. Adv Ser Phys Chem 3, World Scientific, Singapore

Lammel G, Perner D, Warneck P (1989) Nitrous acid at Mainz: observation and implication for its formation mechanism. In: Angeletti G, Restelli G (eds) Physico-chemical behaviour of atmospheric pollutants. Proceedings of the 5th European symposium, Varese, Italy, Sept 1989. Kluwer Academic, Dordrecht, pp 469–476

Lammel G, Perner D, Warneck P (1990) Decomposition of pernitric acid in aqueous solution. J Phys Chem 94:6141–6144

Langner J, Rodhe H (1991) A global three-dimensional model of the tropospheric sulfur cycle. J Atmos Chem 13:225–263

Lagrange J, Paalares C, Wenger G, Lagrange PH (1992) Mechanism of the aqueous oxidation of sulfur(IV) to sulfur(VI) by strong oxidants. In: EUROTRAC annual report, part 6 (HALIPP), Garmisch-Partenkirchen, pp 28–33

Lee Y-N, Shen J, Klotz PJ, Schwartz SE, Newman L (1986) Kinetics of hydrogen peroxide - sulfur(IV) to sulfur(VI) reaction in rainwater collected at anorthewestern US site. J Geophys Res 91:13264–13274

Lee M, Heikes BG, Jacob DJ, Sachse G, Anderson B (1997) Hydrogen peroxide, organic hydroperoxide and formaldehyde as primary pollutants from biomass burning. J Geophys Res 102:1301–1309

Leaitch WR, Isaac GA, Strapp JW, Banic CM, Webe HA (1992) The relationship between cloud droplet number concentrations and anthropogenic pollution: observations and climatic implications. J Geophys Res 97D:2463–2474

Lelieveld L, Crutzen PJ (1990) Influences of cloud photochemical processes on tropospheric ozone. Nature 343:227–233

Levsen K, Behnert S, Prieß B, Svoboda M, Winkeler H-D, Zietlow J (1990) Organic compounds in precipitation. Chemopshere 21:1037–1061

Liang J, Jacob DJ (1997) Effect of aqueous phase cloud chemistry on tropospheric ozone. J Geophys Res 102:5993–6001

Likens GE, Galloway JN (1983) The composition and deposition of organic carbon in precipitation. Tellus 35B:16–24

Liljestrand HM (1985) Average rainwater pH, concepts of atmospheric acidity, and buffering in open systems. Atmos Environ 19:487–500

Lind JA, Lazrus AL, Kok GL (1987) Aqueous phase oxidation of sulfur(IV) by hydrogen peroxide, methylhydroperoxide and peroxyacetic acid. J Geophys Res 92:4171–4177

Lovelock JE, Margulis L (1974) Atmospheric homeostatsis by and for the biosphere: the Gaia hypothesis. Tellus 26:2–10

Maahs HG (1983) Kinetics and mechanism of the oxidation of S(IV) by ozone in aqueous solution with particular reference to SO_2 conversion in nonurban tropospheric clouds. J Geophys Res 88:721–732

Marquardt W, Ihle P (1988) Acidic and alkaline precipitation components in the mesoscale range under the aspect of meteorological factors and the emissions. Atmos Environ 22:2707–2716

Marquardt W, Brüggemann E, Ihle P (1996) Trends in the composition of wet deposition: effects of the atmospheric rehabilitation in East-Germany. Tellus 48B:361–371

Martin A, Barber FR (1978) Some observations of acidity and sulphur in rainwater from rural sites in central England and Wales. Atmos Environ 12:1481–1487

Martin LR, Damschen DE (1981) Aqueous oxidation of sulfur dioxide by hydrogen peroxide at low pH. Atmos Environ 15:1615–1621

Matthisen J, Builtjes PJH, Meijer EW, Boersen G (1997) Modelling cloud effects on ozone on a regional scale: a case study. Atmos Environ 31:3227–3238

Matveev LT (1984) Cloud dynamics. Reidel, Dordrecht, 340 pp

Mauersberger G, Möller D (1990) Auswaschen von Gasen und Aerosolen durch Niederschläge unter Berücksichtigung einer komplexen Flüssigphasenchemie. 1. Modellbeschreibung. Z Meteor 40:322–329

Mazin JP, Khrgian AK (1989) Handbook of clouds and cloudy atmosphere. Gidrometeoizdat, Leningrad, pp 336–338

McArdle JV, Hoffmann MR (1983) Kinetics and mechanism of the oxidation of aquated sulfur dioxide by hydrogen peroxide. J Phys Chem 87:5425–5429

McElroy WJ (1986) The aqueous phase oxidation of SO_2 by OH radicals. Atmos Environ 20:323–330

Mertes S, Wahner A (1995) Uptake of nitrogen dioxide and nitrous acid on aqueous surfaces. J Phys Chem 99:14000–14006

Mészáros E (1981) Atmospheric chemistry: fundamental aspects. Akademiai Kiado, Budapest

Mohnen VA, Kadlecek JA (1989) Cloud chemistry reasearch at Whiteface Mountain. Tellus 41B:79–91

Mohnen VA, Vong RJ (1993) A climatology of cloud chemistry for the eastern United States derived from the cloud chemistry project. Environ Rev 1:38–54

Möller D (1983) Zu den Ursachen und zur Quantifizierung saurer Niederschläge in der DDR unter besonderer Berücksichtigung von SO_2, NH_3 und NO_x. Forschungsbericht, Institut für Geographie und Geoökologie, Berlin (unveröffentlicht)

Möller D, Schieferdecker H (1985) A relationship between agricultural NH_3 emissions and the atmospheric SO_2 content over industrialized areas. Atmos Environ 19:695–700

Möller D, Zierath R (1986) On the composition of precipitation water and its acidity. Tellus 38B:44–50

Möller D, Horváth L (1988) Estimation of natural acidity of precipitation water on global scale. Idöjaras 93:324–335

Möller D (1989) The possible role of H_2O_2 in new-type forest decline. Atmos Environ 23:1625–1627

Möller D (1990) The Na/Cl ratio in rain water and the seasalt chloride cycle. Tellus 42B:254–262

Möller D, Mauersberger G (1990) Auswaschen von Gasen und Aerosolen durch Niederschläge unter Berücksichtigung einer komplexen Flüssigphasenchemie. 2. Modellergebnisse für Regentropfen. Z Meteor 40:330–339

Möller D, Mauersberger G (1992) Cloud chemistry effects on tropospheric photooxidants in polluted atmosphere. J Atmos Chem 14:153–165

Möller D, Lux H (1992) Deposition atmosphärischer Spurenstoffe in der ehemaligen DDR bis 1990. Schriftenreihe Kommission Reinhaltung der Luft, Düsseldorf, Bd 13

Möller D, Acker K, Wieprecht W (1994) Cloud chemistry at the Brocken in the Harz mountains, Germany. EUROTRAC Newslett 12:24–29

Möller D, Acker K, Wieprecht W (1995) A relationship between liquid water content and chemical composition in clouds. Atmos Res 41:321–335

Möller D (1995 a) Sulfate aerosol and their atmospheric precursors. In: Charlson RJ, Heintzenberg J (eds) Aerosol forcing of climate. Wiley, New York, pp 73–90

Möller D (1995 b) Cloud processes in the troposphere. In: Delmas RJ (ed) Ice core studies of global biogeochemical cyles. Springer, Berlin Heidelberg New York, pp 39–63 /NATO ASI series, vol I/30)

Möller D, Mauersberger G (1995) An aqueous phase chemical reaction mechanism. In: Cvitas T, Flossmann A (eds) Clouds – models and mechanism. EUROTRAC Int Sci Secr, Garmisch-Partenkirchen, pp 77–93

Möller D, Acker K, Wieprecht W, Auel R, Naumann S, Oestreich A, Kalaß D, Hager G, Hofmeister J, Zeißig H (1995) Experimentelle Untersuchungen der transformation und Entfernung atmosphärischer Spurenstoffe in stratiformen Wolken auf dem Brocken (Harz). Forschungsbericht 07EU747/5, Universität Cottbus

Möller D, Acker K, Wieprecht W (1996a) A relationship between liquid water content and chemical composition of clouds. J Atmos Res 41:321–335

Möller D, Acker K, Marquardt W, Brüggemann E (1996b) Precipitation and cloud chemistry in the Neue Bundesländer of Germany in the background of changing emissions. Idöjaras 100:117–133

Möller D, Acker K, Wieprecht W, Auel R (1997) Study of the interaction of photooxidants and acidic components between gas and liquid phase. In: Fuzzi S, Wagenbach D (eds) Cloud-multiphase processes and high alpine air and snow chemistry, vol 5: transport and chemical transformation of pollutants in the troposphere. Springer, Berlin Heidelberg New York, pp 138–145

Möller D (1999 a) Acid rain – gone? In: Möller D (ed) Prediction of atmospheric environmental problems between technology and nature. Springer, Berlin Heidelberg New York, pp 141–178

Möller D (1999 b) Explanation for the recent dramatic increase of H_2O_2 concentrations found in Greenland ice cores. Atmos Environ 33:2435–2437

Möller D, Kalaß D, Acker K, Wieprecht W (1999) Changing seasonal ozone amplitude at Mt. Brocken. Atmos Environ (in Vorbereitung)

Munger JW, Jacon DJ, Hoffmann MR (1984) The occurrence of bisulfite-aldehyde addition products in fog- and cloudwater. J Atmos Chem 1:335–350

Mylona S (1996) Sulphur dioxide emissions in Europe 1880–1991 and their effect on sulphur concentrations and depositions. Tellus 48B:662–689
Nahir TM, Dawson GA (1987) Oxidation of sulfur dioxide by ozone in highly dispersed water droplets. J Atmos Chem 5:373–383
Nicholls S (1984) The dynamics of stratocumulus: aircraft observations and comparison with a mixed layer model. Q J R Met Soc 110:783–820
NIST (1994) Solution kinetics database. National Institute od Standards and Technology, Gaithersburg MD 20899 (USA); e-mail: srdata@enh.nist.gov
NIST (1995) Report on the workshop on data needs for modeling aqueous chemical kinetics for the global atmosphere, 1–2 Nov 1994, Gaithersburg (USA)
Noone KJ (1988) Solute concentration is size dependent. J Geophys Res 93D: 9477–9482
Odén S (1976) The acidity problem – an outline of concepts. Water Air Soil Pollut 6:137–166
Olson TM, Hoffmann MR (1989) Hydroxyalkylsulfonate formation: its role as a S(IV) reservoir in atmospheric water droplets. Atmos Environ 23:985–997
Ostwald W (1902) Lehrbuch der allgemeinen Chemie. Akademische Verlagsgesellschaft, Leipzig
Penkett SA, Jones BMR, Brice KA, Eggleton AEJ (1979) The importance of atmospheric O_3 and H_2O_2 in oxidizing SO_2 in cloud and rainwater. Atmos Environ 13:123–137
Puxbaum H (1997) Biogenic emissions of alcohols, ester, ether and higher aldehydes. In: Helas G, Slanina J, Steinbrecher R (eds) Biogenic volatile organic carbon compounds in the atmosphere. SPB Academic, Amsterdam, pp 79–99
Preiß M, Maser R, Schell D, Jaeschke W, Acker K, Wieprecht W, Möller D (1994) Measurements of S(IV) and H_2O_2 in gas and liquid phase at Great Dun Fell. In: Proceedings of the EUROTRAC symposium '94, SPB Academic, Amsterdam, pp 1129–1132
Pruppacher HR, Klett JD (1978) Microphysics of clouds and precipation. Reidel, Boston
Radojevic M (1985) Discussion: measurement of S(IV) and organic anions in Minnesota rain. Atmos Environ 19:685–686
Reimer E, Scherer B (1991) An operational meteorological diagnostic system for regional airpollution and long term modelling. In: Proceedings of the 19th ITM on air pollution modelling and its application in crete, vol II, pp 421–428
Remy H (1961) Lehrbuch der anorganischen Chemie, Bd 2. Akademische Verlagsgesellschaft, Leipzig
Richards LW et al (1983) Hydrogen peroxide and sulfur (IV) in Los Angeles cloud water. Atmos Environ 17:911–914
Rodhe H, Granat L (1984) An evaluation of sulfate in European precipitation 1955–1982. Atmos Environ 18:2627–2639
Rodhe H, Rood MJ (1986) Temporal evolution of nitrogen compounds in Swedish precipitation since 1955. Nature 321:762–764
Ryaboshapko A (1997) pers. Mitteilung
Sander R (1997) Compilation of Henry's law constants for inorganic and organic species of potential importance in environmental chemistry. Centre for Atmospheric Chemistry, York University, Ontario, M3J 1P3, Canada
Schwartz SE (1986) Mass-transport considerations pertinent to aqueous-phase reactions of gases in liquid-water clouds. In: Jaeschke W (ed) Chemistry of multiphase atmospheric systems. Reidel, Dortrecht, pp 415–472

Sedlak DL, Hoigné J (1993) The role of copper and oxalate in the redox cycling of iron in atmospheric waters. Atmos Environ 27A:2173–2185

Seinfeld JH (1986) Atmospheric chemistry and physics of air pollution. Wiley, New York

Sigg L, Stumm W (1996) Aquatische Chemie. Eine Einführung in die Chemie wässriger Lösungen und natürlicher Gewässer. Vdf Hochschulverl. an der ETH Zürich, Teubner, Stuttgart

Sievering H, Gorman E, Anderson L, Boatman J, Luria M, Kim Y (1991) Heterogeneous sulfur conversion in sea-salt aerosol particles: potential impact on the global sulfur cycle. In: Schwartz SE, Slinn WGN (eds) Precipitation scavenging and atmosphere-surface exchange, vol 3. Hemisphere, Washington DC, pp 1653–1665

Smith RA (1872) Air and rain – the beginning of a chemical climatology. Longmans Green, London

Sörensen PE, Anderseon VS (1970) The formaldehyde-hydrogen sulphite system in alkaline solution. Kinetics, mechanism and equilibria. Acta Chem Scand 24:1301–1306

Staehelin J, Bühler RE, Hoigné J (1984) Ozone decomposition in water studied by pulse radiolysis 2. OH and SO_4 as chain intermediates. J Phys Chem 88:5999–6004

Staffelbach T, Neftel A, Dasgupta PK (1995) Artifact peroxides produced during cryogenic sampling of ambient air. Geophys Res Lett 22:2605–2608

Stumm W, Morgan JJ (1981) Aquatic chemistry. An introduction emphasizing chemical equilibria in natural waters, 2nd edn. Wiley-Interscience, New York

Stumm W (1990) Aquatic chemical kinetics – reaction rates of processes in natural waters. Wiley, New York

Summers PW (1991) Role of clouds in the chemistry, transport, transformation and depsoition of air pollutants: general aspects, current understanding and future research need. In: WMP report no 17 (WMO/TD-No 448) WMO Meeting, Obninsk (UdSSR) 30.9.–4.10.1991

Sumners G (1988) Precipitation – process and analysis. Wiley, Chicester

ten Brink HM, Schwartz SE, Daum DH (1987) Efficient scavenging of aerosol sulfate by liquid-water clouds. Atmos Environ 21:2035–2052

Walcek CJ (1992) Regional-scale influence on cloud-scale scavenging and dynamic processes processes. In: Schwartz SE, Slinn WGN (eds) Precipitation scavenging and surface exchange, vol 3. Hemisphere, Washington, pp 1277–1286

Walcek CJ, Yuan H-H, Stockwell WR (1997) The influence of aqueous-phase chemical reactions on ozone formation in polluted and nonpolluted clouds. Atmos Environ 31:1221–1237

Warneck P (1989) Sulfur dioxide in rain clouds: gas-liquid scavenging efficiences and wet deposition rates in the presence of formaldehyde. J Atmos Chem 8:99–117

Warneck P (1991) Chemical reactions in clouds. Fresenius J Anal Chem 340:585

Warneck P (1996) Heterogeneous and liquid phase processes, vol 2: transport and chemical transformation of pollutants in the troposphere. Springer, Berlin Heidelberg New York

Weschler CJ, Mandich ML, Graedel TE (1986) Speciation, photosensitivity, and reactions of transition metal ions in atmospheric droplets. J Geophys Res 91:5189–5204

Weinstein-Lloyd JB, Schwartz SE (1992) Free-radical reactions in cloudwater: the role of transition metals in hydrogen peroxide production and destruction. In: Schwartz SE, Slinn WGN (eds) Precipitation scavenging and atmosphere-surface exchange. Hemisphere, Washington DC, pp 161–176

Winkler P (1981) Deposition of acid in precipitation. In: Georgii H-W, Pankrathz J (eds) Deposition of atmospheric pollutants. Reidel, Dordrecht, pp 67–76

Winkler P (1983) Der Säuregehalt von Aerosol, Nebel und Niederschlägen. In: Saure Niederschläge - Ursachen und Wirkungen. VDI-Berichte 500:141–147

Zellner R, Herrmann H (1994) Free radical chemistry of the aqueous atmospheric phase. In: Clark RJJ, Hester RE (eds) Spectroskopy in environmental science. Wiley, London, pp 381–451 (Advances in spectroscopy, vol 24)

Zierath R (1981) Inhaltsstoffe atmosphärischer Niederschläge und ihr Einfluß auf die Sicker- und Grundwasserbeschaffenheit am Beispiel ausgewählter Gebiete. Promotionsschrift, Technische Universität Dresden

Zobrist J (1987) Methoden zur Bestimmung der Acidität in Niederschlagsproben. VDI Berichte 608:401–420

2 Trockene und nasse Deposition von Spurenstoffen aus der Atmosphäre

G. Gravenhorst, H. Kreilein, K.-G. Schnitzler, A. Ibrom und E. Nützmann

2.1 Einleitung

Vielfach können wesentliche Strukturen und Prozesse in der Atmosphäre sowie in aquatischen und in terrestrischen Ökosystemen erst verstanden werden, wenn Transferwege der Energie- und Stoffhaushalte für diese Systeme bekannt sind. Der Grenzbereich zwischen Atmosphäre und Erde ist daher ein wichtiger Bereich, um Wirkungsgefüge innerhalb der Atmosphäre und an der Erdoberfläche zu verstehen. Atmosphäre und Ökosysteme sind offene Systeme, die mit ihrer Umgebung Stoffe, Energie und Informationen austauschen. Ändert sich die Umgebung von offenen Systemen, so werden sich auch die Systeme selbst ändern. Um beurteilen zu können, wie sich komplexe Systeme entwickeln, ist es oft sinnvoll, die Einwirkungen von außen auf ein System zusammenzufassen und außerdem die gemeinsamen Auswirkungen vielfältiger interner Prozesse auf die Umgebung eines Systems zu erheben. Wenn ein Ökosystem langfristig Nährstoffe an seine Umgebung durch Ernte, Austrag im Sickerwasser, Wind- und Wassererosion oder Verflüchtigung verliert, so ist fraglich, ob sich die Organismen im Ökosystem langfristig ohne Nährstoffzufuhr von außen, z.B. aus der Atmosphäre, ernähren können. In der Landwirtschaft ist diese Einschätzung seit Liebig allgemein bekannt. In der Forstwirtschaft wird dieses Prinzip der Nachhaltigkeit schon seit fast 300 Jahren vertreten (Gravenhorst et al. 1997), ohne daß dieses Prinzip gleich mit Stoffbilanzen im Wald in Verbindung gebracht worden wäre. Heute wird die ökologische Nachhaltigkeit des Waldwachstums durch sauerwirkende, stickstoffhaltige und toxische Stoffeinträge aus der Atmosphäre gefährdet. In der Evolutionsgeschichte hat sich ein dynamisches Gleichgewicht zwischen dem Angebot für lebenswichtige Stoffe und der Nachfrage nach ihnen von Organismen eingestellt. Aus der Atmosphäre werden unter naturnahen Bedingungen lebensnotwendige Stoffe, die bei der Verwitterung der Minerale nicht genügend freigesetzt werden, den Pflanzen zugeführt, so daß sich ein Gleichgewicht zwischen Eintrag und Austrag einstellen kann. Durch anthropogene Aktivitäten (z.B. intensive Nutzung fossiler Energieträger und Landnutzungsänderungen) wird dieser Gleichgewichtszustand in der Gegenwart verändert, so daß gewachsene Lebensgemeinschaften in ihrer Existenz bedroht werden können. Luftgetragene anthropogene Spurenstoffe mit spezifischen Eigenschaften in der bodennahen Grenzschicht greifen Assimilationsorgane von Pflanzen an, waschen Nährstoffe aus den Sproßorganen und dem Wurzelbereich von Pflanzen aus, setzen toxische Komponenten im Boden frei und verschlechtern das Lebensmilieu von Pflanzen, Zersetzern und Mikroorganismen im Boden und in Gewässern (Ulrich 1983, 1994; Guderian et al. 1989). Gleichzeitig werden jedoch auch Schwermetalle, chlorierte Kohlenwasserstoffe und Nährstoffe wie Phosphor und Stickstoff in terrestrische und aquatische Ökosysteme aus der Atmosphäre eingetragen (UBA 1998). Das chemische Milieu in Böden und in nachgeschalteten Fließgewässern wird daher durch Stoffeinträge aus der Atmosphäre so geändert, daß Existenzbedingungen und Konkurrenzstärken von Organismen gestört, jedoch auch verbessert werden können.

Auch in der Atmosphäre werden wichtige Spurenstoffverteilungen, Energieumsetzungen, Phasenumwandlungen des Wassers, Abfolge und Auswirkungen anderer chemischer- und physikalischer Prozesse durch Stofftransferraten verändert. Die Fixierung von CO_2 aus der Atmosphäre in terrestrischen und aquatischen Ökosystemen produziert neue Biomasse, die auch als Nahrung für Tiere und Menschen genutzt wird. Globale, regionale und lokale Nährstoffzyklen sind nur möglich, wenn Kohlendioxid zwischen Atmosphäre und Pflanzen ausgetauscht wird. Die Ozeane nehmen große Mengen an atmosphärischem Kohlendioxid in den polaren Breiten auf und geben es in äquatorialen Breiten wieder in die Atmosphäre ab (z.B. Roos u. Gravenhorst 1984; Siegenthaler u. Wenk 1984; Broecker u. Takahashi 1984; Heinze u. Maier-Reimer 1992; s. hierzu auch Kap. 4.3 im vorliegenden Band). In den beiden letzten Kaltzeiten, der Würm- und der Rißeiszeit, lagen die CO_2-Konzentrationen in der Atmosphäre etwa um die Hälfte niedriger als in den jeweiligen Warmzeiten (vgl. Bd. 2B, Kap. 3.1), so daß netto CO_2 zwischen der Atmosphäre und den Ozeanen transferiert worden sein muß (Barnola et al. 1987). Der Wasserkreislauf in der Atmosphäre wird ebenso durch Transferprozesse an der Erdoberfläche geregelt. Partikelförmige und gasförmige Spurenstoffe werden bei natürlichen und anthropogenen Prozessen an der Erdoberfläche in die Atmosphäre emittiert, wie z.B. Seesalz, Mineralstaub, biologisches Material, Verbrennungsprodukte, vulkanische Gase und flüchtige organische und anorganische Gaskomponenten. Wenn diese Komponenten nicht wieder in ursprünglicher oder umgewandelter Form an der Erdoberfläche deponiert würden, so müßten sich diese Stoffe oder ihre atmosphärischen Reaktionsprodukte in der Atmosphäre anreichern. Die Prozesse der „nassen" und der „trockenen" Deposition, die diese Stoffe aus der Atmosphäre wieder entfernen und damit langfristig einen Anstieg der Konzentration in der Atmosphäre verhindern können, sind daher von großer Bedeutung. Diese Prozesse werden auch Selbstreinigungsprozesse der Atmosphäre genannt. Das OH-Radikal in der Atmosphäre wird auch als Waschmittel der Atmosphäre bezeichnet, da es wesentlich dazu beiträgt, daß Stoffe mit dem Regen ausgewaschen werden. Es wandelt Gase sehr effizient und schnell zu Komponenten um, die eher vom Wolken- und Regenwasser absorbiert werden können. Oder die Produkte der OH-Reaktionen in der Atmosphäre kondensieren zu Clustern, die anschließend in Wolken- und Regentropfen als Kondensationskerne inkorporiert oder als Partikel und Gase absorbiert werden.

Um Stofftransferraten über Systemgrenzen hinweg erfassen zu können, müssen die Grenzen definiert werden. Ein Ökosystem besteht aus Populationen von Organismen und ihrer biotischen und abiotischen systeminternen Umwelt. Die systeminterne und systemexterne Umwelt voneinander zu trennen, ist oft nicht eindeutig möglich. Ein Ökosystem reicht räumlich so weit, wie charakteristische Einheiten, Muster der Ökosystemstruktur und Zusammenhänge zwischen Organismen des Systems und ihrer systeminternen Umwelt unabhängig vom Ort auftreten, sich also räumlich wiederholen. Die Umgebung des Systems fängt dann dort an, wo die Identität und Integrität des Systems nicht mehr gegeben ist, d.h. die Strukturen, Muster und Funktionen mit dem Ort sich stark verändern. Die Grenze zwischen Atmosphäre und verschiedenen Vegetationsformen ist nicht eindeutig festgelegt. Gehört z.B. der Luftraum innerhalb einer Vegetation zur Atmosphäre oder zum Ökosystem? Die physikalischen und chemischen Eigenschaften der Luft innerhalb der Vegetation werden wesentlich durch die Vegetation bestimmt, z.B. die Konzentrationen von CO_2, Wasserdampf und flüchtigen organischen Komponenten in der Luft, die kurzwellige und langwellige Strahlung, die Windgeschwindigkeit. Gleichzeitig werden jedoch Eigenschaften der Atmosphäre durch vertikale und horizontale Advektion von Luftmassen zum Wald und in den Wald von außen herantransportiert. Diese Luftmassen charakterisieren ebenfalls die Atmosphäre innerhalb der Vegetation. Grenzschichten zwischen Vegetation und der Atmosphäre haben also Teil an beiden, an der Atmosphäre und am Ökosystem. Transferraten von Stoffen zwischen Atmosphäre und Ökosystemen können sowohl in der Atmosphäre als auch in den Ökosystemen erfaßt werden, wenn berücksichtigt wird, wie sich chemische Reaktionen und Veränderungen in der Grenzschicht auf den Stofftransfer auswirken. Auch können Transfermessungen an Grenzflächen, z. B. an Nadeloberflächen, gelegt werden, wenn plausibel gemacht werden kann, daß die dort gemessenen Stromdichten den Stromdichten von der Atmosphäre in den Wald entsprechen.

Die zeitlichen und räumlichen Skalen, in denen die Transferprozesse auftreten, entscheiden mit über ihre Wirkungen, die sie in aneinander angrenzenden Systemen auslösen. Wenn O_3-Moleküle z. B. aus der Atmosphäre an Vegetationsoberflächen transportiert werden, ist es wichtig zu wissen, ob z. B. die Spaltöffnungen der Nadeln/Blätter geschlossen sind oder welche anderen Verbindungen gleichzeitig noch mit den Ozon-Molekülen auftreten (Guderian et al. 1989; Wellburn 1997). Bei geschlossenen Spaltöffnungen können z. B. reaktive SO_2-, NO_2- und O_3-Moleküle gar nicht durch die Spaltöffnungen in das Innere von Pflanzen eindringen und dort in Stoffwechselprozesse eingreifen. Stoffe können z. B. mit der „Kronentraufe“ und dem „Stammablauf“ räumlich sehr heterogen verteilt in den Waldboden eingetragen werden, so daß das chemische Milieu im Boden räumlich sehr uneinheitlich belastet wird. Stickstoffverbindungen können aus der Atmosphäre zu Zeiten in ein Ökosystem gelangen, in denen die Organismen gar keinen Stickstoff aufnehmen. Aufgabe sowohl der Atmosphärenforschung als auch der Ökosystemforschung ist es daher auch, Transferraten zwischen Atmosphäre und Ökosystemen in folgender Hinsicht zu charakterisieren:

- Welche Verbindungen werden in welcher Form transportiert?
- Mit welchen Raten werden die Verbindungen transportiert?
- Wie variieren die Transferraten räumlich und zeitlich?
- Welche Kenngrößen beeinflussen die Transferraten?
- Was bewirken die Transferraten in der Atmosphäre und in den angrenzenden Bereichen?

Stoffe können in gasförmiger, flüssiger und fester Phase zwischen Atmosphäre und Erdoberfläche transportiert werden. Die Prozesse, bei denen mit Schneeflocken und Regentropfen Stoffe zum Erdboden transportiert werden, werden hier als „Nasse Deposition“ zusammengefaßt. Die Prozesse, bei denen Stoffe zur Erdoberfläche transportiert werden, ohne in fallendem Schnee oder in Regentropfen inkorporiert zu sein, werden hier als „trockene Deposition“ bezeichnet (vgl. hierzu Bd. 2A, Kap. 3.4). Danach gehört die Ablagerung von Nebel- und Wolkentropfen und der in ihnen inkorporierten Komponenten auf der

Vegetation, dem Boden und auf Wasseroberflächen zur trockenen Deposition. Nebeldeposition wird auch manchmal feuchte Deposition oder okkulte Deposition genannt. In diesem Bericht werden Depositionen von Nebel- und Wolkentropfen jedoch zur trockenen Deposition eingeordnet, da sie nicht in Regensammlern erfaßt werden. Wolken- und Nebeltropfen werden ähnlich wie luftgetragene Partikel abgeschieden. Ihre Deposition ist nicht „okkult".

2.2 Trockene Deposition von atmosphärischen Spurenstoffen

Als trocken deponierte Stoffmenge - als Trockene Deposition - wird also die Menge der atmosphärischen Spurenstoffe bezeichnet, die an der Erdoberfläche aus der Atmosphäre in der Zeit ablagert wird, in der es nicht regnet oder schneit. Die Rate der trockenen Deposition wird von den Eigenschaften des luftgetragenen Spurenstoffes (z.B. reaktives oder inertes Gas, eine Komponente gebunden an kleine oder große Partikel), den physikalischen und chemischen Eigenschaften der Grenzschicht in der Atmosphäre (z.B. turbulente oder laminare Strömung, Konzentrationen von luftgetragenen Reaktionspartnern) und den physikalischen, chemischen und biologischen Eigenschaften der Erdoberfläche bestimmt (z.B. der Form und Reaktivität der Oberflächen von Vegetationsarten, Gewässern, Böden oder der biologischen Steuerung der Spaltöffnungen). Raten der trockenen Depositionen werden nach unterschiedlichsten Methoden ermittelt. Für Gase und luftgetragene Partikel werden im folgenden einige Aspekte der trockenen Deposition diskutiert.

2.2.1 Quantifizierung aufgrund von Vertikalprofilen des Mischungsverhältnisses

Man kann sich vertikale Ströme von luftgetragenen Spurenstoffen zwischen Atmosphäre und Erdoberfläche analog zu elektrischen Strömen vorstellen, wie sie in Widerstandsmodellen beschrieben werden:

$$F = \frac{1}{R}\frac{\rho \Delta M}{(z_1 - z_2)} \tag{1}$$

mit: F: vertikale Transferrate einer luftgetragenen Komponente pro Fläche und Zeit

z_1, z_2 Höhen
ΔM Änderung des Mischungsverhältnisses einer luftgetragenen Komponente über die Höhendifferenz z_2-z_1
ρ mittlere Luftdichte im Höhenbereich z_2-z_1
R Gesamttransportwiderstand in der Schicht z_2-z_1.

Für Spurenstoffe, deren Konzentrationen sich durch chemische Umwandlungen in der Atmosphäre in dem Zeitraum kaum ändern, in dem sie durch den betrachteten Höhenbereich hindurch transportiert werden, kann über einem homogenen Gelände und bei stationären Bedingungen die Flächendichte des vertikalen turbulenten Flusses nach diesem Konzept bestimmt werden. Die Schicht z_2-z_1 liegt dann in der turbulenten Grenzschicht zwischen freier Atmosphäre und der Erdoberfläche, und der Widerstand R wird durch den turbulenten Transportwiderstand R_{A1} repräsentiert (Abb. 2-1). Dieser Differenzansatz kann vor allem in solchen Situationen zu Messungen genutzt werden, in denen ein großer Unterschied der Mischungsverhältnisse ΔM durch große Quell- oder Senkenstärke und/oder durch große Transportwiderstände auftritt.

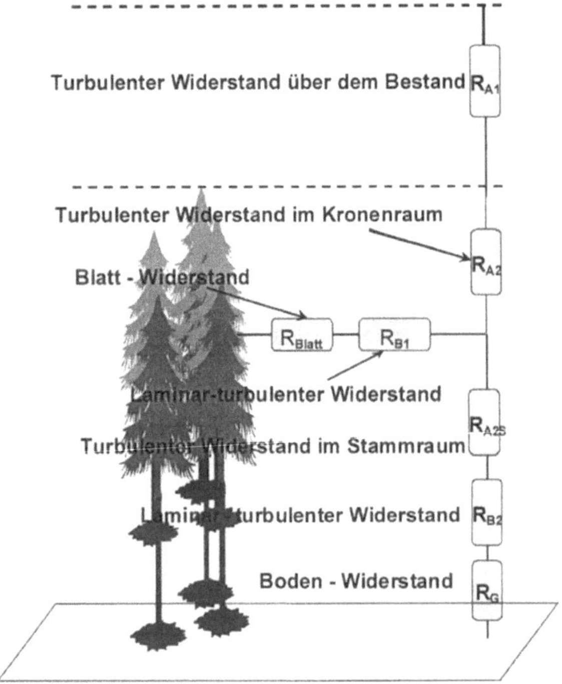

Abb. 2-1. Transferwiderstände der trockenen Deposition gas- und partikelförmiger Komponenten aus der Atmosphäre in die Biosphäre (Wald)

Der Widerstand für den turbulenten Transport R_{A1} kann aus Meßdaten von meteorologischen Vertikalprofilen abgeleitet werden (z. B. Pichler 1993).

R_{A1} kann über einem homogenen Pflanzenbestand (Abb. 2-1) verhältnismäßig gut parametrisiert und quantifiziert werden. Werden die Differenzen des Mischungsverhältnisses M nicht nur in der turbulenten Mischungsschicht über der Vegetation, sondern im Übergangsbereich bis hin zum Blattinneren und zur Bodenoberfläche erfaßt, so müssen noch weitere in Reihe oder parallel angeordnete Widerstände ermittelt werden. In einem Pflanzenbestand mit ausgeprägtem Kronen- und Stammraum jedoch ist es noch sehr unsicher, wie die turbulenten Transportprozesse mit R_{A2} und R_{A2S} beschrieben werden können.

Der gesamte Transferwiderstand zwischen Atmosphäre und Blättern/Nadeln oder zwischen Atmosphäre und Boden wird noch von laminar-turbulenten Widerständen R_{B1} und R_{B2} und den Blatt/Nadel-Widerständen R_{Blatt} bzw. dem Bodenwiderstand R_G beeinflußt.

Turbulente Luftwirbel, die fast bis an die Oberflächen heranreichen, können den laminar-turbulenten Gasfilm direkt an der Oberfläche mit den Widerständen R_{B1} und R_{B2} nicht ganz auflösen, sondern ihn nur ständig deformieren und verändern, so daß sich nur im zeitlichen und räumlichen Mittel das Bild eines einheitlichen gasförmigen Films um die Oberflächen herum der Realität annähert. Die quasi-laminaren Widerstände R_{B1} im Kronenraum und R_G über dem Boden werden mit strömungsphysikalischen Ansätzen parametrisiert und angenähert (z. B. Thom 1972; Baldocchi 1988; Duyzer u. Fowler 1993; Kramm 1995).

Die Widerstände R_{A1} und R_{B1} werden hauptsächlich von meteorologischen Bedingungen und Formgrößen der Vegetation bestimmt. Bei Gasen bestimmen aber in den meisten Fällen die nachgeschalteten Widerstände der Vegetation die trockene Deposition. Diese werden mehr durch biochemisch-physikalische Prozesse gesteuert, so daß sie in meteorologischen Modellvorstellungen oft vernachlässigt werden.

Der Nadel/Blatt-Widerstand R_{Blatt} setzt sich aus zwei parallelen Widerständen R_K und $(R_S+R_M+R_{BC})$ zusammen (Abb. 2-2):

$$\frac{1}{R_{Blatt}} = \frac{1}{R_K} + \frac{1}{R_S + R_M + B_{BC}} \tag{2}$$

R_K kennzeichnet den Widerstand der Kutikula und R_S den Diffusionswiderstand durch die Stomataöffnungen, R_M bzw. R_{BC} die Widerstände bei der Aufnahme des Gases in die apoplastische Lösung bzw. bei den nachfolgenden biochemischen Reaktionen in den einzelnen

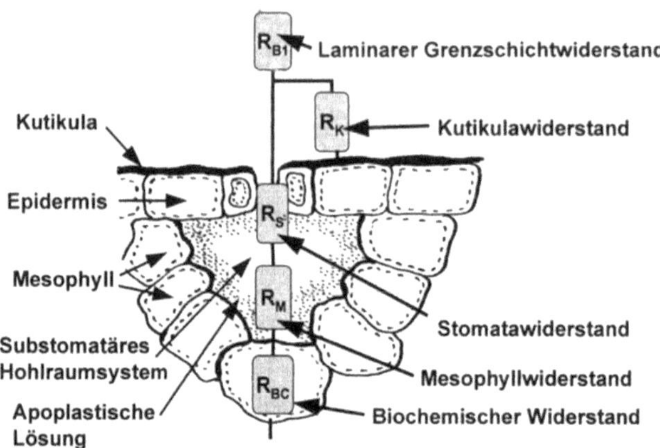

Abb. 2-2. Schematische Darstellung der Transferwiderstände auf Nadel-/Blattebene. Zu sehen ist der Aufschnitt einer Nadel im Bereich einer Stomata. Die wachsartige Schutzschicht (Kutikula), die äußeren Nadelzellen (Epidermis), die inneren Nadelzellen (Mesophyll), das im Blatt verzweigte Hohlraumsystem mit der an den Zelloberflächen anliegenden wäßrigen Lösung (Apoplast)

Kompartimenten des Nadelinneren. R_K hängt sicher von der relativen Feuchte an der Oberfläche der Kutikula ab, da sie mitbestimmt, wieviel Wasser an den Nadeln/Blättern angelagert ist und welche chemische Zusammensetzung dieses Wasser hat. R_S wird von der Pflanze geregelt entsprechend der Intensität photosynthetisch aktiver Strahlung, dem Wasserdampfdefizit zwischen substomatären Hohlraumsystemen und dem Kronenraum, der Blatt/Nadeltemperatur, den biochemischen pflanzenphysiologischen Umsetzungen und dem Wasserstatus im Wurzelraum.

Haben Gasmoleküle aus der Atmosphäre die quasi-laminare Grenzschicht am Blatt überwunden und sind durch die Spaltöffnungen entlang ihres Konzentrationsgradienten in die substomatären Hohlräume des Blattes diffundiert, so kann auch ihr Transfer in die apoplastische Lösung und auf die inneren Mesophyllwände so interpretiert werden, daß die Moleküle einen Transportwiderstand überwinden müssen (Abb. 2-2).

Die Transfergeschwindigkeit, mit der Spurengase in die apoplastische Lösung eindringen, hängt davon ab, wie schnell die Komponenten physikalisch gelöst, wie weit sie anschließend dissoziiert werden und wie sie weiter reagieren können. Die Transferrate wird deshalb auch wesentlich dadurch bestimmt, wie schnell die absorbierten Komponenten in Stoffwechselvorgänge der Pflanzen eingebunden werden.

Ähnlich wie der quasi-laminare Grenzschichtwiderstand, der Kutikulawiderstand und der Stomatawiderstand ist auch der Mesophyllwiderstand für verschiedene Komponenten sehr unterschiedlich und für eine Komponente auch zeitlich und räumlich sehr variabel. Beim Transport durch das pflanzliche Gewebe wird zwischen dem apoplatischen und dem symplastischen Bereich unterschieden, je nachdem, ob ein Transport durch die Zellwände oder im Zellinneren abläuft. Im Pflanzengewebe kann sich auch zwischen Räumen innerhalb und außerhalb der Zellen die Reaktivität unterscheiden, so daß der Transferweg von Komponenten noch differenziert werden kann.

In das Blattinnere eindringende Komponenten können chemisch abgefangen oder durch Entgiftungsprozesse der Pflanzen geschwächt werden. Durch diese Prozesse können aber wiederum die Spurenstoffgradienten vergrößert werden, so daß die Aufnahme dieser Stoffe aus der Atmosphäre erhöht werden kann.

Reaktive Sauerstoffkomponenten sind potentiell sehr wirkungsvolle chemische Komponenten. In der Regel ist ihr Mesophyllwiderstand klein, und ihre Stoffkonzentrationen sind deshalb in der substomatären Höhle sehr gering. Der Spurenstofffluß reaktiver Spezies in das Blattinnere wird daher am stärksten von der atmosphärischen Konzentration und dem stomatären Widerstand gesteuert.

Erreichen reaktive Sauerstoffverbindungen die Lösungen außerhalb der Zellmatrix, so werden aus ihnen oft toxische Sauerstoffradikale gebildet. Dringen diese Radikale zum Zellinneren vor, so können sie Zellwände und organische Moleküle wie Eiweiße und Fette direkt schädigen. Dadurch kann die Permeabilität der Zellwände verändert, die damit verbundenen Stoffwechselvorgänge in Pflanzenzellen gestört und das Auswaschen von biologisch sehr aktiven Komponenten erhöht werden (Guderian et al. 1989). Neuere Untersuchungen zeigen, daß Pflanzenzellen den oxidativen Streß nicht erst in den strukturierten Bereichen innerhalb der Zellen abwehren, sondern daß schon vorher in der apoplastischen Lösung aktiv entgiftet wird (Polle 1998).

Gase können aber auch direkt an der Blattoberfläche absorbiert werden. Die Absorption auf den äußeren Nadel-/Blattflächen hängt von den chemischen Eigenschaften der Oberflächen und daher auch besonders von der relativen Feuchte ab. Die relative Feuchte bezogen auf die Blattoberflächentemperatur bestimmt, wie effektiv auf den Nadeln/Blättern absorbierte Wassermoleküle andere Moleküle, z.B. SO_2-Moleküle, absorbieren können.

Sind die Spaltöffnungen geöffnet, so kann SO_2 in das Nadelinnere diffundieren, sich dort physikalisch lösen und Bisulfit, Sulfit und Protonen bilden und dann weiter reagieren. Bei pH-Werten einer Lösung zwischen etwa 2 und 7 liegt das Dissoziationsgleichgewicht reversibel absorbierter SO_2-Moleküle [S(IV)] auf der Seite des HSO_3^-. In der apoplastischen Lösung stellt sich schnell ein Gleichgewicht zwischen dem physikalisch gelösten SO_2, den Dissoziationskomponenten HSO_3^- und SO_3^{2-} sowie dem gasförmigen SO_2 in der substomatären Höhle ein. Das in der apoplastischen Lösung physikalisch gelöste $SO_2 \cdot H_2O$ und die dort gebildeten Bisulfit- und Sulfit-Ionen können sehr schnell biochemisch weiter reagieren. Die dadurch dem Gleichgewicht entzogenen S(IV)-Komponenten werden aus der Gasphase nachgeliefert und bewirken dadurch eine SO_2-Aufnahme aus der Atmosphäre in die Pflanze (z.B. Rennenberg u. Polle 1994). Zur Wirkungsweise des absorbierten SO_2 in der Pflanze s. Bd. 2A, Kap. 4.3.

Ein Transferweg kann jedoch auch genau in umgekehrter Richtung verlaufen. In den Zelllösungen können Komponenten – wie z.B. Ammonium (NH_4^+) – auftreten, die in gasförmige Komponenten umgewandelt werden können. Ob ein Gastransfer von der Atmosphäre in die Blätter hinein oder aus ihnen heraus in die Atmosphäre erfolgt, hängt davon ab, wie groß die atmosphärische Konzentration von Ammoniak (NH_3) in der Atmosphäre und die Gleichgewichtskonzentration von NH_3 über der Zellösung in den Atmungshöhlen hinter den Spaltöffnungen sind. Liegt die atmosphärische Konzentration höher als die Gleichgewichtskonzentration im Blattinnern, so wird NH_3 ins Blatt hinein diffundieren und dort absorbiert werden. Liegt sie niedriger, so wird NH_3 aus dem Blatt durch die Spaltöffnungen emittiert. Sind die beiden Konzentrationen gleich, so wird kein NH_3 transferiert. Diese Konzentration wird Kompensationskonzentration $C_{NH_3,Komp}$, aber auch Kompensationspunkt genannt. Sie hängt beim Ammoniak wesentlich von der Temperatur des Blattinneren, dem pH-Wert und der NH_4^+-Konzentration in der apoplastischen Lösung ab:

$$C_{NH_3,Komp} = \frac{OH^- \cdot NH_4^+}{K_{Diss} \cdot K_{Henry}} \tag{3}$$

K_{Henry} Henry-Konstante des NH_3,
K_{Diss} Dissoziationskonstante des physikalisch gelösten $NH_3 \cdot H_2O$,
NH_4^+, OH^- Konzentrationen in der Lösung,
$C_{NH3,Komp}$ NH_3-Kompensationskonzentration in der Atmosphäre.

Für atmosphärisch wichtige Komponenten wie Ammoniak (NH_3) und Stickstoffmonoxid (NO) wurden Kompensationskonzentrationen in der Luft bei Feldmessungen mit Pflanzen, Böden und über Lösungsoberflächen ermittelt. Für Ammoniak in der Luft konnten Kompensationskonzentrationen von unter 0,1 ppb bis zu 10 bis 20 ppb gefunden werden, je nach Blatt-/Nadel-/Wassertemperaturen, pH-Werten und Ammoniumgehalten der beteiligten Lösungen und Art des biochemischen Systems (z.B. Gravenhorst u. Breiding 1990; Schäfer et al. 1993; Sutton et al. 1995). Ammoniak wird im wesentlichen durch Verflüchtigung aus Wirtschaftsdünger (Harn, Kot von Rindern) und Mineraldünger an der Erdoberfläche emittiert und durch trockene Deposition von Ammoniak und ammoniumhaltigen Partikeln und im Regen/Schnee wieder zum Erdboden zurücktransportiert (Lenhard u. Gravenhorst 1980; Böttger et al. 1978; Asman u. Jensen 1993; Asman et al. 1994). Von sauren nicht ammoniumgesättigten Böden und Lösungen (Benetzungsfilme von Vegetationsoberflächen, Lösungen im Inneren von Pflanzen, Gewässeroberflächen, Regen- und Wolkentropfen) kann NH_3 wieder aufgenommen werden. Beim NH_3-Transfer zwischen Böden und der Atmosphäre zeigte sich eine Abhängigkeit vom pH-Wert und der Temperatur des Bodens. Bei Böden mit pH-Werten im Bereich von 6 bis 8 wurden im Sommer NH_3-Quellstärken von 4 ± 2 µg/(m^{2}h) (Goethel 1980) und 12 ± 11 µg/(m^{3}h) (Lenhard 1977; Georgii u. Lenhard 1978), im Winter unter 1 µg/(m^{2}h) gemessen. Saure Böden absorbierten NH_3 (Goethel 1980; Sutton et al. 1995). Pflanzenbewuchs der Böden verringerte die Freisetzung von NH_3, während Laubstreu (Buche, Obstbäume) die NH_3-Freisetzung im Herbst stark erhöhte (Abb. 2-3).

Mit einem Widerstandsmodell (Abb. 2-1, 2-2) versuchen Sutton et al. (1995), Quellen und Senken von NH_3 in einem Pflanzenbestand zu simulieren, indem sie die Widerstände R_S und R_K quantifizieren und

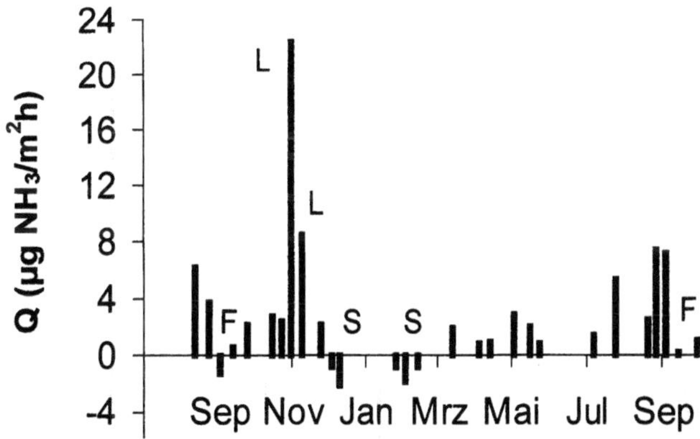

Abb. 2-3. Emission und Absorption von Ammoniak von einem grasbewachsenen Feld, Braunerde pH 6,4, nicht gedüngt, August 1978–September 1979 (Goethel 1980). F: feuchter Boden nach oder während eines Regenereignisses, S: Schnee, L: Laubstreu

Kompensationskonzentrationen in den substomatären Hohlräumen abschätzen. Mit diesem Widerstandmodell können Messungen des NH_3-Austausches zwischen Atmosphäre und Pflanzengesellschaften generell strukturiert, parametrisiert und verglichen werden (Farquhar et al. 1980; Harrison et al. 1989; Gravenhorst u. Breiding 1990; Schjörring 1991; Schjörring et al. 1993; Wyers et al. 1993; Ibrom et al. 1995). Im Einzelfall ist der NH_3-Transfer zwischen Atmosphäre und Vegetation aber schwierig zu quantifizieren, da die ökosysteminternen Flüsse nicht genau von den Transferprozessen mit der Umgebung von Ökosystemen zu trennen sind.

Neben dem NH_3-Transfer durch die Spaltöffnungen kann nämlich auch NH_3 auf der äußeren Oberfläche der Nadeln/Blätter abgeschieden werden. Wasser, also auch Wasserfilme, auf der Oberfläche von Nadeln/Blättern, absorbiert/absorbieren NH_3 aus der Atmosphäre, solange für den Lösungsfilm gilt:

$$c_{NH_3,atm} > c_{NH_3,film}$$

$c_{NH_3,atm}$ NH_3-Konzentration in der Atmosphäre,
$c_{NH_3,film}$ NH_3-Konzentration über dem Lösungsfilm.

Aus dem Blatt-/Nadelinnern kann also NH_3 emittiert werden, der dann möglicherweise auf der Nadeloberfläche wieder deponiert wird. Außerdem kann NH_4^+ in der Krone und in der Kronentraufe von Mikroorganismen aufgenommen werden, so daß der NH_4^+-Fluß mit der Kronentraufe geringer sein kann als mit dem Freilandniederschlag. Aus dem Blattinnern wird NH_4^+ kaum mit Regen- und Nebelwasser ausgewaschen (Ibrom 1994; Veithen 1996; Marques 1998). Die NH_4^+-Eintragsrate mit der Kronentraufe ist daher die untere Grenze für den $(NH_3 + NH_4^+)$-Eintrag in terrestrische Ökosysteme aus der Atmosphäre.

Für NO-Depositionsraten und NO-Quellstärken an der Grenzfläche Atmosphäre – Vegetation – Boden gibt es bisher nur wenige Feldmessungen. Sie deuten darauf hin, daß NO von Böden mit Quellstärken von einigen $\mu g/(m^2h)$ bis zu 100 $\mu g/(m^2h)$ Stickstoff freigesetzt werden kann und Kompensationskonzentrationen von wenigen ppb bis zu fast 50 ppb erreicht werden können (Gravenhorst u. Böttger 1980; Slemr u. Seiler 1984; Weseley 1989; s. hierzu auch Bd. 1A, Kap. 2.4.2).

Die atmosphärischen Widerstände der turbulenten und der laminar-viskosen Grenzschicht bilden bei den meisten gasförmigen Spurenstoffen nicht den geschwindigkeitslimitierenden Widerstand für einen Transfer, sondern die unmittelbaren Nadel-/Blattwiderstände der Kutikula R_K und der Spaltöffnungen R_S mit nachgeschalteten Mesophyll- und biochemischen Widerständen R_M und R_{BC}. Die einzelnen Blattwiderstände generell zu quantifizieren, gelingt nur in erster Näherung bei R_S. R_S kann z.B. auf Bestandsebene durch Messung der Wasserdampfstromdichte über dem Bestand und der Nadel-/Blatt-Temperaturen und der Wasserdampfkonzentration im Kronenraum errechnet werden, wenn der Wasserdampftransport vom Waldboden in den Stammraum und durch die Kutikula in den Kronenraum vernachlässigt wird. Auf Blatt-/Zweig-Ebene kann R_s durch Gaswechselmessungen bei verschiedenen Bedingungen ermittelt werden. R_S wird nicht durch chemische Reaktionen, sondern nur durch einen Diffusionswiderstand bestimmt. Daher kann der für H_2O ermittelte Wert auf andere Spurengase aufgrund der verschiedenen molekularen Diffusionskonstanten übertragen werden. R_K, R_M und R_{BC} können zur Zeit für reaktive Gase nur empirisch abgeschätzt werden. In Abb. 2-4 sind exemplarisch Widerstände für den vertikalen Transport für die turbulente Atmosphäre R_{A1}, für die laminar-viskose Grenzschicht $R_{B1,}$ und für die Spaltöffnungen R_S auf Bestandesebene für H_2O-Moleküle für einen Fichtenaltbestand aufgezeichnet. Sie wurden aus Feldmessungen abgeleitet. Es wird deutlich, daß der turbulente atmosphärische Widerstand R_{A1} und der quasilaminare Grenzschichtwiderstand R_{B1} für diese Bedingungen nicht die Transfergeschwindigkeit limitieren. Der Wasserdampftransport aus den Nadeln in die Atmosphäre wird wesentlich durch die Spaltöffnungen gesteuert, deren aktuelle Öffnungsweite wiederum wesentlich von atmosphärischen und bio-

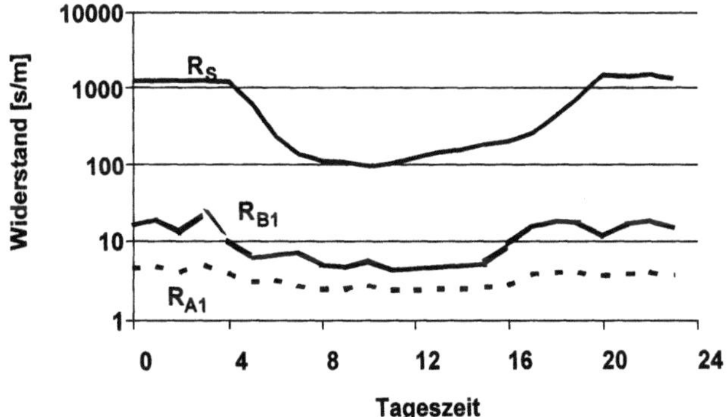

Abb. 2-4. Mittlere Transferwiderstände für H_2O für einen Fichtenaltbestand ($d = 22$ m, $z_0 = 2{,}4$ m, Schubspannungsgeschwindigkeit $u^* = 0{,}6 \pm 0{,}3$ m/s) im Tagesverlauf für August. Der turbulente vertikale Transportwiderstand über dem Bestand (R_{A1}), der laminare Grenzschichtwiderstand um die Nadeln (R_{B1}), der Transportwiderstand für die molekulare Diffusion durch die Stomataöffnungen (R_S) wurden jeweils aus Feldmessungen abgeleitet

chemischen Einflüssen abhängt. Die nachgeschalteten Widerstände R_M und R_{BC} (Abb. 2-2) können größer oder kleiner als R_S sein. Sie entscheiden, ob die interne Aufnahme diffusions-limitiert oder biochemisch limitiert ist.

Dieses Widerstandskonzept ermöglicht es auch, nicht nur Depositionsraten, sondern auch Emissionsraten zu charakterisieren. Zum Beispiel nehmen bei einer bestimmten Stärke der Solarstrahlung Nadeln/Blätter genausoviel CO_2 durch die Spaltöffnungen auf wie sie durch Atmung generell abgeben. CO_2 kann in beide Richtungen transferiert werden. Auch an Ozeanoberflächen kann CO_2 in beide Richtungen ausgetauscht werden, je nach der atmosphärischen CO_2-Konzentration und der CO_2-Gleichgewichtskonzentration des Oberflächenwassers.

Ein vertikaler Schnitt durch eine Konzentrationsverteilung bei einem Gastransfer zwischen Gasphase und Flüssigphase ist in Abb. 2-5 vereinfacht dargestellt. Zwei quasi-laminare Filme in der Gasphase und in der Flüssigphase grenzen aneinander. Die an sie anschließenden Transferwiderstände in den turbulenten Luft- und Wasserschichten werden vernachlässigt, so daß jeweils nahezu konstante Konzentrationen in den turbulenten Schichten angetroffen werden. Im Fließgleichgewicht können über die quasi-laminaren Grenzschichten hinweg Unterschiede der Konzentrationen auftreten. In dem Fall in Abb. 2-5 werden Gasmoleküle von der Atmosphäre in das Wasser transferiert. Im dynamischen Fließgleichgewicht gilt, daß die Stoffstromdichte in der Atmosphäre F_a gleich der Stoffstromdichte in der Lösung F_w ist.

Dissoziiert die physikalisch gelöste Komponente in der Lösung, so kann ihre Konzentration noch mit dem Faktor $n \geq 1$ multipliziert wer-

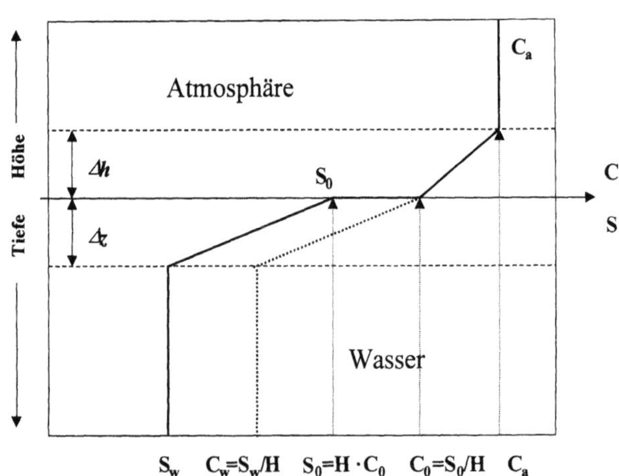

Abb. 2-5. Vereinfachte Konzentrationsverteilung eines Spurengases im dynamischen Fließgleichgewicht mit einer Fließrichtung von der Atmosphäre in das Wasser

den, um die im reversiblen Gleichgewicht mit der Gasphase stehende Gesamtmenge in der Lösung zu erhalten. Es gilt dann nach dem Differenzansatz:

$$F_W = \frac{D_W}{\Delta z} \cdot n \cdot K_{Henry} \cdot (C_0 - C_W) \tag{4}$$

und

$$F_a = \frac{D_g}{\Delta h} \cdot (c_a - c_0) \tag{5}$$

Wenn für die Faktoren in Gl. 4 und 5 gilt:

$$\frac{nK_{Henry}D_W}{\Delta z} \gg \frac{D_g}{\Delta h} \tag{6}$$

dann folgt bei $F_a = F_W$:

$$C_0 - C_W \ll C_a - C_0$$

oder

$$C_0 \approx C_W$$

$$S_0 \approx S_W.$$

Das bedeutet, daß ein Konzentrationsunterschied in der Lösungsphase kaum auftritt. In dem Fall von Beziehung (Gl. 6) ist der Transferwiderstand im Wasser daher zu vernachlässigen. Der quasi-laminare Film in der Gasphase über der Wasseroberfläche limitiert dann den Gasaustausch. Für Komponenten mit hoher physikalischer Löslichkeit (großer Henry-Konstante K_{Henry}) und schneller Dissoziation wird nicht der Widerstand in der wässrigen Lösung die Transferrate bestimmen, sondern vielmehr der Widerstand in der Gasphase (z.B. bei H_2O, SO_2, NH_3). Für Gase mit geringer physikalischer Löslichkeit und langsamer und geringer Dissoziation (z.B. N_2, O_2, CH_4, CO_2) wird die Flüssigphase den Transfer limitieren. Die Ausdrücke auf der linken und rechten Seite von Gl. 6 haben die Dimension einer Geschwindigkeit und können als Transfergeschwindigkeit, Depositionsgeschwindigkeit, Kolbengeschwindigkeit oder Verflüchtigungsgeschwindigkeit bezeichnet werden, je nachdem, in welche Richtung der Stoff transportiert wird. Die Transfergeschwindigkeit für weniger gut lösliche Gase wird durch den Widerstand auf der Flüssigphasenseite bestimmt

(Liss 1983; Saltzman 1995). Bei freien Wasseroberflächen hängt dieser von der Windstärke über dem Wasser ab. Bis zur Windstärke, bei der erste Schaumkämme auftreten, nimmt die Transfergeschwindigkeit linear mit der Windgeschwindigkeit zu, darüber hinaus steigt sie überproportional an. Luftblasen, die in die Oberflächenschicht des Wassers bei brechenden Wellen vermehrt eingemischt werden, fördern den Gasaustausch zwischen Atmosphäre und Wasser.

Dieses Widerstands-Transferkonzept kann für vielerlei Situationen gelten, in der die Atmosphäre an andere Bereiche angrenzt. Die Deposition von Spurengasen in Wolken- und Regentropfen (z.B. SO_2, NH_3), in und an Organismen (CO_2, NO, O_2) und Materialien (Säuren), in Seen und Meere (N_2O, CO_2), aber auch die Freisetzung von Gasen aus Pflanzen (z.B. CO_2, O_2), Tieren (CH_4), Gewässern (z.B. CH_4, H_2, N_2O), Böden (z.B. CO_2, NO, N_2O), Vorratslagern (z.B. Gülle NH_3) können nach diesem Konzept abgeschätzt werden. Konzentrationen der transportierten Komponenten können in den beiden Medien, die aneinander grenzen, oft gut quantifiziert werden (z.B. O_3 in der Pflanze und in der Bestandesluft; $NH_3 \cdot H_2O$ in der Gülle und NH_3 im Freiland, N_2O im Boden und in der bodennahen Grenzschicht, CO_2 in der Atmosphäre und im Ozean, Partikel in der Atmosphäre). Schwierigkeiten, die Transportraten anzugeben, liegen meistens darin, die hintereinander und parallel „geschalteten“ Transportwiderstände und ihre Abhängigkeit von Umweltparametern und physikalischen und chemischen Reaktionen und biologischen Anpassungen zu quantifizieren.

2.2.2 Quantifizierung mit der Eddy-Kovarianz-Methode

Raten der trockenen Deposition von atmosphärischen Komponenten an der Erdoberfläche können nicht nur mit „Profilmethoden“ über den Akzeptorflächen – wie oben beschrieben –, sondern auch mit „Eddy-Kovarianz-Messungen“ (wissenschaftlich nicht ganz korrekt auch „Eddy-Korrelations-Methode“ genannt) in der atmosphärischen Grenzschicht erfaßt werden. Bei „Eddy-Kovarianz-Messungen“ wird versucht, die Strukturen der turbulenten Strömung in der bodennahen Atmosphäre aufzulösen und den mit ihnen verbundenen Netto-Transport zu quantifizieren. Die vertikale Luftgeschwindigkeit, mit der Eigenschaften in Luftwirbeln nach oben oder nach unten transportiert werden, wird hochfrequent (≈ 10 Hz) und gleichzeitig mit der Konzentration einer transportierten Eigenschaft (z.B. Wärmeinhalt, Konzentration von Gasen wie H_2O, CO_2, O_3 oder von Parti-

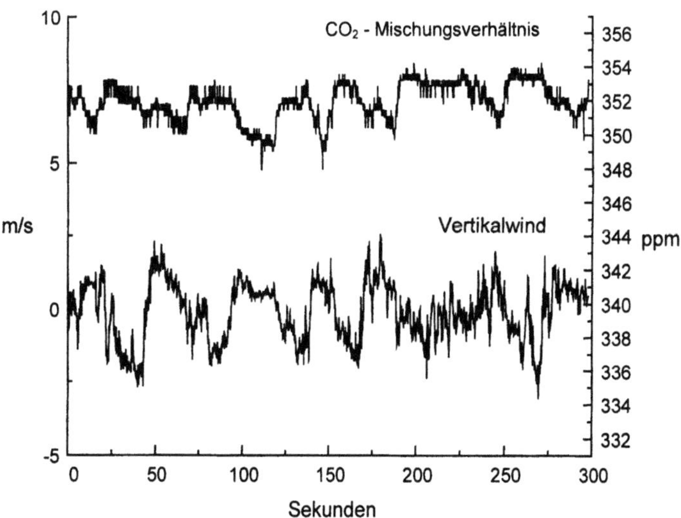

Abb. 2-6. Hoch aufgelöste Zeitreihen von CO_2-Mischungsverhältnis und vertikaler Windgeschwindigkeit über einem Fichtenbestand im Solling – beide Größen korrelieren miteinander (nach Ibrom u. Morgenstern 1999, unveröffentlichte Daten)

keln) gemessen (Abb. 2-6) und die momentane vertikale Stromdichte der gemessenen Eigenschaften daraus als Produkt von Transportgeschwindigkeit und Eigenschaftskonzentration abgeleitet. Die Netto-Bilanz der so erfaßten hochfrequenten vertikalen Stromdichten über einen Zeitraum (ca. 30 min) ergibt eine mittlere vertikale Stromdichte der Lufteigenschaft am Meßort. Der vertikale Vektor der momentanen Windgeschwindigkeit wird meistens mit einem Ultra-Schall-Anemometer erfaßt. Bei diesem Gerät wird ausgenutzt, daß sich die Schallgeschwindigkeit in strömender Luft in Abhängigkeit von Strömungsrichtung und Strömungsgeschwindigkeit verändert. Die untersuchten transportierten Eigenschaften müssen in gleicher Frequenz wie die vertikale Windgeschwindigkeit aufgelöst werden, so daß nur fast trägheitsfreie Nachweismethoden eingesetzt werden können. Die an dem unmittelbaren Meßort bestimmte Stromdichte wird oft interpretiert als eine Stromdichte, die repräsentativ für eine größere Grenzfläche zwischen Atmosphäre und Vegetation, Böden oder Wasseroberflächen ist. Dazu müssen bestimmte Randbedingungen erfüllt sein: Der Meßort muß hoch genug über der Grenzfläche liegen, damit nicht stationäre Wirbel, die in der Nähe von Rauhigkeitselementen in der Grenzfläche auftreten können, sondern eine ungeordnete turbulente Strömung erfaßt wird. Der Meßort darf aber auch nicht oberhalb einer bestimmten Höhe liegen, da sonst die Eigenschaften nicht der Grenzfläche erfaßt werden, die den Standort charakterisiert, sondern einer

Grenzfläche, die weit windaufwärts liegt und eventuell ganz andere Eigenschaften hat. Die Rauhigkeit der Grenzfläche darf sich auch in der Nähe windaufwärts nicht ändern, da sonst die Meßhöhe außerhalb der internen Grenzschicht liegen kann und die dort in der Meßhöhe gewonnenen Meßwerte nicht die Grenzfläche unterhalb des Meßinstruments charakterisieren. Die Fläche, die sich homogen windaufwärts erstrecken muß, um repräsentative Meßwerte erfassen zu können, wird Quellgebiet genannt. Am selben Meßort kann der sogenannte „fetch", das tatsächlich homogene Anströmfeld, in verschiedenen Richtungen und auch in einer Richtung sehr unterschiedlich sein, je nachdem, wie die mechanische und thermische Stabilität der unteren Luftschicht durch Strahlung und Strömungsgeschwindigkeiten beeinflußt wird. Über die Quellregion der gemessenen Eigenschaft in bezug zum Meßort diskutieren z.B. Gash (1986), Schuepp et al. (1990), Wilson u. Swaters (1991), Laubach et al. (1994), Foken et al. (1995), Ibrom et al. (1996). Da über längere Zeiten (etwa 30 min) gemittelt werden muß, um die Anteile aller Frequenzbereiche sinnvoll zu integrieren, sollten die Strömungsverhältnisse stationär sein. Die Eddy-Kovarianz-Methode erfaßt nur die turbulente Stromdichte und nicht die Stromdichten mit der mittleren vertikalen Strömung, die z.B. bei stationärer Thermik oder in hügeligem Gelände ganz erheblich sein kann. Probleme, die bei Eddy-Kovarianz-Messungen und ihrer Interpretation auftreten können, werden z.B. bei Kaimal u. Finnigan 1994, Foken 1995 und Ibrom et al. 1996, 1999 ausführlich diskutiert. Die Methode wird zur Zeit vor allem dafür eingesetzt, vertikale CO_2- und H_2O-Stromdichten zu bestimmen, um Kohlenstoff- und Wasserbilanzen von verschiedenen Ökosystemen in Europa und in Übersee zu erstellen und die biologische-atmosphärische Steuerung dieses Stoffaustausches zu quantifizieren. Aber auch für andere Komponenten (z.B. O_3, Schwefel, Partikel) werden Eddy-Kovarianz-Messungen eingesetzt, um vertikale Transporte aus der Atmosphäre zu quantifizieren (z.B. Neuman u. den Hartog 1985; Lamaud et al. 1994).

2.2.3 Parametrisierung der trockenen Deposition mit der Depositionsgeschwindigkeit

Die trockene Deposition von Gasen hängt wesentlich von den chemischen Eigenschaften der Gase und der Akzeptoren ab. Die trockene Deposition von luftgetragenen Partikeln hängt dagegen kaum von den chemischen Eigenschaften der Partikel und des Akzeptors ab. Demgegenüber bestimmen vorwiegend die physikalischen Eigenschaften der luftgetragenen Partikel und des Akzeptors die Depositionsrate. Die Größe der Partikel und damit die Masse und die Beweglichkeit der Partikel, die Windgeschwindigkeit und die Form der einzelnen Akzeptoren und die Architektur der Akzeptoren als Gesamtheit bestimmen, wie effektiv luftgetragene Partikel trocken abgelagert werden. Die Transfergleichung in der Atmosphäre (Gl. 5) kann vereinfacht werden, um den Stofftransfer F_P zu beschreiben:

$$F_P = D_P \frac{c_a - c_0}{z_a - z_0} \tag{7}$$

mit c_a, c_0 den Spurenstoffkonzentrationen in den Referenzhöhen z_a und z_0. Wird angenommen, daß in der Höhe $z_0 = 0$ die Konzentration $c_0 = 0$ ist, so folgt:

$$F_P = \frac{D_P}{z_a} \cdot c_a$$

oder

$$F_P = v_D \cdot c_a \tag{8}$$

In der so definierten Depositionsgeschwindigkeit v_D stecken alle Einflußgrößen der luftgetragenen Spurenstoffe, der atmosphärischen Grenzschicht und der Akzeptoroberfläche, die den Transferprozeß bestimmen. Sie ist daher ein gut geeigneter Parameter, mit dem über viele Bedingungen gemittelte generelle Transferbedingungen quantifiziert werden können. Beschreibt eine Depositionsgeschwindigkeit eines Stoffes einen mittleren Transferprozeß aus der Atmosphäre zum Erdboden angemessen, so kann aus einer Konzentrationsmessung in der Atmosphäre eine Stromdichte abgeleitet werden. Da Konzentrationen von luftgetragenen Spurenstoffen einfacher zu messen sind als Stromdichten dieser Stoffe, wird intensiv daran gearbeitet, repräsentative Depositionsgeschwindigkeiten für Gase und Partikel zu bestimmen. Die Depositionsgeschwindigkeiten für atmosphärische Partikel und für Gase können so veranschaulicht werden, daß sie die vertikale Abwärtsbewegung einer Säule durch den Erdboden repräsentieren. Für verschiedene Komponenten und unterschiedliche Erdoberflächen bewegt sich dieselbe Säule unterschiedlich schnell nach unten. Bei einer Depositionsgeschwindigkeit von etwa 1 cm/s wird eine Spurenstoffmenge, die in einer Säule von 864 m Höhe enthalten ist, innerhalb eines Tages aus der Atmosphäre entfernt. In der gleichen Säule kann sich ein anderer Spurenstoff mit der Depositionsgeschwindigkeit von 0,1 cm/s befinden. Die Säule bewegt sich dann für diesen Spurenstoff zur selben Zeit am selben Ort mit einer Kolbengeschwindigkeit von nur 86 m pro Tag nach unten.

Es wurden und werden Modelle entwickelt und Feldmessungen durchgeführt, um v_D für verschiedene Bedingungen zu quantifizieren (z.B. Chamberlain 1966; Slinn 1983; The Nordic Council of Ministers 1993).

Dabei wird bei Partikeln der Einfluß der Sedimentationsgeschwindigkeit, der Trägheit (Impaktion) und der Brownschen Molekularbewegung auf die trockene Deposition parametrisiert. Bei Gasen werden vor allem die turbulenten Widerstände und die Oberflächenwiderstände abgeschätzt.

Generell ist es möglich, wesentliche Einflußgrößen für die Depositionsrate von luftgetragenen Partikeln bei unterschiedlichen Bedingungen einschätzen zu können. Die wirklichen Bedingungen (z.B. mit Elektrophorese, Thermophorese), die die Partikeldeposition in der realen atmosphärischen Grenzschicht bestimmen, genau zu quantifizieren, ist jedoch kaum möglich. Auch bei Gasen ist es schwierig, die im Feld sich einstellenden Oberflächenwiderstände, die meist die Depositionsraten limitieren, zu quantifizieren. Modellbeschreibungen der Deposition enthalten daher Faktoren, die empirische Erfahrungen berücksichtigen. Es ist daher sehr hilfreich, v_D im Freiland mit in der Atmosphäre vorkommenden Partikeln und Gasen für typische Bedingungen der Grenzschicht Atmosphäre – Erdoberfläche zu bestimmen.

Die Depositionsgeschwindigkeit v_D kann als Transferrate aufgefaßt werden, die mit einer Luftkonzentration c_z des transportierten Spurenstoffes normiert worden ist:

$$v_z = \frac{F_a}{c_z} \tag{9}$$

Hierbei wird angenommen, daß die Transferrate umgekehrt proportional der ersten Potenz der Luftkonzentration ist. Für Partikel kann dies angenommen werden. Für Gase muß dies jedoch generell nicht der Fall sein. Zum Beispiel könnte gelten:

$$v_z \sim \frac{1}{c_z^2} \tag{10}$$

Z.B. wird NO_2 bei atmosphärischen Mischungsverhältnissen im Bereich 10^{-9} NO_2-Moleküle pro 1 Luftmolekül sehr langsam vom Wasser absorbiert (Beilke 1970; Böttger et al. 1978; Lee u. Schwartz

1981). Dies kann daher rühren, daß primär nicht NO_2, sondern N_2O_4 vom Wasser aufgenommen wird. NO_2 steht in der Gasphase im Gleichgewicht mit N_2O_4, das in Wasser zu Nitrit und Nitrat disproportioniert:

$$2\,NO_2 \xleftrightarrow{K_{11}} N_2O_4 \tag{11}$$

$$N_2O_4 + H_2O \xrightarrow[K_{12}]{} NO_2^- + NO_3^- + 2\,H^+ \tag{12}$$

Der zeitlichen Änderung der (NO_2^- + NO_3^-)-Konzentration im Wasser entspricht die Rate des aufgenommenen N_2O_4. Diese ist nach Gl. 12 proportional der N_2O_4-Konzentration in der Luft und mit Gl. 11 proportional der zweiten Potenz der NO_2-Konzentration:

$$-F_a = +\frac{d(NO_2^- + NO_3^-)}{dt} = -k_{12}(NO_2)^2 \tag{13}$$

In atmosphärischen Feldmessungen konnte bisher eine solche quadratische Abhängigkeit jedoch noch nicht aufgelöst werden.

Außerdem ist v_D in Gl. 8 von der gewählten Luftkonzentration c_z abhängig. Die Konzentrationen von Spurenstoffen können sich mit der Höhe z ändern. Diese Änderung ist bei konstanter vertikaler Stromdichte in der Nähe der Erdoberfläche am größten, da die vertikalen turbulenten Diffusionskoeffizienten sich in Erdbodennähe am stärksten ändern. Damit die Wahl der Höhe nicht so einen großen Einfluß auf c_z und deshalb auf v_D hat, wird meistens als Referenzhöhe z ein Niveau gewählt, in der der vertikale Konzentrationsgradient gering ist und meistens auch meßtechnisch nicht mehr routinemäßig aufgelöst werden kann. Das Meßniveau liegt meistens im Bereich von 5 bis 10 m über Grund. In atmosphärischen Transportmodellen werden auch höhere Niveaus gewählt.

Ein quantitativer Wert einer Depositionsgeschwindigkeit v_D resultiert nicht nur aus einer Spurenstoffkonzentration c_z in einer bestimmten Höhe. Auch die Flußraten der Spurenstoffe sind auf eine Fläche in einer bestimmten Höhe bezogen. Diese Fläche kann direkt die Oberfläche der Vegetationselemente, des Bodens oder des Gewässers oder aber auch eine horizontale Fläche in einer Höhe über der Erdoberfläche sein. Bei Komponenten, die sich während des vertikalen Transports in der atmosphärischen Grenzschicht inert verhalten und deren Flußraten deshalb in der Regel höhenkonstant sind, ist es egal, welche Referenzfläche gewählt wird. Bei Komponenten, die sich

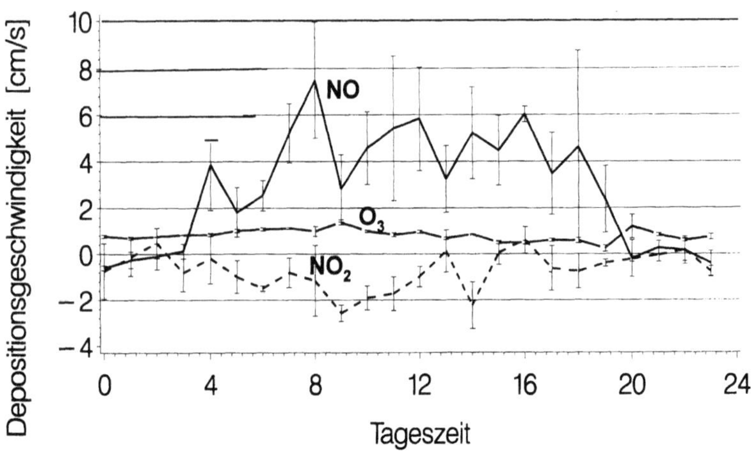

Abb. 2-7. Mittlerer Tagesgang der Depositionsgeschwindigkeiten der reaktiven Spurengase Ozon, Stickoxid und Stickstoffoxid über einem Fichtenwald im Solling für den Zeitraum Juli/August 1997 (Schnitzler 1999)

chemisch so schnell umwandeln wie sie innerhalb der bodennahen Grenzschicht transportiert werden, ist die Wahl der Referenzhöhe für die Luftkonzentration c_z und die vertikale Stromdichte F_a schon wichtig. In Abb. 2-7 sind z. B. Depositionsgeschwindigkeiten für NO, NO_2 und O_3 aufgetragen, die für eine Höhe von etwa 10 m über dem oberen Kronenraum von einem 30 m hohen Fichtenwald im Juli/August 1997 im Feld ermittelt wurden (Schnitzler 1999). NO wird tagsüber von oben durch diese Fläche in den Baumbestand transportiert, dort aber nicht auf den Oberflächen deponiert, sondern vorwiegend in der Waldatmosphäre durch eine Reaktion mit O_3 abgebaut. Das NO_2 wird tagsüber aus dem Fichtenwald durch diese Fläche in die darüberliegende Atmosphäre transportiert, obwohl die Nadeln oder der Waldboden kein NO_2 in die Atmosphäre transferieren. Ozon wird tagsüber und nachts von der Atmosphäre in den Fichtenwald transportiert, die transportierten O_3-Moleküle erreichen aber nicht alle die Nadeloberflächen oder den Waldboden. Die O_3-Transportraten durch die horizontale Fläche entsprechen daher nicht den O_3-Transportraten direkt an den Vegetationsoberflächen. Auch die vertikalen O_3-Konzentrationsprofile zeigen Unterschiede im Bestand und über den Beständen (Schnitzler 1999), so daß Depositionsgeschwindigkeiten, die aus Transferraten und Luftkonzentrationen errechnet werden (Gl. 13), höhenabhängig sind. Werden verschiedene Werte der Depositionsgeschwindigkeit einer Komponente verglichen, so müssen diese Einflüsse berücksichtigt werden.

2.2.4
Deposition von Partikeln in den Atemwegen

Luftgetragene Partikel können nicht nur auf Oberflächen von Pflanzen, Böden und Gewässern deponiert werden, sondern auch auf inneren Oberflächen, z.B. in der Lunge von Menschen. Diese Deposition in den Atemwegen kann Menschen belasten, aber sie kann auch genutzt werden, um Atemwegs- oder andere Erkrankungen zu behandeln. Beim Einatmen gelangen Partikel, die in der Luft enthalten sind, in den Atemtrakt (Abb. 2-8). Die Durchmesser der Luftwege des Atemtraktes werden mit der Tiefe immer kleiner, so daß je nach Atemrate und Partikelgröße die eingeatmeten Partikel auf den verschiedenen Abschnitten der Atemwegen abgeschieden werden können.

Die relative Abscheideeffizienz (Depositionswahrscheinlichkeit) für die verschiedenen Bereiche ist in Abb. 2-9 als Funktion der Partikelgröße dargestellt. Ähnlich wie bei der Abscheidung im Freiland werden die sehr kleinen Aitkenkerne und sehr großen Riesenpartikel effektiver abgeschieden als Partikel im mittleren Größenbereich, dem Akkumulationsbereich. Diese Erfahrung wird genutzt, um das Gefähr-

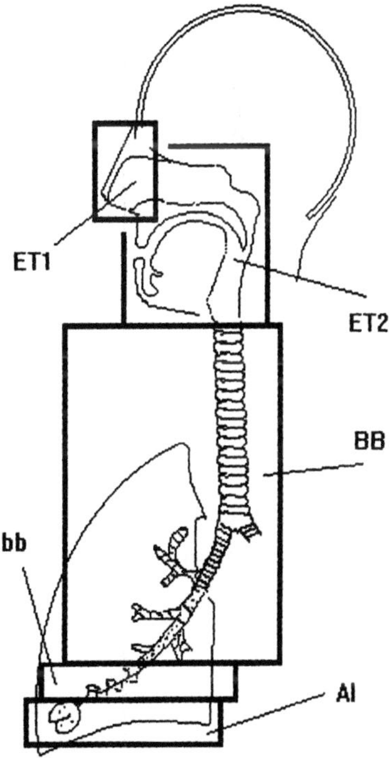

Abb. 2-8. Aufteilung des Atemtrakts nach dem Fünf-Filter-Modell: ET1: Nasalbereich, ET2: Extrathorakalbereich, BB: Bronchialbereich, bb: Bronchiolarbereich, Al: Alveolarbereich (nach Köbrich 1992)

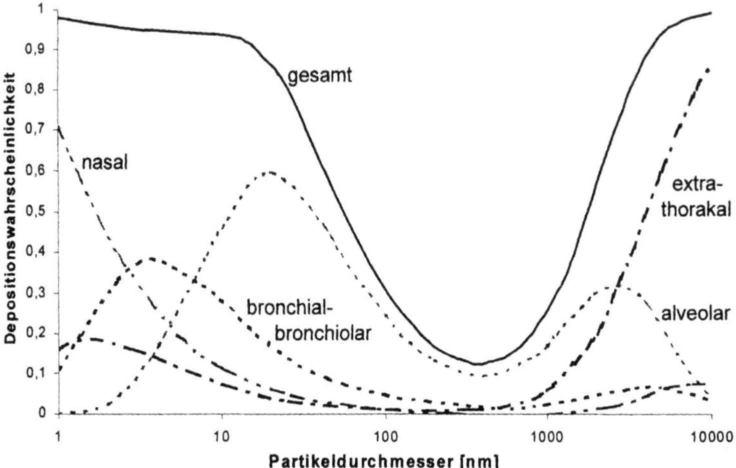

Abb. 2-9. Depositionswahrscheinlichkeit luftgetragener Partikel in den verschiedenen Bereichen des menschlichen Atemtraktes bei Nasenatmung und einer Atemrate von 0,75 m^3/h (nach Köbrich 1992). Die Durchmesser der Gefäße der verschiedenen Bereiche betragen: oberer Bronchialbereich: 3–5 mm, unterer Bronchialbereich: 1–3 mm, Bronchiolarbereich: < 1 mm, Alveolarbereich: einige μm

dungspotential von eingeatmeten Partikeln abzuschätzen und auch die Anwendung von luftgetragenen Therapeutika für die verschiedenen Bereiche des Atemtraktes zu optimieren (Scheuch 1997a). Da in epidemologischen Studien Gesundheitsbelastungen von Menschen mit der Massenkonzentration von luftgetragenen Partikeln in Verbindung gebracht werden (BUWAL 1993), wird seit einiger Zeit empfohlen, nicht die Gesamtmasse der Partikel zu bestimmen, sondern die Masse der Partikel mit Durchmessern unter 10 μm (PM 10), vor allem aber mit Durchmessern unter 2,5 μm (PM 2,5). Die Partikel mit Durchmessern größer als 10 μm gelangen oft gar nicht in das Sammelgerät, so daß vergleichbare Messungen schwierig sind. Auch beim Einatmen werden diese Riesenpartikel mit Durchmessern größer als 10 μm oft schon gleich im äußeren Bereich der Atemwege deponiert, so daß Massenangaben über diese Partikel nicht sehr hilfreich sind. Partikel mit Durchmessern kleiner als 2,5 μm gelangen tiefer in den Atemtrakt, so daß das Gefährdungspotential, das von Partikeln mit diesem Durchmesserbereich für die tieferen Atemwege ausgeht, größer ist. Grobstaub (PM 10) und Feinstaub (PMM 2,5) haben in Deutschland in den letzten 20 Jahren stark abgenommen (Abb. 2-10): die Masse der luftgetragenen Partikeln mit Durchmessern <10 μm um etwa den Faktor 2, mit Durchmessern < 2.5 μm um etwa den Faktor 4. Fast alle Konzentrationen der Partikel-Komponenten in der Atmosphäre haben

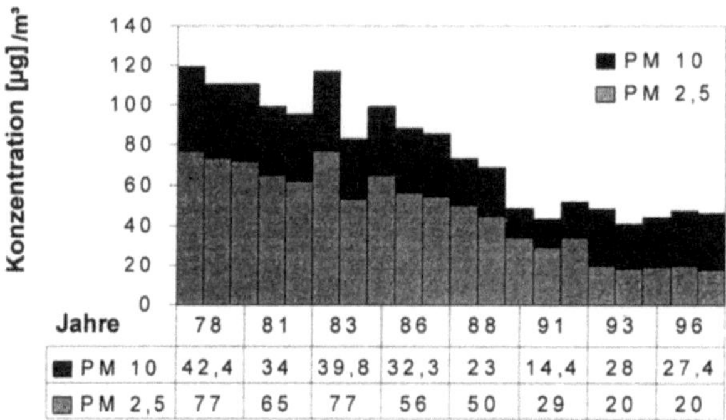

Abb. 2-10. Konzentrationstrend der Jahresmittelwerte von Feinstaub an der Frankfurter Citystraße in den Jahren 1978 bis 1996 (unveröffentlichte Daten, Umweltbundesamt), PM 10: Partikeldurchmesser < 10 µm, PM 2,5: Partikeldurchmesser < 2,5 µm

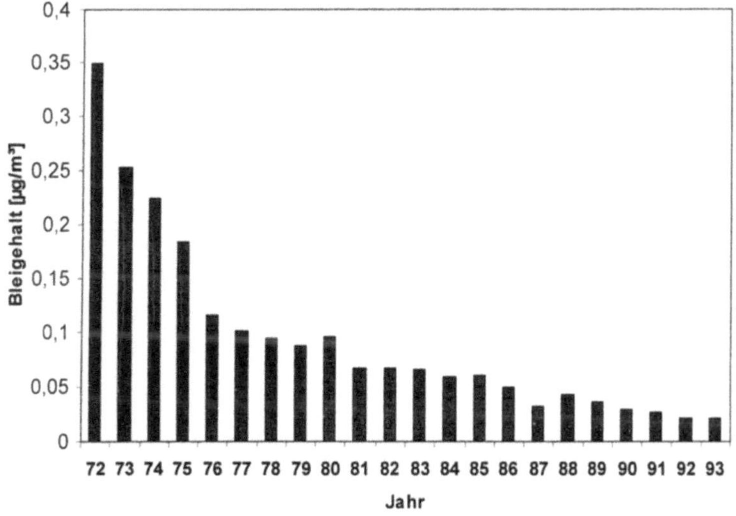

Abb. 2-11. Mittlere Jahreskonzentrationen von Blei im Schwebstau an der Station Deuselbach (unveröffentliche Daten, Umweltbundesamt, Pilotstation Frankfurt)

in den letzten 25 Jahren ebenfalls abgenommen (Schreiber 1998) (Abb. 2-10, 2-11; Tabelle 2-1). Wenn sich dadurch auch die Verteilung der Elemente auf die einzelnen Größen der Partikel geändert hat, so haben sich die Depositionen von partikelgebundenen Komponenten in den Atemwegen wesentlich geändert. Die in den Atemwegen zunehmende relative Feuchte läßt eingeatmete hygroskopische Partikel anwachsen. Die Größe eines individuellen Partikels kann sich also im

Tabelle 2-1. Abnahme der Konzentration C von Partikelkomponenten in der bodennahen Atmosphäre in einem südlichen Vorort von Stuttgart über die letzten 25 Jahre (1972–1997) und von Werktagen zum Wochenende (Samstag, Sonntag, 1979/1980, 1993/1994 nach Daten bei Schreiber 1998)

Paritkelkomponenten	Abnahmefaktor F über 25 Jahre $C_{1972}=F \cdot C_{1997}$	Abnahme der Konzentration am Wochenende in % der Werktagskonzentration
Blei/Brom	30	±0 79/80, 80/81 Samstagabend hohe Konzentration sonntags fehlt Berufsverkehr
Mangan	6	40–50
Vanadium	6	10–25
Chrom	5	20–40
Nickel	4–6	10–25
Zink	3,7	35
Eisen	3	28–50
Kalium	2,5	30–62
Schwefel	2,3	10
Kupfer	1,7	30–35

Atemtrakt mit dem Ort und mit der Zeit ändern (Scheuch 1997b), so daß die im Freien gemessenen Partikelgrößen nicht den aerodynamischen Partikelgrößen in den Atemwegen entsprechen müssen. Als aerodynamische Partikelgröße wird die Größe eines kugelförmigen Partikels mit der Dichte von 1 kg/m^3 bezeichnet, das dieselbe Sinkgeschwindigkeit besitzt wie das Partikel mit unbestimmter Dichte und beliebiger Form.

2.2.5 Chemische Zusammensetzung von luftgetragenen Partikeln

Die trockene Deposition von luftgetragenen Partikeln wird wesentlich durch die Partikelgröße als Maß für die Gesamtmasse der einzelnen Partikel bestimmt. Luftgetragene Partikel enthalten in verschiedenen Größenklassen typische Muster von Elementen und Verbindungen, die etwas darüber aussagen, wie die Partikel oder Teile von ihnen in die Atmosphäre emittiert oder in der Atmosphäre gebildet wurden und wie sie wieder aus der Atmosphäre entfernt werden (Abb. 2-12). Mechanisch in die Atmosphäre emittierte Partikel gehören im wesentlichen den Riesenpartikeln ($r \geq 1$ μm) an, da die mechanischen Scherkräfte bei kleineren Partikelgrößen die Adhäsionskräfte der einzelnen Partikelbestandteile nicht überbieten und daher auch

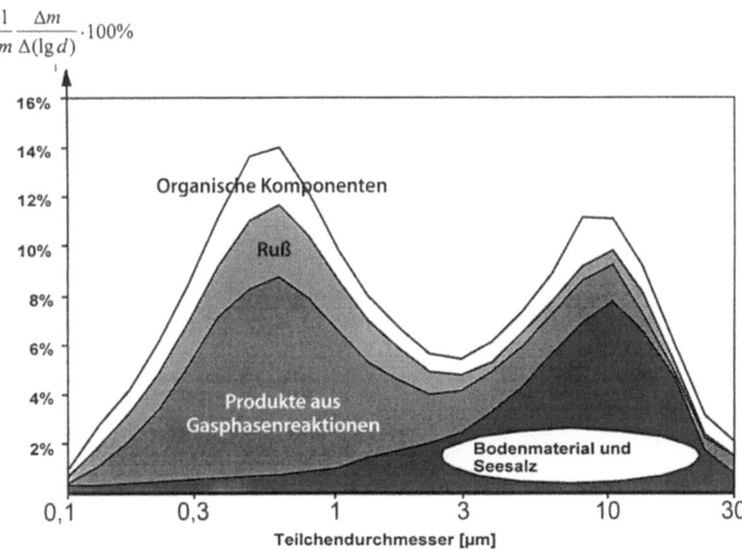

Abb. 2-12. Die generelle relative Verteilung von Komponenten luftgetragener Partikel in der atmosphärischen Grenzschicht (nach Müller 1995) (*m:* Gesamtmasse der luftgetragenen Partikel)

die Partikel nicht mehr fraktionieren können. Vom Wind aufgewirbelte oder abgeriebene Partikel, Seesalzpartikel, die an der Meeresoberfläche in die Atmosphäre injiziert werden, wenn Gasblasen an der Grenzfläche Ozean - Atmosphäre zerplatzen, kleine Teilchen von Asche und Brennmaterial, die bei der Verbrennung mitgerissen werden, sie alle werden in Riesenpartikeln angetroffen. Die Komponenten, die bei Verbrennungsprozessen über die Gasphase in die Atmosphäre gelangen (z.B. Cd, Pb), oder die Komponenten (z.B. H_2SO_4, HNO_3), die als gasförmige Vorläufer von Partikelkomponenten (z.B. SO_4^{2-}, NO_3^-) wirken können, sind in der Gasphase oft übersättigt in bezug auf eine flüssige oder feste Phase. Die Gasmoleküle können dann von der Gasphase zu festen oder flüssigen Partikeln kondensieren oder sich an schon vorhandene Partikel anlagern. Ist die Entstehungsrate der neuen Gasmoleküle so hoch, daß trotz Anlagerung der Moleküle an schon vorhandene Oberflächen eine kritische Übersättigung der Gasmoleküle erreicht wird, werden neue Kerne gebildet. Diese Kerne können dann mit anderen Partikeln koagulieren und auch durch Kondensation und Anlagerung von weiteren Komponenten, z.B. H_2O, anwachsen. In Abb. 2-12 ist eine typische mittlere Massenverteilung von luftgetragenen Partikeln als Funktion der Partikelgröße in Deutschland dargestellt. Die mechanisch emittierten Staub-

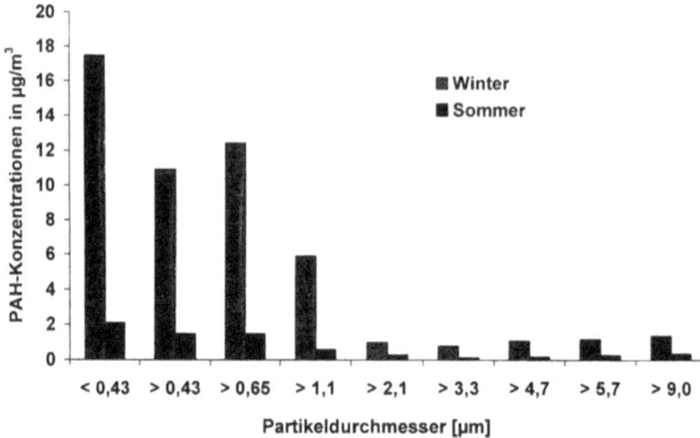

Abb. 2-13 a. Massen-Verteilung der Summe der PAH-Komponenten auf die verschiedenen Partikelgrößenklassen in Frankfurt/M. (Müller 1993)

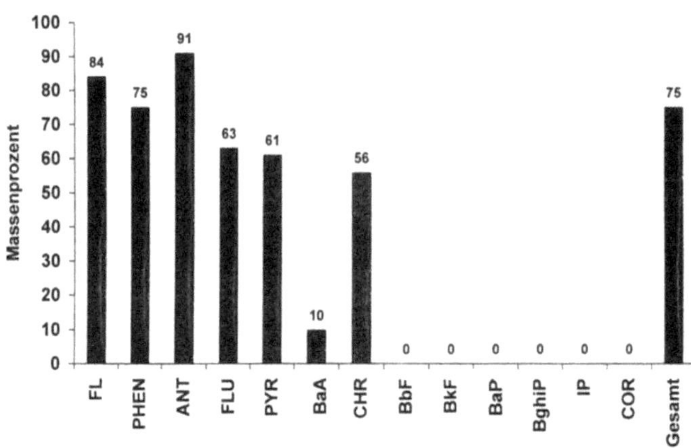

Abb. 2-13 b. Gasförmige Anteile (%) an der gesamten luftgetragenen Massenkonzentration von PAH-Komponenten, in der bodennahen Luft in Frankfurt/M. (nach Müller 1993). Dargestellt sind die Anteile von: Fluoren (FL), Phenanthren (PHEN), Anthrazen (ANT), Fluoranthen (FLU), Pyren (PYR), Benz(a)anthrazen (BaA), Chrysen (CHR), Benz(b)fluoranthen (BbF), Benz(k)fluoranthen (BkF), Benz(a)pyren (BaP), Benz(ghi)perylen (BghiP), Indeno(1,2,3-cd)pyren (IP), Coronen (COR)

und Seesalzpartikel sind im Bereich der Riesenpartikel angesiedelt, die in der Luft kondensierten Partikelkomponenten werden hauptsächlich im kleineren Akkumulationsbereich angetroffen. Zu ihnen gehören auch meistens organische Komponenten (z. B. polyzyklische aromatische Kohlenwasserstoffe, PAH), die bei Verdampfungs- und Verbrennungsprozessen in die Atmosphäre gelangen und dort sich an

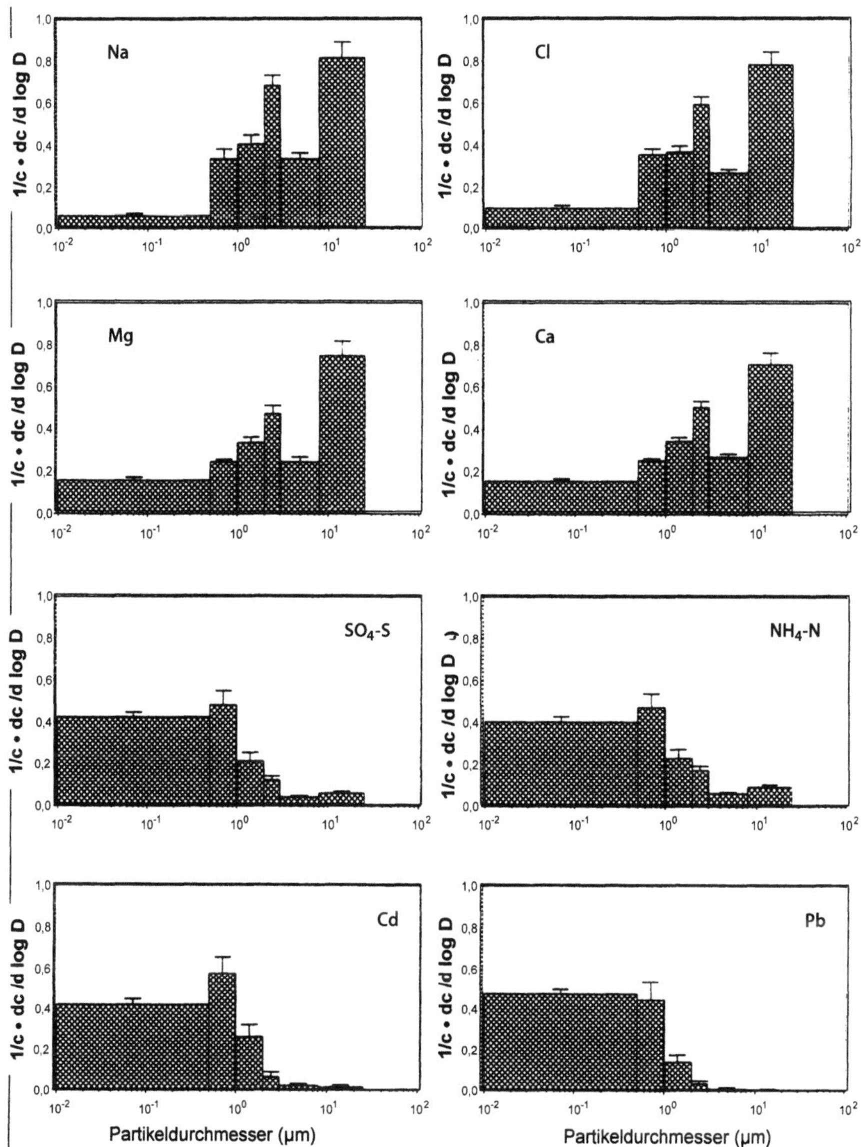

Abb. 2-14. Massen-Partikelgrößenverteilung einiger Inhaltsstoffe von Partikeln im Solling. Dargestellt sind die auf die Gesamtkonzentration normierten mittleren Konzentrationen aus 15 Impaktormessungen innerhalb von Trockenperioden von Mai 1992 bis Oktober 1994 (Marques 1998)

schon vorhandene Oberflächen anlagern oder durch Gasphasenreaktionen in andere Komponenten umgewandelt werden, die dann ihrerseits kondensieren können (Abb. 2-13a). Die leichteren Kohlenwasserstoffe mit geringen C-Atom-Zahlen (< 10) sind mehr in der Gasphase,

Abb. 2-15. Mittlere relative Massenverteilung von Blei, Eisen, Mangan, Cadmium und Kupfer als Funktion der Partikelgröße luftgetragener Partikel an einer Meßstation des Umweltbundesamtes 1978 in einem städtischen Wohngebiet (Frankfurt/M.) (nach Müller 1986)

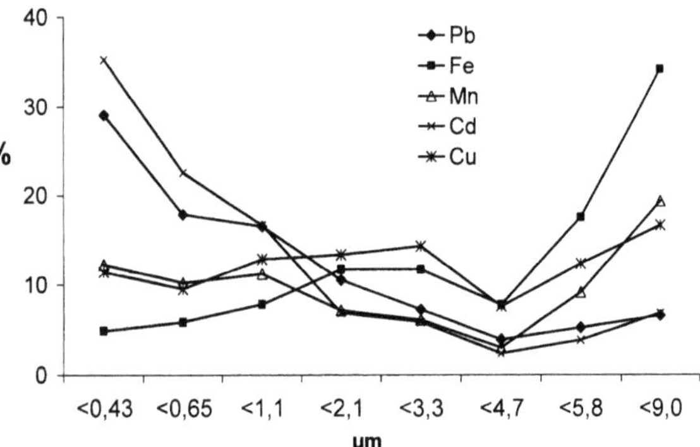

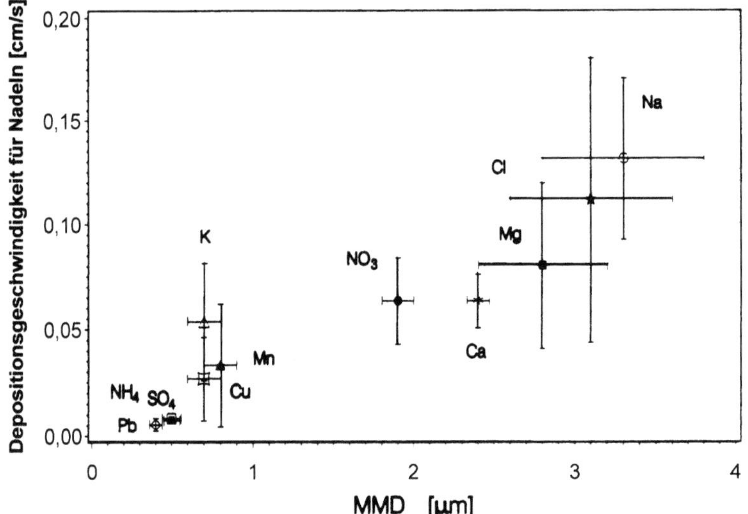

Abb. 2-16. Depositionsgeschwindigkeit einzelner Partikelinhaltsstoffe über einem Fichtenaltbestand im Solling bezogen auf die Nadeloberflächen in Abhängigkeit vom „Mittleren-Massen-Durchmesser" (MMD). Ergebnisse gewonnen durch Abwaschversuche im Sommer 1993 und 1994 (Marques 1998)

die höheren Kohlenwasserstoffe mit größeren Atomzahlen (> 20) sind mehr in der kondensierten Phase in der Atmosphäre anzutreffen (Abb. 2-13b). Es gibt also charakteristische Verteilungen der einzelnen Komponenten auf die verschiedenen Größenbereiche der luftgetragenen Partikel: Sulfat, Ammonium, Blei, Cadminium liegen konzentriert im Akkumulationsbereich, Natrium, Chlorid, Magnesium, Kalzium, Eisen liegen konzentriert im Durchmesserbereich von 3 µm vor (Abb. 2-14, 2-15). Es gibt auch Gaskomponenten, die sich entsprechend der Oberflächenverteilung des vorhandenen Partikelensembles auf den verschiedenen Partikelgrößen anlagern. Zum Beispiel wird Salpetersäure als Gas (HNO_3) in der Atmosphäre aus NO_2-Molekülen

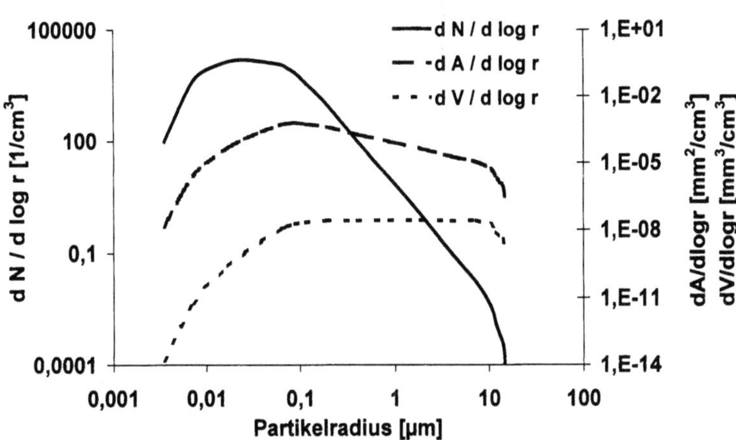

Abb. 2-17. Anzahl-, Oberflächen- und Volumenspektrum eines Aerosols mit einer Junge-Anzahl-Verteilung, im Bereich 0,1 µm bis 10 µm beschrieben durch:

$$\frac{dN}{d\log r} = cr^{-\beta}$$

c, β=Parameter (Junge 1963)

und OH-Radikalen gebildet. Die HNO_3-Gasmoleküle können zu Primärteilchen kondensieren, mit anderen Gaskomponenten (z. B. NH_3) reagieren oder sich an schon vorhandene Partikel anlagern. Da der Sättigungsdampfdruck von HNO_3 relativ hoch ist und die Aitkenpartikel und die großen Partikel gewöhnlich sauer reagieren, lagern sich HNO_3-Moleküle bevorzugt an basische Riesenpartikel mit Radien größer als 1 µm an, wo sie sofort dissoziieren. Die Oberflächenverteilung und die eher basische Oberflächenreaktivität der Riesenpartikel begünstigen es, daß gasförmige HNO_3-Moleküle sich an größere Partikel anlagern. Die Massen-Radienverteilung von Nitrat an luftgetragenen Partikeln liegt daher im Vergleich zu Sulfat und Ammonium sowohl über den Ozeanen (Gravenhorst et al. 1979; Schäfer et al. 1993) als auch über den Kontinenten bei größeren Mittleren-Massen-Durchmessern (MMD) im Bereich von 2 µm (Abb. 2-16). Der MMD gibt den Partikeldurchmesser an, bei dem 50% der Masse auf Partikeln mit kleineren Durchmessern und 50% auf Partikeln mit größeren Durchmessern als der MMD anzutreffen sind. Da partikelgebundene Ammonium- und Nitratanteile vorwiegend auf unterschiedlichen Partikelgrößenklassen verteilt sind, ist es fraglich, ob eine Gasphasenreaktion zwischen HNO_3 und NH_3 zu NH_4NO_3 und eine anschließende Partikelbildung in der Atmosphäre eine große Rolle spielen. Generell ist die Oberflächenverteilung der Partikel als Funktion der Partikelradien

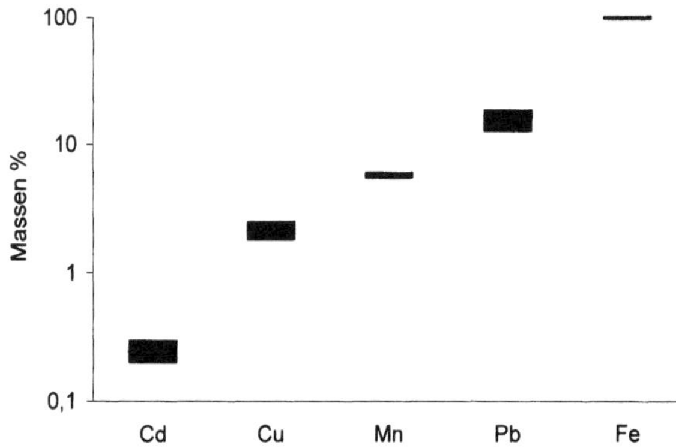

Abb. 2-18. Mittlere Massenkonzentrationen von Metallkomponenten der luftgetragenen Partikel in der bodennahen Grenzschicht an den fünf ländlichen Stationen des Meßnetzes des Umweltbundesamtes, bezogen auf die Eisenkonzentration (100%) für das Jahr 1982 (Grafik nach Daten bei Müller 1986)

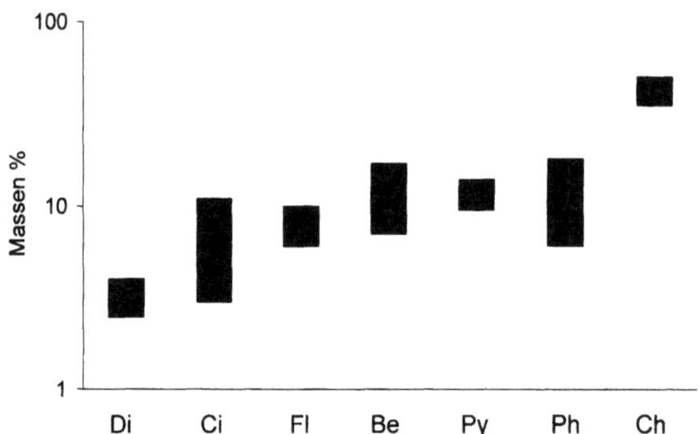

Abb. 2-19. Relative Massenanteile von Dibenz[ah]anthracen (Di), Cironen (Ci), Pluoranthen (FI), Benz[ghi]perylen (Be), Pyren (Py), Phenanthren (Ph) und Chrysen (Ch) an der Gesamtkonzentration dieser 7 PAH-Komponenten in luftgetragenen Partikeln (Grafik nach Müller 1986)

zu größeren Radien hin verschoben als die Anzahl-Verteilung. Die Massen-Verteilung ist wiederum zu größeren Radien hin verschoben als die Oberflächenverteilung (Abb. 2-17).

Trotz dieser sehr unterschiedlichen Quellen der partikelgebundenen Komponenten und der sehr unterschiedlichen Verteilung auf die verschiedenen Radienbereiche der Partikel zeigt sich ein Muster der chemischen Zusammensetzung der Gesamtmasse der luftgetragenen Partikel: Werden die Konzentration von Cd, Cu, Mn und Pb auf die Fe-Konzentration bezogen, so liegen diese relativen Konzentrationen innerhalb eines Zeitraums von einem Jahr im Mittel in engen Grenzen (Abb. 2-18). Die langfristigen Bemühungen, die anthropogene Emission von Partikeln in die Atmosphäre zu verringern, könnten dieses Muster jedoch verschieben. Ein ähnlich stabiles Massenverhältnis untereinander zeigte sich bei sieben PAH-Komponenten. Obwohl die absoluten Konzentrationswerte erheblich schwanken können, bleiben sie relativ zueinander in bestimmten Grenzen (Abb. 2-19). Durch die alle luftgetragenen Komponenten gleichzeitig treffenden atmosphärischen Transport- und Austauschbedingungen sind die eher reaktionsträgeren Komponenten in ihrem zeitlichen Konzentrationsverlauf gekoppelt. Gute Korrelationen zwischen Luftkonzentrationen verschiedener Komponenten können daher eher eine Folge der gleichzeitig erfahrenen Transport- und Depositionsbedingungen in der Atmosphäre sein als ein Anzeichen für gemeinsame Quellen. Partikelgebundene Komponenten zeigen einen deutlichen Abfall ihrer Konzentrationen am Wochenende im Vergleich zu den Werktagen (Schreiber 1998). Am Wochenende verteilt sich der Kfz-Verkehr räumlich und zeitlich anders, und industrielle und gewerbliche Aktivitäten nehmen ab (Tabelle 2-1). Eine genaue Analyse der Wochenverläufe der luftgetragenen Komponenten kann helfen, einzelne Transferprozesse für luftgetragene Partikel zu bewerten (Schreiber 1998).

Die an luftgetragenen Partikeln angelagerte Radioaktivität ist auf sehr ähnliche Partikelgrößen verteilt wie die Sulfat- und Ammoniumkomponenten (Abb. 2-14, 2-20). Die radioaktiven Komponenten entstehen in der Gasphase und lagern sich dann an schon existierende Partikel an. Natürliche radioaktive Elemente entstehen durch kosmische Strahlung vor allem in der Stratosphäre und oberen Troposphäre (^{10}Be, ^{7}Be) und durch Radonzerfall hauptsächlich in der unteren Troposphäre über den Kontinenten (^{210}Pb, ^{212}Pb). Die durch Zerfall von radioaktiven Gasen entstandenen radioaktiven Metallatome lagern

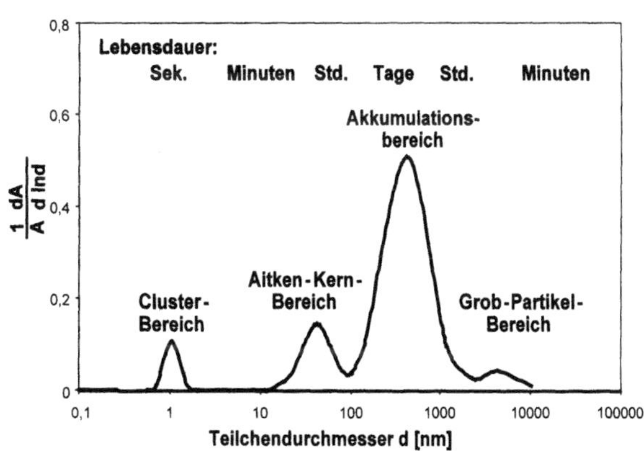

Abb. 2-20. Verteilung der Radioaktivität auf luftgetragenen Partikeln mit unterschiedlichen Durchmessern und unterschiedlicher mittlerer Lebensdauer der individuellen Partikel in der Atmosphäre (nach Reineking et al. 1995)

sich zu Clustern zusammen oder an Partikeloberflächen im Akkumulationsbereich an (Abb. 2-20). Aufgrund der verschiedenen Halbwertszeiten der Elemente, der unterschiedlichen Entstehungsorte und der empfindlichen Nachweismethoden können radioaktive Partikelkomponenten gut als Tracer für Partikelschicksale nach der Anlagerung der Radioaktivität genutzt werden.

2.2.6 Feldmessungen der trockenen Deposition von Partikeln

Die mit der Konzentration in einer Referenzhöhe normierte trockene Depositionsrate von Partikeln, die Depositionsgeschwindigkeit, ist in Abb. 2-21a generell als Funktion der Partikelgröße für einen Fichtenwald, eine Grasfläche und eine Wasserfläche aufgetragen. Die Akzeptoren unterscheiden sich wesentlich. Die allseitige Nadeloberfläche eines

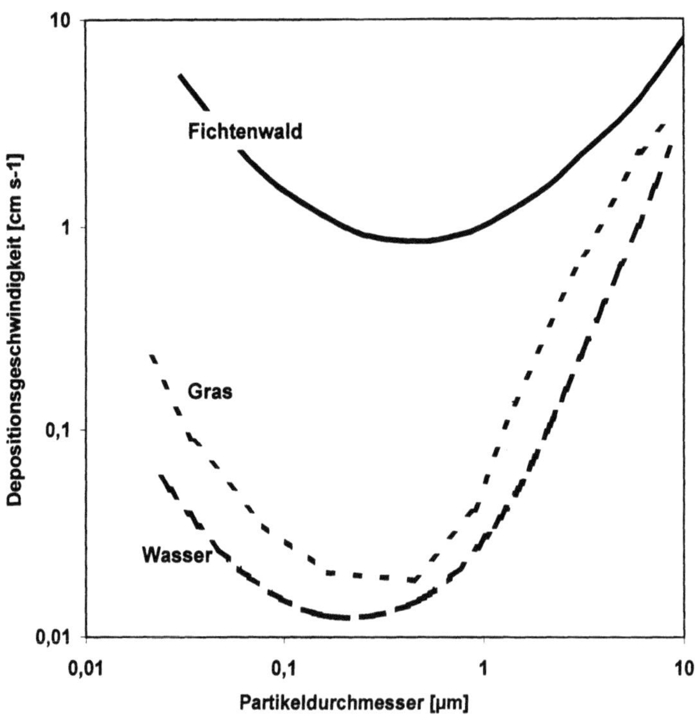

Abb. 2-21 a. Über unterschiedliche Bedingungen gemittelte Depositionsgeschwindigkeiten luftgetragener Partikel für verschiedene Oberflächen (Gras, Wasser: Windkanalmessungen und Modellergebnisse nach Chamberlain 1975; Slinn 1983; Harrison 1993; Fichtenwald (Gesamt-LAI = 21): verschiedene Messungen im Solling (Abb. 2-22)

Fichtenaltbestandes ist etwa 20mal größer als die dazugehörige Waldbodenfläche. Der gesamte Baumbestand besitzt daher einen Blattflächenindex (LAI, Oberfläche der Krone bezogen auf die entsprechende Bodenoberfläche) von 20. Die einzelnen Nadeln sind mit einem kleinen Durchmesser so günstig geformt und als Krone so angeordnet, daß sie luftgetragene Partikel gut aus der bodennahen Grenzschicht auskämmen können. Der Baumbestand ist räumlich auch so strukturiert, daß relativ hohe Windgeschwindigkeiten und große Turbulenzen im und über dem Kronenraum herrschen. Diese Eigenschaften fördern es, daß luftgetragene Partikel effektiv an den Nadeln abgeschieden werden.

Ein mit Gras bewachsener Boden hat einen geringeren Blattflächenindex als ein Fichtenaltbestand. Die Windgeschwindigkeit in einer Grasvegetation ist sicher niedriger als im Kronenraum eines Waldes. Deshalb sollte für eine Grasfläche eine kleinere Depositionsgeschwindigkeit gelten als für einen Fichtenaltbestand. Eine Wasser-

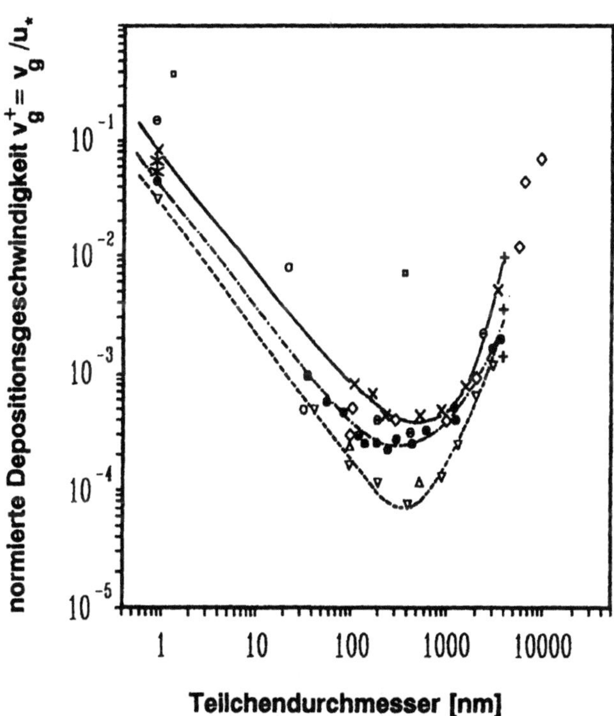

Abb. 2-21 b. Auf die Schubspannungsgeschwindigkeit (u*) normierte Depositionsgeschwindigkeit (v_g^+) als Funktion des Durchmesser der deponierten Aerosolteilchen (Butterweck 1991). Die Zeichen repräsentieren verschiedene Untersuchungen (Autoren) mit verschiedenen Oberflächen (im wesentlichen Gras, Wasser, Filterpapier, Folie, Weizen, Gerste)

oberfläche ist durch eine noch glattere Grenzfläche als ein Wald oder eine Wiese gekennzeichnet. Jedoch kann eine hohe relative Feuchtigkeit direkt an der Wassergrenzfläche hygroskopische Partikel so anwachsen lassen, daß sie eine größere Depositionsgeschwindigkeit erhalten könnten. Die Depositionsgeschwindigkeiten steigen zu größeren Partikeln hin an, da Trägheitswirkung und Sedimationsgeschwindigkeit mit zunehmender Partikelgröße wichtiger werden. Zu kleinen Partikelgrößen nimmt die Depositionsgeschwindigkeit ebenfalls zu, da die Brownsche Molekularbewegung (= thermische Diffusion) und dadurch die Abscheidewahrscheinlichkeit an den Oberflächen relativ zu den Partikeln mit mittleren Radien zunimmt (Abb. 2-21b). Die Kurve der Depositionsgeschwindigkeit für einen gleichaltrigen Fichtenwald

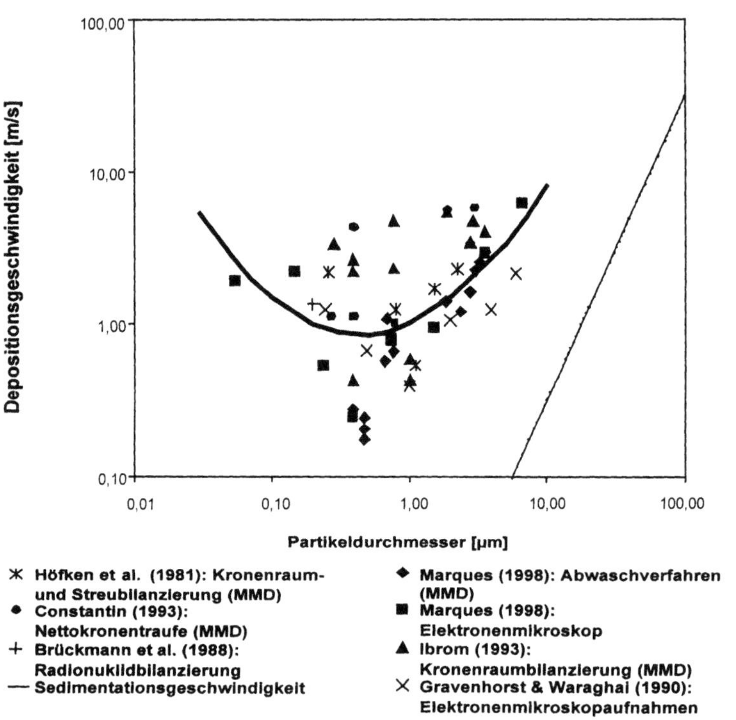

Abb. 2-22. Gemessene Depositionsgeschwindigkeiten luftgetragener Partikel für einen Fichtenaltbestand im Solling. Die Partikeldurchmesser, die in der Abbildung angegeben sind, können nicht immer direkt verglichen werden, da sie als Mittlerer Massendurchmesser (MMD) oder als Kreisdurchmesser flächengleicher Partikelprojektionen zu Zeiten unterschiedlicher Windgeschwindigkeit und relativer Feuchte ermittelt wurden. Die halbstündige Schubspannungsgeschwindigkeit gemittelt über mehrere Jahre beträgt in diesem Fichtenaltbestand $0{,}6 \pm 0{,}3$ m/s (Morgenstern 1998, unveröffentlichte Daten), $z_0 = 2{,}5 \pm 0{,}1$ m (Laubach et al. 1994) und die mittlere horizontale Windgeschwindigkeit im Kronenraum 1 m/s

ist eine idealisierte Kurve aus vielen Messungen der Depositionsgeschwindigkeit am selben Standort, aber mit unterschiedlichen Methoden, bezogen auf unterschiedlich definierte Partikeldurchmesser und zu unterschiedlichen Zeiten (Abb. 2-22).

Die angewendeten Methoden, mit denen die Depositionsgeschwindigkeiten in Abb. 2-21b ermittelt wurden, sollen hier kurz erläutert werden, da sie einen Überblick darüber geben, wie Depositionsstromdichten von atmosphärischen Partikeln auf natürliche Akzeptoren abgeschätzt werden können.

Die Netto-Kronentraufe-Methode

Regenwasser wäscht von Pflanzenoberflächen Komponenten ab, die in der regenfreien Zeit trocken aus der Atmosphäre abgelagert wurden. Die Differenz der Spurenstoffströme im Regenwasser über dem Kronenraum und in der Kronentraufe unter dem Kronenraum entspricht im Prinzip einer in der regenfreien Zeit auf den Kronen abgelagerten Spurenstoffmenge. Besonders bei Wäldern wird diese Methode angewendet, um die Rate der trockenen Deposition zu bestimmen. Der Vorteil der Netto-Kronentraufe-Methode liegt darin, daß sie die natürliche Vegetation als Akzeptor und die realen atmosphärischen Partikel und Transportverhältnisse nutzt, um die Depositionsrate zu erfassen. Vor allem müssen jedoch folgende Probleme, die mit den Kronen-Regen-Interaktionen (Abb. 2-23) verbunden sind, gelöst werden.

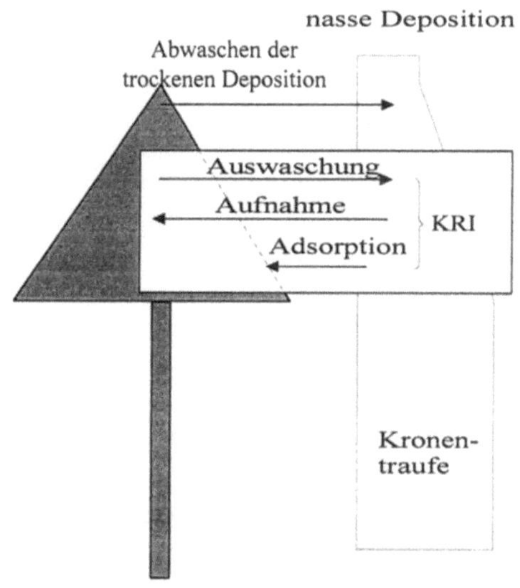

Abb. 2-23. Stofftransportprozesse im Kronenraum, die die chemische Zusammensetzung der Kronentraufe beeinflussen. KRI: Kronen-Regen-Interaktionen (Ibrom 1993)

Komponenten können aus den Nadeln/Blättern ausgewaschen werden und deshalb einen ökosysteminternen Stoffkreislauf, aber keinesfalls eine trockene Deposition aus der Atmosphäre repräsentieren. Besonders biologisch mobile Komponente (z.B. K, Mn) werden aus den Nadeln/Blättern ausgewaschen.

Trocken deponierte oder im Regenwasser enthaltene Komponenten können aber auch von den Nadeln/Blättern aufgenommen (z.B. H^+, NH_4^+) und im Inneren absorbiert oder an den äußeren Oberflächen adsorbiert (z.B. Pb, Cd) werden. In der Kronentraufe kann sich dann eventuell eine geringere Stofffracht befinden als im Regen über dem Kronenraum.

Biologische Aktivitäten in der Kronentraufe können während der Zeit des Sammelns und Lagerns der Kronentraufelösung Konzentrationen von Spurenstoffen verringern (vor allem von NH_4^+, Müller et al. 1982). Wegen eines sehr variablen Angebots von organischem Kohlenstoff, von Mikroorganismen und von Säuren in der Kronentraufe sollte dieser Einfluß zu verschiedenen Jahreszeiten überprüft werden.

In Bulk-Sammlern, d.h. in Regensammelgefäßen, die dauernd offen sind und deshalb sowohl Regenwasser als auch Partikel und Gase aufnehmen, können unter dem Kronenraum zusätzlich Spurenstoffanteile (z.B. von Nadeln, Tieren, Rinde etc.) in die Kronentraufe gelan-

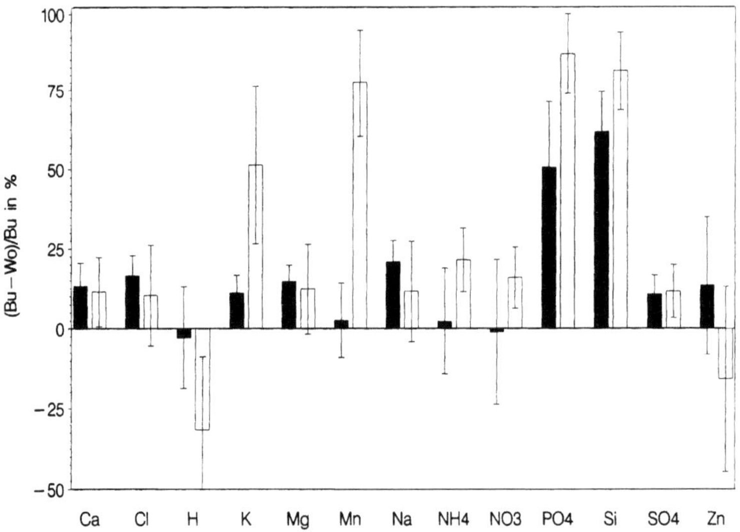

Abb. 2-24. Mittelwerte der Konzentrationsdifferenzen zwischen Bulk- und Wet-only-Sammlern auf wöchentlicher Basis, angegeben als Prozent der Bulkkonzentrationen im Freilandniederschlag (schwarze Balken) und in der Kronentraufe (offene Balken) für den Zeitraum von Mai bis Oktober 1994 (Veithen 1996)

Tabelle 2-2. Flüsse von atmosphärischen Komponenten im Kronenraum eines Fichtenaltbestandes im Solling (Messungen vom 1. 1. 1990 bis 1. 9. 1991) nach zwei unterschiedlichen Methoden (1. Na-Kalibrierungsansatz mit Freilandniederschlag (Ulrich 1991) und Kronentraufe mit Bulksammlern; 2. Extrapolation von Meßergebnissen einzelner Niederschlagsanalysen von einem Zweig auf die Bestandesebene (Ibrom 1993)

Spezies	Nettokronentraufe [eqv. ha^{-1} a^{-1}]		Trockendeposition Partikel [eqv. ha^{-1} a^{-1}]		Trockendeposition Gas [eqv. ha^{-1} a^{-1}]		Kronen-Regen-Interaktion [eqv. ha^{-1} a^{-1}]	
	Na-Kalibrierung	Zweig-Extrapolation	Na-Kalibrierung	Zweig-Extrapolation	Na-Kalibrierung	Zweig-Extrapolation	Na-Kalibrierung	Zweig-Extrapolation
H	622	875	140	-508	0	0	-678	-247
Na	467	401	467	431	0	0	0	-29
K	586	424	106	132	0	0	480	292
Ca	739	506	204	475	0	0	535	31
Mg	245	166	119	167	0	0	126	-1
Mn	99	66	7	31	0	0	92	34
SO_4	1878	1584	718	208	1160	1309	0	66
Cl	677	559	387	473	0	0	291	87

gen, die nicht der trockenen Deposition aus der Atmosphäre zugerechnet werden können (Abb. 2-24).

Einige Gaskomponenten können durch die Spaltöffnungen in das Innere der Nadeln/Blätter diffundieren und dort fixiert werden, so daß sie nicht wieder in die Kronentraufe gelangen und somit auch nicht als trockene Deposition in der Netto-Kronentraufe erfaßt werden. Die Deposition am Waldboden wird mit der Netto-Kronentraufe auch nicht berücksichtigt.

Diese Probleme können mit verschiedenen Korrekturansätzen verringert werden:

- Beim Natrium-Kalibrierungsansatz (Ulrich 1983, 1991) (Tabelle 2-2) wird angenommen, daß Natrium sich im Kronenraum inert verhält und daß das Na/X-Verhältnis im Regenwasser dem Na/X-Verhältnis in der trockenen Deposition von Partikeln gleicht (X steht für eine Partikelkomponente, die nicht aus der Gasphase entstanden sein kann). So kann die trockene Deposition von Komponenten ohne Gasphase (z. B. X = K, Ca, Mg) aus der Messung von X im Freilandniederschlag und von Na im Freilandniederschlag und in der Kronentraufe angenähert werden. Die Differenz zwischen der Netto-Kronentraufe und der trockenen Deposition in der Kronentraufe

Tabelle 2-3. Summe der separat bestimmten Trocken- und Naßdepositionsraten und der Kronen-Regen-Interaktionsraten von atmosphärischen Komponenten in einem Fichtenaltbestand im Solling nach extrapolierten Werten von Regenanalysen über und unter einzelnen Fichtenzweigen (Ibrom 1993). Negative Vorzeichen bedeuten Aufnahme der Komponenten durch die Nadeln; positive Vorzeichen Abgabe durch die Nadeln an das Regenwasser. KRI: Kronen-Regen-Interaktion; NDT: nasse und trockene Depositionsrate

Spezies	NTD [eqv. ha^{-1} a^{-1}]	KRI [eqv. ha^{-1} a^{-1}]	Verhältnis KRI/NTD · 100%
H^+	1335	-223	-17
Na^+	612	-26	-4
NH_4^+	881	7	0,8
K^+	130	264	203
Ca^{2+}	588	28	5
Mg^{2+}	219	-1	-0,5
Mn^{2+}	31	31	100
Cl^-	665	78	12
NO_3^-	1252	-203	-16
SO_4^{2-}	1966	60	3
Zn^{2+}	19	-5	-26
Cd^{2+}	0,055	-0,011	-20
Cu^{2+}	0,802	0	0
Pb^{2+}	1,230	-0,738	-60

kann dann den Kronen-Regen-Interaktionen, nämlich dem Auswaschen aus den Nadeln/Blättern, der Ab-/Adsorption aus dem Regenwasser an den Oberflächen und der Gasphasenabsorption, zugeordnet werden. Die Kronen-Regen-Interaktionen sind relativ am größten bei den Komponenten Kalium und Mangan (Tabelle 2-3).

- Es werden nur unlösliche Komponenten untersucht, die nicht aus den Nadeln/Blättern ausgewaschen werden können, und der Transport im Streufall von Stoffen, die über die Wurzeln kaum aufgenommen werden (z. B. Pb), wird mit berücksichtigt (Höfken et al. 1981).
- Die Kronentraufe und der Freilandregen werden schon bei der Sammlung gekühlt und dunkel gehalten (Müller et al. 1982), so daß biologische Aktivitäten reduziert werden. Mit Zeitreihenanalyse der Konzentrationen von Inhaltsstoffen unmittelbar nach dem Auffangen der Kronentraufe und des Regens kann abgeschätzt werden, wie sich die Lösungskonzentrationen mit der Zeit zu unterschiedlichen Jahreszeiten ändern.
- Die Kronentraufe und der Freilandniederschlag werden mit Sammlern aufgefangen, die nur geöffnet sind, wenn es regnet („Wet-only-Sammler").

- Eine trockene Deposition von Spurengasen durch Diffusion durch die Spaltöffnungen und anschließender Absorption in den Nadeln/Blättern (z.B. bei SO_2) oder eine Emission aus den Nadeln/Blättern durch die Stomataöffnungen und anschließender Deposition auf den Nadeloberflächen (z.B. bei NH_3) wird meßtechnisch und rechnerisch exemplarisch abgeschätzt und in der Bilanzierung berücksichtigt. Wie realistisch diese Prozesse eingeschätzt werden können, wird zur Zeit erforscht.

Das Abwaschverfahren

Triebe, Zweige, Blätter/Nadeln werden nicht mit dem Freilandregen sondern mit simulierten Regenlösungen nach einer trockenen Deposition von luftgetragenen Komponenten in einer Zeitreihe künstlich abgewaschen. Die auf der Oberfläche trocken deponierten Spurenstoffe werden beim Abwaschen zeitlich eher erfaßt als die Komponenten, die aus dem Inneren der Nadel/Blätter heraustransportiert werden (Ibrom 1993; Veithen 1996; Marques 1998). Die Abwaschmethode eignet sich besonders bei den Partikelkomponenten, die eine vernachlässigbare Gasphase haben und bei denen eine starke Adsoprtion und Absorption an Nadel-/Blattoberflächen nicht beobachtet wurde. Die gemessenen Stoffflüsse müßten dann nicht mit Raten von Gasabsorption und Streufallmengen korrigiert werden.

Die chemische Zusammensetzung der künstlichen Abwaschlösungen sollte den natürlichen Regenlösungen in etwa entspechen, da die Austauschreaktionen und der diffusive Transport von den Konzentrationsdifferenzen zwischen Abwaschlösung und Nadel-/Blattlösung abhängen. Es muß geprüft werden, welchen Anteil der Gasaustausch durch die Spaltöffnungen am Spurenstofftransfer hat, da im Nadelinnern absorbierte Mengen normalerweise nicht wieder ausgewaschen werden.

Elektronenmikroskopische Aufnahmen von Nadeloberflächen

Mit elektronenmikroskopischen Aufnahmen von Nadeloberflächen kann bestimmt werden, wie die Flächenanzahldichte von Partikeln auf Nadeloberflächen, die der Atmosphäre ausgesetzt sind, mit der Zeit zunimmt. Da die Blindwerte der Partikelkonzentrationen auf alten Nadeln sehr hoch sind, müssen Reinigungsverfahren für die Nadeloberflächen otpimiert werden, um die Länge der Nadelexposition und die Anzahl der Wiederholungen zu reduzieren. Alternativ ist es möglich, neu ausgetriebene Nadeln als ziemlich saubere Akzeptoren für Partikel aus der Atmosphäre zu nutzen.

Da über kürzere Zeiträume (Tage) gemessen werden kann, ist es möglich, den Einfluß von atmosphärischen Parametern (z. B. Windgeschwindigkeit) abzuleiten (Waraghai u. Gravenhorst 1989; Marques 1998).

Bilanzierung der deponierten Radioaktivität

Partikel mit angelagerten individuellen radioaktiven Komponenten können spezifischen Partikelgrößenbereichen zugeordnet werden (Abb. 2-25). Die Deposition von Radioaktivität, die durch den Reaktorunfall von Tschernobyl in die Atmosphäre emittiert worden war, konnte einem kurzen Zeitraum (2 Wochen) zugeordnet werden. In 2 benachbarten Wäldern im Solling konnte die Summe der Radioaktivität von ^{137}Cs, die mit den Regentropfen und mit Partikeln in einen Fichtenaltbestand, einen Buchenbestand und auf eine Freifläche innerhalb dieser Zeit abgelagert worden war, nachträglich in den verschiedenen Bestandeskompartimenten quantifiziert werden (Abb. 2-25). Unter der Annahme, daß die Regendeposition an den drei Untersuchungsflächen gleich war, konnte aus der Differenz der Depositionsraten geschlossen werden, wie der Fichtenbestand die trockene Deposition erhöht hat. Frühere Depositionen von Waffentestradioaktivität konnten mit der Analyse von

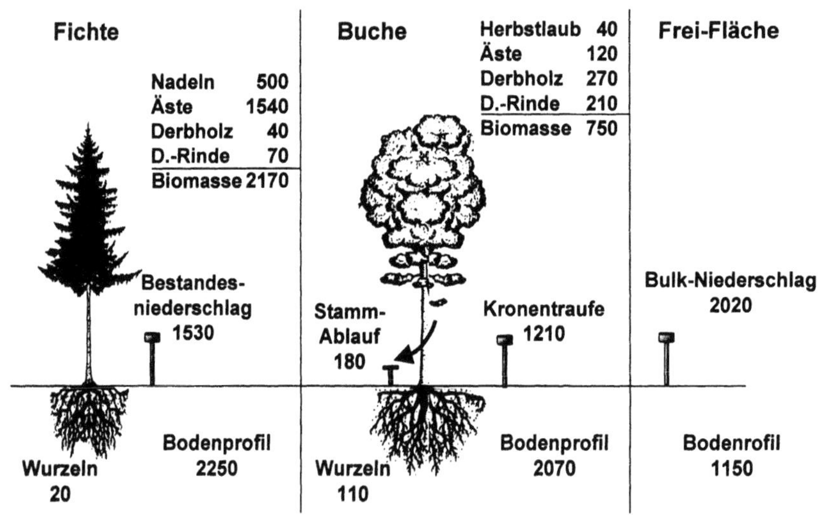

Abb. 2-25. Radioaktivität (Bq/m^2) in zwei Altbeständen (Buche, Fichte) und für eine benachbarte Freifläche im Solling nach dem Reaktorunfall von Tschernobyl (Probennahme 1986) (Brückmann et al. 1988)

^{134}Cs berücksichtigt werden (Brückmann et al. 1988). Ein ausgewachsener Wald kann in seinen verschiedenen Kompartimenten nur selten wie in dieser Untersuchung inventarisiert werden.

Die Ergebnisse von Feldmessungen der Depositionsgeschwindigkeiten von Partikeln, die zwar alle an einem Fichtenstandort im Solling, aber mit unterschiedlichen Methoden ermittelt wurden (Abb. 2-22), können nicht ohne weiteres verglichen werden. Elektronenmikroskopische Aufnahmen der auf Nadeln abgelagerten Partikel und die Analyse der Radioaktivität, die nach dem Reaktorunfall von Tschernobyl in der Vegetation abgelagert wurde, beziehen sich auf die Depositionsgeschwindigkeit für bestimmte charakteristische Größenklassen der radioaktiven Partikel (Abb. 2-20) und nicht auf den Mittlere-Massen-Durchmesser (MMD) des gesamten Partikelspektrums. Dagegen erfassen die Netto-Kronentraufe-Methode und die Abwaschmethode die Gesamtstromdichten für den gesamten Partikelbereich und nicht nur für einzelne Größenklassen, so daß hier der MMD als charakteristische Größe gewählt wurde. Die Netto-Kronentraufe-Methode liefert konvergierende Depositionsraten nur über längere Zeitspannen (etwa Halbjahre), da die Kronentraufe einzelner Regenfälle die Trockendeposition, die vor dem Regenfall abgelagert wurde, nicht immer realistisch und vollständig widerspiegeln können. Die Zeiträume und damit auch die Randbedingungen, für die die Depositionsgeschwindigkeiten in Abb. 2-22 ermittelt wurden, sind ganz unterschiedlich. Die Nebeldeposition ist bei den elektronenmikroskopischen Aufnahmen und dem Abwaschverfahren nicht enthalten. Die Partikelgröße in den elektronenmikroskopischen Aufnahmen ist schwierig mit der aerodynamischen Größe bei Impaktormessungen zu vergleichen (Hänel u. Gravenhorst 1974). Als Partikelgröße wird im Elektronenmikroskop der Radius eines Kreises ermittelt, der die gleiche Fläche hat wie das zweidimensionale Bild des Partikels im Elektronenmikroskop. Als aerodynamische Größe in Impaktoren wird die Größe einer Kugel gewählt, bei der das Partikel genauso schnell fällt wie die Kugel mit der Dichte 1 kg/m^3. Trotz dieser Vergleichsschwierigkeiten mit den jeweiligen Partikelgrößen scheint es sich aber zu bestätigen, daß hohe Depositionsgeschwindigkeiten im Bereich von 1 cm/s für die gesamte Masse von Komponenten in luftgetragenen Partikeln über Wäldern realistisch sind. Die in atmosphärischen Transportmodellen verwendeten Depositionsgeschwindigkeiten für weit ausgedehnte Landschaften liegen etwa um den Faktor 10 niedriger (Iversen et al. 1991) oder in der gleichen Größenordnung (Leeuwen et al. 1996, für K + Ca + Mg ohne Seesalzanteil). Die mitteleuropäischen Landschaften bestehen nicht nur aus Fichtenaltholzbeständen, so daß Depositionsgeschwin-

Tabelle 2-4. Depositionsraten von luftgetragenen Partikeln in Trockengebieten

Meßort/Autoren	Depositionsrate [g m^{-2} a^{-1}]
See Genezareth (Ganor et al. 1996)	50
S-Benin (Herrmann 1996)	19
N-Benin (~)	23
Côte d I'voire (Walter 1998)	25
SW Niger (Herrmann 1996)	62–156
SW Niger (Drees et al. 1993)	164–212
Senegal (Orange et al. 1990)	152–241

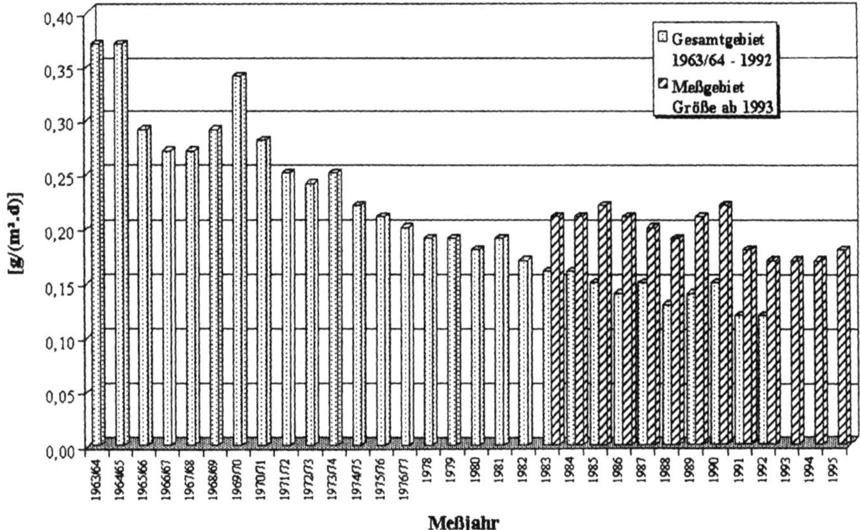

Abb. 2-26 a. Trend der Bulk-Depositionsrate von atmosphärischen Partikeln im Rhein-Ruhr-Gebiet (LUA-NRW 1999)

digkeiten, die für Fichtenaltholzbestände ermittelt werden, nicht unbedingt einen größeren Landschaftsausschnitt repräsentieren. Eine Bulk-Depositionsgeschwindigkeit im städtischen Gebiet wurde zu etwa 0,03 cm/s (bezogen auf die Erdoberfläche) für Partikel mit angelagerter Tschernobyl-Radioaktivität (Partikelradius etwa 0,4 µm) bestimmt (Hewitt et al. 1993). In Ausbreitungsmodellen verwendete Depositionsgeschwindigkeiten müssen über viele verschiedene Landnutzungsformen mitteln, da in einer Modellgitterzelle meistens sehr heterogene Landnutzungsformen auftreten.

In trockenen Gebieten wird durch Winderosion Staub aufgewirbelt. Da er meist aus sehr großen Partikeln besteht, fällt er schnell wieder aus. Nur in starken und großräumigen Windfeldern wird Mineral-

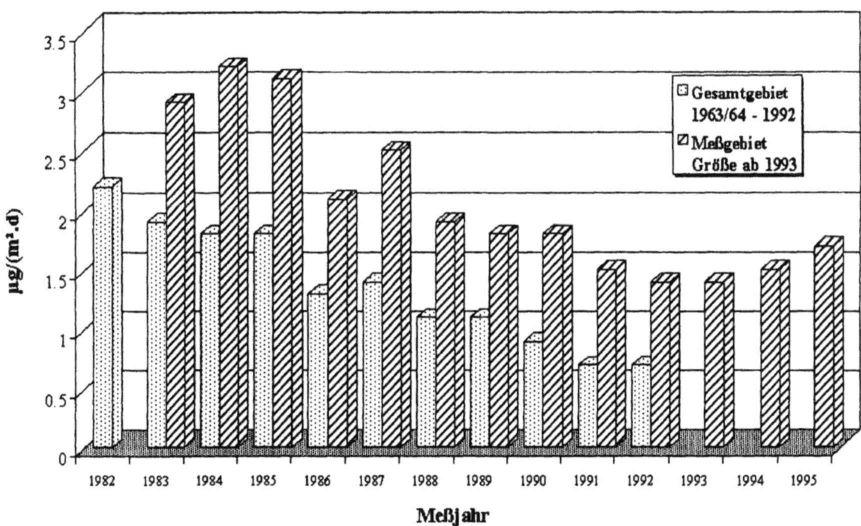

Abb. 2-26 b. Trend der Bulk-Depositionsrate von Cadmium im Rhein-Ruhr-Gebiet (LUA-NRW 1999)

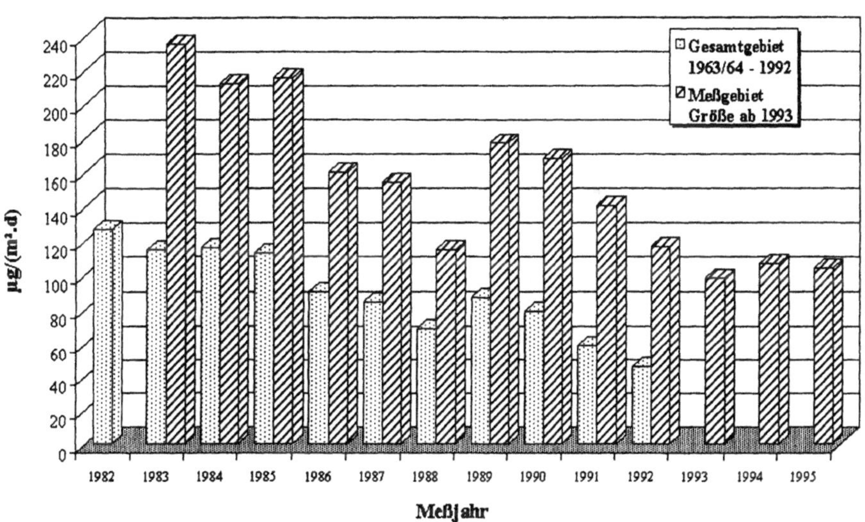

Abb. 2-26 c. Trend der Bulk-Depositionsrate von Blei im Rhein-Ruhr-Gebiet (LUA-NRW 1999)

staub in größere Höhen gebracht, in denen er weit transportiert werden kann. Die Deposition dieses Mineralstaubes an der Erdoberfläche ist schwer quantitativ zu erfassen, da Grenzflächen kaum so gestaltet werden können, daß sie den vertikalen Staubtransport repräsentativ erfassen. Trotzdem gibt es einige Hinweise über die Deposition von Mineralstaub in Westafrika und in Israel (Tabelle 2-4).

Über das Jahr gemittelte Depositionsraten von luftgetragenen Partikeln in Benin, in der Elfenbeinküste und am See Genezareth liegen etwa in der gleichen Größenordnung wie die Werte der Bulk-Depositionsraten (Bergerhoff-Gefaß) in Nordrhein-Westfalen [Abb. 2-26a: 40–55 $g/(m^2 \cdot a)$]. Die Bulk-Staub-Niederschläge von Cadmium und Blei in Nordrhein-Westfalen nehmen auch ab (Abb. 2-26b,c) und betragen 1997 etwa 0,1 bzw. 6‰ der Gesamtstaubniederschläge. Diese Werte entsprechen etwa dem Verhältnis in luftgetragenen Partikeln in Nordrhein-Westfalen. Die Bulk-Staub-Depositionsraten für eine Station im Niger und eine im Senegal liegen um den Faktor 2 bis 4 höher als in Nordrhein-Westfalen [255 $g/(m^2 \cdot a)$ in den letzten 20 Jahren, siehe Abb. 2-26a]. Hier muß geklärt werden, wie realistisch die Sammelbedingungen eine reale Grenzschicht widerspiegeln.

2.3 Nasse Deposition (Regen- und Schneedeposition)

Die Deposition von Spurenstoffen im Regenwasser und im Schnee ist das Ergebnis zahlreicher unterschiedlicher Prozesse, mit denen luftgetragene Spurenstoffe in Regentropfen und in Schneeflocken hinein transferiert werden. Vom Beginn der Tropfenbildung bis hin zur endgültigen Deposition der Regentropfen am Boden können im wesentlichen drei Prozeßarten unterschieden werden, die die stoffliche Zusammensetzung von Regentropfen und Schneeflocken wesentlich bestimmen:

- Kondensation von Wassermolekülen an luftgetragenen Wolkenkondensationskernen. Luftgetragene Partikel aktivieren bis zu Übersättigungen in bezug auf reines Wasser von einigen Zehntel Prozent den Phasenübergang Wasserdampf/flüssiges Wasser an der Wolkenbasis und innerhalb der Wolken. Diese Wolkenkondensationskerne werden bei der Tropfenbildung in die Tropfen inkorporiert und bestimmen damit die chemische Zusammensetzung der Wolkentropfen.
- Gasmoleküle werden von Wolken- und Regentropfen absorbiert. Die physikalisch gelösten Komponenten können dissoziieren (Protolyse) und anschließend chemisch weiter reagieren.
- Partikel können sich an Wolken- und Regentropfen durch Diffusion, Interzeption und Impaktion innerhalb von Wolken und unterhalb von regnenden Wolken an Tropfen anlagern.

Die mit Tropfen in Wolken verbundenen Prozesse luftgetragener Spurenstoffe können zu Abbauprozessen innerhalb von Wolken und regnenden Wolken („in cloud scavenging", „rain out") und die mit Regentropfen verbundenen Abbauprozesse zu Abbauprozessen unterhalb von Wolken („below cloud scavenging", „wash out") zusammengefaßt werden.

Vorwiegend bestimmen die Prozesse, die innerhalb von Wolken ablaufen, die chemische Zusammensetzung des Regenwassers, da luftgetragene Partikel bei der Wolkenbildung fast vollständig in die Wolkentropfen inkorporiert werden, die Gesamtoberfläche von Tropfen in Wolken um etwa den Faktor 100 größer ist als im Regen (Gravenhorst 1983) und die Lebensdauer von Tropfen in Wolken wesentlich länger ist als die von Regentropfen unterhalb von Wolken. Nach Modellrechnungen gelangen bei den mittleren Bedingungen entsprechenden, realistischen Annahmen nur 7% des Ammoniums, 3% des Nitrats und 3% des Sulfats im Regenwasser, das am Boden gesammelt wurde, unterhalb der Wolkenbasis in die Regentropfen (Asman u. Jensen 1993).

Die chemische Zusammensetzung der Wolkenkondensationskerne bestimmt im wesentlichen die Wechselwirkung der Wolkentropfen mit der Gasphase, die oft vom pH-Wert der Lösung abhängt. Die Menge der von Wolken- und Regenwasser aus der Luft absorbierten reaktiven Gase hängt nicht so sehr von der physikalisch gelösten Gasmenge ab - diese ist unabhängig vom pH-Wert der Lösungen -, sondern von den Dissoziationsgleichgewichten (Abb. 2-27) und nachgeschalteten

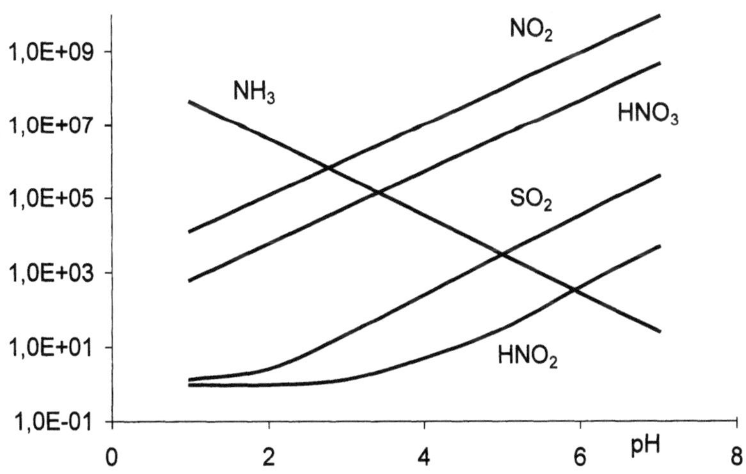

Abb. 2-27. Verhältnis der Konzentration der gesamten Spezies in der Flüssigphase, die sich im reversiblen Gleichgewicht mit der Gasphase befinden, und der Konzentration des nur physikalisch gelösten Anteils für verschiedene Komponenten in Abhängigkeit vom pH-Wert der wäßrigen Lösung. (T: 283 K, nur für NO_2: T: 98 K) (nach Gravenhorst 1983)

irreversiblen Reaktionspfaden im Wasser. Die Dissoziationsgleichgewichte z. B. von

$$NH_3 \cdot H_2O \leftrightarrow OH^- + NH_4^+$$

oder:

$$SO_2 \cdot H_2O \leftrightarrow OH^+ + HSO_3^- ,$$

oder weiterführender Reaktionen, wie z. B.

$$HSO_3^- + H_2O_2 \rightarrow H_2O \cdot H^+ + SO_4^{2-} ,$$

werden wesentlich durch den pH-Wert des Tropfenwassers bestimmt. Würden atmosphärische Gase nur durch physikalisch gelöste Anteile im Regenwasser aus der Atmosphäre entfernt, so würden selbst Gase wie NH_3 und SO_2 sehr lange (von einem halben Jahr bis zu einem Jahrzehnt) in der Atmosphäre verweilen (Gravenhorst 1983). Erst die nachgeschalteten Dissoziationsgleichgewichte können die reversibel absorbierten Mengen wesentlich erhöhen, wenn ein entsprechender pH-Wert in den Regentropfen herrscht (Abb. 2-27). Zusätzlich können Gasmoleküle aufgenommen werden, wenn durch Oxidation oder Reduktion noch Komponenten aus dem reversiblen Gleichgewicht entfernt werden.

Die im Regenwasser inkorporierte Stoffmenge hängt auch von der vertikalen und horizontalen Verteilung der partikelgebundenen und der gasförmigen Spurenstoff-Konzentrationen ab. Es gibt Hinweise (Gravenhorst 1983), daß im räumlichen und zeitlichen Mittel in der oberen Troposphäre SO_2-Moleküle bevorzugt von Regentropfen aufge-

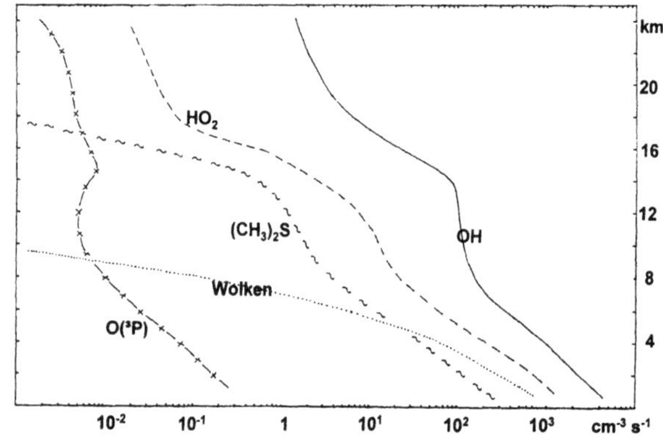

Abb. 2-28. Mittlere globale Suflatbildungsraten für verschiedene SO_2-Reaktionswege in der Atmosphäre (Moleküle cm^{-3} s^{-1}) (nach Gravenhorst 1983)

nommen und mit ihnen aus der Atmosphäre entfernt werden. Niedrige Temperaturen von unterkühlten Tropfen begünstigen eine SO_2-Aufnahme. Die SO_2-Oxidation durch das OH-Radikal in der Gasphase wird in den unteren zwei Kilometern der Atmosphäre im räumlichen und zeitlichen Mittel zum schnellsten SO_2-Abbauweg. Sulfat wird in der Atmosphäre nach diesen Modellvorstellungen im wesentlichen durch Gasphasenreaktion von SO_2 gebildet und nicht so sehr durch Reaktion mit Wolkentropfen, die anschließend verdunsten (Abb. 2-28). Regenwasser ist hier nicht berücksichtigt, da es kein partikelgebundenes Sulfat in die Atmosphäre entläßt. In der Atmosphäre über Europa ist Flüssigwasser in einer Höhenschicht maximal nur etwa 15 bis 18% der Zeit vorhanden (Gravenhorst 1983). Wird dann noch berücksichtigt, daß in Wolken in einem Volumen von 1 Kubikmeter nur etwa 0,000001 Kubikmeter Flüssigwasser enthalten sind, so wird deutlich, daß die Atmosphäre relativ „trocken“ ist.

Wolken werden zu regnenden Wolken vor allem dann umgewandelt, wenn die bodennahen Luftschichten verstärkt angehoben und damit abgekühlt werden und wenn intensive Luftströmungen vermehrt Wasserdampf in die Wolken nachliefern. Beides führt auch dazu, daß vertikale Unterschiede der Spurenstoffkonzentrationen am Boden und in der Nähe der Wolkenbasis ausgeglichen werden.

Generell nehmen Spurenstoffe, die an der Erdoberfläche durch Winderosion oder durch Seesalzinjektion in die Atmosphäre eingebracht werden, wie Mineralstaub- und Seesalzanteile, in der Nähe ihrer Quelle mit der Höhe in der Atmosphäre sehr stark ab. In höheren Schichten – und daher auch im Wolken- und im Regenwasser – könnten deshalb Komponenten, die vertikal sehr homogen verteilt sind, im Vergleich zu den Luftkonzentrationen in Bodennähe angereichert werden.

Eine Anreicherung von Spurenstoffen in atmosphärischen Proben im Vergleich zu einer Referenzprobe wird oft mit einem Anreicherungsfaktor ausgedrückt:

$$A_f = \frac{(x/Al)_{Probe}}{(x/Al)_{Referenz}} \tag{14}$$

Ist $A_f = 1$, so liegen im Probenmaterial und im Referenzmaterial das gleiche Verhältnis (x/A_l) vor. Dann mag angenommen werden, daß Probe- und Referenzmaterialien gleiche Quellen haben. Ist $A_f > 1$, so tritt die Komponente x in der Probe in bezug zu Aluminium in erhöhter Konzentration auf im Vergleich zur Referenz, x ist in dem Probematerial angereichert. Als Referenz wird oft die gemittelte Zusammensetzung von Krustenmaterial der Erde gewählt und Al oder Fe als

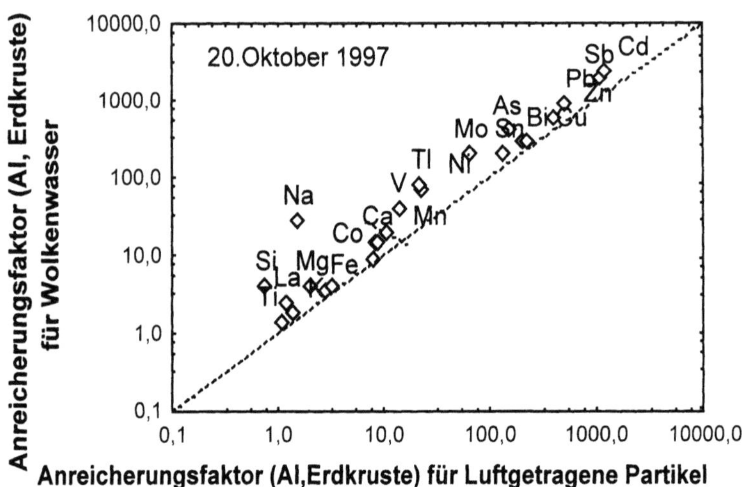

Abb. 2-29. Vergleich der Anreicherungsfaktoren (bezogen auf Aluminium in der Erdkruste) für luftgetragene Komponenten im Wolkenwasser auf dem Brocken am 20. 6. 1997 (y-Achse) zu luftgetragenen Partikeln in städtischen Gebieten in Deutschland (x-Achse) (Plessow et al. 1999)

Bezugselemente (Rahn 1976). A_f-Werte im Bereich von eins in luftgetragenen Partikeln deuten darauf hin, daß die Partikel wesentlich aus aufgewirbeltem Mineralstaub bestehen. In luftgetragenen Partikeln treten Anreicherungsfaktoren von etwa 1 bis zu 1000 auf (Rahn 1976; Gravenhorst u. Müller 1982; Plessow et al. 1999; Abb. 2-29).

Die Anreicherungsfaktoren luftgetragener Partikel in industrialisierten Gebieten in bezug auf Krustenmaterial unterscheiden sich nicht sehr stark von den Anreicherungsfaktoren in entlegenen Gebieten (polare und marine Bereiche; Rahn 1976; Gravenhorst u. Müller 1982). Ausnahmen bilden natürlich Staubstürme, in denen Krustenmaterial überwiegt. Die Elemente mit hohen Anreicherungsfaktoren (z.B. Pb, Cd) sind hauptsächlich anthropogenen Ursprungs und werden vor allem durch Verbrennungsprozesse in die Atmosphäre emittiert. Die Anreicherungsfaktoren nehmen zu kleineren Partikeln hin zu, da bodenbürtige Minerale in den Riesenpartikeln konzentriert sind und die kleinen Partikel hauptsächlich über die Gasphase entstehen (s. Abb. 2-12). Die Anreichungsfaktoren von luftgetragenen Partikeln in der bodennahen Grenzschicht der Atmosphäre über Deutschland und von Wolkenwasser am Brocken im Harz (1142 m ü. NN) unterscheiden sich kaum in ihrer absoluten Höhe und in ihrer relativen Staffelung (Abb. 2-29; Plessow et al. 1999). Im Wolkenwasser ist ein geringer systematischer Trend zu höheren Anreicherungsfaktoren in bezug auf Aluminium bei allen Elementen zu erkennen. Dieselben Anreicherungsfaktoren in zwei Probearten (z.B. bodenbürtiger Staub, luftgetragene Partikeln) garantieren noch nicht, daß die Proben zur gleichen Grundgesamtheit gehören. Na/Cl-Verhältnisse im Seesalz, in Bodenmineralen, in Kohle können z.B. ähnliche Werte erreichen, so daß sie kein eindeutiger Beweis für Seesalzquellen sind.

Wie effizient Spurenstoffe in Regenwasser hinein inkorporiert werden, kann durch das Verhältnis L des Massenmischungsverhältnis M_R im Regenwasser zu dem Massenmischungsverhältnis derselben Komponente in der bodennahen Luftschicht M_A ausgedrückt werden mit einem Auswaschkoeffizienten L von:

$$L = \frac{M_R}{M_A}$$

mit:

$$M_R = \frac{m_1}{m_w} \quad \text{und} \quad M_A = \frac{m_2}{m_L}$$

m_1, m_2 Massen der Komponente im Regenwasser bzw. in luftgetragenen Partikeln, m_w, m_L Masse bzw. Volumen des Wassers bzw. der Luft.

Werden m_1 auf 1 ml Regenwasser und m_2 auf 1 m^3 Luft bezogen, so gilt:

$$L = \frac{m_1}{m_2} \cdot \frac{m^3\ \text{Luft}}{\text{ml Wasser}} . \tag{15}$$

In regnenden Wolken kann der Flüssigwassergehalt zu ungefähr 1 ml/m^3 angenommen werden (Pruppacher u. Klett 1978). In erster Näherung kann weiter angenommen werden, daß bei Bildung von regnenden Wolken der Wasserdampf so hoch übersättigt ist, daß der Hauptteil der Partikelmasse m_1 bei der Wasserdampf-Kondensation in die Tropfen inkorporiert wird. Die nicht aktivierten Partikel können sich noch anschließend in den Wolken an die Tropfen durch Diffusionsbewegung oder Impaktion anlagern. Die Partikelkomponenten, die sich unterhalb der Wolken in einem m^3 Luft befinden, sollten also in etwa in einem ml Regenwasser inkorporiert sein. L in Gl. 15 hätte dann den Wert 1 m^3/ml.

Manchmal wird L auch auf die Massen bezogen zu

$$L = \frac{m_1}{1\ \text{g Wasser}} \cdot \frac{1290\ \text{g Luft}}{m_2} \tag{16}$$

(1 Normkubikmeter Luft ≅ 1290 g Luft)

Bei der obigen Annahme, daß der Spurenstoffgehalt von 1 m^3 in 1 g Regenwasser inkorporiert wird, hätten m_1/m_2 den Wert 1 und L den Wert 1290 g/g oder 1000 m^3/ml.

Bei Feldmessungen werden diese Werte im Schwankungsbereich von etwa ±50% angetroffen (Slinn 1983; Barrie 1985, 1992; Davidson 1989; Roedel 1994). Liegen keine Konzentrationen von partikelgebundenen Komponenten für die bodennahe Grenzschicht vor, so können mit Regenwasserkonzentrationen und mit Werten für den Auswaschkoeffizienten L Konzentrationen für partikelgebundene Komponenten in der Luft abgeschätzt werden.

Diese Abschätzung gilt nur in erster Näherung. Bei Komponenten, die durch Absorption von Gasen in der Tropfenphase entstehen können (z.B. SO_4^{2-}, NH_4^+, NO_3^-, Cl^-), sollten noch zusätzlich Gas-Anteile zu den Partikel-Anteilen berücksichtigt werden. Auch unterhalb der Wolkenbasis können noch Komponenten aufgenommen werden. Dieser Einfluß wird aber generell als nicht so bedeutsam angesehen (z.B.

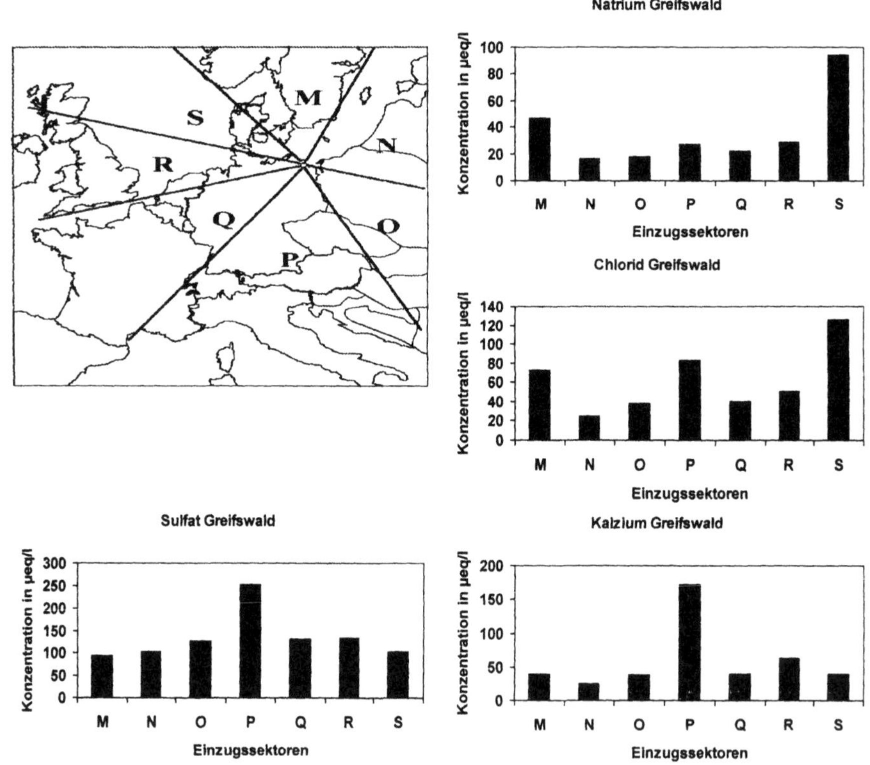

Abb. 2-30. Verteilung der Depositionsraten der Inhaltsstoffe von Regenwasser nach Emissionssektoren an der Station Greifswald (Möller et al. 1992)

Asman u. Jensen 1993). Die bodennahe Partikelzusammensetzung wird mehr von lokalen, d.h. auch sehr variablen Bedingungen beeinflußt. Die Luftkörper, in denen sich Wolken und Regen bilden, haben jedoch einen mehr regionalen und überregionalen gleichförmigen Charakter. Die chemische Zusammensetzung der Partikel in den unteren Metern der bodennahen Luft und in der Luft der unteren Kilometer, in der Regenwasser gebildet wird, unterscheiden sich daher. Die Regenwasserkonzentrationen von spezifischen Komponenten spiegeln z.B. charakteristische luftchemische Eigenschaften von bestimmten Regionen wider, aus denen die Luftmassen kommen, in denen der Regen gebildet wird (Abb. 2-30).

Die Konzentration eines Spurenstoffes im Regenwasser hängt nicht nur von seiner Konzentration in luftgetragenen Partikeln oder den Vorläufern in der Gasphase ab, sondern auch wesentlich davon, wieviel Wasserdampf auf den Partikeln oder an den Tropfen kondensierte. Damit aus schwebenden Wolkentropfen (2 bis 10 μm Durchmesser) fallende Regentropfen (1000 bis 2000 μm Durchmesser) entstehen, muß sich die Wassermenge von Millionen von Wolkentropfen zu einem Regentropfen zusammenfinden. Dies geht nur bei einem breiten Spektrum der Größe der Wolkentropfen, bei dem die relativen Fallgeschwindigkeiten der Tropfen zueinander groß sind und daher Tropfen verschiedener Größen vermehrt koaleszieren können. Wenn die Eisphase aktiviert worden ist - meistens erst bei Wolkentemperaturen unter -10 °C -, dann ist der Wasserdampfdruck in den Wolken so hoch und in bezug auf Eis übersättigt, daß die Eispartikel schnell wachsen. Beide Prozesse tragen in den meisten Fällen dazu bei, daß Wolkentropfen und Schneekristalle so groß werden, daß sie zum Erdboden fallen können.

Über größere Zeiträume mit vielen Niederschlagsergeignissen ist die Stoffkonzentration c im Regenwasser umgekehrt proportional zur Niederschlagsmenge N eines Regenereignisses:

$$c \sim \frac{1}{N} \, .$$

Das Umweltbundesamt mißt an seinen 5 Hintergrundstationen Niederschlagsmengen pro Tag und die Spurenstoffkonzentrationen in täglichen Niederschlagsproben (Fricke et al. 1998). Aus den Daten haben wir abgeleitet, wie die mittleren Konzentrationen der Inhaltsstoffe pro Tag c_i mit zunehmender täglicher Niederschlagsmenge n_i zurückgehen (Abb. 2-31a). Es wurde eine Beziehung

$$c_i = A \cdot (N_i)^B \tag{17}$$

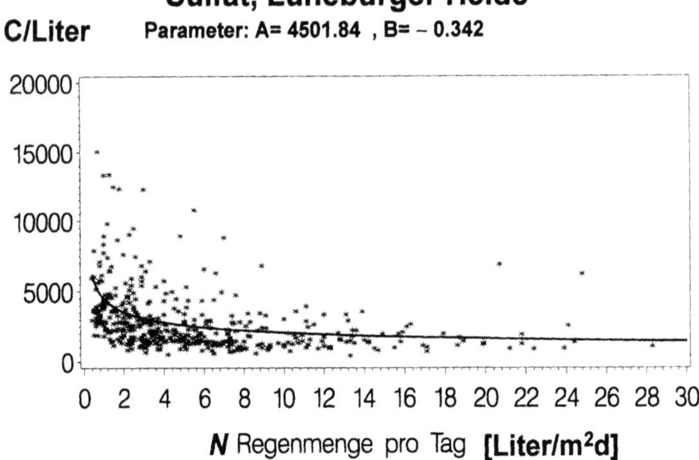

Abb. 2-31 a. In der Regenmenge eines Tages *N* pro Liter enthaltene Menge Sulfat an der Station Waldhof (Lüneburger Heide). Aufgetragen sind alle erfaßten Regenereignisse von 1982 bis 1998 (nach Daten bei Fricke et al. 1997) ($C = A \cdot N^B$)

für alle Komponenten gefunden. Die empirisch gewonnenen Werte A und B schwanken innerhalb gewisser Grenzen für einzelne Komponenten und verschiedene Orte. A ist positiv und B negativ.

Daß Stoffkonzentrationen in Regenwasser mit zunehmender Tagesniederschlagsmenge abnehmen, beruht vorwiegend darauf, daß

- bei stärkerer atmosphärischer Vertikalbewegung und größerem Wasserdampfgehalt größere Mengen Wasserdampf in dem gleichen Luftvolumen kondensieren und zu Regenwasser umgewandelt werden können;
- je länger und je intensiver es an einem Ort regnet desto sauberer können die Luftmassen sein, in denen der Regen gebildet wird;
- Regenereignisse mit hoher Regenwassermenge erfassen oft Luftschichten in der mittleren und höheren Troposphäre (z.B. bei heftigen Gewittern), so daß in der mittleren Troposphäre Luftmassen, die mit geringeren Partikelkonzentrationen beladen sind, mit in das Niederschlagsgeschehen einbezogen werden.

Die Abnahme der Konzentration von Regeninhaltsstoffen mit der Regenmenge eines Einzelniederschlages wurde schon von Georgii u. Weber 1964, Perseke 1982, Möller u. Lux 1993 in mehreren Messungen gefunden und mit mehreren anderen Untersuchungen verglichen. Da große Regenmengen meistens mit hoher Regenintensität fallen, verwundert es nicht, daß bei ansteigender Regenintensität (Regenmenge pro Zeit) die Konzentration von Spurenstoffen im Regen abnimmt. Die Rate der nassen Deposition eines Spurenstoffes für einen Tag D_i wird aus dem Produkt der Regenmenge des Tages N_i und der zugehörigen Konzentration des Inhaltsstoffes c_i während dieses Tages ermittelt:

$$D_i = c_i \cdot N_i \,. \tag{18}$$

Da c_i nicht unabhängig von N_i ist (Abb. 2-31a und Gl. 17), gilt die Gleichung:

$$\sum_{i=1}^{n} D_i = \sum_{i=1}^{n} c_i \cdot N_i \tag{19}$$

Aus den Tageswerten N_i und c_i der Meßwerte des Umeltbundesamtes konnte generell abgeleitet werden:

$$D_i = O \cdot (N_i)^P \tag{20}$$

(O und P empirische Faktoren größer Null)

Obwohl die Konzentration in der täglichen Regenprobe mit zunehmendem N abnimmt, nimmt die deponierte Spurenstoffmenge pro Tag zu. Für verschiedene Komponenten im Regenwasser und für unterschiedliche Meßstationen des Umweltbundesamtes in Deutschland konnten die Parameter O und P abgeleitet werden. Sie zeigten alle den gleichen Trend an.

Während die gefundenen Zusammenhänge für Tageswerte und für einen Ort gelten, wurde ein ähnlicher Zusammenhang auch für jährliche Depositionsraten an zwei unterschiedlichen Orten festgestellt (Legrand 1995). Die SO_4^{2-}-Konzentrationen in Firn- und Eisproben an verschiedenen Orten auf Grönland und in der Antarktis nahmen mit zunehmender jährlicher H_2O-Depositionsrate ab, aber die jährlich deponierten SO_4^{2-}-Mengen nahmen mit zunehmender H_2O-Depositionsrate zu.

Ob an einem Ort größere Mengen eines Stoffes mit der trockenen Deposition oder mit der nassen Deposition aus der Atmosphäre entfernt werden, hängt auch davon ab, wie weit der Depositionsort von der Emissionsquelle dieses Spurenstoffes entfernt liegt. In der Nähe der Quellen von z. B. partikelgebundenem Blei wird auch die Luftkonzentration in Bodennähe im Vergleich zur mittleren Troposphäre besonders hoch sein. Da die trockene Deposition von Spurenstoffen proportional der Konzentration in Bodennähe, die nasse Deposition aber eher proportional der Konzentration in Wolkenhöhe ist, wird in der Nähe von bodennahen Quellen eine trockene Deposition wahrscheinlicher sein. Da in der Nähe von Quellen die Emissionsdichte erhöht

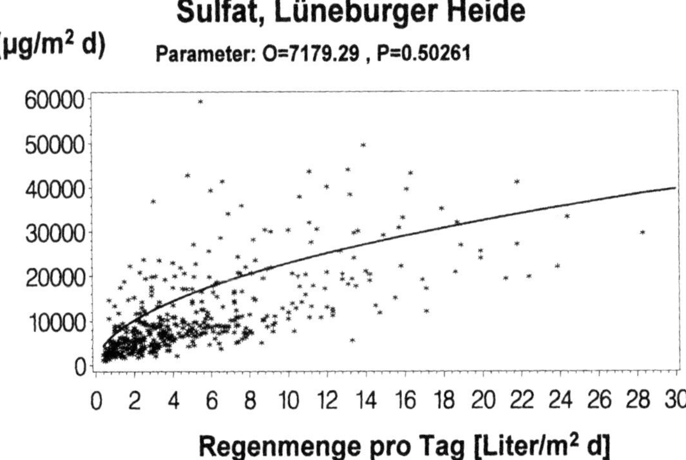

Abb. 2-31 b. SO_4-Deposition mit der Regenmenge eines Tages an der UBA-Station Waldhof (Lüneburger Heide). Ausgewertet wurden alle erfaßten Regenereignisse von 1982 bis 1995 (nach Daten bei Fricke et al. 1997). Mit den Parametern O und P ergibt sich der folgende korrelative Zusammenhang: $D_N = O \cdot N^P$ (D_N-deponierte Menge pro m^2 und Tag, N-Regenmenge pro m^2 und Tag)

ist, wird in Gebieten mit höherer Emissionsdichte die trockene Deposition ein bevorzugter Abbauprozeß sein. Eine besondere Situation ergibt sich beim Schwefel, da er bevorzugt als gasförmiges Schwefeldioxid (SO_2) und nicht als partikelgebundenes Sulfat (SO_4^{2-}) emittiert wird. Auf dem Transport wird SO_2 in der Luft zu SO_4^{2-} umgewandelt. Da außerdem H_2SO_4-haltige Partikel ähnlich schnell wie SO_2 am Boden abgelagert werden, wird sich der Sulfatgehalt in der Luftmasse beim Transport von den SO_2-Quellen relativ zum SO_4^{2-}-Gehalt erhöhen (Georgii et al. 1977). Mit zunehmender Entfernung von den SO_2-Emissionsgebieten wird die nasse Deposition von Schwefel im Vergleich zur trockenen Deposition zunehmen. Es spielt aber auch eine Rolle, wie die Regenrate räumlich verteilt ist, da die nasse Depositionsrate sehr stark von der Regenrate abhängt (Abb. 2-31b). In höheren Lagen ist meistens die Regenrate besonders hoch, die Emissionsdichte von anthropogenen Spurenstoffen aber besonders niedrig. Bei schwefelhaltigen atmosphärischen Komponenten (SO_2 und Sulfat) wird die trockene Schwefel-Deposition nahe der Quellen, bei hoher Emissionsdichte, die nasse Deposition überwiegen (Abb. 2-32). Im Solling werden z.B. trotz hoher jährlicher Niederschläge schwefel- und stickstoffhaltige Spurenstoffe vorwiegend durch trockene Deposition in einen Fichtenbestand eingetragen (Abb. 2-33).

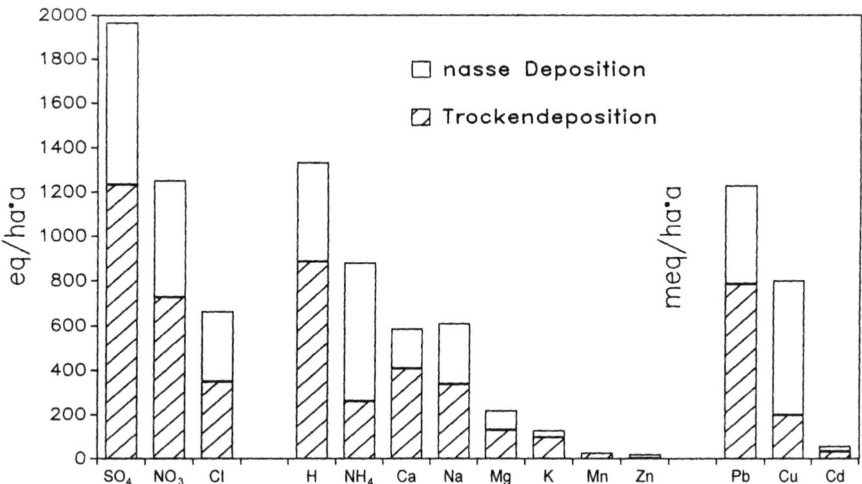

Abb. 2-32. Die Zusammensetzung der Gesamtdeposition verschiedener Komponenten aus der Atmosphäre in einen Fichtenbestand im Solling, abgeleitet aus Untersuchungen mit der Kronentraufemethode (Ibrom 1993)

Abb. 2-33. Flächenaktivität von ^{137}Cs im Mineralboden und im Humus für einen Fichtenbestand im Solling (Humus, Werte in Bq/m^2, Messung vom 16. 7. 1986 (nach Brückmann et al. 1988), OL: Laubstreuschicht; OF: Vermoderungshorizont; OH: Humusschicht

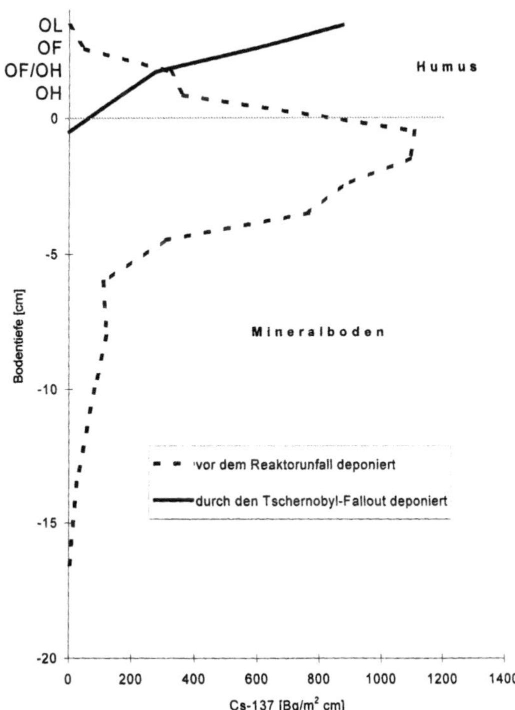

2.3.1 Probleme bei der Bestimmung der nassen Deposition

Die Konzentrationen von Regeninhaltsstoffen nehmen generell mit zunehmender Tropfengröße ab (Georgii u. Wötzel 1970). Werden Regentropfen unterschiedlicher Größe nicht gleich wirksam gesammelt, so wird die chemische Zusammensetzung des gesammelten Regenwassers anders sein als die des wirklichen Regenwassers. Besonders bei hohen Windgeschwindigkeiten am Regensammler können kleinere Regentropfen abgelenkt werden, so daß sowohl die Regenmenge als auch die chemische Zusammensetzung des gesammelten Regens nicht als repräsentativ für den wahren Regen angesehen werden können.

Es ist noch schwieriger, eine repräsentative Schneemenge als eine repräsentative Regenwassermenge zu sammeln. Die aerodynamische Dichte von Schneeflocken ist wesentlich geringer als diejenige von Regentropfen (Pruppacher u. Klett 1978), so daß die Luftströmung Schneeflocken eher als Regentropfen um die Öffnung von Niederschlagssammlern lenkt. Außerdem können trockene Schneeflocken sehr leicht aus dem Sammeltrichter wieder herausgeweht werden. Richtlinien und Hinweise zum Sammeln und Analysieren von Niederschlagsproben (z.B. DWD 1965; LAWA 1995; Thimonier 1998) sollen die vielfältigen Erfahrungen weitergeben. Es wird z.B. empfohlen, daß der Standort des Niederschlagssammlers auf möglichst ebener Fläche liegt und nicht von der Umgebung abgeschattet wird, trotzdem aber ein möglichst niedriger horizontaler und vertikaler Wind herrscht. Daher soll das nächste Hindernis vom Sammler genauso weit entfernt sein, wie es hoch ist. International wird sogar eine viermal so große Entfernung gefordert. Die Höhe der Sammleröffnung über Grund spielt ebenfalls eine Rolle, da der Wind mit der Höhe stark zunimmt und dadurch die Sammeleffizienz beeinflußt. Auch die Spritzwasserkontamination durch die Umgebung und den Sammler selbst wird durch den Wind und die Höhe des Sammlers beeinflußt.

Wenn es nicht regnet oder schneit, sollte die Sammleröffnung nicht geöffnet sein, so daß nur die Regen- und/oder Schnee-Depositionsraten erfaßt werden und nicht die zusätzliche, aber schwer zu quantifizierende trockene Deposition von Gasen und Partikeln.

Wird das Regen- und Schneesammelgefäß in der regen- und schneefallfreien Zeit nicht geschlossen, so werden die gesammelten Proben Bulk-Deposition genannt. Sie enthalten neben den Regen- oder Schneeproben auch noch einen nicht näher quantifizierbaren Anteil an trockener Deposition von Gasen und Partikeln. Trotzdem gibt die Bulk-Deposition einen ersten Hinweis über die Größe der gesamten atmosphärischen Deposition. Erste weltweite Verteilungen der Deposition für Schwefel- und Stickstoffkomponenten wurden aufgrund von Bulk-Depostionsmessungen quantifiziert (Böttger et al. 1978).

Die Proben der nassen Deposition können unterschiedlich konzentriert und biologisch aktiv sein. Sie werden bei unterschiedlichen Temperatur- und Lichtverhältnissen gelagert, und die Sammelgefäße können aus verschiedenenartigen Materialien bestehen, die mit unterschiedlichen Reinigungsmitteln behandelt wurden. Über die vielfältigen Probleme durch Kontamination, zeitliche Veränderung der Konzentration und mit der Konzentrationsmessung diskutiert ganz konkret Th. Grauck in Möller u. Lux (1992). Diese Diskussion macht deutlich, daß es keine Sicherheit und keine allgemeingültigen Regeln gibt, aus Niederschlagsproben Depositionsraten abzuleiten. Auch gibt es keine generellen Korrekturformeln, mit denen Konzentrationen berichtigt werden können. Folgende Gesichtspunkte sollten möglichst beachtet werden:

- Um „Wet-only-Proben" sammeln zu können, sollte die Sammleröffnung nur während der Regen- und Schneefallzeit freigegeben werden (Problem der Bestimmung von Anfang und Ende eines Regenereignisses).
- Probenbehälter sollten schon während des Sammelns von Regenwasser kühl (knapp über 0° C) und dunkel gehalten werden (Müller et al. 1982).
- Die wäßrigen Proben sollten möglichst sofort analysiert oder filtriert werden.
- Kontaminationen durch die Sammelgeräte (Spritzwasser, Abdekkung, Tropfwasser) sollten möglichst klein gehalten werden.

Die ermittelten Stoffkonzentrationen in den Lösungen von Regenwasser- und Schneeproben können durch Vergleich der gemessenen Ladungsbilanzen von Anionen und Kationen und der gemessenen und berechneten Leitfähigkeit auf Plausiblität hin überprüft werden. Widerspruchsfreie Ergebnisse garantieren jedoch noch keine kontaminationsfreien Proben.

Zahlreiche Hinweise zu Geräten, Verfahren, Problemen mit Sammel- und Meßtechniken werden in verschiedenen Veröffentlichungen gegeben und Schlußfolgerungen aus ihnen gezogen (z. B. DWD 1965; DVWK 1984, 1986, 1990, 1992, 1994; VDI 1972a,b, 1988, 1990; Sevruk 1986; Thimonier 1998).

2.3.2 Gehalt von Spurenstoffen in Eismassen

Spurenstoffe in polaren und in nichtpolaren Firn- und Eismassen und ihre Depositionsraten sind von besonderer Wichtigkeit, da sie es erlauben, mehrere hunderttausend Jahre zurück über die letzte Kaltzeit (Würmeiszeit) bis in die vorletzte Kaltzeit (Rißeiszeit) hinein globale biogeochemische Stoffkreisläufe zu dokumentieren und Klimabedingungen zu quantifizieren. Damit kann die zeitliche Entwicklung der Lebensbedingungen auf der Erde beschrieben und mögliche großräumige Wirkungen der Aktivitäten von Menschen auf unseren Lebensraum abgeschätzt werden (vgl. hierzu Bd. 2B, Kap. 3.1). In den abgelagerten Schnee-, Firn- und Eismassen sind die Spurenstoffe enthalten, die schon beim Fallen in den Schneeflocken und Eiskristallen inkorporiert waren (nasse Deposition). Auf die Oberfläche des abgelagerten Schnees können dann noch Gase und Partikel deponiert werden (trockene Deposition). In den Schnee- und Firnschichten verbleiben zwischen den Eiskristallen noch Hohlräume, die mit Luft aus der Atmosphäre ausgefüllt sind. Die Hohlräume stehen mit der Atmosphäre so lange in Verbindung, bis der Druck der aufliegenden Schnee- und Firnschichten so groß wird, daß die Luftporen abgeschlossen werden, sich Eis bildet. Dies kann je nach jährlicher Niederschlagsrate einige 100 Jahre dauern. Bei noch größerem Druck lösen sich diese abgeschlossenen Luftblasen auf und die Gasmoleküle werden in die Gittermatrix des Eises auf Zwischenplätzen eingebaut. Inerte Gasmoleküle können aus Eisproben in ihrem ursprünglichen Mischungsverhältnis mit N_2 und O_2 wieder freigesetzt werden, indem die Eisproben bei tiefen Temperaturen mechanisch zerkleinert und einem Vakuum ausgesetzt werden. Die so gewonnene Luft mit einem Volumen von etwa 1/10 des Eises kann spurenanalytisch untersucht werden. Die Interpretation der gasförmigen Zusammensetzung von Firn- und Eisproben ist am sichersten, wenn die Eiskristalle nach der Deposition aus der Atmosphäre nie mehr geschmolzen wurden. Im Sommer können durch starke und lange Sonneneinstrahlung die Eiskristalle an der Oberfläche in einem dünnen Film schmelzen, auch wenn die Temperaturen weit unter Null Grad liegen. Dadurch werden Gase aus der Atmosphäre physikalisch in dem geschmolzenen H_2O-Film gelöst. Sie bleiben beim Gefrieren der Lösung eingeschlossen, so daß das Eisvolumen nicht nur eingeschlossene Luftblasen mit einer repräsentativen chemischen Zusammensetzung der realen Atmosphäre enthält, sondern auch noch das von dem flüssigen Wasserfilm zusätzlich absorbierte Gas. Deshalb kann von den Gasmolekülen, die aus dem Eis freigesetzt werden, das einmal geschmolzen war, nicht auf die frühere Gaszusammensetzung der Atmosphäre geschlossen werden. Auch sollte das Schmelzen der Eisproben zum Freisetzen der eingeschlossenen Gase vermieden werden, da dadurch Partikelkomponenten, z.B. Karbonate, in Gaskomponenten (z.B. CO_2) umgewandelt werden können. Die Konzentration von atmosphärischen Gasen wie z.B. CO_2, CH_4, N_2O, die im Firn und Eis nicht reagieren, konnten in Eisproben zeitlich weit zurückverfolgt werden und mit den Temperaturen, bei denen der Schnee abgelagert wurde, verglichen werden (Jouzel et al. 1987; Barnola et al. 1987; Neftel et al. 1982). Im Maximum der letzten Eiszeiten (Würmkaltzeit und Rißkaltzeit) waren die CO_2-Konzentrationen in der Atmosphäre etwa halb so hoch wie heute. Die Ursachen für diese niedrigere Konzentration ist bis heute nicht eindeutig geklärt. War sie Ursache oder Wirkung einer generellen Temperaturerniedrigung der Luft? Auch die Mineralstaubbelastung der polaren Gebiete erhöhte sich in den Kaltzeiten beträchtlich, da die kontinentalen Wüstengebiete sich stark ausgedehnt und/oder sich die Transportbedingungen zu den polaren Gebieten drastisch verbessert haben. Vulkaneruptionen, die bis in die Stratosphäre reichen, können im deponierten Eis als Konzentrationsspitzen von Säuren und von Sulfat nachgewiesen, datiert und in ihrer Stärke quantifiziert werden, so daß der Einfluß von Vulkanen auf die großräumige Atmosphäre abgeschätzt werden kann (Delmas et al. 1992; Hammer 1980; Clausen et al. 1995).

Der Nachweis von Methansulfonsäure, die in der Vergangenheit in Firn- und Eisproben deponiert und konserviert wurde, kann über die biologische Aktivität in den Meeren und den Transport von der Meeresoberfläche zu den polaren Breiten Auskunft geben (Saltzman 1995; Warren 1995; Charlson et al. 1987; Legrand 1995), da Methansulfonsäure nur aus Dimethylsulfid (DMS) in der Atmosphäre gebildet werden kann. DMS gelangt als Gas in großen Mengen aus dem Meer, in dem es durch biologische Prozesse gebildet und freigesetzt wird, in die Atmosphäre (Saltzman 1995; vgl. hierzu Kap. 2.3 in Bd. 1A). Große Flächen von verschiedenen Vegetationsformen werden durch natürliche und anthropogene Ursachen in tropischen Regenwäldern, in Savannen, in borealen Wäldern und Wäldern der gemäßigten Breiten verbrannt. Die Brände haben große Auswirkungen auf terrestrische Ökosysteme, aber auch auf die chemische Zusammensetzung der Atmosphäre. Es ist daher sinnvoll, die Geschichte dieser Brände und ihrer Einflüsse zu verstehen. Von den in Firn und Eis deponierten Informationen kann auch auf die zeitliche Entwicklung der Biomassebrände und ihrer Kopplung mit der Atmosphäre geschlossen werden (Dignon 1995; Cachier 1995; Legrand et al. 1992; Levine 1990).

Wie Menschen die chemische Zusammensetzung der Atmosphäre verändert haben, kann durch die Analyse von Firn- und Eisinhaltsstoffen aus der Arktis, Antarktis, aber auch aus Europa und den tropischen Breiten dokumentiert und quantifiziert werden (Barrie 1995; Wolff 1995).

Die polaren Eisschichten mit ihren deponierten Spurenstoffen sind daher vielfältige und aufschlußreiche Archive der Geschichte des physikalischen und chemischen Klimas und der biologischen Entwicklung während der letzten 200 000 Jahre. Sie ergänzen die Archive der marinen Sedimente, die andere Eigenschaften und Vorgänge an der Erdoberfläche dokumentieren und einen noch längeren Zeitraum überspannen können.

2.4 Trockene und nasse Deposition radioaktiver Komponenten

Die natürliche und künstliche Radioaktivität in der Luft, an der Erdoberfläche und in Gewässern kann genutzt werden, um Transferwege von Gasen und Partikeln quantitativ zu beschreiben und Gefährdungspotentiale an den Orten der Deposition von luftgetragenen Spurenstoffen aufzuzeigen. Natürliche Radioaktivität wird durch kosmische und solare Strahlung erzeugt oder durch Exhalation aus dem Erdboden an die Atmosphäre abgegeben. Künstliche Radioaktivität wird vor allem durch Kernwaffentests, Kernkraftwerke und Wiederaufbereitungsanlagen in die Atmosphäre freigesetzt. In der Bundesrepublik wird die Bevölkerung vor allem durch hochenergetische Strahlung bei der medizinischen Betreuung belastet (vgl. hierzu Bd. 2B, Kap. 2).

In der Erdkruste sind die radioaktiven Nuklide ^{238}Uran, ^{235}Uran und ^{232}Thorium enthalten, die in verschiedene Isotope des Edelgases Radon zerfallen. Für die großräumige Atmosphäre ist die Zerfallskette des ^{238}U am wichtigsten. Bei etwa gleicher, konstanter Emissionsrate aus dem Erdboden von 0,7 bis 1,2 Atome/cm^2 s^{-1} (Feichter et al. 1991) kann das Radon in die höhere Atmosphäre und in die Atmosphäre über den Ozean transportiert werden. Es zerfällt mit einer Halbwertzeit von 3,83 Tagen in das langlebige Schwermetall ^{210}Pb (Halbwertszeit 22,4 Jahre). Die ^{210}Pb-Atome lagern sich an Oberflächen der luftgetragenen Partikeln an und erleiden dann mit diesen Partikeln das gleiche Schicksal, ohne daß sie es selbst beeinflussen. Der mittlere Radius der luftgetragenen Partikel, an die Zerfallsprodukte von ^{222}Ra (Radon) angelagert sind, liegt im Bereich von 0,05 bis 0,25 μm (Graustein u. Turekian 1986; Turekian et al. 1977; Feichter et al. 1991; Reineking u. Porstendörfer 1995; Abb. 2-20). Da die luftgetragenen Partikelkomponenten Pb, Cd, NH_4^+, SO_4^{2-} ähnliche Mittlere-Massen-Durchmesser besitzen, können die Transferraten von radioaktiven Partikeln den Raten der Partikeln, die vorwiegend Sulfat, Ammonium, Blei und Cadmium enthalten, sehr ähneln.

Aus Konzentrationsverhältnissen von ^{210}Pb mit seinen Zerfallsprodukten und/oder seinen Vorgängern im Aerosol konnten Lebenszeiten für diese luftgetragenen Partikel von etwa zwei bis drei Wochen in der Atmosphäre abgeleitet werden, je nachdem, wo in der Troposphäre die Radioaktivität an die Partikel angelagert wird (Rehfeld 1994; s. auch Abb. 2-34). Je höher sich die Partikel in der Troposphäre befinden, desto länger ist ihre mittlere Lebenszeit. Für Partikel aus der unteren Stratosphäre werden Lebensdauern von ein bis zwei Monaten ermittelt. Diese mittleren Lebenszeiten werden sowohl durch die trokkene als auch die nasse Deposition bewirkt. Partikel, die in der Stratosphäre und der oberen Troposphäre radioaktiv markiert werden, werden jedoch vorwiegend durch den Regen aus der Atmosphäre entfernt (Rehfeld 1994).

Ein wesentlicher Teil der natürlichen Radioaktivität in der Atmosphäre entsteht durch die Wechselwirkung von kosmischer Strahlung (etwa 90% Protonen, 10% Alphapartikel) mit atmosphärischen Gasen in der Stratosphäre und oberen Troposphäre. Die Partikel treffen wegen des Erdmagnetfeldes mit einem ausgeprägten meriodionalen Gradienten auf Sauerstoff- und Stickstoffatome und produzieren kaskadenförmig sekundäre und tertiäre Partikel, die ^{7}Be- und ^{10}Be-Atome erzeugen können. Da ^{7}Be und ^{10}Be sehr unterschiedliche Halbwertzeiten haben (^{10}Be , $2{,}5 \cdot 10^6$ Jahre; ^{7}Be, 53 Tage), ihre räumliche Produktionsverteilung aber sehr ähnlich ist, kann aus dem ^{10}Be/^{7}Be-Verhältnis in einem Luftvolumen auf die horizontale und vertikale Transporte der Luftmassen und die Depositionsrate aus der Atmosphäre geschlossen werden.

Atmosphärische Kernwaffentests haben lang- und kurzlebige künstliche radioaktive Isotope in die Atmosphäre freigesetzt (Junge 1963). Die Testorte und die Stärke der Detonationen entscheiden über die Verteilung der erzeugten radioaktiven Isotope in Stratosphäre und Troposphäre. Die Radioaktivität kann nur hemisphärisch oder global verteilt werden, wenn nennenswerte Mengen an radioaktiven Isotopen in die Stratosphäre befördert worden sind (Machta u. List 1959; Rehfeld 1994). Da die Radioaktivität der Kernwaffentests in Zeit und Raum beobachtet wurde, können atmosphärische Transport- und Depositionsmodelle mit ihnen überprüft werden (Lockhart et al. 1960; Hardy et al. 1968; Health and Safety Laboratory 1977; Staley 1982;

Freudenthal 1970; Rehfeld 1994). Von den bei Kernwaffenversuchen durch Neutronenspaltung von ^{235}U, ^{238}U und ^{239}Pu in die Atmosphäre eingebrachten radioaktiven Isotopen wurden vor allem die langlebigen Isotope ^{137}Cs und ^{90}Sr untersucht, die sich wie ^{7}Be und ^{10}Be an Oberflächen von luftgetragenen Partikeln anlagern. Die Isotope können sich anschließend in Mikroorganismen, Pflanzen, Tieren und Menschen anreichern und dadurch gesundheitliche Probleme hervorrufen (vgl. hierzu Bd. 2B, Kap. 2). Wie die gemessenen ^{90}Sr-Jahresdepositionen, z.B. für 1963 und für 1966, von der geographischen Breite abhängen, konnte mit einem globalen Transportmodell gut nachvollzogen werden (Rehfeld 1994). Da ^{90}Sr in der oberen Troposphäre und unteren Stratosphäre gebildet wird, wird es vorwiegend durch Regen aus der Atmosphäre entfernt. Dies zeigt, daß mit globalen atmosphärischen Transportmodellen die weltweiten über ein Jahr gemittelten Schicksale von Partikeln mit unterschiedlicher Quellverteilung angemessen beschrieben und Rückschlüsse über trockene und nasse Depositionsprozesse gezogen werden können.

Das anthropogen angereicherte radioaktive Material in mitteleuropäischen Ökosystemen ist heute vorwiegend ^{137}Cs und stammt sowohl vom Tschernobyl-Unfall als auch von Waffentests vor 40 bis 50 Jahren.

Am 26. April 1986 ist der 4. Block des Kernkraftwerks in Tschernobyl/Ukraine explodiert. Explosionen und Feuer zerstörten den Reaktor und das Reaktorgebäude, so daß in den ersten 10 Tagen nach dem Unfall beträchtliche Mengen radioaktiver Stoffe mit zeitlich variierenden Aktivitäten entweichen konnten. Von den bei Kernwaffentests emittierten radioaktiven Isotopen ^{134}Cs und ^{137}Cs ist wegen der kurzen Lebenszeit des ^{134}Cs von 2,07 Jahren im Vergleich zu den 30,17 Jahren bei ^{137}Cs nur noch das ^{137}Cs übrig. Da während des Tschernobyl-Unfalls ein ziemlich konstantes $^{134}Cs/^{137}Cs$-Isotopenverhältnis von etwa 0,52 emittiert wurde, konnte in den ersten Jahren nach dem Unfall noch das ^{137}Cs der Waffentests bestimmt und von Tschernobyl-^{137}Cs getrennt werden. Die Verteilungen etwa ½ Jahr nach dem Unfall in verschiedenen Pflanzen- und Bodenkompartinenten sind in Abb. 2-25 und 2-33 mit den Flußraten in der Kronentraufe und im Freilandniederschlag für einen Buchenwald, einen Fichtenwald und eine Freifläche im Solling wiedergegeben.

Sie zeigen deutlich, daß die Tschernobyl-Radioaktivität in der Kronentraufe erheblich niedriger liegt als im Freilandniederschlag. Sie zeigen ferner, daß deshalb erhebliche Anteile in den Kronen festgehalten werden. Die Rinden der Buchen sind viel stärker belastet als die der Fichten, da die Architektur der Buchenbäume erhöhten Stammablauf bewirkt.

Im Waldboden ist die Tschernobyl-Radioaktivität noch fast vollständig in der Humusauflage konzentriert (Abb. 2-33). Die Mobilität der deponierten Cs-Ionen hängt von dem Humusvorrat, von dem Säuregrad des Bodenmilieus, der Anzahl der Bindungsplätze für Caesium, dem Angebot anderer Kationen (K^+, Pb^+, $NH_4{}^+$), der Wurzelverteilung und der biologischen Durchmischung ab. Fraiture (1992), Brückmann et al. (1988) und Brückmann (1992) diskutieren ausführlich das Schicksal von Caesium, das in Waldökosystemen durch trockene und nasse Deposition aus der Atmosphäre abgelagert wurde. Die Radioaktivität der Waffentests dagegen hat ihr Maximum im Grenzbereich zwischen Humus und oberem Mineralboden. Der Humus wird kontinuierlich mit Radioaktivität aus dem Mineralboden versorgt, wenn Organismen den Boden durchmischen. Die über Boden und Vegetation aufsummierte Radioaktivität stellt die Summe der mit Trocken- und Naßdeposition eingetragenen Radioaktivität dar. Wird von ihr die im Freilandregen deponierte Radioaktivität abgezogen, so bleibt die trockendeponierte Radioaktivität übrig. Mit einer ^{137}Cs-Luftkonzentration, die in derselben Zeit gemessen wurde, kann mit der trocken deponierten Radioaktivität eine mittlere Depositionsgeschwindigkeit für diesen Zeitraum und für diese Vegetationsform abgeleitet werden. Sie wird in Abb. 2-22 mit den anderen Depositionsgeschwindigkeiten verglichen.

Die Größenverteilung und damit der Mittlere-Massen-Durchmesser der luftgetragenen Partikel, an die die Radioaktivität der Tschernobyl-Partikel angelagert waren, entsprach der generellen Verteilung in Abb. 2-20. Es ist eine sehr enge Partikelgrößen-Verteilung.

2.5 Deposition aus der Atmosphäre und ihre Wirkungen

2.5.1 Verweilzeit in der Atmosphäre

Die mittlere Verweildauer der luftgetragenen Spurenstoffe ist eine wichtige Kenngröße für die Atmosphäre, die durch die trockene und die nasse Deposition verursacht wird. Für Partikel können die verschiedenen Prozesse als Funktion der Partikelgröße zusammengefaßt werden (Abb. 2-34), so daß eine erste Bewertung vorgenommen werden kann. Dazu wird die Depositionsgeschwindigkeit umgewandelt in eine mittlere Verweilzeit τ_z:

$$\tau_z = \frac{M}{v_z \cdot c_z A} \, .$$

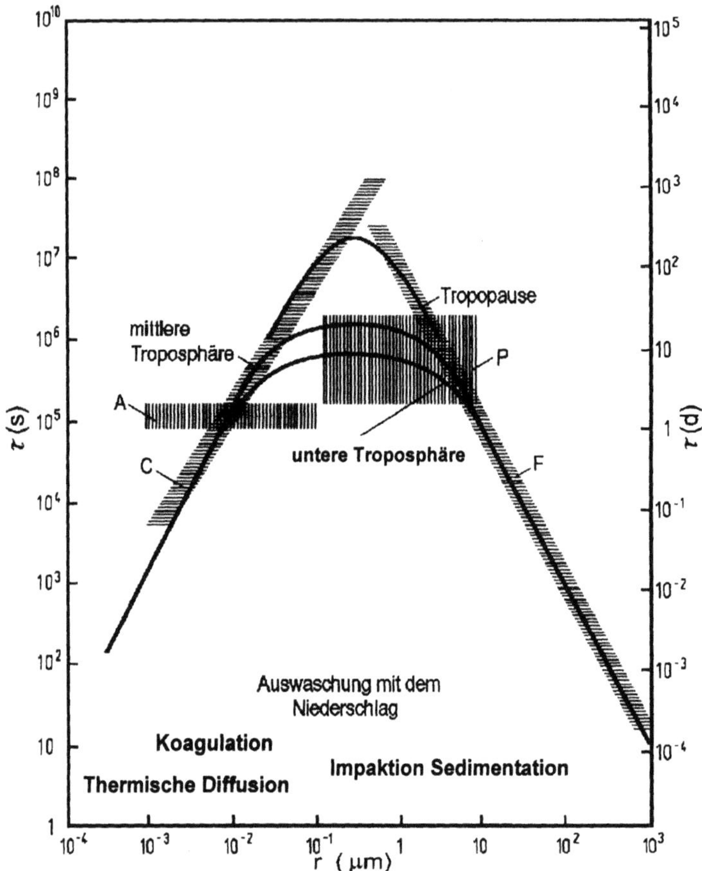

Abb. 2-34. Mittlere Verweilzeiten von Aerosolpartikeln in verschiedenen Höhenbereichen der Atmosphäre in Abhängigkeit vom Partikelradius (nach Jänicke 1998). Schraffiert dargestellt sind Ergebnisse aus experimentellen Messungen und Modellrechnungen. Die Senkenterme sind durch Buchstaben gekennzeichnet. A, C: thermische Diffusion und Koagulation, P: höhenabhängige Auswaschung mit dem Niederschlag, F: Sedimentation

mit M Masse des Spurenstoffvorrats,
v_z Depositionsgeschwindigkeit des Spurenstoffes in der Höhe z,
c_z Konzentration des Spurenstoffes in der Höhe z,
A Fläche, über der sich die Masse M des Spurenstoffes befindet.

Die mittlere Verweilzeit des Spurenstofffes τ_z für diesen Prozeß ist proportional dem Kehrwert der Depositionsgeschwindigkeit v_z. In Abb. 2-34 ist die mittlere Verweilzeit für verschiedene Prozesse von Partikeln in der Atmosphäre als Funktion des Partikelradius aufgetragen. Die Riesenpartikel werden durch Impaktion an Hindernissen und Sedimentation zum Erdboden, die Aitkenpartikel durch Koagulation in der Atmosphäre und durch thermische Diffusion an Oberflächen am Erdboden aus der Atmosphäre entfernt. Die Partikel im dazwischen liegenden Akkumulationsbereich werden vor allem in Wolken- und Niederschlagstropfen inkorporiert und mit dem Regen aus der Atmosphäre entfernt. Je höher in der Atmosphäre sich die Partikel aufhalten, desto länger ist ihre mittlere Verweilzeit. Bei der Koagulation von Partikeln in der Atmosphäre werden keine Partikel aus der Atmosphäre am Erdboden deponiert, sondern sie bleiben als größere Partikel in der Atmosphäre, geben dabei aber ihre Individualität ab. Die gemessenen hohen Depositionsgeschwindigkeiten für radioaktive Cluster (Größe etwa 1 nm; Butterweck 1991) deuten an, daß auch dieser Partikelbereich schnell an der Erdoberfläche deponiert wird (Abb. 2-21b).

Die Deposition von Spurenstoffen aus der Atmosphäre zu Oberflächen von Gewässern, Wäldern, Grünland, Ackerland und Gebäuden verringert die Mengen dieser Stoffe in der Atmosphäre. Die Atmosphäre wird von diesen Stoffen gereinigt, deshalb werden die Prozesse auch Selbstreinigungsprozesse der Atmosphäre genannt. Die trockene und die nasse Deposition bewirken, daß die Stoffkonzentrationen der Atmosphäre nicht beliebig ansteigen.

2.5.2 Wirkung auf die Biosphäre

Die luftgetragenen Stoffe werden durch die trockene und die nasse Deposition jedoch nicht vernichtet, sondern nur in angrenzende Bereiche, vor allem in Gewässer, in Böden, in Ökosysteme, in Organismen und an Gebäude transferiert. Abhängig von Höhe und Dauer der Belastung und der Empfindlichkeit der betroffenen Objekte üben sie verschiedenartige Wirkungen aus. Ob die Einträge aus der Atmosphäre als nützlich, tolerierbar oder schädlich eingestuft werden, hängt von der Einschätzung der Menschen ab. Das Nachhaltigkeitsprinzip mit ökologischen, ökonomischen, sozialen und kulturellen Anteilen soll eine zukunftsfähige humane Gesellschaft ermöglichen. Die atmosphärischen Stoffeinträge und -austräge werden daher nach ihren Folgen auch im politischen Umfeld beurteilt. In natürlichen Bereichen, in denen sich Organismen mit ihrer unmittelbaren abiotischen Umgebung zu Ökosystemen entwickelt haben, sind jedoch eindeutige kausale Zusammenhänge häufig schwierig zu erkennen. Trotzdem gibt es allgemeingültige Prinzipien und Erfahrungen, mit denen klare Ursachen - Wirkungs-Zusammenhänge beurteilt und quantifiziert werden können.

Die Ökonomische Kommission der Vereinten Nationen für Europa (UN-ECE) hat im Rahmen ihrer Konvention über den grenzüberschreitenden Ferntransport von atmosphärischen Schadstoffen (LRTAP - „Long Range Transport of Atmospheric Pollutants“) ein Konzept der kritischen Belastung von Ökosystemen entwickelt, um im internationalen Politikfeld zu konsensfähigen Kriterien zu gelangen, wie groß Stoffdepositionen aus der Atmosphäre höchstens sein sollten. In diesen Kriterien werden Eigenschaften von Ökosystemen definiert, die eine natürliche und langfristige Stabilität von terrestrischen und aquatischen Ökosystemen ermöglichen sollen. Diese Kriterien beruhen auf angestrebten Stoffbilanzen der Ökosysteme und also auch der Depositionsraten aus der Atmosphäre, mit denen eine ökologische Nachhaltigkeit angenähert werden soll.

Für Ökosysteme ist besonders die Deposition von Säuren, Nährstoffen, Schwermetallen und von persistenten organischen Verunreinigungen (POP) wichtig, da sie das chemische Milieu im Boden stark verändern können. Die Lebensbedingungen für Organismen können z.B. durch Nährstoffmangel und Nährstoffüberangebot, durch hohe Protonenkonzentrationen oder giftige Komponenten erschwert werden. Einen generellen Überblick darüber, wie die trockene und nasse Deposition in den Stoffhaushalt von terrestrischen Ökosystemen eingebunden sind, gibt Abb. 2-35.

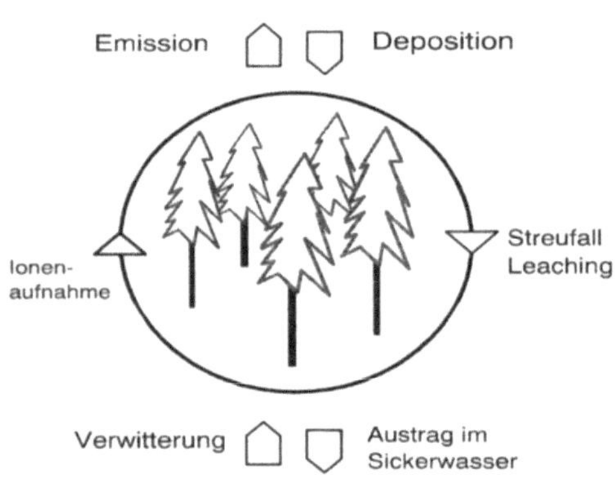

Abb. 2-35. Die Spurenstoffflüsse durch Deposition und Emission als Teil des Stoffhaushaltes von Wäldern. Ein Konzept zur Bewertung der Wirkung von Luftverunreinigungen (Ibrom 1993)

2.5.3 Versauerung der Böden

Eine Versauerung der Böden verstärkt den Nährstoffverlust mit dem Sickerwasser und die ungünstigen Lebensbedingungen in der Wurzelzone. Ein erstes Maß für eine Versauerung von Böden kann der pH-Wert der Bodenlösung im Wurzelraum sein, da er anzeigt, in welchem Pufferbereich sich das System Lösung-Festphase-Wurzeln im Boden gerade befindet (Tabelle 2-5).

Tabelle 2-5. Die verschiedenen Säure-Basen-Pufferbereiche im Boden (Umweltbundesamt 1996). Der Übergang vom Austauschpuffer zum Silikatpuffer wird als Versauerungsfront bezeichnet

Pufferbereich	pH-Bereich	Basensättigung	Prozesse
Karbonat- und Silikatpuffer	pH 8,6–5,0	80–100%	Basische/Carbonate und silikatische Minerale binden Protonen, Calcium, Magnesium, Kalium, Natrium und Kohlensäure werden freigesetzt. Der Vorrat an austauschbaren Kationen ändert sich nicht
Austauscherpuffer	pH 5,0–4,2	5/15–80%	Aluminiumionen und Protonen verdrängen an den Austauscherplätzen (Tonminerale, Humus) Kationen
Austauscherpuffer	pH 4,2–3,8	5/15–80%	Aluminium und andere Metalle werden aus dem Bodenmaterial gelöst und gelangen in das Sickerwasser. Grenzwerte der Trinkwasserverordnung (Al.: 0,2 mg/l, Mn 0,05 mg/l) können überschritten werden
Eisen/Aluminum-puffer	pH 3,8–2,4	5–15%	Eisen wird aus Eisenoxiden freigesetzt und Aluminium in das Sickerwasser abgegeben. Tonminerale zerfallen weiter

Der pH-Wert sagt aber wenig darüber aus, wie lange dieser Pufferbereich bei anhaltendem Säureeintrag noch wirksam ist, wie lange also die Pufferkapazität des Bodens noch ausreicht, die augenblickliche Situation zu erhalten. Als Kriterien für eine Fähigkeit des Bodens, Organismen mit Nährstoffkationen angemessen zu versorgen, können die Kationenaustauscherkapazität und die Basensättigung des Bodens angesehen werden. Die Austauscherkapazität gibt an, wieviel aktive, negativ geladene Oberflächenstellen vorhanden sind, an denen Kationen (z. B. Nährstoffe, Protonen, Aluminium, Eisen) angelagert werden können.

Die Basensättigung gibt an, wieviel Prozent von der Austauscherkapazität von Nährstoffkationen eingenommen werden (vgl. hierzu Bd. 2A, Kap. 2.1). Im natürlichen Zustand sind 80 bis 100% der Plätze mit den Nährstoffkationen Ca, Mg, K belegt. Eine in den Boden eingetragene Säure kann die Austauscherkapazität verringern, indem sie Tonminerale oder Huminstoffe zerstört, an die Nährstoffe bioverfügbar angelagert werden können. Außerdem kann eine Säure auch die Basensättigung verringern, indem adsorbierte Kalium-, Magnesium- und Kalzium-Ionen durch Protonen und Aluminiumionen ausgetauscht werden. Die freigesetzten Nährstoff-Kationen werden dann vermehrt mit dem Sickerwasser ausgewaschen. Beispiele von Vertikalprofilen der Basensättigung im Boden sind in Abb. 2-36 dargestellt. Der Übergangsbereich der Basensättigung von 80 zu 15% wird als eine Säurefront bezeichnet. Ihre Tiefe hängt von den Eintrags- und Produktionsraten von Säuren und Basen und den Pufferkapazitäten am jeweiligen Ort ab. Seit der Industrialisierung werden sauerwirkende anthropogene Spurenstoffe aus der Atmosphäre deponiert. Da schon vorher langfristig Biomasse aus den Wäldern entnommen wurde, hat dies dazu geführt, daß Nährstoffkationen den Waldböden entzogen wurden und ihn mit dem Sickerwasser verlassen haben. Der Grad der Versauerung, der sich einstellt, ist davon abhängig, wieviel Säure von außen eingetragen wurde, wie stark Säure intern produziert wurde, wieviele Nährstoffkationen aus- und eingetragen wurden und wie stark der Mineralboden als Puffer für Protonen wirken kann. In flachgründigen basenarmen Böden kann eine Versauerung der Böden sich schnell in die Oberflächengewässer und in das Grundwasser fortsetzen, so daß auch aquatische Ökosysteme und Trinkwasserreservoire von der Deposition aus der Atmosphäre beeinflußt werden. Von etwa 500 Bodenprofilen in Deutschland waren 2/3 versauert (Ulrich u. Puhe 1993).

Erhöhen sich Säure- und Nährstoffeinträge innerhalb kurzer Zeit und verändern das chemische Milieu, in dem sich Organismen ent-

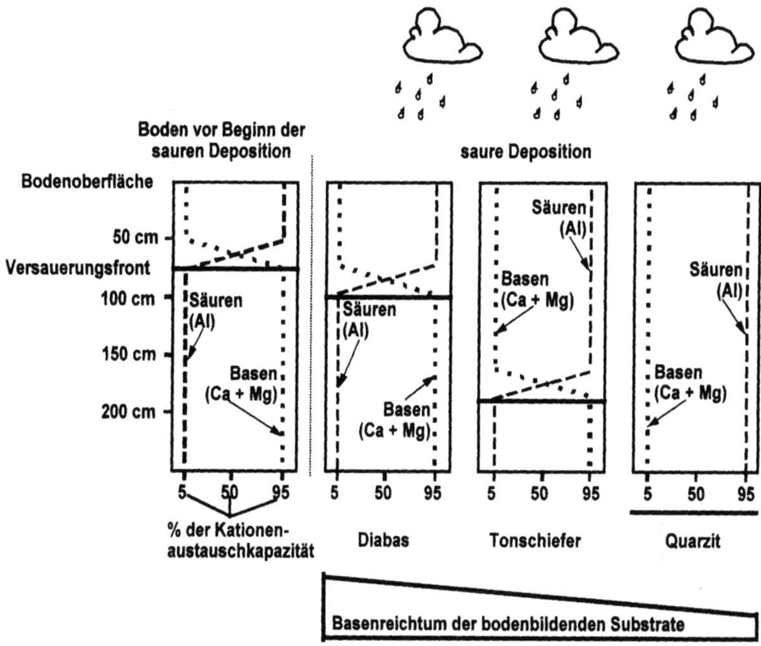

Abb. 2-36. Fortschritt der Versauerungsfront (jeweils schwarzer Querbalken) in Böden verschiedenen Basenreichtums: Böden auf basenreichem Diabas sind noch wenig versauert, das Verhältnis von Säuren zu Basen ist nur im Oberboden gestört. Böden auf basenarmen und -ärmsten Gesteinen (Tonschiefer oder Quarzit) sind bis tief in den Unterboden hinein versauert (nach Malessa 1993)

wickeln, kann das genetische Potential in Ökosystemen eingeengt werden, da Organismen sich mit schwacher Konkurrenzstärke unter diesen neuen Bedingungen nicht durchsetzen können (Ellenberg et al. 1997). Spurenstoffdepositionen verändern nicht nur oberirdische Vegetationsteile und abiotische Materialien, sondern auch den Erdboden, so daß dann auch die Festphase des Bodens, im Boden lebende Organismen, die Bodenlösung, das Sickerwasser und das Grundwasser beeinflußt werden. Die erste UN-Konferenz über die Umwelt des Menschen in Stockholm (1972) hat auf das Problem der Versauerung von skandinavischen Seen durch den Transport und die Deposition von sauerwirkenden luftgetragenen Spurenstoffen aus Westeuropa aufmerksam gemacht (s. hierzu auch Bd. 2A, Kap. 4.3 und Bd. 3A, Kap. 3.4). Sauerwirkende und stickstoffhaltige Depositionen verändern das Lebensmilieu für Mikroorganismen, Pflanzen und Tiere im Boden. Nährstoffe werden ausgewaschen, das Verhältnis von giftigen wirkenden Ionen zu Nährstoffionen wird verschlechtert, die Bodenlösung wird saurer, Schwermetalle und Al-Ionen können freigesetzt und

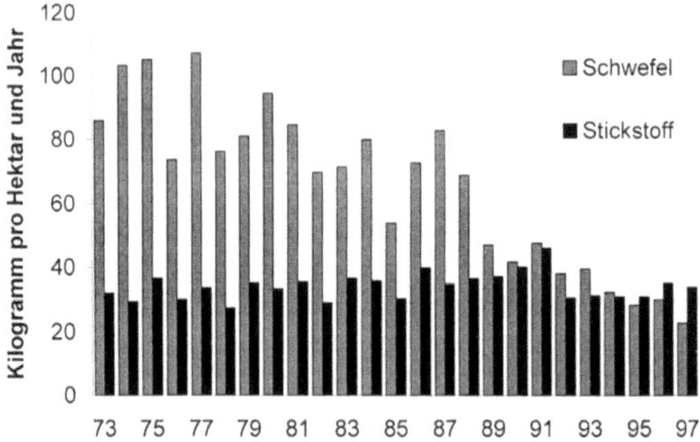

Abb. 2-37. Depositionsraten für Schwefel und mineralischen Stickstoff mit der Kronentraufe für einen Fichtenaltbestand im Solling von 1973 bis 1997 (Meesenburg et al. 1997)

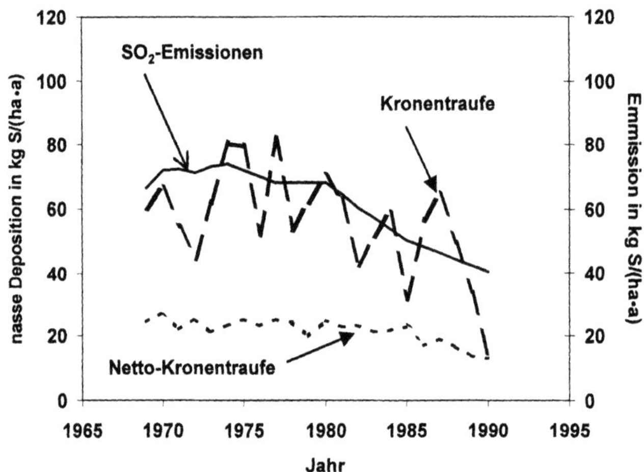

Abb. 2-38. Schwefelemission und nasse Schwefeldeposition in der alten Bundesrepublik (Kronentraufe und Differenz Kronentraufe - Freilandniederschlag (Netto-Kronentraufe), nach Ibrom 1993, geändert)

wurden, ergaben relativ hohe Depositionsgeschwindigkeiten von etwa 0,3 bis 2 cm/s für Partikel mit einem MMD von etwa 1 µm (Schmidt-Lüttmann et al. 1992, s. Tabelle 2-7). Sie ähneln den Depositionsgeschwindigkeiten, die für einen realen Fichtenwald ermittelt wurden, und nicht den Werten, die für Wasseroberflächen allgemein angenommen werden (vgl. Abb. 2-21a, 2-22). Ein Bergerhoff-Depositionssammler (er entspricht einem Weckglas) besitzt eine größere innere Ober-

Tabelle 2-6. Phosphor-Eintrag in das Weinfelder Maar (0,159 km^2) 1989 nach verschiedenen Prozessen (Schmidt-Lüttman et al. 1992)

Prozeß	Phosphor-Eintrag [kg a^{-1}]
Niederschläge	5,7 ± 1,3
Trockene Deposition	1,5 ± 0,5
Laubfall im Uferbereich	0,7 ± 0,5
Oberflächenabfluß	0,0003
Gesamteintrag	7,9 ± 1,5
Kritische Belastung	8,0 ± 2

Tabelle 2-7. Phosphor-Depositionsraten auf das Weinfelder Maar, gemessen mit drei unterschiedlichen Methoden. Getrennte Sammlung von: 1. nur Regenwasser und nur Trockendeposition in ca. 1 m Höhe auf dem See und am Seeufer; 2. Auffangen der Bulk-Deposition auf dem See in einem Behälter; 3. Sammlung der Gesamtdeposition in einem schwimmenden Wasserbassin auf der Seeoberfläche (Schmidt-Lüttmann et al. 1992)

Ort	Nasse Deposition [g ha^{-1} a^{-1}]	Trockene Deposition [g ha^{-1} a^{-1}]	Summe [g ha^{-1} a^{-1}]
Seeufer	314	102	416
Seeufer	423	84	507
Seeufer	443	98	445
auf dem See	Gesamtdeposition trockener Container		383
auf dem See	Gesamtdeposition Wasserbassin		475
auf dem See	Gesamtdeposition Wasserbassin		621
auf dem See	Gesamtdeposition Wasserbassin		402

fläche als seine Öffnung zur Atmosphäre, und es können am Sammler Luftwirbel entstehen, die es begünstigen, daß Partikel abgelagert werden. Vielleicht kann so eine relativ hohe Depositionsgeschwindigkeit für Trockenzeiten im Bereich von 1 cm/s für Partikel mit einem Mittlere-Massen-Durchmesser im Mikrometerbereich mit dem Bergerhoff-Gerät erklärt werden (Abb. 2-21a).

2.6 Kritische Belastungen von Ökosystemen durch Depositionen

Für vorbeugende Immissionsschutzmaßnahmen nach dem Luftqualitätsprinzip werden Immissionswerte, d.h. Begrenzungen für gesetzlich noch zulässige Verunreinigungsgrade festgelegt. Eine wesentliche Grundlage für diese Konventionen stellen die von Expertenkommissionen aus Dosis-Wirkungsbeziehungen abgeleiteten „wertfreien" Richtwerte dar, wobei zwischen Critical Levels und Critical Loads zu unterscheiden ist. Während die Critical Levels speziell auf den Schutz von Pflanzen vor direkten Einwirkungen von gasförmigen Immissionskomponenten auf die oberirdischen Pflanzenorgane abziehen (s. Bd. 2A, Kap. 3.4 und 3.5), dienen die Critical Loads dem Schutz von Bestandteilen in Ökosystemen vor Gesamtpositionen, sind mithin im vorliegenden Zusammenhang von besonderem Interesse. Critical Loads sind definiert „als jene Depositionsmenge eines oder mehrerer Schadstoffe, unterhalb derer nach dem gegenwärtigen Stand des Wissens keine signifikanten schädigenden Effekte auf spezifisch empfindliche Bestandteile von Ökosystemen auftreten (UNECE 1988). In Europa gehen von zwei Komponentengruppen, den eutrophierend und den sauerwirkenden Einträgen besondere Gefahren aus.

Da luftgetragene Spurenstoffe auch über Ländergrenzen hinweg transportiert werden und auf Organismen und ihren Lebensraum schädigend einwirken können, wird auch auf internationaler politischer Ebene versucht, die Emission und damit auch die Deposition von problematischen Spurenstoffen in die Atmosphäre zu verringern. Die Wirtschaftskommission der Vereinten Nationen für Europa (UNECE) in Genf hat eine „Konvention über den weiträumigen grenzüberschreitenden Transport von Luftverunreinigungen" verabschiedet. Im Rahmen dieser Konvention wurden mehrere Protokolle unterzeichnet, in denen sich einzelne Staaten verpflichten, die Emission von Schwefel, von Stickstoff und von flüchtigen organischen Verbindungen und damit auch die Deposition dieser Komponenten zu vermindern. Um die Wirksamkeit dieses Bestrebens zu überwachen, werden im Rahmen des „European Monitoring and Evaluation Program" (EMEP) Emissions- und Depositionswerte erhoben und bewertet. Mehrere internationale kooperative Programme (ICP) wurden initiiert, die die Auswirkungen der atmosphärischen Spurenstoffe auf Oberflächengewässer („ICP Water"), auf Wälder („ICP Forests"), auf die Landwirtschaft („ICP Crops"), auf Bauwerke („ICP Materials") und auf gesamte Ökosysteme („ICP Integrated Monitoring") untersuchen. Die „Task Force on Mapping" definiert und markiert kritische Eintragsraten („critical loads") und kritische Belastungskonzentrationen in der Atmosphäre („critical levels") von wichtigen Spurenstoffen (UBA 1996).

Kriterien und Bewertungsmaßstäbe für eine kritische Belastung, d.h. kritische Depositionsrate für Ökosysteme mit Säure und mit Nährstoffstickstoff, aber auch mit Schwermetallen und langlebigen organischen Schadstoffen („Persistant Organic Pollutants", POP) aus der Atmosphäre können sehr unterschiedlich begründet werden. Ausführlich werden die verschiedenen Ansätze in Berichten der „Task Force on Effects" (TFE 1993, 1995, 1997, 1999) und des Umweltbundesamtes (UBA 1996, 1998) diskutiert. Hier wird nur ein kurzer Überblick versucht.

Im wesentlichen werden zwei Ansätze verfolgt:

- In einem Ansatz werden nur die Eigenschaften des Bodens berücksichtigt, unabhängig davon, welche Pflanzengesellschaften sich auf den Böden angesiedelt haben und welche Depositionsraten auftreten.
- Das Schicksal einzelner deponierter Komponenten wird im Boden verfolgt, so daß z.B. Prozesse wie Stoffaufnahme der Pflanzen, Immobilisierung von Stickstoff und Denitrifikation von Nitratstickstoff berücksichtigt werden.

Die kritischen Eintragsraten, bei denen unerwünschte Wirkungen auftreten, wenn sie überschritten werden, werden mit verschiedenen Methoden abgeschätzt:

- Indem Massenbilanzen für ein angestrebtes Gleichgewicht quantitativ bestimmt werden,
- indem die zeitlich ablaufenden Veränderungen - gewünscht oder nicht gewollt - in dynamischen mathematischen Modellen vorhergesagt werden,
- indem Experten nach ihren Beobachtungen und Erfahrungen im Feld urteilen.

Kritische Depositionsraten können mit Wirkungen von deponierten Stoffen begründet werden, die nicht akzeptiert werden sollen, da sie nachteilige Veränderungen im Ökosystem oder in angrenzenden Ökosystemen hervorrufen könnten. Da es keine einheitlichen Maßstäbe gibt, können verschiedene Zielgrößen gewählt werden.

Als Zielgrößen für eine kritische Depositionsrate gelten vor allem Eigenschaften der Lösungsphase im Boden. Depositionen von Säuren, Nährstoffen und Schwermetallen wirken sich auf die chemische Zusammensetzung der Lösungsphase aus. Die Lösungsphase wird von den Pflanzen zur Nährstoffversorgung aufgenommen, und sie gelangt in die Oberflächengewässer und in das Grundwasser. Daher werden bestimmte gewünschte Grenzwerte der Bodenlösung definiert und dann die Depositionsraten ermittelt, die diese gewünschten Grenzwerte noch ermöglichen.

Obwohl die Diskussionen noch nicht abgeschlosen sind, ob bestimmte Kennwerte die richtigen Indikatoren sind (Rehfuess 1999), werden als Richtgrößen in der Bodenlösung vor allem folgende Eigenschaften angestrebt:

- a: Mol-Verhältnis von $(K+Ca+Mg)/Al \geq 1$
  oder von $Ca/Al \geq 1$
  b: pH-Wert > 4
- Stickstoffdepositionsrate muß mindestens so groß sein wie die Summe der Stickstoffaufnahmerate durch die Pflanzen und der Stickstoffimmobilisierungsrate.
- Die Stickstoffdepositionsrate sollte kleiner sein als die maximale Depositionsrate für einen Säureeintrag.
- Die kritische maximale Depositionsrate für Stickstoff als Nährstoff kann als Summe aus der Mindestdepositionsrate für Stickstoff und einer akzeptablen N-Versickerungsrate ($N_{le(acc)} = Q \cdot N_{crit}$, mit Q Versickerungsrate des Wassers, $N_{crit} = 0{,}02–0{,}2$ eqv m^{-3} je nach Ökosystem) aufgefaßt werden.
- Die Versickerungsrate von Al soll nicht höher sein als die Verwitterungsrate von Al, da sonst ungünstige Strukturveränderungen im Boden auftreten könnten.

Eine Säuredepositionsrate aus der Atmosphäre kann mit der Rate verglichen werden, mit der Säure in einem System neutralisiert werden kann. Im pH-Bereich zwischen 8 und 4 wird eine Addition von Protonen bei einem bestimmten pH-Anfangswert in einer Bodenlösung ohne Festphase durch Bikarbonat (HCO_3^-), organische Anionen ($RCOO^-$) und Aluminium-Ionen ($Al(OH)^{2+}, AL(OH)_2^+$) gepuffert, da diese Komponenten H^+ aufnehmen und Kohlensäure (H_2CO_3), organische Säure (RCOOH) und Wasser ($Al^{3+}+H_2O$, $Al(OH)^{2+}+H_2O$) bilden. Werden die Pufferwirkungen von organischen Anionen und von Aluminum vernachlässigt, so kann eine Säure-Neutralisations-Kapazität („Acid Neutralisation Capacity“, ANC) einer Bodenlösung definiert werden zu

$$ANC = HCO_3^- - H^+ \ . \tag{25}$$

Werden Protonen aus der Atmosphäre hinzugefügt oder intern gebildet, so können sie sich an HCO_3^- anlagern und Kohlensäure (H_2CO_3) bilden; sie werden also so lange gepuffert, wie HCO_3^- zur Verfügung steht. Um ANC aus Meßdaten der Lösungsschemie berechnen zu können, wird noch die Ladungsneutralität der wesentlichen Komponenten in der Lösung herangezogen:

$$HCO_3^- - H^+ = Na^+ + K^+ + Ca^{2+} + Mg^{2+} - Cl^- - SO_4^{2-} - NO_3^- \tag{26}$$

$$ANC = Na^+ + K^+ + Ca^{2+} + Mg^{2+} - Cl^- - SO_4^{2-} - NO_3^- \tag{27}$$

Ist die rechte Seite von Gl. 26 und Gl. 27 positiv, dann überwiegt auf der linken Seite das Bikarbonat, ist die rechte Seite von Gl. 27 negativ, dann überwiegen auf der linken Seite Protonen, d.h. Säuren. Werden aus einer Bodenlösung die Kationen K^+, Ca^{2+} und Mg^{2+} durch Aufnahme in die Wurzeln auf der rechten Seite entfernt, so verringert sich ANC. Deshalb werden die Nährstoffkationen auch basische Kationen genannt, obwohl sie selbst keine Basen sind. Sie können aber Protonen aus der Bodenlösung entfernen und damit alkalisch wirken, wenn sie gegen Protonen an den negativen Austauscherplätzen ausgewechselt werden (Tabelle 2-5). Eine kritische Säurebelastung (eine kritische Säuredepositionsrate: „Critical Load Acidity") CL $(AC)_{crit}$ für einen Boden kann dann definiert werden zu

$$CL(AC)_{crit} = BC_w - ANC_{le(crit)} \tag{28}$$

als Differenz zwischen der Verwitterungsrate von basisch wirkenden Kationen (BC_w) und einer als kritisch angesehenen Versickerungsrate von Säure-Neutralisations-Kapazität $ANC_{le(crit)}$ aus dem Oberboden.

Als Säure und Anhydride von Säuren werden aus der Atmosphäre hauptsächlich H_2SO_4, HNO_3, HCl, NH_4^+ und SO_2 deponiert. Neben dem HCl handelt es sich um Schwefel- und Stickstoffkomponenten. Bei der Säurebelastung müssen also beide Komponentengruppen betrachtet werden, sowohl Schwefel- als auch Stickstoffkomponenten. Hierbei kommt es eigentlich nicht auf die Elemente Schwefel und Stickstoff an, sondern nur auf die mit ihnen verbundenen Säure-Basen-Relationen.

Soll die Wirkung der Vegetation auf die kritische Depositionsrate von Säure noch berücksichtigt werden, so können auf der rechten Seite von Gl. 28 noch die Pflanzenaufnahmeraten von basisch wirkenden Kationen BC_u, die Differenz der Pflanzenaufnahmeraten für Nitrat und Ammonium Nu, die Immobilisierungsrate von Stickstoff in der mikrobiellen Biomasse des Bodens N_i und die Denitrifizierungsrate N_{De} für die Bildung von N_2,N_2O und NO berücksichtigt werden:

$$CL(AC)_{crit} = BC_w - ANC_{le(crit)} - BC_u + N_u + N_i + N_{De} \tag{29}$$

$ANC_{le(crit)}$ und BC_u (Aufnahmerate von basisch wirkenden Kationen) verringern die Puffermöglichkeit der Verwitterung (BC_w). Die Prozesse N_u, N_i und N_{De} wirken basisch und können dadurch die Wirkung einer Säuredeposition abschwächen oder kompensieren. Die Konzentrationen von deponierten Kationen und Anionen sollten immer seesalzkorrigiert sein, da angenommen wird, daß bei der großen

Verdünnung das alkalische Seesalz neutral wirkt. Die kritische Säuredepositionsrate hängt von der Protonenbildung im terrestrischen Ökosystem ab, die durch atmosphärische Schwefel- und Stickstoffkomponenten hervorgerufen werden.

Außerdem spielt der Stickstoff als Pflanzennährstoff eine wichtige Rolle. Bei der Nährstoffversorgung – Nährstoffdefizit und -überangebot – muß das Schicksal des Stickstoffs verfolgt werden, da Stickstoff in terrestrischen und aquatischen Ökosystemen oft der limitierende Faktor für das Wachsen von Pflanzen ist, aber auch gleichzeitig die Konkurrenzverhältnisse und Lebensbedingungen für Organismen ändert.

Die kritischen Depositionsraten für schwefelhaltige und stickstoffhaltige Komponenten sind daher gekoppelt. Für Stickstoff ist eine Mindestdeposition erforderlich, um langfristig neue Biomasse bilden zu können, weil Stickstoff dem System durch Ernten und/oder im Sikkerungswasser entzogen wird und verwitternde Bodenminerale keinen Stickstoff freisetzen. Das Kriterium der Nachhaltigkeit legt eine Obergrenze für die N-Deposition fest.

Beim Schwefel sind für naturnahe Ökosysteme keine unteren Grenzwerte für Depositionsraten geboten, da Schwefel gewöhnlich um eine Größenordnung weniger vom Ökosystem benötigt wird als Stickstoff und bei der Verwitterung von Mineralen meist ausreichend Schwefel für naturnahe Vegetationen zur Verfügung gestellt wird.

Die angestrebten kritischen Schwefel- und Stickstoffdepositionsraten müssen daher so gewählt werden, daß sowohl die Säure- als auch die Nährstoffeinträge berücksichtigt werden. Der Bereich der Wertepaare von Schwefel- und Stickstoffdepositionen, in dem beide Bedingungen erfüllt sind, ist in Abb. 2-39 schematisch dargestellt und durch eine 95%-Schutzkurve im Depositionsdiagramm abgegrenzt. Die 95%-Schutzkurve grenzt den Depositionsbereich ab, in dem 95% der in dieser Region vorhandenen Ökosysteme vor zu hoher Säure- und Stickstoffdeposition geschützt sind. Liegen die aktuellen Depositionsraten im Feld 4, so müssen sowohl Schwefel- als auch Stickstoffdepostionsraten herabgesetzt werden, um in den angestrebten Schutzbereich zu kommen. Liegen sie im Bereich 2 oder 3, so muß nur die S-Depositionrate bzw. nur die N-Depositionsrate abgesenkt werden. Im Bereich 1 hat man die Wahl, nur eine der Raten oder beide Raten durch Einfluß auf die Emissionen zu verringern. Im Bereich O brauchen S- und N-Depositionsraten nicht verändert zu werden. Im Bereich –1 könnte zumindest die N-Depositionsrate höher sein, wenn nicht gleichzeitig auch die S-Deposition ansteigt.

Für Gewässer kann nach ähnlicher Argumentation eine kritische Säurebelastung quantifiziert werden (UBA 1996). Sie kann dort gleich-

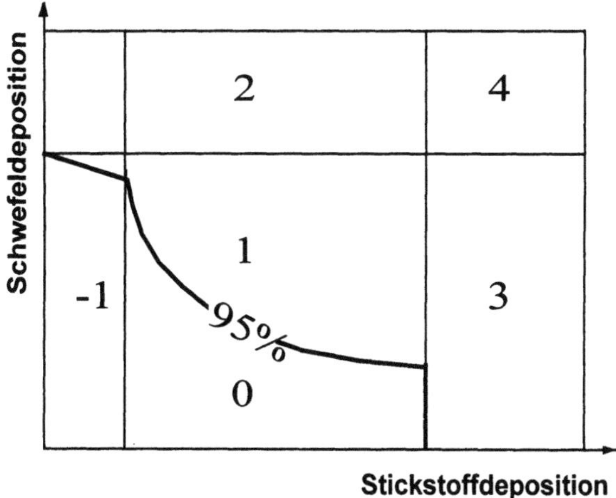

Abb. 2-39. Schema zur Verdeutlichung des Critical-Load-Konzeptes für die Säuredeposition (Schwefel- und Stickstoffdepositionen). Unterhalb der 95%-Schutzlinie würden für mindestens 95% der Waldökosystemfläche in einer 1 km×1 km Gitternetzfläche die kritischen Depositionsraten nicht überschritten. Es bedeuten: −1 - keine Reduzierung der Stickstoffdeposition angezeigt, 0 - keine Überschreitung der Critical Loads für Schwefel und Stickstoff, 1 - Reduktion der Schwefel- oder der Stickstoffdeposition notwendig, 2 - starke Reduktion der Schwefeldeposition notwendig, 3 - starke Reduktion der Stickstoffdeposition notwendig, 4 - starke Reduktion der Schwefel- und der Stickstoffdepositionen notwendig (nach Posch et al. 1995)

gesetzt werden mit der Transferrate, mit der basisch wirkende Kationen das Wassereinzugsgebiet im langjährigen Mittel im naturnahen Zustand verlassen. Sie kann auch als Funktion der Konzentration der Säureneutralisationskapazität im Sickerwasser quantifiziert werden. Um natürlich zusammenlebende Organismen im Wasser nicht zu schädigen, wurde z.B. ein Konzentrationswert für ANC_{Krit} von 20 µeq/l angenommen, um die kritische Säurebelastung aus der Atmosphäre $CL(AC)_{crit}$ zu berechnen. Dieser Ansatz ist besonders in Skandinavien mit nährstoffarmen Gewässern auf Granit und Gneis als Grundgestein und mit flachen Mineralböden in Wassereinzugsgebieten sinnvoll. Aber auch empirische Grenzwerte der Depositionsraten können angenommen werden, bei denen Gewässer nicht zu versauern drohen. In den letzten Jahren haben sich die chemischen und biologischen Bedingungen in Fließgewässern in Deutschland verbessert, wie es an ausgewählten Probenahmestellen in Abhängigkeit von den deponierten Schadstoffen dokumentiert wurde (Tabelle 2-8).

Grenzwerte der Stickstoffdeposition für vier verschiedene Ökosystemtypen – Wälder und Baumbestände, Heide, Grasland, Feuchtge-

Tabelle 2-8. Trends ausgewählter Parameter (pH-Wert, SO_4, NO_3, größere Tiere am Bachgrund (Makrozoobenthos)) der Oberflächengewässer in den letzten Jahren (Kifinger et al. 1998); + = Verbesserung, 0 = gleichbleibend, – = Verschlechterung, □ = zu wenige Werte bzw. keine Untersuchung

Probenahmestelle	pH-Wert	SO_4	NO_3	Makrozoobenthos
Lauenburgische Seenplatte				
Pinnsee	+	+	+	
Harz				
Große Bode (bis '94)	+	0	+	+
Große Söse (bis '94)	+	+	+	+
Große Schachte (bis '94)	+	+	+	+
Dicke Bramke (bis '94)	+	0	+	+
Kaufunger Wald				
Nieste 3	+	+	+	+
Nieste 5	+	+	+	0
Rothaargebirge				
Elberndorfer Bach	+	+	+	+
Zinse	0	+	+	+
Taunus				
Rombach 2	+	+	+	0
Rombach 3	–	+	0	0
Hunsrück				
Traunbach	+	+	+	0
Gräfenbach	0	+	–	0
Odenwald				
Schmerbach 3	+	+	+	0
Schwarzwald				
Goldersbach	0	+	–	0
Kleine Kinzig	+	+	+	+
Dürreychbach	+	+	0	0
Ostbayerisches Grundgebirge				
Rachelsee	+	+	+	
Seebach	+	+	+	+
Hinterer Schachtenbach	+	+	–	+
Vorderer Schachtenbach	+	0	+	+
Große Ohe	+	+	0	+
Waldnaab 2	0	0	0	+
Waldnaab 3	+	+	+	+
Eger	0	+	–	0
Röslau	–	+	+	0
Zinnbach	–	+	0	0

Tabelle 2-8 (Fortsetzung)

Probenahmestelle	pH-Wert	SO_4	NO_3	Makrozoobenthos
Erzgebirge				
Wolfsbach	+	+	+	+
Große Pyra	0	+	+	+
TS Sosa	–	–	–	
Rote Pockau	–	–	–	0
TS Neunzehnhain	0	0	–	
Wilde Weißeritz	+	–	+	0
Elbsandsteingebirge				
Taubenbach	+	+	+	+
Sächsische Tieflandsbucht				
Ettlelsbach	0	–	–	0
Heidelbach	+	–	+	0

biete – wurden bisher empirisch abgeschätzt (Greenfelt u. Thörneberg 1992; Bobbink et al. 1992; UBA 1996; s. hierzu Bd. 2B, Kap. 1.3). Die Angaben der kritischen Stickstoffdepositionsraten (Tabelle 2-9) beziehen sich auf den Gesamtstickstoff. Die Reaktion von Systemen hängt jedoch nicht nur von der Gesamtstickstoffmenge, sondern auch davon ab, ob reduzierter oder oxidierter Stickstoff eingetragen wird.

Aus Feldstudien unter natürlichen Bedingungen konnten Bereiche der akzeptablen N-Versickerungsraten für verschiedene Vegetationsformen abgeleitet werden (Tabelle 2-10), so daß eine kritische Depositionsrate für eine N-Nährstoffversorgung ermittelt werden kann. Neben der N-Versickerungsrate kann auch eine kritische N-Konzentration im Sickerwasser angenommen werden. Diese könnte sich z.B. an den Konzentrationswerten für Nitrat im Trinkwasser orientieren.

Auch wurde eine Grundwasserversauerung durch atmosphärische Deposition von Säuren und Säurebildern anthropogener Herkunft beobachtet, wenn das Säureneutralisationsvermögen der Böden und der Grundwasserleiter überfordert wurde (Bayerische Landesamt für Wasserwirtschaft 1997).

Vom European Modelling Center West (EMC-W), Norwegisches Meteorologisches Institut, Oslo, European Monitoring and Evaluation Program (EMEP) wird in Modellen ermittelt (z.B. Andersson-Sköld u. Simsson 1997; Builtjes et al. 1991), welche Spurenstoffkonzentrationen in der bodennahen Luft auftreten und welche Depositionsraten diese Konzentrationen verursachen. Für luftgetragene Partikel wird noch ein spezielles Modell („European Deposition of Acidifying Compo-

Tabelle 2-9. Empirische kritische Depositionsraten (kg N/ha Jahr) für natürliche und halbnatürliche Gewässer und terrestrische Ökosysteme nach Expertenurteil (UBA 1996)

Vegetationsformen	Kritische Depositionsrate kg N/ha a	Anzeichen für Überschreitungen
Baumbestände		
Waldökosysteme		
Nadelbäume (sauer)	10–15	Nährstoffungleichgewicht (geringe Nitrifikationsrate)
Nadelbäume (sauer)	20–30	Nährstoffungleichgewicht (mittlere-hohe Nitrifikationsrate)
Nadelwälder (sauer)	7–20	Veränderung der Bodenvegetation und Mykorrhiza, verstärkte Versickerung
Laubbäume	15–20	Nährstoffungleichgewicht, Sproß-Wurzel-Verhältnis
Laubwälder (sauer)	10–20	Veränderung in Bodenvegetation und Mykorrhiza
Wälder auf Kalk	15–20	Veränderung der Bodenflora
natürliche saure Wälder	7–15	Veränderung der Bodenvegetation und Versickerung
Wälder im feuchten Klima	5–10	Abnahme der Feuchte und Anstieg der freilebenden Algen
Heide		
trockene Tieflandheide	15–20	Wechsel von Heide zu Gras, funktionaler Wechsel (Streuvermehrung, Blühen, N-Akkumulation)
feuchte Tieflandheide	17–22	Wechsel von Heide zu Gras
artenreiche Heide/Grasland	10–15	Abnahme sensitiver Arten
Hochland Calluna Heide	10–20	Abnahme der Heide-Dominanz, Moosen und Flechten, N-Akkumulation
arktische und alpine Heide	5–15	Abnahme von Flechten, Moosen und immergrünen Zwergsträuchern
artenreiche Grasvegetation		
Grasvegetation auf Kalk	15–35	verstärkte Mineralisation, N-Anreicherung und Versickerung, Zunahme von hohem Gras, Wechsel in
neutral-saures Grasvegetation	20–30	der Diversität, Zunahme von hohem Gras, Wechsel in der Diversität Zunahme von hohem Gras, Wechsel
montan-subalpines Grasvegetation	10–15	in der Diversität
Feuchtgebiete		
Mesotrophe Flachmoore	20–35	Zunahme von hohen Gräsern, Wechsel in Diversität
natürlich ombrotrophe Moore	5–10	Abnahme von typischen Mosen

Tabelle 2-10. Akzeptable N-Verluste mit dem Sickerwasser von naturnahen Ökosystemen (UBA 1996)

Vegetationsform	Jährliche akzeptable N-Versickerungsrate in kg N/(ha a)
Heide, Moor, boreale und gemäßigte Breiten	0–0,5 anorganischer N
Bewirtschafteter Nadelwald	1–3
Laubwald, boreale und gemäßigte Breiten	2–4
Grasvegetation, gemäßigte Breiten	1–3
Mittelmeerwälder	1–3
Wälder, erste 2 bis 3 Jahre nach Ernte, gemäßigte Breiten	5–50
Heide, 1–3 Jahre nach Feuer	2–10
Wald, gemäßigte Breiten, 1–5 Jahre nach Feuer	1–5

nents on a Small scale", EDACS) entwickelt, um auf kleinerem Raum die Partikeldeposition abzuschätzen (van Leeuwen et al. 1996).

Die Differenz zwischen den „Critical Loads" und den gemessenen oder berechneten Depositionsraten wird als Überschußrate, als „Exceedance" aufgefaßt. Inwieweit die kritischen Eintragsraten für eine Versauerung und für eine Eutrophierung überschritten werden, zeigen Abb. 2-40 und 2-41. In politischen und planerischen Diskussionen dienen die Überschreitungen als Richtschnur, wo und in welchem Maße Emissionen von Schwefel- und Stickstoffkomponenten reduziert werden sollten, um den Überschuß der Depositionen („Exceedance") abzubauen. Trockene und Nasse Depositionsraten in Feldmessungen und in Modellrechnungen zu quantifizieren ist deshalb hilfreich, um Maßstäbe für bestimmte Planungs- und Handlungsbereiche zu finden.

Es können dann nämlich flächendeckend die Werte der Depositionsraten für Säure und für Stickstoff den errechneten kritischen Belastungsraten gegenübergestellt werden. Die aktuellen (1991/1993) Säuredepositionsraten zeigen erhöhte Werte (>4 keq/ha Jahr) vor allem in den Mittelgebirgen (Erzgebirge, Thüringer Wald, Harz, Siegerland). Werden die aktuellen Säuredepositionsraten bzw. die aktuellen Stickstoffdepositionsraten mit den kritischen Säure-Belastungen (Deposaitionsraten) bzw. den kritischen Belastungen für den Nährstoffstickstoff verglichen, so liegen nur wenige reale Depositionsraten unterhalb der kritischen Grenzen (16% bzw. 5% der Flächen). Die Überschreitungshäufigkeiten sind als Funktion der Größe der Überschreitung der kritischen Grenze dargestellt.

Die Depositionsraten aus der Atmosphäre sind ein wichtiger Teil des Stoffhaushaltes der Atmosphäre und von terrestrischen und aqua-

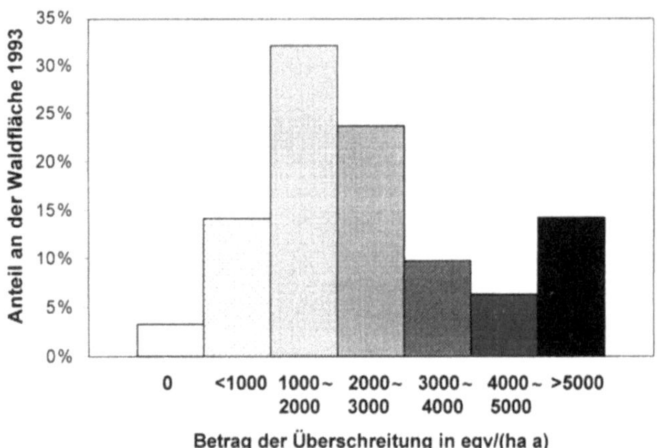

Abb. 2-40. Überschreitung der Critical Loads für die Versauerung von Waldböden in Deutschland (nach UBA 1998)

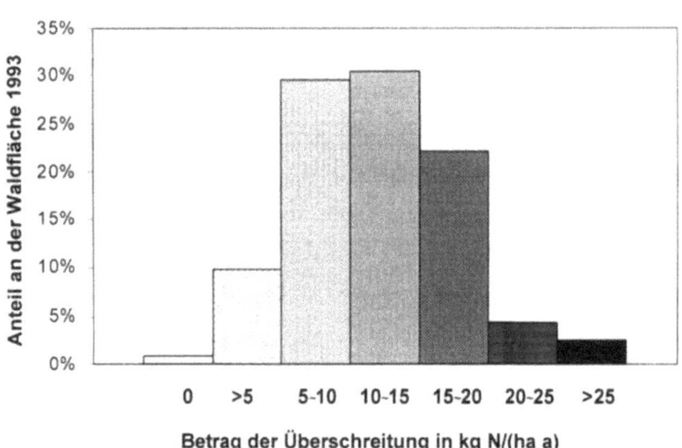

Abb. 2-41. Überschreitung der Critical Loads für die Eutrophierung von Waldböden in Deutschland (nach UBA 1998)

tischen Ökosystemen. In Abb. 2-42 und 2-43 sind sie eingebunden in den Kontext von Stoffbilanzen von Waldökosystemen, die immerhin ein Drittel der Erdoberfläche in Deutschland bedecken. Es wird deutlich, daß an diesem ländlichen Standort sowohl Stickstoff als auch Schwefel mehr durch die trockene als durch die nasse Deposition eingetragen wird. Trotz der immer noch hohen Schwefeleinträge aus der Atmosphäre wird jedoch mehr Schwefel mit dem Sickerwasser aus dem Wald ausgetragen als aus der Atmosphäre eingetragen. Dagegen scheint sich jedoch Stickstoff in diesem Fichtenwald anzureichern. Biotische und abiotische Folgen einer solchen Eutrophierung werden

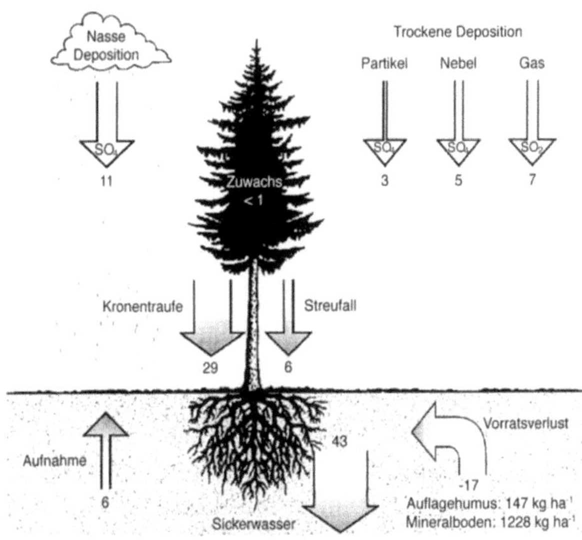

Abb. 2-42. Schwefeltransferraten in einem Fichtenaltbestand im Solling (Marques 1998)

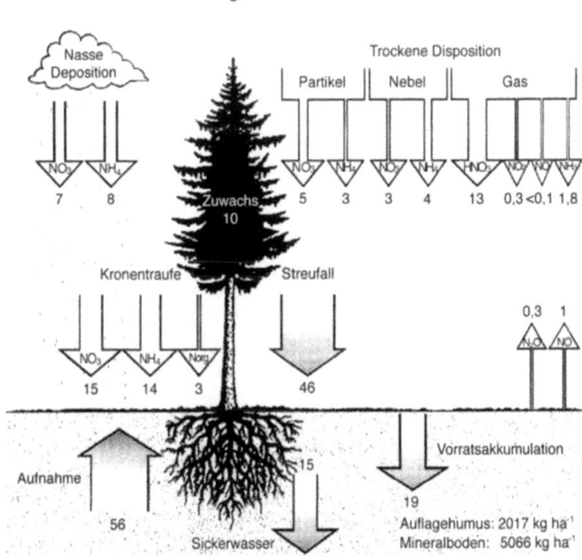

Abb. 2-43. Stickstofftransferraten in einem Fichtenaltbestand im Solling (Marques 1998)

schon weit verbreitet beobachtet und verändern die Konkurrenzverhältnisse vor allem der Pflanzen in natürlicher Umgebung (Ellenberg et al. 1998; vgl. hierzu Bd. 2B, Kap. 1.3).

2.7 Schlußbemerkungen

Die trockene und nasse Deposition von luftgetragenen Spurenstoffen beeinflussen wichtige Prozesse in der Atmosphäre und an der Erdoberfläche. In der Atmosphäre können die Auswirkungen der Deposition von kurzlebigen Spurenstoffen wegen der großen Transportgeschwindigkeit in der Atmosphäre räumlich und zeitlich schnell ausgeglichen werden. Im Boden können die Auswirkungen der Deposition lange gespeichert werden, da die Kapazität des Bodens, diese langfristigen Einwirkungen von außen zu kompensieren, begrenzt ist und manche Spurenstoffe sehr wirksam im Boden akkumuliert werden. Die Organismen, die vor allem von der Lösungsphase im Boden und den austauschbaren Komponenten an der Oberfläche von Festkörpern im Boden leben, werden daher sehr stark von atmosphärischen Depositionen beeinflußt. Von den Böden, deren Rückhaltekapazität für eingetragene Stoffe gering ist, werden Stoffe an die angrenzenden Systeme - z. B. Oberflächengewässer, Grundwasser - weitergegeben. Sie können dort ebenso wichtige Wirkungen verursachen wie im durchwurzelten Boden selbst.

Da unser Lebensraum von uns in großem Maße dauernd gestaltet wird, ist es nötig, die Stoffdeposition aus der Atmosphäre für die verschiedenen Vegetationsformen und Gewässer einzeln und zusammenhängend zu quantifizieren. Die Depositionsrate für die Vielzahl der unterschiedlichen Grenzschichten zwischen Atmosphäre und Erdoberfläche und für die Vielzahl der luftgetragenen Komponenten können aber nicht überall einzeln in Feldmessungen bestimmt werden. Es sollten daher verallgemeinernde Modellkonzepte weiterentwickelt werden, um die trockene und nasse Depositionen für kleinräumige terrestrische und aquatische Ökosysteme angeben zu können. Leider wird in luftchemischen reaktionskinetischen Transportmodellen für die untere und mittlere Atmosphäre die nasse Deposition oft gar nicht und die trockene Deposition meistens nur sehr grob einbezogen. Auch fehlen Modelle für langfristige Depositionsraten von atmosphärischen Spurenstoffen und für Reaktionen von Ökosystemen auf diese Einflüsse von außen fast vollständig. Die räumliche Auflösung von Modellen sollte unter den jetzt betrachteten Gittergrößen von 50 bis 150 km liegen, da die empfindlichen Ökosysteme viel geringere Ausdehnung haben, die Boden- und Landnutzungseigenschaften und die meteorologischen Bedingungen kleinräumig sehr stark schwanken.

Es könnte sehr hilfreich sein, wenn mit dem hervorragenden Modell-, Informations- und Erfahrungspotential des Deutschen Wetterdienstes für die atmosphärische Grenzschicht auch in einem ökologischen Problemkreis quantitative Lösungen für die trockenen und nassen Depositionsraten angestrebt würden. Die meteorologischen Transportmodelle des Deutschen Wetterdienstes sind ständig operationell im Einsatz und werden kontinuierlich überprüft und verbessert. Der Deutsche Wetterdienst sollte sich daher noch mehr für diese meteorologisch-ökologischen Fragestellungen öffnen.

Stoffe werden nicht vernichtet, wenn sie aus der Atmosphäre durch trockene und nasse Depositionen entfernt werden, sondern manche wichtige Probleme, die mit diesen Stoffen verbunden sind, beginnen dann erst.

2.8 Literatur

Alcamo I, Barnicki J (1989) Calculating nitrogen deposition in Europe. Water Air Soil Pollut 47:101–123

Anderson TL, Wolfe GV, Warren SG (1995) Biological sulfur, clouds and climate. In: Delmas R (Hrsg) Ice core studies of global biogeochemical cycles. NATO ASI Ser I(30):139–166

Andersson-Sköld Y, Simpson D (1997) Comparison of the chemical schemes of the EMEP MSC-W and the IVL photochemical trajectory models. Norw Met Inst EMEP-MSC-W, Note 1/97

Arthur MF, Wagner CK (1982) Response of agricultural soil to acid deposition, EPRI EA-2508, project 1904-1

Asman W, Jensen PK (1993) Processor for Vaddeposition, Havforskning fra Miljostyrelsen, Nr 26

Asman W, Sorensen LL, Berkowicz R, Granby K, Nielsen H, Jensen B, Runge E, Lükkelund C, Goping SE, Smpreviva AM (1994) Processor for tordeposition Havforskning fra Miljostyrelsen, Nr 35

Baldocchi DD, Hicks BB, Camera P (1997) A canopy stomatal resistance model for gaseous deposition to vegetated surfaces. Atmos Environ 21(1):91–101

Balsberg Pahlsson AM (1989) Toxicity of heavy metals (Zn, Cu, Cd, Pb) to vascular plants. Air Water Soil Pollut 47:287–319

Barnola JM, Ranand D, Korotkerich YS, Lorius C (1987) Vostok ice core provides 160000 year record of atmospheric CO_2. Nature 329:408–414

Barrie LA (1985) Atmospheric particles: their physical and chemical characteristics and deposition processes relevant to the chemical composition of glaciers. Ann Glac 7:100–108

Barrie LA (1992) Scavenging-ratios: black magic or a useful scientific tool. In: Schwartz SE, Slinn GN (Hrsg) Precipitation scavenging and atmospheric surface exchange. Hemisphere, New York, S 403–420

Bayerisches Landesamt für Wasserwirtschaft (1998) Monitoringprogramm für versauerte Gewässer durch Luftschadstoffe in der Bundesrepublik Deutschland im Rahmen der ECE, Materialien Nr 76, München

Bayerisches Landesamt für Wasserwirtschaft (1997) Grundwasserversauerung in Bayern, Informationsberichte Heft 1/97

Beilke S (1970) Untersuchungen über das Auswaschen atmosphärischer Spurenstoffe durch Niederschläge. Berichte des Instituts für Meteorologie und Geophysik der Universität Frankfurt, Nr 19

Bergkoist B, Falkeson L, Bergren D (1999) Fluxes of Cu, Zn, Pb, Cd, Cr and Ni in temperate forest ecosystems, a literature review. Water Air Soil Pollut 47:217–286

Böttger A, Ehhalt DH, Gravenhorst G (1978) Atmosphärische Kreisläufe von Stickoxiden und Ammoniak. Berichte der KFA Jülich Jül 1558, KFA Jülich Institut für Atmosphärische Chemie

Bredemeier M (1987) Stoffbilanzen, interne Protonenproduktion und Gesamtsäurebelastung des Bodens in verschiedenen Waldökosystemen Norddeutschlands, Diss Universität Göttingen

Broecker WS, Takahashi T (1984) Is there a tie between atmospheric CO_2 content and ocean circulation? In: Hansen JE, Takahashi T (Hrsg) Climatic processes and climate sensitivity, Geoph Monogr Ser 29, AGU, Washington DC, S 314–326

Brückmann A, Brumme R, Gravenhorst G (1988) Radionuklidbilanz von 4 Waldökosystemen nach dem Reaktorunfall in Tschernobyl und eine Bestimmung der Geschwindigkeit der trockenen Deposition. Berichte des Forschungszentrums Waldökosysteme, Reihe B, Bd 9:179–298

Brückmann A (1992) Radioaktives Caesium nach dem Tschernobyl-Reaktorunfall in Waldökosystemen: Transfer Boden – Pflanze – Boden, Verhalten im Boden und in Pflanzen. Berichte Forschungszentrum Waldökosysteme Reihe A, 90

Brüggemann E, Tomas A, Schmidt A, Zsilla S (1996) Betrieb eines Meßnetzes zur Bestimmung des flächenhaften Eintrags und der zeitlichen Trends von Schadstoffen durch Niederschläge. In: Abschlußbericht wissenschaftliches Begleitprogramm zur Sanierung der Atmosphäre über den neuen Bundesländern, SANA, Abschlußbericht Bd III, GSF, C 3.1

Builtjes PJH, Simpson D, Zlatev Z, Chastensen J, Frohn TP (1991) Comparison of three models for long term photochemical oxidants in Europe. EMEP, MSC-W report 3/91

Butterweck G (1991) Natürliche Nuklide als Tracer zur Messung des turbulenten Austausches und der trockenen Deposition in der Umwelt. Universität Göttingen, Diss, 116 S

BUWAL (Bundesamt für Umwelt, Wald und Landschaft) (1993) Luftverschmutzung und Gesundheit III, Schriftenreihe Umwelt Nr 211, Luft, Bern

Buzorius G, Rannik Ü, Mäkela M, Vesala T, Kulmala M (1998) Vertical aerosol particle fluxes measured by eddy covariance technique using condensational particle counter. J Aerosol Sci 29(1–2):157–171

Chochier H (1995) Combustion in carbonaceous aerosols in the atmosphere: implications for ice core studies. In: Delmas R (Hrsg) Ice core studies of global biogeochemical cycles. NATO, ASI-Series. Springer, Berlin Heidelberg New York, S 347–360

CCE (1999) Calculation and mapping of critical thresholds in Europe: status report 1999. Posch M et al (Hrsg) RIVM Report Nr 259101009

Chamberlain AC (1966) Transport of gases to and from grass and grass-like surfaces. Proc R Soc A 290:236–265

Chamberlain AC (1975) The movement of particles in plant communities. In: Monteith JL (Hrsg) Vegetation and the atmosphere, vol 1: principles. Academic, London, S 155–203

Charlson RJ, Lovelock IE, Andreae MO, Warren SG (1987) Oceanic phytoplankton, atmospheric sulphur, cloud albedo and climate Nature 326:655–661

Clausen HB, Hammer CU, Christensen J, Schott-Hvidberg C, Dahl-Jensen D, Legrand M, Steffensen JP (1995) 1250 years of global volcanism as revealed by Central Greenland ice cores. In: Delmas R (Hrsg) Ice core studies of global biogeochemical cycles. NATO ASI Ser I(30):175–194

Cronau CS, Grigal DF (1995) Use of calcium/aluminium ratios as indicators of stress in forest ecosystems. J Environ Qual 24:209–226

Davidson CJ (1989) Mechanism of wet and dry deposition of atmospheric contaminants to snow surfaces. In: Oeschger H, Langway CC Jr (Hrsg) The environmental record in glaciers and ice sheets. Dahlem Workshop Reports. Wiley, New York, S 29–51

Delmas R, Kirchner S, Palais IM, Petit JR (1992) 1000 years of explosive volcanism recorded at the South Pole. Tellus 44:335–350

Dignon J (1995) Impact of biomass burning on the atmosphere. In: Delmas R (Hrsg) Ice core studies of global biogeochemical cycles. NATO ASI Series I:30, Springer, Berlin Heidelberg New York, S 299–312

Drees LR, Manu A, Wilding LP (1993) Characteristics of aolean dusts in Niger, West Africa, ASA meetings, Nov 1991, extended abstracts

DVWK (1984) Ermittlung der Stoffdeposition in Waldökosysteme, DVWK-Fachausschuß „Wald und Wasser“, Regeln 122, Bonn

DVWK (1986) Ermittlung des Interzeptionsverlustes in Waldbeständen bei Regen, DVWK-Fachausschuß „Wald und Wasser“, Merkblatt 211, Bonn

DVWK (1990) Stoffeintrag in bewaldete Einzugsgebiete, Schriften 91, Bonn

DVWK (1992) Empfehlung für Betreiben von Niederschlagsstationen (BETREN) – DVWK – Fachausschuß „Niederschlag“, Merkblatt 230, Bonn

DVWK (1992) Ein statistischer Beitrag zur Planung eines flächenrepräsentativen Meßnetzes für Niederschlagsdeposition, DVWK-Fachausschuß „Inhaltsstoffe des Niederschlags“. Pohlmann, Material 4, Bonn

DVWK (1994) Grundsätze zur Ermittlung der Stoffdeposition DVWK-Fachausschuß „Inhaltsstoffe des Niederschlags“, Merkblatt 229, Bonn

DWD (1965) Anleitung für die Beobachter an den Klimahauptstationen des Deutschen Wetterdienstes, Deutscher Wetterdienst, Offenbach

Duyzer JH, Fowler D (1993) Dry deposition of nitrogen oxides. In: Lövblad G et al (Hrsg) Models and methods for the dentification of atmospheric input to ecosystems. The Nordic Council of Ministers, S 97–123

Ellenberg H, Kreft S, Nettels T (1997) Veränderungen des Artenspektrums. In: Ott C, Paschke M (Hrsg) Ausgleichswürdige Summations- und Distanzschäden am Beispiel der neuartigen Waldschäden. Texte 89/97, Umweltbundesamt, S 161–182

Erisman JW, Potma C, van Pul WAJ, van Leeuewen EP, Draaigers GPJ (1995) A generalised description of deposition of acidifying pollutants and base cations on a small scale in Europe. In: Posch M et al (Hrsg) Coordination Center for Effects, Status Report 1995, RIVM Report No 259 101 004, ISBN 90-6960-060-9, 61-72

Farquhar GD, Firth PM, Wetselaar R, Wier B (1980) On the gaseous echange of ammonia between leaves and the environment: determination of the ammonia compensation point. Plant Physiol 66:710–714

Feuchter J, Brost RA, Heimann M (1991) Three dimensional modelling of the concentration and deposition of Pb^{210} aerosols. J Geophys Res 96:22447–22460

Foken T, Dlugi R, Kramm G (1995) On the determination of dry deposition and emission of gaseous compounds at the biosphere-atmosphere interface. Met Zeitschrift NF 4:91–118

Fraiture A (1992) Introduction to the radioecology of forest ecosystems and survey of radioactive contamination in food products from forests. CEC, DG Environment, Civil Protection and Nuclear Safety, Radiation Protection, 57

Freudenthal PC (1970) Strontium 90 concentration in surface air over North America and the Atlantic Ocean from 1966 to 1969. J Geoph Res 75(21):4089–4096

Fricke W, Georgii HW, Gravenhorst G (1976) Application of a new sampling device for cloud water analysis. In: Some problems of cloud physics, collected papers, Gidrometeoidat, Leningrad, S 200–212

Fricke W, Beilke S, Bieber E, Uhse K, Wallasch M (1997) Ergebnisse täglicher Niederschlagsanalysen in Deutschland von 1982 bis 1995, Texte 10/97, Umweltbundesamt

Furger M, Wanner H, Engel J, Troxler FX, Valsangiacomo A (1989) Zur Durchlüftung der Täler und Vorlandsenken der Schweiz, Resultate des Nat Forschungsprogramms 14, Geogr Inst Univ Bern

Ganor E, Foner HA, Avnimelech Y, Brenner S, Gravenhorst G (1994) The amount, nature and effects of the aerosol deposition on Lake Kinneret (The Sea of Galilee), research report of the Ministry of the Environment, Insitute of Environmental Research, Ramat Aviv, Israel

Gash JHC (1986) A note on estimating the effect of a limited fetch on micrometeorological evaporation measurements. BLM 35:409–413

Georgii HW, Wötzel D (1970) On the relation between dropsize and concentration of trace elements in rain water. J Geophys Res 75:1727–1731

Georgii HW, Baltrusch M, Bingemer H (1977) Interregionaler Transport von Luftverunreinigungen, Berichte des Instituts für Meteorologie und Geophysik der Universität Frankfurt/M, Nr 34

Georgii HW, Lenhard K (1978) Contribution to the atmospheric NH_3 budget. PAGEOPH 116:385–392

Georgii HW, Weber E (1994) Investigation on tropospheric washout, Final (technical) report, Air Force Cambridge Research Lab of the Office of Aerospace Research under Contract AF 61 (052-249)

Goethel M (1980) Untersuchung ausgewählter Quellen und Senken des atmosphärischen Ammoniaks mit einem neuen Probenahmeverfahren, Diplomarbeit, Inst Meteor Geophys, Univ Frankfurt/M

Graustein WC, Turekian KK (1986) ^{210}Pb and ^{137}Cs in air and soils measure the rate and vertical profile of aerosol scavenging. J Geoph Res 91(D13):14335–14366

Gravenhorst G, Müller KP, Franken H (1979) Inorganic nitrogen in marine aerosol. Proc.Aerosols in Science, Medicine and Technology, 7th Conf GAF, Düsseldorf, S 183–187

Gravenhorst G, Perseke C, Rohbock E, Georgii HW (1980) Untersuchung über die trockene und feuchte Deposition von Luftverunreinigungen in der Bundesrepublik Deutschland, UBA-Forschungsbericht, Inst Meteor Geophys, Univ Frankfurt/M

Gravenhorst G, Müller J (1981) On the composition of North Atlantic aerosol samples. Proc 9th Intern Conf Aerosols, Condensation and Ice unclei 1977, Galway Ireland, Rody AF, O'Connor AC (Hrsg) Officea Typographica. Galway, University Press, S 497–502

Gravenhorst G (1983) Der Einfluß von Wolken und Niederschlag auf die vertikale Verteilung atmosphärischer Spurenstoffe in einem eindimensionalen reaktionskinetischen Modell, Ber Inst Meteor Geophys, Univ Frankfurt/M, Nr 52

Gravenhorst G, Breiding H (1990) NH_3-transfer between the atmosphere and coniferous trees. In: Beilke S et al (Hrsg) Air Pollution Res Rep 25. Commission of the European Communities, S 118–145

Gravenhorst G (1997) Ein Versuch zur Definition, Bewertung und Zuordnung von Waldschäden. In: Ott C, Paschke M (Hrsg) Ausgleichswürdige Summations- und Distanzschäden am Beispiel der neuartigen Waldschäden, Texte 89/97, Umweltbundesamt, S 61–104

Gravenhorst G, Ibrom A, Kreilein H (1997) Auswirkungen von Wäldern auf das Klima. In: Umweltrelevante Leistungen der Forstwirtschaft, Agrarspektrum Schriftenreihe des Dachverbandes Wiss. Gesellschaften der Agrar-, Forst-, Ernährungs-, Veterinär- und Umweltforschung eV, Bd 27:21–44

Guderian R (1977) Air pollution: phytotoxidity of acidic gases and its significante in air pollution control. Ecological Studies 22. Springer, Berlin Heidelberg New York, 127 S

Guderian R (ed) (1985) Air pollution by photochemical oxidants: formation, transport, control and effects on plants. Ecological Studies XI. Springer, Berlin Heidelberg New York, 346 S

Guderian R, Klumpp A, Küppers K (1987) Gehalte und Leaching von Magnesium, Calzium und Kalium bei Fichte (Picca abies (L) Kast.) nach Einwirkung von Ozon und Schwefeldioxid. Verh Ges Ökol 16:311–322

Guderian R, Bücker J, Ballach HJ, Hornberg C, Franke S (1989) Untersuchungen mit Begasungsexperimenten an Forstpflanzen und geschädigten Waldbeständen zum Leaching von Mineralstoffen und organischen Verbindungen. Forschungsberichte zum Forschungsprogramm des Landes Nordrhein-Westfalen „Luftverunreinigungen und Waldschäden" Nr 9. Der Minister für Umwelt, Raumordnung und Landwirtschaft des Landes Nordrhein-Westfalen

Hänel G, Gravenhorst G (1974) Jet impactor characteristics versus relative humidity. Aerosol Sci 5:47–54

Hammer CU (1980) Acidity of polar ice cores in relation to absolute dating, past volcanism, and radio-echoes. J Glaciol 25:359–372

Harrison RM (1993) Atmospheric pathways. In: Warner S, Harrison RM (Hrsg) Radioecology after Chernobyl. SCOPE 50. Wiley, New York, S 55–100

Health and Savety Laboratory (1977) Final tabulation of monthly ^{90}Sr fallout data: 1954–1976 report HASL-329

Heinze C, Maier-Reimer E (1992) The Hamburg Ocean Carbon Cycle, Circulation Model (Cycle 1), Deutsches Klimarechenzentrum, Techn Rep No 5, Hamburg

Herrmann L (1996) Staubdeposition auf Böden West-Afrikas: Eigenschaften und Herkunftsgebiete der Stäube und ihr Einfluß auf Boden und Standorteigenschaften, Dissertation, Universität Hohenheim, 239 S

Hettelingh JP, Posch M, de Smet PAM (1997) Analysis of European maps. In: Posch M et al (Hrsg) Coordination Center for Effects, Status Report 1997, Calculation and mapping of critical thresholds in Europe, RIWM Rep No 259101007, ISBN 90-6960-069-2, 3-18

Hewitt CN, Allott RW, Kelly M, Boeck J, Andersson K (1993) Behaviour and decontamination of artificial radionuclides in the urban environment. In: Warner FE, Harrison RM (Hrsg) Radoecology after Chernobyl. SCOPE 50. Wiley, New York, S 275–290

Heyder J (1997) Deponierung von Aerosolteilchen im Atemtrakt des Menschen. In: Scheuch G (Hrsg) Aerosole in der Inhalationstherapie – Grundlagen und Anwendung, S 1–10

Hicks BB, Matt DR (1988) Combining biology, chemistry and meteorology in modelling and measuring dry deposition. J Atmos Chem 6:117–131

Höfken KD, Georgii HW, Gravenhorst G (1981) Untersuchungen über die Deposition atmosphärischer Spurenstoffe an Buchen- und Fichtenwald. Berichte des Instituts für Meteorologie und Geophysik der Universität Frankfurt/M Nr 46

Holmen K, Liss PS (1984) Models for air-water gas transfer: an experimental investigation. Tellus 36B(2):92–100

Hordigk L (1991) Use of the RAINS model in acid rain negotiations in Europe. Environ Sci Technol 25(4):596–603

Ibrom A (1994) Zur Berechnung der Deposition aus Kronentraufedaten mit dem Na-Kalibrierungsansatz. Berichte Forschungszentrum Waldökosysteme der Universität Göttingen, B 41:40–44

Ibrom A, Oltchev A, Constantin J, Marques M, Gravenhorst G (1995) Die Stickstoffimmission und -deposition in Wäldern. UBA Texte 28:20–29

Ibrom A, Schuetz C, Tworek T, Morgenstern K, Oltchev A, Falk M, Constantin J, Gravenhorst G (1996) Eddy-correlation measurements of fluxes of CO_2 and H_2O above a spruce forest. J Phys Chem Earth 21(5-6):409–414

Ibrom A, Morgenstern K, Richter I, Falk M, Oltchev A, Constantin J, Gravenhorst G (1999) The energy balance: implications for the quality assessment of eddy covariance measurements above a forest canopy. J Theor Appl Clim (eingereicht)

Iversen T, Halvorsen NE, Mylona S, Sandnas H (1991) Calculated budgets for airborne acidifying compounds in Europe 1985, 1988, 1989, 1990. Cooperative Programme for Monitoring and Evaluation of the Long-Range Transmission of Air Pollutants in Europe (EMEP) MSC-W Report 1/91, Norw Met Inst, Oslo

Jänicke R (1988) Aerosol physics and chemistry. In: Fischer G (Hrsg) Meteorology, subvol B: physical and chemical properties of the air, S 391–457

Jouzel J, Lorius C, Genthon C, Barkov NI, Kothyakov VM, Petrov VN (1987) Vostoc ice core: a continous isotope temperature record over the last climatic cycle (160000 years). Nature 329:403–409

Junge CE (1963) Air chemistry and radioactivity. Academic, New York

Kaimal JC, Finnigan JJ (1994) Atmospheric boundary layer flows: their structure and measurement. Oxford University Press, Oxford

Kärenlampi L, Skärby L (1996) Critical levels for ozone in Europe: testing and finalizing the concepts. UN-ECE workshop report, Univ Kuopio, Rep Ecology and Environmental Science

Kifinger B, Burkl G, Lehrmann R (1998) Monitoringprogramm für versauerte Gewässer durch Luftschadstoffe in der Bundesrepublik Deutschland im Rahmen der ECE, Berichte der Jahre 1995–1996, Bayerisches Landesamt für Wasserwirtschaft

Köbrich R (1992) Ein mathematisches Fünffiltermodell zur Beschreibung der Regionaldeposition im Atemtrakt des Menschen, Dissertation, Inst Biophys Univ Frankfurt/M

Konopatzky A, Freyer C (1996) Zum langjährigen Bodenzustandswandel in den Wäldern des Immissionsgebietes Dübener Heide, Abschlußbericht Wissenschaftliches Begleitprogramm zur Sanierung der Atmosphäre über den neuen Bundesländern, SANA, Abschlußbericht Bd IV, GSF, E 1.2

Kramm G (1991) Modellierung des Vertikaltransports von Aerosolpartikeln in der bodennahen Luftschicht. Meteorol Rundsch 43:65–80

Kramm G (1995) Zum Austausch von Ozon und reaktiven Stickstoffverbindungen zwischen Atmosphäre und Biosphäre, IFU Schriftenreihe Bd 34. Wissenschaftsverlag, Maraun, Frankfurt/M

Kramm G, Müller H, Dlugi R (1995) On the relationship between the roughness length of a scalar quantity and the corresponding sublayer - Stanton number. Met Zeitschr NF 4:209–212

Kreutzer K, Reiter H, Schierl R, Göttlin A (1989) Effects of acid irrigation and liming in a Norway Spruce stand (Picea Abies (L.) Karst.). Water Air Soil Pollut 48:111–125

Krugmann G, Winkler P (1989) Abschätzung der feuchten Deposition durch Nebel aufgrund gemessener chemischer und meteorologischer Parameter. Bericht des Deutschen Wetterdienstes, Met Observatorium Hamburg

Lamaud E, Brunet Y, Labatut A, Lopez A, Fontan J, Druilhet A (1994) The landes experiment: biosphere-atmosphere exchange of ozone and aerosol particles above a pine forest. J Geoph Res 99:16511–16521

Landesumweltamt (1997) Luftqualität in Nordrhein-Westfalen. Diskontinuierliche Luftqualitätsmessungen, Limes, Jahresbericht 1995 und Sondermessungen im 1. Halbjahr 1996, Reihe A Staubniederschlag und Inhaltsstoffe, LUA-NRW, Essen

Laubach J, Raschendorfer M, Kreilein H, Gravenhorst G (1994) Determination of heat and water vapour fluxes above a spruce forest by eddy correlation. Agric For Meteor 71:343–401

LAWA (1995) Landesarbeitsgemeinschaft Wasser, Richtlinie für Beobachtung und Auswertung der Niederschlagsbeschaffenheit

Lee YN, Schwartz SE (1981) Reaction kinetics of nitrogen dioxide with liquid water at low partical pressure. J Phys Chem 85:840–848

Leeuwen v EP, Draaijers GPJ, Jon de PGH, Erisman JW (1996) Mapping dry deposition of acidifying components and base cations on a small scale in Germany, RIVM, Bilthoven, Report Nr 722108012

Legrand M, Detugelis M, Staffelbach T, Neftel A, Stauffer B (1992) Large perturbation of ammonium and organic acids content in the summit - Greenland ice core: fingerprint from forest fires? Geophys Res Lett 19:473–475

Legrand M (1995) Sulphur-derived species in polar ice: a review. In: Ice core studies of global biogeochemical cycles. NATO ASI Ser I:91–119

Lenhard U (1977) Messungen von Ammoniak in der unteren Troposphäre und Untersuchungen der NH_3-Quellstärke von Böden, Diplomarbeit, Inst Meteor Geophys, Univ Frankfurt/M

Lenhard U, Gravenhorst G (1980) Evaluation of ammonia fluxes into the free atmosphere over Western Germany. Tellus 32:48–55

Levine I (1990) Global biomass burning: atmospheric, climatic and biospheric implication. EOS 7:37

Liss PS (1983) Gas transfer: experiments and geo-chemical implication. In: Liss PS, Slinn WGN (Hrsg) Air-sea exchange of gases and particles. NATO ASI Ser C 108:241–298

Lockhart LB, Patterson RL, Sunders AW, Black RW (1960) Fission product radioactivity in the air along the 80th meridian (west) during 1959. J Geoph Res 65(12):3987-3997

Lorius C, Raisbeck G, Jouzel J, Rainand D (1989) Long term environmental records from Antarctic ice cores. In: Oeschger H, Langway CC (Hrsg) The environmental record in glaciers and ice sheets. Wiley, Dahlem-Konferenz

LUA-NRW (1999) TEMES Jahreskenngrößen, Mittelwert, Rhein-Ruhr-Gebiet, Landesumweltamt Nordrhein-Westfalen, http:\www.lua.nrw.de/kennkurz.htm.

Machta L, List RJ (1959) Analysis of stratospheric strontium 90 measurements. J Geoph Res 64(9):1267–1276

Malessa V (1993) Depositionsbedingte Tiefengradienten der Bodenversauerung in der Sösemulde (Westharz), Berichte des Forschungszentrums Waldökosysteme, Universität Göttingen A, S 98

Malessa V (1994) Ökologische Typisierung von Tiefengradienten der Bodenversauerung. In: Matschulla J et al (Hrsg) Gefahr für Ökosysteme und Wasserqualität. Springer, Berlin Heidelberg New York, S 162–185

Marques M (1998) Eintrag von luftgetragenen partikelgebundenen Spurenstoffen in Wälder und durch trockene Deposition; Dissertation FB Forstwissenschaften und Waldökologie, Georg-August-Universität, Göttingen

Mauersberger G (1996) Sensitivitätsstudie zur Umsetzung von Schadstoffen in der wäßrigen Phase. In: Wissenschaftliches Begleitprogramm zur Sanierung der Atmosphäre über den neuen Bundesländern, Abschlußber 2:C1.1

Meesenburg H, Meiwes KJ, Schulze A, Rademacher A (1997) Arbeitshefte Boden 2/97

Meyers TP, Baldocchi DD (1988) A comparison of models for deriving dry deposition fluxes of O_3 and SO_2 to a forest canopy. Tellus 40B:270–284

Möller D (1995) Cloud processes in the troposphere. In: Delmas R (Hrsg) Ice core studies of global biogeochemical cycles. NATO ASI Ser I(30):39–63

Möller D, Mauersberger G (1995) An aqueous phase chemical reaction mechanism. In: Flessmann A, Cvitas T (Hrsg) Clouds: models and mechanism. EUROTRAC report, S 77–93

Möller D, Lux H (1992) Deposition atmosphärischer Spurenstoffe in der ehemaligen DDR bis 1990, Methoden und Ergebnisse. Schriftenreihe Kommission Reinhaltung der Luft im VDI und DIN, 308 S

Müller KP, Aheimer G, Gravenhorst G (1982) The influence of immidiate freezing on the chemical composition of rain samples. In: Georgii HW, Pankrath J (Hrsg) Deposition of atmospheric pollutants. Reidel, Dordrecht, S 125–132

Müller H, Kramm G, Meixner F, Pollard G J, Fowler D, Possanzini (1993) Determination of HNO_3 dry deposition by modified Bowen ratio and aerodynamic profile techniques. Tellus 45B:346–367

Müller J (1986) Invariant properties of the atmospheric aerosol. J Aeros Sci 17(3):277–282

Müller J (1993) PAH-Immissionsmessungen, Korngrößenverteilung im Schwebstaub und gasförmiger Anteil. Bericht auf dem 28. Meßtechnischen Kolloquium (MTK), Freiburg, 17. bis 19. Mai 1993

Müller J (1995) Mass Median Diameter of airborne particulate substances in dependence of specific vapour pressure. J Aerosol Sci 1:437–438

Neftel A, Oeschger H, Schwander I, Stauffer B, Zumbrunn R (1982) Ice core sample measurements give atmospheric CO_2 concentration during the past 40000 years, Nature 295:220–223

Neuman H, den Hartog G (1985) Eddy correlation measurements of atmospheric fluxes of ozne, sulfphur and particulates during the Champaign inter comparison study. J Geoph Res 90:2097–2110

Ogren JA, Heintzenberg J, Zuber A, Hansson HC, Noone KJ, Covert DS, Charlson RJ (1988) Measurements of the short-term variability of aqueon-phase mass concentrations in cloud droplets. In: Unsworth MH, Fowler D (Hrsg) Acid deposition at high elevation sites. Dordrecht, Kluwer, S 125–137

Orange D, Gac JY (1990) Bilan géochimique des apports atmosphèriques en domaines sahélien et soudano-guinéen d'Afrique de L'Ouest. Géodynamique 5:51–65

Paoletti E, Udisti R, Pantani F, Barbolani E (1989) Elemental leaching from Quercus Ilex L. in response to simulated acidic fog. Water Air Soil Pollut 47:35–46

Perseke C (1982) Die trockene und feuchte Deposition säurebildner atmosphärischer Spurenstoffe. Univ Diss, Frankfurt/M, 174 S

Peters LK (1983) Gases and their precipitation scavenging in the marine atmosphere. In: Liss PS, Slinn WGN (Hrsg) Air-sea exchange of gases and particles. NATO ASI Ser C 108:173–240

Pichler H (1997) Dynamik der Atmosphäre. Hochschul Taschenbuch, Spektrum Akad Verlag

Plessow K, Acker K, Heinrichs H, Möller D (1999) Time study of trace elements and major ions during two cloud events at Mt. Brocken. Atmos Environ (submitted)

Polle A (1998) Photochemical oxidants: uptake and detoxification mechanisms. In: de Kok LJ, Stullen I (Hrsg) Responses of plant metabolism to air pollution and global change. Backhuys Publishers, Leiden, The Netherlands

Posch M, deSmet PAM, Hettelingh JP, Downing RJ (1995) Calculation and mapping of critical thresholds in Europe, status report 1995. National Institute of Public Health and the Environment, The Netherlands, Rep No 259 101 004

Pruppacher HR, Klett JD (1978) Microphysics of clouds and precipitation. Reidel, Dordrecht

van Pul WAJ, Potma C, Draaigers GPJ, Erisman JW (1994) EDACS: European deposition maps of acidifying compounds on a small scale, model description and results, RIVM Rep 722 401 005

Rahn K (1976) Chemical composition of the atmospheric aerosol. Techn Rep Graduate School of Oceanography, Univ Rhode Island

Rahn K, Borys RD, Shaw GE , Schütz L (1979) Long-range impact of desert aerosol on atmospheric chemistry: two examples. In: Morales C (Hrsg) Scope 14: Saharan dust: mobilization, transport, deposition. Wiley, Chichester, S 243–266

Ramge P, Badeck FW, Pöchel M, Kohlmaier GH (1993) Apoplastic antioxidants as decisive elimination factors within the uptake process of nitrogen dioxide into leaf tissues. New Phytologist 125:771–785

Rehfeld S (1994) Deposition radioaktiver Tracer in einem Transportmodell der Atmosphäre. Max-Planck-Institut für Meteorologie, Hamburg, Examensarbeit Nr 20, ISSN 0938-5177

Reineking A, Porstendörfer J (1995) Time variation of size distributions of aerosol-attached activities of ^{212}Pb, ^{210}Pb, ^{7}Be in the outdoor atmosphere. Int Symp Natural Rad Env (NRE VI), Montreal, Can, 5–9 June 1995, book of abstracts

Rennenberg H, Polle A (1994) Metabolic consequences of atmospheric sulphur influx into plants. In: Alscher RG, Wellburn AR (Hrsg) Plant responses to the gaseous environment. Chapman and Hall, London

Review Group (1994) Impacts of nitrogen deposition in terrestrial ecosystems. United Kingdom Review Group, Department of the Environment, Air Quality Division and Institute of Terrestrial Ecology, ISBN 1 870 393 228

Richter M (1995) Ergebnisse methodischer Untersuchungen zur Korrektur des systematischen Meßfehlers des Hellmann Niederschlagsmessers, Berichte des DWD 194

Roedel W (1994) Die Physik unserer Umwelt: die Atmosphäre. Springer, Berlin Heidelberg New York

Roos M, Gravenhorst G (1984) Increase in oceanic carbon dioxide and CO_2-flux into the North Atlantic. J Geophys Res 89(C5):8181–8193

Rost-Siebert K (1983) Aluminium-Toxizität und -Toleranz an Kernpflanzen von Fichten (Picea abies karst) und Buche (Fagus silvatica L.). Allgem Forstzeitschr 26/27:670–627

Saltzman ES (1995) Ocean/atmosphere cycling of dimethylsulfide. In: Delmas R (Hrsg) Ice core studies of global biogeochemical cycles. NATO ASI Ser I(30):65–89

Sarmiento ED, deVries W, Hanks M, Rosen K, Rasmussen L, Tamen CO, Nilsson J (1989) Critical loads for nitrogen deposition on forest ecosystems. Water Air Soil Pollut 48:451–456

Schemenauer RS, Schuepp PH, Kermasha S, Cereceda P (1988) Measurements of the properties of high elevation fog in Quebec, Canada. In: Unsworth MH, Fowler D (Hrsg) Acid deposition at high elevation sites. Kluwer Pub Corp Dordrecht, S 359–364

Schäfer P, Kreilein H, Müller M, Gravenhorst G (1993) Cycling of inorganic nitrogen compounds between atmosphere and ocean in tropical areas of South East Asia. Mitt Geol-Paläont Inst Univ Hamburg, SCOPE/UNEP Sonderband Heft 76:19–36

Scheuch G (1997a) Aerosole in der Inhalationstherapie, Grundlagen und Anwendung. Dustri, München-Deisenhofen

Scheuch G (1997b) Die Partikelgrößen als wichtigste Parameter für die Inhalierbarkeit und Deposition von Aerosolen. In: Scheuch G (Hrsg) Aerosole in der Inhalationstherapie. Dustri, München-Deisenhofen, S 11–26

Schjöring JK (1991) Ammonia emission from the foliage of growing plants. In: Sharkey et al (Hrsg) Trace gas emissions by plants. Academic, San Diego, S 267–292

Schjöring JK, Ferm M, Soumer SG (1993) Measurement of NH3 emission and depositions by the gradient method: can passive flux samplers be used to obtain net NH_3 exchange through periods with varying wind speed and atmospheric NH_3 concentrations? In: Percing C, Allegrini I (Hrsg) Development of analytical techniques air pollution report. CEC, Brüssel, Manuskript

Schmitt G (1988) Measurements of the chemical composition in cloud and fog water. In: Unsworth MA, Fowler D (Hrsg) Acid deposition at high elevation sites. Dordrecht, Kluwer, S 403–417

Schmitt-Lüttmann M, Danzeisen H, Hönig W, Gravenhorst G, Karger D, Kreilein H, Ibrom A (1992) Einfluß des Eintrags von Luftinhaltsstoffen in oligotrophe Maarseen am Beispiel des Phosphors. Forschungsbericht Wasserwirtschaft Nr

10204351/02 Umweltbundesamt, Landesamt für Umweltschutz und Gewerbeaufsicht, Rheinland-Pfalz

Schreiber H (1998) 25 Jahre Luftstaubuntersuchungen 40 Jahre Radioaktivitätsmessungen. Schriften aus dem Institut für Physik und Meteorologie der Universität Hohenheim, Jenderek, ISSN 1436-9070

Schuepp PH, Lecierc MY, Desgardins RC (1990) Footprint prediction of scalar fluxes from analytical solutions of the diffusion equation. BLM 50:355–373

Schulze ED, DeVries W, Hanks M, Rosen K, Rasmussen L, Tamm C-O, Nilsson J (1989) Critical loads for nitrogen deposition on forest ecosystems. Water Air Soil Pollut 48:451–456

Sevruk B (1986) Correction of precipitation measurements - summary report ETH/IAHS/WMO, workshop on the correction of precipitation measurements, Zürich, 1–3 April 1985. In: Sevruk B (Hrsg) Züricher Geogr Schr 23, Zürich

Shepard JP, Michell MJ, Scott TJ, Zhang YM, Raynal DJ (1989) Measurements of wet and dry deposition in a northern hardwood forest. Water Air Soil Pollut 48:225–238

Siegenthaler U, Wenk T (1984) Rapid CO_2 variations and ocean circulation. Nature 308:324–395

Slemr F, Seiler W (1984) Field measurements of NO and NO2 emission from fertilized and unfertilized soils. J Atmos Chem 2:1–24

Slinn WGN (1983) Air to sea transfer of particles. In: Liss PS, Slinn WGN (Hrsg) Air-sea exchange of gases and particles. NATO ASI Ser C 108:299–405

Smith SD, Jones EP (1985) Evidence for wind-pumping air-sea gas exchange based on direct measurement of CO_2-fluxes. J Geophys Res 90(C1):869–875

Staley DO (1982) Strontium-90 in surface air and the stratosphere: some interpretations of the 1963-1975 data. J Atmos Sci 39:1571–1590

Stankunas AR, Unites DF, Carthy EF (1983) Air pollution damage to man-made materials: physical and economic estimates. EPRI EA 2837, Projekt 1008-1, final report

Steingröver EG, Boxman AW (1996) Nutients and growth of forest trees as affected by nitrogen deposition. In: Sutton MA et al (Hrsg) Emission, deposition and environmental impacts. Poster Proc, Institute of Terrestrial Ecology (Edinburgh Res Station), S 109–111

Stockwell WR, Middleton P, Chang JS, Tang X (1990) The RADM2 chemical mechanism of regional air quality modelling. J Geoph Res 95(C5):16343–16367

Sutton MA, Schjorring IK, Wyers GP (1995) Plant-atmosphere exchange of ammonia. Philos Trans R Soc Ser A

Taylor GE, Johnson DW, Andersen GP (1994) Air pollution and forest ecosystems - a regional to global perspective. Ecol Appl 4(4):662–689

TFE (1993) Calculation and mapping of critical loads in Europe: status report 1993, RIVM. Downing R, Hettelingh JP, de Smet PAM (Hrsg) Coordination Center for Effects

TFE (1995) Calculation and mapping of critical loads in Europe: status report 1995, RIVM. Posch M, de Smet PAM, Hettelingh JP, Downing RJ (Hrsg) Coordination Center for Effects

TFE (1997) Calculation and mapping of critical loads in Europe: status report 1997, RIVM. Posch M, de Smet PAM, Hettelingh JP, Downing RJ (Hrsg) Coordination Center for Effects

TFE (1999) Calculation and mapping of critical loads in Europe: status report 1998, RIVM. Posch M, deSmet PAM, Hettelingh JP, Downing RJ (Hrsg) Coordination Center for Effects

The Nordic Council of Ministers (1993) Models and methods of quantification of atmospheric input to ecosystems. In: Lövblad G et al (Hrsg) Seminar - og Arbedsrapporter 1993, 573, ISBN 929120 2533

Thimonier A (1998) Measurement of atmospheric deposition under forest canopies: some recommendations for equipment and sampling design. Environ Monitor Assess 52:353-387

Thom AS (1972) Momentum, mass and heat exchange of vegetation. QJR Meteorol Soc 98:124-134

Turekian KK, Nozaki Y, Benninger LK (1977) Geochemistry of atmospheric radon and radon products. Annu Rev Earth Planet Sci 5:227-255

Turner RR, Lowry P, Levin M, Lindberg SE, Tamura T (1982) Leachability and aqueous specification of selected trace constituents of coal fly ash. EA-2588, research project 1061-1

Tyler G, Balsberg Pahlsson AM, Bengtsson G, Baath E, Tramvik L (1989) Heavy metal ecology of terrestrial plants, microorganisms and invertebrates, a review. Water Air Soil Pollut 47:189-215

UBA (Umweltbundesamt) (1994) Daten zur Umwelt 1992/1993. Schmidt, Berlin

UBA (Umweltbundesamt) (1996) Manual on methodologies and criteria for mapping critical levels/loads and geographical areas where they are exceeded, TFM. Texte Umweltbundesamt 71/96

UBA (Umweltbundesamt) (1998a) Critical limits and effects - basic approaches for heavy metals and persistent organic pollutants, workshop, Bad Harzburg, Germany, Nov 1997, Texte 5/98 ISSN 0722-186X

UBA (Umwelbundesamt) (1998b) Umweltdaten Deutschland 1998. Schmidt, Online-Dokument, 53 S

Ulrich B (1983) Stabilität von Waldökosystemen unter dem Einfluß des „Sauren Regens". Allgem Forstz 38:670-677

Ulrich B, Meiwes KJ, König N, Kanna PK (1984) Untersuchungsverfahren und Kriterien zur Bewertung der Versauerung und ihrer Folgen in Waldböden. Forst Holzwirt 39:278-286

Ulrich B, Malessa V (1989) Tiefengradienten der Bodenversauerung. Z Pflanzenernähr Bodenkd 152:81-84

Ulrich B, Puhe J (1993) Auswirkungen der zukünftigen Klimaänderung auf mitteleuropäische Waldökosysteme und der Rückkoppelung auf den Treibhauseffekt. Studienbericht für die Enquêtekommission „Schutz der Erdatmosphäre" des Deutschen Bundestages

Ulrich B (1991) Rechenweg zur Schätzung der Flüsse in Waldökosysteme - Identifizierung der sie bedingenden Prozesse. Berichte Forschungszentrum Waldökosysteme Göttingen, B24:204-210

Ulrich B (1994) Ökosystemare Grundlagen - Stoffhaushalt von Waldökosystemen und Gewässerqualität. In: Matschullat J et al (Hrsg) Gefahr für Ökosysteme und Wasserqualität. Springer, Berlin Heidelberg New York, S 1-19

Ulrich B (1999) Entwicklungsprognosen für Waldökosysteme aus der Sicht der Hierachie-Theorie. Forstw Centralbl 118(2):118-126

UNECE (United Nations Economic Commission for Europe) (1988) Critical Loads Workshop, Skokloster

VDI (1972a) Messung partikelförmiger Niederschläge. VDI-Kommission, Reinhaltung der Luft, 2119, Düsseldorf

VDI (1972b) Messung partikelförmiger Niederschläge; Bestimmung des partikelförmigen Niederschlags mit dem Bergerhoff-Gerät (Standardverfahren, 4 S) 2819 Bl 2 1972

VDI (1985) Meteorologische Messungen für Fragen der Luftreinhaltung. Niederschlag 3786 Bl 7

VDI (1990) Messen von Regeninhaltsstoffen; Bestimmen von Chlorid, Nitrat und Sulfat im Regenwasser mittels Ionenchromatographie mit Suppressortechnik, 3870 Bl 13E

Vries de W, Posch M, Känäri (1989) Simulation of the longterm soil response to acid deposition in various buffer ranges. Water Air Soil Pollut 48:349–390

Veithen C (1996) Ionentransporte durch Cuticlen von Buchenblättern und Fichtennadeln. Berichte Forschungszentrum Waldökosysteme Göttingen, A 136

Wagenbach D, Münnich KO, Schotterer K, Oeschger H (1988) The anthropogenic impact on snow chemistry at Colle Cuifetti, Swiss Alps. Ann Glaciol 10:183–187

Walter N (1998) Atmosphärische Nährstoffeinträge in das Regenwaldschutzgebiet „FC Bossematié" in der Ostregion der Côte d'Ivoire. Diplomarbeit, Geographisches Institut der Universität Göttingen, 298 S

Waraghai A, Gravenhorst G (1989) Dry deposition of atmospheric particles to an old spruce stand. In: Georgii HW (Hrsg) Mechanisms and effects of pollutant transfer into forests. Kluwer Academic, Dordrecht, S 77–86

Wellburn AR (1997) Luftverschmutzung und Klimaänderung – Auswirkung auf Flora, Fauna und Mensch. Springer, Berlin Heidelberg New York

Wesely ML (1989) Parametrisation of surface resistances to gaseous dry deposition in regional scale numerical models. Atmos Environ 23(6):1293–1304

Wilson JD, Swaters GE (1991) The source area influencing a measurement in the planetary boundary layer: the „footprint" and the „distribution of contact distance". BLM 55:25–46

Winkler P, Riedle I, Lang P (1993) A threshold intensity to standardize wet deposition. Met Zeitschr NF 2:21–26

Wolff EW (1995) Nitrate in polar ice. In: Delmas R (Hrsg) Ice core studies of global biogeochemical cycles. NATO ASI Ser I(30):195–240

Wyers GP, Otjes RP, Vermenca AT, de Wild PJ, Schanince J (1992) Measurements of vertical concentration gradients of ammonia by continous flow denuders. In: Angeletti G et al (Hrsg) Field measurements and interpretation of species related to acid deposition. CEC Brüssel, Air Pollut Rep 39:173–178

3 Modellierung der Ausbreitung und Umwandlung von Schadstoffen in der Atmosphäre

A. Ebel

3.1 Einführung

3.1.1 Ziele der Modellierung

Die schnell fortschreitende Entwicklung von leistungsfähigen Computern – von den Großrechnern hinab bis zu den Workstations und PCs (d.h. Personal Computern) – hat die Entwicklung von numerischen Modellen für die Simulation von luftchemischen Prozessen und dem Spurenstofftransport in den letzten beiden Jahrzehnten stark begünstigt. Damit ist es möglich, die Prozesse der Umwandlung von anthropogenen Schadstoffen, deren Verfrachtung in der Troposphäre und Deposition am Boden oder auf Wasserflächen, also ihren Eintrag in Ökosysteme, im einzelnen und – was besonders hervorgehoben sei – in ihren komplexen Zusammenhängen zu behandeln.

Die Aufgaben, die numerische Modelle der Chemie und des Transports von Schadstoffen in der Atmosphäre zu erfüllen haben, sind vielfältig. Im Hinblick auf die wenn auch große, aber bezüglich der Anforderungen der Repräsentation des Gesamtsystems des atmosphärischen Spurenstoffhaushalts dennoch beschränkte Leistungsfähigkeit selbst der größten derzeit verfügbaren Rechner können diese Aufgaben prägend für den Charakter, d.h. den Aufbau und die Anwendungsbreite, eines Modells sein. Denn alle Modelle sind wegen dieser Beschränkung mehr oder weniger spezifisch auf ausgewählte Ziele ausgerichtet. Hierauf wird im folgenden noch näher einzugehen sein. Doch erscheint es zweckmäßig, bereits an dieser Stelle allgemein die Zielsetzung der numerischen Simulation von Chemie und Transport der Atmosphäre zu erörtern.

Ein vollständiges numerisches Modell bietet prinzipiell die Möglichkeit, alle bekannten und relevanten Prozesse der Entstehung von Spurenstoffen – einschließlich der Schadstoffe – und Verteilung in der Atmosphäre zu behandeln. Wie genau und wie vollständig dies derzeit möglich ist, ist selbstverständlich zu hinterfragen und wird später noch diskutiert. Grundsätzlich gehen Modelle damit entscheidend über die Möglichkeiten der Beobachtung und Messung von realen Zuständen hinaus. Das soll nicht heißen, daß sie auf Beobachtungen und Messungen verzichten bzw. unabhängig von diesen eingesetzt werden können. Doch sie erweitern die erfaßbaren Zustände in Raum und Zeit um ein Vielfaches und Entscheidendes.

Das Entscheidende, welches hier gemeint ist, ist die Möglichkeit, mit Hilfe der numerischen Modellierung in die Zukunft zu schauen. Das heißt, daß es Modelltypen mit der Fähigkeit der Prognose gibt. Ein allseits bekanntes Beispiel aus der Atmosphärendynamik ist die numerische Wettervorhersage. Ihr gleichzusetzen ist die chemisch-physikalische Prognose von Smogepisoden, die ein erklärtes, aber noch nicht gänzlich erreichtes Ziel der Modellierung der Luftverschmutzung ist. Neben dem Ziel der Kurz- und Mittelfristprognose gibt es das Bestreben, die Entwicklung des Spurenstoffhaushalts über längere Zeiträume hinweg abzuschätzen. Dies entspricht dem Ziel der Klimaforschung, langfristige Entwicklungen des physikalischen Atmosphärenzustandes zu prognostizieren. An dieser Stelle treffen sich die numerische Modellierung von Zirkulation und Spurenstoffhaushalt der Atmosphäre. Denn klimawirksame Spurengase, sogenannte Treibhausgase, und ihre langfristige Veränderung gehören zu den wichtigsten Gegenständen der Erforschung von Klimavariationen (s. Kap. 4.2).

Die Erweiterung der Darstellung von Zuständen und ihrer Änderung in Raum und Zeit über das hinaus, was der Beobachtung möglich ist, ist durch die Fähigkeit der Modelle gegeben, durch Routinemeßnetze punktuell erfaßte Zustände horizontal und vertikal zu inter- und extrapolieren und so erheblich dichtere Informationen zu vermitteln, als es die Beobachtung und ihre einfache Interpretation allein vermögen. Das gleiche gilt für den Einsatz von Modellen bei Meßkampagnen. Neben der räumlichen Verdichtung der Information über den Zustand der Atmosphäre ist auch die Fähigkeit der Modelle zur zeitlichen Interpolation als eine besonders wertvolle Eigenschaft hervorzuheben. So werden Vertikalprofile des Ozons aus Kostengründen meist nur in Zeitabständen von mehreren Tagen gemessen. Hier kann, sofern erforderlich, ein geeignetes Chemie-Transport-Modell die Lücken überbrücken. Ein instruktives Beispiel für den Wert dieser Modelleigenschaften bei der Anwendung der numerischen Simulation ist die Ausbreitung radioaktiver Substanzen während des Kernreaktor-Unfalls in Tschernobyl (Klug et al. 1990; Hass et al. 1990). Nur mit Hilfe von Ausbreitungsrechnungen war es möglich, sich ein vollständiges Bild der europaweiten Wirkung dieses Unfalls zu machen.

Damit sprechen wir ein weiteres Ziel der Modellierung an, nämlich Beiträge zur Bewertung der Wirkung der Ausbreitung primärer (z. B. Schwefeldioxid) und sekundärer (z. B. Ozon) Spurenstoffe auf die natürliche und vom Menschen geschaffene Umwelt und auf den Menschen selbst zu leisten. Das geschieht üblicherweise über Richtwerte, die zum Beispiel maximale Immissionskonzentrationen oder kritische Depositionswerte (engl. „critical load") für die zumutbare Belastung der Atmosphäre oder eines empfindlichen Systems, in das Schadstoffe eingetragen werden, vorgeben.

Die Art und Anzahl der Luftschadstoffe, die von einem numerischen Modell zu simulieren sind, wird selbstverständlich entscheidend durch deren Wirkungsverhalten bestimmt. Hier haben die Ausbreitungsmodelle im Laufe der Zeit eine grundlegende Veränderung erfahren, die entscheidend von der Entwicklung des Gemisches emittierter anthropogener Schadstoffe während der letzten Jahrzehnte bestimmt war. Daß die entsprechende Entwicklung der Modelle dabei nicht immer gradlinig verläuft, zeigt das Beispiel des anthropogenen Staubes. In den 60er Jahren noch mit hoher Priorität durch die Ausbreitungsmodellierung behandelt, trat er nach dem Wirksamwerden technischer Maßnahmen zur Reduktion der Staubemission bei der Modellanwendung weitgehend in den Hintergrund. Dafür erhielten hinsichtlich der Luftreinhaltung zunächst die Emission von Schwefel (SO_2, SO_4^{2-}) und später der Photosmog ein größeres Gewicht. Inzwischen ist abzusehen, daß mit fortschreitender wissenschaftlicher Erkenntnis, insbesonders aufgrund toxikologischer Befunde, die Frage der Ausbreitung von lungengängigen Feinstaerosolen, die durch menschliche Aktivität, u. a. durch den Kraftverkehr, entstehen, bei der numerischen Modellierung wieder mehr in den Vordergrund treten wird.

Der grenzüberschreitende Transport von anthropogenen Schwefelverbindungen verlieh der Emissionsproblematik schon früh besondere politische Bedeutung. Denn verschiedene Industrieländer, besonders in Europa und Nordamerika, waren an der Beantwortung der Frage interessiert, wer von wem in welchem Maße durch Schwefeldeposition belastet wird. Die dafür notwendige Bilanzierung von Import und Export des Schwefels für die in Frage kommenden Länder bzw. Regionen erfolgte mit Hilfe von Ausbreitungs- und Depositionsmodellen. Die Basis dafür bietet das internationale Genfer Übereinkommen von 1979 zum grenzüberschreitenden Ferntransport atmosphärischer Schadstoffe. In seinem Rahmen wurde EMEP, ein kooperatives Programm für die Beobachtung und Bewertung des Schadstofftransports in der Atmosphäre über Europa, geschaffen.

Das Problem der Schwefelemission, verbunden mit der Frage der Schädigung empfindlicher Ökosysteme, etwa der Versauerung von Seen in Skandinavien oder Kanada, und das Auftreten von Wintersmog (saurer Smog), geriet in den 80er Jahren noch einmal in die kritische wissenschaftliche und umweltpolitische Diskussion, als es um die Ursache neuartiger Waldschäden ging, deren rasches Anwachsen in den Industrieländern zu jener Zeit allgemein prognostiziert wurde. Diese Diskussion gab entscheidende Impulse für die Entwicklung von mesoskaligen Modellen zur Berechnung des atmosphärischen Schwefeltransports und der damit verbundenen Säurebildung und -deposition.

Wiederum bedingt durch den Erfolg technischer Maßnahmen, diesmal zur Verringerung des Ausstoßes von Schwefeldioxid, verlor dieser Aspekt der Simulation der Luftverschmutzung in Regionen wie Mittel- und Westeuropa seinen besonderen Rang, obwohl längst nicht alle Fragen beantwortet und alle Probleme gelöst sind. Es gibt immer noch Gebiete, z.B. in China, Rußland, Tschechien und Polen, in denen die Schwefelemission die größte atmosphärische Umweltbelastung darstellt. Außerdem ist die Erforschung des globalen Schwefelhaushalts, unter Einbeziehung natürlicher Emissionen, und dessen Rolle für das Klima noch nicht abgeschlossen. Schwefel aus anthropogenen Quellen trägt zur Bildung von Sulfataerosolen bei, deren Strahlungswirkung den Erwärmungseffekt der Treibhausgase zu einem beträchtlichen Teil kompensieren (Charlson et al. 1991; Rodhe u. Crutzen 1995, vgl. hierzu auch Kap. 1.1). Als beherrschendes Thema der Diskussion über die Belastung der unteren Atmosphäre, d.h. der atmosphärischen Grenzschicht, und damit auch als zentraler Punkt von deren Modellierung sind derzeit noch die Photooxidantien – in vereinfachender Sicht Ozon – anzusehen (s. Bd. 1A, Kap. 3.2). Steigender Kraftverkehr und steigende Industrialiserung haben weltweit an vielen Orten – z.B. in Mexico City oder Athen – und in größeren Regionen – z.B. in Mitteleuropa oder im Bereich des Ohio – zu erhöhten Emissionen von NO_x ($NO + NO_2$) und flüchtigen Kohlenwasserstoffen und damit zu häufigem episodischem Ansteigen der Konzentration von Ozon und anderen Photooxidantien auf unverträglich hohe Werte geführt. Dieser Photosmog wird wegen seines häufigen Auftretens unter Bedingungen hoher Sonneneinstrahlung im Sommer auch Sommersmog genannt. Die Aufgabe seiner Modellierung ist nicht zu trennen von der Simulation des allgemein anthropogen geprägten Hintergrundes von Photooxidantien in der Atmosphäre. Ferner gewinnt die chemische Wechselwirkung von Photooxidantien und Aerosolen als Forschungsproblem zunehmend an Bedeutung. In fortgeschrittenen Modellen der belasteten Atmosphäre dürfte die gleichberechtigte Behandlung beider Spurenstoffgruppen in einigen Jahren zum üblichen Standard gehören. Andere Stoffe, bei deren Untersuchung Ausbreitungsmodelle mit Erfolg eingesetzt wurden oder vorteilhaft benutzt werden können, sind Schwermetallverbindungen und beständige anthropogene organische Spurenstoffe (POP: „persistant organic pollutants").

Der größte Teil der bisher genannten Stoffe, auf die die Chemie- und Transportsimulation angewendet wird, sind solche, die bei der Überwachung der Luftqualität eine herausragende Rolle spielen. Es sei betont, daß ihre Bildung und Vernichtung in der Atmosphäre mit zahlreichen anderen, routinemäßig oft nur schwierig oder manchmal gar nicht messend erfaßbaren Luftbeimengungen verknüpft sind, deren Berücksichtigung in der Modellierung chemischer Mechanismen aber unerläßlich ist.

Die Dauer des Verweilens unterschiedlicher Schadstoffe in der Atmosphäre kann um Größenordnungen voneinander abweichen. Sie wird durch chemische Prozesse (Transformation), meteorologische Vorgänge (Transport, Diffusion) and Einflüsse des Untergrundes (Deposition) bestimmt. Sie kann von der Höhe abhängig sein, weil die mit der Höhe zunehmende Intensität dissoziierender Strahlung (wie bei Ozon oder den Fluor-Chlor-Kohlenwasserstoffen [FCKW]) und die Temperatur (wie beim thermischen Zerfall des Peroxyacetylnitrats [PAN]) die Lebenszeit bestimmter Stoffe prägen. Es ist ersichtlich, daß solche Faktoren die Struktur und den physikalisch-chemischen Charakter von Modellen mit unterschiedlicher Zielrichtung bei der Simulation von Spurenstoffverteilungen beeinflussen können. Stoffe, die wegen ihrer langen Verweildauer in der Atmosphäre global verteilt werden, können nur mit „globalen Modellen", Stoffe mit kürzeren Verweildauern unter Umständen vorteilhafter mit „mesokaligen" oder „lokalen Modellen", d.h. mit Modellen geringerer räumlicher Ausdehnung, behandelt werden. Das Ziel der Modellierung prägt den Aufbau eines Modells in entscheidendem Maß. Dahinter stehen Gründe der Rechenökonomie, aber auch systemanalytischer Strategie. Denn die Modelle dürfen in der Anwendung einerseits nicht zu teuer werden und sollen andererseits prozeßmäßig nicht überfrachtet sein. Das hat zu einem breiten Spektrum von Modellrealisationen geführt.

Wie auch immer ein Modell konzipiert wird, es ist stets zu fordern, daß es bezüglich seiner Anwendungsziele vollständig sei. Diese Forderung kann aber im Hinblick auf die synergetische Verknüpfung aller chemischen und physikalischen Prozesse große Schwierigkeiten bereiten. So ist beispielsweise die Ozonbildung in der bodennahen Atmosphäre von der Intensität der ankommenden UV-Strahlung abhängig (s. Kap. 4.1). Diese wird aber entscheidend bestimmt durch die Stärke der Ozonschicht oberhalb rund 20 km Höhe in der Stratosphäre (s. Bd. 1A, Kap. 3.3). Dabei treten ausgeprägte episodische Schwankungen auf, die sich den Photolyseprozessen in der untersten Atmosphäre aufprägen und so die Entstehung von Sommersmog-Episoden entscheidend beeinflussen können (Ruggaber et al. 1994). Die vollständige Ozonprognose während lokaler und regionaler Smogepisoden verlangt also im Prinzip eine Prognose des wesentlich global geprägten Verhaltens der Stratosphäre, eine Aufgabe, die zwar konzeptuell lösbar, aber mit den derzeit verfügbaren Mitteln für wissenschaftliches Rechnen nicht erfüllbar ist. An solcher und an ähnlichen Stellen sind Kompromisse im Hinblick auf die praktische Anwendbarkeit von Modellen bei ihrer Konzipierung unvermeidbar.

Bei der anspruchsvollen Modellierung von Transport und chemischer Umwandlung von atmosphärischen Spurenstoffen stößt man so oder anders immer wieder an die Grenzen des Machbaren. Diese Grenzen mit der fortschreitenden Entwicklung leistungsfähiger Rechner und effizienter numerischer Methoden immer weiter hinauszuschieben und so den Anwendungsbereich zu erweitern, gehört mit zu den vorrangigen Zielen der numerischen Modellierung. Große Hoffnungen werden auf neue Generationen massiv paralleler Rechner gesetzt.

3.1.2
Schwerpunkte der Darstellung

Die Breite des Themas „Modellierung der Schadstoffumwandlung und Ausbreitung in der Atmosphäre" erfordert wegen der gegebenen Begrenzung des Umfanges der vorliegenden Darstellung eine Fokussierung auf einen ausgewählten Themenbereich. Diese wird hier dadurch erreicht, daß der dem Menschen nächste Bereich der Atmosphäre, nämlich die unterste Troposphäre oder bodennahe Grenzschicht, in den Mittelpunkt der Betrachtungen gerückt wird. Bei der räumlichen Skala orientieren wir uns an der Ausdehnung von Regionen mit erhöhter Belastung durch anthropogene Emissionen und Teilgebieten dieser Regionen mit besonderen Eigenschaften. Bezogen auf europäische Verhältnisse bedeutet dies, daß als Gesamtregion der europäische Kontinent anzusehen ist. Denn es gibt nur wenige Gebiete in seinem Bereich, die aus der Sicht der Luftreinhaltung bezüglich ihrer Emissionen noch als sauber gelten können. Sind sie es, müssen sie dennoch in die Analyse einbezogen werden, da sie durch Emissionen aus anderen Gebieten kontaminiert sein können. Dies gilt beispielhaft für Schwefeldioxid- und Schwefelsäurebelastung von Nordskandinavien. Als Unterteilungen und damit Verkleinerungen der Modellskala werden Gebiete von der Größe einer geographischen Einheit (z.B. Mitteleuropa), eines Staates, einer Provinz bzw. eines Bundeslandes (z.B. Hessen, Brandenburg, Sachsen) bis herunter zu städtischen Regionen (z.B. Athen, Berlin, Dresden) behandelt. Als wichtigste Substanz wird das Schadgas Ozon betrachtet, da ihm für die aktuelle Diskussion der Luftreinhaltung ersichtlich eine Leitfunktion zukommt. Auch in den derzeit laufenden Forschungsprogrammen der deutschen Bundesregierung zur anthropogenen Belastung der Atmosphäre bilden die Photooxidantien - mit Ozon an erster Stelle - den Schwerpunkt, wobei gleichzeitig eine Intensivierung der Erforschung anthropogener Aerosole erfolgt.

Die Fokussierung der Diskussion bedeutet nicht, daß alle anderen Bereiche vollständig aus der Diskussion ausgeblendet werden. Dies ist aus grundsätzlichen Erwägungen, nach denen die gesamte Atmosphäre als zusammenhängendes System zu sehen ist, und im Hinblick auf die notwendige Darstellung der allgemeinen Grundlagen nicht möglich. Doch bei Anwendungsfragen und -beispielen wird der soeben definierte Rahmen durchweg beachtet.

3.2 Modelltypen

3.2.1 Merkmale und Charakterisierung von Modellen

Es gibt eine Reihe von äußeren und inhaltlichen Merkmalen, die sich vorteilhaft für die Typisierung unterschiedlicher numerischer Modelle des Schadstoffverhaltens in der Atmosphäre nutzen lassen. Zu den wesentlichen äußeren Merkmalen, zu denen hier auch formale Charakteristika gerechnet werden, gehören die räumliche Dimension, die räumliche Auflösung und das Integrationsverfahren. Zu den inhaltlichen Merkmalen sind die behandelten chemischen und physikalischen Prozesse zu zählen, aber auch die Einschränkung auf ausgewählte Problembereiche oder ihnen entsprechende Räume. Zur Illustration seien hier auf die Troposphäre oder Stratosphäre beschränkte Modelle - kurz Troposphären- oder Stratosphärenmodelle - genannt.

Prozesse wie die Entstehung von Ozon oder Schwefelsäure aus einem Gemisch von Spurenstoffen in der Atmosphäre lassen sich idealisiert ausschließlich als photochemischer Vorgang ohne Berücksichtigung raumabhängiger Einflüsse modellieren. Man spricht von einem Boxmodell, obwohl der Begriff Box als räumliches Gebilde oder idealisierter Reaktor nicht genau den methodischen Bedingungen entspricht. Denn die Rechnung erfolgt für einen Punkt, ist also aus räumlicher Sicht dimensionslos. Abb. 3-1 enthält das Ergebnis einer Boxmodellrechnung mit dem RADM2-Mechanismus (s. Abschnitt 3.3.2).

Darstellungen der VOC-NO_x-Abhängigkeit (VOC, englisch, „volatile organic compounds"; Gemisch flüchtiger Kohlenwasserstoffe ohne Methan) des bodennahen Ozons eignen sich für eine erste allgemeine Bewertung von Emissionsreduktionsmaßnahmen. Nach Abb. 3-2 wird man in einer Situation mit höheren VOC-Konzentrationen versuchen, die Stickstoffemissionen (NO_x) zu vermindern, weil dann die Smogminderung durch den Rückgang der Ozonkonzentration am effektivsten ist. Umgekehrt wird man bei niedrigen VOC- und hohen NO_x-Mischungsverhältnissen verfahren. Hat man es mit hohen Emissionen beider Stoffgruppen zu tun, wird man selbstverständlich versuchen, beide Emissionen zu vermindern. Das kann aber je nach Belastungssituation zunächst zu einem Anwachsen des Ozonmischungsverhältnisses führen.

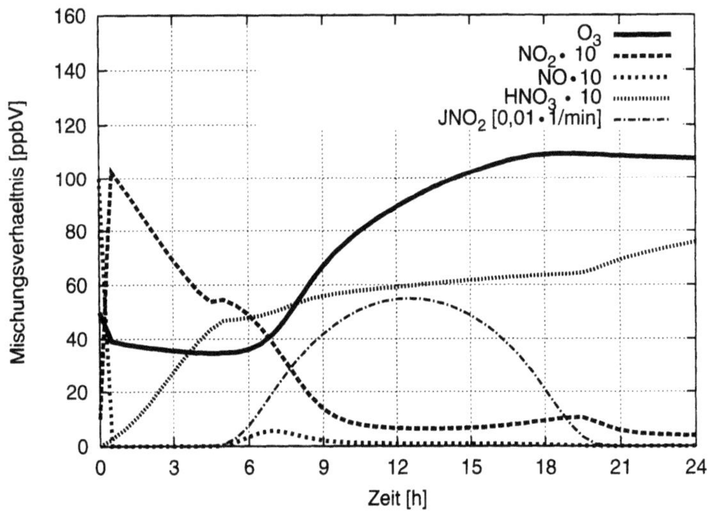

Abb. 3-1. Simulation chemischer Umwandlungen von reaktiven Luftbeimengungen mit einem Boxmodell, das auf dem RADM2-Mechanismus beruht. Es werden die Mischungsverhältnisse (in ppbV) von O_3, NO_2 und NO (vertikale Achse) als Funktion der Tageszeit (horizontale Achse) gezeigt. Ferner ist der Verlauf der Photolyserate für Juni, mittlere nördliche Breiten, dargestellt. Beachte, daß dabei die vertikale Skala in Einheiten von 0,01 min^{-1} zu lesen ist. Anfangskonzentrationen von O_3, NO_2, NO und CO: 50, 1, 10 bzw. 400 ppbV. Anfangskonzentration von VOC: 100 ppbV, mit einem Verhältnis von Alkanen:Alkenen:Aromaten:Aldehyden wie 19:38:2:38. Es erfolgt keine Emission von Spurengasen in die Box

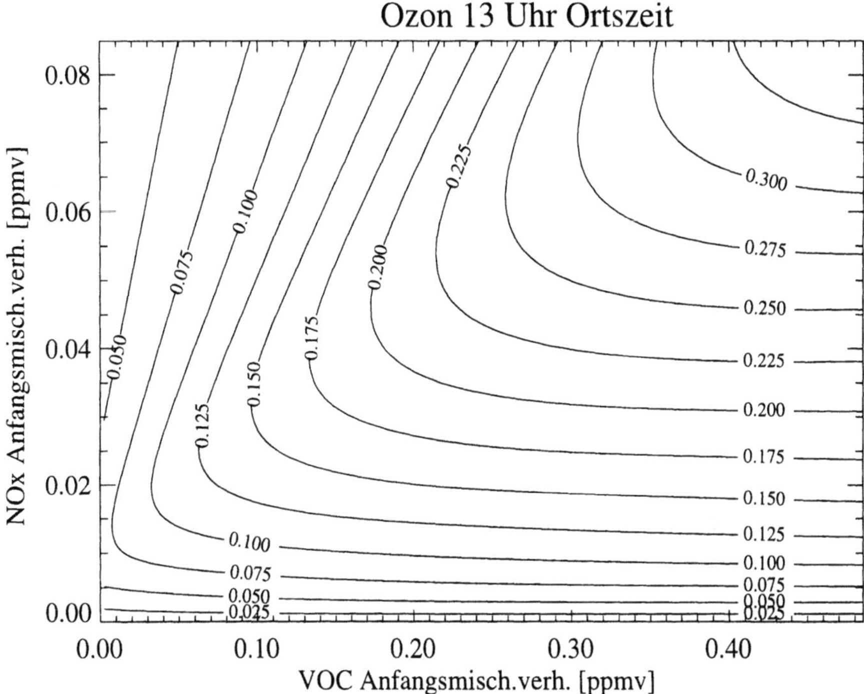

Abb. 3-2. Das Ozonmischungsverhältnis, bedingt durch photochemische Reaktionen, in Abhängigkeit vom Mischungsverhältnis flüchtiger Kohlenwasserstoffe (VOC, horizontale Achse) und des Stickstoffmonoxid- und -dioxidgemisches (NO_x, vertikale Achse). Die Kurven wurden mit einem RADM2-Boxmodell berechnet, wobei das relative VOC-Gemisch und der Startwert für Ozon wie in Abb. 3-1 gewählt wurden. Die Photolyserate wurde konstant gehalten. Sie entspricht dem in Abb. 3-1 gezeigten Wert für den lokalen Mittag. Aufgetragen sind Ozonwerte, die nach dreistündiger Wirkung von Photochemie erhalten wurden

Das Boxmodell läßt sich erweitern, indem man chemische Prozesse in einer vertikalen Säule betrachtet, in der sich die spurenstoffbefrachtete Luftmassen verschiedener Schichten untereinander austauschen. Ein solches eindimensionales Modell ist eine der einfachsten Formen eines Chemie-Transport-Modells mit umfangreicher Chemie und stark vereinfachtem Transport, nämlich allein dem vertikalen Spurenstoffaustausch. Einigermaßen realistische Ergebnisse der vertikalen Verteilung von Spurenstoffen lassen sich so für flaches Gelände erreichen, in welchem horizontal homogene Bedingungen für die Spurenstoffkonzentration, deren Emission, die Bodenverhältnisse und den meteorologischen Zustand herrschen.

Der nächste Schritt ist der zu einem zweidimensionalen Modell, das mit seiner horizontalen Achse in Richtung des Windes weist. Diese wird in allen Höhen, die das Modell überdeckt, als gleich angenommen. Damit ergibt sich die Möglichkeit, räumliche Inhomogenitäten wie Veränderungen der Emissionsquellen, der Oberflächeneigenschaften des Untergrundes, der Temperatur oder Feuchte in einfacher Form näherungsweise in die Modellierung einzubeziehen. Ein Anwendungsfall ist z. B. die Simulation der Abgasfahne einer großen Stadt bei meotorologisch stationären Verhältnissen.

Dreidimensionale regionale und lokale Chemie-Transport-Modelle werden im nächsten Abschnitt vorgestellt. Es gibt spezielle Modelle der Ausbreitung von Punkt- und Linienquellen, die unter besonderen Bedingungen mit analytischen Verfahren behandelt werden können. Sie spielen für technische Maßnahmen im Umweltschutz eine wichtige Rolle, fallen aber aus dem Rahmen unserer Betrachtungen. Hier sei auf andere Literaturquellen verwiesen (z. B. Venkatram u. Wyngaard 1988).

Die horizontale Auflösung mehrdimensionaler Modelle steht in enger Beziehung zu ihrer räumlichen Überdeckung. Je feiner die Auflösung, um so kleiner ist in der Regel das Integrationsgebiet. Mit wachsender Verfeinerung sind immer mehr kleinskalige meteorologische Prozesse, die den Spurenstoffhaushalt prägen, explizit zu berücksichtigen. Äußere und inhaltliche Charakteristika eines Modells sind daher eng miteinander verknüpft.

Aus programmtechnischen Gründen und auch zur Erleichterung der Analyse und Interpretation von Simulationsergebnissen ist es vorteilhaft, komplexe Modelle in modularer Form zu erstellen. Das bedeutet, daß möglichst viele Prozesse in eigenen Untereinheiten des Gesamtmodells behandelt werden, die, sofern sie miteinander in Wechselwirkung stehen, entsprechend untereinander verknüpft werden. Ziel ist eine formal einfache Erweiterung (oder Reduzierung) eines Modells durch Einbindung (oder Entfernung) neuer (oder nicht mehr benötigter) Module. Ferner werden durch optionales Zu- oder Abschalten von Prozeßmodulen oder deren selektive Modifikation Modellanalysen und Sensitivitätsstudien bezüglich ausgewählter Prozesse erleichtert.

Derselbe Ansatz liegt der Verknüpfung von Modellen mit unterschiedlichen Aufgaben zu einem Modellsystem zugrunde. So hat es sich bewährt, bei der regionalen Ausbreitungsrechnung den meteorologischen Antrieb, Chemie mit Transport und die Emissionen in eigenen Einheiten zu berechnen und diese als ein Modellsystem zu kombinieren. Im folgenden werden wir Anwendungen eines solchen Systems begegnen. Als weiterer Weg wurde vorgeschlagen – mit ersten Ansätzen zur Verwirklichung (Hansen et al. 1994) –, ein Ensemble von aufeinander abgestimmten Modellen mit spezifischen sich ergänzenden Aufgaben zu schaffen. Hier wird von einer Modellhierarchie oder einem konsistenten Modellsystem gesprochen. Dieses Ensemble könnte aus einer Reihe von Box- sowie ein-, zwei- und dreidimensionalen Modellen bestehen. Dabei können sich alle Modelle bezüglich ihrer Anwendung unterscheiden, indem sie etwa auf die Simulation einzelner typischer Spurenstoffverteilungen – wie die von Ozon oder Schwefelverbindungen oder Schwermetalle – ausgerichtet werden. Bei der Anwendung auf eine bestimmte Frage werden nur die Teile der Modellhierarchie aktiviert, die zu deren Beantwortung erforderlich sind.

Unter Beschränkung des Ensembles auf dreidimensionale Chemie-Transport-Modellsysteme zur Simulation identischer Spurenstoffgruppen lassen sich zur Behandlung immer kleinerer und höher aufgelöster Gebiete Modellketten, bestehend aus unterschiedlichen Modellen oder Modellsystemen, bilden, um etwa, von kontinentalen Verteilungen ausgehend, bis in den lokalen Bereich hinein zu rechnen (Ebel 1997; Moussiopoulos 1995). Attraktiver, weil im strengen Sinn konsistent, ist das Verfahren des Nesting (aus dem Englischen; Modellschachtelung), bei dem dasselbe Modellsystem in immer feinerer Auflösung auf eine kleine Teilregion des gesamten ursprünglichen Modellgebiets angewendet wird (Jakobs et al. 1995). Beide Methoden erlauben die Berücksichtigung großräumiger Einwirkungen auf den Spurenstoffhaushalt kleinerer Gebiete. Diese Einwirkungen prägen in vielen Fällen entscheidend das lokale Verhalten von Schadstoffkonzentrationen.

3.2.2 Dreidimensionale Chemie-Transport-Modelle

Wegen der überragenden Bedeutung dreidimensionaler mesoskaliger Chemie-Transport-Modelle für die numerische Simulation der Schadstoffumwandlung und -verfrachtung in der Atmosphäre sei etwas näher auf unterschiedliche Ansätze bei deren Aufbau und Weiterentwicklung eingegangen. Der Kürze halber wollen wir diesen Modelltyp in der Folge mit CT-Modell bezeichnen.

Es existiert eine größere Zahl von CT-Modellen mit mehr oder weniger signifikanten Unterschieden, die sich im wesentlichen aus der historischen Entwicklung der Rechenprogramme im Zusammenhang mit der Entwicklung der Leistungsfähigkeit von Großrechnern ergeben haben. Zahlreiche CT-Modelle der gegenwärtigen Modellgeneration sind in ihrer Grundstruktur vor etwa 15 Jahren oder noch früher formuliert worden. An verschiedenen Stellen wird an dem Übergang zu einer neuen Generation gearbeitet (Hansen et al. 1994; Peters et al. 1995). Doch der Aufwand und Anspruch an diese fortgeschrittenen CT-Modelle sind beträchtlich. Ferner ist die stets erforderliche Modellevaluierung ein kostspieliges und zeitraubendes Unterfangen. Es kann also nur mit langsamem Fortschritt bei der Perfektionierung bestehender CT-Modelle gerechnet werden. Einen Überblick über eine Auswahl verschiedener Modelle und ihre Anwendung findet man bei Ebel et al. (1997) und Borrell et al. (1999).

Charakteristisch für die meisten der zur Zeit in Wissenschaft und Praxis genutzten CT-Modelle ist die Trennung der Simulation von meteorologischen und chemischen Größen. Dies war in der Vergangenheit eine rechnerbedingte Notwendigkeit, ergab sich aber auch aus dem Bestreben, Chemie und Transport in der Atmosphäre nicht nur mit simulierten, sondern mit beobachteten meteorologischen Feldern zu berechnen. Die Aufhebung der Trennung ist bei dem heutigen Stand der Rechnerperformance kein größeres Problem mehr. Ihre Beibehaltung erfolgt meist aus praktischen Gründen, von denen einer ist, die meteorologischen und chemischen Simulationen arbeitsteilig in verschiedenen Modellierergruppen oder Institutionen durchführen zu können.

Es ist zwischen den sogenannten Lagrangeschen und Eulerschen CT-Modellen zu unterscheiden. Lagrangesche Modelle beruhen auf der Methode der Verfolgung von definierten Luftvolumina entlang Trajektorien, die durch das Windfeld in ausgewählten Druckflächen oder Höhen bestimmt werden. Das Luftvolumen wird unter Berücksichtigung veränderlicher Umgebungsbedingungen sowie von Emission und Deposition bezüglich der ablaufenden chemischen Prozesse wie ein Boxmodell behandelt. Diese Methode geht von der Annahme aus, daß sich mit Hilfe der Komposition von Ergebnissen für eine ausreichende Zahl von Luftpaketen räumlich dichte Verteilungen von Schadstoffen und deren zeitliche Änderung ableiten lassen. Diese Methode erfordert einen hohen Grad an Parametrisierung nicht explizit simulierter Prozesse, insbesondere solcher der Wechselwirkung einzelner Luftvolumina mit ihrer Umgebung. Mit ihnen werden gute Erfolge vor allem bei linearen Ausbreitungsvorgängen erzielt, zu denen der Ferntransport von inerten Spurenstoffen, z. B. von mineralischen Aerosolen, und von schwach reaktiven Gasen wie SO_2 gehört. Ein bewährtes Modell dieser Art ist das EMEP-Modell, dem besondere Verdienste bei der Abschätzung des grenzüberschreitenden Transports anthropogener Schwefelverbindungen zukommen (Iversen 1990).

Mit Eulerschen CT-Modellen werden Konzentrationsberechnungen für ortsfeste Koordinaten durchgeführt. Dabei wird der gesamte Integrationsbereich in der Regel mit einem dreidimensionalen Gitter überspannt, und es werden die Modellvariablen, z.B. die Immissionswerte, für die einzelnen Gitterpunkte bestimmt. Diese Methode erlaubt prinzipiell die korrekte und vollständige Behandlung auch nichtlinearer Phänomene und den Aufbau von CT-Modellen hoher Komplexität. Sie ist unumgänglich für die wissenschaftliche Anwendung und hat sich auch in der Praxis vielfach bewährt.

Bei einigen Modellen wurde versucht, die Rechenzeit dadurch zu reduzieren, daß man die vertikale Struktur vereinfachte. Wie das geschieht, hängt von der Zielvorgabe der numerischen Simulation ab. In manchen Fällen wird diese auf die Darstellung der Schadstoffbelastung in der Mischungsschicht beschränkt und nur eine grobe vertikale Unterteilung in Mischungsschicht, ggf. mit darunterliegender Grenzschicht als Übergang zum Boden, Übergangsschicht zur freien

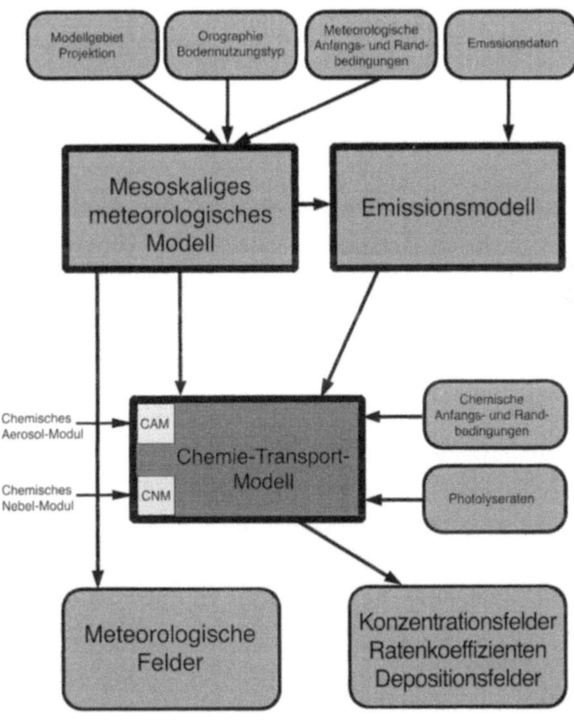

Abb. 3-3. Schema eines Chemie-Transport-Modellsystems. Die Hauptmodelle sind kräftig umrandet. Eingabe- und Ausgabedatensätze sind durch Kästen mit abgerundeten Ecken symbolisiert. Beim Chemie-Transport-Modell ist die optionale Behandlung besonderer Prozesse angedeutet. Als Beispiele wurden gewählt: Modul der Aerosolchemie und Modul der Nebelchemie

Troposphäre und freie Troposphäre als Reservoirschicht vorgenommen. Dieser Ansatz ist im LOTOS-Modell verwirklicht (Builtjes 1992).

Abb. 3-3 zeigt schematisch den Aufbau eines Modellsystems um den Kern eines CT-Modells herum. Der Aufbau entspricht demjenigen, der speziell im EURAD-System (EURAD: Europäisches Ausbreitungs- und Depositionsmodell) verwirklicht ist, aber eine ähnliche Struktur bei allen Systemen aufweist, die Meteorologie und Chemie mit Transport getrennt simulieren (Hass et al. 1997).

3.3 Modellaufbau

Entsprechend der Ausrichtung dieser Abhandlung auf regionale Verhältnisse, orientiert sich die Beschreibung des Konzepts von CT-Modellen an dem Typus des Eulerschen mesoskaligen Modells. Sie wird aber weit und allgemein genug gehalten, so daß die allgemeinen, d.h. nicht an bestimmte Modellformen gebundenen Prinzipien von CT-Modellentwicklungen erkennbar bleiben.

3.3.1 Kontinuitätsgleichung für Spurengase

Die mittlere lokale zeitliche Änderung der Konzentration eines Spurenstoffes, C_n, durch Transport, chemische Umsetzung und seine Emission werden durch folgende Kontinuitätsgleichung beschrieben:

$$\frac{\partial \overline{C_n}}{\partial t} = -\mathrm{div}\,(\overline{\mathbf{F}}_{adv,n} + \overline{\mathbf{F}}_{turb,n}) + P_n - L_n + E_n \tag{3-1}$$

Dabei bedeuten $\overline{C}_n$ die mittlere Konzentration der n-ten Substanz eines Spurenstoffgemisches in einem gegebenen Volumen, $\overline{\mathbf{F}}_{adv,n}$ und $\overline{\mathbf{F}}_{turb,n}$ den Transport der Substanz n durch Advektion bzw. turbulente Diffusion, P_n alle chemischen Produktionsprozesse, L_n die chemischen Verlustprozesse und E_n die durch Emissionsprozesse in einem bestimmten Volumen freigesetzte Menge des Spurenstoffes n. Es gilt

$$\overline{\mathbf{F}}_{adv,n} = \overline{C}_n \overline{\mathbf{u}} \tag{3-2}$$

mit $\overline{\mathbf{u}} = (\overline{u}, \overline{v}, \overline{w})$ als mittlerer Windvektor mit den Komponenten $\overline{u}$ in Ost-West-Richtung (positiv nach Osten), $\overline{v}$ in Nord-Süd-Richtung (positiv nach Norden) und $\overline{w}$ in vertikaler Richtung (positiv nach oben), sowie (in vereinfachter, hier ausreichender Form)

$$\overline{\mathbf{F}}_{\mathrm{turb,n}} = -K_x \frac{\partial \overline{C}_n}{\partial x}, -K_y \frac{\partial \overline{C}_n}{\partial y}, -K_z \frac{\partial \overline{C}_n}{\partial z} \tag{3-3}$$

mit K_x, K_y und K_z als turbulente Diffusionskoeffizienten für den Fluß in die Richtung der Raumkoordinaten x, y und z (entsprechend den Richtungen von $\overline{u}, \overline{v}, \overline{w}$). Es ist zu beachten, daß die Formulierung der Gleichungen für Konzentrationen $\overline{C}_n$, Windkomponenten $\overline{u}, \overline{v}, \overline{w}$ sowie chemische Produktion P_n, chemischen Verlust L_n und Emission E_n gilt, die über ein größeres Volumenelement gemittelt wurden. Dieses ist in einem Gitterpunktmodell durch Gitterweite und Höhe einer Schicht definiert. Der turbulente Fluß F_{turb} beschreibt, parametrisiert mit Hilfe der Diffusionskoeffizienten, den durch nicht mehr explizit erfaßbare Fluktuationen des Windes und der Konzentrationen bedingten Transport, nämlich

$$\overline{\mathbf{F}}_{\mathrm{turb,n}} = \overline{C'_n \mathbf{u}'} \tag{3-4}$$

Hier symbolisieren C'_n und $\mathbf{u}'$ die Abweichungen der einzelnen Elemente des Ensembles, das die Struktur des Spurenstoff- und Windfeldes in einem Volumenelement beschreibt, von deren Mittelwert ($\overline{C}_n$ bzw. $\overline{\mathbf{u}}$).

Für die Integration der Kontinuitätsgleichung (3-1) ist die Kenntnis von Rand- und Anfangswerten der Spurenstoffkonzentrationen oder -flüsse erforderlich. Am unteren Rand, d.h. dem Erdboden, werden die vertikalen Flüsse durch die Deposition F_{Dz} und durch Flächenemissionen F_{Ez} des Bodens und unmittelbar über dem Boden bestimmt, d.h. der Gesamtfluß in vertikaler Richtung ist dann für die n-te Substanz

$$F_{B,n} = F_{Ez,n} + F_{Dz,n}, \quad z = 0 \tag{3-5}$$

Außer dem Wind werden für die Lösung der Gl. 3-1 auch die meteorologischen Größen Temperatur, Druck und Feuchte (ggf. auch andere Größen wie die des Wasserzyklus der Atmosphäre) benötigt. Diese sind mit vorgeschalteter oder simultan durchgeführter meteorologischer Simulation oder mit Hilfe anderer Methoden, z.B. dreidimensionaler Analysen von meteorologischen Beobachtungen, bereitzustellen.

3.3.2 Chemischer Mechanismus für die Gasphase

Die Anzahl von Spurenstoffen, die in der Atmosphäre chemisch miteinander reagieren, ist beträchtlich. Ihre vollständige Behandlung in einem dreidimensionalen numerischen Modell ist aus rechenökonomischen Gründen nicht möglich. Es kommt hinzu, daß nicht alle chemischen Wechselwirkungen vollständig erforscht und so für die numerische Behandlung verfügbar sind. Als unvermeidbare Folge bleibt die Beschränkung auf eine begrenzte Zahl reaktiver Substanzen und Reaktionen, die als relevant erkannt wurden. Zum Teil werden verwandte Stoffe dabei in einzelnen Stoffgruppen zusammengefaßt. Dies hat zur Entwicklung unterschiedlicher Mechanismen geführt.

Bei der Photooxidantienchemie spielt das gut meßbare Ozon die Rolle einer Leitsubstanz. Die Güte eines Mechanismus wird gern daran geprüft, wie genau er gemessene Ozonkonzentrationen bei unterschiedlichen Umgebungsbedingungen reproduziert. Modellvergleiche zeigen, daß die meisten vorhandenen Gasphasenmechanismen für Ozon vergleichbare und dabei recht gute Ergebnisse liefern (Dodge 1989; Derwent 1990; Kuhn 1998). Bei anderen Stoffen sind dennoch größere Abweichungen möglich, wobei über deren Bedeutung für die Güte eines Mechanismus nur bedingt schlüssige Aussagen gemacht werden können. So ist die Gleichheit oder Ähnlichkeit der Ergebnisse, die mit verschiedenen Mechanismen erzielt wurden, nicht notwendig eine gegenseitige Bestätigung von deren Richtigkeit. Sie ist zunächst nur ein Ausdruck für die Tatsache, daß eine konzeptionelle Verwandtschaft zwischen diesen Mechanismen besteht (Dodge 1989). Tests von Mechanismen, die mit Smogkammer-Daten erfolgen (Carter et al. 1995), sollten durch Evaluierung mit Messungen unter natürlichen Bedingungen in der Atmosphäre ergänzt werden. Entsprechende Untersuchungen an einem ausgewählten Mechanismus wurden u. a. von Poppe et al. (1997) durchgeführt. Die Schwierigkeit ist hier die Trennung chemischer und meteorologischer Einflüsse auf das Budget eines Spurenstoffes. Die letzten können zu einer erheblichen Varianz der Spurenstoffkonzentrationen führen, wie G. 3-1 zeigt.

Der Zwang zur vereinfachten Behandlung der Luftchemie in komplexen Modellen hat zur Entstehung verschiedener Lösungsstrategien und damit verschiedener Gasphasenmechanismen für die Troposphäre geführt. Genannt seien der Mechanismus von Lurmann et al. (1986), der sogenannte Carbon-Bond-IV-Mechanismus (Gery et al. 1989), der EMEP-Mechanismus (Simpson 1992) und nicht zuletzt der RADM-Mechanismus (RADM: „Regional Acid Deposition Model“; Chang et al. 1987) mit seinen Weiterentwicklungen RADM2 (Stockwell et al. 1990) und RACM („Regional Atmospheric Chemistry Mechanism"; Stockwell et al. 1997). Aufgabe dieser Mechanismen ist nicht nur, eine Lösung der Reaktionsgleichungen für die Photooxidantienproduktion zu liefern, sondern auch für die Säurebildung, wobei im letzten Fall Schwefel- und Salpetersäure wegen des Problems saurer Niederschläge im Vordergrund stehen.

Im Hinblick auf besondere Fragestellungen lassen sich die Mechanismen modifizieren. Das ist u.a. mit RADM2 geschehen, aus dem zum Zweck einer detaillierten Behandlung von spezifischen Gemischen flüchtiger Kohlenwasserstoffe (VOC) in Europa der EURO-RADM-Mechanismus entwickelt wurde (Stockwell u. Kley 1994). Ein anderer Entwicklungszweig führt in die Tropopausenregion. Um RADM2 auch auf Flugzeugemissionen anwenden zu können, wurde er um wichtige Sauerstoff- und Chlorreaktionen sowie heterogene Prozesse ergänzt. Dieser als CHEST (Chemischer Mechanismus für die untere Stratosphäre und Troposphäre) bezeichnete Mechanismus ist von Lippert (1996) ausführlich beschrieben und in verschiedenen Untersuchungen des Einflusses des Luftverkehrs auf die Spurenstoffzusammensetzung im Höhenbereich des Fernflugverkehrs eingesetzt worden. Weitere Modifikationen haben sich im Laufe der letzten Jahre aus der sich stetig erweiternden Kenntnis des Einflusses biogener Emissionen, insbesondere von Isopren und Terpenen, ergeben. Emissionen flüchtiger biogener Kohlenwasserstoffe (vgl. Bd. 1A, Kap. 2.8.2) können je nach Klima und regionalem Pflanzenbestand erheblich zur Photooxidantienbildung beitragen. Dies trifft u.a. für weite Bereiche der USA zu (Guenther et al. 1994), aber auch für Europa unter sommerlichen Bedingungen. Die Entwicklung verbesserter Mechanismen für die Behandlung des Einflusses biogener flüchtiger Kohlenwasserstoffe ist noch nicht abgeschlossen. Gleiches gilt für die Verknüpfung von Gasphasen- und heterogener Chemie (siehe Abschnitt 3.3.3).

Die Beschreibung des Aufbaus chemischer Mechanismen soll hier am Beispiel von RACM und seinem Vorgänger RADM2 ein wenig vertieft werden. Der Leser, der einen umfassenden Einblick gewinnen möchte, sei auf die oben zitierten Originalarbeiten verwiesen.

Beide Mechanismen behandeln 21 anorganische Komponenten, darunter als entscheidende Vorläufersubstanzen für die Ozonbildung Stickstoffmonoxid und -dioxid. Sie unterscheiden sich in Zahl und Art der organischen Substanzen bzw. Stoffgruppen (42 in RADM, 56 in RACM) und damit in der Zahl der berücksichtigten Reaktionen. Für beide Mechanismen ist charakteristisch, daß in ihnen organische Stoffe mit ähnlichem chemischem Verhalten und ähnlicher Reaktivität gegenüber dem Hydroxylradikal HO in Gruppen zusammengefaßt werden, um die Zahl der zu modellierenden Reaktionen trotz der mehrere Hundert zählenden anthropogenen und biogenen Kohlenwasserstoffe in der Atmosphäre auf ein für die Modellierung praktisches Maß zu reduzieren. Die Zusammenfassung mehrerer organischer Verbindungen zu Surrogaten bedingt, daß in Gebieten mit unterschiedlicher Zusammensetzung der Kohlenwasserstoffemissionen abweichende mittlere Reaktivitäten der definierten Stoffgruppen gefunden werden. Ihre Berechnung erfolgt - nach einem Vorschlag von Middleton et al. (1990) - mit Hilfe eines Wichtungsfaktors. Ein Vergleich zwischen den USA und Baden-Württemberg zeigt, daß für anthropogene Nicht-Methan-Kohlenwasserstoffe sehr ähnliche Bedingungen bestehen (Obermeier et al. 1995).

Durch Anpassung der Reaktionen im älteren RADM2-Mechanismus an neue Befunde aus dem Labor und Smogkammerversuchen, durch Verbesserung der Parametrisierung des Einflusses biogener Stoffe und eine realistischere Repräsentation der Wirkung ungesättigter Dicarbonyle entstand der verbesserte als RACM bezeichnete Mechanismus. Er repräsentiert chemische Umwandlungen in stärker verschmutzter Luft deutlich besser als der RADM2-Mechanismus. Beide ergeben für identische Bedingungen ähnliche Konzentrationen für O_3, H_2O_2, H_2SO_4 und HNO_3. Doch die Werte für PAN (Peroxyacetylnitrat) sind deutlich verschieden.

Es ist notwendig, die verfügbaren Mechanismen auch in Zukunft in Smogkammern und der realen Atmosphäre zu testen. Die RADM2- und RACM-Mechanismen beschreiben den Verlauf von O_3 und NO_2 und der wichtigsten Kohlenwasserstoffe in Abhängigkeit von den Photolyseraten in Smogkammern mit einer Genauigkeit von 30% (Stockwell et al. 1997). Es sei bereits hier angemerkt, daß die später gezeigten Ozonsimulationen mit dem RADM2-Mechanismus durchgeführt wurden, der gegenüber RACM zur Zeit noch den Vorteil umfangreicher Evaluierung bei Anwendung auf die reale Atmosphäre besitzt.

3.3.3 Chemischer Mechanismus für die wäßrige Phase

Wolken spielen nicht nur für die chemische Umwandlung von Spurenstoffen eine bedeutsame Rolle, sondern auch für deren Umverteilung besonders in vertikaler Richtung, ihre Deposition und den Fluß photolysierender Strahlung. Darauf wird in Abschnitt 3.3.7 eingegangen (vgl. auch Kap. 1.1!). Hier soll dargestellt werden, wie die Simulation der chemischen Transformation in der Flüssigphase erfolgt. Es handelt sich bei diesem Prozeß um einen komplizierten Vorgang, dessen volles Verständnis noch ein erhebliches Maß an experimenteller und theoretischer Forschung bedarf und bei dem deswegen die Ansätze zu seiner Modellierung laufend überprüft werden müssen.

Frühe Formulierungen (Walcek u. Taylor 1986) in regionalen Chemie-Transport-Modellen gingen davon aus, daß als wesentlicher Vorgang nur die Säurebildung - und hier vor allem die Produktion von Schwefelsäure - behandelt werden muß. Doch theoretische Untersuchungen (Lelieveld u. Crutzen 1990; Dentener u. Crutzen 1993) und Feldstudien haben dazu geführt, daß vermehrt auch der direkte Einfluß der Wolkenchemie auf die Oxidantienbildung und -vernichtung berücksichtigt wird (Liu et al. 1997 und Zitate darin). Ein Weg, der zur Ersparnis von Rechenzeit in komplexen Modellen gern beschritten wird, ist die Annahme des Gleichgewichts eines Stoffes in der Gasphase und Lösung. Das Gleichgewicht wird durch das Henry-Gesetz beschrieben:

$$C_{aq} = k_H C_g \tag{3-6}$$

Dabei sind C_{aq} und C_g die Konzentration eines Stoffes in Wolkenwasser bzw. in der umgebenden Atmosphäre und k_H der Henrykoeffizient. Der Rechenaufwand wird weiter verringert, wenn die in den Tropfen ablaufenden chemischen Reaktionen durch einfache funktionale Ansätze parametrisiert werden können. Dies haben u. a. Walcek u. Taylor (1986) für die Sulfatbildung vorgeschlagen, und in den Modellen RADM (Chang et al. 1987) und EURAD (Hass 1991) wurde entsprechend verfahren.

Die Verbesserung der existierenden Methoden der Simulation von Wolkenchemie ist ein zentrales Anliegen der gegenwärtigen Modellentwicklung. Box- und Säulenmodelle, in denen Abweichungen vom Gleichgewicht zwischen Lösung und Gasphase berücksichtigt und die Wechselwirkung zwischen säure- und oxidantienbildenden Prozessen in beiden Phasen umfassend beschrieben werden, wurden inzwischen entwickelt. Eine Ausweitung der fortgeschrittenen Mechanismen der Wolkenchemie auf dreidimensionale Modelle mit zugehöriger Evaluierung ist nur noch eine Frage der Zeit (Flossmann et al. 1995; Liu et al. 1997).

3.3.4 Heterogene Prozesse, Aerosole

Aerosole greifen in mehrfacher Weise direkt und indirekt in das chemische System der Atmosphäre ein. Reaktionen an ihren Oberflächen, d.h. heterogene chemische Umwandlungen, können Transformationen in der reinen Gasphase signifikant modifizieren (vgl. Kap. 1.1 und Kap. 1.2). Ein Pfad zur Bildung von Salpetersäure ist z.B. die Oberflächenreaktion $N_2O_5 + H_2O$ (Dentener u. Crutzen 1993). Am Rande sei erwähnt, daß die Bildung des sogenannten Ozonlochs über der Antarktis die Existenz von Partikeln, also Aerosolen, in Form der polaren stratosphärischen Wolken voraussetzt (vgl. Bd. 1A, Kap. 3.3). Die Durchmesser von Aerosolpartikeln liegen zwischen rund 10^{-3} und 10^{2} µm. Mit Ausnahme der kleinsten und größten Partikel tragen sie als Kondensationskeime zur Wolkenbildung bei und verstärken so Naßphasenreaktionen. Durch Bildung sekundärer Aerosole aufgrund homogener Nukleation können Spurengase gebunden und wegen unterschiedlichen Depositionsverhaltens in der Aerosolphase über größere Strecken als in der Gasphase transportiert werden. So kann die Entstehung von Ammoniumnitrat- und Ammoniumsulfat-Aerosol die Stickstoffbilanz einer Region merklich beeinflussen. Aerosolpartikel verändern den solaren Strahlungsfluß durch Streuung und Absorption und beeinflussen so die Photolysefrequenz (Ruggaber et al. 1994). Die Größenverteilung der Aerosole, bestimmt durch ihre Quellen, Senken (vorwiegend Auswaschen) und systeminterne Dynamik, ist ein entscheidender Faktor für die Ausprägung der genannten Prozesse. Die modellmäßige Beschreibung dieser Dynamik für regionale Vorgänge ist aufwendig (Binkowski u. Shankar 1995).

Die Vielfalt der Einflüsse von Partikeln auf den Spurengashaushalt der Troposphäre erfordert ihre ausreichende Berücksichtigung bei der Modellierung der Schadstoffausbreitung. Darüber hinaus sind Effekte wie die Trübung der Atmosphäre und mögliche Beeinträchtigung der Gesundheit durch lungengängige Aerosole ein wichtiger Grund für deren Simulation in Chemie-Transport-Modellen. Der Kenntnisstand, der dies mit ausreichender Realitätsnähe ermöglichen würde, ist – abgesehen von den dafür erforderlichen Computerressourcen – noch nicht weit genug fortgeschritten. Dennoch wurden gute Erfolge mit vereinfachenden vorläufigen Modellansätzen erzielt, die zumindest eine qualitative Bewertung der Rolle ausgewählter Aerosolkomponenten gestatten. Ein gutes Beispiel ist die Parametrisierung des Ammonium-Sulfat-Nitrat-Aerosolsystems (Saxena et al. 1986; Ackermann et al. 1995) und seine Erweiterung um das Ammonium-Chlorid-Aerosol (Ziegenbein 1996).

3.3.5 Photolysefrequenzen

Die Genauigkeit der Ergebnisse von Rechnungen mit Chemie-Transport-Modellen hängt deutlich von der Güte der Simulation des Flusses dissoziierender solarer Strahlung ab. Dies ist eine nicht-triviale Aufgabe, die hohe Ansprüche an die Rechenzeit stellt, wenn nicht größere Vereinfachungen des Verfahrens vorgenommen werden (Madronich 1987). So kann man unter Annahme eines mittleren wolkenfreien Zustandes der Atmosphäre Photolyseraten-Tabellen vorab berechnen und darauf bei der Integration der Kontinuitätsgleichung 3-1 zurückgreifen. Der Vergleich eines solchen Ansatzes mit einem Verfahren, das aktuelle Atmosphärendaten benutzt, zeigt, daß größere Unterschiede auftreten können (Hass u. Ruggaber 1995). Wichtig ist, die Reflexionseigenschaften des Untergrundes, d.h. die Albedo, den stratosphärischen Ozongehalt, d.h. die UV-Absorption, und Störungen des Strahlungsflusses durch Wolken zu erfassen. Auch Aerosole ändern den Fluß dissoziierender Strahlung, wie im voraufgehenden Abschnitt dargelegt worden ist.

3.3.6 Planetare Grenzschicht und vertikaler Transport

Über Land- und Wasserflächen baut sich eine durch den Untergrund geprägte besondere Luftschicht auf, die sogenannte planetare Grenzschicht (kurz PGS, oft auch in englischer Notation PBL, d.h. „planetary boundary layer"). Sie ist durch ein meteorologisches Verhalten charakterisiert, das von dem der darüber liegenden freien Atmosphäre deutlich abweicht. Dies spiegelt sich auch im Transport von Spurenstoffen wider und damit im Verlauf chemischer Umwandlungen reaktiver Spurenstoffe, die sich in der PGS befinden. Bedingt durch die Vielfältigkeit der Untergrundeigenschaften und der meteorologischen Erscheinungen zeigt sie eine erhebliche räumliche und zeitliche Variabilität, die sich auch den Spurenstoffkonzentrationen aufprägt. Sie stellt zusammen mit der Inhomogenität von Emissionsquellen die wichtigste Ursache für die hohe Varianz dieser Konzentrationen in Bodennähe dar. Eine möglichst realitätsnahe numerische Beschreibung von Grenzschichteinflüssen ist daher entscheidend für die Güte von Chemie-Transport-Modellen.

Während zyklonale Wetterlagen durch lebhafte Luftbewegung für eine rasche Durchmischung bodennaher Luft und solcher aus höheren Schichten, d.h. der freien Troposphäre, sorgen, stellt sich unter antizyklonalen Bedingungen eine deutliche von darüberliegenden Schichten abgegrenzte PGS ein. Der Austausch von Luftmassen zwischen ihr und der freien Troposphäre, damit auch der Abtransport anthropogener Spurenstoffe aus den untersten Luftschichten, ist stark verlangsamt. Ihr Vorhandensein ist deswegen Vorbedingung für die Ausbildung von Smog.

Das Verhalten der PGS bezüglich des Vertikaltransports läßt sich durch ihre vertikale Schichtung charakterisieren. Man unterscheidet zwischen stabilen, labilen und neutralen Zuständen. Diese sind durch unterschiedliche Vertikalgradienten der potentiellen Temperatur Θ gekennzeichnet. Θ ist die Temperatur, die ein Luftpaket annehmen würde, wenn es adiabatisch (d.h. ohne Austausch von Energie mit der Umgebung) von einem gegebenen Druckniveau auf die Druckfläche 1000 hPa verschoben würde. In der Erdtroposphäre ergibt eine solche Verschiebung für ein Luftquantum, bei dem keine Sättigung bezüglich des Wasserdampfes auftritt, eine Abkühlung (Erwärmung) von ziemlich genau 1 K pro 100 m bei aufwärts (abwärts) gerichteter Bewegung. Bei gesättigter Luft beträgt dieser Wert unter üblichen meteorologischen Bedingungen etwa 0,65 K/100 m. Handelt es sich um ungesättigte Luft, wovon man bei Smogsituationen in der Grenzschicht im allgemeinen ausgehen kann, dann ist sie stabil geschichtet, wenn der Vertikalgradient der potentiellen Temperatur $\partial\Theta/\partial z > 0$ ist, d.h. wenn die Lufttemperatur weniger als 1 K/100 m nach oben abnimmt. Dann nämlich wird ein adiabatisch nach oben (unten) verschobenes Luftpaket kälter und dichter (wärmer und weniger dicht) als seine Umgebung und kehrt deswegen in seine Ausgangslage zurück. Die stabil geschichtete Luft setzt einer vertikalen Durchmischung starken Widerstand entgegen. Man hat es mit einer austauscharmen Situation zu tun. Dies ist typisch für die nächtliche PGS bei wolkenfreiem Himmel mit strahlungsbedingter Auskühlung des Bodens oder einer Wasseroberfläche. Bei $\partial\Theta/\partial z < 0$ ist der Schichtungszustand labil, weil eine durch irgendeinen Vorgang angeregte Vertikalbewegung sich ungehindert fortsetzt, da dann das Luftpaket nach unten hin kälter, nach oben hin wärmer als seine Umgebung wird und entsprechenden Auftriebskräften unterliegt. Dies beobachtet man bei Schönwetterlagen, wenn die Luft in den untersten Schichten von dem durch Sonneneinstrahlung erwärmten Boden aufgeheizt wird und nach oben steigt. Dieser Prozeß wird als Konvektion bezeichnet. Der durch ihn verursachte Massenaustausch wird am oberen Rand der PGS gebremst. Die Höhe der Schicht kann bei intensiver Konvektion bis zu etwa drei Kilometer betragen. Ein einfacher mittlerer Richtwert für die Höhe der konvektiven Mischungsschicht ist ein Kilometer.

Damit ist ersichtlich, daß die Struktur der für Hochdruckwetterlagen typischen Grenzschicht einem Tagesgang unterliegt. Nachts ist sie stabil geschichtet und niedrig. Nach Sonnenaufgang wird sie vom Boden her aufgeheizt. Konvektion setzt aufgrund der sich entwickelnden Labilität ein und dehnt die PGS in größere Höhen aus. Die größte Höhe dieser konvektiven Schicht wird am frühen Nachmittag erreicht. Nach Sonnenuntergang bildet sich die stabile niedrige Grenzschicht neu. Darüber liegt die am Tage durch Konvektion veränderte Luft; der durch sie ausgefüllte Bereich ist die Residualschicht. Der Übergang zur darüber liegenden freien Atmosphäre ist typischerweise durch einen verstärkten Anstieg der potentiellen Temperatur mit der Höhe gekennzeichnet. Der unterste Teil der PGS enthält die Prandtl-Schicht, die 10 bis 100 m mächtig ist. Sie ist durch mit der Höhe nahezu konstante Flüsse von Impuls, Wärme und anderen Größen ausgezeichnet.

Komplexe Orographie und Unterschiede der Landnutzungsart können sich sowohl in der Ausbildung lokaler Windsysteme, z. B. Berg-Tal- oder Land-See-Wind, äußern als auch in der differenzierten Ausprägung von Turbulenz und den durch sie induzierten Transport von Lufteigenschaften. Die Berücksichtigung dieser Oberflächeneigenschaften in CT-Modellen und auch meteorologischen Modellen wirft besondere Probleme auf, da sie Effekte induzieren, die im allgemeinen nicht vollständig durch die numerische Diskretisierung aufgelöst werden können. Hier ist eine Parametrisierung, d. h. eine Beschreibung von subskaligen (nicht aufgelösten) Prozessen durch skalige Größen, erforderlich. Das sind im Fall des turbulenten Transports oft komplexe Beziehungen zwischen Wind, Temperatur und deren räumlichen Gradienten unter Einbeziehung boden- und geländetypischer Parameter. Als Beispiel sei eine gern benutzte einfache Beziehung zur Quantifizierung des vertikalen Austauschs für neutrale Schichtung mit Hilfe des turbulenten Diffusionskoeffizienten K_z (s. Gl. 3-3) in Bodennähe vorgestellt:

$$K_z = k\,z\,u_* \,. \tag{3-7}$$

Dabei ist k die von-Karmansche Konstante (0.4), z die Höhe über der Grenzfläche (Boden, Wasser) und u_* die turbulente Reibungsgeschwindigkeit. Der Parameter u_* charakterisiert den Grad der Turbulenz und den durch sie in der Oberflächenschicht verursachten vertikalen Impulsfluß. Die Bedeutung dieses Prozesses für den Spurenstofftransport, beschrieben durch Gl. 3-4, wird so auf einfache Weise deutlich. Die Beziehung 3-7 reflektiert die beobachtete Zunahme des turbulenten Transports mit dem Abstand vom Boden. Dieser wird in größeren Höhen allerdings wieder schwächer. Ein charakteristischer Wert des vertikalen turbulenten Diffusionskoeffizienten ist 1 m^2/s.

Ein anderer wichtiger Parameter zur Beschreibung des Einflusses der Struktur der unteren Grenzfläche auf das Windfeld ist die Rauhigkeitshöhe z_0. Sie gibt an, in welcher Höhe über dem Boden im Mittel über einer ausgedehnten Fläche die horizontale Windgeschwindigkeit null ist. Hier findet man deutliche Unterschiede für verschiedene Landnutzungsarten. Einige Werte von z_0 sind in Tabelle 3-1 zusammengestellt.

Grenzschichthöhen wachsen bei stationären Windverhältnissen vom Rand eines Gebietes mit rauhem Untergrund in Windrichtung an. Weht beispielsweise der Wind an der Küste landeinwärts, wird die PGS mit zunehmender Entfernung von der Küste mächtiger. Ebenso können sich multiple Grenzschichten entwickeln, wenn Gebiete mit unterschiedlicher Rauhigkeit vom Wind überstrichen werden, etwa beim Wechsel von landwirtschaftlich genutztem zu städtischem Gebiet.

Ein besonderes Phänomen ist der nächtliche Grenzschichtjet, eine dünne Schicht schnell strömender Luft zwischen rund 100 und 300 m Höhe über Grund. Die Windgeschwindigkeiten liegen um 10 bis 20 m/s. Der Jet kann Spurenstoffe aus einer Quellregion in kurzer Zeit über weite Strecken transportieren. Dies ist ein Vorgang, der mit den üblichen CT-Modellen nur schwer zu simulieren ist.

Eine ausführliche Behandlung der PGS und ihrer Theorie findet man u.a. in dem empfehlenswerten Buch von Stull (1988).

Zu den durch die Atmosphärenforschung noch nicht abschließend beantworteten Fragen gehört, in welchen Mengen Spurenstoffe aus der Grenzschicht belasteter Regionen in die freie Troposphäre transportiert werden und wie dadurch deren chemische Zusammensetzung kurz- und längerfristig verändert wird. Die Kenntnis dieser Flüsse ist u.a. entscheidend für die Bewertung des Aerosolhaushalts der Tropo-

Tabelle 3-1. Charakteristische Werte der aerodynamischen Rauhigkeitslänge für ausgewählte Bodennutzungsarten und Oberflächen (in cm)

Ruhige See	10^{-2}
Wiese	0,5–2
Ackerland	2–10
Dünn besiedeltes Land	30
Waldgebiet	50
Zentrum von Großstädten	100
Mittelgebirge	1000

und Stratosphäre, der durch anthropogene und natürliche Schwefelemission im bodennahen Bereich mitgesteuert wird. Ferner wurden erhöhte NO_x-Konzentrationen in Tropopausennähe gefunden, deren Ursprung man zu einem bedeutsamen Teil in der Grenzschicht vermuten muß (Ehhalt et al. 1992). Umgekehrt gilt, daß Ozon, dessen Hauptvorrat sich in der Stratosphäre befindet, durch vertikalen Austausch in tiefere Schichten diffundiert. Dies bildet mit anthropogen induziertem Ozon den Hintergrund dieses Spurengases in der freien Troposphäre. Eine erhebliche Verstärkung der auf anthropogene Emissionen zurückgehenden Hintergrundkonzentration seit Beginn der Industrialisierung ist durch globale CT-Modelle nachgewiesen worden (Crutzen 1995). Mit mesoskaligen Modellen konnte gezeigt werden, daß dieser Hintergrund während Photosmog-Episoden wesentlich zum Ozonbudget der PGS beiträgt (Memmesheimer et al. 1997). Denn dann herrschen antizykonale Strömungsbedingungen vor, die zum Absinken von Luft aus der freien Troposphäre und damit zu einem merkbaren Eintrag von Ozon aus diesem Raum in die ohnehin schon durch chemische Ozonproduktion belasteten bodennahen Luftschichten führen.

3.3.7 Wolken und Aerosole

Wie bereits angemerkt, ist die Behandlung von Wolken und Aerosolen in CT-Modellen neuer Art eine besondere Herausforderung. In älteren Ansätzen wurde ihr Beitrag zum Spurenstoffhaushalt der Troposphäre in regionalen Modellen gern sehr stark vereinfacht oder gar nicht behandelt, weil einerseits das Wissen auf diesem Gebiet noch nicht ausreichend war und andererseits die rechnerischen Anforderungen so hoch sind, daß sie erst mit der jüngsten Großrechnergeneration näherungsweise erfüllt werden können. Es sei hinzugefügt, daß das überragende Gewicht, das der Simulation von Photooxidantien und damit von Sommersmog gegeben wurde, dieses Ausweichen vor der Behandlung der Effekte von Wolken und Aerosolen in der Vergangenheit leicht machte. Denn Sommersmog-Episoden zeichnen sich durch bedeckungsarme Wetterlagen aus. Daß das Ausweichen in diesen Fällen im Hinblick auf die Aerosole bei regionaler und episodischer Betrachtung allgemein zulässig war, muß aus heutiger Sicht in Frage gestellt werden. Bei der globalen Modellierung bestand nie ein Zweifel über die entscheidende Rolle von Wolken und Aerosolen für den Spurenstoffhaushalt der gesamten Atmosphäre und das weltweite Klima (Hobbs 1993).

Die mit flüssigen und festen Partikeln in der Atmosphäre verbundenen chemischen Vorgänge und ihre modellmäßige Erfassung wurden bereits in den Abschnitten 3.3.3 und 3.3.4 angesprochen. Auch auf die Bedeutung für den Strahlungsfluß und damit die Photolyse chemischer Substanzen wurde schon hingewiesen (Abschnitt 3.3.5). Hier soll nun ergänzend die Wechselwirkung zwischen Wolken, Aerosolen und dem Transport betrachtet werden. Dabei spielt die „nasse Deposition" als besonderer Verlustprozeß eine herausragende Rolle. Sie soll deswegen getrennt von der sogenannten trockenen Deposition (nächster Abschnitt) an dieser Stelle mitbehandelt werden.

Die Bildung von Wolkenelementen hängt entscheidend vom Vorhandensein einer bestimmten Fraktion von Aerosolen, den Kondensationskernen (Durchmesser zwischen 0,01 µm und 10 µm), ab (s. Kap. 1.1). Die mit den mikrophysikalischen Prozessen verbundenen thermodynamischen Änderungen, besonders die Modifikation der Lufttemperatur durch das Freiwerden latenter Wärme oder den Verbrauch thermischer Energie des umgebenden Mediums, führt zu kräftiger Zirkulation in den und um die Wolken. Dieser Prozeß ist besonders ausgeprägt in den Konvektionswolken, die sich in ihrer Ausprägung als Cumulonimben bis in höchste Troposphärenschichten ausdehnen können (Emanuel 1994). Der starke vertikale Transport in solchen Wolken liefert einen entscheidenden Beitrag für die Durchmischung der Troposphäre von der planetaren Grenzschicht bis zur Tropopause. Er kann unter Umständen zu einer Anhäufung von anthropogenen Spurengasen aus der Grenzschicht im obersten Bereich der Troposphäre führen und dort unerwünschte Veränderungen des Spurengasfeldes, z.B. der NO_x- und Ozonkonzentration, herbeiführen.

Bei der Simulation der Wirkung von Wolken auf das Spurenstoffeld der Troposphäre ist also ein intensives Wechselspiel zwischen Mikrophysik, vertikaler Mischung in der Wolke und Austausch von Luft und Spurengasen zwischen Wolken und umgebender Atmosphäre, dem Entrainment, zu berücksichtigen. Es kommt hinzu, daß Wasser in allen drei Aggregatzuständen, nämlich als Dampf, in From von flüssigen Tropfen und Eispartikeln, auftritt. Dieser Umstand bringt entscheidende Modifikationen für die chemische Umwandlung von Spurenstoffen. Die Schwierigkeiten, interaktive Prozesse solcher Komplexität in einem numerischen Modell realistisch nachzubilden, sind beträchtlich. Der physikalische Teil dieser Aufgabe ist für sich allein bereits höchst anspruchsvoll und auch in den neueren Wettervorhersagemodellen, die die meteorologische Grundlage für die Chemie-Transport-Simulation bilden, längst nicht befriedigend gelöst. Entsprechend schwer ist es, den chemischen Teil der Aufgabe zu bewältigen. Es werden von den Modellierern an zahlreichen Orten große Anstrengungen unternommen, die Wolkenmodule ihrer Modelle zu verbessern. Die Ansätze dazu sind äußerst vielfältig und fallen, den jeweiligen Fragestellungen entsprechend, recht verschieden aus. Sie werden u.a. durch die Art des Phänomens – etwa Wolken an Wetterfronten oder orographische Wolken –, die betrachtete Skala – z.B. in lokalen oder regionalen Modellen – oder die Besonderheit einer Region – z.B. Wasser- oder Landoberflächen – bestimmt.

Es gibt kein CT-Modell, das nicht unter gelegentlichen oder systematischen Defiziten der Simulation von Wolkeneffekten leiden würde. Ein auffälliger häufiger Fehler ist die Unterschätzung der Produktion von Sulfat. Zu dessen Bildung tragen Wolken entscheidend bei. Und es gelingt tatsächlich, durch Verbesserung der Behandlung meteorologischer Wolkenprozesse eine größere Genauigkeit der Abschätzung des chemischen Prozesses der Sulfatbildung zu erreichen. Fehler in der Berechnung von Spurenstoffverteilungen entstehen auch, wenn die Bedeckung, d.h. die räumliche Verteilung von Wolken, nicht richtig vorhergesagt wird. Das wirkt sich in der Troposphäre sowohl nach unten wie nach oben aus. Im ersten Fall ist davon über die berechnete Niederschlagsbildung die nasse Deposition betroffen. Im letzten Fall haben Simulationen gezeigt, daß die Verteilung von Stickstoffkomponenten in der oberen Troposphäre, ein wichtiger Faktor für die Wirkung von Flugzeugemissionen, falsch eingeschätzt werden könnte.

Bei der Abschätzung des Einflusses von Wolken auf den Ozonhaushalt der Troposphäre gehen die Angaben noch erheblich auseinander. Es handelt sich auf jeden Fall um einen Nettoverlust. Dafür geben einige Autoren eine Verminderung der Ozonproduktion durch Wolken von 30% und mehr an, während andere eine für größere Regionen geschätzte Minderung der Ozonkonzentration von nur wenigen Prozent finden.

Aerosole mit geringem Durchmesser werden in niederschlagsfreien Regionen äußerst langsam deponiert, langsamer oft als die Ausgangsgase, aus denen sie im Fall sekundärer Partikeln gebildet werden. Das trifft für Stickstoffkomponenten zu, die damit dem Spurenstoffvorrat einer Region entzogen werden und an den chemischen Umwandlungen in ihr nicht mehr beteiligt sind. Sensitivitätsstudien mit CT-Modellen belegen, daß damit u.a. nasse Deposition von Nitrat in Gebieten, die durch Ferntransport von Schadstoffen beeinflußt sind, besser modelliert werden kann.

Eine detaillierte numerische Behandlung von Aerosolen ist für sich allein bereits aufwendig und muß in CT-Modellen in hohem Maße parametrisiert werden, um Rechenzeit und Speicherbedarf in erträglichen Grenzen zu halten. Grundsätzlich müßte die Wechselwirkung von Partikelensembles, unterschieden nach Größe, Masse und Zusammensetzung unter verschiedenen atmosphärischen Bedingungen, im Detail und diskret berechnet werden. Der dafür erforderliche Aufwand würde nicht vertretbar sein. Deswegen ersetzt man fein aufgelöste Größenverteilungen gern durch gröbere Größenklassen (sektionale Unterteilung) oder macht sich die beobachtete Eigenschaft überlappender einfacher Verteilungen (Moden, drei bis fünf an der Zahl) bei der Modellierung zunutze (Ackermann et al. 1995; Binkowski u. Shankar 1995). Diese werden mitunter in größter Vereinfachung auch durch feste Partikelgrößen repräsentiert (monodisperser Ansatz).

Ausfallende Wolkentropfen tragen durch Auswaschen (Scavenging) erheblich zur Reinigung der Atmosphäre von löslichen Spurengasen und Aerosolen bei. Durch Kollision werden durch Tropfen in und unter der Wolke Aerosolteilchen aufgenommen (Aerosol Scavenging). Aufnahme von Gasen wird als Gas-Scavenging-Prozeß bezeichnet (Herbert 1987). Erreichen die Tropfen den Boden, werden die aufgenommenen Stoffe mit dem Niederschlagswasser deponiert. Für die ökologische Wirkung der nassen Deposition ist der Anteil an Sulfat und Nitrat, den wesentlichen Komponenten des sauren Regens, wichtig. In ihnen wurde eine Zeit lang die Hauptursache für wachsende Waldschäden neuer Art gesehen. Für die Parametrisierung der nassen Deposition ist in Modellen die berechnete Niederschlagsmenge entscheidend.

3.3.8 Trockene Deposition

Die Deposition von Spurenstoffen an der Erdoberfläche ist der entscheidende Reinigungsmechanismus der Atmosphäre. Seine Erfassung bereitet experimentelle und theoretische Schwierigkeiten, die sich in seiner Modellierung widerspiegeln. Da wir die Deposition durch Niederschlag bereits im letzten Abschnitt angesprochen haben, wird hier nur die trockene Form der Spurenstoffablagerung behandelt. Davon unterschieden wird gelegentlich die feuchte Deposition auf betauten Oberflächen.

Gängige Ansätze für die Parametrisierung der trockenen Deposition bauen auf dem Konzept konstanter Flüsse von Eigenschaften im bodennahen Bereich der PGS auf (Löbel 1985; Herbert u. Kramm 1985). Dieser Ansatz muß im Fall chemisch reaktiver Luftbeimengungen modifiziert werden, da dann die Bedingung konstanten vertikalen Spurenstofflusses verletzt ist. Ferner kann dieser einfache Prozeß dadurch gestört werden, daß ein Stoff, der abgelagert wird, gleichzeitig auch von der Oberfläche emittiert wird. Dies kann u.a. bei Stickoxiden der Fall sein. Bei inerten Gasen setzt man für den Depositionsfluß F_{Dn} des Stoffes n mit der Konzentration C_n im einfachen Fall an:

$$F_{Dn} = C_n v_{Dn} \tag{3-8}$$

v_{Dn} ist die dem Stoff eigene Depositionsgeschwindigkeit. Ihr Kehrwert wird als Transportwiderstand bezeichnet. Diesen kann man nach gängigen Ansätzen (Weseley 1988) in einen durch den turbulenten Zustand der PGS geprägten dynamischen Anteil (r_a), einen durch laminare Strömungsverhältnisse in nächster Nähe der Oberfläche kontrollierten Anteil (r_l) und einen durch physikalische und biologische Oberflächeneigenschaften geprägten Anteil (r_{sn}) zerlegen. Der Oberflächenwiderstand r_{sn} ist von der Art des deponierten Stoffes abhängig, was durch den Index n symbolisiert wird. In numerischen Modellen kann dann eine einfache Beziehung benutzt werden, nämlich

$$v_{Dn} = 1/r_n = 1/(r_a + r_l + r_{sn}) \tag{3-9}$$

r_{sn} verändert sich mit den Oberflächeneigenschaften in Abhängigkeit von der Landnutzung sowie der Tages- und der Jahreszeit aufgrund der Änderung meteorologischer und biologischer Bedingungen.

An einigen Beispielen sei die Schwankungsbreite der Werte des Parameters Depositionsgeschwindigkeit veranschaulicht. Für HNO_3 (Salpetersäure im gasförmigen Zustand) ist der Oberflächenwiderstand r_s vernachlässigbar klein. Die Depositionsgeschwindigkeit wird deswegen entscheidend durch den meteorologischen Zustand der PGS und die Struktur der Grenzfläche, ihre Rauhigkeit, bestimmt. Anders verhält es sich bei Stoffen wie O_3 und SO_2. Werte bis zu einigen cm/s können auftreten. Ein Beispiel, das für die letztgenannten Gase den Unterschied zwischen grasbewachsenem Areal und städtischem Gebiet verdeutlicht, enthält Abb. 3-4. Der Tagesgang der Depositionsgeschwindigkeit wird vor allem durch den Oberflächenwiderstand und in zweiter Linie durch den aerodynamischen Widerstand geprägt. Der erste ist am Tage über Gras niedrig und in der Nacht hoch, während er sich über bebautem Gelände nur wenig mit der Tageszeit ändert.

Der rasche räumliche Wechsel von Oberflächeneigenschaften kann in Gitterpunktmodellen oft nicht ausreichend berücksichtigt werden. Wie gut das geht, hängt auch von der Güte der Bodennutzungsdaten in den Gebieten ab, auf welche CT-Modelle angewendet werden.

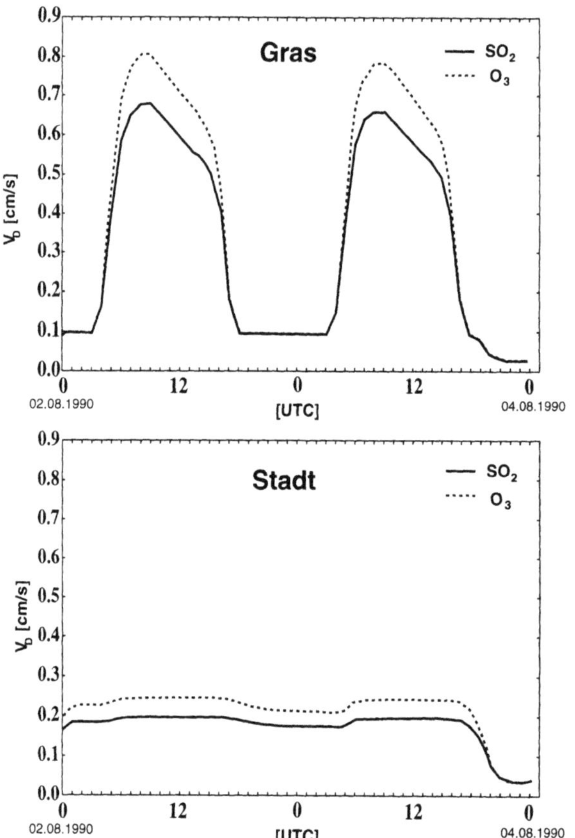

Abb. 3-4. Depositionsgeschwindigkeit von SO_2 (durchgezogen) und O_3 (gestrichelt) in cm/s (vertikale Achse) in Abhängigkeit von der Tageszeit in Stunden (horizontale Achse). Die Kurven beginnen um Mitternacht an einem wolkenfreien Augusttag. Oberes Bild: Grasbewachsenes Gebiet. Unteres Bild: Städtisches Gebiet mit dichter Bebauung

3.3.9 Randwerte und Initialisierung

Eine zuverlässige Simulation des Zustandes der Atmosphäre und seiner Änderung erfordert genaue Randwerte für das gewählte Modellgebiet und eine möglichst exakte Vorgabe des meteorologischen und chemischen Anfangszustandes für die Initialisierung der Lösung der partiellen Differentialgleichungen des Chemie-Transport-Modells. Die Beschaffung geeigneter qualitätsgesicherter Daten stößt in vielen Fällen auf erhebliche Schwierigkeiten.

Für die Simulation der mesoskaligen meteorologischen Felder als Grundlage der CT-Modell-Integration hat sich als eine praktikable Lösung die Nutzung der globalen meteorologischen Analysen, die vom Europäischen Zentrum für Mittelfristige Wettervorhersage ausgefertigt werden, erwiesen. Das gilt sowohl für die Anfangs- als auch die Randwerte.

Schwieriger gestaltet sich die Formulierung der Rand- und Anfangsbedingungen für die zu berechnenden Spurenstoffelder. Denn

Beobachtungen, die man dafür heranziehen könnte, stehen nur sehr lückenhaft zur Verfügung. Das gilt gleichermaßen für die räumliche und zeitliche Dichte der vorhandenen Datensätze. Ein Beispiel für die Problematik bieten die verfügbaren Konzentrationsdaten von NO und NO_2. Dies soll Abb. 3-5 demonstrieren, die eine erhebliche Varianz der Meßwerte erkennen läßt. Die Daten können mit Länge, Breite, Höhe und Zeit um Größenordnungen schwanken. Aus ihnen ein brauchbares Bild des möglichen Ausgangszustands der NO_x-Verteilung herzuleiten, erfordert besondere Methoden. Dafür und für andere Spurenstoffe wurden verschiedene Verfahren vorgeschlagen. Man kann prinzipiell auf mittlere Verteilungen zurückgreifen, die aus allen

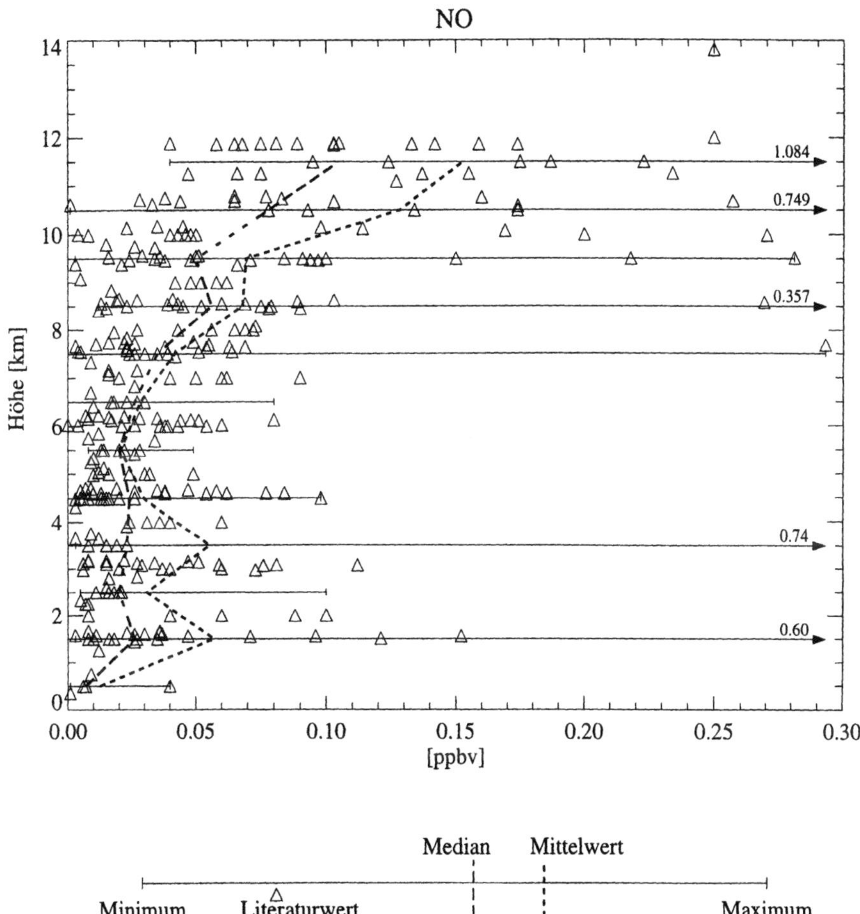

Abb. 3-5. Zusammenstellung gemessener NO-Mischungsverhältnisse in der Troposphäre aus verschiedenen Publikationen. Die kurz gestrichelte Kurve gibt den Mittelwert der Beobachtungen an, die lang gestrichelte Kurven den Medianwert, d.h. den Wert, der von der Hälfte der Messungen über- bzw. unterschritten wird

verfügbaren Werten hergeleitet wurden. Oder man nutzt die Kenntnis typischer Verhaltensweisen in Abhängigkeit vom Zustand der Atmosphäre aus. Ein Beispiel dafür ist die Abhängigkeit der vertikalen Ozonverteilung um die Tropopause von deren Höhe. Modelle, die kleinere Gebiete überspannen, kann man in größerskalige CT-Modelle einbetten. Dabei wird das Problem der Rand- und Anfangswertbestimmung allerdings an diese weitergereicht.

Es ist nicht zu erwarten, daß die aus einer Vielfalt von Informationen konstruierten Anfangsfelder in chemischer Hinsicht ausgeglichen sind. Deswegen ist es bei Episodenrechnungen notwendig, Vorläufe von etwa zwei Tagen zu rechnen, in denen sich die Spurengasverteilung einem solchen Zustand weitestgehend nähern kann, bevor man mit der eigentlichen Simulation beginnt.

Zu den Randwerten gehören auch die Daten von Bodeneigenschaften, die im Zusammenhang mit der Parametrisierung der trockenen Deposition bereits erwähnt wurden, sowie die Topographiedaten des betrachteten Gebiets. Die wichtigsten Randwerte überhaupt für die Simulation des chemischen Verhaltens der durch Spurenstoffe kontaminierten Atmosphäre sind die anthropogenen und biogenen Emissionen von Spurenstoffen, die im folgenden Abschnitt behandelt werden.

3.3.10 Emission von Spurenstoffen

In Abb. 3-6 ist die anthropogene Emission von NO für Europa zu einer bestimmten Zeit, nämlich den 27. Juli 1994, 8 Uhr MESZ wiedergegeben. Für diesen Tag werden im folgenden Abschnitt Berechnungen der Ozonverteilung vorgestellt. Die Abbildung zeigt zunächst einmal die räumliche Lage der Schwerpunkte der Emission dieses Spurengases, das vorwiegend durch industrielle Aktivität und Kraftverkehr erzeugt wird. Andererseits vermittelt die Darstellung einen Eindruck von dem aufwendigen Bearbeitungsprozeß, mit dem aus jährlichen Emissionswerten für unterschiedliche Gebiete unter Verwendung verschiedener Quellen ein zeitlich und räumlich hochaufgelöster Datensatz erzeugt wird, wie er für die episodenhafte Chemie-Transport-Simulation benötigt wird. Es werden üblicherweise stündliche Datensätze benutzt, deren räumliche Auflösung je nach Bedarf zwischen 100 km und Bruchteilen von einem Kilometer liegt. Die Erstellung solcher Daten erfordert die Sammlung von meteorologischen, ökonomischen und technischen Grunddaten, die für Abschätzungen der Menge emittierter Stoffe und der räumlichen Struktur von Flächenquellen notwendig sind. Die Flächendaten sind mit denen für Punktquellen zu kombinieren.

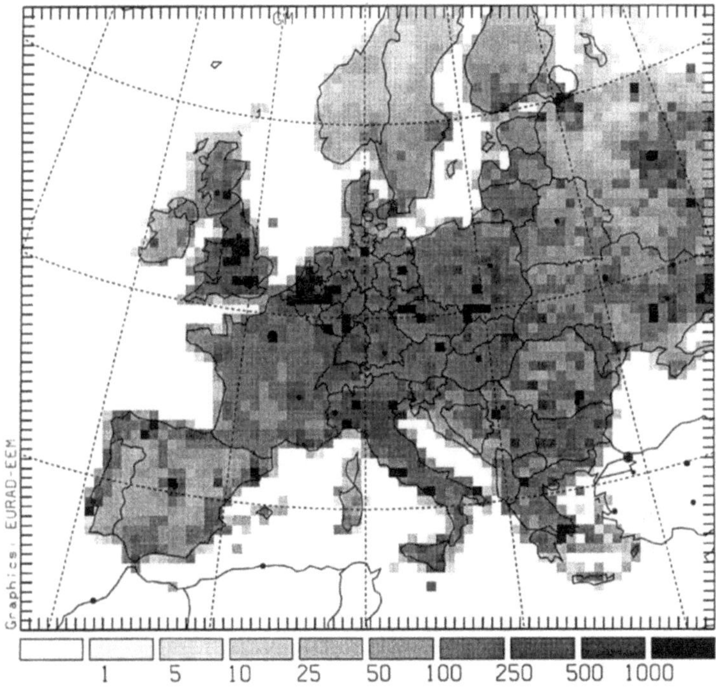

Abb. 3-6. Emission von Stickstoffmonoxid (NO) in Europa, abgeschätzt für den 27. Juli 1994, 8 Uhr MESZ. Angabe der emittierten Stoffmenge in g/s je Gitterelement (54×54 km^2)

Die wesentlichen Emissionskataster für den europäischen Raum sind das EMEP-Kataster, das holländische LOTOS-Kataster und das von der Europäischen Umweltagentur (EEA) unterstützte CORINAIR. Ihre Harmonisierung und Transformation in modellgerechte Datensätze gehört zu den Hauptaufgaben des europäischen Projekts GENEMIS (Generation of European Emission Data for Episodes; s. Friedrich 1997).

Anthropogene Stoffe, deren Emissionsdaten in modernen CT-Modellen bekannt sein müssen, sind Stickstoffmonoxid und -dioxid, Schwefeldioxid, Sulfat, Kohlenmonoxid, Ammoniak und eine Reihe von Kohlenwasserstoffen, die für die Photooxidantienchemie wichtig sind. Auf der Seite natürlich erzeugter Spurengase werden Emissionswerte für Isopren, Terpene und Stickstoffverbindungen benötigt. Für bestimmte Anwendungen sind auch Daten für natürlich emittierten Schwefel und Halogene erforderlich. Inzwischen existieren erste Kataster der Aerosolemission für Europa. Für die obere Troposphäre wurden Abschätzungen von Emissionen aus dem Flugverkehr erarbeitet. Das besondere Interesse gilt dabei dem für die Photochemie der Tropopause wichtigen NO_x (Schumann 1995).

3.4 Simulation von atmosphärischen Spurenstoffverteilungen und Bewertung von Maßnahmen zur Luftreinhaltung

Aus der großen Zahl von numerischen Simulationen der Spurengasverteilung, die in wissenschaftlichen Zeitschriften und Forschungsberichten veröffentlicht sind, wird hier eine kurze Episode ausgewählt, um typische Ziele und Probleme der numerischen Modellrechnung, angewandt auf Chemie und Transport von Spurenstoffen in der Atmosphäre, zu erläutern. Es wird ein Photosmogfall, der in Mitteleuropa zu großflächiger Belastung mit hohen Ozonkonzentrationen geführt hat, vorgestellt. Zunächst wird erläutert, wie man sich von grobaufgelösten Konzentrationsfeldern durch ein besonderes Verfahren zu den Schadstoffverteilungen in kleineren Gebieten vortasten kann. Dazu wird die in Abschnitt 3.2.1 angesprochene Methode des Nestens verwendet. In einem anschließenden Abschnitt wird dann gezeigt, wie man ein CT-Modell nutzen kann, um die künftige Entwicklung der Schadstoffbelastung, wieder am Beispiel des Ozons betrachtet, bei geschätztem Trend von Emissionen der Ozonvorläufergase zu bestimmen.

Dieselbe Episode wird in Abschnitt 3.5 benutzt, um Fragen der Evaluierung von CT-Modellen zu behandeln. Die behandelten Beispiele sind einem Bericht des Umweltbundesamtes Berlin über das Aktionsprogramm und den Maßnahmenplan Ozon (AMPO) entnommen (Tippke et al. 1998; UBA 1998). Regionale Untersuchungen, die dem vorgestellten Fall ähneln, werden weltweit von Umweltinstitutionen und wissenschaftlichen Arbeitsgruppen durchgeführt.

3.4.1 Beispiel einer berechneten Ozonverteilung

Ende Juli und Anfang August 1994 stand Mitteleuropa unter dem Einfluß eines ausgeprägten Hochdruckgebiets. In Verbindung mit einem Tief über Island kam es zu einer intensiven Zufuhr von subtropischer und tropischer Warmluft aus südlicher bis südwestlicher Richtung nach Deutschland. Hier wurden vorwiegend schwache westliche Winde beobachtet. In der stagnierenden Luft konnte die Ozonkonzentration zu hohen Werten anwachsen. In Hessen wurde am 26. Juli 1994 Ozonalarm ausgelöst. Die Kaltfront des Islandtiefs lag zu dieser Zeit über England. Hinter ihr drangen polare Luftmassen langsam in Richtung europäisches Festland vor. Doch dort blieb die stagnierende Luft noch einige Tage erhalten, mit räumlich sich verlagernden

Schwerpunkten der Belastung durch Photosmog. Die Ozonepisode war erst am 6. August überall in Deutschland beendet.

Es seien nun einige Simulationsergebnisse zur Ozonverteilung am Nachmittag des 27. Juli vorgestellt. An diesem Tage hatte sich ein Kernbereich der Belastung durch Ozon in Ostdeutschland, besonders im Großraum Dresden, gebildet. Gezeigt wird in Abb. 3-7 das Ergebnis für ein Gebiet von ca. 1600×1600 km^2 mit Mitteleuropa im Zentrum. Es sind die für die Schicht von 0 bis 70 m Höhe über dem Boden berechneten Ozonkonzentrationen dargestellt. Die Gitterbox-Größe beträgt 27×27 km^2. Die Simulation wurde für den Höhenbereich vom Boden bis 100 hPa (etwa 16 km) durchgeführt. Doch sind für un-

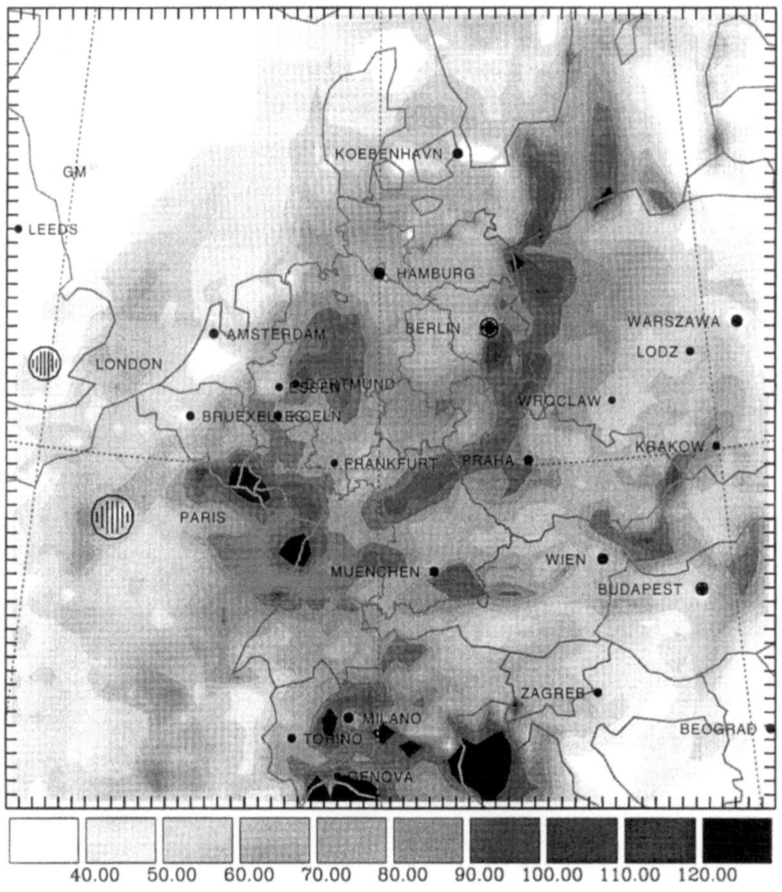

Abb. 3-7. Ozonmischungsverhältnisse in Bodennähe in Mitteleuropa und benachbarten Gebieten am 27. Juli 1994, 18:00 Uhr MESZ. Horizontale Auflösung 27×27 km^2. Simulation mit dem EURAD-Modell. UBA, 1998 (Tippke et al. 1998)

sere Betrachtung nur die bodennahen Werte von Interesse. Man erkennt ein Band hoher Ozonkonzentrationen, das von Nordbayern bis an die südschwedische Küste reicht. Es fallen neben dem Großraum Dresden weitere Zentren besonders starker Photosmogentwicklung auf, z. B. im Oberrheingraben und südlich der Alpen.

Erhöht man unter Anwendung des Nestingverfahrens die horizontale Auflösung auf 9×9 km^2, ergibt sich die in Abb. 3-8 gezeigte Verteilung des bodennahen Ozons. Der Wind weht im Raum Berlin und Dresden aus Norden, erkennbar an der markanten Fahne ozonreicher Luft, die sich im Lee des Großraums Berlin gebildet hat. Dieses Phänomen ist ein Beispiel dafür, daß meist andere als die eigentlichen

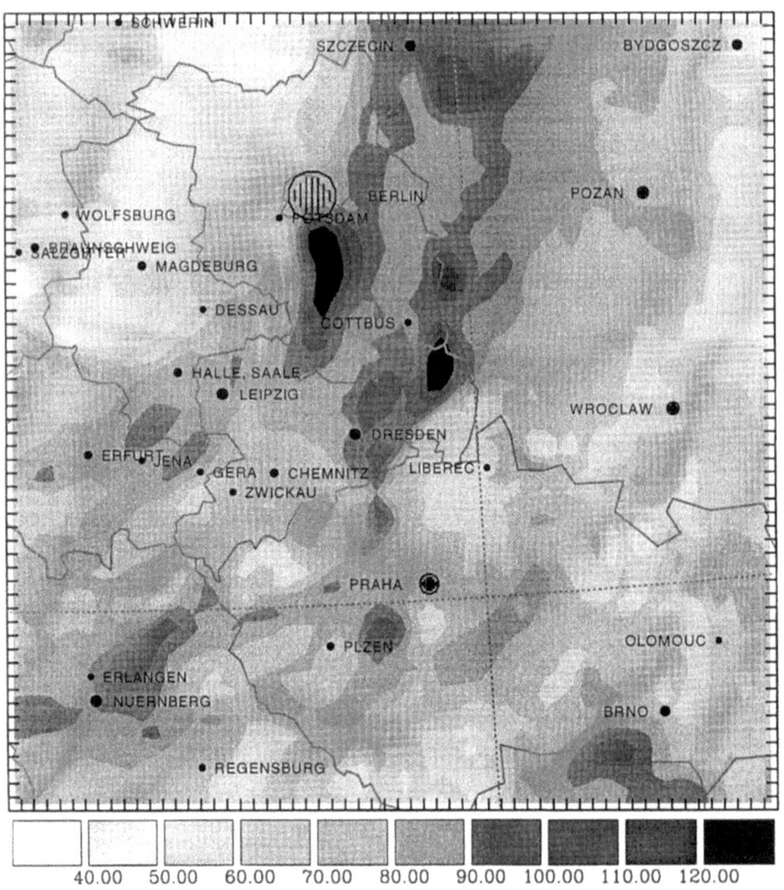

Abb. 3-8. Verteilung des Ozons wie in Abb. 3-7, aber für ein Teilgebiet mit dem Nestingverfahren berechnet. Horizontale Auflösung 9×9 km^2, Simulation mit dem EURAD-Modell. UBA, 1998 (Tippke et al. 1998)

Verursacher die Folgen von Schadstoffemissionen zu tragen haben. Die im Industrieraum Brandenburg/Sachsen/Polen simulierten Werte übersteigen an verschiedenen Stellen 120 ppbV (240 µg/m^3), was einen erheblichen Belastungsgrad darstellt. Aufschlußreich für die Beurteilung der Herkunft und Entwicklung der Luftbelastung ist die mit dem Modell nachvollziehbare zeitliche Entwicklung und die Verfrachtung von Schadstoffwolken. Es zeigt sich, daß Abgasfahnen von großen Städten wie Berlin oder Industrieregionen wie dem „Schwarzen Dreieck" weit verdriftet werden können. Ohne Modellunterstützung ist ein solcher Beitrag zur lokalen Belastung meist nicht zu erkennen. In Unkenntnis des Transporteffektes kann es geschehen, daß die Ursachenanalyse für Smog in den durch verdriftete Spurengaswolken belasteten Gebieten zu falschen Ergebnissen führt.

3.4.2 Minderungsszenarien

Mit CT-Modellen wie dem EURAD-System läßt sich die Wirkung von potentiellen Emissionsminderungsmaßnahmen quantifizieren, indem man die Veränderung der Konzentration oder des Budgets von Ozon und gegebenenfalls anderer Spurenstoffe durch Simulationsexperimente bestimmt. Ausgehend von der den tatsächlichen Verhältnissen entsprechenden Situation als Basisfall lassen sich Reduktionswirkungen als Funktion von Zeit und Ort für jede modellierte chemische Komponente - hier für Ozon - darstellen.

Legt man den Emissionen Werte zugrunde, wie man nach Trendabschätzungen etwa eine Dekade nach der gerade beschriebenen Photosmogepisode erwartet, ergibt sich für das in Abb. 3-9 dargestellt Gebiet, das dem von Abb. 3-8 entspricht, eine signifikante Reduzierung der Ozonkonzentration im Hauptbelastungsbereich, die über 10% hinausgehen kann. In Polen und großen Teilen Tschechiens steigt der Ozonpegel allerdings merkbar an, zum Teil bis 7%. Dies rührt zum größten Teil von der erwarteten Zunahme des Kraftfahrzeugverkehrs in den betroffenen Gebieten her.

Eine integrale Bewertung der Wirkung von Minderungsmaßnahmen für ein ausgewähltes Gebiet erhält man, wenn man eine sogenannte Gitterstundenanalyse durchführt. Dabei werden alle Stunden gezählt, in denen ein vorgegebener Schwellwert an einem bestimmten Gitterpunkt überschritten wird. Die für die einzelnen Punkte des Gebiets gefundenen Werte werden summiert und ergeben die Gitterstundenzahl des Gebiets für den jeweiligen Schwellwert. Diese Bestimmung wurde im genesteten Gebiet der Abb. 3-8 bzw. 3-9 für die Epi-

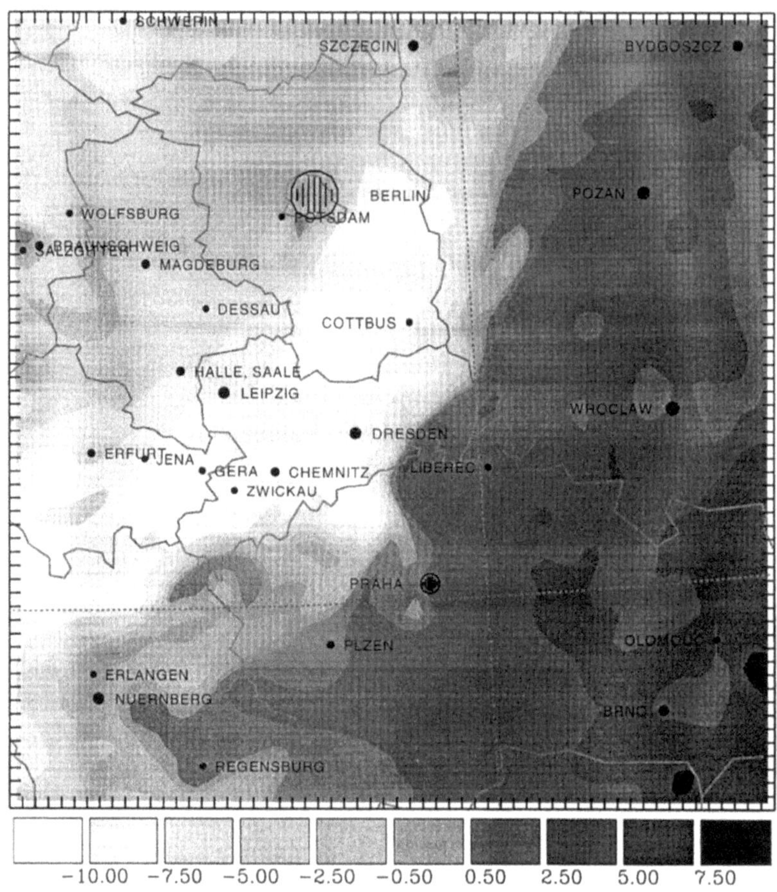

Abb. 3-9. Änderung des Ozonmischungsverhältnisses der bodennahen Luftschicht, falls Emissionsintensitäten, die für die Zeit um das Jahr 2005 geschätzt werden, angenommen werden. Die Basiswerte des Ozonmischungsverhältnisses entsprechen den in Abb. 3-8 gezeigten Werten. UBA, 1998 (Tippke et al. 1998)

sode vom 13.7. bis 9.8.1994 durchgeführt. Die Ergebnisse für vier Emissionsszenarien sind in Abb. 3-10 miteinander verglichen. Dargestellt wird die relative Änderung der Gitterstundenzahlen gegenüber dem Basisfall für Schwellwerte zwischen 0 und 200 ppbV. Die graue durchgezogene Kurve beschreibt den Fall, in dem in der gesamten Region, die modelliert wird (Abb. 3-7), die Verwendung eines speziellen Sommerbenzins angenommen wird. Die Ergebnisse mit einem Szenario, in dem regionale und überregionale Emissionsminderungen durch Reduzierung des Kraftverkehrs bei Einsatz des üblichen Treibstoffes angenommen werden, sind durch die schwarz gestrichelte Kur-

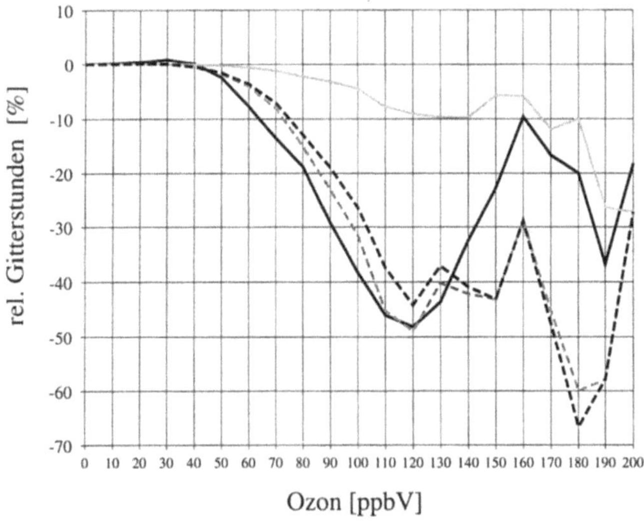

Abb. 3-10. Relative Änderung der Gitterstunden (vertikale Achse), in denen das auf der horizontalen Achse angegebene Mischungsverhältnis von Ozon im Modellgebiet für den Zeitraum vom 13. Juli bis 9. August 1994 überschritten wird. Bezugswerte sind die des Basisfalls, gezeigt in Abb. 3-8 für einen ausgewählten Zeitpunkt. Die Kurven geben die Ergebnisse für verschiedene Emissionsszenarien wieder (s. Text). Graue Kurve, durchgezogen: Einsatz eines speziellen Sommerbenzins. Schwarze Kurve, durchgezogen: Emissionsschätzung für die Zeit um 2005. Schwarze Kurve, gestrichelt: Weiträumige Reduzierung des Kraftverkehrs zur Emissionsminderung. Graue Kurve, gestrichelt: Wie schwarz gestrichelt, mit zusätzlicher Minderung von Emissionen durch Punktquellen. UBA, 1998 (Tippke et al. 1998)

ve dargestellt. Nimmt man weitere Reduktionen auch für Punktquellen und andere Emittentengruppen an, ergibt sich das durch die grau gestrichelte Kurve dargestellte Bild. Das bereits erwähnte Trendszenario (Abb. 3-9) wird durch die durchgezogene schwarze Kurve repräsentiert. Die Simulationsergebnisse zeigen, daß eine Maßnahme „Sommerbenzin" allein nicht sehr effektiv ist, daß aber überregionale Maßnahmen (gestrichelte Kurven) einen signifikanten Beitrag zur Entschärfung einer regionalen Smogsituation leisten können. Sie können auch beim erwarteten Trend zu geringeren Ozonwerten (durchgezogene Kurve) zusätzlich zur Vermeidung kritischer Situationen im Bereich höherer Schwellwerte beitragen.

3.5 Evaluierung von Modellen

Numerische Modelle der Atmosphäre haben nur eine begrenzte Genauigkeit bei der Wiedergabe der Realität und bei der Vorhersage der Entwicklung künftiger Zustände. Von der numerischen Wettervorhersage ist bekannt, daß sie mit zunehmender Länge des Vorhersagezeitraums an Zuverlässigkeit verliert. Die in der Chemie-Transport-Simulation benutzten Systeme verwenden Modelle vom gleichen Typ zur Simulation der meteorologischen Felder. Sie haben folglich dieselben Genauigkeitsprobleme wie die numerischen Wettervorhersagemodelle. Dazu kommen weitere Probleme durch die numerische Behandlung chemischer Prozesse in Verbindung mit dem Transport von Spurenstoffen bei der Simulation der Spurenstoffausbreitung.

Die Erhöhung der Zuverlässigkeit und Belastbarkeit ist ein zentrales Ziel der Weiterentwicklung komplexer CT-Modelle. Dies geschieht durch Verbesserung der Integrationsmethoden, Nutzung von immer leistungsfähigeren Rechnern, Verbesserung und Vervollständigung der Behandlung meteorologischer und chemischer Prozesse sowie genauere Beschreibung von Anfangs- und Randbedingungen mit Hilfe neuester Methoden. Als besonders vielversprechend ist hier die vierdimensionale Datenassimilation für CT-Modelle (Elbern et al. 1997) zu erwähnen.

Man kann derzeit davon ausgehen, daß die meisten Modelle bei einer 24- bis 48-Stunden-Vorhersage Ozonmaxima von Tagesgängen bei einem größeren Ensemble von Vergleichsstationen mit zuverlässigen Messungen mit einer Häufigkeit von 50 bis 60% treffen, wenn man Abweichungen bis zu 10% zuläßt. Die Notwendigkeit von Modellverbesserungen wird an dieser Stelle evident. Um einen irreführenden Eindruck bezüglich der Nützlichkeit der CT-Modelle zu vermeiden, sei hier angemerkt, daß solche Probleme die Zweckmäßigkeit und den Nutzen der Anwendung von CT-Modellen in ihrem derzeitigen Entwicklungszustand nicht in Frage stellen können. Es handelt sich trotz allem um unverzichtbare Instrumente zur Gesamtbewertung des Zustandes unserer Atmosphäre bezüglich ihres Spurenstoffhaushalts, deren Verbesserung ein wichtiges Ziel der Atmosphärenwissenschaft ist.

Die Prüfung der Qualität und Zuverlässigkeit von Modellen mit Hilfe von Beobachtungen, mit der auch Hinweise zu Verbesserungen und Weiterentwicklungen gewonnen werden, wird als Evaluierung, oft auch Validierung oder Verifizierung, bezeichnet. (Wir erwähnen hier die Unschärfe der Begriffe und ihre uneinheitliche Verwendung ohne weiteren Kommentar.) Man kann zwischen diagnostischer und prozeßorientierter Evaluierung unterscheiden. Im ersten Fall vergleicht man beobachtete und vom Modell berechnete Werte ausgewählter Größen miteinander. Dafür sind – in Anlehnung an Prüfverfahren für meteorologische Modelle – verschiedene Methoden entwickelt worden, die als Prüfgrößen z. B. den Absolutbetrag oder die quadratische Abweichung zwischen Beobachtungen einer Größe und ihren simulierten Werten in normierter Form verwenden. Prozeßorientierte Evaluierung, etwa die Bewertung des vertikalen Flusses eines Spurenstoffes aus der Grenzschicht und dessen Einfluß auf die bodennahe Konzentration dieses Stoffes, ist aufwendiger, weil sie umfassende Messungen voraussetzt, die meist nur in besonderen Feldkampagnen erbracht werden können. Ein weiterer Weg der Modellprüfung ist der Vergleich der Ergebnisse ähnlicher Modelle für dieselben Episoden oder Szenarien (Hass et al. 1997).

Ein Beispiel einer einfachen, nichtsdestoweniger sehr wichtigen Art diagnostischer Evaluierung wird durch Abb. 3-11 und 3-12 illustriert. Um die feiner auflösende Simulation der Sommersmogepisode 1994,

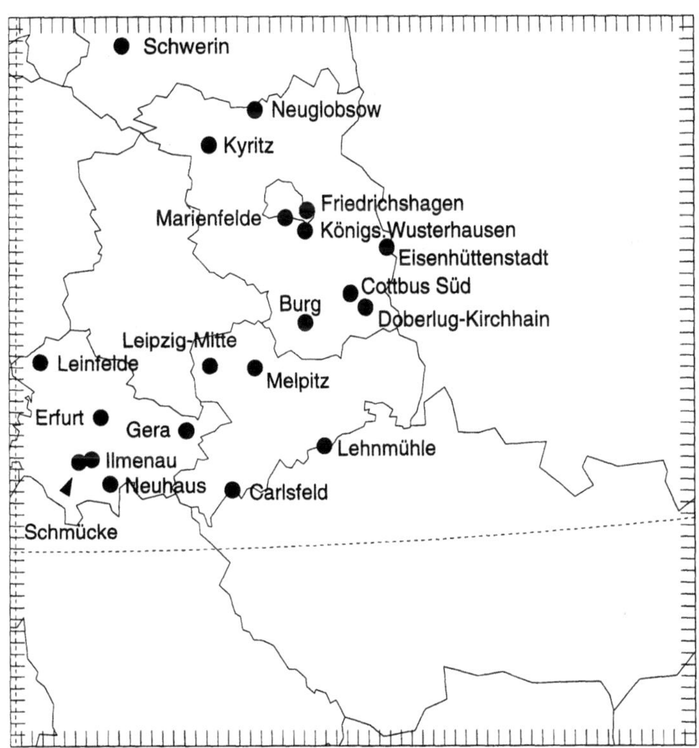

Abb. 3-11. Stationsnetz mit Ozonmessungen, die zur Evaluierung von Simulationsrechnungen im Modellgebiet der Abb. 3-8 herangezogen werden können. UBA, 1998 (Tippke et al. 1998)

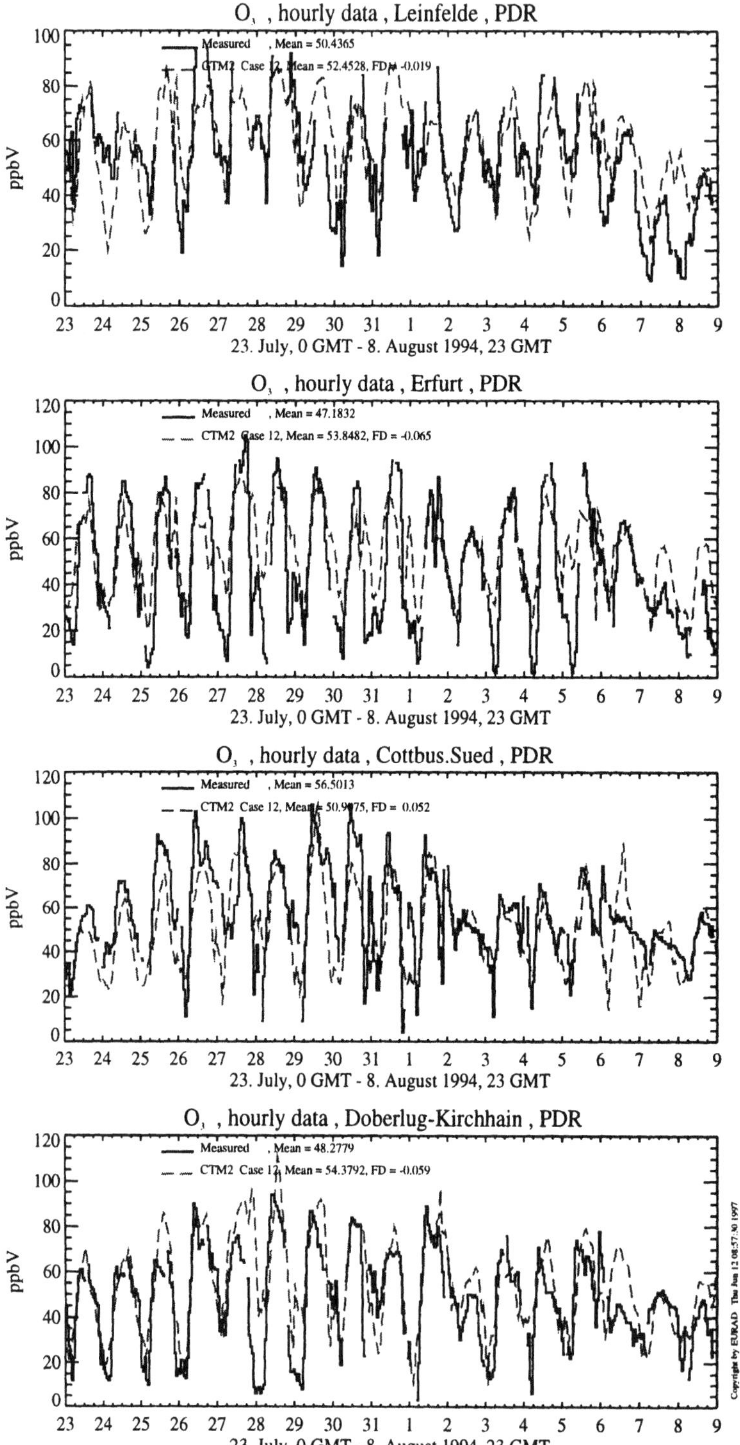
O_3, hourly data, Leinfelde, PDR
Measured, Mean = 50.4365
CTM2 Case 12, Mean = 52.4528, FD = -0.019
ppbV
23. July, 0 GMT - 8. August 1994, 23 GMT
O_3, hourly data, Erfurt, PDR
Measured, Mean = 47.1832
CTM2 Case 12, Mean = 53.8482, FD = -0.065
ppbV
23. July, 0 GMT - 8. August 1994, 23 GMT
O_3, hourly data, Cottbus.Sued, PDR
Measured, Mean = 56.5013
CTM2 Case 12, Mean = 50.9975, FD = 0.052
ppbV
23. July, 0 GMT - 8. August 1994, 23 GMT
O_3, hourly data, Doberlug-Kirchhain, PDR
Measured, Mean = 48.2779
CTM2 Case 12, Mean = 54.3792, FD = -0.059
ppbV
23. July, 0 GMT - 8. August 1994, 23 GMT
Copyright by EURAD Thu Jun 12 08:57:30 1997

die im letzten Abschnitt vorgestellt wurde, zu bewerten, wurden die berechneten Ergebnisse mit Beobachtungen aus den Routinemeßnetzen des Umweltbundesamtes und der Länder Thüringen, Sachsen, Sachsen-Anhalt, Brandenburg und Mecklenburg-Vorpommern verglichen (Stationen in Abb. 3-11).

Man erkennt in Abb. 3-12 eine zumeist gute qualitative Übereinstimmung von registrierten und berechneten Ozonkonzentrationen für die ausgewählten Meßorte. Bei genauerem Hinsehen entdeckt man jedoch häufige Überschätzungen nächtlicher Minima und Unterschätzungen von Tagesmaxima. Dieses Verhalten des Modells ist wesentlich durch seine Auflösung geprägt. Es werden Werte berechnet, die insgesamt ein beträchtliches Areal bzw. Volumen repräsentieren (hier $9 \times 9\ km^2$ bei einer Schichthöhe von 70 m). Die Beobachtungen dagegen geben die Verhältnisse eines Meßpunktes wieder. Mit höherer Auflösung werden die Differenzen zwischen den beobachteten und berechneten Extremwerten in der Regel kleiner.

Bei der Evaluierung ist demnach nicht nur die Güte des Modells zu bewerten, sondern auch die Repräsentativität der Meßdaten sowie deren Qualität. Ein weiterer Faktor, der in die Evaluierung von Simulationsrechnungen einbezogen werden muß, ist die Güte der verfügbaren Anfangs- und Randwerte, die die Qualität eines Modellaufes entscheidend beeinflussen können. Evaluierung bedeutet damit Bewertung aller drei fundamentalen Komponenten einer Simulation, nämlich Bewertung des numerischen Modells, der benötigten Eingangsdaten sowie der zum Zweck der Evaluierung verwendeten Beobachtungsdaten. Die Evaluierung der Einzelkomponenten ist über Qualitätsbedingungen und -verbesserungen aufgrund der Prüfprozeduren miteinander verzahnt. Dies kann die iterative Anwendung der Bewertungsverfahren für jede dieser Komponenten bis zum Erreichen eines optimalen Zustandes von Eingabe- und Meßdatensatz sowie des Modells erfordern. Die Evaluierung ist ein unverzichtbarer, allerdings aufwendiger Teil des Simulationsvorgangs. Für die Zukunft ist anzustreben, daß dafür standardisierte Verfahren entwickelt werden, mit denen die Zuverlässigkeit der Chemie-Transport-Modelle beständig gesteigert werden kann.

◄

Abb. 3-12. Vergleich gemessener und berechneter Mischungsverhältnisse des bodennahen Ozons für ausgewählte Stationen des in Abb. 3-11 gezeigten Stationsnetzes. Durchgezogene Kurven: Messung. Gestrichelte Kurven: Simulation. UBA, 1998 (Tippke et al. 1998)

Hinweis und Dank: Die Abbildungen beruhen auf Untersuchungen und Rechnungen, die von Ch. Kessler (1, 2), S. Kanera (4), B. Schell (5), H.J. Jakobs, M. Memmesheimer, G. Piekorz und J. Tippke (6–12) durchgeführt wurden.

3.6 Literatur

Ackermann IJ, Hass H, Memmesheimer M, Ziegenbein C, Ebel A (1995) The parametrization of the sulfate-nitrate-ammonia aerosol system in the long-range transport model EURAD. Meteorol Atmos Phys 57:101–114

Binkowski FS, Shankar U (1995) The regional particulate matter model 1, model description and preliminary results. J Geophys Res 100:26191–26209

Borrell P, Colin R, Ebel A, Fuzzi S, Grennfelt P, Jensen NO, Marsh AR, Megie G, Pio CA (1999) An overview and synthesis of the scientific results from EUROTRAC. In: Borrell P (ed) Transport and transformation of pollutants in the troposphere, vol 1. Springer, Berlin Heidelberg New York

Builtjes PJH (1992) The LOTOS – Long Term Ozone Simulation-project; summary report. TNO report R92/240, Delft, The Netherlands

Carter WPL, Luo D, Malkina IL, Fitz D (1995) The University of California, Riverside environmental chamber data base for evaluating oxidant mechanisms, vol 1 and 2. University of California, Riverside

Chang JS, Brost RA, Isaksen ISA, Madronich S, Middleton P, Stockwell WR, Walcek CJ (1987) A three-dimensional Eulerian acid deposition model: physical concepts and formulation. J Geophys Res 92:14681–14700

Charlson RJ, Langner J, Rhode H, Leovy CB, Warren SG (1991) Perturbation of the northern hemisphere radiative balance by backscattering from anthropogenic sulfate aerosols. Tellus 43AB:152–163

Crutzen PJ (1995) Ozone in the troposphere. In: Snig HB (ed) Composition, chemistry and climate of the atmosphere. Van Nostrand Reinhold, ITP, New York, pp 349–393

Dentener FJ, Crutzen PJ (1993) Reaction of N_2O_5 on tropospheric aerosols: impact on the global distribution of NO_x, O_3, and OH. J Geophys Res 98:7149–7163

Derwent RG (1990) Evaluation of a number of chemical mechanisms for their application in models describing the formation of photochemical ozone in Europe. Atmos Environ 24A:2615–2624

Dodge MC (1989) A comparison of three photochemical oxidant mechanisms. J Geophys Res 94:5121–5136

Ebel A (1997) Air quality modelling and models in EUMAC: an overview. In: Ebel A et al (eds) Tropospheric modelling and emission estimation, series on transport and chemical transformation of pollutants in the troposphere, vol 7. Springer, Heidelberg Berlin New York, pp 3–24

Ebel A, Friedrich R, Rhode H (ed) (1997) Tropospheric modelling and emission estimation. Springer, Berlin Heidelberg New York

Ehhalt DH, Rohrer F, Wahner A (1992) Sources and distribution of NO_x in the upper troposphere at northern mid-latitudes. J Geophys Res 97:3725–3738

Elbern H, Schmidt H, Ebel A (1997) Variational data assimilation for tropospheric chemistry modeling. J Geophys Res 102:15967–15985

Emanuel K (1994) Atmospheric convection. Oxford University Press

Flossmann A, Cvitas T, Möller D, Mauersberger G (1995) Clouds: models and mechanisms. EUROTRAC Intern Sci Secretariat, Garmisch-Partenkirchen

Friedrich R (1997) GENEMIS: assessment, improvement, and temporal and spatial disaggregation of European emission data. In: Ebel A et al (eds) Tropospheric modelling and emission estimation, series on transport and chemical transformation of pollutants in the troposphere, vol 7. Springer, Berlin Heidelberg New York, pp 179–214

Gery MW, Whitten GZ, Killus JP, Dodge MC (1989) A photochemical mechanism for urban and regional scale computer modeling. J Geophys Res 94:12925–12956

Guenther A, Zimmerman P, Harley P (1994) Natural volatile organic compound emission rate estimates for US woodland landscapes. Atmos Environ 28:1197–1210

Hansen DA, Ebel A, Hanna S, Kage J, Thuillier R (1994) CAMRAQ: the quest for modern solutions to modern air quality problems. Environ Sci Technol 28:71–77

Hass H (1991) Description of the EURAD Chemistry-Transport-Model version 2 (CTM2). In: Ebel A, Neubeuer FM, Speth P (eds) Mitteilungen aus dem Institut für Geophysik und Meteorologie der Universität zu Köln, Nr 83

Hass H, Ruggaber A (1995) Comparison of two algorithms for calculating photolysis rates including the effects of clouds. Meteorol Atmos Phys 57:87–100

Hass H, Builtjes PJH, Simpson D, Stern R (1997) Comparison of model results obtained with several European regional air quality models. Atmos Environ 31:3259–3279

Hass H, Memmesheimer M, Geiß H, Jakobs HJ, Laube M, Ebel A (1990) Simulation of the Chernobyl radioactive cloud over Europe using the EURAD model. Atmos Environ 24A:673–692

Herbert F (1987) Mechanismen der nassen und trockenen Deposition. In: Jaenicke R (ed) Atmosphärische Spurenstoffe. VCH Verlagsgesellschaft, Weinheim, pp 241–269

Herbert F, Kramm G (1985) Trockene Deposition reaktionsträger Substanzen, beschrieben mit einem diagnostischen Simulationsmodell. In: Becker KH, Löbel J (eds) Atmosphärische Spurenstoffe und ihr physikalisch-chemisches Verhalten. Springer, Berlin Heidelberg New York, pp 190–209

Hobbs PV (1993) Aerosol-cloud-climate interactions. Academic, San Diego

Iversen T (1990) Calculations of long-range transported sulphur and nitrogen over Europe. Sci Total Environ 96:87–99

Jakobs HJ, Feldmann H, Hass H, Memmesheimer M (1995) The use of nested models for air pollution studies: an application to a SANA episode. J Appl Meteor 34:1301–1319

Klug W, Graziani G, Grippa G, Pierce D, Tassone C (eds) (1992) Evaluation of long range atmospheric transport models using environmental radioactivity data from the Chernobyl accident, the ATMES report. Elsevier Applied Science, London

Kuhn M et al (1998) Intercomparison of the gas-phase chemistry in several chemistry and transport models. Atmos Environ 32:693–709

Lelieveld J, Crutzen PJ (1990) Influences of cloud photochemical processes on tropospheric ozone. Nature 343:227–233

Lippert E (1996) Der Einfluß von Flugzeugabgasen auf die Zusammensetzung der Atmosphäre: Untersuchungen mit einem mesoskaligen Chemie-Transport-Modell. In: Ebel A, Kerschgens M, Neubauer FM, Speth P (eds) Mitteilungen aus dem Institut für Geophysik und Meteorologie der Universit zu Köln, Nr 109

Liu X, Mauersberger G, Möller D (1997) The effects of cloud processes on the tropospheric photo-chemistry: an improvement of the EURAD model with a coupled gaseous and aqueous chemical mechanism. Atmos Environ 31:3119-3135

Löbel J (1985) Diffusionsvorgänge in der unteren Atmosphäre. In: Becker KH, Löbel J (Hrsg) Atmosphärische Spurenstoffe und ihr physikalisch-chemisches Verhalten. Springer, Berlin Heidelberg New York, S 170–189

Lurmann FW, Lloyd AC, Atkinson R (1986) A chemical mechanism for use in long-range transport/acid deposition computer modeling. J Geophys Res 91:10905–10936

Madronich S (1987) Photodissociation in the atmosphere, 1. actinic flux and the effects of ground reflections and clouds. J Geophys Res 92:9740–9752

Memmesheimer M, Ebel A, Roemer M (1997) Budget calculations for ozone and its precursors: seasonal and episodic features based on model simulations. J Atmos Chem 28:283–317

Middleton P, Stockwell WR, Carter WPL (1990) Aggregation and analysis of volatile organic compound emissions for regional modeling. Atmos Environ 24:1107–1133

Moussiopoulos N (1995) The EUMAC Zooming Model, a tool for local to regional air quality studies. Meteor Atmos Phys 57:115–134

Obermeier A, Friedrich R, John C, Seier J, Vogel H, Fiedler F, Vogel B (1995) Photosmog. Ecomed, Landsberg

Peters LK, Berkowitz CM, Carmichael GR, Easter RC, Fairweather G, Ghan SJ, Hales JM, Leung LR, Pennell WR, Potra FA, Saylor RD, Tsang TT (1995) The current state and future direction of Eulerian models in simulating the tropospheric chemistry and transport of trace species: a review. Atmos Environ 29:189–222

Poppe D, Zimmermann J, Kuhn M (1997) Validation of the gas-phase chemistry of the EURAD model by comparison with field measurements. In: Ebel A et al (eds) Tropospheric Modelling and emission estimation, series on transport and chemical transformation of pollutants in the troposphere, vol 7. Springer, Berlin Heidelberg New York, pp 59–64

Rodhe H, Crutzen P (1995) Climate and CCN. Nature 375:111

Ruggaber A, Dlugi R, Nakajima T (1994) Modelling of radiation quantities and photolysis frequencies in the troposphere. J Atmos Chem 18:171–210

Saxena P, Hudischewskyi AB, Seigneur C, Seinfeld JH (1986) A comparative study of equilibrium approaches to the chemical characterization of secondary aerosols. Atmos Environ 20:1471–1483

Schumann U (Hrsg, 1995) AERONOX, EC-DLR Publication. EC-DG XII, Brussels

Simpson D (1992) Long-period modelling of photochemical oxidants in Europe, model calculation for July 1985. Atmos Environ 26:1609–1634

Stockwell WR, Kley D (1994) The EURO-RADM mechanism: a gas-phase chemical mechanism for European air quality studies. Berichte des Forschungszentrum Jülich

Stockwell WR, Middleton P, Chang JS, Tang X (1990) The second generation regional acid deposition model chemical mechanism for regional air quality modeling. J Geophys Res 95:16343–16367

Stockwell WR, Kirchner F, Kuhn M, Seefeld S (1997) A new mechanism for regional atmospheric chemistry modeling. J Geophys Res 102:25847–259879

Stull RB (1988) An introduction to boundary layer meteorology. Kluwer Academic, Dordrecht

Tippke J, Memmesheimer M, Jakobs HJ, Piekorz G, Ihrig M, Kessler Ch, Roeben B, Ebel A (1998) EURAD: Ozonausbreitungsrechnungen 1994 für die Modellregion Dresden. In: UBA, Aktionsprogramm und Maßnahmenplan, F+E Vorhaben 10402812/01. CD-ROM, Umweltbundesamt, Berlin

UBA (1998) Aktionsprogramm und Maßnahmenplan, F+E Vorhaben 10402812/01. CD-ROM, Umweltbundesamt, Berlin

Venkatram A, Wyngaard JC (ed) (1988) Lectures on air pollution modelling. American Meteor Society, Boston

Walcek CJ, Taylor GR (1986) A theoretical method for computing vertical distributions of acidity and sulfate production within cumulus clouds. J Atmos Sci 43:339–355

Wesely ML (1988) Parametrization of surface resistance to gaseous dry deposition in regional-scale numerical models. Atmos Environ 23:1293–1304

Ziegenbein C (1996) Die Behandlung von Chlor in einem mesoskaligen Chemietransportmodell: Gas- und Aerosolphase. In: Ebel A, Kerschgens M, Neubauer FM, Speth P (Hrsg) Mitteilungen aus dem Institut für Geophysik und Meteorologie, Nr 108

4 Auswirkungen atmosphärischer Spurenstoffe auf Strahlung und Klima

4.1 UV-Strahlung an der Erdoberfläche

P. Köpke

4.1.1 Einleitung

Die Strahlung der Sonne ist Energiequelle für alle meteorologischen und biologischen Prozesse des Systems Erde-Atmosphäre und damit unverzichtbar für irdisches Leben. UV-Strahlung kann jedoch, obwohl ihr Spektralbereich nur wenige Prozent der solaren Energie ausmacht, Schäden an biologischen Zellen sowie photochemische Prozesse (Bd. 1A, Kap. 3.2) hervorrufen. Wegen dieser Wirkungen spielt die UV-Strahlung für die Umwelt eine besondere Rolle.

Lebewesen sind in der Regel an die Bedingungen angepaßt, unter denen sie sich im Laufe der Evolution entwickelt haben. Dies gilt auch für UV-Strahlung, die bei Überdosis Sonnenbrand, Hautkrebs und Augenschädigungen hervorrufen, aber auch das Pflanzenwachstum verändern kann (Bd. 2B, Kap. 3.3; Bd. 3A, Kap. 2.6.1–2.6.3). Eine Zunahme der UV-Strahlung, wie sie gegenwärtig durch Abnahme des Ozons in der Stratosphäre (Bd. 1A, Kap. 3.3) hervorgerufen wird, legt es deshalb nahe, sich auch unter Umweltaspekten mit ihr zu befassen. Da neben Ozon auch andere Atmosphärenparameter die UV-Strahlung beeinflussen, werden auch deren Einfluß sowie die zu erwartende Änderung der UV-Strahlung in Abhängigkeit von Ort und Zeit behandelt.

4.1.2 Eigenschaften von UV-Strahlung

4.1.2.1 Grundlagen

Ultraviolett-(UV)-Strahlung ist elektromagnetische Strahlung mit Wellenlängen, die kürzer sind als die des sichtbaren Lichts. Der UV-

Bereich wird aufgeteilt in UV-A (315–400 nm), UV-B (280–315 nm) und UV-C (100–280 m). Die Grenzen sind nicht physikalisch begründet, sondern historisch bedingt. Die langwellige Grenze bei 400 nm entsprach früher dem kurzwelligen Ende des sichtbaren Lichtes. Die Trennung zwischen UV-A und UV-B bei 315 nm, in älteren Publikationen auch bei 320 nm, ist in biologischem Absorptionsverhalten begründet. UV-C-Strahlung wird gesondert bezeichnet, da Photonen von der Sonne mit Wellenlängen kürzer als 280 nm nicht durch die Atmosphäre bis zum Boden dringen, diese Strahlung also in natürlicher Umwelt zu vernachlässigen ist.

Die Photonenenergie elektromagnetischer Strahlung beträgt

$$Q_P = h \cdot \frac{c}{\lambda} \tag{4.1-1}$$

wobei h das Plancksche Wirkungsquantum, c die Lichtgeschwindigkeit und λ die Wellenlänge ist. Aus (4.1-1) folgt, daß sich bei Halbierung der Wellenlänge die Energie des einzelnen Photons verdoppelt, also zum Beispiel von Photonen im Sichtbaren bei 600 nm zu solchen im UV-B bei 300 nm. Aus dem hohen Energiegehalt des einzelnen Photons resultieren die möglichen photo-chemischen und -biologischen Wirkungen der UV-Strahlung und deren Zunahme mit abnehmender Wellenlänge.

Künstliche Quellen werden genutzt, um UV-Strahlung für verschiedene Zwecke zu erzeugen, z.B. für Photochemie, Desinfektion, medizinische Anwendungen oder Discobeleuchtung. Für die Umwelt, die hier behandelt wird, ist jedoch nur Strahlung von der Sonne von Bedeutung. Angaben zur spektralen Verteilung der solaren Strahlung finden sich in Tabelle 4.1-1 und Abb. 4.1-1, die neben der extraterrestrischen Strahlungsflußdichte Beispiele für die Globalstrahlung im UV zeigt, wie sie die Erdoberfläche erreicht. Typisch ist der steile Abfall

Tabelle 4.1-1. Spektralverteilung der extraterrestrischen solaren Strahlung. (Nach WMO 1986)

Bereich	Wellenlänge nm	Strahlungsflußdichte $W \cdot m^{-2}$	% von total
UV-C	100–280	7,0	0,5
UV-B	280–315	16,8	1,2
UV-A	315–400	84,1	6,2
UV total	100–400	107,9	7,9
Sichtbar	400–760	610,9	44,7
Infrarot	$760–10^6$	648,2	47,4
Total	$10^2–10^6$	1367	100

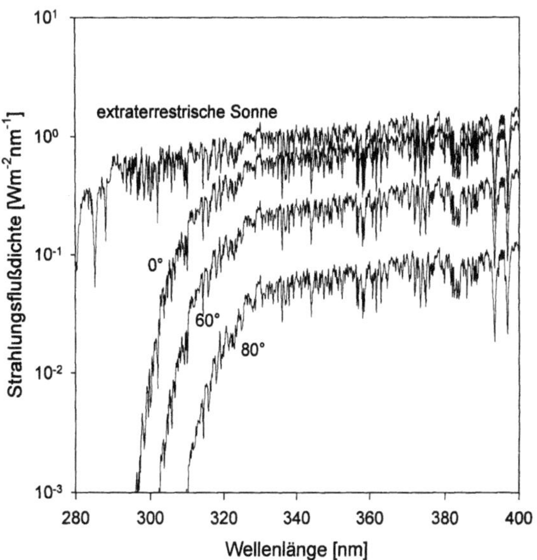

Abb. 4.1-1. Spektrale Strahlungsflußdichte der extraterrestrischen Sonne und Werte der spektralen Globalstrahlung für die Bedingungen Meereshöhe, Vegetation, wolkenloser Himmel, mittlere Trübung und 330 DU Ozon. Die Zahlen an den Kurven geben die Sonnenzenitwinkel an

zu kurzen Wellenlängen, der im wesentlichen durch die mit abnehmender Wellenlänge zunehmende Absorption des Ozons hervorgerufen wird. Die Ozonabsorption bewirkt, daß praktisch alle Strahlung im UV-C auf dem Weg durch die Atmosphäre herausgefiltert wird. Aber auch im UV-B, wo Strahlung in merkbarer Menge den Boden erreicht, ist die Ozonabsorption so stark, daß geringe Änderungen der Ozonmenge deutliche Änderungen der Strahlung hervorrufen. Dieser Effekt, der auf die im biologischen Bereich wirksame Strahlung durchschlägt (Bd. 2B, Kap. 3.3; Bd. 3A, Kap. 2.6.1–2.6.3) ist der Grund, warum die Diskussion der UV-Strahlung und ihrer Wirkungen häufig direkt und ausschließlich mit der Änderung des Gesamtozongehalts verknüpft wird.

4.1.2.2 Strahlungsenergetische Größen

Wie erwähnt, ist die Energie des einzelnen Photons von Bedeutung, aber zur Beschreibung einer aktuellen Situation wird üblicherweise nicht die Photonenzahl, sondern die Summe der Strahlungsenergie Q aller Photonen verwendet, die pro Zeiteinheit t auf eine Empfängerfläche A treffen. Dies ergibt die

$$\text{Bestrahlungsstärke } E = \frac{d^2Q}{dt \cdot dA} \tag{4.1-2}$$

mit der Einheit W/m^2, die auch als Strahlungsflußdichte bezeichnet wird, wenn statt eines realen Empfängers eine fiktive Fläche im Raum angenommen wird.

Unter natürlichen Bedingungen, bei Strahlung von Sonne und Himmel, setzt sie sich zusammen aus

$$\text{Strahldichten } L = \frac{d^3Q}{dt \cdot dA \cdot d\Omega} \tag{4.1-3}$$

mit der Einheit $W/(m^2sr)$, die aus allen Richtungen, jeweils aus einem Raumwinkelinterval $d\Omega$, auf den Empfänger treffen. Da von der Sonne her eine andere Strahldichte einfällt als von Punkten des Himmelsgewölbes und diese Werte untereinander wiederum verschieden sind, müssen die Strahldichten $L = L(\theta, \varphi)$ richtungsabhängig behandelt werden, wobei die Richtung durch Zenitwinkel θ und Azimutwinkel φ des Himmelspunktes angegeben wird. Weiter ist bei gleichen Einstrahlungsbedingungen die Bestrahlungsstärke auf einen Empfänger von dessen Orientierung und Form abhängig, da die Flächendichte von Strahlung mit dem Kosinus ihres Winkels zur Flächennormalen reduziert wird. Bei horizontal orientierten Empfängern ist dies der Zenitwinkel.

Die Bestrahlungsstärke auf eine horizontal orientierte Fläche, die übliche Größe zur Beschreibung natürlicher Strahlung, ist somit das halbräumige Integral der kosinusgewichteten Strahldichten:

$$E = \int_0^{2\pi}\int_0^{\pi/2} L(\theta, \varphi) \cdot \cos\theta \cdot \sin\theta \cdot d\theta \cdot d\varphi \tag{4.1-4}$$

Als meteorologische Größe wird sie Globalstrahlung genannt.

Eine zweite wichtige Empfängergeometrie ist die eines Volumens, in das Strahlung von allen Seiten eindringen kann. Damit fällt die Strahldichte jeweils senkrecht auf die Fläche, und die Kosinuswichtung wird eins:

$$F = \int_0^{2\pi}\int_{-\pi/2}^{+\pi/2} L(\theta, \varphi) \cdot \sin\theta \cdot d\theta \cdot d\varphi \tag{4.1-5}$$

Diese Strahlungsflußdichte durch die Oberfläche eines Volumens wird als Zirkumglobalstrahlung oder aktinischer Fluß F bezeichnet. Sie ist die Größe, welche die Strahlungswirkung bei Prozessen beschreibt, bei denen jedes Photon einer Wellenlänge unabhängig von seiner Richtung gleichermaßen beiträgt. Dies gilt für photochemische Prozesse in der Luft und auch für die Wirkung von UV-Strahlung auf Bakterien und Pollen. Bei Körpern jedoch, die groß sind gegenüber der Eindringtiefe der UV-Strahlung, können Photonen, die an entgegengesetzten Stellen auf diesen Körper treffen, in ihrer Wirkung nicht zusammen betrachtet werden. Selbst wenn ein solcher Körper eine gekrümmte Oberfläche hat, wie z. B. ein Mensch, darf zur Beschreibung der wirksamen UV-Strahlung nicht der aktinische Fluß verwendet werden, sondern die Bestrahlungsstärke auf infinitesimale „ebene“ Flächen mit ihrer jeweiligen Orientierung. Hierbei muß, wie bei jeder Behandlung der Wirkung von natürlicher Strahlung auf eine anders als horizontal orientierte Fläche (z. B. Auge oder Stirn), die durch die aktuellen Winkel zu Flächennormalen hervorgerufene Wichtung der Strahldichten beachtet werden.

Die Strahlungsenergie Q, die ein Empfänger insgesamt erhält, ergibt sich aus seiner Fläche A und der Bestrahlungsdauer t:

$$Q = \int\int E(A, t) \cdot dA \cdot dt \tag{4.1-6}$$

Die Strahlungsenergie pro Flächeneinheit heißt Bestrahlung oder (im photobiologischen Bereich) Dosis H (Einheit J/m^2):

$$H = \int E(t) \cdot dt \tag{4.1-7}$$

Umgekehrt wird Dosis pro Zeiteinheit verwendet, um zeitlich gemittelte Werte der Bestrahlungsstärke anzugeben (s. Gl. 4.1-14).

4.1.2.3 Gewichtete Strahlungsgrößen

Bei der Behandlung von umweltrelevanten Strahlungsprozessen ist einerseits eine spektrale Betrachtung nötig, da diese wellenlängenabhängig verlaufen und auch die Strahlung jeder Quelle selbst wellenlängenabhängig ist. Andererseits müssen über die Wellenlänge integrierte Größen betrachtet werden, da natürliche Strahlung immer einen großen Spektralbereich überdeckt.

Um eine Strahlungsgröße als spektral zu kennzeichnen wird dem Formelzeichen das Symbol λ hinzugefügt und die Einheit ergänzt um den Kehrwert einer Länge, z. B. $W/(m^2\ nm)$:

$$E(\lambda) = \frac{dE}{d\lambda} \tag{4.1-8}$$

Die Wirkung von Strahlung auf Organismen oder in der Photochemie wird bestimmt durch die Energie, die der Empfänger absorbiert und die damit für andere Prozesse zur Verfügung steht. Das bedeutet, daß sowohl die Eigenschaften der Strahlung als auch diejenigen des jeweiligen Empfängers, d. h. des untersuchten Prozesses, berücksichtigt werden müssen. Die unterschiedliche Reaktion auf Photonen verschiedener Wellenlänge beruht auf deren unterschiedlicher Energie in Kombination mit den spezifischen Absorptionseigenschaften der bestrahlten Substanz. Die relative Wirkung der Strahlung (s. Gl. 4.1-9) wird durch Aktionsspektren $s_w(\lambda)$ beschrieben, die im photochemischen Bereich als Absorptionsspektren und in der Photobiologie als Wirkungsspektren bezeichnet werden.

Eine bekannte Wichtung von Strahlung ist die mit der spektralen Empfindlichkeit des Auges. Sie berücksichtigt den Helligkeitseindruck und überführt die energetischen Strahlungsgrößen in photometrische Größen, also in „Licht“. Dabei wird zum Beispiel aus Bestrahlungsstärke Beleuchtungsstärke [lx] und aus Strahldichte Leuchtdichte [cd m^{-2}]. Eine saubere Umrechnung (Gl. 4.1-9) ist nur unter Berücksichtigung der spektralen Zusammensetzung der Strahlung möglich, aber für solare Globalstrahlung bei hochstehender Sonne („Tageslicht“) gilt $1W/\ m^2 \cong 100$ lx. UV-Strahlung trägt nicht zu den photometrischen Größen bei, da diese vom menschlichen Auge nicht gesehen werden kann. Jedoch wird UV-Strahlung durchaus vom Auge absorbiert und kann unter anderem zu Photokeratitis (Hornhautentzündung) und Katarakt der Augenlinse (Grauer Star) führen.

Spektrale Wichtung von Strahlung im UV-Bereich ist relevant für die Photochemie (Bd. 1A, Kap. 3.2) sowie für Pflanzen (Bd. 2B, Kap. 3.3; Bd. 3A, Kap. 2.6.2). Die Reaktion des Menschen auf UV-Strahlung in Form von Sonnenbrand (Erythem) wird in diesem Kapitel näher behandelt, um ein Beispiel für gewichtete UV-Strahlung zu geben und weil davon abgeleitete Größen zur Beschreibung umweltrelevanter UV-Strahlung verwendet werden. Die relative spektrale Empfindlichkeit menschlicher, sonnenungewohnter Haut in bezug auf UV-Erythembildung wird durch die Wirkungsfunktion s_{er} beschrieben (DIN 1992). Basierend auf Messungen wurde sie mit einem geglätteten

Tabelle 4.1-2. Wirkungsfunktion des UV-Erythems. (Nach DIN 1992)

$s_{er}(\lambda)$	λ in nm
1	$\lambda \leq 298$
$10^{0{,}094(298-\lambda)}$	$298 < \lambda \leq 328$
$10^{0{,}015(139-\lambda)}$	$328 < \lambda \leq 400$

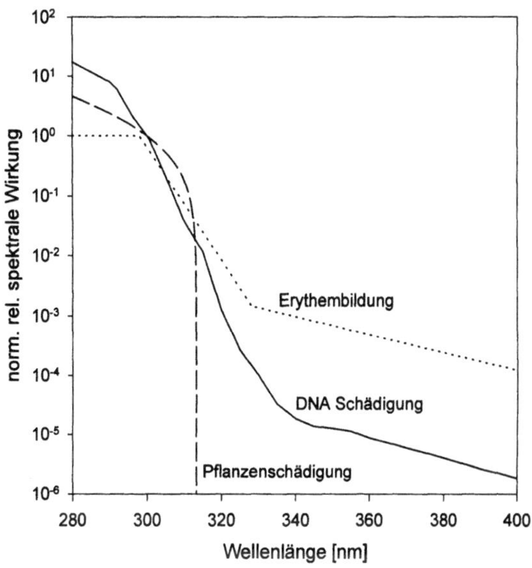

Abb. 4.1-2. Spektrale Wirkungsspektren für Erythembildung (DIN 1992), DNA-Schädigung (Setlow 1974) und Pflanzenschädigung (Caldwell 1971)

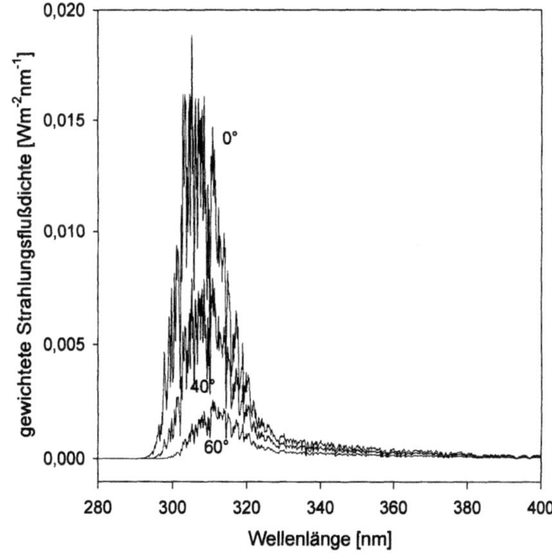

Abb. 4.1-3. Spektrale, mit dem Wirkungsspektrum für Erythembildung gewichtete, Globalstrahlung. Werte für die Bedingungen Meereshöhe, Vegetation, wolkenloser Himmel, mittlere Trübung und 330 DU Ozon. Die Zahlen an den Kurven geben die Sonnenzenitwinkel an

Verlauf festgelegt (Tabelle 4.1-2), und zwar unabhängig von Hauttypen. Der in Abb. 4.1-2 gezeigte Wellenlängenverlauf dokumentiert die starke relative Wirkung der kurzwelligen UV-B-Strahlung, zeigt aber, daß auch die UV-A-Strahlung eine Rolle spielt. Zusätzlich sind in Abb. 4.1-2 weitere Beispiele biologischer Wirkungsspektren gegeben. Gemeinsam sind die hohen Werte im UV-B und der starke Abfall zu längeren Wellenlängen, aber im Detail sind starke Unterschiede zu erkennen, die bei Betrachtung der unterschiedlichen Prozesse beachtet werden müssen (Bd. 2B, Kap. 3.3).

Erythemwirksame spektrale Bestrahlungsstärken, das heißt solare UV-Bestrahlungsstärken multipliziert mit s_{er}, zeigt Abb. 4.1-3. Auffallend ist die Konzentration auf einen relativ schmalen Spektralbereich um 310 nm, die einerseits durch den Abfall der Strahlung zu kleinen Wellenlängen hin und andererseits durch den der Wirkungsfunktion zu großen Wellenlängen hervorgerufen wird.

Für jeden Strahlungsprozeß ergibt sich die gesamte wirksame Strahlung E_W durch Integration der mit dem zugehörigen Wirkungsspektrum $s_w(\lambda)$ gefalteten Strahlung $E(\lambda)$ über die Wellenlänge:

$$E_W = \int E(\lambda) \cdot s_w(\lambda) \cdot d\lambda \tag{4.1-9}$$

Gl. 4.1-9 kann für alle in Abschnitt 4.1.2.2 diskutierten Strahlungsgrößen Anwendung finden.

Um solare UV-Strahlung mit einer einzigen Maßzahl zu beschreiben, wie dies für die Öffentlichkeitsarbeit notwendig ist, muß ebenfalls eine biologisch gewichtete, integrierte Größe verwendet werden. Da die mögliche Belastung des Menschen ein wesentlicher Grund für die Verbreitung von UV-Information darstellt, bietet sich zur Wichtung wieder die Erythemwirkungsfunktion an. Als Maßzahl wurde der UV-Index (UVI) eingeführt (WMO 1994).

$$UVI = 40 \cdot \int E(\lambda) \cdot s_{er}(\lambda) \cdot d\lambda \tag{4.1-10}$$

Der Faktor 40 vor dem Integral mit der Einheit $1/(W \cdot m^{-2})$ bewirkt, daß der UVI eine dimensionslose Kennziffer mit handlichen Zahlenwerten wird, die für europäische Verhältnisse und Meeresniveau zwischen 0 und 10 liegen. UVI = 1 entspricht $E_{er} = 25\ mW \cdot m^{-2}$.

Während die relative spektrale Empfindlichkeit, und damit der UVI, als unabhängig von Hauttypen angenommen wird, ist die absolute Strahlungsmenge, die zur Hautrötung führt, abhängig vom Haut-

Tabelle 4.1-3. Einteilung von Hauttypen nach der Reaktion der nicht vorbestrahlten Haut auf natürliche Sonnenbestrahlung. (Nach DIN 1992)

Hauttyp	Hautreaktion und ethnische Zuordnung	Richtwerte für H_{er} in Jm^{-2}
I	immer schnell Sonnenbrand, kaum oder keine Bräunung auch nach wiederholten Bestrahlungen (keltischer Typ)	200
II	fast immer Sonnenbrand; mäßige Bräunung nach wiederholten Bestrahlungen (hellhäutiger europäischer Typ)	250
III	mäßig oft Sonnenbrand, fortschreitende Bräunung nach wiederholten Bestrahlungen (dunkelhäutiger europäischer Typ)	350
IV	selten Sonnenbrand, schnell einsetzende Bräunung (mittelmeerischer Typ)	450

typ. Die Einteilung in Hauttypen ist international nicht einheitlich, in Deutschland werden vier Hauttypen unterschieden (Tabelle 4.1-3). Als minimale erythemwirksame Dosis MED wird die Dosis erythemgewichteter Strahlung bezeichnet, die bei sonnenungewohnter Haut zu erster Hautrötung führt. Für den Hauttyp II, der einen hellhäutigen europäischen Typ beschreibt (und für den üblicherweise die Daten angegeben werden, wenn nicht zwischen Hauttypen differenziert wird) gilt (DIN 1992):

$$\mathrm{MED} = 250\,\mathrm{J\,m^{-2}} \tag{4.1-11}$$

Vielen Medien ist der UVI zu unanschaulich. Sie bevorzugen die Angabe von Sonnenbadzeiten, t_{sb}, (oder auch Sonnenbrandzeit „burning time"), bei der angegeben wird, in welcher Zeit eine MED erreicht wird.

$$t_{sb} = \frac{\mathrm{MED} \cdot 40}{\mathrm{UVI}} \tag{4.1-12}$$

Die mit Gl. 4.1-12 berechnete t_{sb} gibt die Zeit in Sekunden an. Die Zeit bis zum Erreichen von Hautrötung ist vom Hauttyp abhängig, entsprechend der unterschiedlichen MED, und damit kein direktes Strahlungsmaß. Für den Hauttyp II ergibt sich

$$t_{sb} = \frac{10000}{\mathrm{UVI}}\,\mathrm{s} = \frac{167}{\mathrm{UVI}}\,\mathrm{min} \tag{4.1-13}$$

Das bedeutet, daß zum Beispiel bei UVI=6 bereits weniger als eine halbe Stunde und bei UVI=11 bereits eine viertel Stunde Bestrahlung genügen können, um zu einer Rötung ungewohnter Haut zu führen.

Eine andere Größe zur Beschreibung der Stärke der UV-Strahlung ist die Dosisrate, das heißt Dosis pro Zeiteinheit. Als Zahlwert bietet sich die MED pro Stunde, MEDphr, an:

$$\mathrm{MEDphr} = \frac{\int_{t}^{t+1\,\mathrm{hr}} \int_{\lambda} \mathrm{E}(\lambda) \cdot \mathrm{s_{er}}(\lambda) \cdot \mathrm{d}\lambda \cdot \mathrm{dt}}{\mathrm{MED}} \tag{4.1-14}$$

Hiermit wird angegeben, auf wieviele MED sich die Strahlung in einer Stunde aufsummieren würde, wenn diese in der Stunde konstant bliebe. Die Umrechnung von UVI in MEDphr ist möglich, da beide die gleiche spektrale Wichtung enthalten. Unter der Annahme, daß sich die Strahlung, die mittels UVI angegeben wird, in der Stunde nicht ändert, gilt:

$$\mathrm{MEDphr} = \frac{90 \cdot \mathrm{UVI}}{\mathrm{MED}} \tag{4.1-15}$$

Daraus ergibt sich für Hauttyp II:

$$\mathrm{UVI} = 2{,}78 \cdot \mathrm{MEDphr} \tag{4.1-16}$$

Es soll noch einmal erwähnt werden, daß der UVI ein direktes Maß für die Intensität der UV-Strahlung darstellt, während in die nach Gl. 4.1-12 oder 4.1-13 bestimmten Zeiten Hauteigenschaften eingehen, diese also vom Hauttyp abhängen. Da die zugrundeliegenden Werte für die MEDs (Tabelle 4.1-3) sich auf minimale Rötung von vollständig sonnenungewohnter Haut bei senkrechter Einstrahlung beziehen, können sich in der Praxis andere Zeiten ergeben, z. B. wegen individueller Hauteigenschaften, wegen Gewöhnung an die Sonne und auch wegen der Orientierung der Hautpartien zur Sonnenrichtung während der Bestrahlung. Das bedeutet, daß Bestrahlungszeiten, die sich aus dem UVI nach Gl. 4.1-13 ergeben, einerseits als Maß für unbeschadeten Sonnenaufenthalt verstanden werden können und andererseits zur Vorsicht mahnen sollen.

4.1.3 Messung und Modellierung von UV-Strahlung

UV-Strahlung wird gemessen und modelliert, wobei je nach Fragestellung unterschiedlich aufwendige Verfahren zur Anwendung kommen. Am höchsten sind die Anforderungen an Messung und Modell, um die Prozesse zu untersuchen, welche die UV-Strahlung beim Durchgang durch die Atmosphäre verändern.

Wesentliches Merkmal der natürlichen UV-Strahlung ist der steile Abfall über mehrere Zehnerpotenzen zu kurzen Wellenlängen hin (Abb. 4.1-1). Um das Spektrum trotzdem bis zu kurzen Wellenlängen exakt zu bestimmen, muß die Messung spektral hoch aufgelöst erfolgen und für ausreichende Streulichtunterdrückung gesorgt werden. Weiter ist absolute und spektrale Langzeitstabilität nötig, was durch den Einsatz von thermisch stabilisierten Doppelmonochromatoren gewährleistet wird. Damit Meßwerte vergleichbar sind, ist die Einhaltung einheitlicher Meßgeometrie, beim horizontalen Empfänger die der Kosinus-Empfindlichkeit, Voraussetzung. Meßgerätevergleiche zeigen, daß die Messgenauigkeit in der Größenordnung von 10% liegt (Gardiner u. Kirsch 1995). Allgemeine Angaben zur UV-Messung finden sich z.B. bei Tevini u. Häder (1985).

Die Forderung nach absoluter Stabilität, die regelmäßige Kalibrierung erfordert, gilt auch für einfache, spektral integrierende Geräte, wie sie häufig für Überwachungsaufgaben und Meßnetze für biologische und medizinische Fragestellungen eingesetzt werden. Bekanntester Vertreter dieses Typs ist das Robertson-Berger Instrument (Berger 1976), bei dem versucht wird, die Erythemempfindlichkeit direkt zu simulieren. Neuere Geräte dieses Typs ergeben gute Übereinstimmung mit spektral hochaufgelöst gemessenen und anschließend integrierten Daten (Mayer u. Seckmeyer 1996).

Zur Modellierung von UV-Strahlung werden die strahlungsrelevanten Prozesse in der Atmosphäre, am Boden und gegebenenfalls am Empfänger berechnet. Wenn die Eigenschaften der Atmosphäre bekannt sind, können somit für jeden Ort und Zeitpunkt UV-Daten bereitgestellt werden. Modellierung von UV-Strahlung ist darüber hinaus wichtig für Sensitivitäts- und Prozeßstudien und um gemessene Information spektral zu wichten und auf andere Empfängergeometrien zu übertragen. Mit Modellen ist es möglich, den Einfluß verschiedener Atmosphärenparameter auch für mögliche zukünftige Bedingungen zu untersuchen und somit Kurz- und Langfristvorhersagen zu machen.

Auch bei der Modellierung werden je nach Anforderung unterschiedlich aufwendige Verfahren eingesetzt. Die einfachste Möglichkeit, UV-Strahlung zu modellieren, ist die Verwendung einer aus Messungen empirisch abgeleiteten Parametrisierung mit Sonnenstand und Ozonmenge. Diese Art der Modellierung wird für erythemgewichtete integrierte Bestrahlungsstärken im wolkenfreien Fall routinemäßig verwendet (z.B. Burrows et al. 1994). Einfache, aber spektrale Modelle multiplizieren Transmissionen für die einzelnen Atmosphärenbestandteile miteinander (z.B. Green 1983). Derartige Modelle benötigen nur wenig Rechenzeit, können aber Wechselwirkungen von Streuung und Absorption der verschiedenen Komponenten nur ungenau und ihre Höhenverteilung gar nicht berücksichtigen. Aufwendige Modelle behandeln die Mehrfachstreuung in geschichteter Atmosphäre und berechnen das Strahlungsfeld spektral zenitwinkel- und höhenabhängig. Eine Kurzbeschreibung gängiger Rechenverfahren findet sich bei Bakan u. Hinzpeter (1989), ein Vergleich von Modellen, die für UV-Index-Berechnung verwendet wurden, bei Koepke et al. (1998).

Die Genauigkeit der berechneten Strahlungsgrößen hängt nicht nur von der Komplexität und Qualität der Modelle ab, sondern auch von der Genauigkeit und Verfügbarkeit der Daten zur Beschreibung der Eigenschaften des Systems Sonne-Atmosphäre-Boden. Dabei ist zu unterscheiden zwischen Größen, die im Modell festgesetzt werden, und den aktuellen Werten der Parameter zur Beschreibung der zu simulierenden Atmosphäre. Die im Modell festgesetzten Größen, wie Strahlungsflußdichte der extraterrestrischen Sonne und temperaturabhängige Absorptionskoeffizienten von Ozon und anderen Spurengasen, werden der Literatur entnommen. Die für die Modellierung nötigen Größen zur Beschreibung der aktuellen Atmosphäre, wie Ozongesamtgehalt, Aerosolmenge, spektrale Aerosoleigenschaften und Bodenalbedo, sind häufig nicht verfügbar, sondern müssen abgeschätzt werden und sind in jedem Fall fehlerbehaftet. Die daraus resultierende Unsicherheit der Strahlung ist wellenlängenabhängig und liegt im wolkenfreien Fall in der Größenordnung von 10% (Schwander et al. 1997). Diese Unsicherheit gilt natürlich nicht für Sensitivitätsstudien, bei denen die Atmosphäreneigenschaften als bekannt angenommen werden.

Bei bewölktem Himmel ergeben sich bei der Modellierung zusätzliche Unsicherheiten durch die beschränkten Möglichkeiten, die aktuellen Wolkeneigenschaften anzugeben und im Modell zu beschreiben. Aber auch die Qualität gemessener Spektren ist im bewölkten Fall reduziert, und zwar durch die zur Messung benötigte Zeit, in der sich die Wolkeneigenschaften ändern können, so daß Meßwerte bei verschiedenen Wellenlängen unterschiedliche Atmosphärenzustände repräsentieren.

4.1.4
Einfluß von Atmosphäre und Boden auf UV-Strahlung

Da Modelle im Gegensatz zu Messungen die Möglichkeit bieten, die Atmosphärenparameter systematisch und unabhängig voneinander zu variieren und so ihren Effekt bezüglich der UV-Strahlung zu trennen, sind im folgenden Kapitel überwiegend modellierte Ergebnisse dargestellt. Sie basieren auf dem spektral, höhenabhängig und mit Mehrfachstreuung rechnenden Modell STAR (Ruggaber et al. 1994, in seiner aktuellen Version).

4.1.4.1
Grundlagen

Die solare UV-Strahlung, die den Boden erreicht, ist stark variabel. Ein Teil der Änderungen ist regelmäßig und wird hervorgerufen durch die wechselnde Sonnenhöhe und die Änderung des Abstandes Erde – Sonne. Andere Variationen resultieren aus der unterschiedlichen Menge und Verteilung der Bestandteile der Atmosphäre, welche die Streuung und Absorption der Photonen auf dem Weg durch die Atmosphäre bestimmen, sowie den Reflexionseigenschaften des Bodens. Die hierbei relevanten Atmosphärenbestandteile sind Ozon, Luftmoleküle, Aerosolpartikel sowie in manchen Regionen (im wesentlichen anthropogen verschmutzte Bereiche) NO_2 und SO_2 und weiter, im bewölkten Fall, ganz wesentlich die Wolkentropfen.

Für die UV-relevanten Atmosphärenbestandteile ist in Abb. 4.1-4 der spektrale Verlauf der optischen Dicken gezeigt. Typisch ist die Zunahme zu kurzen Wellenlängen, die für Aerosol mittlere Werte aufweist ($\approx \lambda^{-1,3}$) und für Luftmoleküle mit λ^{-4} erfolgt. Ozon zeigt die bereits erwähnte starke Zunahme, die dazu führt, daß unterhalb von 310 nm Ozoneffekte dominieren. Optische Dicken von Wolken sind nicht gezeigt, da sie Werte zwischen 0,1 (Cirren) und 200 (Gewitterwolke) annehmen können, wobei die spektrale Abhängigkeit der optischen Dicke bei allen Wolkentypen gering ist.

Ob ein Photon absorbiert oder in Richtung Weltraum oder nach unten gestreut wird, hängt damit ab von der Wellenlänge, von der Menge der Atmosphärenbestandteile und ihren strahlungsrelevanten Eigenschaften, aber auch vom Sonnenstand, da hierdurch die Länge des Weges durch die Atmosphäre beeinflußt wird, der mit flacher einfallender Sonne zunimmt. Da die Photonenwege aber durch die Streuprozesse verändert werden, ist eine weitere Abhängigkeit gegeben durch die relativen Anteile von streuendem und absorbierendem Ma-

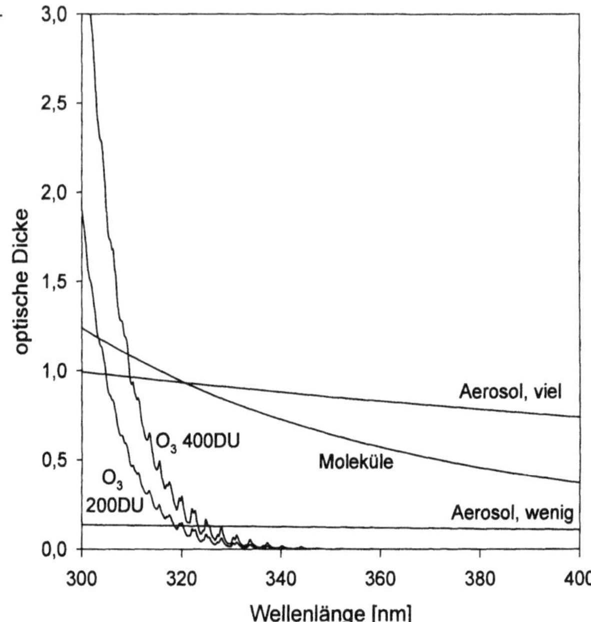

Abb. 4.1-4. Spektrale optische Dicken von Atmosphärenbestandteilen. Ozon: 200 und 400 DU, Aerosol für trübe und klare Bedingungen, Luftmoleküle entsprechend einem Luftdruck in Meereshöhe

terial, durch die die Wahrscheinlichkeit für Absorption verändert wird. Aufgrund dieses Zusammenspiels von Streuung, Weglängenverteilung und Absorption ist der Einfluß der einzelnen Atmosphärenparameter auf die UV-Strahlung in gewissem Maß davon abhängig, welche Werte die anderen Parameter haben. Im folgenden Kapitel, in dem Effekte separat behandelt werden, wird deshalb von einer mittleren Atmosphäre ausgegangen, mit Boden in Meereshöhe, einer Albedo gültig für Vegetation, mittlerer Trübung durch Aerosol und 330 DU Ozon. Die Höhenabhängigkeit der Atmosphärenbestandteile und der Temperatur wird berücksichtigt, aber nicht variiert, da sie das Ergebnis im Bereich der biologisch relevanten UV-Strahlung nur gering beeinflußt (Schwander et al. 1997).

4.1.4.2 Einfluß des Sonnenstandes

Mittlere Werte der extraterrestrischen Sonnenstrahlung im UV-A und UV-B-Bereich, die auf die Atmosphäre der Erde treffen, sind in Tabelle 4.1-1 und Abb. 4.1-1 gezeigt. Die elliptische Bahn der Erde bewirkt Abweichungen von bis zu +3,3% im Januar und –3,3% im Juli, die bei genauen Betrachtungen berücksichtigt werden müssen. Fluktuationen der solaren Strahlung im Zusammenhang mit der Sonnenfleckenintensität sind dagegen im Bereich UV-A und UV-B vernachlässigbar.

Bei festen Atmosphäreneigenschaften ist die Bestrahlung eines Ortes abhängig vom Zenitwinkel der Sonne θ, der sich aus Tages- und Jahreszeit sowie geographischer Position ergibt. Dieser Winkel bestimmt die relative Länge des Weges, den die ungestreuten Photonen zurücklegen (in erster Näherung: $1/\cos\theta$). Die Transmission der direkten Sonnenstrahlung durch die Atmosphäre gemäß dem Extinktionsgesetz ist damit:

$$T(\lambda) = \exp(-(\tau_m(\lambda) + \tau_a(\lambda) + \tau_0(\lambda) + \tau_g(\lambda)) \cdot (1/\cos\theta)) \qquad (4.1\text{-}17)$$

Dabei sind τ_i die optischen Dicken der Luftmoleküle, der Aerosolpartikel, von Ozon und von anderen Spurengasen. Gl. 4.1-17 gilt für die direkte Strahlung von der Sonne, senkrecht zum Weg. Diese ist in Abb. 4.1-5 gezeigt in Prozent der Globalstrahlung, als Beispiel für erythemgewichtete Strahlung. Um den tatsächlichen Beitrag zur Globalstrahlung anzugeben, den die direkte Strahlung von der Sonne liefert, ist deren Projektion auf eine horizontale Fläche nötig; das heißt, es muß mit $\cos\theta$ gewichtet werden. Auch der Anteil dieser projezierten direkten Strahlung ist in Abb. 4.1-5 gezeigt und zusätzlich der der diffusen Himmelsstrahlung. Das Verhältnis von diffuser zu direkter Strahlung verschiebt sich mit größer werdendem Sonnenzenitwinkel, da die Wahrscheinlichkeit, daß Photonen aus der direkten Strahlung herausgestreut werden, mit der Länge des Weges durch die Atmosphäre steigt. Bei großem Sonnenzenitwinkel ist die direkte Strahlung vollständig extingiert, die diffuse Strahlung macht 100% der Globalstrahlung aus. Daß der Anteil der direkten Strahlung an der Globalstrahlung auch bei hochstehender Sonne deutlich geringer ist als der der diffusen Strahlung, resultiert aus dem in der Wichtung dominierenden kurzwelligen Spektralbereich (s. Abb. 4.1-3) mit den zugehörigen hohen optischen Dicken der Atmosphäre. Im Sichtbaren bei hoher Sonne würde die direkte Komponente stark überwiegen.

Die Wellenlängenabhängigkeit der Strahlungsschwächung durch die Atmosphäre ist bereits in Abb. 4.1-1 am Beispiel der Globalstrahlung dargestellt worden. Dort ist weiter zu erkennen, daß die relative Zunahme der Schwächung mit dem Sonnenzenitwinkel in dem biologisch wichtigen Wellenlängenbereich um so stärker ausfällt, je kürzer die Wellenlänge ist, bedingt durch die Zunahme der Extinktionskoeffizienten. Eine Änderung des Sonnenstandes von $\theta = 0^\circ$ auf 80° bewirkt bei 400 nm, einer Wellenlänge ohne Ozonabsorption, eine Schwächung der Globalstrahlung um einem Faktor von rund 10. Bei 310 nm, wo Ozon absorbiert, ruft die gleiche Änderung des Sonnenstandes dagegen eine Schwächung der Globalstrahlung um einen Faktor von rund 100 hervor.

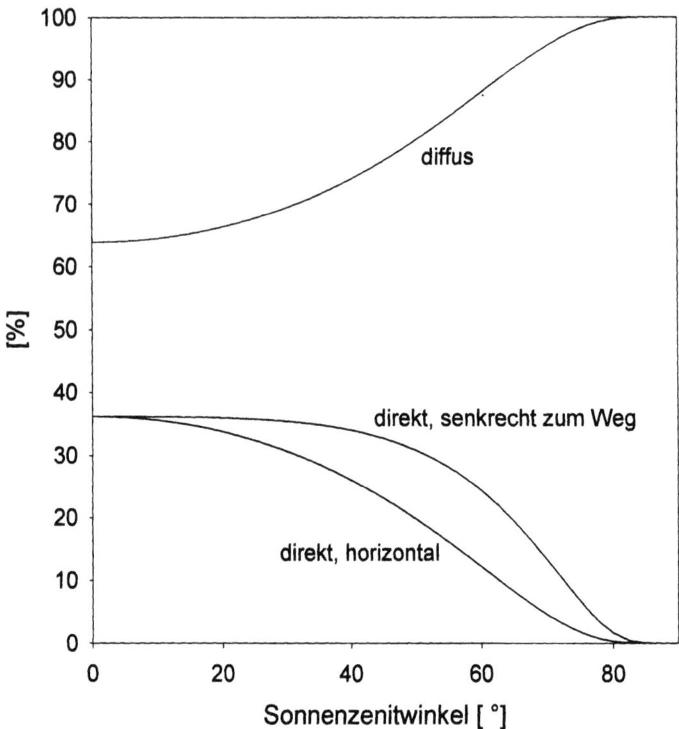

Abb. 4.1-5. Diffuse Himmelsstrahlung auf eine horizontale Fläche und Strahlung der direkten Sonne auf eine horizontale Fläche sowie auf eine Fläche senkrecht zur Ausbreitungsrichtung, jeweils in Prozent der Globalstrahlung. Strahlung erythemgewichtet spektral integriert. Werte für die Bedingungen Meereshöhe, Vegetation, wolkenloser Himmel, mittlere Trübung und 330 DU Ozon

4.1.4.3 Einfluß von Ozon

Die Wirkung des Ozons auf die Strahlung hängt in erster Linie von dessen Gesamtmenge ab, die in Dobson-Einheiten (Dobson-Units DU) angegeben wird (Bd. 1A, Kap. 3.3). Messungen erfolgen mittels Satellitenradiometern und an einigen Bodenstationen (in Deutschland Hohenpeißenberg und Potsdam, in der Schweiz Arosa). Da sich der überwiegende Teil des Ozons in der Stratosphäre befindet (rund 90%), ist die Variation des bodennahen Ozons (Bd. 1A, Kap. 3.2) für die UV-Strahlung nur von untergeordneter Bedeutung.

Die Absorption von Ozon in den Hartley- und Huggins-Banden führt zu dem in Abb. 4.1-4 gezeigten spektralen Verlauf der optischen Dicke. Oberhalb von 330 nm ist sie so gering, daß der Effekt für biologische Wirkungen vernachlässigt werden kann. Die Zunahme der

Ozonabsorption zu kurzen Wellenlängen hin bewirkt, daß die durch eine Ozonänderung hervorgerufene Änderung der Globalstrahlung um so stärker ist, je kürzer die Wellenlänge ist. Dadurch wird die Wellenlänge, bei der die Bestrahlungsstärke einen vorgegebenen Wert (zum Beispiel eine Geräteempfindlichkeit) erreicht, verschoben. Dieser Effekt wird manchmal als „Verschiebung der UV-Kante" zur Beschreibung des Ozoneffekts verwendet.

Eine umfassende Darstellung der Abhängigkeit der Globalstrahlung von der Ozongesamtmenge zeigt Abb. 4.1-6 für $\lambda = 310$ nm, da diese Wellenlänge für biologische UV-Strahlungseffekte als repräsentativ angesehen werden kann. Die Zunahme der Strahlung mit abnehmender Ozonmenge und Sonnenzenitwinkel dokumentiert die obigen Angaben zu Absorption und Weg durch die Atmosphäre.

Die Wichtung der UV-Strahlung mit biologischen Wirkungsspektren (Abb. 4.1-2) führt zu spektralen Dosisraten, die ihr Maximum im Wellenlängenbereich um 310 nm haben (z.B. Abb. 4.1-3), das aber um so mehr zu kurzen Wellenlängen verschoben ist, je steiler der Abfall des Wirkungsspektrums zu großen Wellenlängen hin ist. Da mit abnehmender Wellenlänge die Reduktion der Strahlung durch zunehmendem Ozongehalt steigt, folgt als Konsequenz, daß die Wirkung einer durch Ozonänderung geänderten UV-Strahlung auch vom biologischen Prozeß selbst abhängig ist. Um Folgen aus einer Ozonänderung möglichst einfach zu beschreiben, werden deshalb Faktoren eingeführt („radiation amplification factors", RAF), die diese Abhängigkei-

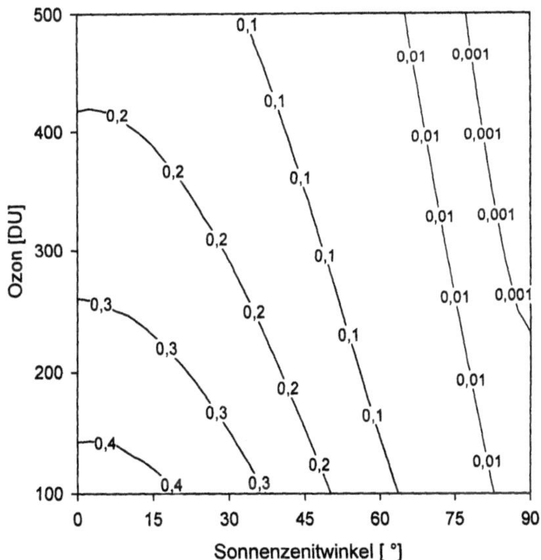

Abb. 4.1-6. Globalstrahlung bei 310 nm in $Wm^{-2}nm^{-1}$ in Abhängigkeit vom Ozongehalt und dem Sonnenzenitwinkel. Werte für die Bedingungen Meereshöhe, Vegetation, wolkenloser Himmel und mittlere Trübung

ten berücksichtigen (z. B. Madronich 1993). Dabei wird eine prozentuale Änderung des Ozons $\Delta O_3/O_3$ mit der daraus resultierenden prozentualen Änderung der für den betrachteten Prozeß gewichteten Bestrahlungsstärken verknüpft:

$$\frac{\Delta E_w}{E_w} = RAF \cdot \left(-\frac{\Delta O_3}{O_3} \right) \tag{4.1-18}$$

Für verschiedene biologische UV-Wirkungen mit verschiedenen Wirkungsspektren ergeben sich unterschiedliche zugehörige RAFs (z. B. v. d. Leun et al. 1991; Madronich 1993). Die Werte liegen zwischen rund RAF = 2 für DNA-Schäden, die im wesentlichen durch kurze Wellenlängen hervorgerufen werden, und RAF = 0 für Effekte, die durch den Teil des Spektrums, der außerhalb der O_3-Absorption liegt, bedingt sind. Für die Erythemwirksamkeit gilt RAF ≈ 1,1. Durch die oben diskutierte spektrale Abhängigkeit der Strahlung vom Sonnenstand und anderen Atmosphärenparametern ändern sich mit diesen Größen auch die RAFs, für erythemgewichtete Strahlung in der Größenordnung von 10%. Detailliertere Angaben zu Strahlungsverstärkungsfaktoren finden sich in Bd. 2B, Kap. 3.3.

4.1.4.4 Einfluß von Aerosolpartikeln

Troposphärische Aerosolteilchen, zum Beispiel Staub, Sulfate, Ruß, Seesalz oder Wüstenaerosol, sind wegen ihrer kurzen Verweilzeit stark variabel, sowohl in der Menge als auch in den daraus resultierenden spektralen Streu- und Absorptionseigenschaften (vgl. hierzu Kap. 1.1). Die Bestimmung der optischen Dicke von Aerosol mittels Satelliten ist über Wasser möglich, aber gestört im Fall von Wolken. Direkte Messungen vom Boden aus sind selten. Die einzige routinemäßig verfügbare Information, aus der auf den Aerosolgehalt geschlossen werden kann, ist die Sichtweite. Sie ist jedoch nur eine grobes Maß für die optische Dicke des Aerosols, da hierfür vom horizontalen auf den vertikalen Aerosolgehalt geschlossen werden muß, so daß die Höhe der Aerosolschicht eingeht, die um einen Faktor 2 variieren kann. Für Verhältnisse mit mittlerer Trübung bewirkt eine Unsicherheit der Aerosolmenge von 50%, wie sie sich aus der direkten Bestimmung nur aus der Sichtweite ergibt, eine UV Unsicherheit von rund 10% (Schwander et al. 1997). Der spektrale Verlauf der Strahlungseigenschaften vom Aerosol, der wichtig wird, wenn die diesbezügliche Information bei Wellenlängen außerhalb des UV gewonnen wird, ist variabel. Die optische Dicke des Aerosols nimmt jedoch zu kurzen Wellenlängen hin zu (Abb. 4.1-4), je nach Teilcheneigenschaften zwischen λ^{-0} und λ^{-2}. Auch die Absorptionseigenschaften des Aerosols variieren mit seiner Zusammensetzung, für kontinentales Aerosol im wesentlichen mit dem Anteil von Ruß.

Zusätzliche Aerosolpartikel können die Rückstreuung von Photonen in den Weltraum erhöhen, aber auch Photonen absorbieren, und durch beide Effekte die UV-Globalstrahlung reduzieren. Durch die Wechselwirkung von Streuung an Luftmolekülen und Aerosol, Absorption durch Ozon und Aerosol, sowie Reflexion am Boden werden die Effekte im UV komplex. Bei kurzen Wellenlängen im Bereich starker Ozonabsorption und niedrig stehender Sonne kann eine Erhöhung der Aerosolmenge die Globalstrahlung sogar verstärken, weil mehr Photonen so gestreut werden, daß sie kürzere Wege durch die Atmosphäre zurücklegen (Umleitungseffekt).

Die Abnahme der UV-B-Strahlung in nicht-urbanen Gebieten, bedingt durch die Aerosolzunahme seit der industriellen Revolution, beträgt 5 bis 18% (Liu et al. 1991). Detailliert, als Funktion von Sonnen-

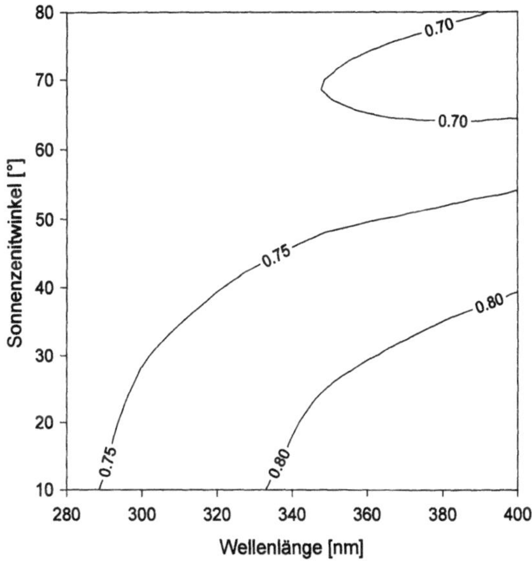

Abb. 4.1-7. Reduktion der Globalstrahlung durch Aerosolpartikel in Abhängigkeit von der Wellenlänge und dem Sonnenzenitwinkel. Angegeben ist das Verhältnis zwischen der Globalstrahlung bei trüber Atmosphäre (verschmutzte Luft mit Aerosol der optischen Dicke 0,8 bei 380 nm und 12% Absorption) und der bei klarer Atmosphäre (saubere Luft mit Aerosol der optischen Dicke 0,1 und 5% Absorption). Werte für die Bedingungen Meereshöhe, Vegetation, wolkenloser Himmel und 330 DU Ozon (nach Reuder u. Schwander 1999)

zenitwinkel und Wellenlänge, ist die Änderung der UV-Strahlung bei Änderung des Aerosols in Abb. 4.1-7 gezeigt (Reuder u. Schwander 1999). Dargestellt ist hier die relative Schwächung der Globalstrahlung durch Übergang von einer aerosolarmen Atmosphäre zu einer verschmutzten, mit mehr und stärker absorbierendem Aerosol, wie es für urbane Bedingungen angenommen werden kann. Die Reduktion beruht in diesem Beispiel jeweils rund zur Hälfte auf der Erhöhung der Aerosolmenge und der Erhöhung des Absorptionsvermögens.

Die Menge an Aerosol in der Stratosphäre ist normalerweise so gering, daß ihr Einfluß auf die UV-Strahlung am Boden vernachlässigt werden kann. Erhöhte Aerosolmenge nach Vulkanausbrüchen ändert das Strahlungsfeld in Abhängigkeit von Wellenlänge und Sonnenhöhe. Ein vermutlich größerer Effekt von vulkanischem Sulfataerosol ist jedoch die Änderung der chemischen Prozesse in der Stratosphäre, mit dem Ergebnis verstärkter Ozonzerstörung (Bd. 1A, Kap. 3.3).

4.1.4.5
Einfluß der Bodenalbedo

Photonen, die an der Erdoberfläche reflektiert werden, können durch erneute Rückstreuung in der Atmosphäre zur Globalstrahlung beitragen. Die Reflexionseigenschaften des Bodens, bestimmt durch Art und Struktur des Materials, werden durch die Albedo beschrieben, dem Quotienten zwischen reflektierter und einfallender Strahlungsflußdichte.

Im UV-Bereich liegt die Albedo von bewachsenen Landoberflächen unter 5% (z.B. Madronich 1993). Bei Annahme eines mittleren Wertes von 3% ist die aus einer Unsicherheit des aktuellen Wertes der Albedo von Vegetation resultierende Unsicherheit der UV-Globalstrahlung gegenüber anderen Effekten zu vernachlässigen (Schwander et al. 1997). Im Fall von Schnee steigt die Albedo auch im UV auf hohe Werte, mit starker Abhängigkeit vom Alter und Verschmutzungsgrad des Schnees sowie der Menge der Bäume und Sträucher, welche die Schneedecke durchstoßen. Im folgenden wird für eine unberührte Neuschneedecke im UV eine Albedo von 95% angenommen (Grenfell et al. 1994) und die Albedo einer schneebedeckten Landschaft mit 58% angesetzt. Eine Erhöhung der Albedo führt zu einer Vergrößerung der Globalstrahlung, dadurch daß zusätzliche am Boden reflektierte Photonen in der Atmosphäre teilweise rückgestreut werden. Dieser Albedoeffekt ist in geringem Maße auch von den Eigenschaften der Atmosphärenparameter und damit von der Wellenlänge abhängig. Bei einer spektral als konstant angenommenen Bodenalbedo hat er ein Maximum im Wellenlängenbereich um 320 nm (Schwander et al. 1999). Dies wird hervorgerufen durch die im UV mit abnehmender Wellenlänge zunehmende Streuung an Luftmolekülen und Aerosol einerseits, und andererseits durch die Ozonabsorption, die diese Zunahme bei Wellenlängen unterhalb von 320 nm kompensiert oder überkompensiert. Die Erhöhung der Globalstrahlung durch schneebedeckte Landschaft an Stelle von Vegetation beträgt bei wolkenfreien Bedingungen rund 25% (s. auch Abb. 4.1-14). Im Fall von Wolken führt die verstärkte Rückstreuung an der Wolkenunterseite zu einem höheren Albedoeffekt als im wolkenfreien Fall (Kap. 4.1.4.7). Für Landoberflächen, die im UV als isotrop reflektierend angenommen werden können, ist der Albedoeffekt unabhängig vom Sonnenstand. Natürlich ist der Albedoeinfluß bei allen Empfängerorientierungen, bei denen am Boden reflektierte Photonen direkt zum Signal beitragen, stärker als bei der Globalstrahlung (Kap. 4.1.5.3), zu der nur Photonen aus dem oberen Halbraum beitragen.

4.1.4.6 Einfluß der Höhe

Mit zunehmender Stationshöhe (über dem Meeresspiegel) wird, analog zur barometrischen Höhenformel, die Zahl der Luftmoleküle über dem Empfänger weniger und ebenso die Dicke der über dem Empfänger liegenden Aerosolschicht. Diese Abnahme des Aerosoleinflusses mit der Höhe ist besonders kräftig auf einem Berg, der aus der ihn umgebenden bodennahen Aerosolschicht herausragt. Auch der Gesamtgehalt an Ozon über dem Empfänger nimmt mit zunehmender Höhe ab, jedoch nur geringfügig, da sich nur ein geringer Teil des Ozons in der Troposphäre befindet. Alle genannten Punkte führen zu einer Zunahme der UV-Strahlung mit der Höhe. Die relative Zunahme der direkten Strahlung ist dabei größer als die der diffusen Himmelsstrahlung. Für die Bedingungen von Abb. 4.1-5, aber für 1000 m über NN und klare Atmosphäre, ist bei senkrechter Sonne der Anteil der direkten Strahlung an der Globalstrahlung schon höher als der der diffusen. Für Situationen ohne Wolken und Schnee ergibt sich eine Zunahme der erythemgewichteten Globalstrahlung um rund 10% auf 1000 m (z. B. Blumthaler et al. 1994 a), eine Zahl, die stark von der Menge und Höhenverteilung des Aerosols abhängig ist. Der Höheneffekt, ausgedrückt in %/km, ist größer, wenn der obere Meßpunkt außerhalb einer bodennahen Aerosolschicht liegt. Er ist geringer, wenn in beiden Höhen wenig Aerosol vorhanden ist, zum Beispiel bei Messung an zwei verschieden hohen Bergstationen oder an klaren Tagen.

Zusätzlich zu der Abnahme von Luftmolekülen und Aerosol muß beachtet werden, daß mit zunehmender Höhe die Wahrscheinlichkeit steigt, daß der Boden schneebedeckt ist, besonders im Frühling und Herbst. Daraus resultiert die im vorigen Abschnitt beschriebene Erhöhung der UV-Strahlung (s. auch Abb. 4.1-14). Wenn bei der Betrachtung der Höhenabhängigkeit alle Atmosphärenzustände eingeschlossen werden, kommt als weiterer Punkt hinzu, daß es immer wieder Wolken gibt, die unterhalb der Bergstation liegen. Da Wolken die UV-Strahlung in erster Linie abschwächen (Kap. 4.1.4.7), wird durch solche Wolken eine Reduktion der Strahlung im Tal bewirkt, während die Strahlung in der Höhe nicht reduziert oder sogar erhöht wird, da die Wolke die Albedo für den Höhenstandort vergrößern kann. Bei Einschluß dieser Effekte von Wolken und Schnee ergibt sich damit eine viel größere Zunahme der UV-Strahlung mit der Höhe, mit maximalen Unterschieden in Frühling und Herbst. Zum Beispiel wurde als Mittelwert im April auf der Zugspitze (rund 3 km) eine um 75% höhere UV-Strahlung gemessen als in Garmisch (0,7 km) (Reiter u. Munzert 1982). Diese Erhöhung sollte jedoch nicht in %/km angegeben werden, da sie nur indirekt von der Höhendifferenz abhängig ist.

4.1.4.7 Einfluß von Wolken

Durch die Bewölkung kann die UV-Strahlung am Erdboden sehr stark reduziert, unter Umständen aber auch erhöht werden (z.B. Mims u. Frederick 1994). Die für die UV-Strahlung dominant wichtigen Eigenschaften von Wolken sind deren optische Dicke, bestimmt durch ihre vertikale Erstreckung und Tropfengrößenverteilung, sowie die Menge der Wolken und ihre Verteilung am Himmel. Wolken zeigen eine geringe Zunahme der Transmission zu kurzen Wellenlängen hin. Als Ergebnis ist der Effekt von Wolken auf die Globalstrahlung im UV geringer als im Sichtbaren (z.B. Blumthaler et al. 1994b). Hierzu trägt auch bei, daß der relative Anteil der direkten Sonnenstrahlung schon im wolkenfreien Fall mit abnehmender Wellenlänge abnimmt, bedingt durch den spektralen Gang der Streuung an den Luftmolekülen. Aufgrund der durch die zusätzliche Streuung an den Tropfen verlängerten Photonenwege nimmt die Absorption durch das Ozon im Bereich der Wolke zu, verbunden mit einer entsprechenden Reduktion der spektralen Transmission. Eine Absorption durch das reine Wolkenwasser ist vernachlässigbar im UV. Jedoch kann das Material der Kondensationskerne im Tropfen deren Wassereigenschaften

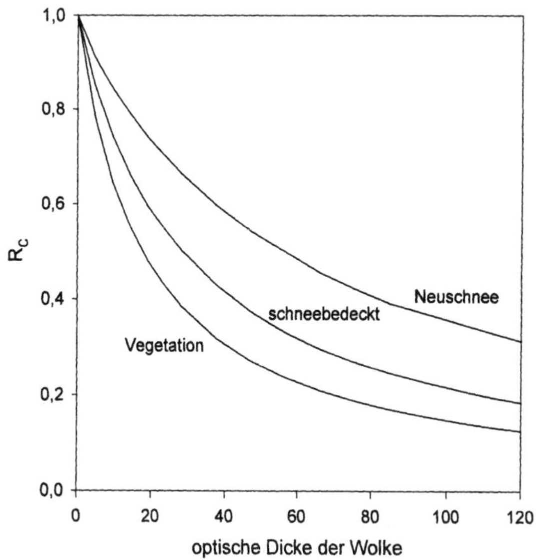

Abb. 4.1-8. Wolkenreduktionsfaktor für geschlossene Wolkendecke in Abhängigkeit von der optischen Dicke der Wolken (bei 320 nm) über Vegetation, beschneiter Oberfläche und über Neuschneedecke. Werte für die Bedingungen Wolkentyp Stratus, Meereshöhe, mittlere Trübung, 330 DU Ozon und Sonnenzenitwinkel 60 °

so verändern, speziell bei Wolkenentstehung in stark verschmutzter Atmosphäre, daß die Transmission der Wolke reduziert wird.

Der Wolkeneinfluß wird häufig mit einem Wolkenreduktionsfaktor R_c angegeben, dem Verhältnis von der UV-Globalstrahlung mit Wolken zu der ohne Wolken, bei sonst gleicher Atmosphäre und Boden. Abb. 4.1-8 zeigt Werte des R_c in Abhängigkeit von der optischen Dicke der Wolken bei geschlossener Bewölkung, und zwar für drei Bodenzustände. Die Schwächung der Strahlung nimmt zu mit der optischen Dicke der Wolken. Über Vegetation sinkt R_c von 1 im wolkenfreien Fall auf Werte um 0,15 für eine Gewitterwolke. Durch Mehrfachreflexion zwischen Boden und Wolkenunterseite wird die Globalstrahlung unter einer Wolke erhöht, wenn bei sonst gleichen Bedingungen die Bodenalbedo erhöht wird. Das bedeutet, daß der Wolkeneinfluß nicht nur von den Eigenschaften der Wolke selbst, sondern auch von der Albedo und, in geringerem Maße, von den Eigenschaften der unter der Wolke liegenden Atmosphäre abhängt. Als Beispiel zeigt Abb. 4.1-8 auch R_c-Werte für geschlossene Bewölkung über verschneiter Oberfläche und über Neuschnee. Die Werte sind rund 0,1 beziehungsweise 0,25 höher als die für Vegetation. Da in Fällen mit Schnee schon die Globalstrahlung im wolkenfreien Fall erhöht ist gegenüber dem schneefreien Fall, ist die absolute Erhöhung der Strahlung bei Wolken über Schnee größer als durch die Zunahme von R_c gezeigt wird. Bei geschlossener Bewölkung mit optischer Dicke 20 ist die Globalstrahlung über schneebedecktem Boden gegenüber schnee-

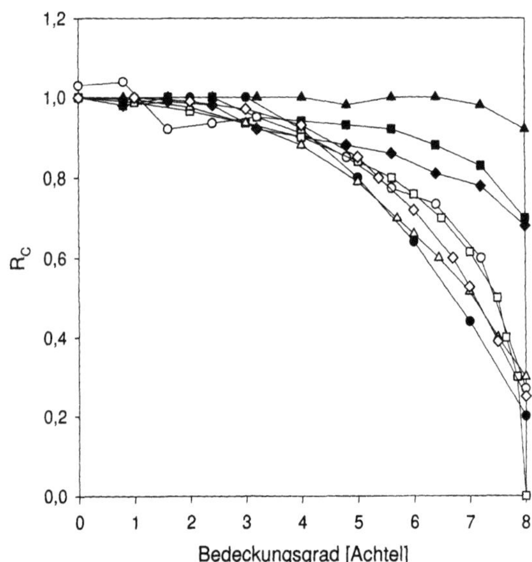

Abb. 4.1-9. Wolkenreduktionsfaktoren in Abhängigkeit vom Bedeckungsgrad in Achtel, nach Messungen verschiedener Autoren (schwarzer Kreis: Bais et al. 1993; schwarze Symbole: Blumthaler et al. 1994b und zwar Quadrat: alle Wolken, Dreieck: hohe Wolken, Raute: mittlere Wolken; offener Kreis: Chubarova 1995; offenes Quadrat: Paltrige u. Barton 1978; offenes Dreieck: Josefson 1986; offene Raute: Kasten u. Czeplak 1980)

freier Vegetation um 60% höher, bei Neuschnee doppelt so hoch wie ohne Schnee. Diese Erhöhung ist Ursache der manchmal unterschätzten Sonnenbrandgefahr unter total bedecktem Himmel bei Schnee.

Die optische Dicke von Wolken, die für Strahlungsmodellierung benötigt wird, ist in routinemäßigen Angaben der Wetterdienste nicht enthalten. Optische Dicken können jedoch für Wolkentypen berechnet werden, durch Zuordnung mittlerer mikro- und makrophysikalischer Eigenschaften, und auch aus Satellitendaten bestimmt werden. Die Variabilität der Wolken ist jedoch sehr hoch, und damit ist im aktuellen Einzelfall die Unsicherheit der modellierten Strahlung groß.

In der Praxis am häufigsten sind Situationen mit teilbewölktem Himmel, beschrieben durch den Bedeckungsgrad. Bei durchbrochener Bewölkung kann die Strahlung gegenüber dem wolkenfreien Fall sowohl durch Reflexion an Wolkenseitenflächen erhöht werden (z.B. Mims u. Frederick 1994), als auch durch eine Wolke vor der Sonne reduziert werden, oder gar nicht verändert werden, wenn die Wolken weit von Sonne und Meßort entfernt sind. Im zeitlichen Mittel gleichen sich die Effekte von Wolken vor oder neben der Sonne jedoch weitgehend aus (z.B. Ambach et al. 1995), so daß der Wolkeneinfluß auch unter diesen Bedingungen häufig durch einen R_c beschrieben wird, der vom Bedeckungsgrad abhängt (Abb. 4.1-9). Bis zu 2/8 ist die mittlere Änderung der Globalstrahlung durch Wolken sehr gering. Mit zunehmendem Bedeckungsgrad nimmt die Schwächung der Strahlung durch Wolken zu. Die Werte des Faktors R_c für 8/8 in

Abb. 4.1-9 entsprechen denen, die in Abb. 4.1-8 für geschlossene Bewölkung gezeigt werden. Sie geben die dort gezeigte, auf der unterschiedlichen optischen Dicke verschiedener Wolken beruhende Variationsbreite wieder.

4.1.5 Variation der UV-Strahlung

4.1.5.1 Abhängigkeit von Tages- und Jahreszeit

Unter der Annahme fester Atmosphäreneigenschaften wird die tages- und jahreszeitliche Variation der UV-Globalstrahlung durch den Gang der Sonne bestimmt. Dieser Effekt dominiert bei wolkenlosen Verhältnissen auch gegenüber den Effekten möglicher Variationen der Atmosphärenparameter.

Wie gezeigt, nimmt die Schwächung der Strahlung beim Durchgang durch die Atmosphäre mit der Länge des Weges zu, und zwar um so stärker, je größer die Absorption ist. Dieser Effekt ist auch für den Tagesgang der UV-Strahlung verantwortlich, der in Abb. 4.1-10 für 4 Wellenlängen, normiert auf den jeweiligen Wert bei Sonnenhöchststand, gezeigt ist. Der Tagesgang für 310 nm, repräsentativ für biologische UV-Wirkung, zeigt morgens einen späteren Anstieg und abends einen früheren Abfall als der für 500 nm, repräsentativ für sichtbares Licht. Der sichtbare Helligkeitseindruck ist also kein Maß für die UV-Strahlung. Die effektiven Stunden des Tages in bezug auf die UV-Strahlung sind viel kürzer als die Tageslichtstunden. Eine Übertragung der Zeit auf Zenitwinkel der Sonne ergibt, daß die Bereiche des Tages, in denen die Sonne niedriger steht als 45°, bei schneefreien Bedingungen nur ein reduziertes Gefährdungspotential in bezug auf UV-Strahlung beinhalten. Als praktische Regel heißt das: Meide die Sonne zu Zeiten, bei denen der Schatten kürzer als der Gegenstand hoch ist. Diese Regel beinhaltet jedoch nicht, daß die UV-Strahlung bei flachstehender Wintersonne, z.B. über Schnee (s. Abb. 4.1-14), ungefährlich ist.

Jahresgänge von UV-Strahlung unter variablen meteorologischen Bedingungen, einschließlich Wolken, zeigt Abb. 4.1-11. Hier sind für 5 Jahre Mittagswerte der UV-Globalstrahlung aufgetragen, gemessen am Meteorologischen Observatorium Hohenpeißenberg in Bayern. Zusätzlich, als einhüllende Kurven, sind modellierte Werte gezeigt, und zwar für Atmosphären mit mittlerem, mit reduziertem und mit minimalem Ozongehalt, wie er sich in sogenannten Ozon-Minilöchern er-

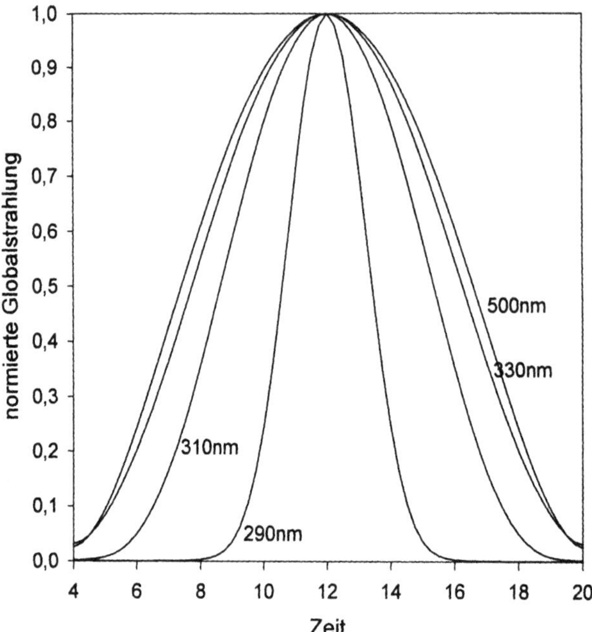

Abb. 4.1-10. Tagesgang der Globalstrahlung bei vier Wellenlängen jeweils normiert auf Sonnenhöchststand. Werte für die Bedingungen Meereshöhe, Vegetation, wolkenloser Himmel, mittlere Trübung und 330 DU Ozon. Die Zeitangaben (wahre Ortszeit) gelten für einen Ort bei 50° nördlicher geographischer Breite zur Sommersonnenwende. Die Zahlen an den Kurven geben die Wellenlängen an

gibt, die durch dynamische Prozesse in der Atmosphäre in Mitteleuropa regelmäßig auftreten (Bd. 1A, Kap. 3.3). Dominant ist wiederum der Einfluß des Sonnenzenitwinkels, wodurch die wolkenfreien Werte im Sommer um rund einen Faktor 7 höher sind als im Winter. Dieser Faktor wäre noch größer, wenn die Winterwerte nicht teilweise durch Schnee erhöht wären. Das Maximum der UV-Strahlung ist leicht in den Herbst verlagert, wegen des Jahresgangs des mittleren Ozons (Bd. 1A, Kap. 3.3). An wenigen Terminen liegen die gemessenen Werte über den modellierten. Hervorgerufen werden diese hohen UV-Werte durch Reflexion von Strahlung an Wolken nahe der Sonne, ohne daß eine Wolke vor der Sonne steht. In der ganz überwiegenden Zahl der Fälle ist die Strahlung aber durch Wolken reduziert, und zwar auf bis zu 10% des wolkenfreien Wertes, in Übereinstimmung mit den Ergebnissen aus Kap. 4.1.4.7.

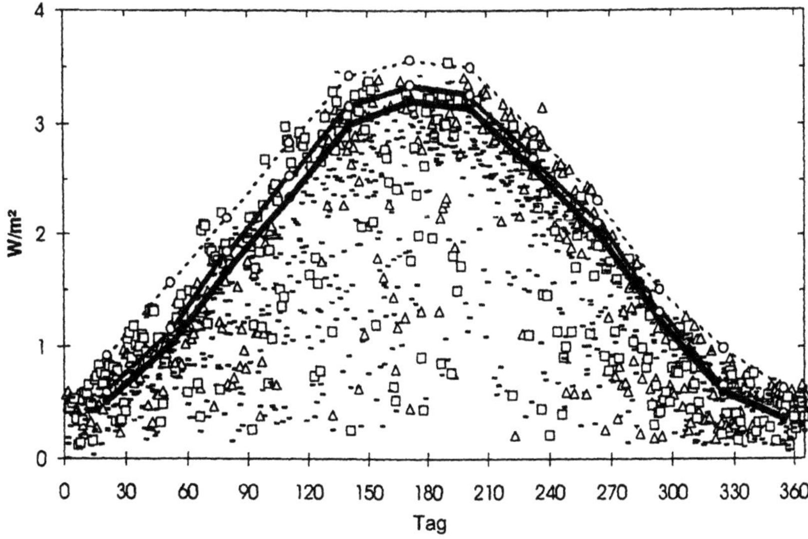

Abb. 4.1-11. Mittagswerte der UV-Globalstrahlung, integriert von 290 bis 320 nm. Gezeigt sind am Meteorologischen Observatorium Hohenpeißenberg gemessene Werte von 1990, 1991 und 1994 als Beispiele für Jahre mit mittlerem Ozon (Symbol jeweils Strich), von 1992 mit stark reduziertem Ozon, besonders in der zweiten Jahreshälfte (Symbol Dreieck) und von 1993 mit stark reduziertem Ozon in Frühling und Sommer (Symbol Quadrat). Zusätzlich eingetragen sind modellierte Werte für wolkenfreie mittlere Bedingungen, gestützt am 21 des Monats. Ozon ist variiert zwischen mittlerem Gehalt (Monatsmittelwerte 1968 bis 1994, dicke Linie), reduziertem Gehalt (Mittelwerte minus Standardabweichung, Linie mit Kreisen) und geringem Ozon (minimale Ozonwerte des jeweiligen Monats, gepunktete Linie mit Kreisen)

4.1.5.2 Abhängigkeit vom Ort

Die Abhängigkeit der UV-Strahlung vom Ort auf der Erde ist gegeben durch die sich überlagernden Effekte der verschiedenen Parameter, die sie beeinflussen (Kap. 4.1.4). Abb. 4.1-12 zeigt den UV-Index als Funktion der geographischen Breite und des Monats, modelliert bei jeweiligem Sonnenhöchststand unter Verwendung von Mittelwerten des Ozongehalts, gemessen mittels Satelliten. Die höchsten Werte folgen dem Weg der senkrecht stehenden Sonne, überlagert durch den Effekt des variablen Abstandes Erde - Sonne. Die niedrigsten Werte liegen naturgemäß in den polaren Regionen im jeweiligen hemisphärischen Winter. Die globale Ozonverteilung ist die zweite Größe, die die Werte in Abb. 4.1-12 bestimmt. Da diese Verteilung in Bd. 1A, Kap. 3.3 vorgestellt wird, sei hier nur erwähnt, daß im Äquatorbereich ganzjährig ein

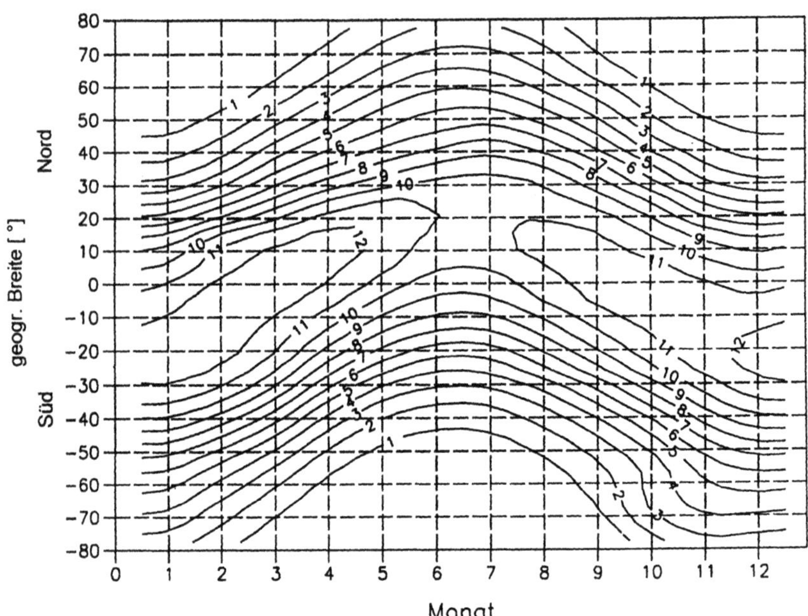

Abb. 4.1-12. UV-Index in Abhängigkeit von der geographischen Breite und dem Monat, modelliert für 0° Länge, wolkenlose Bedingungen und Ozon als Mittelwert für 1987 bis 1994 und die 2. Monatsdekade (nach Staiger et al. 1997)

Ozonminimum besteht, wodurch die sonnenstandbedingten Maxima zusätzlich erhöht werden. Die im Vergleich zum Frühling höheren Herbstwerte in mittleren nördlichen Breiten resultieren aus dem Ozonjahresgang. Im Südfrühling ist in hohen südlichen Breiten eine starke relative Zunahme zu erkennen, die durch das antarktische „Ozonloch" (Bd. 1A, Kap. 3.3) hervorgerufen wird. Deutlich wird in Abb. 4.1-12, daß die hohe Hautkrebsgefährdung in Australien nicht auf diesem Ozonloch beruht, sondern in erster Linie auf dem natürlichen Ozonminimum in Äquatornähe, in das Nordaustralien hineinreicht, in Kombination mit klarer Luft und hoch stehender Sonne.

Die Verteilung des UV-Index für Europa zeigt Abb. 4.1-13, berechnet für wolkenlosen Himmel auf der Basis von mittleren Ozonwerten für den 5. Juli. Anfang Juli wird in Mitteleuropa das Maximum der UV-Strahlung erreicht, da zwei Wochen nach der Sonnenwende die Sonnenhöhe noch kaum gemindert ist, der Ozongehalt sich aber schon seinem herbstlichen Minimum nähert. Dominant ist die Abnahme der UV-Strahlung mit nördlicher Breite, hervorgerufen durch den Sonnenstand. Vorhersagekarten des UV-Index werden im Sommer für Mitteleuropa routinemäßig vom Deutschen Wetterdienst und anderen Institutionen erstellt. Für die Vorhersage werden Werte des

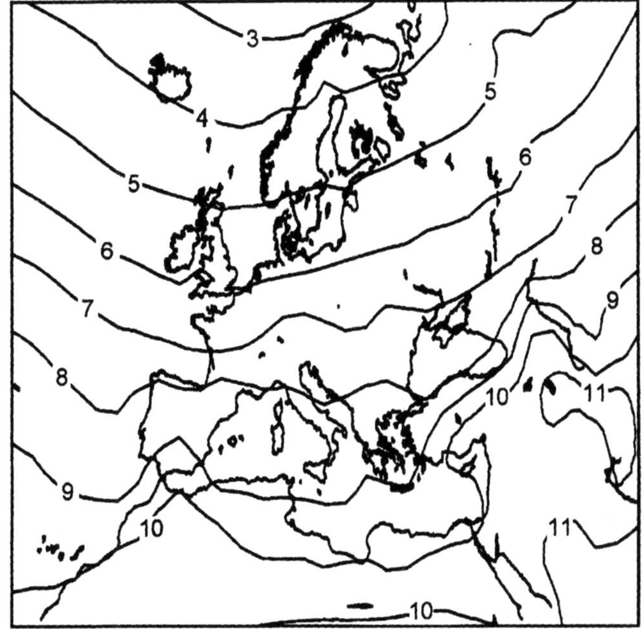

Abb. 4.1-13. Mittlerer UV-Index am 5. Juli, modelliert für wolkenlose Bedingungen und Ozonmittelwerte 1987 bis 1994 (nach Jendritzky et al. 1997)

UV-Index modelliert, basierend auf Ozonwerten, die mittels Prognosealgorithmen bestimmt werden. Sonnenstand sowie Höhe des Geländes wird berücksichtigt, ebenso eine Schwächung der UV-Strahlung durch Wolken auf der Basis von Wolkeninformation aus Vorhersagemodellen unter Verwendung von festen, bedeckungsgradabhängigen Schwächungsfaktoren.

4.1.5.3 Abhängigkeit von der Empfängerorientierung

Natürliche Oberflächen, die der UV-Strahlung ausgesetzt sind, haben unterschiedliche Orientierungen (z. B. Auge, Stirn, Schulter; Blätter, Gräser; Fenster, Hauswand, Photovoltaikanlagen). Diese entsprechen üblicherweise nicht der horizontalen Fläche, die für routinemäßige UV-Messungen und Modellierungen angenommen wird. Die Geometrie der Empfänger als ebene Fläche anzusetzen, ist hingegen angemessen. Die Tiefe, in die UV-Strahlung eindringt, ist so gering, daß deren Wirkung auch auf einen gerundeten Empfänger mit fester Oberfläche (z. B. Schulter) aus der Wirkung auf unterschiedlich orientierte, ebene Teilstücke zusammengesetzt werden muß. Bei photoche-

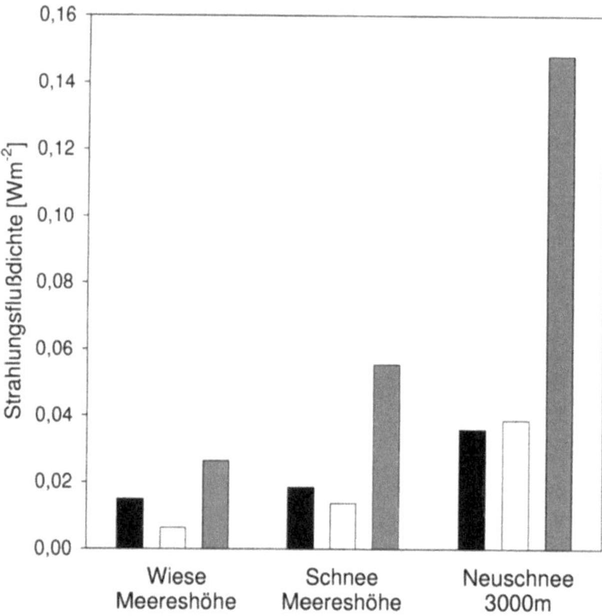

Abb. 4.1-14. Erythemgewichtete Bestrahlungsstärke auf eine horizontale Fläche (linke Säule, schwarz), auf eine senkrechte Fläche mit mittlerer Azimutorientierung (mittlere Säule, weiß) und auf ein Volumen (rechte Säule, grau). Werte für die Bedingungen Sonnenzenitwinkel 70 °, wolkenloser Himmel und 300 DU Ozon und zwar für Meereshöhe mit Vegetation und mit schneebedeckter Oberfläche, sowie für 3000 m mit Neuschneedecke

mischen Reaktionen hingegen, die „im Volumen" ablaufen, ist keine Flächenorientierung anzusetzen. Hierbei leisten gleiche Photonen, die auf das Volumen treffen, unabhängig von ihrer Richtung den gleichen Beitrag. Die beschreibende Größe ist der aktinische Fluß (Gl. 4.1-5).

Da die winkelabhängige Verteilung der UV-Strahlung von den Atmosphären- und Bodeneigenschaften abhängt, bewirken Änderungen dieser Parameter für verschiedene Empfängerorientierungen unterschiedliche Änderungen der Bestrahlungsstärke. Die stärksten Unterschiede werden durch die Albedo hervorgerufen, da bei allen Empfängern - außer der horizontal ebenen Fläche - am Boden reflektierte Photonen auch direkt zum Signal beitragen können. Abb. 4.1-14 zeigt erythemgewichtete Bestrahlungsstärken für drei Empfängerorientierungen als Vergleich. Die Empfänger sind eine horizontale Fläche (Globalstrahlung), eine senkrechte Fläche, die keine Vorzugsrichtung zur Sonne aufweist, sondern im Mittel in alle Azimutrichtungen gleich häufig orientiert ist (grobe Annäherung für Stirn und Auge eines sich bewegenden Menschen), und eine Kugel (aktinischer Fluß oder Zirkumglobalstrahlung). Ergebnisse werden gezeigt für einen Sonnenzenitwinkel von 70°, entsprechend dem Mittagswert Ende Januar in Mitteleuropa, und zwar für einen Ort in Meereshöhe mit Vegetation oder schneebedeckter Oberfläche sowie für 3000 m Höhe mit Neuschneedecke. Die jeweiligen Unterschiede der Strahlungsflußdichten auf die drei Empfänger resultieren aus der unterschiedlichen Kosinus- und Azimutwichtung der einfallenden direkten und diffusen Strahlung. Wegen der flach stehenden Sonne erhält hierdurch die senkrecht orientierte Wand die höchsten Werte. Die Zunahme der Strahlung durch Schnee ist bei der Station im Flachland für alle drei Empfängertypen gegeben, jedoch bei der senkrechten Fläche und bei der Kugel viel stärker als bei der horizontalen Fläche. Für die Station in 3 km Höhe ergibt sich eine weitere Erhöhung der Strahlung durch die reduzierte Zahl der Aerosolpartikel und Luftmoleküle (Kap. 4.1.4.6). In diesem Fall ist sogar die Bestrahlungsstärke auf die senkrechte Fläche absolut höher als auf die waagerechte, da bei der untersuchten niedrig stehenden Sonne die durch die optisch dünnere Atmosphäre bedingte Zunahme bei der direkten Sonnenstrahlung relativ höher ist als bei der diffusen Himmelsstrahlung.

4.1.6 Zukünftige UV-Strahlung

Alle Änderungen der UV-Strahlung gegenüber derzeitigen Verhältnissen werden bestimmt durch die Änderungen der Atmosphärenparameter, die sie beeinflussen. Zukünftige UV-Strahlung kann damit durch Modellierung auf der Basis von Szenarien der Entwicklung der relevanten Größen vorhergesagt werden. Die Güte der Vorhersage wird dabei dominant durch die Qualität dieser Szenarien bestimmt, da die modellbedingten Unsicherheiten demgegenüber klein sind. Unter dem Aspekt einer möglichen Änderung der UV-Strahlung ist der wichtigste Atmosphärenparameter das Ozon. Da die Ozongesamtgehalte über weiten Bereichen der Erde in den vergangen Jahren abgenommen haben und diese Entwicklung, abhängig vom Szenario, noch anhalten wird (Bd. 1A, Kap. 3.3), ist eine weitere Zunahme der UV-Strahlung zu erwarten. Unter der Annahme, daß sich nur der Ozongehalt ändert, die anderen Atmosphärenparameter jedoch nicht, kann zur einfachen Abschätzung der UV-Änderung der Zusammenhang nach Gl. 4.1-18 verwendet werden. Damit können Ergebnisse aus Bd. 1A, Kap. 3.3 in bezug auf ihre Folgen für die UV-Strahlung grob interpretiert werden.

Globale Messungen von Änderungen der UV-Strahlung als Beleg für anthropogen bedingte Änderungen der Atmosphäreneigenschaften

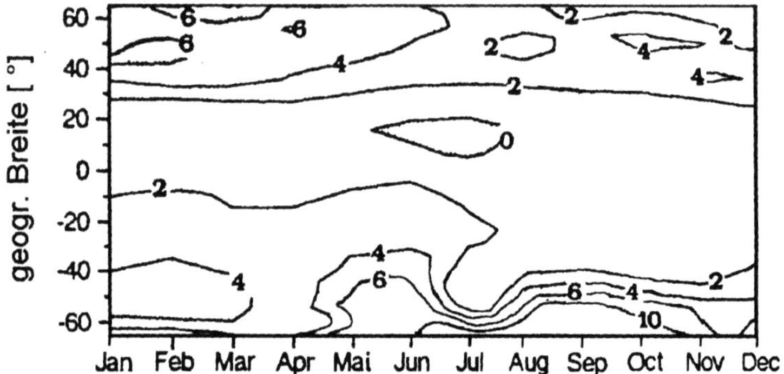

Abb. 4.1-15. Änderungen der erythemgewichteten Bestrahlungsstärke in Prozent pro Dekade basierend auf der Änderung des stratosphärischen Ozons zwischen 1979 und 1992, gemessen mittels Satelliten (nach Herman et al. 1996)

sind schwierig wegen der starken natürlichen Variabilität der Strahlung (z.B. Lubin u. Jensen 1995), aber auch wegen der Problematik genauer und stabiler Messungen und wegen der geringen Zahl von Orten, wo solche Messungen gemacht werden (Seckmeyer et al. 1995). Globale Änderungen der UV-Strahlung, modelliert unter Zugrundelegung einer Änderung des Ozongehaltes, gibt es dagegen sowohl für zukünftige Szenarien als auch für die Vergangenheit. Die Zunahme der erythemgewichteten Strahlung ist in Abb. 4.1-15 dargestellt, in Prozent pro Dekade, modelliert unter Verwendung von Ozonwerten aus Satellitenmessungen von 1979 bis 1992. Wolken und Aerosol wurden dabei berücksichtigt, aber nicht variiert, da sich bei ihnen in dem Zeitraum keine signifikanten Änderungen ergeben haben. Signifikant (2 Standardabweichungen) ist die UV-Änderung nur polwärts von 40° Breite. Weiter können die Werte bei 65° südlicher Breite fehlerhaft sein, da die Reflexion des Polareises die Daten verfälschen kann. Deutlich ist, neben der Zunahme der UV-Strahlung im antarktischen Ozonloch (Bd. 1A, Kap. 3.3), die Zunahme in mittleren nördlichen Breiten im Frühling. Die Ursache, die Abnahme des Ozons in dieser Jahreszeit, wird auch in bodengebundenen Messungen der mitteleuropäischen Stationen signifikant gefunden (Bd. 1A, Kap. 3.3). Diese Zunahme der UV-Strahlung ist beachtenswert, weil sie einen dichtbesiedelten Bereich der Erde betrifft und in einen Zeitraum des Jahres fällt, in dem Menschen und Pflanzen sonnenungewohnt sind.

Wie gezeigt, hängt die UV-Strahlung neben Ozon auch von anderen Atmosphärenparametern ab. Da sich auch Wolken, Aerosoleigenschaften und Schneebedingungen in zukünftigen Klimaten ändern können, muß eine Prognose zukünftiger UV-Strahlung ohne die Berücksichtigung der Entwicklung dieser Parameter ungenau bleiben. Wegen der gezeigten nichtlinearen Zusammenhänge zwischen Atmosphärenparametern und UV-Strahlung ist es nötig, nicht Trends der Wolken und des Aerosols mit Trends des Ozons zu koppeln, sondern realistische Kombinationen der Parameter zur UV-Modellierung zu verwenden. Weiter gilt auch für das Ozon selbst, daß es nicht genügt, einen Trend zu berücksichtigen, sondern daß dynamische Aspekte und darauf basierende zeitliche Variationen wichtig sind. Kurzzeitige Minima im Ozon, die zu kurzzeitigen Maxima der UV-Strahlung führen, können biologisch von größerer Bedeutung sein als erhöhte Mittelwerte (Bd. 3A, Kap. 2.6.2 und 2.6.3), beispielsweise wenn in diesen Spitzen eine letale Dosis überschritten wird.

Pflanzen können der Strahlung nicht ausweichen, müssen also auf geänderte UV-Bedingungen reagieren. Da die UV-Strahlung aber immer nur einen kleinen Aspekt der Pflanzenentwicklung ausmacht, ist noch keine abschließende Bewertung des Gefährdungspotientials möglich (Bd. 2B, Kap. 3.3). Die derzeit zu beobachtende Zunahme von Hautkrebsfällen beim Menschen ist wegen der langen Latenzzeit vermutlich noch nicht auf eine UV-Zunahme durch die in den letzen Jahren stattgefundene Ozonabnahme zurückzuführen, sondern auf eine Änderung des Besonnungsverhaltens, auch durch mehr Reisen in subtropische und tropische Länder. Es steht zu hoffen, daß die Erhöhung der Sensibilität gegenüber der UV-Strahlung, die durch das antarktische Ozonloch und die zeitgleiche Hautkrebszunahme ausgelöst wurde, erhalten bleibt und zu einem bewußteren Umgang des Menschen mit der Sonne führt. Dies wird gerade in den kommenden Jahren wichtig, da die zu erwartenden Minima des stratosphärischen Ozongehaltes noch nicht erreicht sind.

4.1.7 Literatur

Ambach W, Blumthaler M, Cede A (1995) Attenuation of solar UVB and total irradiance by cloudiness. Meteorol Z N F 4:213–217

Bais A F, Zerefos C S, Meleti C, Ziomas I C, Tourpali K (1993) Spectral measurements of solar UVB radiation and its relation to total ozone, SO_2 and clouds. J Geophys Res 98(D3):5199–5204

Bakan S, Hinzpeter H (1989) Solution of the RTE. Landolt-Börnstein New series V(4b):163–168

Berger DS (1976) The sunburning ultraviolet meter: design and performance. Photochem Photobiol 24:587–593

Blumthaler M, Webb AR, Seckmeyer G, Bais AF, Huber M, Mayer B (1994a) Simultaneous spectroradiometry: a study of solar UV irradiance at two altitudes. Geophys Res Lett 21(25):2805–2808

Blumthaler M, Ambach W, Salzgeber M (1994b) Effects of cloudiness on global and diffuse UV irradiance in a high-mountain area. Theor Appl Climatol 50:23-30

Burrows RW, Vallee M, Wardle DI, Kerr JB, Wilson LJ, Tarasick DW (1994) The Canadian operational procedure for forecasting total ozone and UV radiation. Met Apps 1:247-265

Caldwell MM (1971) Solar UV irradiation and the growth and development of higher plants. In: Giese AG (ed) Photophysiology. Academic, San Diego

Chubarova N Y (1995) Cloud influence upon UV radiation. In: Heikinheimo P (ed) International conference on past, present and future climate. Proc SILMU Acad Helsinki 385-388

DIN 5050 (1992) Solarien und Heimsonnen. Beuth, Berlin

Gardiner BG, Kirsch PJ (1995) Setting standards for European ultraviolet spectroradiometers. Rep EUR 16153, Europen Commission, Luxembourg

Green AES (1983) The penetration of ultraviolet radiation to the ground. Physiol Plant 58:351-359

Grenfell TC, Warren SG, Mullen PC (1994) Reflection of solar radiation by the Antarctic snow surface at ultraviolet, visible and near-infrared wavelengths. J Geophys Res 99(D9):18669-18684

Herman JR, Bhartia P K, Ziemke J, Ahmad Z, Larko D (1996) UV-B increases (1979-1992) from decreases in total ozone. Geophys Res Letters 23(16):2117-2120

Jendritzky G, Staiger H, Bucher K (1997) UV prognosis and UV index services in Europe. In: Altmeyer P, Hoffmann K, Stücker M (eds) Skin cancer and UV radiation. Springer, Berlin Heidelberg New York

Josefson W (1986) Solar ultraviolet radiation in Sweden. SMHI-RMK no 53, Swed Met Hydr Inst Norköpping

Kasten F, Czeplak G (1980) Solar and terrestrial radiation dependent on the amount and type of cloud. Solar Energy 24:177-189

Koepke P, Bais A, Balis D, Buchwitz M, DeBacker H, deCabo X, Eckert P, Eriksen P, Gillotay D, Heikkila A, Koskela T, Lapeta B, Litynska Z, Lorente J, Mayer B, Renaud A, Ruggaber A, Schauberger G, Seckmeyer G, Seifert P, Schmalwieser A, Schwander H, Vanicek K, Weber M (1998) Comparison of models used for UV index calculations. Photochem Photobiol 67(6):657-662

Liu SC, McKeen SA, Madronich S (1991) Effect of anthropogenic aerosol on biologically active ultraviolet radiation. Geophys Res Letters 18(12):2265-2268

Lubin D, Jensen EH (1995) Effects of clouds and stratospheric ozone depletion on ultraviolet radiation trends. Nature 377:710-713

Madronich S (1993) UV radiation in the natural and perturbated atmosphere. In: Tevini M (ed) Radiation and ozone depletion. Lewis, Boca Raton

Mayer B, Seckmeyer G (1996) All-weather comparison between spectral and broadband (Robertson-Berger) UV measurements. Photochem Photobiol 65(6): 923-930

Mims FM III, Frederick JE (1994) Cumulus clouds and UV-B. Nature 371:291

Paltridge GW, Barton IJ (1978) Erythemal ultraviolet radiation distribution over Australia. CSIRO Div Atm Phys Tech Paper no 33

Reiter R, Munzert K (1982) Values of UV- and global radiation in the Northern Alps. Arch Met Geoph Biokl B 30:239-246

Reuder J, Schwander H (1999) Aerosol effects on UV-radiation in non-urban regions. J Geophys Res 104(D4):4065-4077

Ruggaber A, Dlugi R, Nakajima T (1994) Modelling radiation quantities and photolysis frequencies in the troposphere. J Atmos Chem 18:171–210
Schwander H, Mayer B, Ruggaber A, Albold A, Seckmeyer G, Koepke P (1999) Method to determine snow albedo values in the UV for radiative transfer modelling. Appl Opt 38(18):3869–3875
Schwander H, Koepke P, Ruggaber A (1997) Uncertainties in modeled UV irradiances due to limited accuracy and availability of input data. J Geophys Res 102(D87):9419–9429
Seckmeyer G, Mayer B, Bernhard G, McKenzie RL, Johnston PV, Kotkamp M, Booth CR, Lucas T, Mestechkina T, Roy CR, Gies HP, Tomlinson D (1995) Geographical differences in the UV measured by intercompared spectroradiometers. Geophys Res Lett 22(14):1889–1892
Setlow RB (1974) The wavelengths in sunlight effective in producing skin cancer: a theoretical analysis. Proc Natl Acad Sci USA 71:3363–3369
Staiger H, Schubert U, Vogel G (1997) Solarer UV-Index: Definition, Einflußgrößen, Verteilung; Vorhersage im Deutschen Wetterdienst und strahlenhygienische Ziele. Ann Meteorologie 33, DWD, Offenbach, S 126–132
Tevini M, Häder DP (1985) Allgemeine Photobiologie. Thieme, Stuttgart
Van der Leun JC, Tevini M, Worrest RC (eds) (1991) Environmental effects of ozone depletion: 1991 update. United Nations Environmental Program (UNEP), Nairobi
WMO (1986) Revised instruction manual on radiation instruments and measurements. WCRP Publ Ser no 7, WMO/TD-no 149
WMO (1994) Report of the WMO meeting of experts on UV-B measurements, data quality and standardization of UV indices. Report no 95, WMO/TD-no 625

4.2 Treibhauseffekt und Klimaänderungen

C.-D. Schönwiese

4.2.1 Einführung: Klima, Klimageschichte und Klimaprozesse

Das Wort „Klima“ ist bereits in der griechischen Antike geprägt worden und bedeutet „Neigung“. Gemeint ist dabei der unterschiedliche mittlere Neigungswinkel der Sonneneinstrahlung, der nach Parmenides von Elea (um 500 v. C.) die „heiße“ (bei steiler Einstrahlung), „gemäßigte“ und „kalte“ (bei flacher Einstrahlung) Klimazone erzeugt (Heyer 1993; Hupfer 1996; Schönwiese 1994).

Heute betrachten wir eine Vielzahl von Klimaelementen, neben der Lufttemperatur auch Luftfeuchte, Bewölkung, Niederschlag, Wind, Sichtweite usw. (Liljequist u. Cehak 1984; Malberg 1997; Müller 1996) und definieren zunächst deskriptiv und meteorologie-nah, wobei die Meteorologie die Physik und Chemie der Erdatmosphäre ist:

Das terrestrische Klima ist die für einen Standort, eine definierte Region oder ggf. auch globale statistische Beschreibung der relevanten

Klimaelemente, die für eine relativ große zeitliche Größenordnung die Gegebenheiten und Variationen der Erdatmosphäre hinreichend ausführlich charakterisiert (Schönwiese 1994; vgl. auch Blüthgen u. Weischet 1990; Hantel et al. 1987; Hupfer 1996; Malberg 1997; Trewartha 1980).

Dabei bedarf die zeitliche Größenordnung einer näheren Erläuterung: Wir können nämlich die Phänomene, die sich in der Erdatmosphäre zeigen, nach der charakteristischen Zeit (Lebensdauer bzw. mittlere Zykluszeit) ordnen, vgl. Abb. 4.2-1, wobei sich zunächst das gewaltige Zeitspektrum von Sekundenbruchteilen bis 4,6 Mrd. Jahre (Alter der Erde) ergibt und die Abb. 4.2-1 nur einige ausgewählte Beispiele enthält. Offenbar, vgl. Spalte 2 und 3, gelten nun folgende begriffliche Zuordnungen:

- unter ca. 1 Stunde → Mikroturbulenz,
- Stunden bis Tage → Wetter,
- Wochen bis Monate → Witterung,
- von Monaten bzw. Jahren an aufwärts → Klima.

Die Grenzziehung läßt sich u.a. deswegen nicht streng vornehmen, weil es im englischen Sprachgebrauch den Begriff „Witterung“ nicht gibt und man dort i.a. die theoretische Obergrenze der Wettervorhersagbarkeit von etwa 2 bis 4 Wochen (Houghton et al. 1996), praktisch aber eher einige Tage (Reuter et al. 1997), als den Wetter-Klima-Übergang ansieht.

Nun sind außerdem – neben den etwas unscharfen Unterscheidungen – die Grenzen zwischen Wetter, Witterung und Klima nicht hermetisch geschlossen, sondern über zeitliche Mittelungen können Wetter- zu Klimaphänomenen werden. Beispielsweise wird der Verlauf der Lufttemperatur an einem bestimmten Tag dem Wetter zugeordnet, während die Mittelung vieler solcher Temperaturverläufe, sinnvollerweise nach Monaten aufgeschlüsselt, in Form des mittleren und somit Einzelvorgänge abstrahierenden Tagesganges ein Klimaphänomen ist. Natürlich lassen sich außer Mittelwerten auch Varianzen (als Maß der Variabilität), mittlere Extremwerte, Häufigkeitsverteilungen und vieles mehr errechnen, kurz die gesamte Statistik der betreffenden Daten (Schönwiese 1992). Zudem verlangt eine ordentliche Statistik, daß das auf diese Weise zu beschreibende Phänomen hinreichend oft innerhalb einer gewissen Beobachtungsperiode vorkommt. Die Weltmeteorologische Organisation (WMO, Fachorganisation der UN) hat international verbindlich 30 Jahre als Mindestintervall für solche Bezugsperioden festgelegt, so daß es beim Klima nicht nur hinsichtlich der typischen Zeit der Phänomene, sondern auch bezüglich der Beobachtungszeit eine untere Grenze gibt.

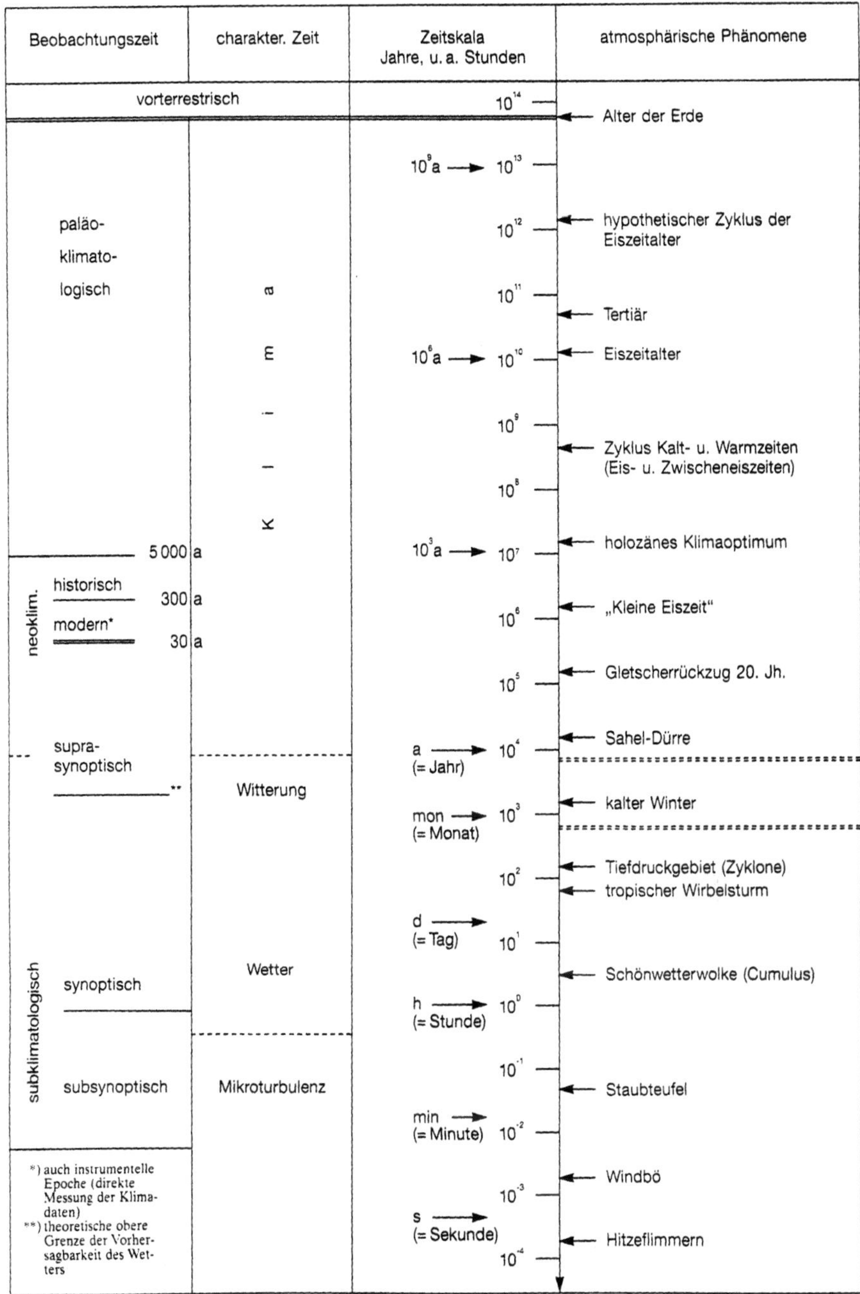

Abb. 4.2-1. Zeitliche Größenordnungen atmosphärischer Vorgänge und Einordnung des Klimabegriffs. (Quelle: Schönwiese 1994)

Dies alles bedeutet, daß die Klimatologie ein Teilgebiet der Meteorologie ist, sozusagen eine Langfristmeteorologie. Spätestens bei der Einführung der Klimaprozesse wird sich aber zeigen, daß dieser Aspekt ganz entscheidend interdisziplinär zu erweitern ist. Zuvor aber soll noch festgehalten werden, daß Klima räumlich variabel ist: Es reicht vom Mikroklima einer Blattoberfläche, einer Meßstation (Standort, lokales Klima) oder eines Gebirgshanges über das Mesoklima (Reichweite nach Orlanski 1981, ca. 2 bis 2000 km) einer Stadt oder von Deutschland bis zum Makroklima einer großräumigen Klimazone (z. B. Tropen) oder der ganzen Erde (Globalklima). Selbstverständlich wird das Globalklima nicht allein durch globale Mittelwerte repräsentiert, obwohl das zur zusammenfassenden Kennzeichnung eines Klimazustandes hilfreich sein kann, sondern in je nach Zweck und Möglichkeit unterschiedlicher räumlicher Auflösung. Für das Regionalklima gilt ähnliches.

Als Beispiel sei hier die globale Klimaklassifikation nach Köppen (1936) und Geiger (1954) angefügt, die sich an den Jahresgängen der Klimaelemente bodennahe Lufttemperatur und Niederschlag orientiert und folgende „Klimagürtel" unterscheidet (Abb. 4.2-2; vgl. auch Hantel 1989; Schönwiese 1994):

- tropisches Regenklima → A (alle Monatsmitteltemperaturen >18 °C);
- Trockenklima → B (besondere Definition);
- warmgemäßigtes Regenklima → C (minimale Monatsmitteltemperatur zwischen -3 °C und +18 °C);
- Schneewaldklima der Nordhemisphäre („boreal", minimale Monatsmitteltemperatur unter -3 °C und maximale Monatsmitteltemperatur > 10 °C);
- Schneeklima (alle Monatsmitteltemperaturen < 10 °C).

Die Zusatzbuchstaben bedeuten: f = immerfeucht, w = wintertrocken, s = sommertrocken, S = Steppe, W = Wüste, T = Tundra, F = ewiger Frost.

Daß sich Klimabetrachtungen häufig auf die bodennahe Atmosphäre beschränken, hängt mit historischen Gründen der Datenverfügbarkeit zusammen. So könnte man beispielsweise auch vom „Klima der Stratosphäre" sprechen, hat darüber aber nur Informationen maximal aus den letzten rund 50 Jahren. Das führt uns ganz generell zu der Frage: Woher stammen eigentlich die Klimainformationen, woher weiß man beispielsweise, daß es „Eiszeiten" gegeben hat und wie das Klima im Tertiär, vor vielen Jahrmillionen, gewesen ist?

Am verläßlichsten und genauesten sind natürlich direkte Messungen der Klimaelemente, die zudem ohne größere Lücken und homo-

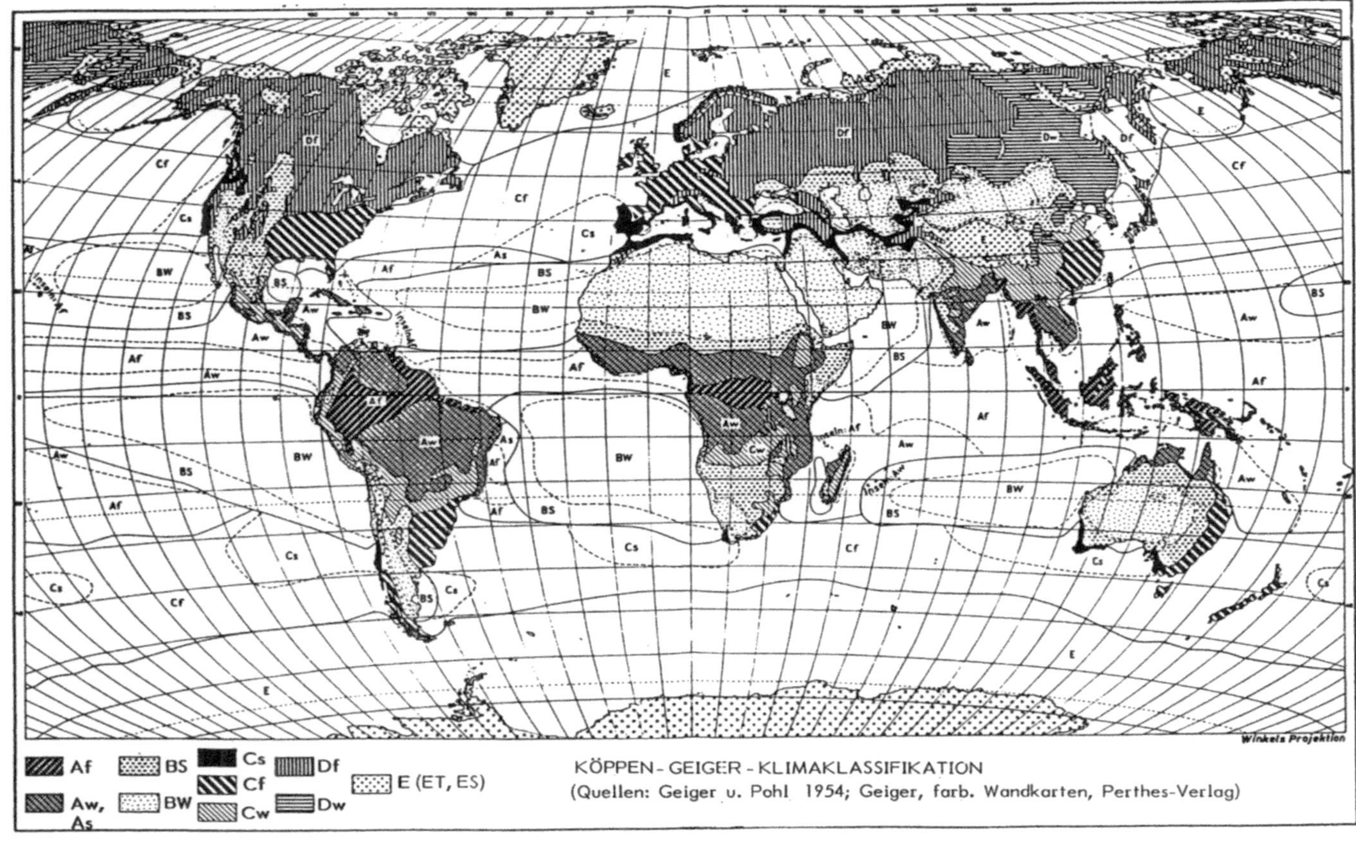

Abb. 4.2-2. Weltkarte der Klimaklassifikation nach Köppen (1936) in der Version von Geiger (1954); Erklärung s. Text

gen (d.h. nicht durch Meßgeräte- oder Standortwechsel verfälscht) vorliegen sollten. Solche Informationen der „Neoklimatologie" reichen maximal bis zum Jahr 1659 zurück (Temperatur, zentrales England; Manley 1974; hinreichend flächendeckend bezüglich der nordhemisphärischen Landgebiete bis etwa 1850/1860; Hansen u. Lebedeff 1987; Jones 1988; Jones u. Briffa 1992). Davor aber tut sich das weite Feld der indirekten paläoklimatologischen Informationen auf. Von den vielen zur Verfügung stehenden Datenquellen (Bradley 1985; Frakes 1979; Frenzel et al. 1992; Oeschger 1980; Schweingruber 1983) seien hier nur erwähnt: Baumringanalysen (Temperatur - Feuchte - Komplex; letzte ca. 10000 Jahre), Analysen von sedimentierten Bodentypen und darin enthaltenen Pflanzenpollen (Temperatur - Niederschlag - Regime; letzte ca. Jahrmillion), Eisbohranalysen (vorwiegend Temperaturrekonstruktionen aus Sauerstoff-Isotopenverhältnissen, aber auch Vulkanpartikel, Gaskonzentrationen u.a.; letzte ca. 200000 Jahre), Tiefsee-Sedimentanalysen (ebenfalls vorwiegend Temperatur; letzte ca. 100 Mio. Jahre), schließlich älteste Sedimente und Bodenschätze, einschließlich der dort enthaltenen Spuren von Eisbewegungen (maximal 3,8 Mrd. Jahre). Als Brücke von der Neo- zur Paläoklimatologie kommen noch diverse klimahistorische Informationen hinzu (z.B. Hochwassermarken an Flüssen und entsprechende Chroniken, Berichte über Weinqualität, Getreidepreise usw.; Flohn 1967; Lamb 1972, 1977, 1989; Pfister 1984; Wigley et al. 1989). Da unsere Erde 4,6 Mrd. Jahre alt ist, läßt sich somit fast ihre ganze Klimageschichte überblicken, freilich mit immer größeren Genauigkeits- und Repräsentanzproblemen, je weiter der Blick in die Vergangenheit gewagt wird, und mit den prinzipiellen Problemen der Umsetzung indirekter in direkte Klimainformationen (Transferfunktionen).

In sehr groben Zügen und mit Beschränkung auf die global bzw. nordhemisphärisch gemittelte bodennahe Lufttemperatur ergibt sich daraus folgendes Bild (Übersicht siehe u.a. Clark 1982; Schönwiese 1995): In der Frühzeit der Erde war es sicherlich sehr heiß, bis um 2 bis 3 Milliarden v.h. (vor heute) in etwa das heutige Temperaturniveau erreicht war. Von da an gab es episodische Vereisungen der Polargebiete (teils beide, teils nur ein Polargebiet) und einiger Gebirgsregionen, die Eiszeitalter, unterbrochen von wesentlich längeren eisfreien Abschnitten (akryogenes Warmklima). Die Eiszeitalter haben jeweils einige Jahrmillionen angedauert, und der Temperaturunterschied zum eisfreien Warmklima lag in der Größenordnung von 10°C.

Seit 2 bis 3 Mio. Jahren befinden wir uns wieder in einem solchen Eiszeitalter, geologisch die Epoche des Quartär, und innerhalb dieser Epochen gibt es offenbar ein Wechselspiel zwischen relativ kalten

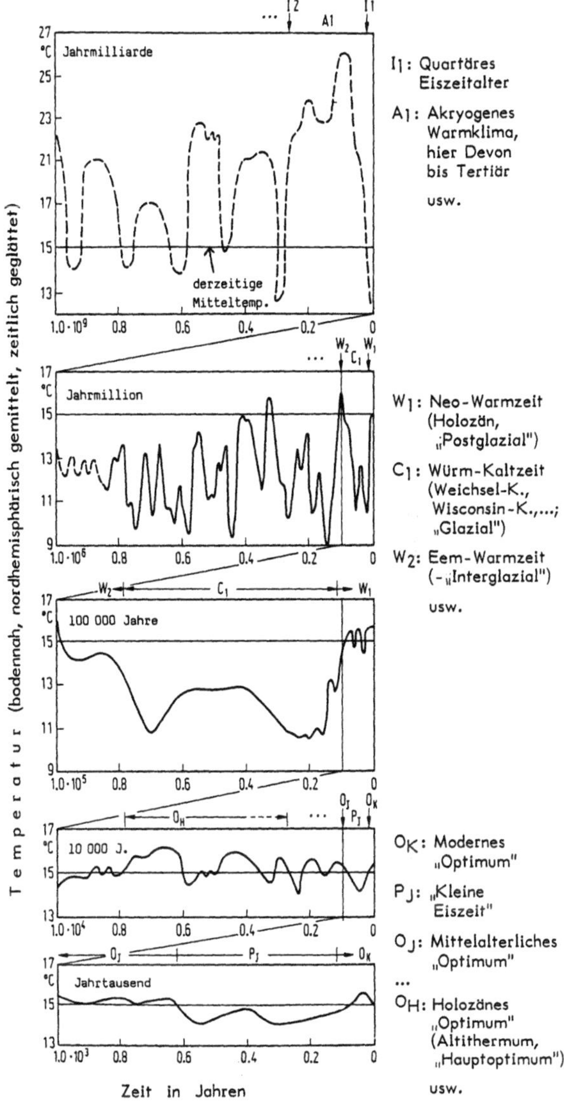

Abb. 4.2-3. Nordhemisphärisch gemittelte Variationen der bodennahen Lufttemperatur in verschiedener zeitlicher Auflösung (oben letzte Jahrmilliarde, unten letztes Jahrtausend; viele Primärquellen, hier in der Zusammenstellung nach Schönwiese 1995; vgl. auch Clark 1992; IPCC, Houghton et al. 1996)

(„Eiszeiten" oder besser Kaltzeiten, auch Glaziale genannt) und relativ warmen Epochen („Zwischeneiszeiten" oder besser Warmzeiten, auch Interglaziale). Dies ist für die letzte Jahrmillion aus Abb. 4.2-3 ersichtlich, wobei die Temperaturunterschiede etwa 3 bis 7°C ausmachen. Die letzte, nämlich die Würm-Kaltzeit, ist vor 11 000 Jahren zu Ende gegangen, und während ihres letzten Tiefpunktes vor 18 000 Jahren lag die Temperatur 4 bis 5°C unter den heutigen Werten. Diese, gemessen an Wetteränderungen scheinbar geringen Temperaturänderungen sind für das Klimageschehen geradezu gigantisch; denn die

Folge dieses tieferen Temperaturniveaus waren kilometerdicke Eisbedeckungen im Bereich des heutigen Kanada, Großbritannien und Skandinavien mit der Folge eines um 135 m tieferen Meeresspiegels, so daß beispielsweise die südliche Nordsee verschwunden und die Themse ein Nebenfluß des Rheins war.

In den letzten rund 10000 Jahren (vgl. wiederum Abb. 4.2-3), der noch andauernden Neo-Warmzeit (auch „Nacheiszeit", Postglazial, Holozän), ist das Klima mit Variationen um 1 bis 1,5°C (immer zumindest nordhemisphärisch und über zumindest einige Jahrzehnte gemittelt) bemerkenswert stabil gewesen, ganz im Gegensatz zur Eem-Warmzeit, die mit etwas höherem Temperaturniveau als heute vor ca. 125000 Jahren kulminierte. Die letzten 1000 Jahre sind vom Übergang des sog. Mittelalterlichen Klimaoptimums in die sog. Kleine Eiszeit (Lamb 1972, 1977), etwa zwischen 1000 bis 1200, deren letzte Tiefpunkte um 1600 und 1850 sowie der seitdem einsetzenden Erwärmung gekennzeichnet (Abb. 4.2-3). Diese jüngste Erwärmung ist als eines unter vielen vergleichbaren Klimaphänomenen zunächst nichts Besonderes, stellt sich aber in einem völlig anderen Licht dar, wenn in die Ursachendiskussion (Abschnitt 4.2.4) eingetreten wird. Zuvor soll jedoch die Struktur dieser jüngsten Erwärmung noch etwas näher charakterisiert werden.

Dank der vielen vorliegenden direkten Messungen ist sie nämlich sehr genau angebbar. Abbildung 4.2-4 zeigt dazu, wiederum nordhemisphärisch gemittelt, die Jahresanomalien (d.h. die relativen, auf ein zeitliches Referenzinterval bezogenen Jahr-zu-Jahr-Variationen), zehnjährig geglättete Daten und den linearen Trend, der hier rund 0,6°C beträgt (global gemittelt seit 1861 ca. 0,4 bis 0,6°C). Dieser Aspekt ist deswegen wichtig, weil es offenbar erhebliche Abweichungen vom Langfristtrend gegeben hat. Zeitliche Klimaänderungen setzen sich somit stets aus sehr unterschiedlichen Variationskomponenten zusammen.

Damit aber nicht genug: Zeitliche Klimaänderungen laufen auch räumlich sehr unterschiedlich ab, das Klima ist variabel in Raum und Zeit. Um diese Betrachtungen aber hier nicht ausufern zu lassen, sollen nur noch die räumlich differenzierten säkularen Globaltrends der bodennahen Lufttemperatur im Sommer und Winter angefügt sein (Abb. 4.2-5 und 4.2-6). Daraus ist ersichtlich, daß die markanteste säkulare Erwärmung im Winter über Grönland und Nordostsibirien eingetreten ist, während insbesondere im Sommer auch gegenläufige Abkühlungstrends zu erkennen sind, und zwar über Grönland, Ostsibirien und dem Südpazifik. Selbst der scheinbar einfache Aspekt von Langzeittrends erweist sich somit als räumlich sehr differenziert (vgl.

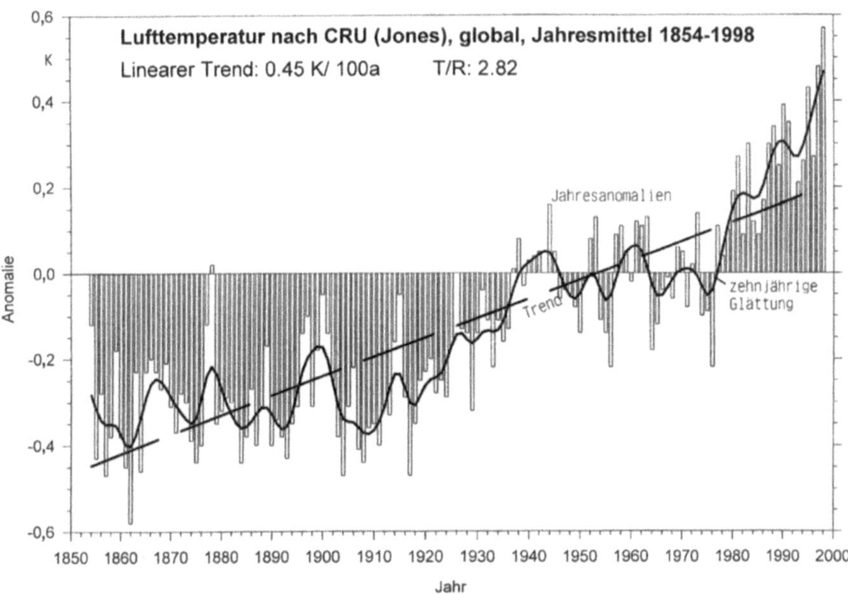

Abb. 4.2-4. Jahresanomalien 1854 bis 1996 der bodennahen Weltmitteltemperatur nach IPCC (Houghton et al. 1996; Jones et al. 1994, ergänzt) mit zehnjährig geglätteten Daten und linearem Trend (Bezugsintervall 1961 bis 1990)

auch Bayer et al. 1994; Houghton et al. 1996; Jones 1994; Rapp u. Schönwiese 1996; Schönwiese u. Rapp 1997; von Rudloff 1967).

Noch weitgehend ungeklärt ist das Phänomen der natürlichen „abrupten“ Klimaänderungen (Berger u. Labeyrie 1987; Flohn 1985). Während es vor allem für die letzte Kaltzeit (Würm-Eiszeit) und die vorangegangene Eem-Warmzeit eine Reihe von Befunden gibt, die auf eine sehr bemerkenswerte Labilität dieser Klimaepochen hinweisen, wird neuerdings manches davon wegen widersprüchlicher Rekonstruktionsbefunde (z.B. GRIP 1993) wieder in Frage gestellt. Was die gegenwärtige Warmzeit (Holozän) betrifft, so konzentrieren sich die Hinweise auf abrupte Klimaumschwünge - regional mehrere Grad innerhalb einiger Jahrzehnte - auf die Klimaübergangsphase nach der letzten Kaltzeit (beispielsweise Kälterückfall der „Jüngeren Dryaszeit“ um etwa 10500 Jahren vor heute; Peteet 1987; Pons et al. 1987; Houghton et al. 1996).

Wie aber kommen nun die so vielfältigen räumlich-zeitlichen Klimavariationen zustande? Diese Frage zielt auf die Klimaprozesse, die Steuerungsmechanismen der Klimavariationen; und spätestens an dieser Stelle ist die schon angekündigte interdisziplinäre Erweiterung des Klimabegriffs fällig: Träger der Klimaprozesse ist nämlich das Klima-

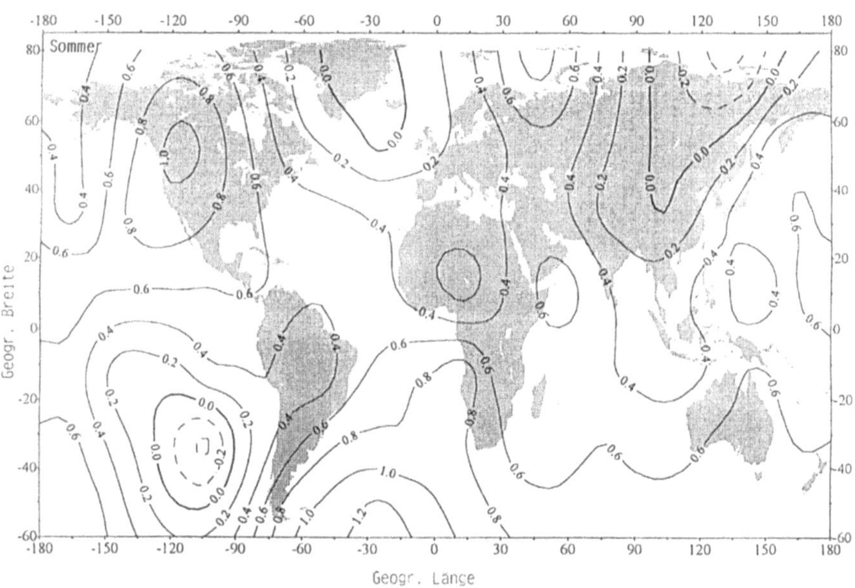

Abb. 4.2-5. Weltkarte der linearen Trends 1892 bis 1991 der Sommertemperatur (Juni, Juli, August) in K; gestrichelte Linien bedeuten Abkühlung (Datenquelle: Hansen u. Lebedeff 1987, 1997; Analyse Schönwiese et al., unpubl.)

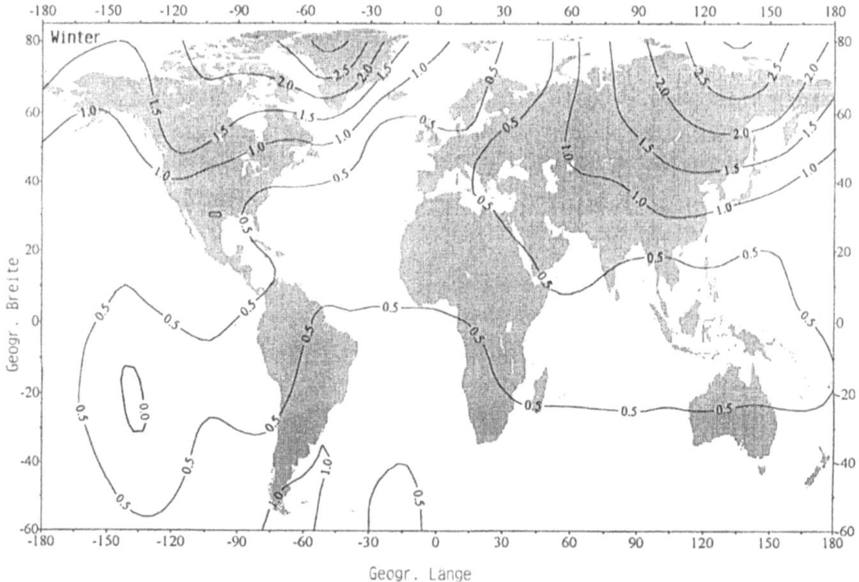

Abb. 4.2-6. Ähnlich Abb. 4.2-5, jedoch Winter (Dezember, Januar, Februar)

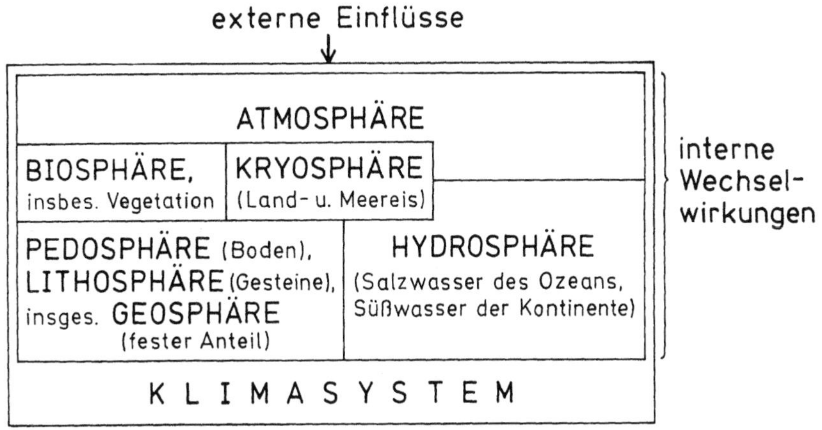

Abb. 4.2-7. Schema des Klimasystems (in der Version nach Schönwiese 1994)

system (Abb. 4.2-7), das Verbundsystem aus Atmosphäre-Hydrosphäre-Kryosphäre-Pedo-/Lithosphäre-Biosphäre (Hantel et al. 1987; Houghton 1984; Houghton et al. 1990, 1996; Hupfer 1991, 1996).

Dabei besteht die Hydrosphäre aus der Salzwasser- (Ozean) und Süßwassersphäre (Süßwasser der Landgebiete). Unter der Kryosphäre versteht man sowohl die großen Landeisschilde (insbesondere Antarktis und Grönland) als auch die Gebirgsgletscher und das Meereis. Die Pedosphäre ist der Boden, die Lithosphäre wird von den Gesteinen und sonstigen Bestandteilen der festen Erde gebildet. Prinzipiell unterscheidet man zwischen Wechselwirkungen in und zwischen diesen Komponenten des Klimasystems, sog. internen Prozessen, die für sich allein schon Klimavariationen erzeugen können, und sog. externen Einflüssen auf dieses System, die als Nicht-Wechselwirkungen definiert sind.

Diese externen Einflüsse können meist als „Strahlungsantriebe" quantifiziert werden, d.h. als Störungen des Strahlungshaushalts zwischen solarer Ein- und terrestrischer Ausstrahlung (näheres im nächsten Abschnitt), und in einfachen Fällen lassen sich direkt daraus Temperaturreaktionen näherungsweise abschätzen. Beispiele für externe Steuerung sind direkte oder indirekte Änderungen der Sonneneinstrahlung oder Vulkanausbrüche. Meist aber muß auch die Tatsache berücksichtigt werden, daß externe Einflüsse der Mittlerrolle der atmosphärischen bzw. atmosphärisch-ozeanisch-kryosphärischen Zirkulation unterliegen.

Die atmosphärische Zirkulation (Barry u. Chorley 1982; Flohn 1971; Fortak 1982; Hartmann 1994; James 1994; Peixoto u. Oort 1992; Schönwiese 1994; Weischet 1991) kann als globale Maschinerie aufgefaßt werden, die im Grunde bestrebt ist, Wärme von den Tropen in Richtung der Polargebiete zu transportieren. Von der Erdrotation modifiziert, tut sie das in den Tropen durch mächtige, vertikal angeordnete Zirkulationsräder („Hadley"- und „Walker"-Zellen), in mittleren Breiten durch horizontal angeordnete Wirbel (Polarfrontzyklonen). Dabei wechseln sich vom Äquator zum Pol Zonen tiefen Luftdrucks mit Hebung, Wolkenbildung und Niederschlag sowie Zonen hohen Luftdrucks mit Absinken und daher Trockenheit ab. Dies alles spiegelt sich in Klimaklassifikationen, vgl. Abb. 4.2-2, und entsprechenden Vegetationsgürteln wider.

Physikalisch gesehen (Hantel 1997; Reuter et al. 1997; Roedel 1992) sind es die thermisch bedingten Dichteunterschiede der Luftmassen, die Hebung (thermisches Tiefdruckgebiet) bzw. Absinken (thermisches Hochdruckgebiet) bewirken. Im Ozean führt auch unterschiedlicher Salzgehalt zu Dichteunterschieden, so daß die ozeanische Zirkulation thermo-halin getrieben ist. Im Prinzip dient auch sie dem polwärtigen Wärme- (z.B. Golfstrom) bzw. sozusagen dem äquatorwärtigen Kältetransport (z.B. Humboldt- oder Perustrom). Ein wichtiger

Tabelle 4.2-1. Übersicht der möglichen Ursachen von Klimaänderungen; offensichtlich vernetzte Variable sind mit „*" gekennzeichnet, Konkurrenzmechanismen zur anthropogenen Verstärkung des „Treibhauseffektes" durch kursive Schreibweise hervorgehoben (wobei die Konkurrenzsituation darin besteht, daß sich diese Vorgänge in ähnlichen zeitlichen Größenordnungen abspielen; Quelle: Schönwiese 1994, modifiziert)

Extraterrestrisch	Terrestrisch
Solarkonstante, langfristiger Trend *Solarkonstante, Variationen* (durch Sonnenaktivität u. Pulsationen) Rotation der Milchstraße und kosmische Materie Meteore und Meteoriten Mond Gezeitenkräfte allg. (Wirkung auf Sonne und Erde)	Kontinentaldrift Orogenese *Vulkanismus* Waldbrände *Zusammensetzung der Atmosphäre** *Zirkulation der Atmosphäre** *Zirkulation u. Salzgehalt des Ozeans** *El Niño-Phänomen* Eis- und Schneebedeckung* Vegetation* Autovariationen* (auch stochastisch) anthropogene Einflüsse: *„Treibhauseffekt"* *„Stadtklima" troposphär. Sulfat* *„Ozonloch"-Effekte*
Orbitalparameter (der Erdumlaufbahn um die Sonne) Rückkopplungen	

ozeanisch-atmosphärischer und somit systeminterner Wechselwirkungsvorgang äußert sich in episodischen Erwärmungen der tropischen Ozeane, insbesondere des Pazifiks vor der Küste von Peru, die mit unterschiedlicher Ausprägung ungefähr alle 3 bis 7 Jahre auftreten und „El-Niño-Phänomen" heißen (die gegenläufigen „Kaltwasser-Ereignisse" neuerdings „La Niña"; Arntz u. Fahrbach 1991).

So interessant und wichtig es auch im einzelnen sein mag – auf Details der Zirkulationsmechanismen, ihre thermischen wie dynamischen, ihre globalen wie regionalen Aspekte (z.B. Land-See-Wind, Föhn usw.) kann hier nicht eingegangen werden. Statt dessen soll zum Schluß dieses Abschnitts eine Tabelle folgen, die die wesentlichen Ursachen von Klimavariationen zusammenfaßt, externe wie interne sowie – damit bitte nicht verwechseln – extraterrestrische wie terrestrische. Beginnend mit dem „Treibhauseffekt", soll auf einige davon nun näher eingegangen werden.

4.2.2 Natürlicher Treibhauseffekt

Der Dreh- und Angelpunkt der gesamten Klimaproblematik, insbesondere was die Klimaprozesse betrifft, sind sicherlich die solar-terrestrischen Strahlungsvorgänge (Houghton et al. 1990, 1996; Kondratyev 1969; Paltridge u. Platt 1976; Peixoto u. Oort 1992; Ramanathan et al. 1985; Wuebbles et al. 1984). Darin liegt auch der Schlüssel für das Verständnis des „Treibhauseffektes", der neuerdings auch in der Öffentlichkeit heiß diskutiert wird. Schon hier sei betont, daß dabei sorgfältig zwischen dem natürlichen „Treibhauseffekt" und seiner anthropogenen Verstärkung (anthropogener „Zusatz-Treibhauseffekt") zu unterscheiden ist; letzterer ist eigentlich gemeint, wenn die Öffentlichkeit davon spricht. Es ist aber notwendig, zunächst einmal von den natürlichen Vorgängen auszugehen.

Am Außenrand der Atmosphäre beträgt die mittlere Sonneneinstrahlung, die sog. Solarkonstante S_o, näherungsweise 1365 bis 1370 Wm^{-2} (Berger 1997; Lee et al. 1988). Da es im weiteren auf die Bilanz zwischen dieser solaren Einstrahlung S_o und der terrestrischen Ausstrahlung E ankommt, S_o von der Querschnittsfläche der Erde πR^2 (R = Erdradius) aufgefangen, E aber über die gesamte Kugeloberfläche πR^2 wirksam ist, beträgt die wirksame Solarkonstante im Mittel 1368/4 Wm^{-2} = 342 Wm^{-2} (Houghton et al. 1996). Die Ausstrahlung der Erde läßt sich nach dem Stefan-Boltzmann-Gesetz

$$Q = \varepsilon\sigma T^4 \qquad (4.2\text{-}1)$$

aus der mittleren Erdoberflächentemperatur $T_E = +15°C = 288$ K berechnen, wobei sich unter der vereinfachenden Annahme eines physikalisch schwarzen Körpers ($\varepsilon = 1$) ergibt: $E = \sigma 288^4 \approx 390$ Wm^{-2} (mit Stefan-Boltzmann-Konstante $\sigma = 5{,}67 \cdot 10^{-8}$ Wm^{-2} K^{-4}). Setzt man die mittlere effektive Solarkonstante $S_o = 100\%$, so ergibt sich in Relation dazu für $E = 114\%$.

Davon ist auszugehen (vgl. Abb. 4.2-8), wenn nun die klimawirksamen Strahlungsprozesse in der Erdatmosphäre betrachtet werden. Sie führen sowohl bezüglich der effektiven solaren Einstrahlung $S_o/4$ als auch der terrestrischen Ausstrahlung E zur Extinktion, d.h. zu Absorption und Streuung. Daher erreicht $S_o/4$ als direkte Sonneneinstrahlung und scheinbar von der Himmelsfläche kommende Streustrahlung (Mehrfachstreuung an Partikeln und Gasen, insgesamt sog. Globalstrahlung) nur etwa zur Hälfte die Erdoberfläche (alles im räumlichen und zeitlichen Mittel), wovon noch 5% Reflexion abzuziehen sind, so daß der solare Strahlungsgewinn an der Erdoberfläche 45% beträgt. Er wird dort absorbiert und trägt zur Erwärmung der Erdoberfläche bei. Die Partikel und Gase der Atmosphäre absorbieren im Vergleich dazu einen wesentlich geringeren Betrag an Sonneneinstrahlung; rund 25% der Solarstrahlung reflektieren sie (wiederum durch Mehrfachstreuung) in den Weltraum zurück. Insgesamt beträgt der zurückreflektierte Anteil der Sonneneinstrahlung, die solare Albedo, somit 30% (vgl. wiederum Abb. 4.2-8).

Auch bezüglich der zunächst relativ hohen terrestrischen Ausstrahlung gelten die Extinktionsgesetze und bewirken, daß 96% davon als sog. atmosphärische Rückstrahlung wieder die Erdoberfläche erreichen. Genau das ist der natürliche Treibhauseffekt, der somit bewirkt,

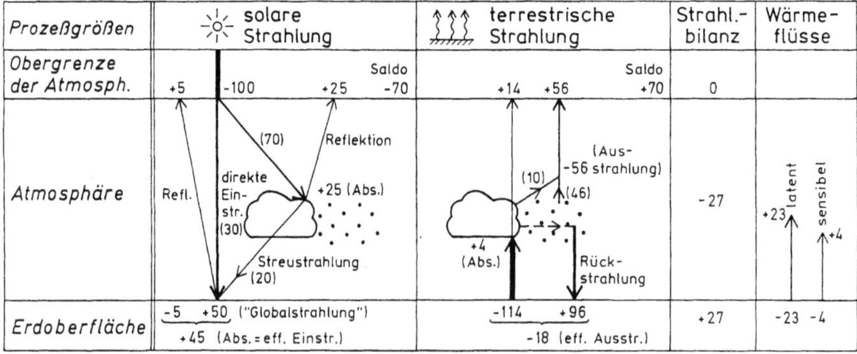

Abb. 4.2-8. Global und langzeitlich gemittelte Strahlungsflüsse der Atmosphäre, Strahlungsbilanz und wichtigste Wärmeflüsse (Quelle: IPCC, Houghton et al. 1996, umgezeichnet)

daß die Transmission der terrestrischen Ausstrahlung von 114% auf effektiv 18% reduziert wird. Fehlt noch die Tatsache, daß wie jede Materie auch die Partikel und Gase der Erdatmosphäre ausstrahlen, so daß sich insgesamt für die Erdoberfläche eine positive Bilanz von 27% und für die Atmosphäre ein entsprechender Negativbetrag ergibt. Das ist die Situation im Strahlungsgleichgewicht zwischen der Sonne und dem System Erdoberfläche-Atmosphäre, erkennbar am Gesamtsaldo Null. Um darüber hinaus ein stabiles Klima, insbesondere eine konstante Erdoberflächentemperatur zu erzeugen, muß noch die Strahlungsbilanz zwischen Erdoberfläche und Atmosphäre ausgeglichen werden, was im wesentlichen durch die Flüsse der latenten Wärme (Verdunsten von Wasser und Schmelzen von Eis an der Erdoberfläche, Kondensieren und Gefrieren, also Wolkenbildung in der Atmosphäre) und fühlbaren Wärme (molekulare und turbulente Wärmeleitung von der Erdoberfläche zur Atmosphäre), jeweils im Mittel von der Erdoberfläche in die Atmosphäre gerichtet, bewerkstelligt wird.

Soweit der physikalische Strahlungshintergrund des natürlichen „Treibhauseffektes". Um ihn auch in Temperaturwerten auszudrücken, kann man sehr einfach die Strahlungsgleichgewichtstemperatur der Erdoberfläche ohne Atmosphäre (mit A = 30% = 0,3) berechnen und erhält, indem man das Stefan-Boltzmann-Gesetz (4.2-1) nach der Temperatur auflöst:

$$T_E = \sqrt[4]{\left[\frac{1368}{4}(1-0{,}3)\right] \Big/ 5{,}6697 \cdot 10^{-8}} \qquad (4.2\text{-}2)$$

was rund 255 K (–18°C) ergibt. Da die tatsächlich beobachtete bodennahe Weltmitteltemperatur rund 288 K (+15°C) beträgt, bewirkt der natürliche „Treibhauseffekt" somit eine Erwärmung der Erdoberfläche um 33 K, ein häufig zitierter Wert (Houghton et al. 1990, 1996).

Es gibt dabei jedoch einen Haken, und das ist die solare Albedo, die ohne Atmosphäre und dabei offensichtlich auch ohne Wolken anders aussehen würde als heute. Man kann daher die Rechnung (4.2-2) für die entsprechend korrigierte Albedo wiederholen, d.h. nur die heutige Erdoberfläche dabei berücksichtigen (A = 0,15) und kommt dann auf $T_E \approx 268$ K = -5°C, was immer noch 20 K Temperaturdifferenz bedeuten würde (Roedel 1992). Aber auch das ist noch nicht der Weisheit letzter Schluß; denn bei so tiefen Temperaturen würde sicherlich ein großer Bereich des Ozeans gefrieren und daher die Albedo sowie den „Treibhauseffekt" wieder erhöhen.

Ohne weitere Spekulation sei daher festzuhalten, daß der natürliche Treibhauseffekt nur dann einen quantitativ festlegbaren Temperaturwert liefert, wenn bestimmte Annahmen gemacht werden, was übrigens für den noch zu besprechenden anthropogenen Zusatz-Treibhauseffekt ohne Belang ist. Erwähnenswert ist weiterhin, daß bei der hier unterlegten Genauigkeit die Erdoberflächentemperatur mit der meteorologisch meist angegebenen Lufttemperatur (in 2 m Höhe über Grund) praktisch identisch ist; erstere ist i. a. tags höher und nachts etwas tiefer als letztere.

Im nächsten Schritt ist nun der bisher sehr pauschal behandelte natürliche „Treibhauseffekt" hinsichtlich seiner Verursachung genauer zu beleuchten. Dazu ist es erforderlich, das Plancksche Strahlungsgesetz

$$Qd\lambda = 2hc^2/[\lambda^2(\exp(ch/(k\lambda T)))]d\lambda \qquad (4.2\text{-}3)$$

heranzuziehen, das eine Aufschlüsselung des Stephan-Boltzmann-Gesetzes (4.2-1) nach der Wellenlänge λ darstellt, mit $h = 6{,}63 \cdot 10^{-34}$ Js = Plancksche Wirkungskonstante, $c = 2{,}9979 \cdot 10^{8}$ ms^{-1} = Lichtgeschwindigkeit (im Vakuum) und $k = 1{,}38 \cdot 10^{-23}$ JK^{-1} = Boltzmann-Konstante. Für zunächst sog. schwarze Körper im physikalischen Sinn ergeben sich für die solare Einstrahlung und terrestrische Ausstrahlung die in Abb. 4.2-9 dargestellten äußeren Hüllkurven. Dabei erkennt man, daß die solare Strahlung vom UV- über den Bereich des sichtbaren Lichtes (0,4 bis 0,8 μm Wellenlänge) bis in den Wärmebereich anzutreffen ist, während sich die terrestrische Ausstrahlung insgesamt in dem Bereich des elektromagnetischen Spektrums abspielt, das die Erscheinungsform der Wärme besitzt.

Besonders wichtig ist nun, daß ganz bestimmte Gase der Atmosphäre in ganz bestimmten Wellenlängenbereichen Absorptionsbanden aufweisen (Fortak 1982; Peixoto u. Oort 1992; Ramanathan et al. 1985; Reuter et al. 1997), so daß die bisher summarisch beschriebene Extinktion wellenlängencharakteristisch ist. Im solaren Spektrum sind zwei Gase von dominanter Wirkung: O_3 (Ozon) absorbiert im Wellenlängenbereich grob $< 0{,}3$ μm, hält also einen Großteil der UV-Strahlung von der Erde fern; H_2O (Wasserdampf) hat viele Absorptionsbanden, die letztendlich bei grob > 2 μm das solare Spektrum abschneiden. Im Bereich der terrestrischen Ausstrahlung und somit für den – noch immer natürlichen – Treibhauseffekt sind in folgender Rangfolge von Bedeutung (Treibhausbeitrag jeweils in Klammern; Kondratyev u. Moskalenko 1984):

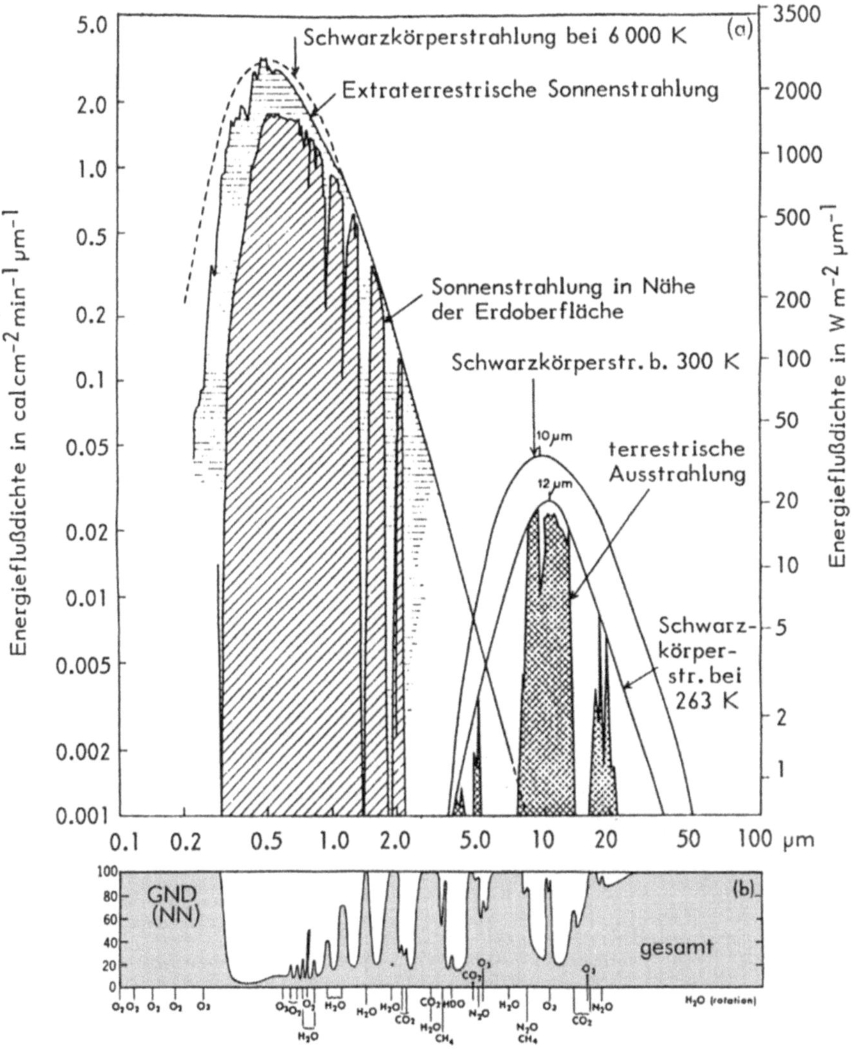

Abb. 4.2-9. Plancksche Strahlungskurven (äußere Hüllkurven) und aufgrund der unten spezifizierten Absorptionsbanden der klimarelevanten Spurengase tatsächliche solare Ein- und terrestrsiche Ausstrahlung (Quelle: Fortak 1982; vgl. auch Peixoto u. Oort 1992)

- H_2O = Wasserdampf (62%)
- CO_2 = Kohlendioxid (22%)
- O_3 = bodennahes (!) Ozon (7%)
- N_2O = Distickstoffoxid = Lachgas (4%)
- CH_4 = Methan (2,5%)
- Weitere (2,5%)

Anhand dieser Zahlen kann man sich vergegenwärtigen, daß beispielsweise CO_2 trotz seiner sehr geringen atmosphärischen Konzentration (derzeit rund 0,0365 Volumenprozent = 365 ppm, vorindustriell rund 280 ppm; vgl. Kap. 4.3) theoretisch mit rund $33\,K \cdot 22\% \approx 7\,K$ zum natürlichen „Treibhauseffekt" beiträgt (zu O_3 vgl. auch Bd. 1A, Kap. 3.2), und das ist mehr als der Unterschied zwischen einem „Eiszeit-", und Warmzeitklima (vgl. Abb. 4.2-3).

Beim Wasserdampf, der sowohl im solaren als auch terrestrischen Bereich des elektromagnetischen Spektrums Absorptionsbanden aufweist, ist wichtig, daß in der Bilanz der terrestrische Effekt so stark überwiegt, daß es sich tatsächlich um das weitaus vorherrschende „Treibhausgas" handelt. Ansonsten ist es wichtig, ob die weiteren „Treibhausgase" dort Absorptionsbanden (terrestrisches Spektrum) aufweisen, wo H_2O nicht absorbiert (sog. Wasserdampffenster). Das schlägt im sog. „Treibhauspotential" bzw. „Strahlungsantrieb" zu Buche, die im folgenden Abschnitt eingeführt werden sollen.

4.2.3
Anthropogene Emissionen und Charakteristika der „Treibhausgase"

Offensichtlich ist der „Treibhauseffekt" eine sehr empfindliche Schraube des Klimasystems, und genau an dieser Schraube dreht der Mensch. Der Sachverhalt ist auch so charakterisiert worden, daß der Mensch mit der Atmosphäre der Erde ein globales Experiment durchführt, dessen Ausgang quantitativ unsicher ist. Ursache dafür sind alle menschlichen Aktivitäten, die zur Emission klimawirksamer Spurengase führen. Die wichtigsten betroffenen Gase sind mit einigen ihrer Charakteristika und anthropogenen Veränderungen in Tabelle 4.2-2 zusammengestellt; die prozentuale Aufspaltung der Emissionen geht aus Tabelle 4.2-3 hervor (vgl. dazu Graedel u. Crutzen 1993; Heintz u. Reinhardt 1996; Houghton et al. 1990, 1992, 1996).

Aus diesen Zusammenstellungen wird die führende Rolle des Treibhausgases CO_2 deutlich, wobei die anthropogenen Emissionen zu etwa 75% auf die Nutzung der fossilen Energie zurückgehen (Verbrennung von Kohle, Erdöl und Erdgas, einschließlich Verkehr) und zu 20% auf die Rodungen tropischen Regenwaldes (vor allem Südamerika) sowie borealen Nadelwaldes (GUS, Kanada). Der Wasserdampf (H_2O), der beim natürlichen Treibhauseffekt dominiert, spielt bei der anthropogenen Verstärkung – von H_2O-Emissionen in der oberen Atmosphäre durch den Flugverkehr abgesehen – direkt so gut wie keine Rolle, weil die natürliche Verdunstung sehr viel größer ist, wohl aber indirekt (wird in Bd. 1A, Kap. 2 behandelt). Bemerkenswert ist, daß

Tabelle 4.2-2. Übersicht der wichtigsten Charakteristika der „Treibhausgase", deren atmosphärische Konzentration durch menschliche Aktivitäten erhöht wird (Quelle: IPCC, Houghton et al. 1996, aktualisiert, Zeile 10 nach Kiehl u. Treuberth 1997; weitere Beiträge zum Treibhauseffekt gehen auf Ozon u. a. zurück)

Vorgang/Eigenschaft	CO_2	CH_4	N_2O	FCKW (CFK)[c]	H_2O
Anthr. Emission pro Jahr, Mittel 1980/89	26±3 Gt	375±75 Mt	15±8 Mt	0,7 Mt (F11+F12)	-
Schätzung 1998	29±3 Gt	400±80 Mt	15±8 Mt	0,4 Mt (F11+F12)	-
Anteil an der Gesamtemission	5%	70%	40%	100%	-
Konzentration, vorind. (1800)	280 ppm	0,70 ppm	0,28 ppm	0	2,6%[c]
Schätzung 1998	365 ppm	1,72 ppm	0,31 ppm	0,3 ppb (F12)	2,6%[c]
Jährl. Anstieg, Mittel 1980/89	1,5 ppm	13 ppb	0,75 ppb	0,02 ppb (F12)	-
Entspr. prozent.	0,4%	0,8%	0,25%	4%	-
Mittl. molekulare Lebenszeit	(10a)[b]	15a	120a	100a (F12)	10 d
Relatives Treibhauspotential[a]	1	24,5	320	8500 (F12)	indirekt
Beitrag natürl. Treibhauseff.	26%	2%	4%	-	60%
Beitrag anthr. Treibhauseff.[a]	61%	15%	4%	11%	indirekt
Entspr. bish. Strahlungsantrieb[d]	1,56 Wm^{-2}	0,47 Wm^{-2}	0,14 Wm^{-2}	0,25 Wm^{-2}	

[a] Zeithorizont 100a; [b] Anthropogene Störungszeit 50–200a; [c] Bodennaher Mittelwert (Troposphäre 1,5%)
(t = Tonnen, Mt = 10^6t, Gt = 10^9t, ppm 10^{-6}, ppb = 10^{-9} Volumenanteile, a = Jahr, d = Tag)
[d] Alle Treibhausgase 2,45 Wm^{-2}, mit Unschärfen 2,1–2,8 Wm^{-2} (1750–1992); $2 \cdot CO_2$: ca. 4,4 Wm^{-2}

auch beim Methan (CH_4, vgl. wiederum Tabelle 4.2-3), hinsichtlich der anthropogenen Emissionen wiederum die fossile Energie die Spitzenposition einnimmt, wenn das beim Kohlebergbau freiwerdende Grubengas, die Erdgasverluste (bei Erfassung und Transport) sowie industrielle Ausgasungen addiert werden. Es folgen die Emissionen in Zusammenhang mit der Viehhaltung und dem Reisanbau; somit steht CH_4 in enger Verbindung mit der Ernährung und der Weltbevölkerungszahl (vor allem bzgl. Reisanbau). Demgegenüber sind die anthropogenen CH_4-Quellen durch Biomasse-Verbrennung, Landnut-

Tabelle 4.2-3. Prozentuale Aufschlüsselung der in Tabelle 6.-2 genannten anthropogenen Treibhausgas-Emissionen (Quelle: IPCC, Houghton et al. 1996, ergänzt nach Lozán et al. 1998)

„Treibhausgas“	Anthropogene	
	Gesamtemission	Quellen (Aufschlüsselung)
CO_2	29±6 Gt (8 Gt C)	75% foss. Energie 20% Waldrodungen 5% Holzverbrennung
CH_4	360±200 Mt (270 Mt C)	27% foss. Energie 23% Viehhaltung 17% Reisanbau 11% Biomasse-Verbr. 8% Müllhalden 8% Abwasser 6% Tierexkremente
FCKW (CFK)	≈1 Mt	Sprühdosen, Kältetechnik, Dämm-Mat., Reinigung
N_2O	10±8 Mt (3 Mt N)	23 bis 48% Bodenbearbeitung (mit Düngung) 15 bis 38% chem. Industrie 17 bis 23% foss. Energie 15 bis 19% Biomasse-Verbr.
O_3 (trop.)	0,5 Gt (?)	Verkehr, foss. Energie u. a.
H_2O	?	Flugverkehr

zungseffekten, Müllhalden und Abwässern relativ geringer. Bei der Distickstoffoxid-Emission (N_2O, nicht zu verwechseln mit den Stickoxiden $NO_x = NO + NO_2$) dominieren Bodenbearbeitungs- und Düngungseffekte. Von allen diesen anthropogenen Emissionen ist allein die FCKW-Emission rückläufig: Nach einem Spitzenwert von weltweit akkumuliert rund 1 Mt (Megatonne) ist sie in den letzten Jahren auf etwa 0,4 Mt zurückgegangen (FCKW-11 und FCKW-12; CDIAC 1994).

Ansonsten sind die Steigerungsraten, wie sie auch aus Tabelle 4.2-2 hervorgehen, gewaltig. Beim CO_2, dessen anthropogene Gesamtemission derzeit bei 29 bis 30 Gt (Gigatonnen) liegt (davon etwa 22 Gt aus der fossilen Energie; IPCC 1996), ist seit 1900 (rund 1,5 Gt) eine Steigerung um fast den Faktor 20 eingetreten, begleitet von einer Steigerung der Weltprimärenergienutzung um etwa den Faktor 12 auf heute

12 bis 14 Gt SKE (Steinkohleeinheiten). Zum Vergleich: Die Weltbevölkerung ist in der gleichen Zeit von knapp 2 auf 6 Mrd. Menschen angestiegen vgl. Bd. 1A, Kap. 1.1).

Eine besondere Rolle spielt das bodennahe Ozon (O_3), das in Tabelle 4.2-2 gar nicht enthalten (wohl aber in Tabelle 4.2-3). Das hängt damit zusammen, daß es im Gegensatz zu allen anderen genannten „Treibhausgasen“ eine wesentlich kürzere atmosphärische Verweilzeit (ca. 1 bis 3 Monate) besitzt (Graedel u. Crutzen 1993; Heintz u. Reinhardt 1996). Als Folge davon verteilt es sich auch nicht weitgehend gleichmäßig in der Atmosphäre, sondern konzentriert sich in den Ballungsgebieten. Auch wird es nicht direkt in die Atmosphäre emittiert, sondern aus Vorläufersubstanzen wie NO_x und VOC gebildet (vgl. dazu Bd. 1A, Kap. 2.4.2 und 2.8.2), die überwiegend aus dem Kraftverkehrsbereich stammen. Wegen dieser Besonderheiten ist auch nur sehr ungenau bekannt, in welchem Ausmaß die bodennahe O_3-Konzentration in industrieller Zeit angestiegen ist, obwohl dieser Anstieg qualitativ außer Zweifel steht (vgl. Bd. 1A, Kap. 3.2). Zusammen mit weiteren, hier nicht besprochenen Substanzen trägt O_3 mit etwa 9% zum anthropogenen „Treibhauseffekt“ bei.

Um von den anthropogenen Emissionen dieser Gase auf die daraus resultierenden atmosphärischen Konzentrationsveränderungen zu schließen, benötigt man Modelle der biogeochemischen Spurenkreisläufe im Klimasystem, wie sie im Kap. 4.3 behandelt sind (einschließlich Zukunftsszenarien). Dort sind auch graphische Darstellungen der zeitlichen Entwicklung solcher Konzentrationsverläufe ersichtlich. An dieser Stelle geht es lediglich um zusammenfassende Betrachtungen (vgl. Tabelle 4.2-2). So ist für das folgende wichtig, festzuhalten, daß die atmosphärische CO_2-Konzentration von ca. 280 ppm (vorindustriell, um ca. 1800) auf 367 ppm im Jahr 1998 angestiegen ist (Messungen auf dem Mauna Loa, Hawaii).

Aus Abb. 4.2-10 ist ersichtlich, wie sich dieser Konzentrationsanstieg bei der Trendfortschreibung bis zum Jahr 2050 fortsetzen könnte. Zusätzlich sind die über CO_2 hinausgehenden „Treibhausgas“-Konzentrationen unter Abschätzung ihrer Klimawirksamkeit in zusätzliche fiktive CO_2-Konzentrationen umgerechnet und zu den CO_2-Konzentrationen addiert. Das Ergebnis ist die sog. äquivalente CO_2-Konzentration, die entsprechende summarische Betrachtungen erlaubt. Man erkennt, daß bei mittlerer Trendfortsschreibung (IPCC-Szenario IS 92a, vgl. Kap. 4.3) um das Jahr 2040 eine Situation zu erwarten ist, die einer anthropogenen Verdoppelung der Treibhausgaskonzentrationen entspricht (grob Anstieg von 300 auf 600 ppm; für CO_2 allein wäre dies erst um 2070 der Fall).

Die Klimawirksamkeit der einzelnen „Treibhausgase" läßt sich in relativen molekularen „Treibhauspotentialen", vgl. wiederum Tabelle 4.2-2, angeben. Damit ist die Absorptionsstärke pro Molekül relativ zu CO_2 gemeint, bei dem dieses Potential gleich 1 gesetzt ist (Vergleichsreferenz). Aussagekräftiger ist jedoch der „Strahlungsantrieb", der u.a. auch die Konzentrationen (und somit die Anzahl der Moleküle) und atmosphärischen Verweilzeiten mit impliziert. Damit ist ein Maß für die Störung des Strahlungshaushaltes der Atmosphäre gegeben, das für die „Treibhausgase" (CO_2-Äquivalente) im Industriezeitalter (etwa von 1800 bis heute) 2,1 bis 2,8 Wm^{-2} ergibt, für den Fall einer CO_2-Verdoppelung übrigens 4,4 Wm^{-2}. Das erscheint wenig gegenüber den natürlichen Strahlungsflüssen (vgl. Abb. 4.2-8), wird sich aber dennoch im weiteren als sehr effektiv herausstellen.

Unter anderem hängt das damit zusammen, daß sowohl die „Treibhauspotentiale" als auch die „Strahlungsantriebe" zunächst nur die direkten Effekte quantifizieren; es treten nämlich auch diverse indirekte Effekte und Rückkopplungen im Klimasystem auf. Das geeignete Werkzeug für solche weitergehenden Abschätzungen sind Klimamodelle, wie sie im folgenden vorgestellt und diskutiert werden.

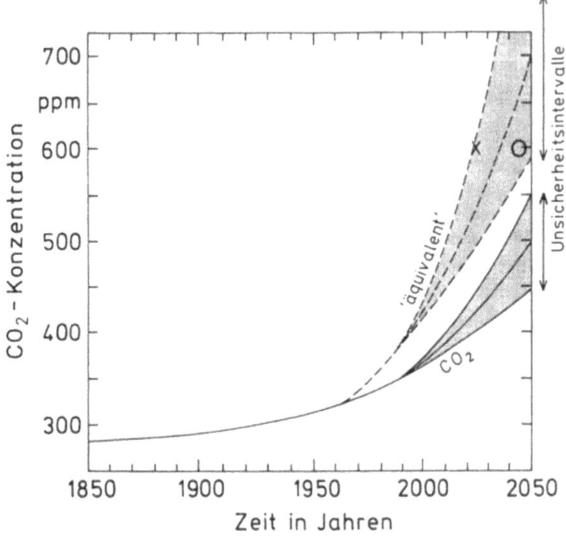

Abb. 4.2-10. Grobangaben der atmosphärischen Konzentrationsanstiege von Kohlendioxid (unten) bzw. Kohlendioxidäquivalenten (oben) 1850 bis 2050, wobei die Vorhersagen (mit Unsicherheitsbereichen) auf Trendfortschreibungen beruhen (viele Quellen, hier nach Schönwiese 1995; X = IPCC-Schätzung, 1990, O = IPCC-Schätzung 1996)

4.2.4 Klimamodelle

4.2.4.1 Notwendigkeit und Problematik der Klimamodelle

Wer sich die enorme Komplexität der Klimaprozesse und die enorme Vielfalt der zeitlich-räumlichen Klimavariationen vor Augen führt, der wird sich nicht wundern, daß wir von einem vollständigen und exakten physikochemischen Verständnis des Klimasystems und seiner Variabilität weit entfernt sind. Um überhaupt eine Chance zu haben, muß versucht werden, wenigstens einen Teil der Klimasystem-Prozesse zu erfassen und zu verknüpfen, in der Hoffnung, daß dieser erfaßte Teil eine gewisse Dominanz besitzt. Solche partiellen Ansätze für ein in Wirklichkeit umfassenderes und kompliziertes System nennt man Modelle, wobei in den Naturwissenschaften ein Modell meist die Form eines mathematisch ausdrückbaren Gleichungssystemen hat. Beinhalten solche Gleichungssysteme auch die Zeit - man spricht von prognostischen im Unterschied zu diagnostischen Gleichungen - so ist prinzipiell auch die Möglichkeit der Vorhersage gegeben.

Die zuerst festzuhaltende Eigenschaft von Klimamodellen (Details z. B. IPCC, Houghton et al. 1990, 1992, 1996; Trenberth 1992) ist somit eine Eigenschaft aller Modelle: die Unvollständigkeit. Dies geht soweit, daß selbst etliche bekannte Prozesse in den Klimamodellen nicht untergebracht werden können, weil dazu die Rechenkapazitäten (EDV) nicht ausreichen. Weitere Prozesse, wie z. B. die Konvektion, gehen nur stark vereinfacht, man sagt parametrisiert, in die Modelle ein. Viele Modellgleichungen haben die Form nicht exakt lösbarer Differenzialgleichungen, so daß zu Näherungsverfahren der numerischen Mathematik gegriffen werden muß. Ein weiteres Problem, das wiederum mit der begrenzten Rechnerkapazität zusammenhängt, ist die begrenzte zeitliche (Zeitschritte der Modellgleichungen) und vor allem die begrenzte räumliche Auflösung, wobei übrigens die Transformation von relativ kleinräumigen (subskaligen) Prozessen in solche, die vom Modell aufgelöst werden können (skalige Prozesse), im einfachsten Fall die räumliche Mittelung, eine Art der oben genannten Parametrisierung darstellt.

Besondere Probleme ergeben sich aus der Vernetzung und Rückkopplung von Klimaprozessen. Unter Vernetzung versteht man das Problem, daß Wirkungsgrößen innerhalb der Systemzusammenhänge wieder zu ursächlichen Größen werden können. So kann beispielsweise eine verstärkte Sonneneinstrahlung (Ursache) zu regional unterschiedlichen Temperaturerhöhungen führen, diese unter bestimmten Randbedingungen zu atmosphärischen Hebungs- und Wolkenbildungsprozessen und dies wiederum zu Veränderungen der Sonneneinstrahlung und Temperatur, wobei dann offenbar Temperatur und Bewölkung zugleich Wirkung und Ursache der skizzierten Vorgänge sind. Die Vernetzung gewinnt aber erst dann ihre eigentliche Bedeutung, wenn derartige Prozeßketten mit anderen sozusagen querverbunden sind.

Die Betrachtung einer separaten Prozeßkette führt uns aber sogleich zum Problem der Rückkopplung; denn - und hier kann das genannte Beispiel weiterverwandt werden - die Temperaturveränderung ist nicht einfach eine Folge von Strahlungsprozessen, sondern die dabei auftretenden Reaktionen der Bewölkung können die Temperaturerhöhung abschwächen (negative Rückkopplung) oder auch verstärken (positive Rückkopplung). Falls nämlich der Temperaturanstieg durch verstärkte Verdunstung (Ozean und andere Wasserflächen) den Anteil der Wasserwolken (z. B. Stratocumulus, Altostratus) erhöht, wirkt dies dem Temperaturanstieg entgegen. Eine Verstärkung des Temperatureffektes (positive Rückkopplung) tritt dagegen ein, falls sich der Anteil der Eiswolken (Cirren) erhöht oder aber die Wasserwolken mehr in die Höhe als in die Breite wachsen, so daß ihr Gesamtbedeckungsgrad abnimmt. Dies kann bei zunehmend labiler thermischer Schichtung der Fall sein, falls die bodennahe Erwärmung größer als die Erwärmung höherer Schichten ist, da eine Verstärkung der vertikalen Temperaturabnahme genau eine solche Labilisierung zur Folge hat. In einer solchen labiler geschichteten Atmosphäre treten dann im übrigen auch vermehrt Schauer (aus Konvektionswolken wie Cumulus und Cumulonimbus), Gewitter und Hagel auf.

Vernetzungen, Rückkopplungen, aber auch Sättigungseffekte u.a. führen zu einer ausgeprägten Nicht-Linearität des Klimasystems, d. h. die Wirkungen sind nicht streng proportional zu den Ursachen; vielmehr gibt es in manchen Wertebereichen langsame und in anderen Wertebereichen rasche Reaktionen, bis hin zu ausgesprochenen Sprüngen. Es läßt sich zeigen, daß eine einzige nicht-lineare Gleichung sog. deterministisches Chaos erzeugt. Glücklicherweise scheint es beim Klima aber so zu sein, daß sich die vielen Rückkopplungen bzw. Nicht-Linearitäten in gewisser Weise gegenseitig kontrollieren, so daß bei sehr aufwendigen Klimamodellen die Klimareaktionen relativ geordnet in Erscheinung treten. Trotzdem beinhalten Klimamodelle prinzipiell auch das deterministische Chaos (Schuster 1989; Tsonis u. Elsner 1989). Die tatsächliche Klimageschichte zeigt zwar überwiegend ein offenbar geordnetes Verhalten, manchmal aber auch sprunghafte oder besser quasisprunghafte Phänomene. Zufälligkeiten, die im Klimageschehen sicherlich auch eine Rolle spielen, wenn anscheinend auch keine allzu große, erzeugen ein anderes, das sog. stochastische Chaos. Wigley et al. (1991) haben mit Hilfe eines stochastisch angetriebenen Atmosphäre-Ozean-Modells jedoch abgeschätzt, daß derartig erzeugte Klimavariationen im Fall der bodennahen Weltmitteltemperatur nur Fluktuationen erzeugen, die maximal rund 0,15 K vom Mittelwert abweichen.

Modelle müssen stets sozusagen Farbe bekennen: Die bereits genannte Dominanz der Modellprozesse gegenüber den real viel umfangreicheren und komplizierten Prozessen ist zu prüfen. Dies geschieht durch Validierung und Verifizierung. Dabei versteht man unter Validierung den Vergleich des sog. gegenwärtigen Klimazustandes (z. B. weltweite dreidimensionale Temperaturverteilung in geeigneter zeitlicher Mittelung, z. B. über 30 Jahre; somit keine Wetteraspekte), wie er durch das Modell simuliert wird, mit Beobachtungsdaten. Verifizierungen betreffen dagegen alternative Klimazustände (z. B. „Eiszeit") sowie zeitliche Abläufe, vorwiegend in der Vergangenheit, in bedingter Art und Weise aber auch in der Zukunft. Auf solche bedingten Verifizierungen von Vorhersagen wird an späterer Stelle eingegangen.

Es darf vorweggenommen werden: Trotz aller Einschränkungen und Unsicherheiten sind Klimamodelle notwendig und sinnvoll. Sie haben in der Klimatologie einen festen Platz erobert und sind gerade bei der Diskussion weltweiter Klimaänderungen durch die anthropogene Verstärkung des Treibhauseffektes nicht mehr wegzudenken. Auf der anderen Seite darf man in ihnen keine Wundermittel sehen und sie folglich nicht überinterpretieren.

4.2.4.2
Hierarchie der Klimamodelle

„Das Klimamodell" existiert allerdings nicht. Vielmehr haben wir es je nach Zielrichtung und Lösungsansatz mit einer ganzen Hierarchie solcher Modelle zu tun. Speziell zum Treibhausproblem ergeben sich folgende Fragen:

a) Wie wird sich die Menschheit in Zukunft, insbesondere energetisch, verhalten und welche Treibhausgas-Emissionen werden daraus resultieren?
b) Wie werden sich als Folge davon die atmosphärischen Konzentrationen der Treibhausgase ändern?
c) Was wird die Reaktion des Klimas darauf sein?

d) Welche ökologischen und sozioökonomischen Auswirkungen wird das zur Folge haben?

Man erkennt auf den ersten Blick, daß diese Fragen den naturwissenschaftlichen Rahmen sprengen. Dies betrifft vor allem die erste und letzte Frage.

Die Lösungsstrategie (vgl. Abb. 4.2-11), die bei der ersten Frage beginnt, steht schon dort auf sehr wackeligen Füßen. Man behilft sich mit alternativen Szenarien möglichen menschlichen Verhaltens, wobei das Trendfortschreibungsszenario mit den sich daraus ergebenden Emissionsdaten die am einfachsten zu formulierende Alternative ist (vgl. Kap. 4.3). Da nicht alle anthropogen emittierten Gasmengen in der Atmosphäre verbleiben, sondern ein Teil von den natürlichen Stoffkreisläufen abgepuffert wird, benötigt man entsprechende Stoff-Flußmodelle, darunter insbesondere Kohlenstoff (C)-Flußmodelle, um

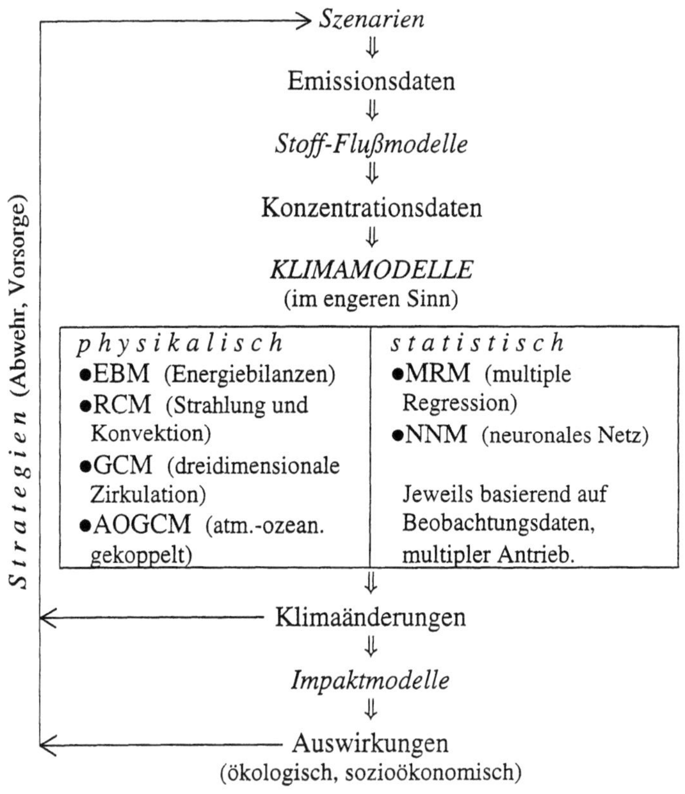

Abb. 4.2-11. Schematische Übersicht zur Hierarchie der Klimamodelle (Quelle: Schönwiese 1995a)

die sich ergebenden atmosphärischen Konzentrationen zu errechnen (vgl. wiederum Kap. 4.3).

Daran schließen sich die Klimamodelle im engeren Sinn an, die im folgenden Abschnitt erläutert werden. Sie führen zur Abschätzung der Klimaänderungen, hier aufgrund der anthropogenen Treibhausgasemissionen. Und diese haben Auswirkungen auf Ökosysteme, auf die Wirtschaft und schließlich auch auf das soziale Gefüge der Menschheit. Zusammenfassend spricht man von der „Impakt"- oder Klimawirkungsforschung. Am weitesten fortgeschritten sind hier wohl Ökosystem - z. B. Vegetationsklassenmodelle, die mit den Klimamodellen im engeren Sinn gekoppelt werden können (vgl. hierzu Bd. 2B, Kap. 3.1 und 3.2). Stellt man dann fest, daß entweder die Klimaänderungen oder ihr „Impakt" oder beides, wie sie in den Modellen abgeschätzt werden, Risiken beinhalten, die weder für uns noch und insbesondere für nachfolgende Generationen tragbar sind, so gebietet das Prinzip Verantwortung, diese Risiken abzuwehren (Schadensbegrenzung) bzw. so vorzusorgen, daß sie erst gar nicht eintreten (Schadensvermeidung). Dies bedeutet die Entwicklung neuer Szenarien unter im einzelnen festzulegender Emissionsreduzierung, und die in Abb. 4.2-11 schematisierte Kette von Modellrechnungen beginnt von neuem.

4.2.4.3 Klimamodelle im engeren Sinn

Bei den Klimamodellen im engeren Sinn (Hantel 1989; Houghton et al. 1990, 1996; Trenberth 1992) ist zwischen dem physikalischen (bzw. physikochemischen) und dem statistischen Weg zu unterscheiden (vgl. wiederum Abb. 4.2-11), weiterhin zwischen Gleichgewichts- und transienten Simulationen. Der einfachste physikalische Weg ist die Berechnung der Bilanz aus solarer Einstrahlung und terrestrischer Ausstrahlung unter Berücksichtigung der Absorptions- und Streuvorgänge in der Atmosphäre im bodennahen globalen Mittel: nulldimensionale (0D-) Energiebilanzmodelle (EBM). Das gleiche Grundkonzept kann auch in Auflösung nach der geographischen Breite bzw. der Höhe bzw. beides verfolgt werden (1D, 2D-EBM). Der nächste Schritt ist der Einbezug, ggf. die Parametrisierung, der atmosphärischen Wärmetransportprozesse im einzelnen, insbesondere der Konvektion. Damit ist die Stufe der Strahlung-Konvektion-Modelle („radiative convective models", RCM) erreicht.

Am aufwendigsten und aussagekräftigsten sind globale dreidimensional auflösende (3D) Zirkulationsmodelle („general circulation models", GCM), insbesondere wenn solche Modelle nicht nur für die Atmosphäre (A), sondern gekoppelt auch für den Ozean (O) betrieben (3D-AOGCM) und dabei auch das Eis (Kryosphären-Modell) und die Erdoberfläche (insbesondere Bodenmodelle) einbezogen werden. Nur solche Modelle sind in der Lage, alle relevanten Klimaelemente und Rückkopplungen (soweit korrekt erfaßt) zu berücksichtigen. Das ist ihr großer Vorteil. In einem sog. Kontrollexperiment werden sie daraufhin getestet, ob sie den gegenwärtigen Klimazustand (3D-Verteilung der Klimaelemente) in ausreichender Näherung wiedergeben. Auf der anderen Seite bleiben auch die aufwendigsten Klimamodelle immer noch Modelle, und die enormen Rechenzeiten, die pro Simulation Rechenzeiten bis zu einigen Monaten verschlingen, gestatten u. a. nur eine begrenzte räumliche Auflösung, die i. a. bei ca. 500 km Gitterpunktweite (mit Tendenz in Richtung 200 km) und 10 bis 20 atmosphärischen Flächen (sog. Modellschichten, Troposphäre und untere Stratosphäre) liegt. Die wesentlichen Schwächen der 3D-AOGCM liegen im hydrologischen Zyklus (Verdunstung-Wolken-Niederschlag), Meereisveränderungen, ozeanischer Vertikalzirkulation sowie generell bei allen Rückkopplungen (quantitative Unsicherheit) und relativ kleinräumigen Effekten (neben Wolken z. B. auch Stürme; regionale Unsicherheit).

Auch in der Wettervorhersage kommen Zirkulationsmodelle (AGCM) zum Einsatz, wobei allerdings, ausgehend von einem durch Messungen belegten Anfangszustand (Tag X), die genaue räumliche Konstellation der Tief- und Hochdruckgebiete usw. prognostiziert wird (Einzelzustände für Tag X+1, X+2 usw., Zeitschritt hier i. a. um 5 Minuten). Wegen der nicht-linearen Zusammenhänge und Näherungsverfahren gibt es eine obere zeitliche Grenze der Wettervorhersage, die wie erwähnt bei 2 bis 4 Wochen liegt (nach IPCC, Houghton et al. 1996, 2 Wochen). Beim Klima interessieren jedoch nicht die Einzelzustände des Wetters, sondern die statistischen Kenngrößen (Mittelwerte, Varianzen, Häufigkeiten usw.) über längere Zeitspannen, z. B. 30 Jahre. Validierungen (vgl. Abschnitt 4.2.1) zeigen, daß bei der Simulation solcher Klimazustände im Prinzip keine zeitlichen Schranken bestehen, solange die berücksichtigten physikalischen Gesetze gültig bleiben und nicht berücksichtigte Effekte nicht zu stark durchschlagen.

Unter Gleichgewichtssimulationen versteht man den Ansatz, daß dem jeweiligen Modell eine Störung aufgeprägt wird, z. B. eine sprunghafte Erhöhung der atmosphärischen CO_2-Konzentration; dann wird so lange gerechnet, bis sich die Klimareaktion zeitlich nicht mehr ändert, sich also ein neues Gleichgewicht eingestellt hat. Dagegen versucht man in transienten Berechnungen die allmähliche zeitliche Entwicklung (die Zeitschritte eines Klima-GCM liegen üblicherweise bei 30 bis 60 Minuten) zu simulieren, was zusätzliche Unsicherheiten bezüglich der Zeitverzögerungen zwischen Ursachen und Effekten ins Spiel bringt.

Eine Alternative zum physikalischen Weg stellen statistische Klimamodelle dar (Denhard et al. 1996a; Schönwiese 1993; Schönwiese et al. 1997), die wegen ihrer wesentlich kürzeren Rechenzeiten von vornherein den multiplen Ansatz erlauben; d.h. mehrere Einflüsse, anthropogene wie natürliche, gehen simultan in die Berechnungen ein (während bei den aufwendigen GCM-Simulationen i. a. nur ein Störfaktor, z.B. der CO_2-Anstieg, impliziert wird; erst in neuester Zeit ist mit kombinierten CO_2–SO_4^- (trop)-Berechnungen begonnen worden (IPCC, Houghton et al. 1996), wobei $SO^-_{4(trop)}$ das aus der anthropogenen SO_2-Emission stammende troposphärische Sulfat ist). Die Spannweite solcher statistischer Modelle, deren Methodik hier nur erwähnt werden kann, reicht von linearen bzw. nicht-linearen multiplen Regressionsmodellen (MRM, mit bzw. ohne autoregressive Terme) bis zu neuronalen Netzen (NNM; Brause 1991; Denhard et al. 1996a; Smith 1993), wobei auch Zeitverzögerungen zwischen Einfluß- und Wirkungsgrößen, zeitliche Filtertechniken, EOF-Zerlegungen (empirische Orthogonalfunktionen) u.a. zur Anwendung kommen. Wie immer müssen allerdings Vorteile mit Nachteilen erkauft werden, und der große Nachteil aller statistischen Methoden ist der fehlende physikalische Hintergrund. Da sie aber andererseits strikt auf Beobachtungsdaten beruhen, ergeben sich im Vergleich mit den physikalischen Modellen Möglichkeiten der gegenseitigen Verifizierung. Bei den Prognosen kann es sich allerdings nur um bedingte Verifizierungen handeln, nämlich unter der Bedingung, daß von der Korrektheit des jeweiligen Emissionsszenarios und der zeitlichen Stabilität der prognostischen Gleichungen ausgegangen werden darf.

4.2.5 Klimamodellrechnungen zum anthropogenen „Treibhauseffekt"

4.2.5.1 Gleichgewichtssimulationen

Wie sehen nun die Modellvorhersagen zum anthropogenen Treibhausproblem aus? Dabei wollen wir uns zunächst auf den physikalischen Weg und Trendszenarien konzentrieren. Primär denkt man, wenn das Stichwort „Treibhauseffekt" fällt, an die bodennahen Erwärmungen. Sie sind in Abb. 4.2-12 im globalen Mittel für den Fall einer

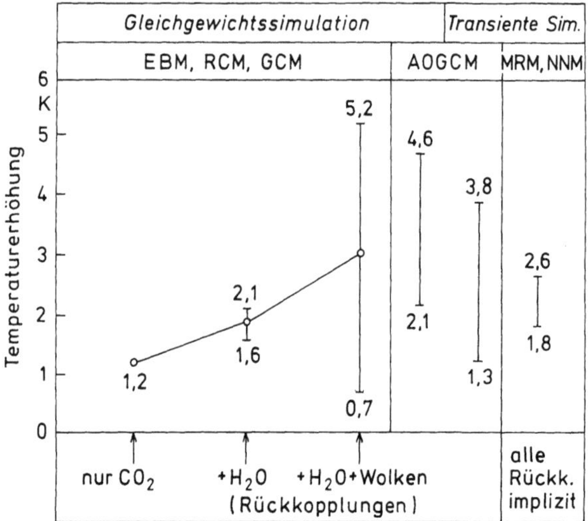

Abb. 4.2-12. Erhöhung der bodennahen Weltmitteltemperatur im Fall einer Verdoppelung der atmosphärischen Kohlendioxid-Konzentration nach verschiedenen Modellsimulationen (vgl. dazu Tabelle 4.2-5); im linken Bildteil ist die Unschärfe der Wasserdampf- sowie insbesondere Wolkenrückkopplung zu sehen, und zwar auf der Grundlage der Auswertung von 19 Klimamodellrechnungen (Nach Cess et al. 1990; ansonsten viele Quellen, insbesondere IPCC, Houghton et al. 1996; hier nach Schönwiese 1995, aktualisiert)

atmosphärischen CO_2-Verdoppelung zusammengestellt. Bei den Gleichgewichtssimulationen ist in dieser Abbildung das Ausmaß der positiven Wasserdampfrückkopplung (durch Anstieg der thermisch ausgelösten Verdunstung) und die gewaltige Unsicherheit der Wolkenrückkopplungen zum Ausdruck gebracht. Bei Sichtung der derzeit aufwendigsten und daher hoffentlich besten AOGCM-Simulationen ergibt sich eine Temperaturerhöhung von rund 2,5 bis 4,5°C im Gleichgewicht (IPCC 1996), wobei in solchen Fällen nach Eingabe der Störung das Klimamodell so lange weiter betrieben wird, bis keine signifikante Änderung der Klimareaktion mehr eintritt. Meist wird dann noch über die letzten „Modelljahre" bzw. „Modelljahrzehnte" der Simulation gemittelt, um das Gleichgewichtsergebnis möglichst gut und genau angeben zu können. Auf die in Abb. 4.2-12 auch schon enthaltenen transienten Simulation wird erst im folgenden Abschnitt eingegangen. Hinsichtlich der GCM-Gleichgewichtssimulationen lassen sich die weiteren Ergebnisse – zunächst qualitativ – wie folgt zusammenfassen:

- Bodennahe Temperaturerhöhung relativ gering in den Tropen, Maxima im arktischen Winter;
- Abkühlung der Stratosphäre (was den dortigen Ozonabbau begünstigt); Meeresspiegelanstieg (als Expansionseffekt des sich erwär-

menden Ozeans und des Rückschmelzens außerpolarer Gebirgsgletscher);

- im weltweiten Mittel Zunahme von Verdunstung, Feuchte und Niederschlag, verbunden mit regionalen Niederschlagsumverteilungen (dabei z. B. vermehrte Dürren im Übergangsbereich Subtropen – Westwindzone (gemäßigte Breiten) wie z. B. dem Mittelmeergebiet; in den kontinentalen Bereichen der Westwindzone wie z. B. Mitteleuropa trockenere Sommer und niederschlagsreichere Winter);
- möglicherweise Häufigkeits- und Intensitätszunahmen von Extremereignissen wie z. B. tropischen Wirbelstürmen, Tornados, Winterstürme bzw. sommerliche Hagelschläge in gemäßigten Breiten usw.

Fatalerweise sind insbesondere die letztgenannten Erscheinungsformen der Klimaänderungen gegenüber den Temperatur- und Meeresspiegelaussagen in den Modellsimulationen einerseits besonders unsicher, andererseits in ihren Auswirkungen aber besonders folgenschwer. Gerade bei den Temperaturerhöhungen könnte man sich regional durchaus auch positive Auswirkungen vorstellen. Zu rasche Klimaänderungen, welche die Anpassungsfähigkeit der Ökosysteme überfordern – im globalen Mittel wird dafür häufig eine Schwelle von 0,2°C/Jahrzehnt genannt – müssen jedoch generell als negativ angesehen werden, desgleichen sommerliche Hitzewellen in subtropischen und gemäßigten Breiten sowie zu milde Winter, die das Überwintern der Pflanzenschädlinge begünstigen bzw. die Pflanzen zu verfrühtem Blattaustrieb und Blüte veranlassen. Manche äußerst negativen Kombinationswirkungen, beispielsweise im gesundheitlichen Bereich, können wir noch gar nicht übersehen (vgl. hierzu Bd. 2B, Kap. 3.2).

4.2.5.2 Transiente Simulationen

In den letzten Jahren hat sich der Schwerpunkt der physikalischen Klimamodellrechnungen zweifellos von Gleichgewichts- auf transiente Simulationen verschoben. Darunter versteht man die Einbeziehung der Zeitverzögerungen zwischen Ursachen und Effekten, um auf der Grundlage von Zukunftsszenarien oder auch vergangener Entwicklungen den zeitlichen Verlauf der simulierten Klimaänderungen angeben zu können.

Zeitverzögerung bedeutet selbstverständlich ein Nachhinken hinter den Gleichgewichtsergebnissen, so daß die in Abb. 4.2-12 angegebene transiente Reaktion der bodennahen Weltmitteltemperatur auf eine atmosphärische (äquivalente oder reine) CO_2-Konzentrationsverdoppe-

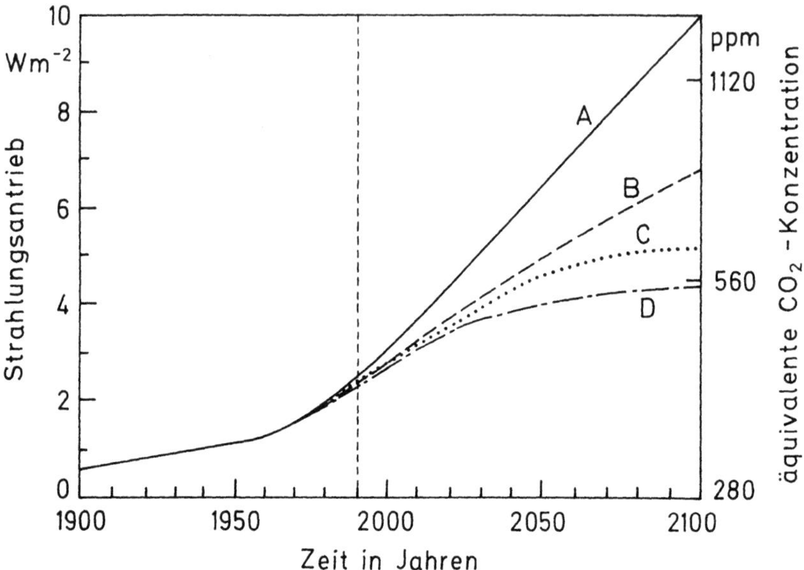

Abb. 4.2-13. IPCC (Houghton et al. 1990) – Szenarien 1900–2100 des Anstiegs der atmosphärischen äquivalenten Kohlendioxidkonzentration (vgl. Text und Kap. 4.3) mit zugehörigen Strahlungsantrieben (Quelle: Houghton et al. 1990, umgezeichnet)

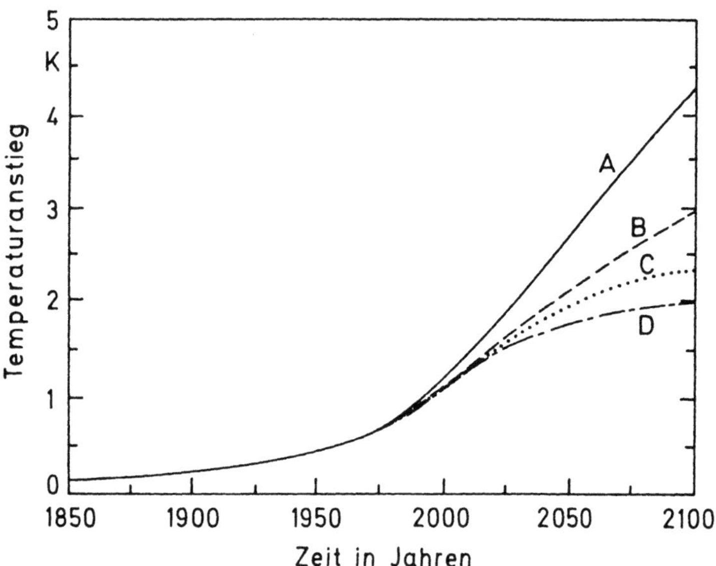

Abb. 4.2-14. Ähnlich Abb. 4.2-13, jedoch entsprechende Reaktion der bodennahen Weltmitteltemperatur (transiente Simulationen, EBM-STUGE, vgl. Tabelle 4.2-5)

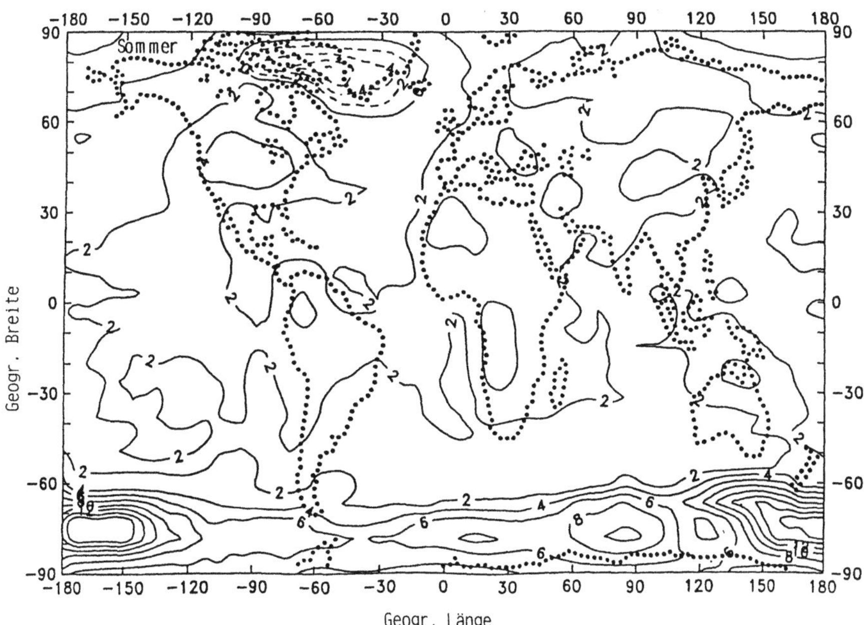

Abb. 4.2-15. Reaktion der Sommermitteltemperatur 2075–2084 gegenüber 1985–1994 in K auf den Anstieg der äquivalenten Kohlendioxid-Konzenration nach dem IPCC-Szenario A (vgl. Abb. 4.2-13) nach einer transienten Simulation (AOGCM) des Deutschen Klimarechenzentrums (DKRZ, Cubasch et al. 1992, umgezeichnet)

lung geringer als die Gleichgewichtsreaktion ausfällt: 1,3 bis 3,8 K oder gerundet 1,5 bis 4 K. Übrigens haben sich diese vom IPCC 1990 bis 1996 veröffentlichten Vorhersagen, nach Sichtung der jeweils vorliegenden Modellergebnisse, nur wenig verändert:

- Gleichgewicht 1990: 1,9 bis 5,2 K; 1992: 2,6 bis 4,5 K; 1996: 2,1 bis 4,6 K;
- transient 1992: 1,3 bis 2,3 K; 1996: 1,3 bis 3,8 K.

Daher werden Szenarienrechnungen mit Hilfe vereinfachter Energiebilanzmodelle häufig mit Unterlegung der Gleichgewichtsreaktion 1,5 K (tiefe Schätzung), 2,5 K (mittlere oder Bestschätzung) und 4,5 K (hohe Schätzung) durchgeführt.

Aus dieser Sicht sind die vom IPCC 1990 veröffentlichten und in Abb. 4.2-13 und 4.2-14 gezeigten Szenarienrechnungen recht instruktiv, die von einer „Bestschätzung" von 2,5 K ausgehen und den Strahlungsantrieb, die zugehörige äquivalente CO_2-Konzentration sowie die transiente Reaktion der bodennahen Weltmitteltemperatur für die vier damals aufgestellten Szenarien (IS90A-D) zeigen. Dabei würde bei Trendfortschreibung (Szenario IS90A, „business as usual") bis zum

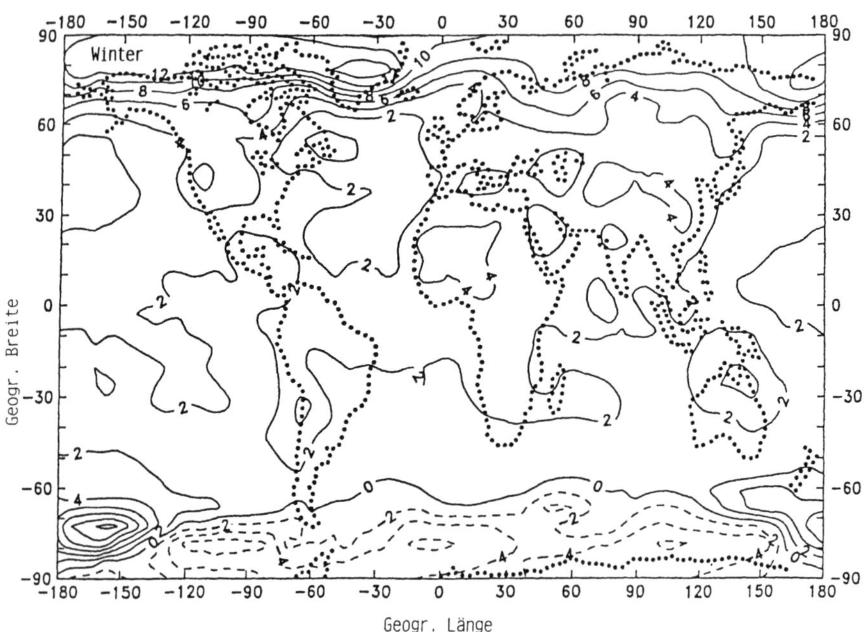

Abb. 4.2-16. Ähnlich Abb. 4.2-15, jedoch Winter

Jahr 2100 eine Temperaturreaktion von über 4 K zu erwarten sein und beim ehrgeizigen Maßnahmenszenario (IS90D, „accellarated policies", u. a. Halbierung der weltweiten CO_2-Emission bis zum Jahr 2050) immer noch 2 K, mit sehr bemerkenswerter Zeitverzögerung der Konzentrationen gegenüber den Emissionen und der Temperaturen gegenüber den Konzentrationen.

Was die regional aufgeschlüsselten Temperaturreaktionen betrifft, so sind aufgrund einer 100jährigen Simulation 1985 bis 2084 (Cubasch et al. 1992; Simulation ab 1935 ähnlich, Cubasch et al. 1995) in Abb. 4.2-15 und 4.2-16 die erwarteten anthropogenen „Treibhaus"-Erwärmungen für den Sommer und Winter dargestellt, in Abb. 4.2-17 zwar zonal (West-Ost-) gemittelt, aber für alle Jahreszeiten. Man erkennt insbesondere in Abb. 4.2-17 deutlich, daß – wie schon ausgeführt – die Haupterwärmungen im Winter hoher geographischer Breiten zu erwarten sind, in Abb. 4.2-15 und 4.2-16, daß die Kontinente erwartungsgemäß stärker (bzw. rascher) reagieren als die Ozeane.

Beim Niederschlag differieren die Projektionen von Modell zu Modell weitaus stärker, so daß hier nur ein zonal gemitteltes Ergebnis präsentiert werden soll (Abb. 4.2-18, wieder nach Cubasch et al. 1992): Offenbar reagiert der Globus insgesamt mit einer Intensivierung des hydrologischen Zyklus und somit mehr Niederschlag, was

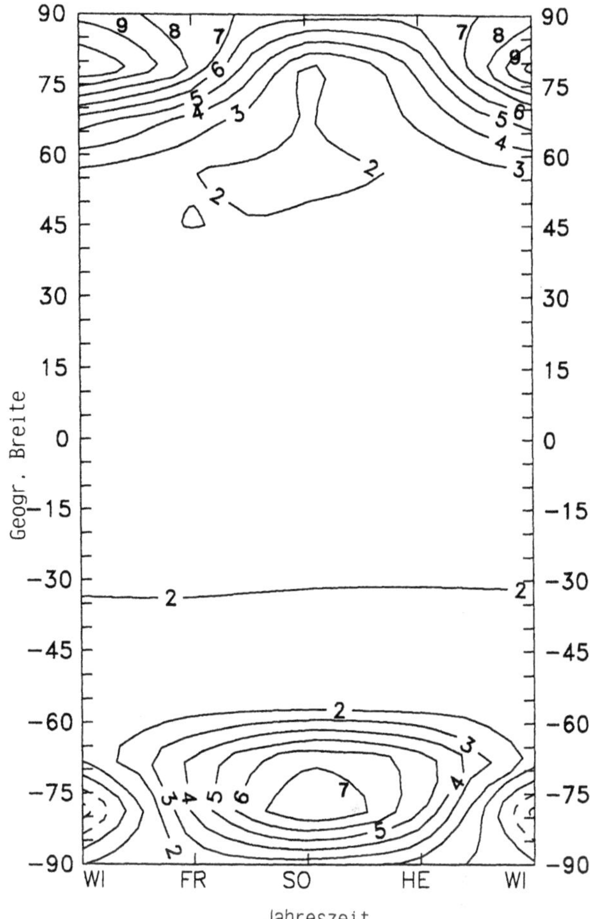

Abb. 4.2-17. Ähnlich Abb. 4.2-15, jedoch zonale Mittelung und Angaben für alle Jahreszeiten

sich vor allem in den Polar- und Subpolargebieten auswirkt, während die subtropisch-mediterranen Gebiete eher unter einem Niederschlagsrückgang zu leiden hätten und sich in mittleren Breiten eine Niederschlagszunahme mehr im Winter als im Sommer andeutet.

Die global gemittelte Meeresspiegelhöhe, die in den letzten 100 Jahren um etwa 10 bis 25 cm angestiegen ist (IPCC, Houghton et al. 1996), wird sich nach Trendfortschreibung und „Bestschätzung" (IPCC 1996) bis zum Jahr 2100 um weitere etwa 50 cm erhöhen (Abb. 4.2-19), wobei etwa 60% auf die thermische Expansion des oberen (Mischungsschicht-) Ozeans und 30% auf das Rückschmelzen außerpolarer Gebirgsgletscher zurückgeführt werden. In den Polargebieten wird aufgrund der Niederschlagszunahme eher eine verstärkte Eisakkumulation erwartet, insbesondere in der Antarktis, die daher einen negativen (wenn auch bei derzeitiger Schätzung sehr kleinen)

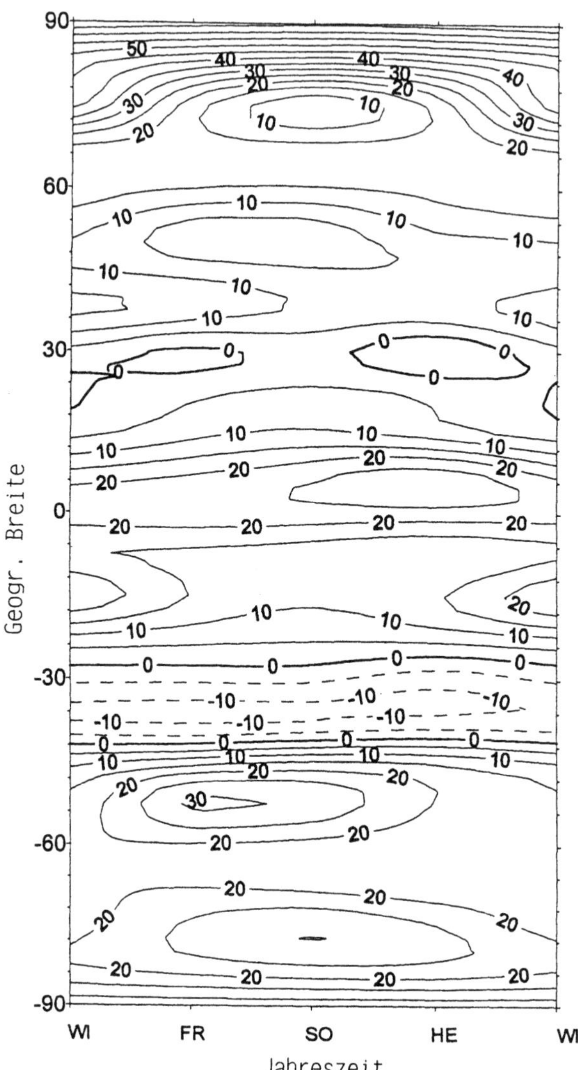

Abb. 4.2-18. Ähnlich Abb. 4.2-17, jedoch Niederschlagsveränderungen in mmd^{-1}

Beitrag zum Meeresspiegelanstieg liefert, während das Grönländische Eis geringfügig zurückgehen könnte. Da es noch eine Reihe weiterer Einflüsse auf die Meeresspiegelhöhe gibt, beispielsweise die regional unterschiedlichen Landhebungs- (z. B. Skandinavien) bzw. Landabsenkungseffekte, fällt die Meeresspiegelvariation regional sehr unterschiedlich aus. In der Deutschen Bucht liegt sie in etwa in der Größenordnung des globalen Mittelwertes.

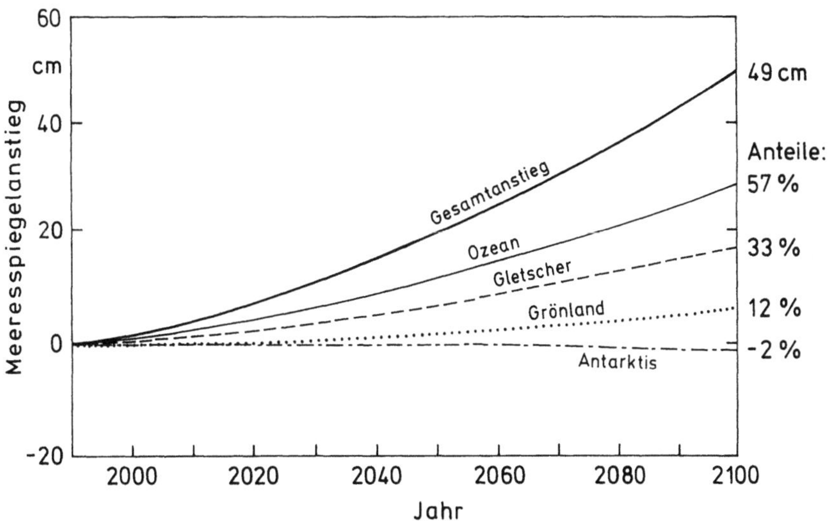

Abb. 4.2-19. Vorhersage des global gemittelten Meeresspiegelanstiegs 1990 bis 2100 aufgrund des IPCC-Szenarios IS92a (neuere Trendfortschreibung, vgl. Kap. 4.3; transiente Simulation), troposphärisches Sulfataerosol zusätzlich berücksichtigt, mit Aufschlüsselung der verschiedenen Beiträge zu diesem Meeresspiegelanstieg (IPCC, Houghton et al. 1996)

4.2.6 Konkurrenzmechanismen

4.2.6.1 Anthropogene Faktoren

Wie eingangs betont, ist die anthropogene Verstärkung des „Treibhauseffektes" keinesfalls der einzige menschliche Eingriff in das Klimageschehen. Da Modellrechnungen stets der Validierung bzw. Verifizierung anhand von Beobachtungsdaten bedürfen und sich in den Beobachtungsdaten alle Klimafaktoren widerspiegeln, macht es wenig Sinn, den anthropogenen „Treibhauseffekt" isoliert von den weiteren Klimafaktoren betrachten zu wollen. Sinnvoll ist dagegen durchaus, zunächst die Wirkung einzelner Klimafaktoren zu simulieren; man spricht von „Klimasignalen", die auf solche Einzelfaktoren zurückgehen. Die Gesamtvariabilität, die Summe aller – verstandenen und nicht verstandenen – Klimasignale, wird „Klimarauschen" genannt, und im Detail kommt es darauf an, abzuschätzen, wie signifikant sich die einzelnen „Signale" vom „Rauschen" abheben, wobei übrigens auch zwischen dem „Modellrauschen" und dem beobachteten „Rauschen" zu unterscheiden ist.

Worin bestehen nun die weiteren anthropogenen Klimabeeinflussungen? Prinzipiell ist jede Veränderung der Erdoberfläche und jede Veränderung der Zusammensetzung der Erdatmosphäre klimarelevant, sofern es dabei zu einer Modifikation der Stoff- und Energieflüsse kommt. Ein Beispiel dafür sind Waldrodungen, die wegen ihres Einflusses auf den Kohlenstoff-Kreislauf (vgl. Kap. 4.3) nicht nur für den „Treibhauseffekt" von Bedeutung sind (indirekte CO_2-Emission in die Atmosphäre), sondern u.a. die Albedo der Erdoberfläche und die Verdunstungsprozesse (Wasserdampf- und latenter Energiefluß) modifizieren. Waldrodungen größeren, aber regionalen Ausmaßes und zunächst mit relativ niedriger Geschwindigkeit gibt es schon seit Jahrtausenden; so haben die Römer vor rund 2000 Jahren große Areale des Mittelmeerraumes entwaldet, und in Deutschland hat die Waldfläche zwischen 800 und 1200 n. Chr. von 90% auf 20% (heute rund 30%) abgenommen.

Allgemeiner gesehen haben die menschlichen Eingriffe schon mit der neolithischen Revolution, d.h. dem Seßhaftwerden des Menschen (seit grob 10000 Jahren, aber regional sehr unterschiedlich) begonnen, als der Wandel von der Natur- zur Kulturlandschaft (Acker- und Weideflächen; Bebauungen) einsetzte. Da sich diese Entwicklung aber über sehr lange Zeitspannen erstreckt hat, wird die klimatische Relevanz im allgemeinen als gering eingeschätzt.

Bei zwei Problemkreisen, die auch zeitlich in Konkurrenz zum anthropogenen „Treibhauseffekt" stehen (Industriealter), ist das anders: beim Wachstum der Städte (vgl. „Stadtklima", Kap. 4.4) und der Sulfatanreicherung der unteren Atmosphäre (Troposphäre; vgl. Kap. 1.1 und Kap. 1.2). Beim bekanntesten Teilphänomen des Stadtklimas, der städtischen Wärmeinsel, kommen lokal und kurzzeitig Temperaturabweichungen vom Umland um mehrere K zustande. Bezogen auf die Gesamtfläche der Erde ist der Einfluß aber gering: So geben Jones et al. (1989) den Stadtanteil am global gemittelten säkularen Erwärmungstrend mit $<0{,}05$ K an; Hansen et al. (1987) haben bei einer ähnlichen Analyse einfach alle Stadttemperaturdaten weggelassen und so einen Stadtanteil am 100jährigen Globaltrend von rund 0,1 K gefunden. Somit ist das Stadtklima mehr von lokaler bzw. regionaler als von globaler Bedeutung. Ähnliches gilt für die direkte anthropogene Wärmezufuhr in die Atmosphäre durch Industrieanlagen, Kraftwerke und Kraftverkehr.

Eine wesentlich großräumigere Klimarelevanz, wenn auch mit ausgeprägter regionaler Differenzierung, kommt den Sulfat-Partikeln

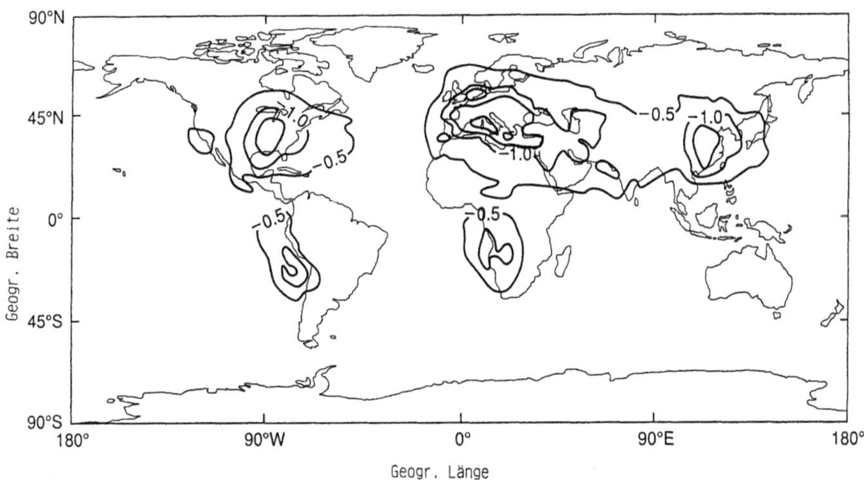

Abb. 4.2-20. Weltkarte des Strahlungsantriebes durch anthropogenes Sulfataerosol im Industriezeitalter in Wm^{-2} (Quelle: IPCC, Houghton et al. 1996)

(SO_4^-) zu, die aus der anthropogenen SO_2-Emission stammen (vgl. dazu Bd. 1A, Kap. 2.2 und Bd. 1B, Kap. 1.1). Klimatologisch gesehen stellen sie einen negativen Strahlungsantrieb dar, so daß auch vom anthropogenen „Kühlhauseffekt" gesprochen wird. Global gemittelt gibt das IPCC (1996) seit 1850 bis heute einen Wert von 0,25 bis 0,9 Wm^{-2} an; die regionale Verteilung mit Maxima von über 1,5 Wm^{-2} ist aus Abb. 4.2-20 ersichtlich. Fraglich bleibt dabei allerdings die Klimarelevanz weiterer Aerosoltypen, so daß gerade in der Behandlung der Aerosole eine erhebliche Unsicherheit besteht.

4.2.6.2 Natürliche Faktoren

Unter den natürlichen, und zwar zunächst externen Klimaeinflußmechanismen kommt in der Zeitskala des anthropogenen „Treibhauseffektes" dem Vulkanismus sicherlich eine besonders große Bedeutung zu. Unter Klimaaspekten geht es dabei vor allem um den explosiven Typ des Vulkanismus, der Gase und Partikel bis in die Stratosphäre schleudert, und bei den Partikeln vor allem um das Sulfataerosol (vgl. 1.1), das sich dort aus den vulkanischen Exhalationsprodukten bildet. Alle anderen vulkanogenen Substanzen sind entweder nicht klimarelevant oder quantitativ unbedeutend. (Das gilt auch für die vulkanische CO_2-Emission, die zwar in der Frühzeit der Erdgeschichte eine wichtige Rolle gespielt hat, nun aber mit einer mittleren

Quellenstärke von rund 1 Mt CO_2 pro Ausbruch (Schmincke 1986) weit weniger als 1 Promille der anthropogenen Emission ausmacht.

Die klimarelevante Stärke der Vulkanausbrüche wird von der U.S. Smithsonian Institution (Simkin et al. 1981, 1993) in Form des „volcanic explosivity index“ VEI quantifiziert, der sowohl das Auswurfvolumen als auch die Höhe der Eruptionssäule erfaßt und von 1 bis 7 reicht. Tabelle 4.2-4 bringt dazu eine historische Auswahl (ab 1750). Dabei ist der Tambora-Ausbruch, dem 1816 das sog. „Jahr ohne Sommer“ folgte, zu besonderer (trauriger) Berühmtheit gelangt (Auswurfvolumen 10·11 m^3, Sulfatanteil 10 Mt, erreichte Höhe wahrscheinlich untere Mesosphäre; alles grobe Schätzungen; Schmincke 1986).

Leider reichen die Messungen über die vulkanischen Veränderungen der Stratosphäre längst nicht so weit zurück. Wie das in Abb. 4.2-21 wiedergegebene Beispiel zeigt, ist es aber möglich, wenigstens für die letzten Jahrzehnte die Klimarelevanz des explosiven Vulkanismus

Tabelle 4.2-4. Chronologie einiger klimatologisch wichtiger explosiver Vulkanausbrüche seit 1750, wobei die Stärkeklasse der „volcanic explosivity index“ (VEI) ist (Quelle: US Smithsonian Institution, Simkin et al. 1981 ergänzt)

Vulkanname	Koordinaten		Höhe (NN)	Monat/Jahr	Klasse[a]
Katla	63,6 N	19,0 W	1363 m	10/1755	5
Lakagigar (Laki)	64,1 N	18,3 W	500 m	6/1783	4
Tambora	8,3 S	118,0 E	2851 m	4/1815	7
Galunggung	7,3 S	108,1 E	2168 m	10/1822	5 (?)
Cosiguina	13,0 N	87,6 W	859 m	6/1835	5
Sheveluch	56,8 N	161,6 E	3395 m	2/1854	5
Askja	65,0 N	16,8 W	1510 m	3/1875	5
Krakatau	6,1 S	105,4 E	300 m	8/1883	6
Santa Maria	14,8 N	91,6 W	2700 m	10/1902	6
Ksudach	51,6 N	157,5 W	1079 m	3/1907	5
Novarupta (Katmai)	58,3 N	155,2 W	2285 m	6/1912	6
Bezymianny	56,1 N	160,7 E	2800 m	3/1956	5
Agung	8,3 S	115,5 E	3142 m	3/1963	4
Fernandia	0,4 S	91,6 E	1495 m	6/1968	4
St. Augustine	55,4 N	153,4 W	1227 m	6/1976	4
St. Helens	46,2 N	122,2 W	1920 m	5/1980	4–5
El Chichón	17,3 N	93,2 W	1350 m	3,4/1982	5
Nevado del Ruiz	4,9 N	75,4 W	5400 m	12/1985	4
Pinatubo	15,1 N	120,4 W	1745 m	6–8/1991	6

[a] Die Definition der Eruptionsklasse, internat. VEI („volcanic explosivity index“), enthält eine Abschätzung des Auswurfvolumens, das jeweils 10^{VEI+4} bis 10^{Vei+5} Kubikmeter beträgt; ab Vei = 4 wird die untere Stratosphäre (bis 25 km Höhe), ab Vei = 5 auch die obere Stratosphäre, bei VEI = 7 die Mesosphäre erreicht

zu demonstrieren: In der Stratosphäre führt die erhöhte Absorption solarer Strahlung an den vulkanogenen Partikeln zur Erwärmung, während die dadurch verringerte Transmission in die untere Atmosphäre dort Abkühlungen hervorruft. Allerdings ist, wie noch gezeigt werden wird, der Versuch, Temperatureffekte direkt aus beobachteten Zeitreihen ablesen zu wollen, problematisch, weil auch andere Signale in diesen Daten enthalten sind (näheres im Abschnitt 4.2.7; jedoch ist der in Abb. 4.2-21 erkennbare stratosphärische Abkühlungstrend durchaus im Konsens mit der Treibhaushypothese, die gegenläufigen vulkanischen Erwärmungssignale gerade in der Stratosphäre gut ausgeprägt).

Es gibt eine Reihe von Versuchen, die klimarelevante Vulkantätigkeit in entsprechenden jährlichen Indexreihen zu quantifizieren (z.B. Lamb 1970; Hammer 1977; Schönwiese 1988; Cress u. Schönwiese 1992). In Abb. 4.2-22 sind zwei derartige Zeitreihen dargestellt (nach Sato et al. 1993, vgl. auch IPCC 1996, sowie Grieser 1997), die sich zwar auf die besonders hervortretenden Eruptionsereignisse beschränken, jedoch Abschätzungen des Strahlungsantriebs beinhalten. Daraus ist ersichtlich, daß sich dieser Antrieb nur episodisch in Szene setzt - somit ohne Langfristtrend - und maximal Jahreswerte bis et-

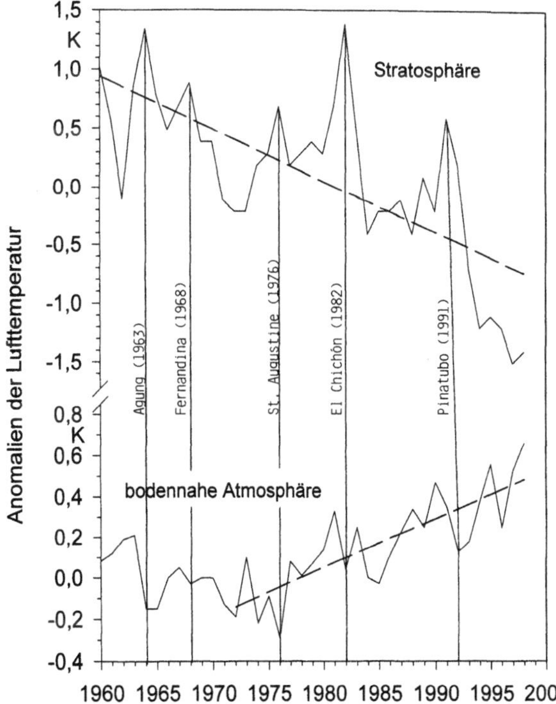

Abb. 4.2-21. Beobachtete Jahresanomalien 1960 bis 1998 der nordhemisphärischen Mitteltemperatur in Bodennnähe (unten) sowie in der Stratosphäre (24 km, oben) mit Zuordnung einiger explosiver Vulkanausbrüche (Datenquellen: Jones et al. 1994; Labitzke et al. 1986, hier in der Zusammenstellung nach Schönwiese 1995, jeweils aktualisiert)

wa 3,5 Wm^{-2} erreicht (bei negativem Vorzeichen). Der Ausbruch des Pinatubo (1991) ist danach aus Klimasicht mit 2,4 Wm^{-2} der drittwichtigste in unserem Jahrhundert gewesen. McCormick et al. (1995) geben für das Jahr des Pinatubo-Ausbruchs (1991) ebenfalls 2,4 Wm^{-2}, für das Folgejahr (1992) die maximale Wirksamkeit mit 3,2 Wm^{-2} und für 1993 bereits einen Abfall auf 0,9 Wm^{-2} an. Angesichts dieser Werte, die maximal in der gleichen Größenordnung wie der anthropogene Strahlungsantrieb liegen, sei daher noch einmal die völlig unterschiedliche zeitliche Charakteristik betont.

Ein anderer, häufig und kontrovers diskutierter externer Klimaeinfluß ist die Sonnenaktivität. Es geht dabei nicht um die offensichtlichen, von den Erdbewegungen indirekt hervorgerufenen Phänomene des Tages- und Jahresganges, auch nicht um die ebenfalls indirekten, aber wesentlich längerfristigen (Zykluszeiten 20 bis $100 \cdot 10^3$ Jahre) Variationen der Orbitalparameter, die mit dem Kommen und Gehen der Eiszeiten in Verbindung gebracht werden (Berger 1984; Berger u. Loutre 1997), sondern um

- Ausstrahlungsvariationen im Zusammenhang mit den Zuständen der unruhigen bzw. ruhigen Sonne;
- Sonnenpulsationen;
- Gravitationswirkungen.

Die beiden letztgenannten Hypothesengruppen (Gilliland 1982; Landscheidt 1988; Gesamtproblematik s. auch Schönwiese et al. 1992,

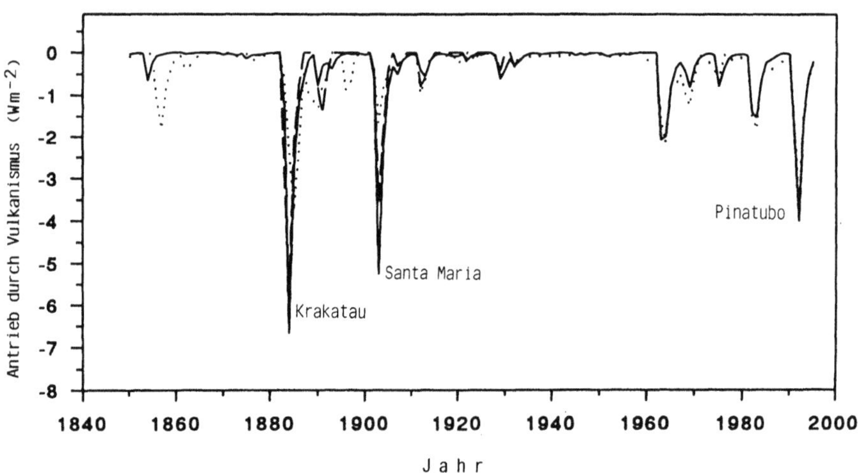

Abb. 4.2-22. Zeitreihe 1850 bis 1995 des bodennahen globalen Strahlungsantriebes durch explosiven Vulkanismus, gepunktete Kurve nach Sato (IPCC, Houghton et al. 1996), ausgezogene Kurve nach Grieser u. Schönwiese (1999)

1994) gelten als so spekulativ, daß auf sie hier nicht eingegangen werden soll.

Die „unruhige Sonne“ wird seit der Erfindung des Fernrohrs anhand der Sonnenflecken, relativ kalter und somit relativ dunkler Bereiche der sichtbaren Sonnenoberfläche gekennzeichnet, genauer anhand der von Waldmeier (1960) eingeführten Sonnenflecken-Relativzahlen. Die Sonnenflecken selbst sind zwar für das Klima bedeutungslos; sie sind aber mit bestimmten Begleiterscheinungen wie Sonnenfackeln, Protuberanzenhäufigkeit u.a. korreliert, welche die Sonnenflecken überkompensieren und nach Satellitenmessungen zu Zeiten der „unruhigen“ Sonne und somit erhöhter Sonnenflecken-Relativzahl die solare Ausstrahlung nachweislich erhöhen.

Am überzeugendsten sind daher Betrachtungen, bei denen diese gemessenen Variationen der „Solarkonstante“ (bzw. Solarinkonstante“) mit den Sonnenflecken korreliert werden, wie es beispielsweise Foukal u. Lean (1990) oder Hoyt u. Schatten (1993) getan haben (vgl. auch Labitzke u. van Loon 1995). Allerdings bewegen sich diese Strahlungsvariationen, was die durch Satelliten gestützte Meßperiode betrifft, nur im Promillebereich der „Solarkonstanten“, und entsprechend gering ist der daraus resultierende Strahlungsantrieb, vgl. Abb. 4.2-23: etwa 0,2 Wm^{-2}. (Das IPCC 1996 gibt eine Spanne von 0,1 bis 0,5 Wm^{-2} an.) Was den säkularen Trend betrifft, so kann die Son-

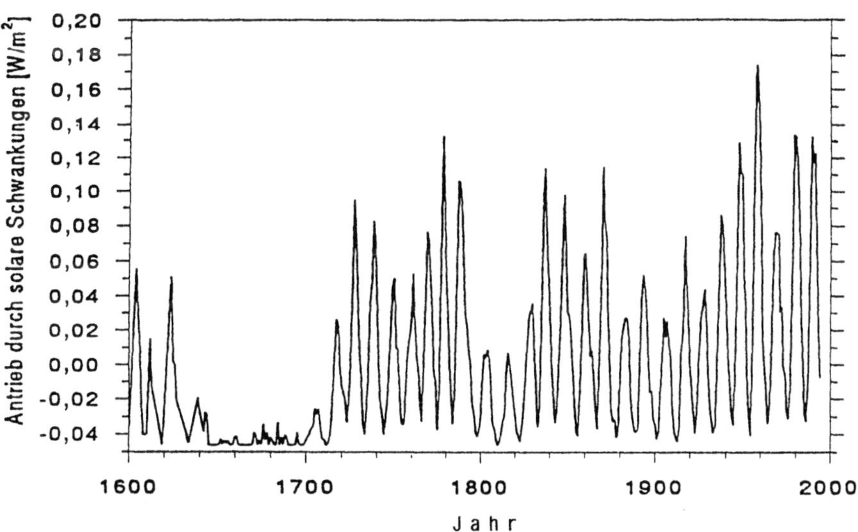

Abb. 4.2-23. Zeitreihe 1600 bis 1995 des bodennahen globalen Strahlungsantriebes durch Sonnenaktivität nach Regressionsabschätzungen von Foukal u. Lean (1990), hier nach Grieser (1997). Vgl. auch Lean et al. (1995)

nenaktivität dazu allenfalls +0,1 Wm^{-2} beigetragen haben. Ansonsten ist dieser solare Antrieb auf den – übrigens kaum klimawirksamen – quasi-elfjährigen Zyklus sowie längerfristige unregelmäßige Zyklen (es werden Zykluslängen von rund 80 bis 200 Jahren diskutiert) konzentriert, die bei langfristigen Betrachtungen (z. B. „Kleine Eiszeit") eine gewichtige Bedeutung gehabt haben können (Mikami 1992).

Bei klimasystem-intern gesteuerten Klimavariationen besteht immer die Frage, ob sie extern angeregt werden oder ob sie ausschließlich intern ablaufen. In der hier betrachteten Zeitskala des Industriezeitalters (säkular) kann die kryosphärische (insbesondere Inlandeise) und lithosphärische (Kontinentaldrift) Zirkulation ausgeklammert bleiben und allein die atmosphärisch-ozeanische Zirkulation ins Blickfeld rücken.

Einige wenige Grundtatsachen dazu sind bereits genannt worden (Abschnitt 4.2.1). Im übrigen ist es genau diese Zirkulation, die in den GCMs („general circulation models", genauer gekoppelte atmosphärisch-ozeanische Zirkulationsmodelle) simuliert wird (vgl. Abschnitt 4.2.4). Beschränkt man sich auf diese Zirkulation, so sind vor allem zwei Phänomene erwähnenswert: El Niño und die Nordatlantikoszillation.

El Niño (EN) ist, wie bereits erwähnt, ein atmosphärisch-ozeanischer Wechselwirkungsvorgang, der – anscheinend ohne externe Anregung – in Form eines 3- bis 7jährigen Zyklus abläuft und anhand von Luftdruckanomalien der Atmosphäre sowie Meeresoberflächen-Temperaturanomalien („Warmwasserereignissen") verfolgt werden kann (Arntz u. Fahrbach 1991; Peixoto u. Oort 1992; Schneider u. Schönwiese 1989; Schönwiese 1994). Was die Atmosphäre betrifft, so ist insbesondere die ausgeprägte negative Korrelation mit der Southern Oscillation (SO) auffällig, der Variation des Luftdruckgradienten zwischen Australien und Tahiti, so daß insgesamt vom ENSO-Mechanismus gesprochen wird. Wie bei allen internen Mechanismen läßt sich ein (externer) Strahlungsantrieb nicht angeben, sondern der Vorgang muß anhand von Luftdruck- bzw. Temperaturdaten gekennzeichnet werden.

EN-Ereignisse erfassen einen so großen Bereich des östlichen tropischen Pazifiks (vor der Küste von Peru) und wahrscheinlich auch anderer tropischer Ozeane, und zwar in Form von Wärmeanomalien der Meeresoberflächentemperatur („Warmwasserereignis"; das Gegenstück „Kaltwasserereignis" heißt neuerdings „La Niña"), daß globale Auswirkungen wahrscheinlich sind. Greifbar sind allerdings vor allem die mit ENSO verbundenen Niederschlagsanomalien der tropischen Zone (erhöhte Niederschläge in sonst trockenen Gebieten und umgekehrt). Die Zeitcharakteristik ist ähnlich dem Vulkanismus episodisch (allerdings in Form des oben genannten Zyklus), ohne daß ein signifikanter säkularer Trend erkennbar wäre (Abb. 4.2-24). Gelegentlich kommt es zu besonders starken Warmwasserereignissen, sog. Super-El-Niños, die bisher 1977/78, 1982/83 und 1997/98 aufgetreten sind.

Die Nordatlantik-Oszillation (NAO) ist rein atmosphärisch definiert (Houghton et al. 1996), und zwar als die Variation der Luftdruckdifferenz zwischen den Azoren (meist Hochdruck) und Island (meist Tiefdruck). Diese Luftdruckdifferenz ist gemäß den atmosphärischen Bewegungsgesetzen ein Maß für die Intensität der West- (= Zonal-) Komponente der Luftströmung des östlichen Nordatlantik mit deutlichem Einfluß bis hinein nach Europa. Ist der NAO-Index hoch, die Zonalströmung intensiv, so bedeutet das für das angrenzende Europa beispielsweise milde und niederschlagsreiche Winter, die auch von Stürmen begleitet sein können, im Sommer eher relativ kühles und ebenfalls niederschlagsreiches Wetter. Es ist eher unwahrscheinlich, daß die NAO nicht extern beeinflußt ist, jedoch besteht noch Unklarheit darüber, auf welche Einflüsse die NAO wie reagiert.

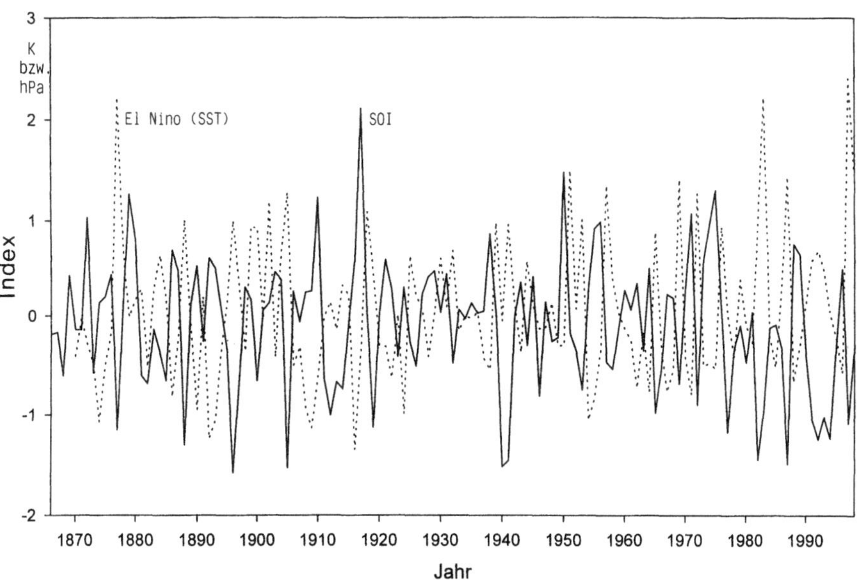

Abb. 4.2-24. Zeitreihe 1866 bis 1998 der für das El-Niño-Phänomen typischen Wassertemperaturanomalien des tropischen Pazifiks, gepunktet, und des Southern Oscillation Index (SOI; standardisierte Luftdruckdifferenz zwischen Darwin, Australien und Tahiti; aufgrund verschiedener Quellen nach IPCC, Houghton et al. 1996, bzw. WMO 1994, umgezeichnet)

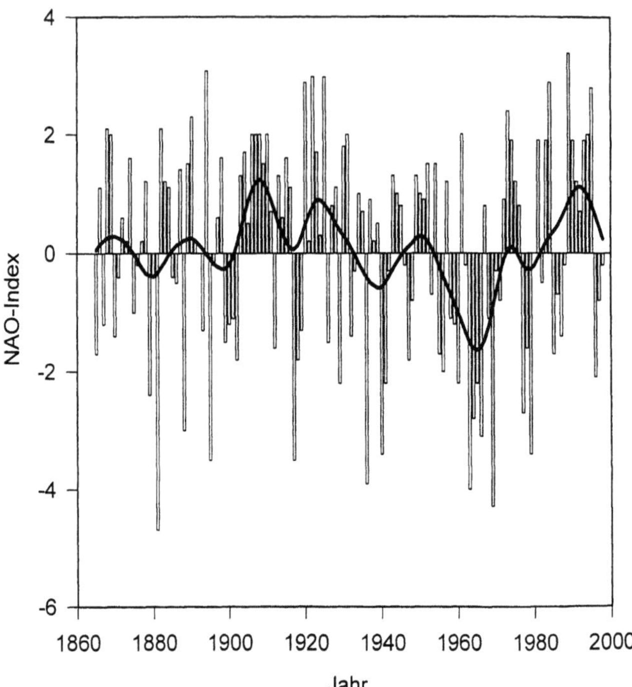

Abb. 4.2-25. Zeitreihe 1865 bis 1998 des Index der Nordatlantik-Oszillation (NAO) im Winter, definiert als standardisierte meridionale Luftdruckdifferenz zwischen den Azoren und Island, Jahresdaten und 20jähr. Glättung. (Quelle: Hurrel 1995, ergänzt)

Im zeitlichen Verhalten (Abb. 4.2-25) zeigt die NAO sowohl Jahresanomalien als auch Fluktuationen unterschiedlicher Zykluslänge. Was dieses relativ langfristige säkulare Verhalten betrifft, so ist bis etwa 1905 ein Anstieg, bis etwa 1965 eine Abnahme und seither wieder ein Anstieg, jeweils unter überlagerten Fluktuationen, zu erkennen. Dieser jüngere Anstieg korreliert mit einem Trend zu milderen und niederschlagsreicheren Wintern in West- und Mitteleuropa (wobei die überlagerten Fluktuationen und Anomalien aber kürzerfristig durchaus zu gegenläufigen Effekten führen).

4.2.7 Multiple Klimamodellrechnungen

4.2.7.1 Physikalische Simulationen

Der letzte, aber sehr wesentliche Schritt ist nun, den anthropogenen „Treibhauseffekt“ im Kontext der weiteren Klimafaktoren zu simulieren und zu interpretieren. Da jedoch der Aufwand der aussagekräftigsten Klimamodelle, nämlich gekoppelter atmosphärisch-ozeanischer Zirkulationsmodelle (GCM), sehr groß ist, ist gerade erst der Schritt geschafft worden, mit ihrer Hilfe den anthropogenen „Treibhauseffekt“ („Treibhausgase“) und ebenfalls anthropogenen „Kühlhauseffekt“ (troposphärische Sulfataerosole) simultan zu simulieren. Schon bei alternativen Szenarienrechnungen in die Zukunft wird mit vereinfachter physikalischen Modellen (meist EBM) gerechnet. Auf beide Strategien soll im folgenden eingegangen werden; wobei die gleichzeitige Erfassung von mindestens zwei unterschiedlichen Klimafaktoren als multiple Klimamodellrechnung bezeichnet wird.

Es darf aber nicht unerwähnt bleiben, daß durchaus auch GCM-Simulationen zum vulkanischen (z.B. Graf et al. 1992), solaren (z.B. Cubasch et al. 1996) und ENSO-Einfluß (z.B. Latif u. Barnett 1994) vorliegen, allerdings nicht in multipler Art und Weise. Auf ältere multiple physikalische Berechnungen (z.B. Hansen et al. 1981; Gilliland 1982) soll hier nicht mehr eingegangen werden, jedoch auf multiple statistische Abschätzungen, die von den Beobachtungsdaten ausgehen (im folgenden Abschnitt 4.2.7.2).

In seinem letzten Bericht stellt das IPCC (Houghton et al. 1996) mit Recht die „Treibhaus“-/ „Kühlhaus“-Simulationen des Hadley Centres (Bracknell, England; Mitchell et al. 1995) und des Deutschen Klimarechenzentrums (DKRZ, Hamburg; Cubasch et al. 1995) heraus, die zumindest bezüglich der großräumig gemittelten separaten und multiplen Klimasignale zu sehr ähnlichen Ergebnissen gekommen sind (vgl. auch Haywood et al. 1997). Dies gilt auch für die Berechnungen von Santer et al. (1996), bei denen außerdem noch die klimatischen Auswirkungen des stratosphärischen Ozonabbaus in derartige Simulationen mit einbezogen worden sind.

In Abb. 4.2-26 sind in einer Verifikationsstudie (Mitchell et al. 1995; IPCC 1996) die beobachteten Jahresanomalien der bodennahen global gemittelten Lufttemperatur (Säulen) mit den Simulationsergebnissen der entsprechende Zeitreihen des anthropogenen „Treibhaussignals“ TR sowie der Kombination dieses Signals mit dem ebenfalls anthropo-

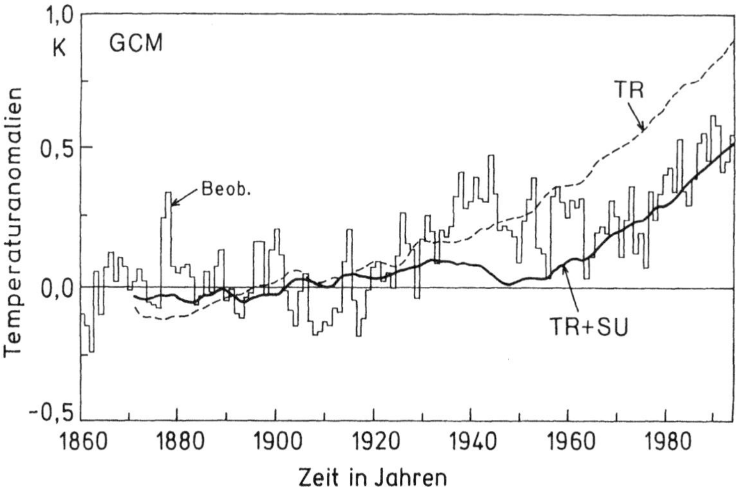

Abb. 4.2-26. Transiente Simulationen (AOGCM) 1860 bis 1990 des anthropogenen Treibhauseffektes (TR), ohne und mit (TR+SU) zusätzlicher Berücksichtigung des troposphärischen Sulfataerosols, bezüglich der bodennahen Weltmitteltemperatur nach Mitchell et al. (1995; bzw. IPCC, Houghton et al. 1996), verglichen mit den entsprechenden Beobachtungsdaten (vgl. dazu auch Abb. 4.2-4)

genen „Sulfataerosol-Kühlhaussignals“ TR+SU verglichen. Man erkennt, daß die langfristige Struktur (geglättete Zeitreihe) der Beobachtungen gut mit dem TR+SU-Signal übereinstimmt (Temperaturanstieg um 0,5 bis 0,6 K) und das TR-Signal allein schon in der Größenordnung von 1 K liegt (Wie erwähnt, die DKRZ-Ergebnisse sind sehr ähnlich).

Darauf aufbauend, sind in Abb. 4.2-27 und 4.2-28 die tiefen, mittleren und hohen Szenarienrechnungen 1990 bis 2100 gezeigt, ebenfalls TR (gestrichelt) bzw. TR+SU (ausgezogen), wobei im Vergleich zum vorindustriellen Niveau die oben genannten bisherigen Temperaturerhöhungen (TR: 1 K; TR + SU: 0,5 bis 0,6 K) hinzuzuaddieren sind. Demnach wären, der mittleren Schätzung folgend, in den kommenden rund 100 Jahren ein Temperaturanstieg von rund 2 K (ohne SU: rund 2,5 K) und ein Meeresspiegelanstieg von rund 50 cm (ohne SU: rund 55 cm) zu erwarten. Wie diese Graphiken aber auch zeigen, sind die quantitativen Unsicherheiten beträchtlich.

Dies gilt für regional differenzierte Vorhersagen erwartungsgemäß noch mehr, so daß bei der quantitativen Ausdeutung der in Abb. 4.2-29 und 4.2-30 ausgewählten Modellergebnisse Vorsicht geboten ist. Es handelt sich wieder um die kombinierte „Treibhausgas“-/Sulfataerosol-Simulation des DKRZ (Cubasch et al. 1996; IPCC, Houghton et al. 1996), wobei die entsprechenden Signalsummen für Winter bzw. Sommer, basierend auf den Trends 1880 bis 2050, dargestellt sind. Danach

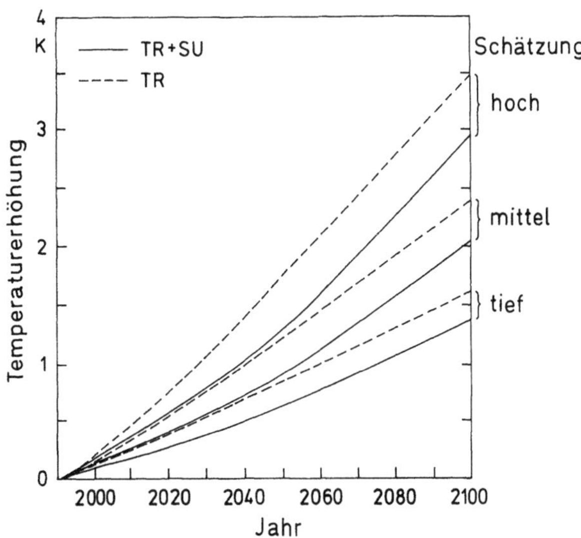

Abb. 4.2-27. Transiente Simulationen (EBM) 1990 bis 2100 des anthropogenen Treibhauseffektes (TR, gestrichelt), ohne und mit (TR+SU, ausgezogen) zusätzlicher Berücksichtigung des troposphärischen Sulfataerosols, bezüglich der bodennahen Weltmitteltemperatur nach IPCC (Houghton et al. 1996); die hohe bzw. mittlere bzw. tiefe Schätzung beruhen auf folgenden Annahmen über die Temperaturreaktion auf eine atmosphärische CO_2-Verdoppelung im Gleichgewicht: 1,5 K bzw. 2,5 K bzw. 4,5 K

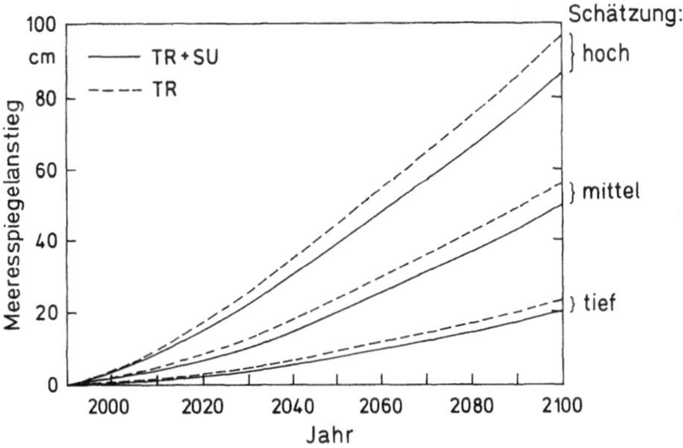

Abb. 4.2-28. Ähnlich Abb. 4.2-27, jedoch global gemittelte Meeresspiegelhöhe

schlagen die abkühlenden Sulfataerosol-Signale im Winter vor allem in der Region östliche USA bis gesamter angrenzender Nordatlantik sowie China durch, im Sommer sind noch weitere Bereiche der Nordhalbkugel (z. B. nordkanadische Inseln und Mittelmeerregion) davon betroffen. Obwohl bei entsprechenden Projektionen von Niederschlags- und

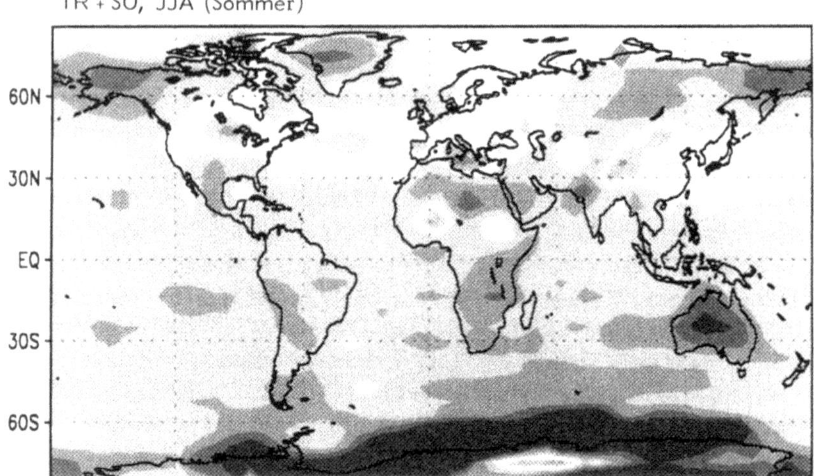

Abb. 4.2-29. Transiente Simulation (AOGCM) 2040 bis 2049 gegenüber 1880 bis 1889 der Temperaturreaktion im Sommer auf einen kombinierten Treibhauseffekt- (TR) und Sulfataerosol- (SU) (Nach Cubasch et al. 1996, bzw. IPCC, Houghton et al. 1996)

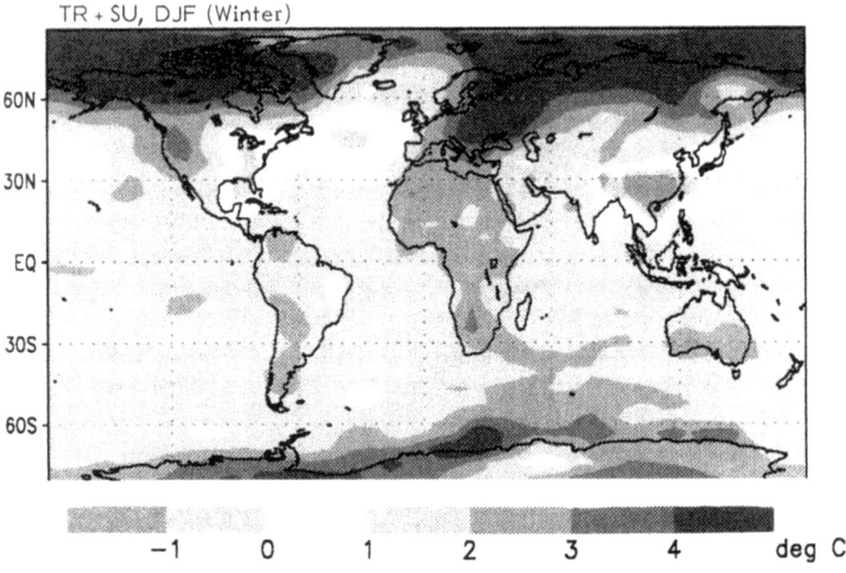

Abb. 4.2-30. Ähnlich Abb. 4.2-29, jedoch Winter

Windänderungen die Unsicherheit noch weiter ansteigt, sei wenigstens der interessante Befund erwähnt, daß sich bei rein treibhausgasbedingten Vorhersagen eine Verstärkung, bei Hinzunahme des Sulfataerosols jedoch eine Abschwächung der indischen Monsunniederschläge ergibt.

4.2.7.2 Statistische Simulationen

Außer der kritischen Hinterfragung der Zuverlässigkeit und Genauigkeit physikalischer Klimamodellrechnungen ist häufig das Argument zu hören, die Klimabeobachtungsdaten würden diesen Modellrechnungen widersprechen, beispielsweise die in Abb. 4.2-3 erkennbare Abkühlung der 40er bis 70er Jahre unseres Jahrhunderts trotz sich verstärkt fortsetzender anthropogener CO_2-Emission. Auch müßte, so wird argumentiert, die Weltmitteltemperatur nach diesen Modellrechnungen schon etwa doppelt so stark (ca. 1 °C) angestiegen sein als tatsächlich (im Industriezeitalter) beobachtet. Solche Argumentationen kranken an dem krassen Fehler, daß Vorher- bzw. Nachhersagen (wie in Abb. 4.2-26, die sich auf die Zeit seit 1850 bezieht) der physikalischen Modellsimulationen zum anthropogenen Treibhauseffekt nicht direkt mit den Beobachtungsdaten verglichen werden dürfen, weil sich in diesen Daten auch die ganze Vielfalt der weiteren Klimasteuerungsmechanismen widerspiegelt.

Nun hat Abb. 4.2-26 bereits gezeigt, daß der kombinierte „Treibhausgas"- und Sulfataerosol-Antrieb den langfristig geglätteten Verlauf der beobachteten bodennahen Weltmitteltemperatur durch physikalische Klimamodelle gut reproduzieren kann. Wie steht es nun aber um die weiteren, insbesondere auch natürlichen Klimaantriebsfaktoren?

Leider sind die aufwendigen gekoppelten Zirkulationsmodelle bei einer solchen multiplen Fragestellung überfordert. Es gibt jedoch statistische Alternativen, die zudem direkt auf den Beobachtungsdaten beruhen, beginnend mit multiplen, linearen oder nicht-linearen Regressionen (vgl. MRM in Abb. 4.2-11) bis zu aufwendigeren Methoden wie beispielsweise den neuronalen Netzen (NNM). Als Beispiel sei hier die Reproduktion der Jahresdaten der bodennahen Weltmitteltemperatur (gleiche beobachtete Zeitreihe wie in Abb. 4.2-26) durch ein neuronales Netz gezeigt (Abb. 4.2-31), das zusätzlich zum jeweils anthropogenen „Treibhaus"- und „Sulfataerosol-Kühlhauseffekt" auch die natürlichen Einflüsse des Vulkanismus, der Sonnenaktivität und des ENSO-Mechanismus berücksichtigt (Denhard et al. 1996; Schönwiese et al. 1997; Walter 1996; Walter et al. 1998). Entsprechend Abb. 4.2-26 sind auch die Signal-Zeitreihen des „Treibhaus"- und kombinierten „Treibhaus"-/Sulfataerosol-Antriebes eingezeichnet, dazu die Sulfataerosol-Signalzeitreihe separat.

Wie schließlich die gepunktete Linie in Abb. 4.2-31 beweist, gelingt mit Hilfe dieser NNM-Simulation auch die Reproduktion eines Groß-

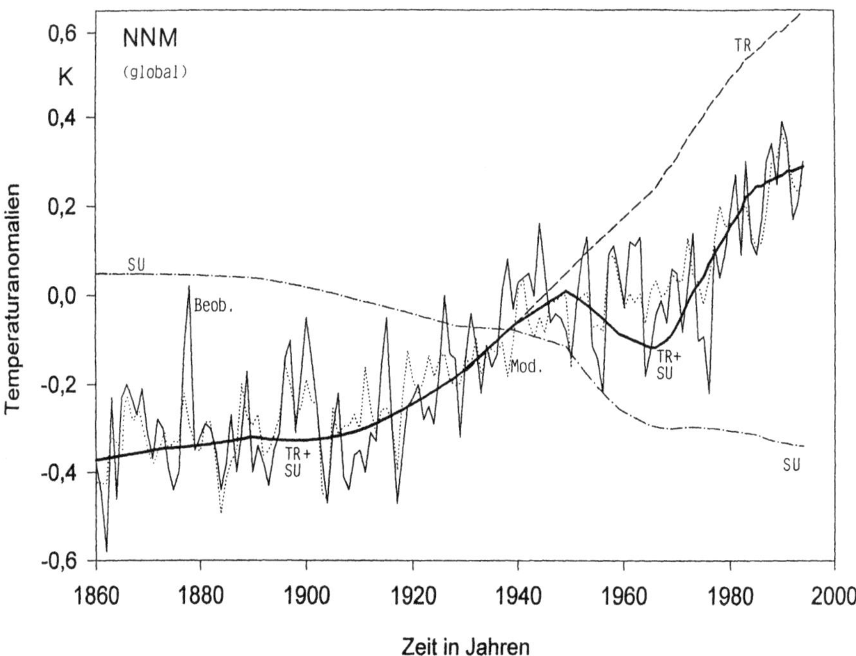

Abb. 4.2-31. Neuronale Netz-(NNM)-Simulation der Reaktion 1860 bis 1994 der bodennahen Weltmitteltemperatur auf den Treibhauseffekt (TR, gestrichelt), das troposphärische Sulfataerosol (SU, strichpunktiert), die Kombination aus beidem (TR+ SU, dicke Kurve) sowie zusätzlich Vulkanismus, Sonnenaktivität und ENSO (gepunktet) im Vergleich mit den Beobachtungsdaten (ausgezogen) (Quelle: Denhard et al. 1996; Schönwiese et al. 1997; vgl. auch Walter et al. 1998)

teils der Jahr-zu-Jahr-Variabilität (Varianzerklärung rund 80%). Im Vergleich zu Abb. 4.2-26 sind die Abschätzungen der anthropogenen Signale sehr ähnlich, so daß durchaus von einer gegenseitigen Verifikation gesprochen werden kann. Zudem erscheint die in Abb. 4.2-31 zusätzliche gezeigte Sulfataerosol-Signalzeitreihe plausibel: Der Abkühlungseffekt war besonders ausgeprägt in der Zeit nach dem Ende des 2. Weltkriegs (stürmische industrielle Entwicklung) bis in die 70er Jahre (beginnender Erfolg der Luftreinhaltungsmaßnahmen, hier insbesondere flächendeckende Einführung von Entschwefelungsanlagen). Zudem zeigt der in Abb. 4.2-32 und 4.2-33 vorgenommene Vergleich zwischen Nord- und Südhemisphäre (hier 10jährig geglättete Daten), daß die sulfataerosolbedingte Abkühlung, ebenfalls erwartungsgemäß, praktisch nur auf der Nordhalbkugel ausgeprägt (vgl. dazu auch Abb. 4.2-20 und 4.2-4) ist.

Mit einiger Vorsicht erlauben statistische Klimamodelle auch Hochrechnungen bezüglich einer atmosphärische CO_2-Verdoppelung. Daher sind in Tabelle 4.2-5 diese CO_2-Verdoppelungs-, aber auch die

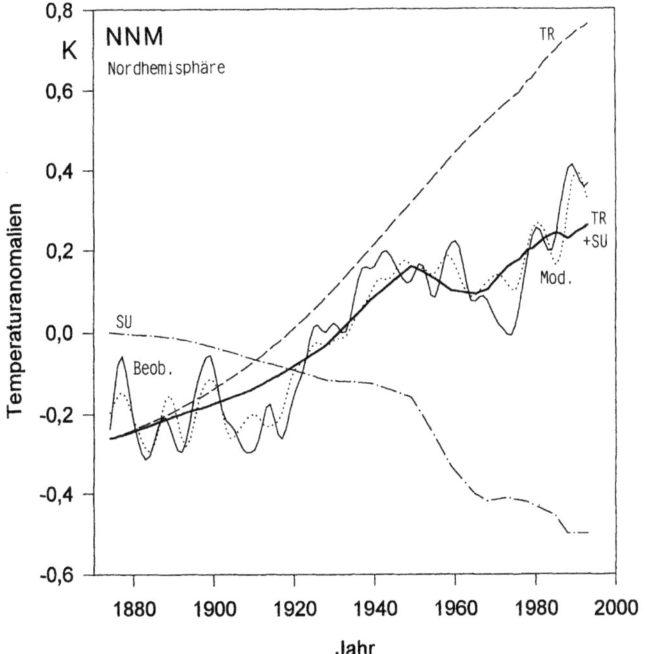

Abb. 4.2-32. Ähnlich Abb. 4.2-31, jedoch Nordhemisphäre sowie Beobachtungs- und Modelldaten (Gesamtsimulation) zehnjährig geglättet

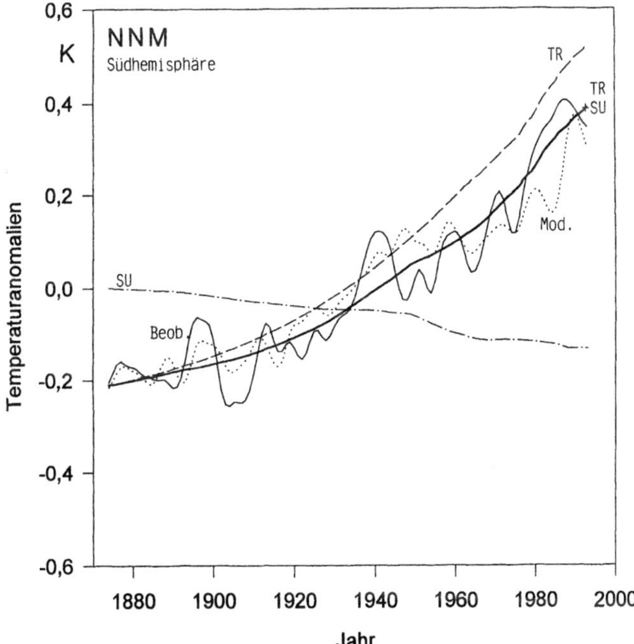

Abb. 4.2-33. Ähnlich Abb. 4.2-32, jedoch Südhemisphäre

Tabelle 4.2-5. Vergleich der anthropogenen Treibhaussignale (TR), bezogen auf global und jährlich gemittelte Werte der bodennahen Lufttemperatur, aufgrund der Simulationsschätzungen verschiedener Typen von Klimamodellen; AOGCM = atmosphärisch-ozeanisches Zirkulationsmodell, EBM = Energiebilanzmodell, MRM = multiples Regressionsmodell, BBM = neuronales Netzmodell; STUGE = sea level and temperature under the greenhouse effect, vom IPCC für Szenarienrechnungen benutzte EBM-Version; B bedeutet Box (z. B. B–EBM). In der letzten Zeile ist auch das troposphärische Sulfataerosol-Signal (SU) berücksichtigt (viele Quellen, insbesondere: IPCC, Houghton et al. 1996; Hasselmann et al. 1995; Mitchell et al. 1995; Schönwiese et al. 1997)

Modelltyp	AOGCM	STUGE-EBM	B-EBM	MRM	NNM
Institution	IPCC/HC/MPI[a]	CRU[b], IPCC	UF[c]	UF[c]	UF[c]
2·CO_2 Signal, Gleichgewicht	2,1–4,6 K	2,5 K vorgeschrieben	1,8 K	2,6–3,9 K	2,1 K
2·CO_2 Signal, transient	1,3–3,8 K	1,4 K	1,5 K	1,8–2,6 K	1,7 K
TR-Signal, 1866–1994	1 K	0,8 K	0,7 K	0,8–1,2 K	0,9–1,3 K
TR + SU Signal, 1866–1994	0,6 K	–	0,6 K	0,6–0,8 K	0,5–0,7 K

[a] 2·CO_2 Signale nach IPCC (1996), andere Signale nach Max-Planck-Institut für Meteorologie (MPI), bzw. Hadley Center (HC), England, näherungsweise geschätzt anhand veröffentlichter Graphiken.
[b] Modell zur Verfügung gestellt von der Climate Research Unit (CRU), England; auch verwendet vom IPCC (1990).
[c] Studie der Universität Frankfurt am Main

bisherigen („industriellen") anthropogenen Signale verglichen (nach Schönwiese et al. 1997), wie sie mit Hilfe folgender Klimamodelltypen zustandegekommen sind:

- gekoppelte atmosphärisch-ozeanische Zirkulationsmodelle, AOGCM (in der Zusammenstellung nach IPCC 1996);
- Energiebilanzmodelle, EBM, wie sie das IPCC zu Szenarienrechnungen verwendet („sea level and temperature under the greenhouse effect" = STUGE);
- Box-Energiebilanzmodell, B-EBM (nach Grieser 1997);
- multiples Regressionsmodell, MRM (nach Schönwiese 1993, bzw. Schönwiese u. Bayer 1995, bzw. Schönwiese et al. 1997);
- neuronales Netz-Modell, NNM (nach Denhard et al. 1996, bzw. Schönwiese et al. 1997).

Die Übereinstimmungen sind trotz dieser sehr unterschiedlichen Modellstrategie gut (Schönwiese 1997; Schönwiese et al. 1997); die NNM-Abschätzung der fieberhaft gesuchten Bestschätzung des CO_2-

Tabelle 4.2-6. Vergleich der vom IPCC (Houghton et al. 1996) angegebenen global gemittelten Strahlungsantriebe (in Klammern Vorzeichen) in industrieller Zeit (seit ca. 1850) mit den entsprechenden statistisch abgeschätzten Signalen der bodennahen Weltmitteltemperatur, anthropogene (TR, SU) und natürliche Einflüsse (Nach Schönwiese et al. 1997)

Mechanismus	Antrieb (W/m^2)	MRM (K)	NNM (K)
TR (CO_2-Äquivalente)	(+) 2,1 bis 2,8	0,8 (0,8 bis 1,2)	0,8 (0,7 bis 1,3)
SU (tropo-sphärisches Sulfat)	(–) 0,3 bis 0,9	0,1 (0,1 bis 0,4)	0,3 (0,1 bis 0,5)
vulkanische Aktivität[a]	max. ca. (–) 3	0,2 (0,1 bis 0,4)	0,2 (0,1 bis 0,2)
solare Aktivität[b]	(+) 0,1 bis 0,5	0,1 (0,1 bis 0,2)	0,2 (0,1 bis 0,3)
ENSO[a]	–	0,2 (0,2 bis 0,3)	0,2 (0,2 bis 0,3)

[a] episodisch [b] fluktuierend

Verdoppelungssignals im Gleichgewicht lautet 2,1 K. Tabelle 4.2-6 schließt diese Betrachtungen durch einen multiplen Vergleich der verschiedenen, hier diskutierten Strahlungsantriebe (bisher, „industriell") mit den entsprechenden Temperatursignalen (bodennah, global gemittelt), geschätzt aus EBM-, MRM- und NNM-Berechnungen, ab. Daraus folgt, daß unter den hier diskutierten Klimaeinflußmechanismen sowohl bezüglich des Strahlungsantriebes als auch bezüglich der geschätzten Temperatursignale das anthropogene „Treibhauseffekt"-Signal schon jetzt führend ist.

Auch an die statistischen Modelle muß nun die Frage nach der regionalen Ausprägung der Klimasignale gestellt werden. Bisher sind Antworten darauf nur bezüglich der bodennahen Lufttemperatur gelungen, da die Korrelationen der Einflußgrößen-Zeitreihen mit anderen Klimaelementen zu schlecht sind. Als Beispiele zeigen die Abbildungen 4.2-34 und 4.2-35 die MRM-geschätzten bisherigen („industriellen") Treibhaussignale, die mit den insgesamt beobachteten Trends (Abb. 4.2-5 und 4.2-6) zu vergleichen sind. Offenbar ist die räumliche Struktur sehr ähnlich bei etwas – wie im weltweiten Mittel – größerer Signal- als (Beobachtungs-) Trendstärke. Auch aus dieser Sicht ist der anthropogene „Treibhauseffekt" somit dominierend, wobei es für die Abkühlungsreaktionen übrigens Erklärungsversuche hinsichtlich verstärkten Aufquellens relativ kalten ozeanischen Tiefenwassers gibt, wiederum mit gewissen Parallelen zu den physikalischen Modellrechnungen.

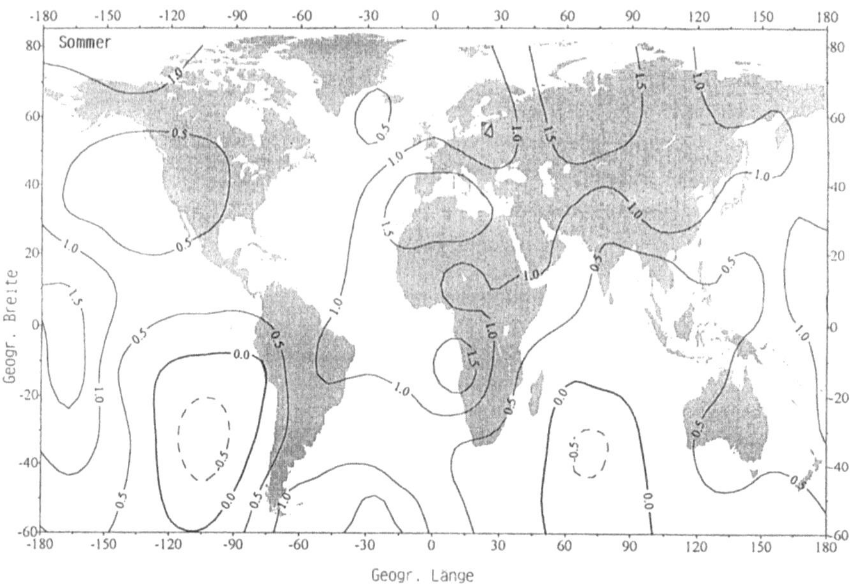

Abb. 4.2-34. Multiple Regressionssimulation (MRM) der Änderung der bodennahen Lufttemperatur 1982 bis 1991 gegenüber 1892 bis 1901 im Sommer aufgrund des anthropogenen Treibhauseffektes, Isolinien in K (Quelle: Schönwiese et al. 1998)

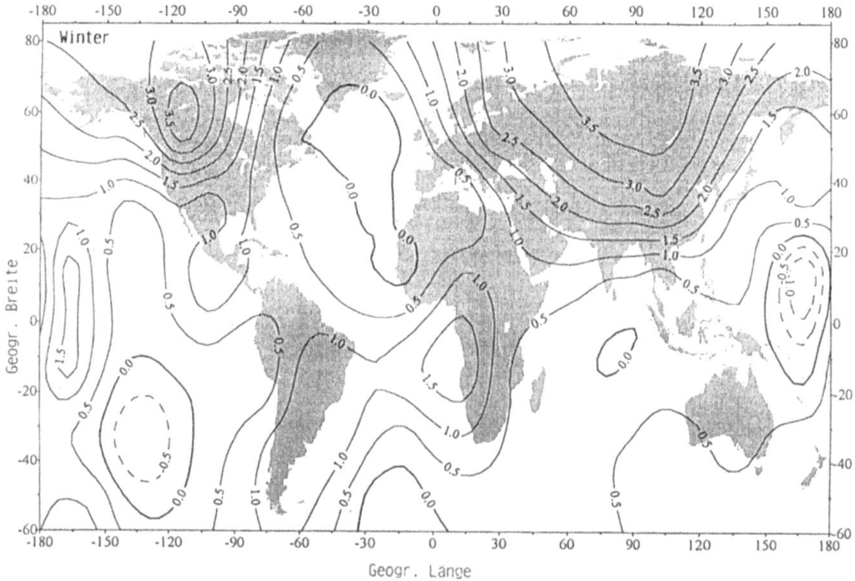

Abb. 4.2-35. Ähnlich Abb. 4.2-34, jedoch Winter

4.2.8 Wertung und Ausblick

Folgende zusammenfassende Konsequenzen lassen sich aus den hier geschilderten Befunden ableiten:

- Es gibt einen natürlichen „Treibhauseffekt", der physikalisch im Prinzip seit langem verstanden ist und der zusammen mit der sonstigen günstigen Konstellation in Raum und Zeit das Leben auf unserem Planeten Erde ermöglicht.
- Die anthropogene Emission von „Treibhausgasen", aber auch andere menschliche Aktivitäten ändern die Zusammensetzung der Atmosphäre, die dort wirksamen Strahlungsprozesse und somit das Globalklima.
- Die genaue quantitative und regionale Ausprägung dieser anthropogenen Klimaänderungen ist jedoch trotz vieler vorliegender aufwendiger physikalischer Klimamodellrechnungen und gewisser Verifikationen durch statistischer Modelle auf der Grundlage der Beobachtungsdaten unsicher, insbesondere was die über die bodennahe Lufttemperatur hinausgehenden Klimaelemente betrifft.
- Ein wesentlicher Grund dieser Unsicherheit ist neben der Tatsache, daß jedes Modell nur eine vereinfachte Näherung der Wirklichkeit sein kann und beispielsweise die Behandlung der Wolken in den physikalischen Modellen enorme Schwierigkeiten bereiten, die Konkurrenzsituation der anthropogenen Klimabeeinflussung gegenüber den natürlichen Klimavariationen.

Denn seit die Erde existiert, gibt es diese natürlichen Klimaänderungen, und das wird auch in Zukunft so sein.

Daraus resultiert die wissenschaftlich wie öffentlich heiß diskutierte Frage: Ist der Klimafaktor Mensch, und gemeint ist hier nicht das Stadtklima, sondern die globale Perspektive, im Klimageschehen, insbesondere der letzten rund 100 Jahre, nachweisbar? Ist also das „Treibhaus"- bzw. „Kühlhaus"-Signal so groß, daß es sich deutlich genug von der Gesamtvariabilität, dem „Klimarauschen" unterscheidet?

Das IPCC hat in seinem Bericht des Jahres 1990 diese Frage offen gelassen, stellt jedoch 1996 fest: „The balance of evidence suggests a discernable human influence on global climate".

Dies bedeutet, daß bei Abwägung aller Argumente, die auf den Klimamodellergebnissen und der vergleichenden Analyse von Klimabeobachtungsdaten beruhen, ein identifizierbarer anthropogener Einfluß auf das Globalklima naheliegend ist. Obwohl dies offenbar keine gesicherte, sondern eine Wahrscheinlichkeitsaussage ist, legt sich das

IPCC im Gegensatz zu durchaus vorliegenden Detailstudien (Hasselmann et al. 1995; Hasselmann 1997; Grieser u. Schönwiese 1997) auf keine definierte Wahrscheinlichkeit fest. Es gibt somit, einschließlich der offenen Fragen der Grundlagenforschung und der Auswirkungen anthropogener wie auch natürlicher Klimaveränderungen, noch erheblichen weiteren Wissensbedarf. Das betrifft insbesondere die multiple Synergetik der Klimafaktoren, die regional-zeitlichen Ausprägungen und Besonderheiten, lang- bis ultralangfristige Rekonstruktionen, extreme Situationen und Grundsatzfragen der Klimastabilität/ -labilität, und dies in weitreichender interdisziplinärer Zusammenarbeit.

Klimaschutzmaßnahmen aber sind auch schon dann angebracht, wenn die Wissenschaft noch nicht alle Detailfragen beantworten kann. (Wann wird sie das jemals können?) Dazu gibt es umfangreiche nationale Vorschläge (siehe z.B. Enquête-Kommission des Deutschen Bundestages „Schutz der Erdatmosphäre“ 1995) und Aktivitäten sowie - freilich bisher noch recht unverbindliche - internationale Vereinbarungen (insbesondere UN „Klimakonvention“ KRK; Informationen dazu siehe Bundesministerium für Umwelt, Naturschutz und Reaktorsicherheit 1993 etc.; vgl. auch Brauch 1996).

4.2.9 Literatur

Arntz WE, Fahrbach E (1991) El Niño, Klimaexperiment der Natur. Birkhäuser, Basel

Barry RG, Chorley RJ (1982) Atmosphere, weather and climate. Methuen, London

Bayer D, Denhard M, Rapp J, Schönwiese C-D (1994) Trend- und multiple Signalanalyse globaler bzw. europäischer Klimavariationen. Bericht Nr 98, Inst Meteorol Geophys, Universität Frankfurt/Main

Berger A (ed) (1984) Milankovitch and climate (2 vols). Reidel, Dordrecht

Berger A (1997) Activité solaire et climat. Ciel et Terre 113:73–78

Berger A, Loutre MF (1997) Long-term variations in insolation and their effects on climate, the LLN experiments. Surv Geophys 18:147–161

Berger WH, Labeyrie LD (1987) Abrupt climatic < change. Reidel, Dordrecht

Blüthgen JU, Weischet W (1980) Allgemeine Klimageographie. De Gruyter, Berlin

Brauch HG (Hrsg) (1996) Klimapolitik. Springer, Berlin Heidelberg New York

Brause R (1991) Neuronale Netze. Teubner, Stuttgart

Bundesmisterium für Umwelt, Naturschutz und Reaktorsicherheit (BMU 1993) Umweltpolitik. Konferenz der Vereinten Nationen für Umwelt und Entwicklung im Juni 1992 in Rio de Janeiro. Dokumente. Selbstverlag, Bonn. (In der Reihe „Umweltpolitik“ werden laufend aktuelle Berichte des BMU veröffentlicht.)

Cess RD et al (1990) Intercomparison and interpretation of climate feedback processes in 19 atmospheric general circulation models. J Geophys Res 95:601–616

Clark WC (ed) (1982) Carbon dioxide review 1982. Clarendon, Oxford

Cress A, Schönwiese C-D (1992) Statistical signal and signal-to-noise assessments of seasonal and regional patterns of global volcanism-temperature relationships. Atmósfera 5:31–46

Cubasch U et al (1992) Time-dependent greenhouse warming computations with a coupled ocean-atmosphere model. Climate Dyn 8:55–69

Cubasch U et al (1995) A climate change simulation starting from 1935. Climate Dyn 11:71–84

Cubasch U et al (1996) Simulation with an O-AGCM of the influence of variations of the solar constant on the global Climate. Report no 206, Max-Planck-Inst f Meteorologie, Hamburg

Denhard M, Grad H-F, Kirchner I, Schönwiese C-D (1996) Volcanic and El Niño signal separation in GCM simulations with neural networks. Beitr Phys Atmos 69:285–295

Denhard M, Walter A, Schönwiese C-D (1996) Simulation globaler Klimaänderungen mit Hilfe neuronaler Netze. Naturwiss Rundsch 49:295–301

Flohn H (1967) Klimaschwankungen in historischer Zeit. In: von Rudloff H (ed) Die Schwankungen und Pendelungen des Klimas in Europa seit Beginn der regelmäßigen Instrumentenbeobachtungen. Vieweg, Braunschweig, S 81–90

Flohn H (1971) Arbeiten zur allgemeinen Klimatologie. Wiss Buchgesellschaft, Darmstadt

Flohn H (1985) Das Problem der Klimaänderungen in Vergangenheit und Zukunft. Wiss Buchgesellschaft, Darmstadt

Fortak H (1982) Meteorologie. Reimer, Berlin

Frakes LA (1979) Climate throughout geologic time. Elsevier, Amsterdam

Frenzel B (1967) Die Klimaschwankungen des Eiszeitalters. Vieweg, Braunschweig

Frenzel B et al (eds) (1992) Atlas of paleoclimate and paleoenvironmentof the northern hemisphere. Fischer, Stuttgart

Geiger R (1954) Die Klassifikation der Klimate nach W. Köppen. In: Landolt-Börnstein (Hrsg) Zahlenwerte und Funktionen aus Physik, Chemie, Astronomie, Geophysik und Technik (alte Serie), Bd III. Springer, Berlin Heidelberg New York, S 603–607

Gilliland RL (1982) Solar, volcanic, and CO_2 forcing of recent climatic changes. Clim Change 4:111–131

Graedel TE, Crutzen PJ (1994) Chemie der Atmosphäre. Spektrum, Heidelberg

Graf H-F, Kirchner I, Robock A, Schult, I (1992) Pinatubo eruption winter climate effects: model versus observations. Report no 94, Max-Planck-Inst f Meteorologie, Hamburg

Graf H-F, Perlwitz J, Kirchner I (1994) Northern hemisphere tropospheric midlatitude circukation after violent volcanic eruptions. Beitr Phys Atmos 67:3–13

Grieser J (1997) Eine makroskopische Klimadynamik und ihre diagnostische sowie prognostische Anwendung auf globale Temperaturvariationen. Bericht Nr 26, Zentrum für Umweltforschung, Universität Frankfurt/Main

Grieser J, Schönwiese C-D (1999) Process, forcing, and anthropogenic signal analysis of global mean temperature variations by means of a three-box energy balance model. Clim Change (submitted)

Grieser J, Schönwiese C-D (1999) Parametrization of spatio-temporal patterns of volcanic aerosol inducdd stratospheric optical depth and its climate radiative forcing. Atmósfera 12:111–133

GRIP members (1993) Climate instability during the last intergalcial period recorded in the GRIP ice core. Nature 364:203–207

Hammer CU et al (1977) Greenland ice sheet evidence of postglacial volcanism and ist climatic impact. Nature 288:230–235

Hansen J et al (1981) Climate impact of increasing atmospheric carbon dioxide. Science 213:957–966

Hansen J, Lebedeff S (1987) Global trends of measured air temperature. Geophys Res 93:9341–9364; updates priv comm and INTERNET

Hantel M (1989) Climate modelling. The present global surface climate. In: Fischer G (ed) Landolt-Börnstein numerical data and fuctional relationships in science and technology, subvolume V/4/c2: climatology, Springer, Berlin Heidelberg New York, pp 1–116, 117–474

Hantel M (1997) Klimatologie. In: Raith W (Hrsg) Bergmann-Schaefer Lehrbuch der Experimentalphysik, Bd 7: Erde und Planeten. De Gruyter, Berlin, S 311–426

Hantel M, Kraus H, Schönwiese C-D (1987) Climate definition. In: Fischer G (Hrsg) Landoldt-Börnstein numerical data and functional relationships in science and technology, subvolume V/4/c1: climatology. Springer, Berlin Heidelberg New York, pp 1–28

Hartmann DL (1994) Global physical climatology. Academic, San Diego

Hasselmann K et al (1995) Detection of anthropogenic climate change using a fingerprint method. Report no 168, Max-Planck-Inst f Meteorologie, Hamburg

Hasselmann K et al (1997) Are we seeing global warming? Science 276:914–915

Haywood JM et al (1997) Transient response of a coupled model to estimated changes in greenhouse gas and sulfate concentrations. Geophys Res Lett 24:1335–1338

Heintz A, Reinhardt GA (1996) Chemie und Umwelt. Vieweg, Braunschweig

Heyer E (1993) Witterung und Klima. Teubner, Leipzig

Houghton JT (ed) (1984) The global climate. University Press, Cambridge

Houghton JT, Jenkins GJ, Ephraums JJ (eds) (1990) Climate change. The IPCC scientific assessment. University Press, Cambridge

Hougthon JT, Callander BA, Varney SK (eds) (1992) Climate change 1992. The supplementary report to the IPCC Scientific Assessment (IPCC/WMO/UNEP). University Press, Cambridge

Houghton JT, Meira Filho LG, Callander BA, Harris N, Kattenberg A, Maskell K (eds) (1996) Climate change 1995. The science of climate change (IPCC/WMO/UNEP). University Press, Cambridge

Hoyt DV, Schatten KH (1993) A discussion of plausible solar irradiance variations, 1700–1992. J Geophys Res 98:18895–18906

Hupfer P (Hrsg) (1991) Das Klimasystem der Erde. Akademie, Berlin

Hupfer P (1996) Unsere Umwelt: Das Klima. Teubner, Stuttgart

Hurrell JW (1995) Decadal trends in the North Atlantic Oscillation: regional temperatures and precipitation. Science 269:676–679

IPCC (UN Intergovernmental Panel on Climate Change) s. Houghton et al

James IN (1994) Introduction to circulating atmospheres. University Press, Cambridge

Jones PD (1988) Hemispheric surface air temperature variations: recent trends and an update to 1987. J Climate 1:654–660; updates priv comm

Jones PD (1994) Hemospheric surface air temperature variations: a reanalysis and an update to 1993. J Climate 7:1794–1802

Jones PD, Briffa KR (1992) Global surface air temperature variations during the twentieth century. Holocene 2:165–179

Jones PD, Kelly PM, Goodess GB, Karl TR (1989) The effect of urban warming on the northern hemisphere temperature average. J Clim 2:285–290
Kiehl JT, Trenberth KE (1997) Earth's annual global mean energy budget. Bull Am Meteorol Cos 78:197–208
Kondratyev KY (1969) Radiation in the atmosphere. Academic, New York
Kondratyev KY, Moskalenko NI (1984) The role of carbon dioxide and other minor gaseous components and aerosols in the radiation budget. In: Houghton JT (ed) The global climate. University Press, Cambridge, pp 225–233
Köppen W, Geiger R (1936) Handbuch der Klimatologie, Bd I. Berlin
Labitzke K, Naujokat B, Angell JK (1986) Long-term temperature trends in the middle stratosphere of the northern hemisphere. Adv Space Res 6:7–16; updates priv comm
Labitzke K, van Loon H (1995) Connection between the troposphere and stratosphere on a decadal scale. Tellus 47A:275–286
Lamb HH (1970) Volcanic dust in the atmosphere; with a chronology and assessment of its meteorological significance. Philos Transact RMS Ser A 266:425–553
Lamb HH (1972/1977) Climate: present, past and future (2 vols). Methuen, London
Landscheidt T (1988) Solar rotation, impulses of the torque in the sun's motion, and climatic variation. Clim Change 12:265–295
Latif M et al (1994) A review of ENSO prediction studies. Clim Dyn 9:167–179
Lean J, Beer J, Bradley R (1995) Reconstruction of solar irradiance since 1610: implications for climate change. Geophys Res Lett 22:3195–3198
Liljequist GH, Cehak K (1984) Allgemeine Meteorologie. Vieweg, Braunschweig
Lorenz EN (1963) Deterministic nonperiodic flow. J Atmos Sci 20:130–141
Lozán JL, Graßl H, Hupfer P (Hrsg) (1998) Warnsignal Klima. Wissenschaftliche Fakten. Wissenschaftl. Auswertungen und Geo, Hamburg
Malberg H (1997) Meteorologie und Klimatologie. Springer, Berlin Heidelberg New York
Manley, G (1974) Central England temperatures: monthly means 1659–1973. Q J R Meteorol Soc 100:389–405
McCormick MP et al (1995) Atmospheric effects of the Mt Pinatubo eruption. Nature 373:399–404
Mikami T (ed) (1992) Proceedings of the international symposium on little ice age climate. Tokyo Metropolitan University, Tokyo
Mitchell JFB, Hohns TJ, Gregory JM, Tett SFB (1995) Climate response to increasing levels of greenhouse gases and sulphate aerosols. Nature 376:501–504
Monin AS (1986) An introduction to the theory of climate. Reidel, Dordrecht
Müller MJ (1996) Handbuch ausgewählter Klimastationen der Erde. Forschungsstelle Bodenerosion, Universität Trier
Oeschger H (Hrsg) (1980) Das Klima. Springer, Berlin Heidelberg New York
Orlanski J (1981) A rational subdivision of scales for atmospheric processes. Bull Am Meteorol Soc 56:527–534
Paltridge GW, Platt CMR (1976) Radiative processes in meteorology and climatology. Elsevier, Amsterdam
Peixoto LP, Oort AH (1992) Physics of climate. American Institute of Physics, New York
Peteet DM (1987) Younger dryas in North America: modeling, data analysis, and re-evaluation. In: Berger WH, Labeyrie LD (eds) Abrupt climatic change. Reidel, Dordrecht, pp 185–193

Pfister C (1984) Klimageschichte der Schweiz 1525-1860. Haupt, Bern

Pons A et al (1987) The Younger Dryas in southwestern Europe: an abrupt climatic change as evidenced from pollen records. In: Berger WH, Labeyrie LD (eds) Abrupt climatic change. Reidel, Dordrecht, pp 195-208

Ramanathan V et al (1985) Trace gas trends and their potential role in climate change. J Geophys Res 90:5547-5566

Reuter H, Hantel M, Steinacker R (1997) Meteorologie. In: Raith W (Hrsg) Bergmann-Scharfer Lehrbuch der Experimentaöphysik. De Gruyter, Berlin, S 131-310

Rapp J, Schönwiese C-D (1996) Atlas der Niederschlags- und Temperaturtrends in Deutschland 1891-1990. Frankf Geowiss Arb, Ser B, Bd 5, 2. Aufl, Frankfurt/Main

Roedel W (1992) Physik unserer Umwelt. Die Atmosphäre. Springer, Berlin Heidelberg New York

Santer BD et al (1996) A search for human influences on the thermal structure of the atmosphere. Nature 382:38-46

Sato M et al (1993) Stratospheric aerosol optical depths. J Geophys Res D12(98): 22987-22994

Schmincke H-U (1986) Vulkanismus. Wiss Buchgesellschaft, Darmstadt

Schneider U, Schönwiese C-D (1989) Some statistical characteristics of El Niño/southern oscillation and North Atlantic oscillation patterns. Atmósfera 2:167-180

Schönwiese C-D (1988) Volcanic activity parameters and volcanism-climate relationships within the recent centuries. Atmósfera 1:141-156

Schönwiese C-D (1992) Praktische Statistik für Meteorologen und Geowissenschaftler. Borntraeger, Stuttgart

Schönwiese C-D (1993) Das Frankfurter statistische Klimamodell, Konzept und Ergebnisse. Naturwiss Rundsch 46:215-222

Schönwiese C-D (1994) Klimatologie. Ulmer, Stuttgart

Schönwiese C-D (1995) Klimaänderungen, Daten, Analysen, Prognosen. Springer, Berlin Heidelberg New York

Schönwiese C-D (1995a) Der anthropogene Treibhauseffekt in Konkurrenz zu natürlichen Klimaänderungen. Geowissenschaften 13:207-212

Schönwiese C-D (1997) Anthropogene und natürliche Signale im Klimageschehen. Naturwissenschaften 84:65-73

Schönwiese C-D, Bayer D (1995) Some statistical aspects of anthropogenic and natural forced global temperature change. Atmósfera 8:3-22

Schönwiese C-D, Denhard M, Grieser J, Walter A (1997) Assessments of the global anthropogenic greenhouse and sulfate signal using different types of simplified climate models. Theor Appl Climatol 57:119-124

Schönwiese C-D, Rapp J (1997) Climate trend atlas of Europe - based on observations 1891-1990. Kluwer Academic, Dordrecht

Schönwiese C-D, Ullrich R, Beck F, Rapp J (1994) Solar signals in global climatic change. Clim Change 27:259-281 (vgl. auch Bericht Nr 92, Inst Meteorol Geophys, Universität Frankfurt/Main 1992)

Schönwiese C-D, Walter A, Rapp J, Meyhöfer S, Denhard M (1998) Statistische Analyse der Klimavariabilität und anthropogenen Klimasignale in globaler und regionaler Betrachtung. Bericht Nr 102, Inst Meteorol Geophys, Universität Frankfurt/Main

Schuster HG (1989) Extraction of models from complex data. In: Abraham NB, Albano AM (eds) Measures of complexity and chaos. Plenum, New York, pp 349-358

Schwarzbach M (1974) Das Klima der Vorzeit. Eine Einführung in die Paläoklimatologie. Enke, Stuttgart
Schweingruber FH (1983) Der Jahrring. Haupt, Bern
Simkin T et al (eds) (1981) Volcanoes of the World. Hutchinson, Stroudsburg (USA)
Simkin T, Siebert L (1993) Chronology of large Holocene eruptions: an update. Unpubl listing, Smithsonian Institution, Washington
Smith M (1993) Neural networks for statistical modelling. Van Nostrand Reinhold, New York
Trenberth KE (ed) (1992) Climate system modelling. University Press, Cambridge
Trewartha GT (1980) An introduction to climate. McGraw-Hill, New York
Tsonis AA, Elsner JB (1989) Chaos, strange attractors, and weather. Bull Am Meteorol Soc 70:14
von Rudloff H (1967) Die Schwankungen und Pendelungen des Klimas in Europa seit Beginn der regelmäßigen Instrumentenbeobachtungen. Vieweg, Braunschweig
Waldmeier M (1961) The Sunspot Activity in the Years 1610–1960. Schulthers, Zürich
Walter A (1996) Die Anwendungsmöglichkeiten selbstorganisierender neuronaler Netze in der Klimatologie am Beispiel globaler und hemisphärischer Temperaturzeitreihen. Diplomarbeit, Inst Meteorol Geophys, Universität Frankfurt/Main
Walter A et al (1998) Simulation of global and hemispheric temperature variations and signal detection studies using neural networks. Meteorol Z NF 7:171–180
Weischet W (1991) Einführung in die Allgemeine Klimatologie. Teubner, Stuttgart
Wigley TML, Ingram MJ, Farmer G (eds) (1981) Climate and history. University Press, Cambridge
Wigley TML, Raper SCB (1991) Internally generated natural variability of global mean temperatures. In: Schlesinger ME (ed) Grenhouse-gas-induced climatic change: a critical appraisal of simulations and observations. Elsevier, Amsterdam, pp 471–482
Wuebbles DJ et al (1984) A proposed reference set of scenarios for radiatively active atmospheric constituents. US Department of Energy, Carbon Dioxide Research Division, technical report no 015, Washington

4.3 Biogeochemische Spurenstoffkreisläufe im Klimasystem

M. Heimann

4.3.1 Einführung

Mehrere in der Atmosphäre natürlich vorkommende Spurengase beeinflussen durch ihre physikalische Eigenschaften entscheidend die Strahlungsbilanz der Erde. Dies sind die sogenannten Treibhausgase: Kohlendioxid (CO_2), Methan (CH_4), Distickstoffoxid (N_2O), und zu einem geringeren Anteil auch Kohlenmonoxid (CO) und Ozon (O_3).

Diese Gase sind Teil der globalen geobiochemischen Spurenstoffkreisläufe. Sie werden fortwährend durch verschiedene geologische, chemische und biologische Prozesse erzeugt und wieder aus der Atmosphäre entfernt. Unter gleichbleibenden Umweltbedingungen befinden sich die atmosphärischen Konzentrationen dieser Gase in einem dynamischen Gleichgewicht.

Änderungen dieser Kreisläufe, wie sie zur Zeit durch menschliche Aktivitäten hervorgerufen werden oder wie sie durch Klimaschwankungen induziert werden können, führen zu Änderungen der atmosphärischen Konzentrationen dieser Gase und beeinflussen damit die Energiebilanz der Atmosphäre und der Erdoberfläche. Entscheidend ist dabei, daß diese Wechselwirkung zwischen dem physikalischen Klimasystem und den geobiochemischen Spurenstoffkreisläufen auf globaler Ebene verläuft. Die meisten dieser Spurengase besitzen eine relativ lange atmosphärische Lebensdauer und sind daher zumindest in der Troposphäre relativ homogen verteilt. Entsprechend führen Änderungen der Spurengaskonzentrationen zu einer globalen Veränderung der Strahlungsbilanz und damit zu globalen klimatischen Auswirkungen (vgl. hierzu Kap. 4.2).

Diese enge Wechselwirkung zwischen den Spurenstoffkreisläufen und dem physikalischen Klimasystem zeigt sich besonders deutlich in der Vergangenheit. Abbildung 4.3-1 zeigt die zeitliche Entwicklung

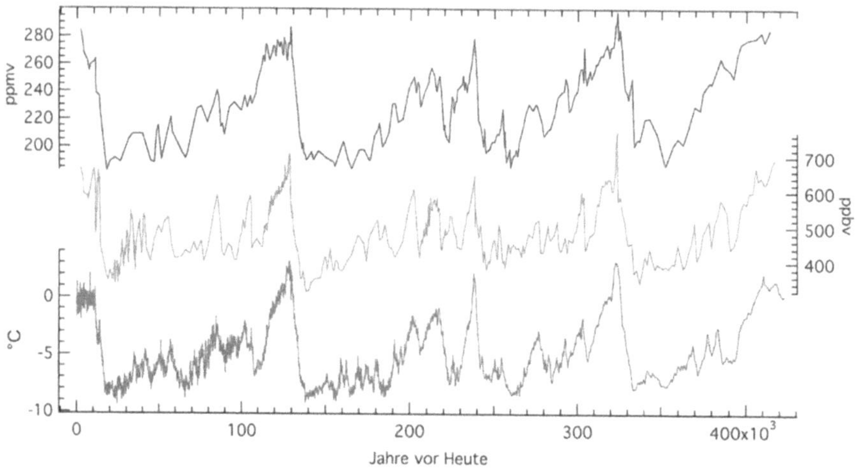

Abb. 4.3-1. Geschichte des Klimas und der atmosphärischen Konzentration von CO_2 und CH_4 während der letzten 4 Eiszeitzyklen (400 000 Jahre) ermittelt am Vostok-Eiskern in der Antarktis. Von oben nach unten: CO_2-Konzentration (in ppmv, Achse links), CH_4-Konzentration (in ppbv, Achse rechts), lokale Temperatur (Abweichung von heute, Achse links). (Petit et al. 1999)

der atmosphärischen CO_2- und CH_4-Konzentration während der letzten 4 Eiszeitzyklen, wie sie sich an in Eiskernen eingeschlossener Luft rekonstruieren läßt (Petit et al. 1999). Beide Treibhausgase variieren parallel zu den Klimazuständen, wobei die Schwankungen beim $CO_2 \approx 30\%$ und beim $CH_4 \approx 50\%$ des vorindustriellen Wertes betragen. Obwohl nicht ursächlich für die Eiszeitzyklen verantwortlich, verstärken die Variationen der Treibhausgaskonzentrationen die Temperaturschwankungen um mindestens 50% (Petit et al. 1999).

Auch während der schnellen Klimaschwankungen innerhalb der verchiedenen Eiszeiten lassen sich parallele Schwankungen der Treibhausgaskonzentrationen nachweisen (Severinghaus et al. 1998), allerdings scheint der Klimaverstärkungseffekt dabei etwas geringer zu sein als auf der längeren Zeitskala der Eiszeitzyklen.

Mindestens seit Beginn des industriellen Zeitalters greift der Mensch durch seine Aktivitäten in einem zunehmenden Maße in die biogeochemischen Spurenstoffkreisläufe ein. Diese Einwirkungen führten zu einem weltweit beobachteten, signifikanten Anstieg der Treibhausgaskonzentrationen, ein Anstieg, dessen Geschwindigkeit und Ausmaß alle rekonstruierten natürlichen Konzentrationsvariationen während der letzten 400000 Jahren bei weitem übertrifft. Bei einem fortgesetzten Anstieg besteht die Befürchtung, daß damit globale Klimaänderungen ausgelöst werden könnten, mit möglicherweise fatalen Folgen für Natur und Mensch.

Die Einbettung der biogeochemischen Spurenstoffkreisläufe im physikalischen Klimasystem der Erde ist in Abb. 4.3-2 schematisch und stark vereinfacht dargestellt (Charlson et al. 1992). Die enge Kopplung der Spurenstoffkreisläufe an das physikalische Klimasystem verlangt deren Berücksichtigung in umfassenden Modellen des Erdsystems.

In den folgenden Abschnitten werden die Kreisläufe des Kohlenstoffs, des Methans und des Distickstoffoxids ausführlicher dargestellt. Im letzten Abschnitt wird auf die relative Bedeutung der verschiedenen Gase im Klimasystem eingegangen und mögliche Szenarien der Treibhausgasentwicklung für das 21. Jahrhundert vorgestellt. Die Darstellung beschränkt sich hauptsächlich auf die erwähnten Kreisläufe aus der Perspektive der Atmosphäre und der Klimarelevanz. Der Bereich der Stoffkreisläufe im Erdsystem umfaßt daneben weitere Elementkreisläufe (Stickstoff, Phosphor, Schwefel, Eisen etc.), welche einen nicht unerheblichen Einfluß auf die Chemie, Biologie und Geologie der Erde ausüben, und, durch klimatische und anthropogene Einwirkungen, ebenfalls modifiziert werden und damit auf das Erdsystem rückwirken (s. hierzu Bd. 1A, Kap. 2.3). Aus der Perspektive der Kli-

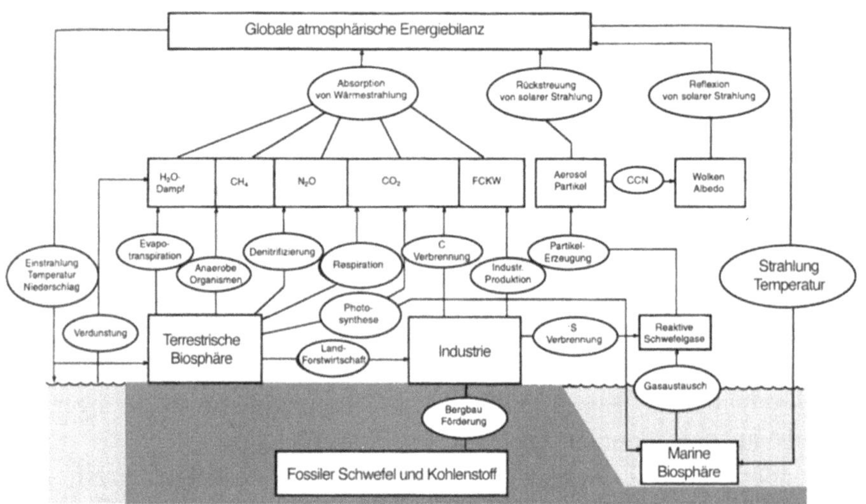

Abb. 4.3-2. Prinzipschema der Einbettung der biogeochemischen Spurenstoffkreisläufe im Klimasystem der Erde. Die Pfeile bezeichnen Stoffflüsse, bzw. die Einwirkungsrichtung zwischen den verschiedenen Teilsystemen

maforschung sind dabei von besonderer Bedeutung diejenigen Elemente, welche in der Atmosphäre in Form von Aerosolen vorliegen oder über luftchemische Reaktionen die Aerosolkonzentrationen der Atmosphäre beeinflussen und damit auf die optischen Eigenschaften der Wolken einwirken (vgl. Kap. 1.1). Die Vielzahl der dabei in Betracht zu ziehenden Rückkopplungsschleifen sowie der für viele Prozesse noch ungenügende Wissensstand erlauben es jedoch noch nicht, diese Kreisläufe in globalen Modellen des Erdsystems realitätsnah darzustellen und zu untersuchen.

Zusätzlich zu den hier betrachteten biogeochemischen Treibhausgasen werden durch menschliche Aktivitäten noch eine Reihe künstlich erzeugter Spurengase freigesetzt, welche sich ebenfalls auf die Strahlungsbilanz der Erde auswirken. Die wichtigsten davon ist die Familie der halogenierten Kohlenwasserstoffe (FCKW, Methylchlorid, Halone u.a.; Prather et al. 1995). Ein weiteres durch menschliche Einwirkungen beeinflußtes Treibhausgas ist das Ozon (O_3), welches in der Troposphäre zunimmt (Photosmog) und in der Stratosphäre zurückgeht (s. Bd. 1A, Kap. 3.2 und Kap. 3.3). Da nicht Teil der globalen Spurenstoffkreisläufe werden sie in diesem Kapitel nicht weiter erörtert; sie müssen jedoch bei der Ermittlung des menschlichen Einflusses auf das Klima der Erde mit berücksichtigt werden. Tabelle 4.3-1 faßt die wichtigsten Kenngrössen der hier betrachteten Treibhausgase zusammen (Zahlen aus Schimel et al. 1996).

Tabelle 4.3-1. Übersicht über die biogeochemischen Treibhausgase

	CO_2	CH_4	N_2O
Lebensdauer (a)	variabel	12,2	120
Konzentration (ppbv):			
Vorindustriell	278 000	700	275
1992	356 000	1714	311
Wachstumsrate (ppbv a^{-1})	1 600	8	0,8
Strahlungsantrieb:			
spezifisch (W m^{-2} $ppbv^{-1}$)	$1{,}8 \cdot 10^{-5}$	$3{,}7 \cdot 10^{-4}$	$3{,}7 \cdot 10^{-3}$
bei heutiger Konzentration (W m^{-2})	1,56	0,47	0,14
Treibhauspotential:			
20-Jahreshorizont	1	56	280
100-Jahreshorizont	1	21	310
500-Jahreshorizont	1	6,5	170

4.3.2 Kohlenstoffkreislauf

4.3.2.1 Überblick

Das atmosphärische Kohlendioxid ist Teil des globalen Kohlenstoffkreislaufs und neben dem Wasserdampf das wichtigste der atmosphärischen Treibhausgase. Der für die Kontrolle des atmosphärischen CO_2 relevante Teil des globalen Kohlenstoffkreislaufs ist in Abb. 4.3-3 schematisch dargestellt. Die Zahlen bezeichnen die geschätzten Reservoirgrößen (in 10^{15}gC) und Kohlenstoffflüsse (in 10^{15}gC a^{-1}) für die Dekade 1980–1989 (Schimel et al. 1996). CO_2 wird ausgetauscht mit dem Ozean (Gasdiffusion durch Luft-Wassergrenzfläche) und der terrestrischen Biosphäre (Photosynthese, Atmung). Geologische Prozesse wie Vulkanismus, Sedimentbildung und Gesteinsverwitterung spielen nur auf Zeitskalen von mehr als 1000 Jahren eine signifikante Rolle. Der Einfluß des Menschen auf den Kohlenstoffkreislauf erfolgt (i) über die direkten CO_2-Emissionen durch die Verbrennung von Kohle, Öl und Erdgas (sowie zu einem kleinen Beitrag bei der Produktion von Zement) und (ii) durch Änderungen der Landnutzung, insbesondere Waldrodungen in den Tropen, aber auch durch Änderungen in Landwirtschaft und Forstmanagement.

Über molekulare Gasdiffusion durch die Luft-Wasser-Grenzschicht wird CO_2 zwischen Atmosphäre und Ozean ausgetauscht. Dieser Prozeß wird durch die Partialdruckdifferenz des CO_2 im Wasser und der darüberliegenden Atmosphäre gesteuert. Im Ozean wechselwirkt das CO_2 chemisch mit dem Karbonatsystem ($H_2CO_3, HCO_3^-, CO_3^=$), wobei weitere chemische Komponenten des Meerwassers die Einstellung des Gleichgewichts beeinflussen. Das Phytoplankton bindet zudem in der euphotischen Zone (oberste $\sim$200 m) durch Photosynthese Kohlenstoff in organischer Form, welcher durch die marine Biosphäre zum größten Teil sehr rasch wieder mineralisiert wird. Ein kleiner Bruchteil ($\sim$10%) des organischen Kohlenstoffs gelangt durch absinkendes Material in tiefere Schichten, wo es mineralisiert wird. Dieser Prozeß erzeugt ein vertikales Konzentrationsgefälle des anorganischen ozeanischen Kohlenstoffs („marine Pumpe"). Die langen Umwälzzeiten des tiefen Ozeans ($\sim$1000 Jahre) bedeuten, daß sich der ozeanische Kohlenstoffkreislauf nach einer Störung auf Zeitskalen von hunderten bis mehreren 1000 Jahren auf ein neues Gleichgewicht einstellt.

Auf den Landflächen wird Kohlenstoff durch Photosynthese in der Vegetation aufgenommen und durch autotrophe und heterotrophe Respiration wieder der Atmosphäre zugeführt. Dieser Kreislauf erfolgt auf Zeitskalen von Sekunden (Blattatmung) bis zu hunderten von Jahren (Abbau des Humus).

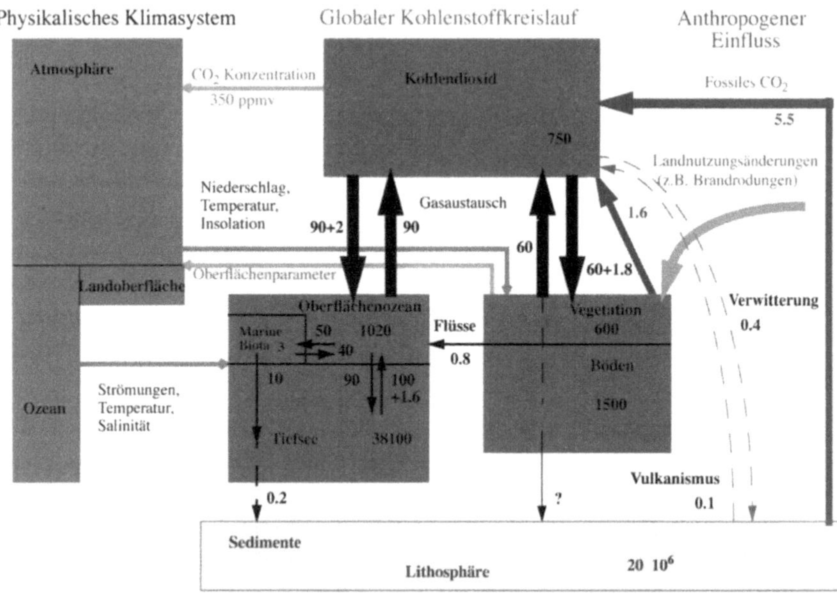

Abb. 4.3-3. Schema des globalen Kohlenstoffkreislaufs. Die Zahlen bezeichnen Reservoirgrößen (in 10^{15}gC), resp. Kohlenstoffflüsse (in 10^{15}gC a^{-1}) geschätzt für die Dekade 1980–89. (Schimel et al. 1996)

4.3.2.2 Atmosphärische CO_2-Konzentration

Präzise, direkte Messungen der atmosphärischen CO_2-Konzentration existieren erst für den Zeitraum nach 1959, als C.D. Keeling von der Scripps Institution of Oceanography in La Jolla, U.S.A., auf dem Mauna Loa in Hawaii und an der Südpolstation mit direkten atmosphärischen Beobachtungen begann. Für die Zeit vor den direkten Messungen läßt sich aus Analysen an in polaren Eiskernen eingeschlossenen Luftbläschen der Konzentrationsverlauf rekonstruieren (Neftel et al. 1982; Etheridge et al. 1996). Abbildung 4.3-4 zeigt den mit diesen Methoden ermittelten zeitlichen Verlauf der CO_2-Konzentration während der letzten 400 Jahre zusammen mit den direkten Messungen nach 1959. Deutlich ist zu erkennen, daß die CO_2-Konzentration seit dem Mittelalter bis zu Beginn der industriellen Revolution nur um wenige ppmv um einen Wert von 280 ppmv schwankte (Indermühle et al. 1999). Nach 1800 ist jedoch ein ungefähr exponentiel-

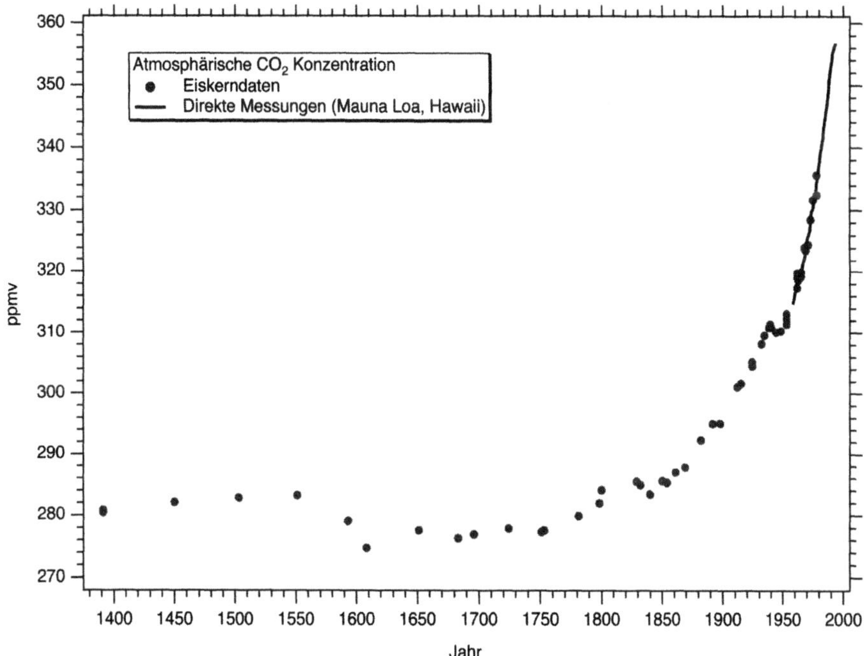

Abb. 4.3-4. Anstieg der atmosphärischen CO_2-Konzentration rekonstruiert aus Eiskernmessungen (Symbole), (Etheridge et al. 1996) und direkt in der Atmosphäre beobachtet seit 1958 (ausgezogene Linie). (Keeling et al. 1995)

ler Anstieg zu verzeichnen, und bis 1995 hat sich die CO_2-Konzentration um mehr als 25% auf über 350 ppmv erhöht.

Es gibt mehrere Hinweise, die belegen, daß der in Abb. 4.3-4 sichtbare Anstieg der CO_2-Konzentration ursächlich auf anthropogenen CO_2-Emissionen beruht. Zunächst ist die Geschwindigkeit des beobachteten Anstiegs nach 1800 im gesamten Zeitraum des Holozäns ohne Beispiel. Während der letzten und vorletzten Eiszeit finden sich zwar niedrigere atmosphärische Konzentrationswerte (um 200 ppmv) als während der dazwischenliegenden Warmzeit und dem Holozän (um 280 ppmv), allerdings zeigen die Eiskernmessungen, daß die Veränderungen zwischen diesen Werten in Zeiträumen von Jahrhunderten bis zu Jahrtausenden erfolgten. Ein zweiter Hinweis ergibt sich aus dem kleinen Konzentrationsunterschied, gemessen zwischen der Mauna Loa Station in der Nordhemisphäre und der Südpolstation, der sich während der letzten 35 Jahren proportional zu den industriellen CO_2-Quellen in der Nordhemisphäre verstärkt hat (Keeling et al. 1989). Ein weiterer Hinweis ergibt sich aus dem Befund, daß der globale Konzentrationsanstieg sehr genau den kumulierten industriellen Emissionen folgt (Keeling et al. 1989, Keeling et al. 1995).

4.3.2.3 Das atmosphärische CO_2-Budget

Tabelle 4.3-2 enthält die globale Bilanz des CO_2 während der Dekade 1980–1989 (Schimel et al. 1996).

Aus Statistiken der Energieproduktion läßt sich ermitteln, daß durch die Verbrennung von fossilen Brennstoffen zur Zeit (Durchschnitt der Jahre 1980-1989) ca. 5,5 10^{15}gC a^{-1} freigesetzt werden. Eine weitere anthropogene CO_2-Quelle sind Änderungen der Landnutzung. Beim Übergang von natürlichen Ökosystemen (Wald) zu landwirtschaftlich genutzter Anbaufläche wird in der Regel ein Großteil des in der Vegetation gespeicherten Kohlenstoffs zu CO_2 verbrannt. Zudem führt die darauffolgende Bodenerosion meistens durch Oxidationsprozesse zu einem weiteren Rückgang des im Boden gespeicherten organischen Kohlenstoffs. Durch diese Einwirkungen werden zur Zeit 1–2 10^{15}gC a^{-1} freigesetzt.

Insgesamt ergibt sich für die 1980er Jahre ein anthropogener CO_2-Eintrag von 7,1 10^{15}gC a^{-1}, dem ein atmosphärischer CO_2-Anstieg von 1,6 ppmv a^{-1}, entsprechend 3,2 10^{15}gC a^{-1}, gegenübersteht. Die Differenz von 3,9 10^{15}gC a^{-1}wird durch Ozean und Landbiosphäre aufgenommen.

Tabelle 4.3-2. Globale CO_2-Bilanz im Zeitraum 1980–89 in Milliarden Tonnen Kohlenstoff pro Jahr (10^{15}gC a^{-1}). Die angeführten Unsicherheiten sind geschätzte 90% Konfidenzintervalle

	Quellen	
(1)	Emissionen aus Verbrennung von fossilen Energieträgern (aus Statistiken der Energieerzeugung)	5,5 ± 0,5
(2)	Emissionen aus Änderungen der Landnutzung (u. a. Brandrodungen in den Tropen)	1,6 ± 1,0
(3)	Summe der antropogenen Quellen	7,1 ± 1,1
	Senken:	
(4)	Atmosphärische Zunahme (Beobachtung)	3,2 ± 0,2
(5)	Ozeanaufnahme	2,0 ± 0,8
(6)	CO_2-Aufnahme durch nachwachsende Wälder in mittleren Breiten (aus Forststatistiken)	0,5 ± 0,5
(7)	CO_2-Aufnahme durch andere terrestrische Prozesse (CO_2-Düngeeffekt, N-Düngeeffekt, Klimaeffekt, o. ä.) = (3)–((4)+(5)+(6))	1,4 ± 1,5

4.3.2.4 Ozeanaufnahme

Für die Ozeanaufnahme sind die entscheidenden Prozesse der Gasaustausch durch die Luft-Wasser-Grenzfläche, die chemische Lösung im Karbonatsystem und der Transport durch Advektion und Mischung in die Tiefe. Dieser Prozeß hängt von der Geschwindigkeit des atmosphärischen CO_2-Anstiegs ab. Bei einem Rückgang der CO_2-Wachstumsrate würde die relative Aufnahme durch den Ozean zunehmen. Global gemittelt, beträgt die Eindringtiefe des anthropogenen CO_2 im Ozean heute etwa 500 m. Die marine Biosphäre spielt bei der CO_2-Ozeanaufnahme eine untergeordnete Rolle, da sie in den meisten Gebieten des Ozeans durch die vorhandenen Nährstoffe begrenzt ist und nicht durch das Überangebot an gelöstem anorganischen Kohlenstoff. Käme es hingegen in Folge einer Klimaveränderung zu Zirkulationsänderungen des Ozeans (z.B. geringere Tiefenwasserbildung im Nordatlantik), dann würde sich dies auf die marine Biosphäre und den natürlichen ozeanischen Kohlenstoffkreislauf auswirken und die Ozeanaufnahme modifizieren (Sarmiento u. LeQuere 1996; Sarmiento et al. 1998; Maier-Reimer et al. 1996).

Der Beitrag des Ozeans läßt sich mit verschiedenen Methoden abschätzen. Einmal ergeben Simulationsrechnungen mit realistischen Ozeanmodellen eine globale ozeanische Senke von ungefähr 2 10^{15} a^{-1}.

Dieser Wert wird gestützt durch hochpräzise Messungen der Abnahme des Luftsauerstoffs (Keeling et al. 1996; Keeling u. Shertz 1992; s. Abschnitt 4.3.2.6) und durch beobachtete Veränderungen in der isotopischen Zusammensetzung des Kohlenstoffs im Ozean und in der Atmosphäre (Keeling et al. 1995; Heimann u. Maier-Reimer 1996).

4.3.2.5 Rolle der terrestrischen Biosphäre

Die in der Bilanzrechnung nach Abzug des Ozeanbeitrags verbleibenden 1,9 10^{15}gC a^{-1} wurden in der Vergangenheit oft als „missing sink" oder „fehlende Senke" bezeichnet und entsprechende, in den Modellen nicht berücksichtigte Senkenprozesse vor allem im Ozean gesucht. Neuere Untersuchungen belegen jedoch, daß auch die Landbiosphäre eine quantitativ signifikante CO_2-Senke darstellen muß. Die wichtigsten der zur Zeit diskutierten Prozesse sind:

- CO_2-Düngung: d.h. verstärktes Wachstum der Pflanzen in Folge der atmosphärischen CO_2-Zunahme (s. Bd. 2A, Kap. 4.2).
- Nährstoffdüngung durch zunehmenden anthropogenen Eintrag (insbesondere Stickstoff) in natürliche und naturnahe Ökosysteme. Aufgrund neuerer Untersuchungen über den Verbleib von isotopisch markiertem Stickstoff (^{15}N) und der damit einhergehenden zusätzlichen Speicherung von Kohlenstoff ist der Beitrag diesen Effektes zur globalen Bilanz allerdings umstritten (Nadelhoffer et al. 1999).
- Nachwachsende Wälder: Aus Forststatistiken läßt sich ermitteln, daß im 19. und in der ersten Hälfte des 20. Jahrhunderts in Europa und im Osten der USA die Wälder wesentlich intensiver genutzt wurden, während heute in diesen Gebieten der Wald noch nachwächst und damit eine Kohlenstoffsenke darstellt (Kauppi et al. 1992).
- Klimaeffekte (eine Erwärmung könnte zu einer längeren Wachstumsperiode [Myneni et al. 1997] und damit potentiell zu einer verstärkten Bildung von organischem Kohlenstoff führen).

Möglich wäre aber auch eine systematische Überschätzung der Abholzraten in den Tropen, was eine geringere „fehlende Senke" erfordern würde, um die globale CO_2-Bilanz zu schließen. Daneben beeinflussen aber auch transiente Klimaschwankungen die CO_2-Bilanz, wenn diese nur über einen begrenzten Zeitraum ermittelt wird (z.B. ENSO, s. Kap. 4.2.1, oder die durch den Pinatubo-Vulkanausbruch induzierte Klimaanomalie 1992–1994, Sarmiento 1993).

Grundsätzlich ist festzustellen, daß der wissenschaftliche Kenntnisstand zur Zeit nicht ausreicht, um die Beiträge der verschiedenen Prozesse zur Nettobilanz der terrestrischen Biosphäre belastbar global zu quantifizieren.

4.3.2.6 Atmosphärischer Sauerstoff, Kohlenstoffisotope (^{13}C, ^{14}C)

Bei jedem Verbrennungsvorgang entsteht nicht nur CO_2, sondern es wird auch Sauerstoff verbraucht. Seit kurzem läßt sich parallel zur CO_2-Zunahme in der Atmosphäre auch die entsprechende Abnahme der Sauerstoffkonzentration mit Hilfe von hochpräzisen Meßmethoden feststellen (Keeling u. Shertz 1992; Keeling et al. 1996). Dabei wird nicht die Sauerstoffkonzentration selbst, sondern das Verhältnis von Sauerstoff zu Stickstoff in Atmosphärenluft bestimmt. Da keine Prozesse bekannt sind, welche den atmosphärischen Stickstoffgehalt signifikant verändern, läßt sich aus dem Verhältnis direkt auf die Sauerstoffkonzentration schließen.

Die beobachtete Sauerstoffabnahme von jährlich etwa fünf Millionstel (ca. 5 ppmv) ist zwar sehr gering und für das Leben auf der Erde nicht von Bedeutung. Sie belegt jedoch, daß für den CO_2-Anstieg ein Oxidationsprozeß verantwortlich sein muß und nicht etwa ein CO_2-Eintrag aus Vulkanen oder aus dem Ozean, da diese Prozesse den Sauerstoffgehalt der Atmosphäre nicht verändern.

Der beobachtete Trend der atmosphärischen Sauerstoffabnahme läßt sich zur Bestimmung der terrestrischen und ozeanischen Beiträge im CO_2-Budget benutzen. Dabei wird davon ausgegangen, daß bei der ozeanischen CO_2-Aufnahme kein Sauerstofftransfer stattfindet. Dies begründet sich auf der im Vergleich zur Atmosphäre verschwindend kleinen Menge Sauerstoff, welche im Ozean in gelöster Form vorliegt. Andererseits ist die Stöchiometrie, d.h. das Verhältnis von Kohlenstoff zu Sauerstoff bei der Verbrennung von fossilen Brennstoffen, bei der Photosynthese und bei der Respiration (Oxydation) von organischem Kohlenstoff relativ gut bekannt.

Etwas vereinfacht lassen sich daher die zwei Bilanzgleichungen aufstellen:

Für CO_2:

$$M_{atm} \frac{dC_{CO2,atm}}{dt} = Q_{foss} - S_{ocean} - S_{bio} \qquad (4.3\text{-}1)$$

Für O_2:

$$M_{atm}\frac{dC_{O2,atm}}{dt} = f_{foss}Q_{foss} - f_{bio}S_{bio} \qquad (4.3\text{-}2)$$

Die linke Seite der Gleichungen beschreibt die Veränderung des globalen Inhalts der beiden Gase in der Atmosphäre, Q_{foss} die Emissionen aus der Verbrennung von fossilen Brennstoffen, S_{ozean} und S_{bio} die CO_2-Senken durch den Ozean, respektive die terrestrische Biosphäre. f_{bio} und f_{foss} sind die Stöchiometriefaktoren (O_2: CO_2) für die Verbrennung von fossilen Brennstoffen ($f_{foss} \approx -1{,}4$) und Photosynthese resp. Respiration ($f_{bio} \approx -1.1$). Aus beobachteten Trends, Statistiken der Emissionen und bekannten Stöchiometriefaktoren lassen sich aus diesen zwei Bilanzgleichungen die ozeanische und die terrestrische Senke einfach bestimmen.

Messungen der atmosphärischen Sauerstoffkonzentration existieren erst seit 1989. Aus den bis heute vorliegenden Daten ergibt sich für die Zeit 1989–1994 eine ozeanische Senke von $1{,}9 \pm 0{,}8$ $GtCa^{-1}$ und eine globale terrestrische Senke (Nettobilanz der Biosphäre) von $1{,}8 \pm 1{,}1$ $GtCa^{-1}$ (Keeling et al. 1996). Der Wert für die ozeanische Senke ist konsistent mit der durch andere Methoden ermittelten Ozeanaufnahme. Die im Vergleich zu den in Tabelle 4.3-2 aufgeführten Werten hohe Nettoaufnahme der terrestrischen Biosphäre demonstriert die große Variabilität des Kohlenstoffkreislaufs: die von den Sauerstoffdaten erfaßte Periode 1989–1994 enthält die bereits angesprochene „Pinatubo"-Klimaschwankung, in welcher die beobachtete atmosphärische Wachstumsrate des CO_2 extrem niedrig war; ein Befund der sich nicht auf eine Reduktion der anthropogenen Emissionsraten zurückführen läßt, sondern durch die anomalen Klimaverhältnisse erklärt werden muß (Sarmiento 1993).

Die Grenzen dieses Verfahrens zur Bestimmung der Beiträge von Ozean und Land am globalen CO_2-Budget bestehen in der nicht ganz genauen Kenntnis der Stöchiometriekonstanten sowie an der zur Zeit noch nicht genügend genau bestimmten atmosphärischen Sauerstoffabnahme. Sobald Messungen über längere Zeiträume vorliegen, werden sich die Beiträge jedoch noch wesentlich stärker einschränken lassen. Eine weitere Möglichkeit besteht in der Analyse alter oder in Firnschnee eingeschlossener Luftproben auf ihren Sauerstoffgehalt (Battle et al. 1996).

Weitere wichtige Hinweise auf die Austauschprozeßraten und auf das globale CO_2-Budget ergeben sich aus Messungen der isotopischen Zusammensetzung des Kohlenstoffs: Fossiles CO_2 besitzt im Vergleich zu atmosphärischem CO_2 ein kleineres $^{13}C/^{12}C$-Isotopenverhältnis und es enthält keinen Radiokohlenstoff (^{14}C). Das aus fossilen Quellen (Erdöl, Erdgas, Kohle) stammende CO_2 führt daher zu einer Abnahme der Isotopenverhältnisse $^{13}C/^{12}C$ und $^{14}C/C$ in der Atmosphäre. In den 50er und Anfang der 60er Jahre wurde bei den Kernwaffentests zusätzlich Radiokohlenstoff erzeugt und freigesetzt, welcher während der 1960er Jahre zu einer annähernden Verdoppelung des atmosphärischen $^{14}C/C$ Verhältnisses führte. Seither klingt das $^{14}C/C$-Verhältnis wieder ab (Levin et al. 1997).

Diese Änderungen der isotopischen Zusammensetzung der Atmosphäre werden beim CO_2-Austausch auf die verschiedenen Kohlenstoffspeicher übertragen; das Isotopenverhältnis bildet damit einen wichtigen Tracer im Kohlenstoffkreislauf, dessen zeitliche Variationen sich benutzen lassen, die verschiedenen Umwälzraten des Kohlenstoffs in den verschiedenen Reservoiren zu bestimmen. So läßt sich aus Messungen der Veränderung des $^{13}C/^{12}C$-Verhältnis im anorganischen ozeanischen Kohlenstoff die ozeanische CO_2-Aufnahme bestimmen (Quay et al. 1992).

4.3.3 Kreislauf des Methans

4.3.3.1 Überblick

Obwohl das atmosphärische Methan formal eigentlich dem Kohlenstoffkreislauf zuzurechnen ist, ist es sinnvoll, dessen atmosphärischen Kreislauf gesondert zu behandeln. Die drei wichtigsten methanbildenden Prozesse sind: (1) Produktion durch Bakterien unter anaeroben Bedingungen (vor allem in Feuchtgebieten, beim Reisanbau, in Mülldeponien und in Mägen von Wiederkäuern), (2) Förderung von fossilen Brennstoffen (u.a. Erdgas, Kohle und Erdöl) und (3) unvollständige Verbrennung von Biomasse (u.a. bei Brandrodungen in den Tropen). Einzig die CH_4-Emissionen aus Feuchtgebieten stellen eine natürliche Quelle dar. Emissionen aus Mägen von Wiederkäuern gab es zwar bereits in vorindustrieller Zeit; man kann jedoch davon ausgehen, daß diese Emissionen durch die intensive Tierhaltung signifikant zugenommen haben. Wichtigste Senke für Methan ist die Oxydationsreaktion mit dem Hydroxylradikal OH zu Kohlenmonoxid und anschließend zu CO_2. Dieser Abbauprozeß ist Teil der troposphärischen Ozonchemie und ist somit eng an die Konzentration weiterer Spurenstoffe (CO, O_3, NOx, höhere Kohlenwasserstoffe) gekoppelt (s.

Kap. 3.2 in Bd. 1A). Die Größe der OH-Senke läßt sich aus atmosphärischen Beobachtungen von Methylchloroform (CH_3CCl_3) abschätzen, welches ebenfalls durch Reaktion mit OH abgebaut wird. Da Methylchloroform ein rein künstliches atmosphärisches Gas ist, dessen Emissionsraten relativ gut bekannt sind, läßt sich aus seinem globalen Budget die OH-Senke ableiten und damit ein Wert für die direkt nur schwer meßbare OH-Konzentration bestimmen. Laut neuester Rechnung ergibt sich für CH_4 eine atmosphärische Lebensdauer von 8,6 ± 1,6 Jahren (Prinn et al. 1995; Schimel et al. 1996). Da der Abbau von CH_4 signifikant OH-Radikale verbraucht, existiert auch eine Rückkopplung von der CH_4-Konzentration auf die OH-Konzentration und damit auf den Abbau von CH_4. Entsprechend ist die CH_4-Abklingzeit einer Störung, in welcher die CH_4-Konzentration auf einen Bruchteil 1/e absinkt, größer als die Turnoverzeit, sie beträgt 12,2 ± 3,0 Jahre (Schimel et al. 1996).

Der globale Methankreislauf ist in Abb. 4.3-5 schematisch dargestellt. Die angeführten Emissionsstärken widerspiegeln den heutigen Zustand (1983–1989), welcher durch die starken anthropogenen Quellen dominiert ist (Hein et al. 1997). Die Emissionswerte sind allerdings mit großen Unsicherheiten behaftet, siehe Tabelle 4.3-3. Die bereits in der Einführung beschriebenen starken Schwankungen der atmosphärischen CH_4-Konzentration während der Eiszeitzyklen müssen entweder durch veränderte Emissionen aus Feuchtgebieten oder durch eine veränderte atmosphärische Chemie, d.h. Variationen in der OH-Konzentration verursacht worden sein. Da letztere relativ stabil zu sein scheint, müssen die Feuchtgebiete der dominante Prozeß sein (Pinto u. Khalil 1991).

Methan kann unter geeigneten Umweltbedingungen (tiefe Temperatur und/oder hoher Druck) als CH_4-Hydrat in fester Form vorkommen. Große CH_4-Vorkommen werden am Meeresboden an den Schelfabhängen und im arktischen Permafrost vermutet. Die CH_4-Hydratvorkommen im Ozean werden heute als mögliche zukünftige Energiequelle untersucht. Potentiell könnten in Folge einer globalen Erwärmung einige dieser CH_4-Hydratlagerstätten instabil werden und das CH_4 als Gas in die Atmosphäre entweichen. Da die als Hydrat vermuteten CH_4-Mengen im Vergleich zur Atmosphäre enorm sind, könnten auch schon relativ kleine Instabilitäten den Methankreislauf erheblich aus dem Gleichgewicht bringen und potentiell das Klima pulsartig beeinflußen. Ein solches Szenarium wurde wiederholt für die schnellen Klimaschwankungen in der Vergangenheit postuliert und dem CH_4 aus Hydraten eine wichtige Rolle als Auslöser von Klimaschwankungen zugedacht (Nisbet 1990, 1992). Die neuen, zeitlich hochauflösen-

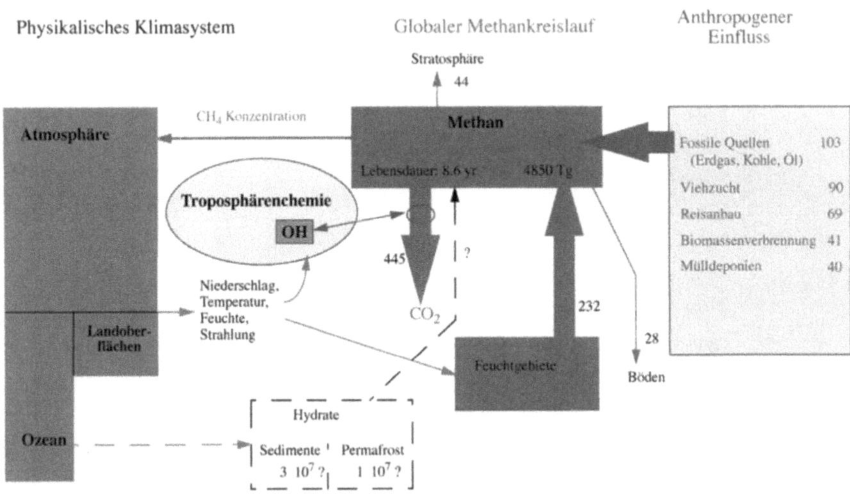

Abb. 4.3.5. Schema des globalen Methankreislaufs. Die Zahlen bezeichnen Reservoirgrößen (in $10^{12}gCH_4$), resp. Methanflüsse (in $10^{12}gCH_4\ a^{-1}$) geschätzt für den Zeitraum 1983–89. (Hein et al. 1997)

den Eiskernmessungen des CH_4-Konzentrationsverlaufs während dieser Übergänge widerlegen jedoch diese Hypothese (Severinghaus et al. 1998). Ebenfalls scheint das Potential für die Destabilisierung der Hydratvorkommen bei einer globalen Erwärmung kleiner zu sein als ursprünglich vermutet (Harvey u. Huang 1995).

4.3.3.2 Atmosphärische CH_4-Konzentration

Abbildung 4.3-6 zeigt die Zunahme der atmosphärischen CH_4-Konzentration seit vorindustrieller Zeit, rekonstruiert aus Eiskernmessungen (Blunier et al. 1993; Etheridge et al. 1992; Nakazawa et al. 1993; Etheridge et al. 1998). Ersichtlich ist ein Anstieg von um mehr als 100% vom vorindustriellen Niveau (ca. 700 ppbv) bis heute (mehr als 1700 ppbv). Kontinuierliche atmosphärische Messungen existieren erst seit etwa 1980 (Khalil u. Rasmussen 1992). Sie dokumentieren im Zeitraum 1980–1995 einen kontinuierlichen Rückgang der Wachstumsrate (Dlugokencky et al. 1998). Obwohl quantitativ noch nicht genau verstanden, wird vermutet, daß sich die CH_4-Quellen während der letzten Dekade stabilisiert haben und daß sich damit die atmosphärische Konzentration innerhalb von 1–2 Dekaden ebenfalls stabilisieren würde.

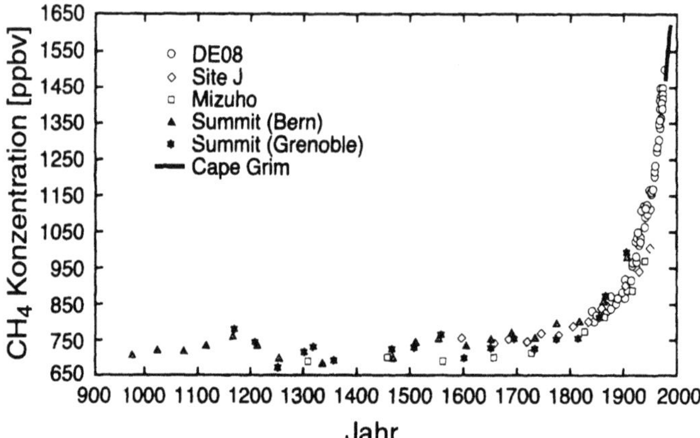

Abb. 4.3-6. Zunahme der atmosphärischen CH_4-Konzentration bestimmt aus Eiskernmessungen. (Blunier et al. 1993; Etheridge et al. 1992; Nakazawa et al. 1993)

Von diesem atmosphärischen Trend überlagert, finden sich in den Beobachtungen auch klimainduzierte Fluktuationen in der CH_4-Konzentration, insbesondere nach der bereits beim Kohlenstoffkreislauf erwähnten Klimaanomalie, hervorgerufen durch die Pinatubo-Vulkaneruption. Die Ursachen dieser Schwankung sind noch nicht klar, vermutet werden klimabedingte (kühlere und trockenere Sommer) temporäre Reduktionen der Emissionen aus Feuchtgebieten, aber auch Änderungen in der OH-Konzentration, hervorgerufen durch einen temporären, verstärkten Rückgang des stratosphärischen Ozons und damit einer höheren UV-Strahlung in der Troposphäre (Crutzen 1995; Dlugokencky et al. 1996, s. hierzu auch Kap. 4.1).

4.3.3.3 Globales CH_4-Budget

Die Methanquellen und -senken erzeugen im atmosphärischen CH_4-Konzentrationsfeld charakteristische raumzeitliche Strukturen. Z. B. erzeugen die vorwiegend in der Nordhemisphäre liegenden industriellen Quellen einen ausgeprägten meridionalen CH_4-Konzentrationsgradienten. Beobachtungen der raumzeitlichen Konzentrationsverteilung lassen sich ausnutzen, um mit inversen Methoden Lage und Stärke der Emissionen zu bestimmen (Hein et al. 1997). Das heutige CH_4-Budget, ermittelt mit dieser Methode, ist in Tablle 4.3-3 dargestellt. Gemäß diesem Budget beträgt der Anteil der anthropogenen CH_4-Quellen ca. 40%, und ca. 18% der gesamten Emissionen stammen aus fossilen Quellen.

Tabelle 4.3-3. Globale Methanquellen und Senken für den Zeitraum 1983–1989 in Millionen Tonnen CH_4 pro Jahr (Tg CH_4 a^{-1}). Die angeführten Unsicherheiten sind geschätzte 95% Konfidenzintervalle. (2 Standardabweichungen, Hein et al. 1997)

Natürliche Quellen:	
Feuchtgebiete	232 ± 27
Anthropogene Quellen:	
Wiederkäuer (incl. Abfälle aus Tierhaltung)	90 ± 20
Reisanbau	69 ± 23
Mülldeponien	40 ± 15
Biomassenverbrennung	41 ± 11
fossile Quellen	103 ± 15
Summe der Emissionen	575
Senken:	
troposphärischer Abbau	469 ± 30
Stratosphäre	44 ± 8
Bodenaufnahme	28 ± 14
Summe der Senken	541
atmosphärischer Anstieg	33,6 ±0,8

4.3.4 Distickstoffoxid (N_2O)

4.3.4.1 Überblick

Distickstoffoxid (Lachgas, N_2O) ist Teil des äußerst komplexen, globalen Stickstoffkreislaufs. Stickstoff liegt im biogeochemischen System der Erde in einer Vielzahl von chemischen Formen vor, welche durch biologische und abiotische Prozesse umgewandelt werden. Grundsätzlich läßt sich der globale Stickstoffkreislauf als ein System von mehreren, relativ unabhängigen Kreisläufen verstehen. Darunter fallen die Kreisläufe des Ammoniak (NH_3, NH_4), des NO_x und der Kreislauf der N-Fixierung und Denitrifizierung. Das atmosphärische N_2O ist Teil des letzteren (Jaffe 1992). In Abb. 4.3-7 sind schematisch die Hauptkomponenten dieses Kreislaufes dargestellt (vgl. hierzu Bd. 1A, Kap. 2.4.2).

N_2O ist in der Troposphäre chemisch inert und wird in der Stratosphäre durch Photolyse und Reaktion mit angeregten Sauerstoffatomen abgebaut. Wichtigste natürliche Quellen sind die Böden von tro-

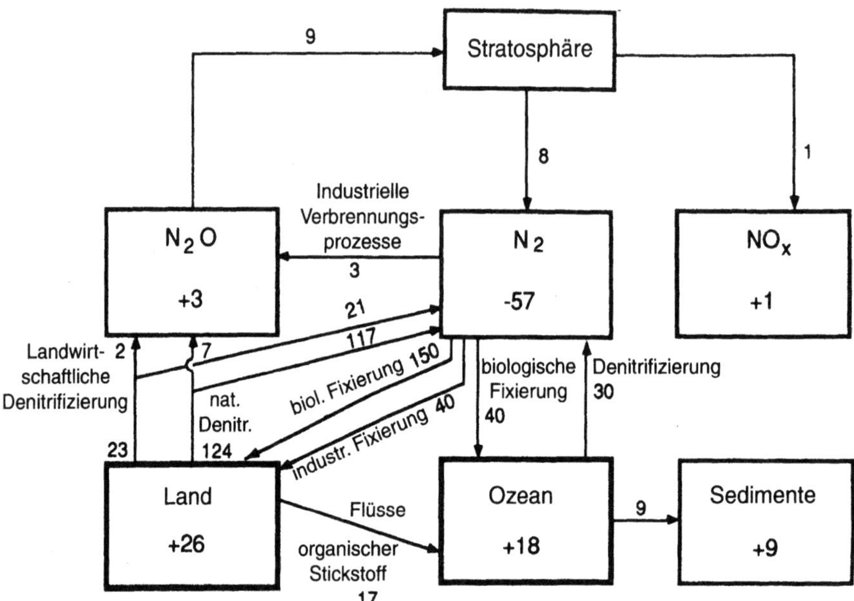

Abb. 4.3-7. Schema des globalen Kreislaufs der N-Fixierungs-Denitrifizierung (nach Jaffe 1992). Die angeführten Werte bezeichnen die Flüße und dadurch ausgelöste Inventaränderungen in den einzelnen Reservoiren (in 10^{12}gN a^{-1})

pischen Wäldern sowie der Ozean, in welchen Mikroorganismen N_2O durch Denitrifizierung erzeugen. Daneben existieren eine Reihe von weiteren Quellen, welche allerdings nur schlecht bekannt sind. N_2O hat eine relativ lange Lebensdauer von 120 ± 30 Jahren (Schimel et al. 1996).

Der anthropogene Einfluß erfolgt vor allem in der Landwirtschaft, wo durch Stickstoff-Düngung und intensive Tierhaltung heute ein massiver Stickstoffeintrag erfolgt, welcher durch Denitrifizierung zu N_2 und N_2O reduziert wird. N_2O wird zudem bei der Verbrennung von fossilen Brennstoffen erzeugt, und es entsteht auch bei der Biomassenverbrennung.

4.3.4.2 Atmosphärische N_2O-Konzentration

Die atmosphärische Konzentration von N_2O schwankte während der letzten Eiszeit parallel zum CO_2 und CH_4 zwischen Werten von 180–190 ppbv in den Kaltphasen und 260–275 ppbv im Holozän (Leuenberger u. Siegenthaler 1992). Abbildung 4.3-8 zeigt den aus Eiskernmessungen ermittelten Verlauf der atmosphärischen N_2O-Kon-

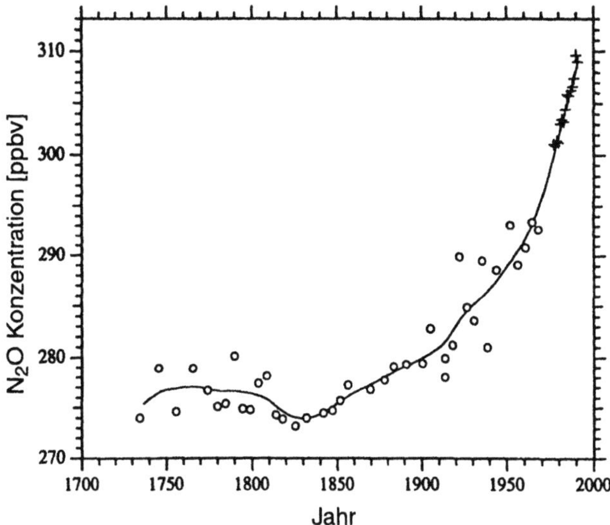

Abb. 4.3-8. Verlauf der atmosphärischen N_2O-Konzentration während der letzten 250 Jahre, ermittelt aus Eiskernmessungen (o) und direkten Luftmessungen (+). (Machida et al. 1995)

zentration seit 1750, zusammen mit den direkten atmosphärischen Messungen nach 1977 (Machida et al. 1995). Man erkennt eine Zunahme der Konzentration von vorindustriell 275 ppbv auf 310 ppbv im Jahre 1991.

4.3.4.3
Das globale Budget des N_2O

Das globale Budget des N_2O ist in Tabelle 4.3-4 dargestellt (Prather et al. 1995). Die Einträge zeigen den wahrscheinlichsten Wert sowie den gesamten Bereich der Schätzungen der einzelnen Quellen- und Senkenprozesse. Die großen Unsicherheiten verdeutlichen den noch ungenügenden Kenntnisstand bezüglich des globalen N_2O-Kreislaufs. Nimmt man die wahrscheinlichsten Werte aus Tabelle 4.3-4, so wiegen die identifizierten Quellen die globalen Senken zusammen mit dem beobachteten Anstieg in der Atmosphäre nicht ganz auf. Dies könnte eine fehlende Quelle implizieren; dies muß angesichts der großen Unsicherheiten in den Schätzungen der einzelnen Quellenprozeße jedoch nicht unbedingt der Fall sein. Gemäß Tabelle 4.3-4 beträgt der Anteil der anthropogenen Quellen ungefähr 40% an den Gesamtemissionen des N_2O. Ein Modell des globalen N_2O-Kreislaufs wurde von Nevison et al. vorgestellt (Nevison et al. 1996).

Tabelle 4.3-4. Globale Quellen und Senken des N_2O geschätzt für 1984.3–1995 in Millionen Tonnen Stickstoff pro Jahr (TgN a^{-1}). (In Klammern: Bereich der Schätzungen; Prather et al. 1995)

Atmosphärische Zunahme	3,9	(3,1–4,7)
Senken		
Stratosphäre	12,3	(9–16)
Böden	?	
Senken insgesamt	12,3	(9–16)
Implizierte globale Quelle (Atmosphärische Zunahme + gesamte Senken)	16,2	(13–20)
Identifizierte Quellen		
Natürliche Quellen		
Ozeane	3	(1–5)
Tropische Böden		
Regenwälder	3	(2,2–3,7)
Trockensavannen	1	(0,5–2,0)
Böden in mittleren Breiten		
Wälder	1	(0,1–2,0)
Grasländer	1	(0,5–2,0)
Identifizierte natürliche Quellen insgesamt	9	(6–12)
Antropogene Quellen		
Landwirtschaftlich genutzte Flächen	3,5	(1,8–5,3)
Biomassenverbrennung	0,5	(0,2–1,0)
Industrielle Quellen	1,3	(0,7–1,8)
Viehzucht	0,4	(0,2–0,5)
Identifizierte antropogene Quellen insgesamt	5,7	(3,7–7,7)
Identifizierte Quellen insgesamt	14,7	(10–17)

4.3.5 Szenarien

4.3.5.1 Zukünftiger atmosphärischer CO_2-Anstieg

Im Bericht des Intergovernmental Panel of Climate Change (IPCC, Schimel et al. 1996) wird eine Reihe von Szenarien der zukünftigen Emissionen der verschiedenen Treibhausgase im 21. Jahrhundert vorgestellt, welche auf unterschiedlichen Annahmen über die Entwick-

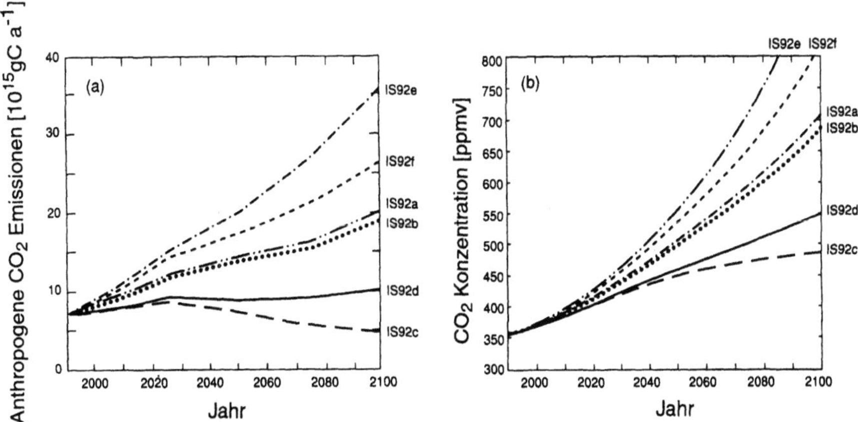

Abb. 4.3-9. (a) CO_2-Gesamtemissionen der 6 Szenarien IS92 (Legget et al. 1992) und (b) daraus resultierender atmosphärischer CO_2-Konzentrationsverlauf berechnet mit dem „Bern"-Kohlenstoffmodell. (Siegenthaler u. Joos 1992)

lung der zukünftigen Energieproduktion und der Zunahme der Weltbevölkerung im 21. Jahrhundert basieren (Legget et al. 1992). Mit Hilfe von Stoffkreislaufmodellen wurden anschließend die daraus resultierenden atmosphärischen Konzentrationsverläufe berechnet. Beispielhaft sind in Abb. 4.3-9 Emission und berechneter CO_2-Konzentrationsverlauf für 6 Szenarien dargestellt. Die aus den Emissionen berechneten CO_2-Konzentrationsverläufe wurden mit einem globalen Kohlenstoffmodell berechnet (Siegenthaler u. Joos 1992), in welchem allerdings insbesondere die terrestrische Komponente nur sehr einfach dargestellt ist. Die Rechnung berücksichtigt auch keine Rückkopplungseffekte einer Klimaänderung auf den Kohlenstoffkreislauf. Die Szenarienrechnung ist daher als „optimistisch" anzusehen, da unter diesen Vereinfachungen die CO_2-Aufnahme in Ozean und Landbiosphäre überschätzt wird.

4.3.5.2 Strahlungsantrieb („Radiative Forcing")

Die relative Wirkung der anthropogenen Emissionen von Treibhausgasen und Aerosolen läßt sich aus den Szenarienrechnungen in Form des Strahlungsantriebs oder der Strahlungsbelastung (engl. „Radiative Forcing") ausdrücken. Dieser beschreibt die durch die Störung direkt verursachte Modifikation der Strahlungsbilanz der Erde, wobei Rückkopplungseffekte im Klimasystem nicht berücksichtigt

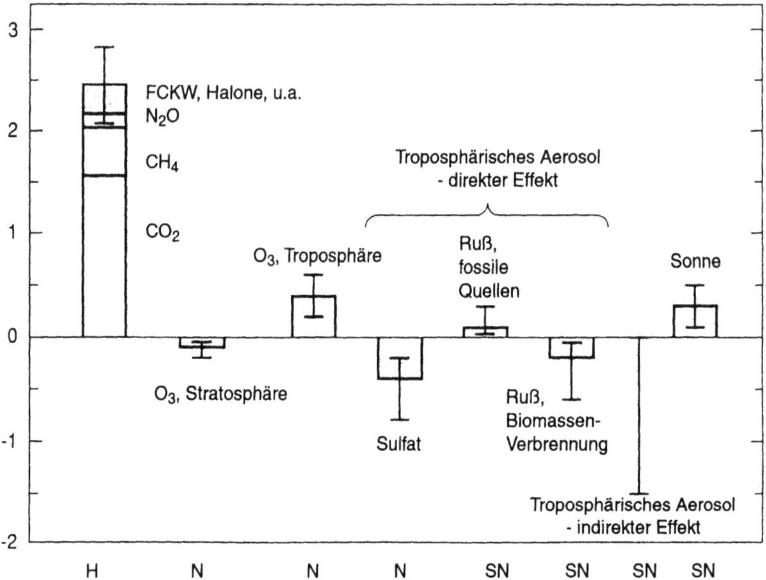

Abb. 4.3-10. Beiträge der verschiedenen anthropogenen Klimafaktoren am zusätzlichen Strahlungsantrieb 1990. Die Fehlerbalken bezeichnen die geschätzte Unsicherheit der Rechnung. Der Kenntnisstand hinsichtlich der einzelnen Klimfaktoren bezeichnen die Symbole: H: hoch, N: niedrig, SN: sehr niedrig. (Schimel et al. 1996)

werden[1]. Der Strahlungsantrieb eines einzelnen Treibhausgases hängt von den optischen Eigenschaften im infraroten Strahlungsbereich (spezifischer Strahlungsantrieb) und von der Konzentration ab. Da sich die Absorptionsspektren der verschiedenen Gase teilweise überlappen, muß bei der Berechnung des Strahlungsantriebs immer die Gesamtheit der Gase berücksichtigt werden. Der Strahlungsantrieb läßt sich auch für die Aerosole und andere Klimafaktoren berechnen. Da er den Nettoeffekt auf die terrestrische Strahlungsbilanz beschreibt, kann er auch negativ werden: Z. B. führen Ozonabnahme in der Stratosphäre oder Zunahme der Aerosole und Staub im allgemeinen zu einer Abkühlung. In Tabelle 4.3-1 ist der spezifische sowie der aktuelle Strahlungsantrieb für die hier näher beschriebenen Treibhausgase aufgeführt. Es zeigt sich, daß das N_2O und das CH_4 pro Molekül im Vergleich mit dem CO_2 wesentlich stärkere Treibhausgase sind; wegen der geringeren Konzentrationen tragen sie jedoch zum gesamten Strahlungsantrieb weniger bei. Abb. 4.3-10 zeigt den Vergleich der verschiedenen anthropogenen und natürlichen Faktoren

[1] Diese werden in globalen Klimamodellen natürlich explizit berechnet.

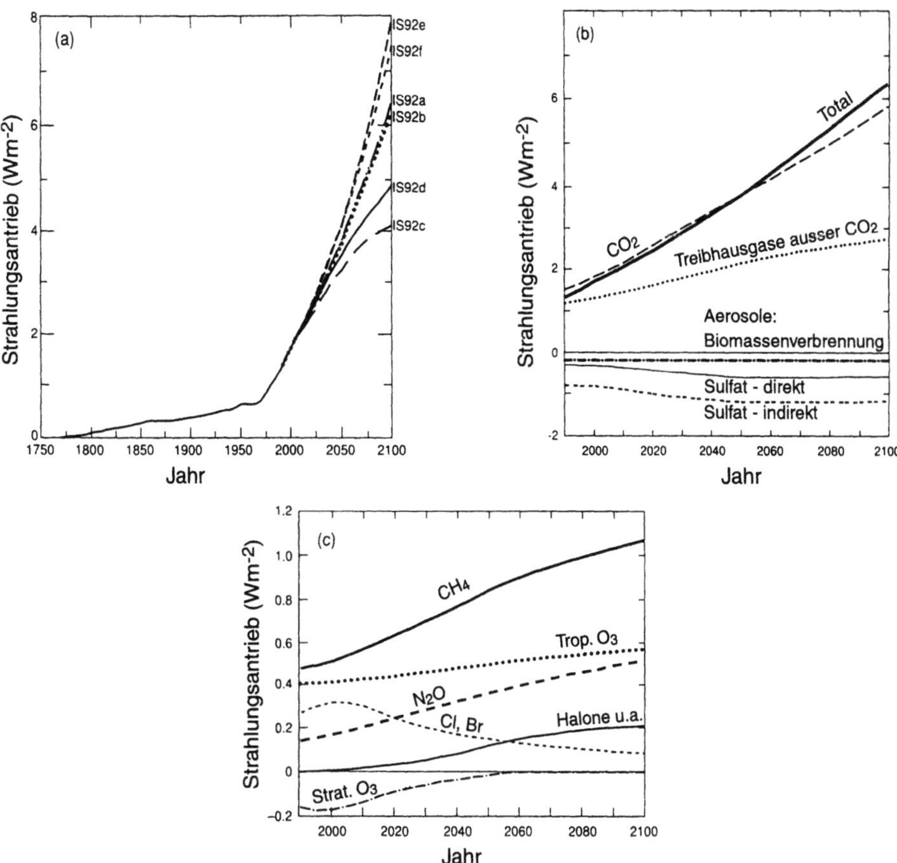

Abb. 4.3-11. (a): Zusätzliche Strahlungsbelastung hervorgerufen durch die Zunahme aller Treibhausgase und weiterer, anthropogener Klimaeinwirkungen in den 6 Zukunftsszenarien des IPCC (Legget et al. 1992). (b): IS92a-Szenarium, Aufteilung des Strahlungsantriebs in Beiträge des CO_2, der anderen Treibhausgase und der Aerosole (kumulativ dargestellt). (c): Einzelne Beiträge der verschiedenen Treibhausgase außer dem CO_2. (Schimel et al. 1996)

zum gegenwärtigen Strahlungsantrieb (vgl. hierzu Kap. 4.2). Zur zeitlichen Entwicklung s. Abb. 4.3-11.

4.3.5.3 Treibhauspotential („Global Warming Potential")

Um die relative Bedeutung der einzelnen Treibhausgase gegeneinander zu bewerten, muß nicht allein der spezifische Strahlungsantrieb betrachtet werden, sondern auch die atmosphärische Abklingzeit eines zusätzlichen Inputs des Gases. Aus diesem Grunde wurde für den Vergleich der Treibhausgase das sogenannte Treibhauspotential

(„Global Warming Potential, GWP“) definiert (Albritton et al. 1995). Dieses beschreibt den durch Emission von einer Einheitsmenge des Treibhausgases zusätzlich erzeugten Strahlungsantrieb, integriert über einen Zeithorizont T:

$$GWP = \int_0^T R(\Delta C(\tau))d\tau \tag{4.3-3}$$

In Gleichung 4.3-3 bezeichnet $R(\Delta C(\tau))$ den Strahlungsantrieb, hervorgerufen durch die Abweichung der atmosphärischen Konzentration ΔC vom Referenzwert zum Zeitpunkt τ nach der Emission einer Einheitsmenge des Gases. Das Treibhauspotential kann in absoluten Einheiten ($W\,m^{-2}\,a\,kg^{-1}$) angegeben werden. Meistens wird es jedoch relativ zum CO_2 ausgedrückt. Tabelle 4.3-1 enthält das relative Treibhauspotential von CH_4 und N_2O für verschiedene Zeithorizonte (20, 100 und 500 Jahre). Man erkennt, daß sich die relative Bedeutung des CH_4 bei der Betrachtung von längeren Zeitskalen reduziert, da dieses eine vergleichsweise kurze Abklingzeit besitzt. Die Betrachtung des Treibhauspotentials ist von Bedeutung, wenn Substitutionsmaßnahmen, z. B. der Ersatz von Kohle durch Erdgas, aus der Sicht des Klimaschutzes bewertet werden müssen.

4.3.5.4 Strahlungsbelastung durch Treibhausgase und Aerosole im 21. Jahrhundert

Entsprechend zum CO_2 wurden im Rahmen des IPCC ebenfalls Emissionsszenarien und die daraus resultierenden atmosphärischen Konzentrationsverläufe der anderen Treibhausgase und Klimafaktoren berechnet. In Abb. 4.3-11 a ist der daraus ermittelte gesamte Strahlungsantrieb der Erdatmosphäre für die 6 oben angeführten Szenarien dargestellt. Man erkennt, daß die gesamte anthropogene Belastung heute etwa bei 2 Wm^{-2} liegt und, je nach Szenarium, bis zum Ende des 21. Jahrhunderts auf 4–8 Wm^{-2} steigen wird.

Abbildung 4.3-11 b zeigt den Anteil der verschiedenen Klimafaktoren an der Veränderung der globalen Strahlungsbilanz für das Standardszenarium IS92a. Man erkennt, daß das CO_2 am Ende des 21. Jahrhunderts etwa die Hälfte des zusätzlichen Strahlungsantriebs ausmacht. Die einzelnen Beiträge der anderen Gase, zusammen mit den

Veränderungen im troposphärischen und stratosphärischen Ozon, sind in Abb. 4.3-11c noch einmal vergrößert abgebildet.

Es ist nicht die Aufgabe dieses Beitrages, die Auswirkungen des durch den Menschen induzierten zusätzlichen Strahlungsantriebs auf das Erdklima zu diskutieren. Um diese zu berechnen, müssen globale Klimamodelle beigezogen werden, in welchen die Vielzahl von physikalischen Prozessen im physikalischen Bereich des Klimasystems (Atmosphäre, Ozean, Kryopshäre und Landoberflächen) realitätsnah beschrieben werden (von Storch et al. 1999). Derartige Rechnungen wurden im Rahmen des IPCC mit diesen Szenarien der Strahlungsbelastung durchgeführt und die daraus resultierenden Änderungen der verschieden Klimaparameter (Temperatur, Niederschlag etc.), sowie deren Unsicherheiten ermittelt (Houghton et al. 1996, vgl. hierzu auch Kap. 4.2.5).

4.3.6 Literatur

Albritton DL, Derwent RG, Isaksen ISA, Lal M, Wuebbles DJ (1995) Trace gas radiative forcing indices. In: Hougthon JT et al (eds) Climate change 1994 - radiative forcing of climate change. Cambridge University Press, Cambridge, pp 204.3–231

Battle M, Bender M, Sowers T, Tans PP, Butler JH, Elkins JW, Ellis JT, Conway T, Zhang N, Lang P, Clarke AD (1996) Atmospheric gas concentrations over the past century measured in air from firn at the South Pole. Nature 383:231–235

Blunier T, Chappellaz JA, Schwander J, Barnola JM, Desperts T, Stauffer B, Raynaud D (1993) Atmospheric methane record from a Greenland ice core over the last 1000 years. Geophys Res Lett 20:2219–2222

Charlson RJ, Orians GH, Wolfe GV, Butcher SS (1992) Human modification of global biogeochemical cycles. In: Butcher SS et al (eds) Global biogeochemical cycles. Academic, London, pp 353–361

Crutzen PJ (1995) The role of methane in atmospheric chemistry and climate. In: Engelhardt Wv et al (eds) Ruminant physiology: digestion, metabolism, growth and reproduction: proceedings of the 8th international symposium on ruminant physiology. Ferdinand Enke Verlag, pp 291–315

Dlugokencky EJ, Dutton EG, Novelli PC, Tans PP, Masarie KA, Lantz KO, Madronich S (1996) Changes in CH_4 and CO growth rates after the eruption of Mt Pinatubo and their link with changes in tropical tropospheric UV flux. Geophys Res Lett 23:2761–2764

Dlugokencky EJ, Masarie KA, Lang PM, Tans PP (1998) Continuing decline in the growth rate of the atmospheric methane burden. Nature 393:447–450

Etheridge DM, Pearman GI, Fraser PJ (1992) Changes in tropospheric methane between 1841 and 1978 from a high accumulation-rate antarctic ice core. Tellus Series B-Chem Phys Meteorol 44:282–294

Etheridge DM, Steele LP, Langenfelds RL, Francey RJ, Barnola JM, Morgan VI (1996) Natural and anthropogenic changes in atmospheric CO_2 over the last

1000 years from air in antarctic ice and firn. J Geophys Res Atmos 101:4115–4128

Etheridge DM, Steele LP, Francey RJ, Langenfelds RL (1998) atmospheric methane between 1000 ad and present – evidence of anthropogenic emissions and climatic variability. J Geophys Res Atmos 103:15979–15993

Harvey LDD, Huang Z (1995) Evaluation of the potential impact of methane clathrate destabilization on future global warming. J Geophysl Res Atmos 100: 2905–2926

Heimann M, Maier-Reimer E (1996) On the relations between the oceanic uptake of CO_2 and its carbon isotopes. Global Biogeochem Cycles 10:89–110

Hein R, Crutzen PJ, Heimann M (1997) An inverse modeling approach to investigate the global atmospheric methane cycle. Global Biogeochem Cycles 11:43–76

Houghton JT, Meira Filho LG, Callander BA, Harris N, Kattenberg A, Maskell K (1996) Climate change 1995: the science of climate change. Cambridge University Press, Cambridge

Indermühle A, Stocker TF, Joos F, Fischer H, Smith HJ, Wahlen M, Deck B, Mastroianni D, Tschumi J, Blunier T, Meyer R, Stauffer B (1999) Holocene carbon-cycle dynamics based on CO_2 trapped in ice at Taylor Dome, Antarctica. Nature 398:121–126

Jaffe DA (1992) The nitrogen cycle. In: Butcher SS et al (eds) Global biogeochemical cycles. Academic, London, pp 263–284

Kauppi PE, Mielikainen K, Kuusela K (1992) Biomass and carbon budget of European forests, 1971 to 1990. Science 256:70–74

Keeling CD, Bacastow RB, Carter AF, Piper SC, Whorf TP, Heimann M, Mook WG, Roeloffzen H (1989) A three dimensional model of atmospheric CO_2 transport based on observed winds: 1. Analysis of observational data. In: Peterson DH (ed) Aspects of climate variability in the Pacific and the Western Americas, Geophysical Monograph 55 American Geophysical Union, Washington, pp 165–236

Keeling CD, Whorf TP, Wahlen M, Vanderplicht J (1995) Interannual extremes in the rate of rise of atmospheric carbon dioxide since 1980. Nature 375:666–670

Keeling RF, Piper SC, Heimann M (1996) Global and hemispheric CO_2 sinks deduced from changes in atmospheric O_2 concentration. Nature 381:218–221

Keeling RF, Shertz SR (1992) Seasonal and interannual variations in atmospheric oxygen and implications for the global carbon-cycle. Nature 358:723–727

Khalil MAK, Rasmussen RA (1992) The global sources of nitrous-oxide. J Geophys Res Atmos 97:14651–14660

Legget J, Pepper WJ, Swart RJ (1992) Emissions Scenarios for IPCC: an update. In: Houghton JT et al (eds) Climate change 1992 – the supplementary report to the IPCC scientific assessment. Cambridge University Press, Cambridge, pp 69–95

Leuenberger M, Siegenthaler U (1992) Ice-age atmospheric concentration of nitrous-oxide from an antarctic ice core. Nature 360:449–451

Levin I, Kromer B (1997) Twenty years of atmospheric CO_2-^{14}C observations at Schauinsland station, Germany. Radiocarbon 39:205–218

Machida T, Nakazawa T, Fujii Y, Aoki S, Watanabe O (1995) Increase in the atmospheric nitrous oxide concentration during the last 250 years. Geophys Res Lett 22:2921–2924

Maier-Reimer E, Mikolajewicz U, Winguth A (1996) Future Ocean Uptake of CO_2-Interaction between ocean circulation and biology. Climate Dynam 12:711-721

Myneni RB, Keeling CD, Tucker CJ, Asrar G, Nemani RR (1997) Increased plant growth in the northern high latitudes from 1981 to 1991. Nature 386:698-702

Nadelhoffer KJ, Emmett BA, Gundersen P, Kjonaas OJ, Koopmans CJ, Schleppi P, Tietema A, Wright RF (1999) Nitrogen deposition makes a minor contribution to carbon sequestration in temperate forests. Nature 398:145-148

Nakazawa T, Machida T, Tanaka M, Fujii Y, Aoki S, Watanabe O (1993) Differences of the atmospheric CH_4 concentration between the Arctic and Antarctic regions in pre-industrial/pre-agricultural era. Geophys Res Lett 20:943-946

Neftel A, Oeschger H, Schwander J, Stauffer B, Zumbrunn R (1982) Ice core sample measurements give atmospheric CO_2 content during the past 40000 yr. Nature 295:220-223

Nevison CD, Esser G, Holland EA (1996) A global model of changing N_2O emissions from natural and perturbed soils. Climatic Change 32:327-378

Nisbet E (1990) Climate change and methane. Nature 347:23-23

Nisbet EG (1992) Sources of atmospheric CH_4 in early postglacial time. J Geophys Res Atmos 97:12859-12867

Pinto JP, Khalil MAK (1991) The stability of tropospheric OH during ice ages, inter-glacial epochs and modern times. Tellus Ser B-Chem Phys Meteorol 43:347-352

Prather M, Derwent R, Ehalt D, Fraser P, Sanhueza E, Zhou X (1995) Other trace gases and atmospheric chemistry. In: Hougthon JT et al (eds) Climat change 1994 - radiative forcing of climate change. Cambridge University Press, Cambridge, pp 73-126

Prinn RG, Weiss RF, Miller BR, Huang J, Alyea FN, Cunnold DM, Fraser PJ, Hartley DE, Simmonds PG (1995) Atmospheric trends and lifetime of CH_3CCl_3 and global OH concentrations. Science 269:187-192

Quay PD, Tilbrook B, Wong CS (1992) Oceanic uptake of fossil-fuel CO_2-^{13}C evidence. Science 256:74-79

Petit JR, Jouzel J, Raynaud D, Barkov NI, Barnola JM, Basile I, Bender M, Chappellaz J, Davis M, Delaygue G, Delmotte M, Kotlyakov VM, Legrand M, Lipenkov VY, Lorius C, Pepin L, Ritz C, Saltzman E, Stievenard M (1999) Climate and atmospheric history of the past 420000 years from the Vostok ice core, Antarctica. Nature 399:429-436

Sarmiento JL (1993) Carbon-cycle-atmospheric CO_2 stalled. Nature 365:697-698

Sarmiento JL, LeQuere C (1996) Oceanic carbon dioxide uptake in a model of century-scale global warming. Science 274:1346-1350

Sarmiento JL, Hughes TMC, Stouffer RJ, Manabe S (1998) Simulated response of the ocean carbon cycle to anthropogenic climate warming. Nature 393:245-249

Schimel DS, Alves D, Enting I, Heimann M, Joos F, Raynaud D, Wigley T, Prather M, Derwent R, Ehhalt D, Fraser P, Sanhueza E, Zhou X, Jonas P, Charlson R, Rodhe H, Sadasivan S, Shine KP, Fouquart Y, Ramaswamy V, Solomon S, Srinivasan J, Albritton D, Derwent R, Isaksen I, Lal M, Wuebbles D (1996) Radiative forcing of climate change. In: Houghton et al (ed) Climate change 1995 - the science of climate change. Cambridge University Press, Cambridge, pp 65-132

Severinghaus JP, Sowers T, Brook EJ, Alley RB, Bender ML (1998) Timing of abrupt climate change at the end of the Younger Dryas interval from thermally fractionated gases in polar ice. Nature 391:141-146

Siegenthaler U, Joos F (1992) Use of a simple-model for studying oceanic tracer distributions and the global carbon-cycle. Tellus Ser B-Chem Phys Meteorol 44:186–207

Storch vH, Guess S, Heimann M (1999) Modellierung des Klimasystems: eine Einführung in Funktionsweise, Anwendungen und Grenzen von konzeptionellen und realitätsnahen Modellen. Springer, Berlin Heidelberg New York

4.4 Stadtklima

W. Kuttler

4.4.1 Einführung

Städte sind die am dichtesten besiedelten Gebiete der Erde und werden auch zukünftig zu den vorrangig genutzten Kulturlandschaften des größten Teils der Menschheit zählen. So wird z.B. für das 21. Jahrhundert prognostiziert, daß mehr als 60% der Weltbevölkerung in Städten, davon in 27 Megastädten mit jeweils mehr als 10 Mio. Einwohnern, leben werden (Birg 1996). Die Veränderungen der städtischen Lebenswelt sind vielerorts mit Einbußen an Umweltqualität verbunden und können sogar zu gesundheitlichen Beeinträchtigungen der Stadtbevölkerung führen. In diesem Zusammenhang spielen unter den verschiedenen Umweltmedien Klima und Luftqualität in Ballungsräumen eine herausragende Rolle. Die sich im Vergleich zum Umland ergebenden Unterschiede werden unter dem Begriff „Stadtklima" zusammengefaßt. Zu seinen wichtigsten Merkmalen zählen die Überwärmung, eine größere Trockenheit sowie ein eingeschränkter atmosphärischer Austausch mit darauf beruhenden Anreicherungen von Luftbeimengungen, die verschiedenen Quellen entstammen. Obwohl diese Auswirkungen in erster Linie den lokalen bzw. regionalen Bereich betreffen, wird durch die Freisetzung langlebiger Luftinhaltsstoffe auch das globale Klima über deren Ferntransport beeinflußt (Kuttler 1994).

4.4.2 Ursachen des Stadtklimas

Die Ursachen des Stadtklimas beruhen auf drei maßgeblichen, direkt und indirekt wirkenden Faktoren, die auf die unterschiedliche Flächennutzung von bebautem und nicht bebautem Gebiet zurückzuführen sind: Es handelt sich hierbei um

- die Umwandlung ursprünglich natürlichen Bodens in versiegelte, überwiegend aus künstlichen Materialien bestehende Flächen mit starker dreidimensionaler Strukturierung,
- die Reduzierung der mit Vegetation bestandenen Flächen und
- die Freisetzung von gasförmigen, festen und flüssigen Luftbeimengungen sowie von Abwärme aus technischen Prozessen.

Tabelle 4.4-1. Charakteristiken des Stadtklimas einer Großstadt in den mittleren Breiten. (Nach Landsberg 1981; Kuttler 1998b)

Einflußgrößen	Veränderungen gegenüber dem nicht bebauten Umland	Einflußgrößen	Veränderungen gegenüber dem nicht bebauten Umland
Strahlung		Dauer der Frostperiode	-30%
Globalstrahlung	-20%		
(horizontale Fläche)		Wind	-25%
		- Geschwindigkeit	stark variierend
		- Richtung	
Atmosphärische Gegenstrahlung	10 bis 40%	Absolute Luftfeuchtigkeit	
		- tags	weniger
		- nachts	mehr
UV-Strahlung		Nebel	
im Winter	-70% bis -90%	- Großstadt	weniger
im Sommer	-10% bis -30%	- Kleinstadt	mehr
Sonnenscheindauer		Niederschlag	
im Winter	-8%	- Regen	10% (in Lee)
im Sommer	-10%	- Schnee	weniger
		- Tauabsatz	-65%
Sensibler		Bioklima	
Wärmestrom	50%	- Wärmebelastung des Menschen („Schwülestunden")	um bis zu 40% häufiger
		- Vegetationsperiode	bis zu 10 Tage länger
		- Heiztage[a]	um bis zu 10% weniger
Lufttemperatur		Luftverunreinigungen	
- Jahresmittel	$\approx$1 K	- CO, NO_x, AVOC[b], PAN[c]	mehr
- Winterminima	1 bis 3 K		
- in Einzelfällen	bis 10 K	- O_3	weniger

[a] Heiztag = Tagesmittel der Lufttemperatur < 15 °C
[b] AVOC = anthropogene flüchtige organische Verbindungen
[c] PAN = Peroxiacetylnitrat

Hierdurch werden die aktinischen und thermischen Eigenschaften, das Evapotranspirations- und Wasserspeichervermögen sowie der bodennahe atmosphärische Austausch nachhaltig beeinflußt. Grundsätzlich sind die stadtklimatischen Eigenschaften urbaner Gebiete weltweit vergleichbar ausgeprägt. Allerdings bewirken die groß- und kleinräumige Lage einer Stadt, deren infrastrukturelle Ausstattung sowie die Wirtschaftsstruktur des entsprechenden Landes Modifikationen dieses anthropogenen Klimatyps, worauf jedoch im einzelnen nicht weiter eingegangen werden kann. Vielmehr beruht der nachfolgende Überblick über die wichtigsten stadtklimatischen Charakteristika, die in Tabelle 4.4-1 zusammengestellt sind, auf der Diskussion ausgewählter Beispiele aus den mittleren Breiten.

4.4.3 Thermische und hydrologische Eigenschaften des städtischen Untergrundes

Das thermische Verhalten versiegelter Oberflächen wird im wesentlichen durch die Dichte, Wärmekapazität, Wärme- und Temperaturleitfähigkeit sowie den Wärmeeindringkoeffizienten der jeweils verwendeten Materialien bestimmt. Entsprechende Angaben zu ausgewählten Beispielen enthält Tabelle 4.4-2.

Während die Wärmekapazität und Speicherfähigkeit künstlicher Materialien (z.B. Asphalt) z.T. nur geringfügig höher sind als diejenige natürlichen Bodens (z.B. Lehm), erreichen die Wärme- und Temperaturleitfähigkeit insbesondere von Stahl vergleichsweise deutlich höhere Werte.

Wasser, das in verschiedenen Städten durchaus oberflächenbedekkend in Form von Flüssen, Kanälen oder auch Seen vorkommt, besitzt nicht nur aufgrund seiner hohen Wärmekapazität und der darauf beruhenden großen thermischen Trägheit gegenüber Temperaturveränderungen einen besonders nachhaltigen Einfluß auf das Stadtklima, sondern auch weitere, das Umgebungsklima durchaus positiv beeinflussende Wirkungen (Tabelle 4.4-3). Das Verhalten versiegelter Oberflächen gegenüber Wasserabfluß und -versickerung ist außerordentlich unterschiedlich ausgeprägt, da Porosität und Wasserleitfähigkeit in Abhängigkeit von Kapillarität und Hohlraumvolumen des jeweiligen Untergrundes stark schwanken können.

Die meist großflächige, mehr oder weniger vollständige Abdichtung urbaner Oberflächen durch impermeable Stoffe führt in der Regel dazu, daß Niederschläge rasch durch die unterirdische, verdun-

Tabelle 4.4-2. Thermische Eigenschaften[a]) künstlicher und natürlicher Materialien (nach verschiedenen Tabellen aus Oke 1990)

Material	Anmerkungen	Dichte (kg $m^{-3} \cdot 10^3$)	Spezifische Wärme-kapazität (J kg^{-1} $K^{-1} \cdot 10^3$)	Wärme kapazitäts-dichte (J m^{-3} $K^{-1} \cdot 10^6$)	Wärmeleit-fähigkeits-koeffizient (W m^{-1} K^{-1})	Temperatur-leitfähigkeits-koeffizient (m^2 $s^{-1} \cdot 10^{-6}$)	Wärmeeindring-koeffizient (J m^{-2} $s^{-0,5}$ K^{-1})
Asphalt		2,11	0,92	1,94	0,75	0,38	1 205
Beton	Gasbeton	0,32	0,88	0,28	0,08	0,29	150
	Schwerbeton	2,40	0,88	2,11	1,51	0,72	1 785
Naturstein		2,68	0,84	2,25	2,19	4,93	2 220
Backstein	durchschnittl.	1,83	0,75	1,37	0,83	0,61	1 065
Lehmziegel	durchschnittl.	1,92	0,92	1,77	0,84	0,47	1 220
Holz	weich	0,32	1,42	0,45	0,09	0,20	200
	hart	0,81	1,88	1,52	0,19	0,13	535
Stahl		7,85	0,50	3,93	53,30	13,60	14 475
Glas		2,48	0,67	1,66	0,74	0,44	1 110
Gipsplatte	durchschnittl.	1,42	1,05	1,49	0,27	0,18	635
Dämmaterial	Polystyrol	0,02	0,88	0,02	0,03	1,50	25
	Kork	0,16	1,80	0,29	0,05	0,17	120
Lehmboden	trocken	1,60	0,89	1,42	0,25	0,18	600
(40% Poren-volumen)	gesättigt	2,00	1,55	3,10	1,58	0,51	2 210
Wasser	4 °C, unbewegt	1,00	4,18	4,18	0,57	0,14	1 545
Luft	10 °C, unbewegt	0,0012	1,01	0,0012	0,025	20,50	5
	turbulent bewegt	0,0012	1,01	0,0012	≈125	$10 \cdot 10^6$	390

[a] Die Eigenschaften aller aufgeführten Größen sind temperaturabhängig

Tabelle 4.4-3. Physikalische und klimatische Eigenschaften von Gewässern (aus verschiedenen Quellen zusammengestellt). (Hier nach Hupfer u. Kuttler 1998)

Größen	Typische Werte/Eigenschaften urbaner Gewässer
Sonnenstrahlung	Eindringtiefe variabel in Abhängigkeit von Sonnenstand, Wellenlänge und Trübungsgrad des Wassers
Absorption der Sonnenstrahlung	Im kurzwelligen Bereich 90 bis 97%, im langwelligen Bereich 95%
Albedo	Reflexion der direkten Sonnenstrahlung groß bei Sonnenhöhen < 30° und umgekehrt; Reflexion der diffusen Himmelsstrahlung azimutunabhängig niedrig
Oberlicht	Durch gerichtete Reflexion an der Oberfläche
Unterlicht	Durch Streustrahlung an Wassermolekülen und Beimengungen, auch durch Reflexion am Gewässergrund
Spez. Wärmekapazität	Mit 4,2 $kJ\ kg^{-1}\ K^{-1}$ hoch
Wärmeleitfähigkeitskoeffizient	Mit 0,6 $W\ m^{-1}\ K^{-1}$ gering
Oberflächentemperaturschwankung (ΔT_W)	Abhängig von der Tiefe (z): $\Delta T_W \sim z^{-0,25}$
Bowen-Verhältnis (Bo)	Niedrig; Wasser/Bo = –0,2; bebautes Gebiet 1 < Bo < 2
Vertikaler Austausch	Turbulent infolge von Strömungen und Konvektion
Rauhigkeitslänge	Sehr klein. Wasser ist aerodynamisch glatt
Oaseneffekt	Latenter Wärmestrom > Strahlungsbilanz, Ausgleich durch Wärmeadvektion aus bebauter Umgebung
Randeffekte	Wechselwirkung Ufer – Gewässer abhängig von Gewässergröße und Bebauungsdichte der Umgebung. Effekte tags > nachts
Lufttransport	Bei Schwachwindlagen über Fließgewässern durch Mitführgeschwindigkeit
Verdunstung	Hoch, aber von Windexposition des Gewässers abhängig (Windwirklänge)
Lage im bzw. zum Stadtgebiet	Gewässer kann als Luftleitbahn zum Kaltlufttransport aus dem Umland dienen

stungsgeschützte Kanalisation abgeleitet werden und die Benetzungsdauer der exponierten Flächen deshalb in der Regel kurz ist. Wegen der dadurch verringerten Evaporation steht mehr Energie für die Oberflächenausstrahlung (E), den turbulenten sensiblen Wärmefluß (q_s) und den Bodenwärmefluß (q_B) zur Verfügung, während der mit der Verdunstung gekoppelte turbulente latente Wärmefluß (q_l) stark eingeschränkt wird. Die in Tabelle 4.4-4 für unterschiedliche Materialien und in Tabelle 4.4-5 für verschiedene Städte enthaltenen Abflußbeiwerte (Ψ) belegen, daß je nach Bebauungsart der durchschnittliche Anteil des versickernden und des für die Verdunstung verfügbaren Wassers außerordentlich stark schwanken kann.

Tabelle 4.4-4. Abflußbeiwerte (Ψ) und mittlere Abflußbeiwerte ($\bar{\Psi}$). (Nach Müller 1979; verändert)

Oberflächen	Ψ	Bebauungsart	$\bar{\Psi}$
Dachflächen, Straßendecken	0,85...1,0	sehr dicht	0,7...0,9
Fugendichtes Pflaster	0,8...1,0	geschlossen	0,5...0,7
Gewöhnliches Pflaster	0,5...0,7	offen	0,3...0,5
Chaussierung und Mosaikpflaster	0,4...0,6	gartenreiche Außenviertel	0,2...0,3
Promenadenbefestigung	0,15...0,3	unbebautes Gelände	0,1...0,2
Unbefestigte Flächen	0,1...0,2	Sportplätze, Gleisanlagen	0,1...0,2
Parkanlagen und Gärten	0...0,1	Vegetationsflächen	0...0,1

Tabelle 4.4-5. Vergleich der mittleren Wasserbilanz (mm a^{-1}) dreier Großstädte (Gs) in der Russischen Förderation sowie in Weißrußland mit benachbarten, landwirtschaftlich genutzten Einzugsgebieten (E). (Nach L'Vovic u. Cernyšev 1983, aus Hupfer 1991; verändert)

	Moskau	E1	Δ (%)	Kursk	E2	Δ (%)	Minsk	E3	Δ (%)
P	700	700	-	527	527	-	800	800	-
GA	300	200	+50	133	111	+ 20	472	240	+ 97
AO	250	130	+93	86	61	- 26	408	144	+183
AU	50	70	-28	47	50	- 6	64	96	- 34
ETP	400	500	-20	394	416	- 4	328	560	- 42
VG	35%			12%			50%		
Ψ	0,36	0,19		0,16	0,12		0,51	0,18	

Einzugsgebiete (E): E1 (Moskva), E2 (Tuskar), E3 (Svisloc); P = Niederschlag; GA = Gesamtabfluß; AO = oberird. Abfluß; AU = unterird. Abfluß; ETP = Evapotranspiration; VG = Versiegelungsgrad; Ψ = Abflußbeiwert = AO/P

$$\Delta = \frac{Gs - E}{E} \cdot 100\%$$

Wasserbilanzen für Ballungsräume (Tabelle 4.4-5) zeigen im Vergleich zu nicht versiegelten Einzugsgebieten des jeweiligen Umlandes, daß der Gesamtabfluß (GA) in bebautem Gebiet je nach Versiegelungsgrad (VG) um bis zu 100% über demjenigen des Umlandes liegen kann. Bestimmende Größe ist hierbei insbesondere der oberirdische Abfluß (AO), während der unterirdische Abfluß (AU) wegen der Bebauung vergleichsweise stark eingeschränkt ist. Die städtische Evapotranspiration (ETP) weist für die drei genannten Beispiele im Einzelfall durchaus wesentlich geringere Werte auf.

4.4.4
Aufbau der Stadtatmosphäre, Windverhältnisse

Bedingt durch die Dreidimensionalität weisen Städte eine Vergrößerung ihrer Grundfläche um ein Mehrfaches auf. Bestimmende Größen sind hierfür der städtische Grund- und Aufriß.

Die aerodynamischen Eigenschaften der Oberflächen lassen sich in Hinblick auf eine Beeinflussung des horizontalen und vertikalen Windvektors über die Rauhigkeitshöhe (z_0) und die Verdrängungshöhe (d_0) angeben, die als Maße für die Unebenheit von Flächen gelten. Unter der Rauhigkeitshöhe versteht man denjenigen Abstand von der Unterlage, bei dem die Windgeschwindigkeit theoretisch Null wird. Bezogen auf das weiter unten behandelte logarithmische Windgesetz ist z_0 somit der Höhenwert des Schnittpunktes der Verlaufskurve der Windgeschwindigkeit mit der Ordinate.

Da die Rauhigkeitshöhe nur bei annähernd einheitlich gestalteter Oberfläche angewendet werden darf, muß bei heterogen auftretendem Untergrund (Baumbestände, Stadtgebiete) zusätzlich eine entsprechende Verdrängungshöhe berücksichtigt werden. Es handelt sich hierbei um diejenige Höhe über der Unterlage, innerhalb der die Windgeschwindigkeit nicht durch das logarithmische Windgesetz bestimmt werden kann (vgl. hierzu auch Hupfer u. Kuttler 1998). Beruhend auf einem empirischen Ansatz von Lettau (1969) kann z_0 z.B. nach Gl. 4.4-1

$$z_0 = 0{,}5\,\bar{h} \cdot \bar{s}/S\ /\mathrm{m} \qquad (4.4\text{-}1)$$

mit
$\bar{h}$ = mittlere Hindernishöhe /m
$\bar{s}$ = mittlere Windangriffsfläche des Hindernisses /m^2
S = Flächenanspruch des Hindernisses /m^2
berechnet werden.

Die Verdrängungshöhe (d_0) ergibt sich nach Gl. 4.4-2 etwa zu

$$d_0 = 2/3 \cdot h\,/m \qquad (4.4\text{-}2)$$

mit
h = Hindernishöhe /m.

Für ausgewählte Baukörperstrukturen enthält Tabelle 4.4-6 entsprechende z_0- und d_0-Werte. Diese Angaben können nur als Orientierungswerte dienen, da sowohl z_0 als auch d_0 von der Windrichtung abhängen.

Tabelle 4.4-6. Rauhigkeitshöhen (z_0) und Verdrängungshöhen (d_0) für ausgewählte Baukörperstrukturen[a]. (Nach Theurer 1993)

Baukörperstruktur	z_0 (m)	d_0 (m)
Stadtzentren	2,4	10
Blockrandbebauung, 3- bis 5geschossig	2,1	9
Industrieanlagen	1,6	12
Wohnblöcke in Zeilenbau, 3- bis 5geschossig	1,5	7
Dichte Wohnbebauung, Ein- und Mehrfamilienhäuser, 1- bis 3geschossig	1,4	4
Wohnbebauung, Einfamilienhäuser, 1- bis 2geschossig	1,3	2
Gewerbegebiete	0,6	5

[a] Bei einem Anströmwinkel $\beta = 0\,°$; β = Winkel zwischen der Hauptorientierungsrichtung einer Bebauung und der Anströmrichtung

Das städtische Windfeld wird vergleichsweise zu seiner Umgebung durch zusätzliche mechanische und thermische Turbulenz mehr oder weniger stark hinsichtlich Richtung und Geschwindigkeit modifiziert. Während sich über dichtbebauten Stadtgebieten Störungen der bodennahen Grenzschicht bis in Höhen von etwa 500 m ü. Grund nachweisen lassen, stellt sich ein weitgehend unbeeinflußtes Windfeld in aufgelockert bebauten Vororten schon bei etwa 400 m und über ebenem Umland in weniger als 300 m ein (Abb. 4.4-1). Die Berechnung der Höhenabhängigkeit der mittleren horizontalen Windgeschwindigkeit innerhalb der Bodenschicht kann in der Regel über zwei Ansätze, und zwar einerseits über das logarithmische Windprofil, andererseits unter Verwendung eines Potenzprofils erfolgen. Die nachfolgenden Gleichungen beziehen sich jeweils auf neutrale Schichtungsverhältnisse.

Das logarithmische Windprofil lautet (Gl. 4.4-3):

$$\bar{v}_z = \frac{u^*}{Ka} \ln \frac{z - d_0}{z_0} \,/m\,s^{-1} \qquad (4.4\text{-}3)$$

mit
$\bar{v}_z$ = mittlere Windgeschwindigkeit in der Höhe z /m s^{-1}
u^* = Schubspannungsgeschwindigkeit /m s^{-1}
Ka = Kármán-Zahl (0,4) /1
z = Höhe /m
z_0 = Rauhigkeitshöhe /m
d_0 = Verdrängungshöhe /m

Eine gute Näherung für das logarithmische Windprofil stellt der Ansatz nach dem Potenzprofil dar, der wegen seiner einfacheren Handhabung vielfach Verwendung findet und deshalb hier angeführt wird. Er lautet:

$$\bar{v}_z = \bar{v}_{ref} \cdot \left(\frac{z}{z_{ref}}\right)^{\alpha} /\mathrm{m\,s^{-1}} \tag{4.4-4}$$

mit
$\bar{v}_{ref}$ = mittlere Windgeschwindigkeit in der Referenzhöhe /m s^{-1}
z = Höhe /m
z_{ref} = Referenzhöhe /m
α = Rauhigkeitsexponent /1.

Die Referenzhöhe z_{ref} wird meist mit 10 m ü. Gr. angegeben; der mittlere Rauhigkeitsexponent α, der die Rauhigkeit der Erdoberfläche charakterisiert, variiert von 0,16 im Umland über 0,28 im Vorortbereich bis 0,40 in dichtbebauten Stadtgebieten (vgl. Abb. 4.4-1).

Der schematische Aufbau der städtischen Atmosphäre ist für eine gradientschwache Wetterlage Abb. 4.4-2 sowie Tabelle 4.4-7 zu entnehmen. Er hängt ab von der Art, Größe und Anordnung der Strömungshindernisse sowie von der daraus resultierenden Stärke der mechanischen und thermischen Turbulenz. Unter optimalen Bedingungen lassen sich drei verschiedene Schichten ausgliedern, bei denen es sich um die unten liegende Stadthindernisschicht („Urban Canopy Layer"), die Übergangsschicht („Urban Turbulent Wake Layer") und die Stadtgrenzschicht („Urban Boundary Layer") handelt.

Die *Stadthindernisschicht* erstreckt sich vom Boden bis etwa in die Höhe des mittleren Dachniveaus. Sie führt zu einer Vielzahl von Mikroklimaten in Abhängigkeit von der Flächennutzung und besitzt ein eigenes klimatisches Regime. Zwischen dieser und der sich nach oben anschließenden Stadtgrenzschicht tritt gelegentlich noch eine *Übergangsschicht* auf.

Die *Stadtgrenzschicht* ist über einem Stadtgebiet nicht symmetrisch aufgebaut, sondern wird durch die großräumig vorherrschende

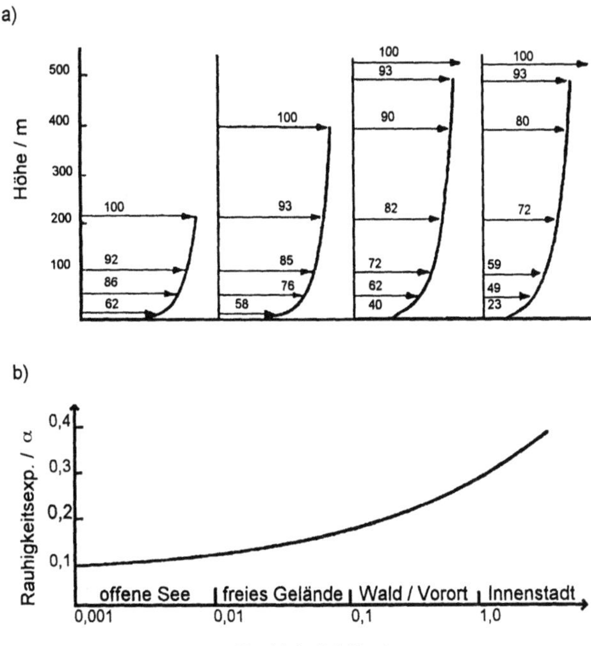

Abb. 4.4-1. Vertikale Windprofile (**a**) und Rauhigkeitsexponenten [α] (**b**) für unterschiedliche Oberflächen und Rauhigkeitshöhen. (Gradientwind $v = 25\ m\ s^{-1}$; für 60° Breite; nach Davenport 1995)

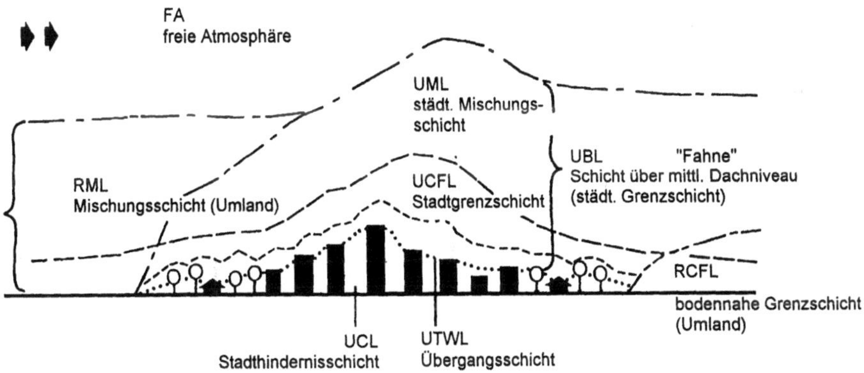

Abb. 4.4-2. Aufbau der städtischen Atmosphäre. (Nach Wanner 1986, hier nach Hupfer und Kuttler 1998)

Strömung modifiziert. Mächtigkeit und Gestalt der städtischen Grenzschicht verhalten sich umgekehrt proportional zur Windgeschwindigkeit. Bei windreicher Witterung läßt sich die genannte Schichtenfolge kaum differenzieren. Während strahlungsreicher, windarmer Wetterlagen tritt sie hingegen stärker hervor. Die Gesamtmächtigkeit der ur-

Tabelle 4.4-7. Modifikation der planetarischen Grenzschicht durch einen Stadtkörper. (Nach Wanner 1986)

Begriffe		Eigenschaften
Urban Canopy Layer (UCL)/ Stadthindernisschicht oder durch Objekte eingeschlossene Lufthülle		Eigenes meteorologisches Regime: Sehr turbulent, kontrolliert durch Schubspannung und Rauhigkeitselemente (Gebäudeform, -höhe) sowie Oberflächen-Energiebilanzen
Urban Turbulent Wake Layer (UTWL) oder Übergangsschicht		Sehr turbulent, „dynamisches Scharnierelement" zwischen Stadthindernisschicht und Stadtgrenzschicht
Urban Constant Flux Layer (UCFL) oder Stadtgrenzschicht/ Bodenschicht/Prandtl-Schicht	Urban Boundary Layer (UBL) oder städtische Grenzschicht	- Mächtigkeit: Ca. 10% der gesamten BL (Boundary layer); - Quasikonstante Flüsse von Impuls, Wärme und Feuchte; - Windrichtung ungefähr gleichbleibend; - Schubspannung dominiert über Gradient- und Corioliskraft; - über komplexer Topographie: beeinflußt durch Lokalwindsysteme
Mixed Layer (ML) oder Mischungsschicht/Ekman-Schicht/ Drehungsschicht		- Mächtigkeit: 100 m bis einige 100 m; - Höhenabhängige Änderung von Impuls-, Wärme- und Feuchtefluß; - Dominanz der Schubspannung nimmt zugunsten von Gradient- und Corioliskraft ab; - über komplexer Topographie: beeinflußt durch Regionalwindsysteme
Free Atmosphere (FA) oder freie Atmosphäre		Keine thermische und mechanische Beeinflussung mehr; d. h. Windfeld wird durch Gradient- und Corioliskraft bestimmt

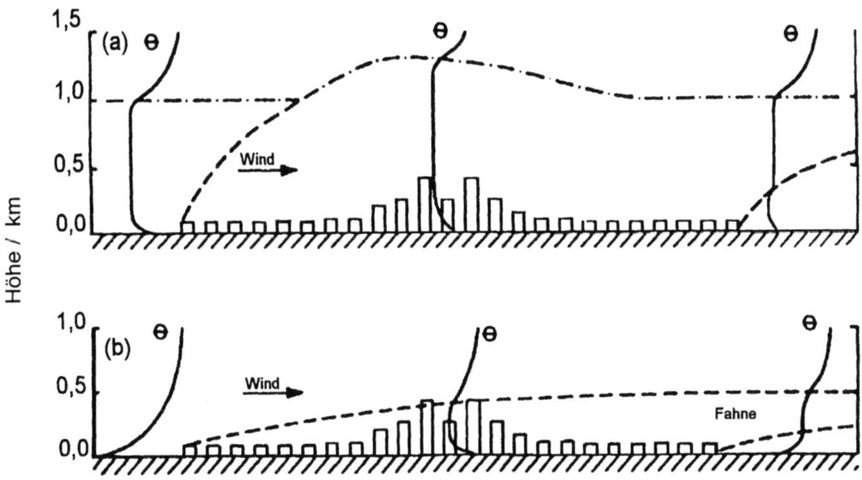

Abb. 4.4-3. Thermische Struktur der Stadthindernisschicht (= Urban Canopy Layer) großer Städte während austauscharmer Strahlungswetterlagen. Schematische Profile der potentiellen Temperatur (**a**) tagsüber und (**b**) nachts. (Nach Oke 1990)

banen Grenzschicht kann bei tagsüber auftretender starker Konvektion mehrere hundert Meter erreichen, nachts hingegen nur wenige Dekameter aufweisen (Abb. 4.4-3). Auch können sich nachts unter den angegebenen Witterungsbedingungen Strahlungsinversionen ausbilden, die im Umland wegen der stärkeren Abkühlung besonders intensiv ausgeprägt sind. Innerhalb der städtischen Grenzschicht ist diese Temperaturinversion meist nicht nachzuweisen, da die Wärmeabgabe durch den Stadtkörper eher zu neutralen bzw. labilen Schichtungsverhältnissen führt. In Lee kann die sich unter Umständen mehrere Kilometer weit ins Umland erstreckende städtische Abluftfahne in abgeschwächter Form dort zu stadtklimaähnlichen Verhältnissen führen.

Neben den in der Regel in Stadtgebieten zu beobachtenden verringerten Windgeschwindigkeiten sind diese darüber hinaus durch häufigeres Auftreten sowohl von Windstillen als auch von Böen gekennzeichnet. Die urbane Auswirkung auf die Windgeschwindigkeit zeigt exemplarisch anhand der in Tabelle 4.4-8 zusammengestellten Werte die unterschiedlich starke Beeinflussung durch verschiedene Stadtklimatope. Unter dem Begriff Klimatop wird in diesem Zusammenhang eine Fläche verstanden, die sich durch ein gleichartiges mesoklimatisches Verhalten auszeichnet. Für das vorgenannte Beispiel ergeben sich fallweise Windgeschwindigkeitsreduktionen, die fast die Hälfte des Freilandwertes erreichen. Besonders ausgeprägt sind die Unterschiede, wenn ausschließlich der Schwachwindbereich als Vergleich

Tabelle 4.4-8. Mittlere stündliche Windgeschwindigkeiten verschiedener Klimatope in der Stadt Düsseldorf (Meßperiode: 12. 1. 1993 bis 11. 1. 1994; Meßhöhe: 4 bis 6 m ü. Gr.). (Nach Kuttler unveröffentlicht)

Freiland (Kuppe)	Vorort	Industrie-gebiet	Grün-fläche	Innen-stadt, rheinfern	Innen-stadt, rheinnah	Gewerbe-gebiet	Aue
100%	69%	60%	49%	57%	71%	54%	74%
3,5 m s^{-1}	2,4 m s^{-1}	2,1 m s^{-1}	1,7 m s^{-1}	2,0 m s^{-1}	2,5 m s^{-1}	1,9 m s^{-1}	2,6 m s^{-1}

Tabelle 4.4-9. Anzahl der Schwachwindepisoden (mittlere Windgeschwindigkeit $\bar{v}$ $\leq$1,5 m s^{-1}) unterschiedlicher Dauer (Mindestdauer = 6 h) und maximaler Dauer einer Episode in Stunden für verschiedene Klimatope der Stadt Düsseldorf (Meßperiode: 12. 1. 1993 bis 11. 1. 1994; Meßhöhe: 4 bis 6 m ü. Gr.). (Nach Kuttler unveröffentlicht)

Episoden-dauer [h]	Standort							
	Freiland (Kuppe)	Vorort	Industrie-gebiet	Grün-fläche	Innen-stadt, rhein-fern	Innen-stadt, rhein-nah	Gewerbe-gebiet	Aue
≤6	20	153	201	252	231	130	198	171
>6 bis 9	17	68	54	82	104	66	71	82
10 bis 19	2	77	129	138	110	59	95	80
20 bis 29	1	7	17	23	13	3	22	8
30 bis 39	0	0	0	5	1	0	5	1
>40	0	1	1	4	3	2	5	0
Maximale Dauer einer Episode	22	42	42	60	45	71	74	31

zugrundegelegt wird. Tabelle 4.4-9 verdeutlicht, daß sowohl die Anzahl an Schwachwindepisoden im bebauten Bereich als auch deren jeweilige maximale Dauer zunehmen. Während im Freiland beispielsweise ein Schwachwindereignis maximal 22 Stunden vorherrschte, belief sich dieser Wert im Gewerbegebiet auf mehr als das Dreifache. Eine Verringerung der städtischen Windgeschwindigkeiten stellt sich insbesondere bei allochthoner Witterung ein, wenn die übergeordnete Luftbewegung oberhalb einer Grenzwindgeschwindigkeit liegt. Der Wert dieser Grenzwindgeschwindigkeit hängt von Stadtgröße und -struktur ab. Wird dieser Wert jedoch bei windruhiger Strahlungswet-

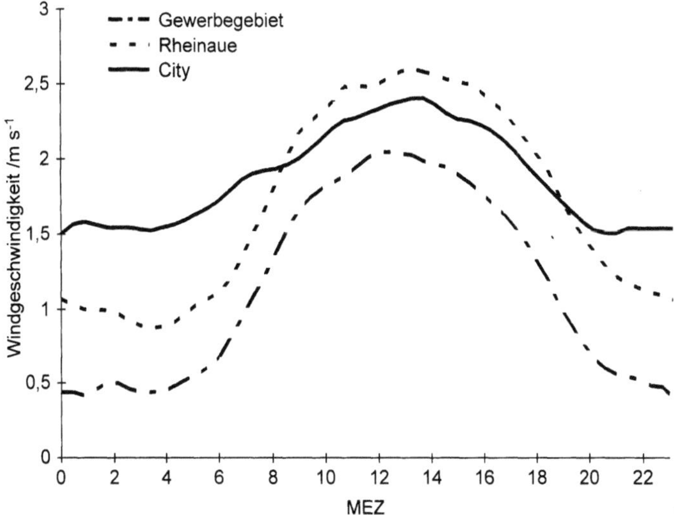

Abb. 4.4-4. Mittlere stündliche Windgeschwindigkeiten für 54 Strahlungstage in drei Klimatopen der Stadt Düsseldorf (Meßperiode: 12. 1. 1993 bis 11. 1. 1994; Meßhöhe: 4–6 m ü. Gr.). (Nach Kuttler unveröffentlicht)

terlage unterschritten, dann können sich in bebauten Gebieten - insbesondere nachts und frühmorgens - bodennah deutlich höhere Windgeschwindigkeiten im Vergleich zum Umland einstellen, wie Abb. 4.4-4 zeigt. Während z.B. am Citystandort in der zweiten Nachthälfte 1,5 m s^{-1} erreicht werden, liegen die Werte im Umland (Rheinaue, Gewerbegebiet) bei 1 m s^{-1} bzw. 0,5 m s^{-1}. Frühmorgens nehmen die Umlandwindgeschwindigkeiten im Vergleich zum Innenstadtstandort deutlich zu, wobei die Werte des Rheinauenstandortes diejenigen der Innenstadt übertreffen. Diese an das Vorherrschen von Strahlungswetterlagen gekoppelten Windverhältnisse in Stadt und Umland lassen sich auf die städtische Überwärmung zurückführen, die nachts besonders stark ausgeprägt ist (Hupfer u. Chmielewski 1990).

Ein sich in diesem Zusammenhang häufig einstellendes Flurwindsystem zeichnet sich durch eine bodennahe, wenige Meter mächtige, meist intermittierend auftretende Luftbewegung von geringer Geschwindigkeit aus, die im Idealfall radial in die Stadt eindringt und diese mit kühler Luft versorgt (Barlag u. Kuttler 1990/1991). Der für die Strömung notwendige Druckgradient zwischen Stadt und Umland beruht auf den Unterschieden der Energiebilanz, die bei windschwachen Strahlungswetterlagen besonders deutlich hervortreten.

Flurwinde kommen bodennah überwiegend nachts und im Sommer vor. Planungsrelevant wird dieses Windsystem dann, wenn es da-

Tabelle 4.4-10. Luftleitbahnen und ihre Eignung für den Kaltlufttransport. (Nach Kuttler u. Romberg 1992; Beckröge 1990; hier nach Kuttler 1998b)

1. Ein- und Ausfallstraßen

- niedrige z_0-Werte; tagsüber starke Aufheizung
  → Labilisierung der bodennahen Luftschicht
  → Erhöhung der Reibungswiderstände
- Freisetzung von Kfz-Emissionen
- Vorbelastung durch Hausbrandemissionen der straßenbegleitenden Bebauung möglich, insbesondere im Winter

Wertung: Nutzung nicht ohne weiteres zu empfehlen; Luftqualitätsanalyse insbesondere hinsichtlich des Einzugsgebietes auf potentielle Immissionen notwendig

→ Verbesserung der Luftqualität kaum zu erwarten

2. Bahntrassen

- niedrige z_0-Werte; tagsüber starke Aufheizung
  → Labilisierung der Luft
  → Erhöhung der Reibungswiderstände
- wenn kein Diesellokbetrieb, dann kaum Freisetzung von Emissionen
- nachts starke Abkühlung der Schotterflächen
  → Stabilisierung der Luft
  → kleine Reibungswiderstände

Wertung: Nutzung zu empfehlen, wenn kein Diesellokbetrieb

→ Verbesserung der Luftqualität kaum zu erwarten

3. Grünflächen/Parkanlagen

- mehr oder weniger niedrige z_0-Werte; tagsüber kaum Aufheizung
  → Stabilisierung der bodennahen Luftschicht
  → Senkung der Reibungswiderstände
- Möglichkeit der Entwicklung von Eigenzirkulationen
- keine Freisetzung von Emissionen
- Ausfilterung von Luftbestandteilen

Wertung: Nutzung zu empfehlen

→ Verbesserung der Luftqualität zu erwarten

4. Fließ-/Stillgewässer

- sehr niedrige z_0-Werte; tagsüber – bei entsprechender Größe – kaum Aufheizung
  → Stabilisierung der bodennahen Luftschicht
  → Senkung der ohnehin niedrigen Reibungswiderstände
- Möglichkeit der Entwicklung von Eigenzirkulationen (Stadt-/Seewindsystem bzw. Stadt-/Flußwindsystem)
- keine Freisetzung von Emissionen
- Senke für Gase und Schwebeteilchen

Wertung: Nutzung zu empfehlen

→ Verbesserung der Luftqualität zu erwarten; allerdings: Minderung des thermischen Effekts in der Nacht durch möglicherweise warmen Wasserkörper zu beiträgt, die stadtklimatisch-lufthygienische Situation zu verbessern, d.h. eventuellen Hitzestreß abzubauen und eine Luftregeneration im bebauten Bereich zu ermöglichen.

Voraussetzung dafür ist allerdings, daß die Umlandkaltluft möglichst weit in das Stadtinnere eindringen kann. Dazu bedarf es möglichst rauhigkeitsarmer Ventilationsbahnen, die das Kaltluftproduktionsgebiet im Umland mit der Stadt auf möglichst kurzem Wege verbindet. Tabelle 4.4-10 enthält eine Zusammenstellung potentiell nutzbarer Ventilationsbahnen für den Kaltlufttransport, die vielfach in Stadtgebieten verbreitet sind.

4.4.5 Strahlungs- und Wärmehaushalt

Der Strahlungs- und Wärmehaushalt eines Stadtgebietes unterliegt im Vergleich zum Umland zahlreichen Einflüssen, die innerhalb der bodennahen Atmosphäre sowohl auf die reflektierenden, streuenden und absorbierenden gas- und partikelförmigen sowie flüssigen Luftbeimengungen zurückzuführen sind, als auch durch Art, Gliederung, Nutzungsstruktur und Exposition der städtischen Oberflächen geprägt werden. Die Zusammensetzung der Stadtatmosphäre und die Oberflächenbeschaffenheit bestimmen die kurz- und langwellige Albedo, den Emissionsgrad und damit letztlich das thermische Verhalten der Flächen.

Unter der Voraussetzung von Advektionsarmut und Abwesenheit von Niederschlag besteht die Strahlungs- bzw. Wärmebilanz für die Grenzfläche Boden/Luft nach Gl. 4.4-5 aus

$$Q + q_m + q_a + q_B + q_l + q_s = 0\,/\mathrm{W\,m^{-2}} \qquad (4.4\text{-}5)$$

mit

Q = Strahlungsbilanz /W m^{-2}
q_m = metabolische Wärmeflußdichte /W m^{-2}
q_a = künstliche Wärmeflußdichte /W m^{-2}
q_B = Bodenwärmeflußdichte /W m^{-2}
q_l = turbulente latente Wärmeflußdichte /W m^{-2}
q_s = turbulente sensible Wärmeflußdichte /W m^{-2}

Nach dem Energieerhaltungssatz und unter Beachtung, daß eine Fläche per definitionem masselos ist, muß die Summe der einzelnen Glieder der Strahlungs- und Wärmebilanz ausgeglichen sein. Sie wird deshalb zu Null gesetzt. Die Strahlungsbilanz (Q) ergibt sich zu

$$Q = (I + D)(1 - \rho_s) + A(1 - \rho_l) + E \,/\mathrm{W\,m^{-2}} \tag{4.4-6}$$

mit

I = direkte Sonnenstrahlung /W m^{-2}
D = diffuse Sonnenstrahlung /W m^{-2}
ρ_s = kurzwelliger Reflexionsgrad der Oberfläche /1
ρ_l = langwelliger Reflexionsgrad der Oberfläche /1
A = langwellige Gegenstrahlung /W m^{-2}
E = langwellige Ausstrahlung /W m^{-2} mit $E = \sigma \cdot \varepsilon \cdot T_O$
σ = Stefan-Boltzmann Konstante ($5{,}67 \cdot 10^{-8}$ W m^{-2} K^{-4})
ε = Emissionsgrad /1
T_O = Oberflächentemperatur /K

Konventionsgemäß werden Strahlungs- und Wärmeflußdichten mit einem positiven Vorzeichen versehen, wenn sie zur Bezugsfläche hin gerichtet sind. Im umgekehrten Falle sind sie negativ.

Die meist verschmutzte Stadtatmosphäre führt dazu, daß das Verhältnis von direkter (I) zu indirekter Solarstrahlung (D) klein ist. Eine Schwächung der Globalstrahlung ($G = I + D$) ist abhängig von der Zenitdistanz der Sonne sowie der Konzentration und den optischen Eigenschaften der in der Luft enthaltenen Gase und Schwebeteilchen. Im allgemeinen wird – je nach Verschmutzungsgrad – von einer durchschnittlichen Minderung im Vergleich zum Umland von 4 bis 20% ausgegangen (Wendling u. Pohl 1979), wobei sich sowohl deutliche Unterschiede zwischen den Jahreszeiten als auch Abhängigkeiten zu einzelnen Windrichtungen wegen der Beeinflussung durch die Abluftfahnen ergeben.

Die Verringerung der Lichtdurchlässigkeit der Atmosphäre kann mit Hilfe des von Linke eingeführten Trübungsfaktors (T_L) angegeben werden. Bei diesem wird die tatsächliche Trübung der Luft, hervorgerufen durch Absorption und Streuung, mit der Schwächung der Strahlung, die durch eine Rayleigh-Streuung erzeugt wird, verglichen. Allgemein wird T_L auch als das Vielfache der reinen Atmosphären aufgefaßt, die dieselbe Trübung wie die tatsächliche Atmosphäre verursachen. Richtwerte für T_L sind in Tabelle 4.4-11 enthalten. Die Trübungswerte westeuropäischer Stadtatmosphären dürften gegenwärtig im Durchschnitt bei $T_L = 4$ bis 6 liegen.

Die Gesamtschwächung, der die Globalstrahlung unterworfen ist, läßt sich wie folgt berechnen (VDI 3789, 1994):

$$G = I_0 \cdot \exp(-T_L \cdot \delta_{RO} \cdot m \cdot p/p_0) \,/\mathrm{W\,m^{-2}} \tag{4.4-7}$$

mit

G = aktuelle Globalstrahlung /W m^{-2}
I_0 = Solarkonstante (1 367 W m^{-2})
T_L = Linke-Trübungsfaktor /1
δ_{RO} = vertikale optische Dicke der Rayleigh-Atmosphäre einschließlich Ozonabsorption /1
m = relative optische Luftmasse /1
p/p_0 = Luftdruckkorrektur zur Reduktion der optischen Dicke der Normatmosphäre mit dem Luftdruckniveau p_0 = 1 013 hPa auf den aktuellen Luftdruck

Tabelle 4.4-12 stellt die Globalstrahlungsflußdichten einer theoretisch stark verschmutzten Stadtatmosphäre ($T_L = 5$) und einer weniger belasteten Umlandatmosphäre ($T_L = 3$) gegenüber. Insbesondere bei tiefstehender Sonne und einer daraus resultierenden überproportionalen Zunahme der optischen Luftmasse nimmt die Strahlungsschwächung relativ große Werte an. Ferner ist die Verringerung der

Tabelle 4.4-11. Richtwerte für den Linke-Trübungsfaktor (T_L) bei verschiedenen Luftmassen. (Nach VDI 3789, 1994)

Charakterisierung der Luftmasse	T_L
Sehr saubere Kaltluft	2
Saubere Warmluft	3
Feuchtwarme oder stagnierende Luft	4 bis 6
Verunreinigte Luft	>6

Tabelle 4.4-12. Abhängigkeit der Globalstrahlungsflußdichte (G) vom Linke-Trübungsfaktor (T_L) für verschiedene Sonnenhöhenwinkel (γ), relative optische Luftmassen (m) und vertikale optische Dicken (δ_{RO}) im „Stadt“ (T_L=5)/ „Umland“ (T_L=3)-Vergleich. (Nach VDI 3789, 1994)

γ (Grad)	m[a] (1)	δ_{RO}[b] (1)	G $T_L=5$ [„Stadt“] (W m^{-2})	G $T_L=3$ [„Umland“] (W m^{-2})	$\frac{\text{„Stadt“}}{\text{„Umland“}} \cdot 100\%$
60	1,15	0,095	792	985	80,4
45	1,41	0,094	704	918	76,7
30	2,00	0,089	561	801	70,0
15	3,86	0,077	309	560	55,2

[a] $m = 1/[\sin(\gamma + a(\gamma+b)^{-c})]$; a = 0,50572, b = 6,07995°, c = 1,6364
[b] $\delta_{RO} = 1/(0{,}9\, m + 9{,}4)$

Globalstrahlungsflußdichte von der Wellenlänge abhängig. So kann es im ultravioletten Bereich ($\lambda < 380$ nm) unter ungünstigen Bedingungen sogar zu einer weitgehenden Strahlungsabsorption kommen.

Die auch vom Sonnenhöhenwinkel (γ) sowie von der Beschaffenheit und Exposition der Oberfläche abhängige kurzwellige reflektierte Strahlung wird für europäische und nordamerikanische Großstädte mit einem Reflexionsgrad von 10 bis 30% angegeben. Der langwellige Reflexionsgrad (ρ_l) erreicht etwa 5%; er wird in Anbetracht der Fehler bei der Bestimmung der anderen Größen meist nicht berücksichtigt.

Die langwelligen *Strahlungsflußdichten*, die durch den zweiten Teil von Gl. 4.4-6 zum Ausdruck kommen, werden im wesentlichen von der Temperatur der Oberflächen und der Atmosphäre (auch Luftfeuchte und CO_2-Gehalt) sowie den entsprechenden Emissionsgraden (ε) bestimmt. Auf die langwellige Ausstrahlung (E) wirkt sich besonders stark die Horizontüberhöhung aus, die z. B. durch das Verhältnis von Straßenbreite zur Höhe der Randbebauung angegeben werden kann und in Städten eine besondere Rolle spielt. Bei großen Verhältniswerten, d. h. breiten Straßen und niedrigen Gebäudehöhen, wird bei entsprechenden Wetterlagen noch rund 90% der Energie ausgestrahlt; bei sehr kleinen Verhältniswerten (z. B. 0,5) hingegen nur noch weniger als 30%. Hinsichtlich der Strahlungsflußdichten im langwelligen Bereich zeichnen sich Städte im Vergleich zum Umland sowohl durch höhere Werte der Gegenstrahlung (= höherer Treibhauseffekt) als auch der Ausstrahlung des Untergrundes aus (Tabelle 4.4-13). Während die höheren Gegenstrahlungswerte auf die stärkere Konzentration infrarotabsorbierender Gase einschließlich des Wasserdampfes sowie von Schwebeteilchen zurückzuführen sind, beruhen die höheren Ausstrahlungswerte auf höheren Oberflächentemperaturen.

In die *städtische Wärmebilanz* (vgl. Gl. 4.4-5) gehen q_m, q_a, q_B, q_l und q_s ein. Unter metabolischer Wärmeproduktion (q_m) versteht man die durch den Stoffwechsel von Organismen verursachte, d. h. in er-

Tabelle 4.4-13. Mittlere langwellige Strahlungsflußdichten ($W\,m^{-2}$) für Ausstrahlung (E), Gegenstrahlung (A) und deren Differenz (E – A) in Stadt und Umland von Montreal auf der Basis von zwölf Profilmeßfahrten während wolkenloser Nächte in den Jahren 1969/70. (Nach Oke u. Fuggle 1972)

	E	A	E – A
Stadt (S)	313	401	–88
Umland (U)	298	382	–84
Differenz S–U	15	19	–4

ster Linie von den Stadtbewohnern abgegebene Energie. Faßt man z.B. die von den Einwohnern einer Großstadt freigesetzte Energie unter Berücksichtigung eines „mittleren Aktivitätszustandes" von etwa 200 Watt pro Person zusammen, dann würde für eine Fläche von 200 km^2 und unter Zugrundelegung von 600 000 Einwohnern etwa 0,6 $W\,m^{-2}$ resultieren. Da es sich im Vergleich zu den anderen Flußdichten hierbei um einen relativ geringen Wert handelt, wird er bei Energiebilanzbetrachtungen im allgemeinen vernachläßigt.

Die *künstliche Wärmeproduktion* (q_a), die aus der thermischen Emission von Kraftfahrzeugen, Kraftwerken, Industrieanlagen, Hausbrand und evtl. auch aus dem Betrieb von Klimaanlagen resultiert, erreicht in Abhängigkeit vom Typus sowie von der geographischen und topographischen Lage einer Stadt sehr unterschiedliche Werte (Tabelle 4.4-14). So können z.B. hohe Wärmeflußdichten sowohl durch hohe Einwohnerdichten als auch durch hohen Pro-Kopf-Energieverbrauch verursacht werden. Die Beeinflussung macht sich besonders im Winter bei negativer Strahlungsbilanz und tiefen Temperaturen bemerkbar. Städte in winterstrengen Klimaten wie Fairbanks, Montreal oder Manhattan können q_a-Werte erreichen, die z.T. um ein Mehrfaches über denjenigen der natürlichen Strahlungsbilanz (Q) liegen.

Zur einfachen Handhabung und Kennzeichnung der das thermische Stadtklima im wesentlichen bestimmenden Größen q_s und q_l wird vielfach der von Bowen eingeführte Verhältniswert (Bo) (Gl. 4.4-8) verwendet:

$$Bo = \frac{q_s}{q_l} / 1 \qquad (4.4\text{-}8)$$

Oberflächen, die z.B. wenig verdunstungsaktiv sind und deren Energieabgabe überwiegend über q_s erfolgt, zeichnen sich durch Bo-Werte >1 aus, während bei dominierendem turbulenten latenten Wärmefluß Bo-Werte <1 erreicht werden. Die Angabe des Bowen-Verhältnisses erlaubt in Hinblick auf den vorherrschenden Wärmetransport eine detaillierte Klassifizierung unterschiedlich genutzter Flächen. Abb. 4.4-5 enthält für verschieden genutzte Oberflächen die mittleren stündlichen Bo-Werte. Negative Zahlen werden auf dieser Mittelungsbasis nur über Grünflächen gefunden, und zwar frühmorgens, abends und insbesondere nachts. Während der Tagesstunden sind sowohl der fühlbare als auch der latente Wärmefluß überwiegend von der Oberfläche weggerichtet. Bei Vorherrschen von Temperaturinversionen können sich die Wärmetransportrichtungen umkehren, wodurch Bo ein negatives Vorzeichen annehmen kann. Da in Stadtgebieten auf-

Tabelle 4.4-14. Pro-Kopf-Energieverbrauch, Flußdichten der anthropogenen Energieproduktion (q_a) und der natürlichen Strahlungsbilanz (Q) in ausgewählten Städten der nördlichen Halbkugel pro Jahr. (Nach Zusammenstellungen in Helbig 1987; Oke 1990; Steinecke 1995, verändert)

Stadt (geogr. Breite)	Jahr	Jahreszeit	Fläche km^2	Bevölkerung 10^6 Einw.	Einwohnerdichte Einw./km^2	Pro-Kopf-Verbrauch MJ $\cdot 10^3$/Einw.	q_a $W\,m^{-2}$	Q $W\,m^{-2}$	Anteil von $\frac{q_a}{Q} \cdot 100\%$
Fairbanks (64°N)	1965-70	Jahr	37	0,03	810	740	19	18	106
Reykjavík (64°N)	1992	Jahr	38	0,1	2680	1100	35	90	39
Sheffield (53°N)	1952	Jahr	48	0,5	10 420	58	19	56	34
Berlin (West) (52°N)	1967	Jahr	234	2,3	9830	67	21	57	37
Chorzów (50°N)	1965	Jahr	–	–	–	–	82	–	–
Vancouver (49°N)	1970	Jahr	112	0,6	5360	112	19	57	33
Budapest (47°N)	1970	Jahr	113	1,3	11 500	118	43	46	93
		Sommer					32	100	–
		Winter					51	–	–
Montreal (45°N)	1961	Jahr	78	1,1	14 102	221	99	52	190
		Sommer					57	92	62
		Winter					153	13	1177
Manhattan (40°N)	1967	Jahr	59	1,7	28 810	128	117	93	126
		Sommer					40	–	–
		Winter					198	–	–
Los Angeles (34°N)	1965–1970	Jahr	3500	7,0	2000	331	21	108	19
Hongkong (22°N)	1971	Jahr	1046	3,9	3730	34	4	~110	4
Singapur (1°N)	1972	Jahr	568	2,1	3700	25	3	~110	3

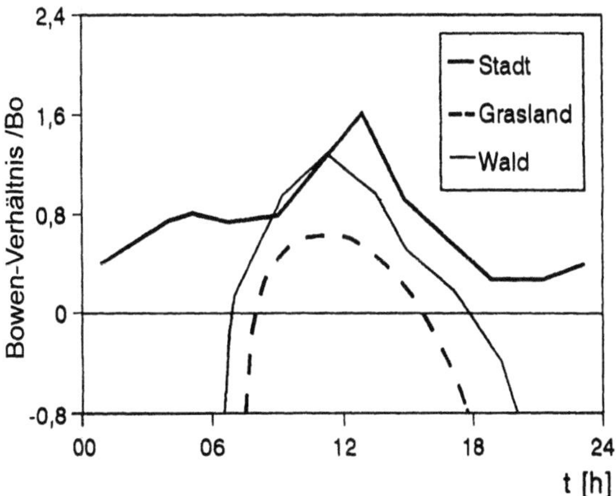

Abb. 4.4-5. Tagesgang des Bowen-Verhältnisses (Bo) für verschiedene Oberflächen. (Aus Oke et al. 1982; hier nach Kuttler 1998b)

grund des Wärmeinseleffekts Inversionen seltener auftreten, sinken die Bo-Werte zwar unter eins, werden jedoch i.a. nicht negativ, was z.B. im Umland der Fall ist, wenn sich ein zur Oberfläche gerichteter q_s-Transport und ein noch in die Atmosphäre erfolgender q_l-Transport gegenüberstehen.

Eine wichtige Größe in der städtischen Energiebilanz stellt die Bodenwärmeflußdichte q_B dar. Aufgrund der hohen Wärmeleitfähigkeits- und Wärmekapazitätswerte von Baumaterialien übernehmen Untergrund und Gebäude eine wichtige thermische Speicherfunktion. Es kann davon ausgegangen werden, daß bis zu 50% der städtischen Energiebilanz unter trockenen Witterungsverhältnissen durchschnittlich auf q_B entfallen (Parlow 1998). Die hieraus am Tage resultierende Energierücklage speist während der Nachtstunden die städtische Wärmeinsel.

Zusammenfassend ist festzustellen, daß in bebautem Gebiet für die Glieder D, E, A, q_a, q_B und q_s der Strahlungs- und Energiebilanz durchschnittlich höhere Werte auftreten, niedrigere hingegen für I und q_l.

4.4.6 Städtische Überwärmung

Im Vergleich zum Umland weisen Städte in der Regel höhere Luft- und Oberflächentemperaturen auf. Besonders stark ist die Überwärmung während eigenbürtiger (autochthoner) Wetterlagen, die sich dadurch auszeichnen, daß Betrag und Verlauf der Klimaelemente durch die lokalen Verhältnisse bestimmt werden. Hohe Ein- und Ausstrah-

Tabelle 4.4-15. Stundenmittelwerte der Lufttemperaturen (in 2 m ü. Gr.) im Tagesgang für Stadt ($\bar{t}_S$) und Umlang ($\bar{t}_U$) am Beispiel Düsseldorf. (Meßperiode: 12. 1. 1993 bis 11. 1. 1994). (Nach Kuttler unveröffentlicht)

	Stadt[a]			Umland[b]			Stadt minus Umland		
Spaltennummer	1	2	3	4	5	6	7	8	9
Uhrzeit MEZ [h]	$\bar{t}_S$ [°C]	$\bar{t}_{Smin}$ [°C]	$\bar{t}_{Smax}$ [°C]	$\bar{t}_U$ [°C]	$\bar{t}_{Umin}$ [°C]	$\bar{t}_{Umax}$ [°C]	$\Delta\bar{t}_{S-U}$ [K]	$\Delta\bar{t}_{Smin-Umin}$ [K]	$\Delta\bar{t}_{Smax-Umax}$ [K]
0	10,4	1,8	17,3	8,7	0,6	15,4	1,7	1,2	1,9
1	10,1	1,7	16,8	8,4	0,5	14,9	1,7	1,2	1,9
2	9,8	1,5	16,3	8,1	0,3	14,3	1,7	1,2	2,0
3	9,5	1,5	16,0	7,8	0,1	13,9	1,7	1,4	2,1
4	9,3	1,3	15,6	7,6	-0,1	13,6	1,7	1,4	2,0
5	9,1	1,1	*15,3*	*7,5*	-0,2	*13,5*	1,6	1,3	1,8
6	*9,0*[c]	1,0	*15,3*	7,6	-0,3	14,2	1,4	1,3	1,1
7	9,2	1,0	15,7	8,1	*-0,4*	15,2	1,1	1,4	0,5
8	9,7	*0,9*	16,5	8,9	-0,3	16,2	0,8	1,2	0,3
9	10,3	1,1	17,4	9,8	0,2	17,4	0,5	0,9	0,0
10	11,0	1,4	18,4	10,8	0,7	18,5	0,2	0,7	-0,1
11	11,7	2,0	19,3	11,6	1,4	19,5	0,1	0,6	-0,2
12	12,5	2,7	20,0	12,3	2,2	20,1	0,2	0,5	-0,1
13	13,0	3,4	20,5	12,9	2,9	20,5	0,1	0,5	0,0
14	13,4	4,1	20,9	13,2	3,6	21,1	0,2	0,5	-0,2
15	**13,6**[d]	**4,3**	21,2	**13,3**	**4,0**	21,3	0,3	0,3	-0,1
16	13,5	**4,3**	**21,4**	13,1	3,7	**21,4**	0,4	0,6	0,0
17	13,3	4,0	**21,4**	12,7	3,0	21,1	0,6	1,0	0,3
18	12,9	3,5	20,9	12,1	2,1	20,4	0,8	1,4	0,5
19	12,5	3,2	20,4	11,3	1,7	19,6	1,2	1,5	0,8
20	12,0	2,9	19,7	10,5	1,4	18,4	1,5	1,5	1,3
21	11,5	2,6	18,9	9,9	1,2	17,1	1,6	1,4	1,8
22	11,1	2,4	18,2	9,4	1,0	16,1	1,7	1,4	2,1
23	10,7	2,2	17,5	9,0	0,9	15,3	1,7	1,3	2,2
$\bar{X}$	11,2	2,3	18,2	10,2	1,3	17,1	1,0	1,1	0,9

[a] Standort Citylage; 37 m ü. NN; Versiegelungsgrad 83%
[b] Standort Freiland, Niederterrasse; 39 m ü. NN; Versiegelungsgrad 14%
[c] Minima *kursiv*
[d] Maxima **fett**

lung sowie geringe Luftbewegung sind am ehesten die Garanten dafür. Während allochthonen Wetters mit höheren Windgeschwindigkeiten, geringerer durch Bewölkung verursachter Einstrahlung und insbesondere beim Auftreten von Niederschlägen, ergeben sich keine bzw. nur kaum nachweisbare stadtklimatische Modifikationen.

Die städtische Überwärmung ist auf die in Abschnitt 4.4.5 genannte unterschiedlich starke Ausprägung der einzelnen Glieder der Strahlungs- und Energiebilanz zurückzuführen. Die Stärke der Überwärmung wird üblicherweise durch die Temperaturdifferenz ($\Delta t_{S\text{-}U}$) – in der Regel durch die der Lufttemperatur – zwischen Stadt (S) und Umland (U) angegeben. Überwärmte Stadtgebiete werden als „Wärmeinseln“ bezeichnet, womit man auf das inselartige Auftreten der Übertemperatur in einer kühleren Umgebung hinweisen will (Kuttler 1998a). „Wärmearchipel“ wäre der sinnvollere Begriff, da ein Stadtgebiet nicht homogen überwärmt ist, sondern aufgrund der heterogenen Flächennutzungsstruktur durchaus mehrere Wärmezentren mit dazwischenliegenden Bereichen niedrigerer Temperatur aufweisen kann. Dieser Begriff hat sich jedoch nicht durchgesetzt.

Räumliches und zeitliches Erscheinungsbild städtischer Wärmeinseln

Grundsätzlich lassen sich verschiedene Typen von Wärmeinseln unterscheiden, die zeitlich entkoppelt und räumlich unterschiedlich stark auftreten können.

Eine vom Untergrund her beeinflußte *Bodenwärmeinsel* beruht auf hohen Oberflächentemperaturen. Sie deckt sich im wesentlichen mit der Verbreitung der bebauten Gebiete und ist damit als flächenscharf anzusehen. Ihr Nachweis erfolgt anhand von Oberflächentemperaturen, die z.B. mit Strahlungsthermometern erfaßt oder mit Hilfe von Infrarot-Thermalaufnahmen dargestellt werden können.

Die *Wärmeinsel der Stadthindernisschicht*, die sich auf den Luftraum zwischen Boden und mittlerer Dachhöhe bezieht, ist auf die Oberflächenvergrößerung und Energiefreisetzung (q_s, q_l, q_a), einer erhöhten Gegenstrahlung (A) sowie einer verringerten Ausstrahlung (E) durch die Horizonteinschränkung zurückzuführen. Nachgewiesen wird sie mit Hilfe von Lufttemperaturmessungen. Dieser Wärmeinseltyp fällt in seiner Verbreitung nur grob mit der bebauten Fläche zusammen, da es sich hierbei um ein überwärmtes Luftvolumen handelt, das schon bei geringer Windgeschwindigkeit einer permanenten Deformation unterliegt. Insbesondere kann vom Umland zufließende Kaltluft, z.B. als Flurwind (s. Kap. 4.4.4.), zu einer Verschiebung der Grenzen dieser Wärmeinsel führen, woraus eine besonders stark gegliederte Abgrenzung zum Umland resultieren kann.

Darüber liegt die *Stadtgrenzschichtwärmeinsel* oder auch die städtische Abluftfahne. Deren Entstehung basiert auf Wärmetransporten von unten (q_s, q_l), Einspeisung künstlicher Wärme (q_a) sowie verstärkte Strahlungsabsorption atmosphärischer Spurenstoffe mit der daraus resultierenden thermischen Emission (A). Dieser Wärmeinseltyp erstreckt sich bereits so weit in die Atmosphäre, daß seine Ausbreitung dem übergeordneten Wind unterliegt. Das führt zu der schon genannten leewärtigen Abdrift der städtischen Abluft- und Wärmefahne, die sich durchaus einige Kilometer ins Umland erstrekken kann. Der Nachweis dieses Wärmeinseltyps erfolgt z. B. mit Hilfe von direkten und indirekten Vertikalsondierungen.

Grundsätzlich unterliegen städtische Wärmeinseln in Abhängigkeit von der Tages- und Jahreszeit einem räumlichen Gestalt- und Intensitätswechsel. Letzterer wird anschließend exemplarisch für die Stadthindernisschichtwärmeinsel erläutert.

Tagesgang

Die Diskussion der Wärmeinselintensität basiert auf der Grundlage eines Vergleichs der mittleren Stundenmittelwerte der Lufttemperaturen zwischen einem repräsentativen Innenstadt- und Umlandstandort (Tabelle 4.4-15). Da sich der Mittelungszeitraum nicht nur auf die den Wärmeinseleffekt besonders fördernden Strahlungswetterlagen beschränkt, sondern auf ein Jahr bezieht, sind extreme Unterschiede nicht zu erwarten. Hiernach treten in Stadt (S) und Umland (U) die niedrigsten Stundenmittelwerte (Spalten 1 und 4) frühmorgens zwischen 5 und 6 Uhr auf; das Umland ist zu diesem Zeitpunkt um 1,5 K kühler als die Stadt. Die höchsten Temperaturen ergeben sich hingegen zeitgleich um 15 Uhr mit vergleichbar hohen Werten ($\bar{t}_S = 13{,}6\,°C$; $\bar{t}_U = 13{,}3\,°C$). Die Intensität der städtischen Überwärmung zeigt (7), daß insbesondere in den Nachtstunden zwischen 22 Uhr und 4 Uhr der thermische Stadtklimaeffekt mit 1,7 K am intensivsten ausgeprägt ist. Tagsüber reduziert sich bodennah diese Differenz auf bis zu 0,1 K und verdeutlicht damit den schwindenden Einfluß des Stadtkörpers auf die Ausbildung der Wärmeinsel innerhalb der Stadthindernisschicht. Die nächtliche Wärmeabgabe des Stadtkörpers an die Luft und deren Temperaturhaltefähigkeit im bebauten Gebiet zeigt sich besonders deutlich bei Vergleich der Minimumtemperaturen (2 und 5). Während diese in der Stadt positiv bleiben, sinken sie im Umland bis zum frühen Morgen auf negative Werte ab. Bestätigt wird die nächtliche Divergenz der Temperaturverläufe insbesondere auch durch die Beträge der Minimadifferenzen (8). Generell wird die Abkühlungsrate als wichtiges Charakteristikum zur Unterscheidung des thermischen Verhaltens von Klimatopen herangezogen. Brunt (1941) stellte hierfür nachfolgende Gleichung auf:

$$\Delta T_{SU,SA} = -\frac{2}{\pi^{0,5}} \cdot \frac{|E - A|}{(c \cdot \rho \cdot \lambda)^{0,5}} \cdot t^{0,5} \text{ /K} \tag{4.4-9}$$

mit

$\Delta T_{SU,SA}$ = Abnahme der Lufttemperatur zw. Sonnenuntergang und -aufgang /K
E − A = effektive Ausstrahlung /W m^{-2}
c = spez. Wärmekapazität des Untergrundes /J kg^{-1} K^{-1}
ρ = Dichte des Untergrundes /kg m^{-3}
λ = Wärmeleitfähigkeit des Untergrundes /J m^{-1} K^{-1} s^{-1}
t = Zeit nach Sonnenuntergang /s

Die zeitabhängige Abkühlung wird hiernach sowohl durch den Betrag der effektiven Ausstrahlung $|E - A|$ als auch durch die Höhe des Wärmeeindringkoeffizienten des Untergrundes $(c \cdot \rho \cdot \lambda)^{0,5}$ bestimmt. Die schnellere Abnahme der Lufttemperatur im Umland beruht erstens darauf, daß der Himmelssichtfaktor dort höhere Werte aufweist als im urbanen Bereich und – wegen seiner Proportionalität zur effektiven Ausstrahlung – diese deshalb im Umland höher ist. Zweitens verstärkt der i.a. kleinere Wärmeeindringkoeffizient von natürlichem Boden im Vergleich zu künstlichen Baumaterialien den Abkühlungsprozeß im Umland.

Nachts bestehen somit die größten thermischen Unterschiede zwischen Stadt- und Umgebungsklimatopen. Ähnliches weist die Gegenüberstellung der Differenzen der Maxima (9) auf, wobei in diesem Zusammenhang die Tatsache von Interesse ist, daß sich die höchsten Temperaturen im Tagesverlauf zur gleichen Zeit und mit gleichem Betrag (3 und 6) ergeben. Stadt und Umland sind insbesondere während der Mittagszeit annähernd gleich temperiert, jedenfalls in der Stadthindernisschicht. Wie die negativen Vorzeichen in Spalte 9 belegen, kann es sogar zu geringfügigen Überwärmungen im Umland kommen, die auf dem Temperaturrückgang des Stadtstandortes durch Beschattung, auf verstärkte fühlbare Wärmeflußdichten (q_s) sowie auf erhöhtem Wärmetransport in die Baumassen (q_B) beruhen dürften.

Zusammenfassend kann hinsichtlich des Auftretens der städtischen Wärmeinselintensität im Tagesverlauf festgestellt werden, daß diese nachts besonders groß ist, wenn aufgrund der Stabilitätsverhältnisse die turbulente Durchmischung reduziert ist und deshalb die warme Luft aus dem Stadtkörper nicht so schnell abtransportiert werden kann. Tagsüber tritt die städtische Überwärmung bodennah hingegen kaum in Erscheinung. Begründet werden kann dies damit, daß die Bodenwärmeflußdichte am Tage im Vergleich zu den anderen Wärmeflußdichten hoch ist, wodurch die Wärme im Untergrund und in den Baumassen gespeichert werden kann. Zeitversetzt überwiegt dann nachts der aus dem Stadtkörper in die bodennahe Atmosphäre gerichtete Wärmetransport, wodurch es in der Stadthindernisschicht im Vergleich zum Umland zu einer relativen Erhöhung der Lufttemperatur kommt.

Jahresgang

Zur Erläuterung des Jahresganges der Wärmeinselintensität werden die mittleren monatlichen Lufttemperaturen des bereits genannten Stationspaares miteinander verglichen (Tabelle 4.4-16): Die hier interessierenden mittleren Temperaturdifferenzen ($\Delta\bar{t}_{S-U}$) weisen eine Spanne von 1,2 K im Jahresverlauf auf, wobei im Januar mit 0,2 K die niedrigsten, im März mit 1,4 K hingegen die höchsten Werte erreicht werden. Unter dem Aspekt, daß die Höhe der Windgeschwindigkeit und der Bewölkungsgrad einen dominierenden Einfluß auf die Wärmeinselintensität haben, wird die Variabilität der Differenzen zwischen den einzelnen Monaten verständlich. Die höchsten mittleren Übertemperaturen ergeben – zusammengefaßt nach Jahreszeiten – im Frühjahr 1,3 K, im Winter 0,6 K. Im Sommer und Herbst werden jeweils 1,1 K erreicht. Obwohl im Winter verstärkt künstliche Wärme

Tabelle 4.4-16. Monatsmittelwerte der Lufttemperaturen eines Stadt- ($\bar{t}_S$) und Umlandstandortes ($\bar{t}_U$) sowie deren Differenzen ($\Delta\bar{t}_{S-U}$) am Beispiel Düsseldorf[a]) (Meßperiode: 12. 1. 1993 bis 11. 1. 1994). (Nach Kuttler unveröffentlicht)

Luft-Tem-pera-tur	Monat											
	Jan.	Febr.	März	April	Mai	Juni	Juli	Aug.	Sept.	Okt.	Nov.	Dez.
$\bar{t}_S$ [°C]	6,2	2,3	7,6	13,3	16,7	18,2	18,1	17,4	14,6	10,4	3,8	5,9
$\bar{t}_U$ [°C]	6,0	1,3	6,2	12,0	15,6	17,1	17,3	16,2	13,6	9,3	2,6	5,2
$\Delta\bar{t}_{S-U}$ [K]	0,2	1,0	1,4	1,3	1,1	1,1	0,8	1,2	1,0	1,1	1,2	0,7

Winter (DJF)	$\Delta\bar{t}_{S-U} = 0{,}6$ K	$\bar{u} = 2{,}2$ m s^{-1}
Frühjahr (MAM)	$\Delta\bar{t}_{S-U} = 1{,}3$ K	$\bar{u} = 1{,}9$ m s^{-1}
Sommer (JJA)	$\Delta\bar{t}_{S-U} = 1{,}0$ K	$\bar{u} = 1{,}9$ m s^{-1}
Herbst (SON)	$\Delta\bar{t}_{S-U} = 1{,}1$ K	$\bar{u} = 1{,}8$ m s^{-1}

[a] Standortcharakteristika der Meßstationen s. Fußnoten Tabelle 4.4-15

(q_a), z. B. durch Gebäudebeheizungen, abgegeben wird, ist ihr Einfluß auf die Ausbildung der städtischen Wärmeinsel zwar vorhanden, aber offenbar nicht sehr groß. Im allgemeinen gilt für Städte im mitteleuropäischen Klimabereich, daß die Überwärmungen vergleichsweise zum Umland bei Strahlungswetterlagen nachts in den Übergangsjahreszeiten und im Sommer stärker ausgeprägt sind als im Winter.

Die z. T. sehr deutlichen Modifikationen des thermischen Verhaltens einer Stadt lassen sich eindrucksvoll auch mit Hilfe „klimatologischer Ereignistage" herausstellen (Tabelle 4.4-17). So werden z. B. für die Stadt Düsseldorf fünf Sommertage mehr und 24 Frosttage weniger registriert als in ihrem Umland. Die besonders starke nächtliche Überwärmung der Innenstadt wird durch die wesentlich größere Anzahl an sogenannten „Grillpartytagen" – in Bayern wird bei gleichlautender Definition auch von „Biergartentagen" gesprochen – (41 gegenüber 21 Tagen) und „heißen Nächten" (19 gegenüber 3) deutlich, die einen vermehrten Aufenthalt im Freien erlauben, aber auch den thermischen Diskomfort des nächtlichen Schlafklimas erhöhen.

Tabelle 4.4-17. Anzahl klimatologischer Ereignistage im Innenstadt/Umlandvergleich am Beispiel Düsseldorf[a]. (Meßperiode: 12. 1. 1993 bis 11. 1. 1994). (Nach Kuttler unveröffentlicht)

Anzahl	Stadt	Umland
Sommertag ($t_{max} \geq 25\,°C$)	31	26
Frosttage ($t_{min} < 0\,°C$)	29	53
Grillpartytage ($t_{21^h} \geq 20\,°C$)	41	21
Heiße Nächte ($t_{24^h} \geq 20\,°C$)	19	3

[a] Standortcharakteristika der Meßstationen s. Fußnoten Tabelle 4.4-15

Einflußfaktoren städtischer Wärmeinseln

Die thermischen Verhältnisse innerhalb von Ballungsräumen werden durch die Flächennutzung, die Baukörperstruktur und die Stadtgröße bestimmt. Es wurde bereits darauf hingewiesen, daß besonders starke urbane Überwärmungen während autochthoner Wetterlagen zu erwarten sind. Allerdings handelt es sich beim Auftreten des Wärmeinseleffektes nicht ausschließlich um ein reines „Schönwetterphänomen", wie die vorangegangenen Ausführungen gezeigt haben.

Mitteleuropäische Großstädte weisen z. B. in rund 80% der Jahresstunden eine Überwärmung von $\Delta\bar{t}_{S-U} \geq 1$ K zum Umland auf. Eine besonders starke Abhängigkeit besitzt die Wärmeinselintensität von der Windgeschwindigkeit, aber – in geringerem Maße – auch vom Wolkenbedeckungsgrad, wie z. B. der für die Stadt Uppsala gefundene Zusammenhang zeigt (Sundborg 1950):

$$\Delta\bar{t}_{S-U} = \frac{(a - b\,N)}{\bar{v}} \;/\mathrm{K} \qquad (4.4\text{-}10)$$

mit
N = Wolkenbedeckungsgrad $/\cdot 10^{-1}$
$\bar{v}$ = mittlere Umlandwindgeschwindigkeit $/\mathrm{m\ s^{-1}}$
a, b = stadtabhängige Konstanten $/\mathrm{m\ K\ s^{-1}}$

Auch bestehen Abhängigkeiten der maximalen Wärmeinselintensitäten von der Stadtgröße und -funktion (Oke 1973). Da hierunter nicht nur infrastrukturelle Faktoren wie Anzahl und Größe der Gebäude, Länge und Dichte des Straßennetzes sowie Anzahl und spezifische Fahrleistung der Kraftfahrzeuge subsumiert werden, sondern auch die relativ einfach zu erfassende Einwohnerzahl, kann diese stellvertretend als Angabe für die Größe einer Stadt mit der jeweiligen Überwärmung in Zusammenhang gebracht werden. Entsprechende Abhängigkeiten für kanadische (Gl. 4.4-11) und europäische Städte (Gl. 4.4-12) belegen dies.

$$\Delta t_{S-U_{(max)}} = 2{,}96\,\mathrm{K}\,\lg \mathrm{Ew} - 6{,}41\,\mathrm{K} \;/\mathrm{K} \qquad (4.4\text{-}11)$$

$$\Delta t_{S-U_{(max)}} = 2{,}01\,\mathrm{K}\,\lg \mathrm{Ew} - 4{,}06\,\mathrm{K} \;/\mathrm{K} \qquad (4.4\text{-}12)$$

mit
Ew = Einwohnerzahl /1

Die beiden Regressionsfunktionen unterscheiden sich in der Steigung der Geraden und im Achsenabschnitt. Im Falle einer kanadischen bzw. europäischen Millionenstadt beläuft sich hiernach der Unterschied zwischen beiden maximalen Wärmeinselintensitäten auf rund 3 K. Das könnte dadurch bedingt sein, daß andere Parameter – z. B. q_a –, die für kanadische Städte im allgemeinen als größer angesehen werden als für europäische, die durch die Einwohnerzahl vorgegebene Einflußgröße überdecken. Die – insbesondere in den letzten Jahrzehnten – vielerorts zu beobachtende und offensichtlich weiter anhaltende Abnahme der Bevölkerungsdichte in Innenstädten dürfte sich allerdings nicht auf eine Reduzierung der Wärmeinselintensität auswirken, da die einmal geschaffene Infrastruktur in der Regel erhalten bleibt, so daß von einem entsprechend zu erwartenden Rückgang der Überwärmung nicht ohne weiteres ausgegangen werden kann.

Auch der Versiegelungsgrad der Oberflächen und die geometrischen Verhältnisse der Straßenschluchten beeinflussen die Intensität der städtischen Wärmeinsel. So zeigt sich z.B. für den durch die Horizonteinschränkung bestimmten Himmelssichtfaktor (HF), der als Quotient aus der realen Fläche zur Fläche des potentiell sichtbaren Himmels berechnet wird, für symmetrische Straßenschluchten europäischer, nordamerikanischer und austral-asiatischer Innenstädte der in Gl. 4.4-13 dargestellte Zusammenhang

$$\Delta t_{S-U} = 15{,}27\,\mathrm{K} - \mathrm{HF}\,13{,}88\,\mathrm{K}/\mathrm{K} \qquad (4.4\text{-}13)$$

Bei niedriger Straßenrandbebauung, d.h. bei einem HF-Wert ≈ 1, bildet sich dementsprechend auch nur eine minimale Überwärmung aus.

Bezüglich der humanbioklimatischen Auswirkungen der in Ballungsgebieten auftretenden überwiegend positiven Temperaturanomalien lassen sich für die Stadtbewohner Nachteile, aber auch Vorteile erkennen. Dabei ist zu berücksichtigen, daß die Wärmeinselintensität von den vorgenannten lokalgeprägten Faktoren, aber auch von der geographischen und regionalen Lage einer Stadt abhängen. So unterliegen Küstenstädte z.B. in weitaus geringerem Maße dem Wärmeinseleffekt als Städte in Mulden- oder Tallagen bzw. als solche im Binnenland (Park 1987).

Grundsätzlich sind Stadtbewohner allerdings im Sommer durch höhere Luft- und Strahlungstemperaturen sowie insbesondere bei reduziertem bodennahen Austausch einer höheren Wärmebelastung ausgesetzt als Bewohner der Umgebung, was durch eine höhere Anzahl der Herz- und Kreislaufkranken in den Ballungsräumen während Hitzeperioden dokumentiert wird (Hupfer 1998; Kalkstein et al. 1996). Das gilt sowohl tagsüber als auch des Nachts, wie die Angaben in Tabelle 4.4-17 verdeutlichen.

Auf die Möglichkeiten, den thermischen Diskomfort unter Berücksichtigung des jeweiligen menschlichen Aktivitätszustandes objektiv zu quantifizieren, wird in Abschnitt 4.4.9 eingegangen.

Positive Effekte der städtischen Überwärmung ergeben sich z. B in bezug auf die Einsparung von Heizenergie. So ist die Anzahl an Heiztagen, an denen das Tagesmittel der Außentemperatur unter 15 °C liegt, vergleichsweise zum Umland z.B. für ausgewählte Klimatope der Stadt Bochum (Kuttler 1985) wie folgt reduziert:

- Gewerbegebiet -3%
- aufgelockerte Bebauung -4%
- dichtbebauter Citybereich -6%
- Industriegebiet -11%

Vergleichbare Untersuchungen, die in den USA zum Heizölverbrauch von Gebäuden durchgeführt wurden, belegen, daß in Innenstädten um bis zur Hälfte weniger Brennstoff für Heizzwecke verbraucht wird als in Häusern auf dem freien Land (Landsberg 1981).

Zu den weiteren Veränderungen, die auf die städtische Überwärmung zurückzuführen sind und auf die hier nicht näher eingegangen wird, zählen ferner eine Verlängerung der Vegetationsperiode, eine Verschiebung der pflanzenphänologischen Phasen sowie das verstärkte Auftreten von wärmeliebenden Neophyten und von Tierarten aus wärmeren Gebieten.

Neben einer Abnahme der Anzahl an Frost- und Eistagen führt auch eine Verkürzung der städtischen Schneedeckendauer zu Einsparungen bei der Schnee- und Glättebeseitigung auf Straßen wie Gehwegen.

4.4.7 Luftverunreinigungen

Die städtische Luftqualität wird vornehmlich durch die Emittentengruppen Kfz-Verkehr, Industrie, Kraft- und Fernheizwerke sowie Haushalte beeinflußt. Zu den gegenwärtig wichtigen Beimengungen der Stadtatmosphäre werden NO, NO_2, CO, NMHC, O_3, SO_2, Staub und Ruß gezählt. Industrialisierungsgrad, Wirtschaftsstruktur und geographische Lage der Ballungsräume lassen durch entsprechende Dominanz einzelner Emittentengruppen unterschiedliche Immissionstypen entstehen. So ist das überwiegende Auftreten von NO_x, CO und O_3 im atmosphärischen Spurenstoffspektrum insbesondere an hohe Verkehrsdichten, dasjenige von SO_2-, Staub- und Ruß-Emissionen an Kohle- und Ölverbrennung sowie einen geringeren Motorisierungsgrad gebunden. Eine sektorale Aufteilung für Mitteleuropa zeigt z.B. Tabelle 4.4-18, daß fast 50% der NO_x-, annähernd 60% der CO- und über 30% der NMHC-Freisetzung auf den Kfz-Verkehr zurückzuführen sind. Unter anderem dienen letztgenannte Spurenstoffe als Vorläufergase des O_3 und können bei sommerlicher, sonnenscheinreicher Witterung zu hohen Konzentrationen dieses Spurenstoffes führen und die für Ballungsräume typisch strukturierten „Ozontagesgänge" entstehen lassen (Kuttler u. Zmarsly 1995). In einigen Ländern prägen

Tabelle 4.4-18. Emissionen nach ausgewählten Sektoren in Deutschland im Jahr 1994. (Nach UBA 1996)

Spurenstoff	NO_x 2211 kt[a]		CO 6738 kt		SO_2 2995 kt		Staub 754 kt		NMHC[d] 2135 kt		CO_2 897 Mt	
	kt	%[b]	kt	%	kt	%	kt	%	kt	%	Mt	%
Kfz-Verkehr	1046	47,3	3953	58,7	51	1,7	42	5,6	677	31,7	163	18,2
Industrie[c]	277	12,5	1311	19,4	657	21,9	211	27,9	1237[e]	57,9	182	20,3
Kraft- und Fernheizwerke	488	22,1	104	1,5	1875	62,6	173	22,9	9	0,4	352	39,2
Haushalte	103	4,7	1030	15,3	196	6,6	55	7,3	52	2,4	124	13,8

[a] jeweils Jahressumme in kt (Kilotonnen) bzw. Mt (Megatonnen)
[b] relative Angaben beziehen sich auf die entsprechende Jahressumme (nur Hauptquellen)
[c] einschließlich Industrieprozess und Industriefeuerungen
[d] NMHC = „non methane hydro carbons" (Nichtmethankohlenwasserstoffe), ohne natürliche Quellen
[e] Einschließlich Lösemittelverwendung in Industrie, Gewerbe, Haushalten

darüber hinaus Emissionen, die der Biomasseverbrennung entstammen, sowie herantransportierter Staub aus Wüstengebieten oder anderen winderosionsanfälligen Flächen die Luftqualität von Ballungsräumen in entsprechender Lage.

Nachfolgend wird exemplarisch der Grad der Luftverunreinigung für verschiedene Großstädte in globaler Sicht dargestellt. Grundsätzliche Probleme ergeben sich hierbei hinsichtlich der Datenvergleichbarkeit u.a. dadurch, daß die Verfügbarkeit der Meßwerte für Ballungsräume in den einzelnen Kontinenten sehr unterschiedlich ist. Das liegt z.B. daran, daß vielfach weder exakt ausgewiesene Emissionskataster noch entsprechend einsatzfähige Dauermeßstationen zur Überwachung der Immissionssituation existieren. Auch werden nicht überall dieselben Spurenstoffe in gleichen Zeiträumen erfaßt. Tabelle 4.4-19 enthält Daten von Innenstadtstandorten auf der Basis von Jahresmittelwerten, die unter Berücksichtigung der o.g. Probleme eine maximale Vergleichbarkeit zumindest für einen Teil der Spurenstoffe zulassen. Die Gruppe der flüchtigen organischen Verbindungen (VOC) konnte für diese Auswertung nicht herangezogen werden. Auch sind Aussagen zu Kurzzeitbelastungen nicht möglich.

Die globale Situation der Luftverunreinigungen in einzelnen Großstädten, für die Meßwerte vorlagen, läßt sich wie folgt darstellen:

SO_2: Die SO_2-Immissionskonzentrationen wurden in den vergangenen Jahrzehnten im allgemeinen durch den Einbau von Filtern und Rauchgaswäschern in Industrieanlagen und Kraftwerkskaminen, durch Einsatz schwefelarmen Brennstoffs sowie durch Änderung des Verbrauchsverhaltens der Bevölkerung (Gas anstelle von Kohle und Öl) vielerorts reduziert. Vereinzelt schränkt allerdings dieser Luftverunreinigungstyp die Luftqualität nach wie vor durch relativ hohe Konzentrationen ein, wie die Werte für Peking (90 $\mu g\ m^{-3}$), Shanghai (79 $\mu g\ m^{-3}$) und Gorlowka, Ukraine, (70 $\mu g\ m^{-3}$) zeigen.

NO_2: Der überwiegende Teil der NO_2-Immissionen dürfte weltweit aus der Kfz-bedingten Primäremission NO entstehen. Gebiete, in denen der Abgaskatalysator noch nicht verbreitet ist oder die sich durch große Verkehrsdichten auszeichnen, weisen häufig hohe NO_2-Immissionskonzentrationen auf. Nach den hier zusammengestellten Beispielen betrifft das in erster Linie die Städte Sofia und Gorlowka mit Werten, die teilweise deutlich über 100 $\mu g\ m^{-3}$ liegen. Aber auch Athen, Neu Delhi und Los Angeles erreichen hohe Werte.

O_3: Die Ozonkonzentrationen des hier zugrundegelegten Städtekollektivs bewegen sich u.a. zwischen 10 und 65 $\mu g\ m^{-3}$. Ex-

Tabelle 4.4-19. Jahresmittelwerte atmosphärischer Spurenstoffe für ausgewählte Ballungsgebiete in globaler Sicht. (Angaben in µg m^{-3}; CO in mg m^{-3}; SST = Gesamtschwebstaub; PM-10 = lungengängiger Feinstaub ∅ ≤ 10 µm; – = kein Meßwert)

Kontinent/Stadt	SO_2	NO_2	O_3	CO	SST	PM-10	Ruß	Jahr
Europa								
Athen	44	95	25	5,1	–	–	99	95
Brüssel	22	50	43	–	68	20	–	95
Edinburgh	29	49	29	0,7	–	–	9	95
Genf	13	58	28	1,2	29	–	–	95
Gorlowka; Donez-Becken[b]	70	125	–	4,0	–	–	–	90
Helsinki	4	42	38	1,0	49	22	–	95
Kopenhagen	11	69	24	1,7	78	–	35	94
London	26	88	20	2,1	–	28	–	95
Madrid	15	25	–	–	–	–	83	95
Rhein-Ruhr-Gebiet[c]	17	36	35	0,7	46	–	–	94
Sofia	55	177	–	–	283	–	–	95
Wien	11	34	38	0,9	–	33	–	95
Afrika								
Durban	30	–	–	–	–	–	–	95
Johannisburg	22	39	54	1,8	106	–	61	95
Kapstadt	21[a]	72	41[a]	–	–	27	–	94[a]/95
Asien								
Bangkok	17[a]	32[a]	–	–	138	–	–	93[a]/95
Kalkutta	44	38	–	–	349	–	–	95
Manila	55	–	–	–	174	–	–	93
Neu-Delhi	41	92	–	–	457	211	–	95
Osaka	19	62	57	1,6	40	–	–	94
Peking	90	–	–	–	343	–	–	94
Pusan[d]	66	55	34	1,3	93	–	–	95
Seoul[d]	49	66	28	1,6	85	–	–	95
Shanghai	79	–	–	–	289	–	–	94
Tokio	18	70	31	0,9	–	48	–	95
Nordamerika								
Los Angeles	3	92	39	2,3	–	43	–	95
Montreal	10	41	–	0,8	39	–	–	93
Vancouver	21	55	10	1,5	39	–	–	93
Mittelamerika								
Mexico City	31	56	330	–	192	–	–	93
Südamerika								
Caracas	35[a]	79	–	–	63	–	–	94[a]/95
Mendoza	< 5	45	–	–	–	–	94	95
Quito	22	–	–	–	154	–	120	95
Santiago de Chile	23	86	12	2,8	91	–	–	95
São Paulo	34	88[a]	65[a]	5,9	116	89	–	91[a]/95
Australien/Neuseeland								
Sydney	–	33	18	5,0	70	31	–	95
Auckland	< 5	18	–	–	20	25	7	95

Quellen: Healthy cities – air management information system – AMIS 1.0. Copyright 1997, World Health Organization. Freundlichst durch Dr. Mücke, WHO, Berlin, zur Verfügung gestellt.
[a] von 1995 abweichender Meßzeitraum an einem Standort
[b] nach Shahgedanova u. Burt (1994)
[c] nach Landesumweltamt Nordrhein-Westfalen (LUA, NRW) (1995)
[d] nach Moon et al. (1997)

treme Belastungen wurden mit 330 µg m^{-3} nur für Mexico City festgestellt. In Los Angeles, wo bis vor einiger Zeit ebenfalls noch hohe O_3-Werte vorherrschten, führten Emissionsminderungsmaßnahmen der Vorläufergase dieses Spurenstoffes zu einer deutlichen Verringerung der Ozonbelastung.

CO: Die CO-Konzentrationen liegen in den meisten Ballungsräumen zwischen 1 und 2 mg m^{-3}. Wesentlich höhere Werte werden z. B. in São Paulo (5,9 mg m^{-3}), Athen (5,1 mg m^{-3}), Sydney (5,0 mg m^{-3}) sowie in Gorlowka (4,0 mg m^{-3}) erreicht.

SST/
PM-10: Bei der Herkunftsanalyse von Schwebstäuben (∅ < 10 µm; PM-10) in der Stadtluft ist zu bedenken, daß diese nicht nur der Industrie, dem Hausbrand und dem Kfz-Verkehr entstammen können, sondern auch durch Deflation von Bodenmaterial in die Atmosphäre gelangen; durch letztgenannten Vorgang werden z. B. vorrangig die hohen Werte von Neu Delhi (457 µg m^{-3}), Kalkutta (349 µg m^{-3}) und Peking (343 µg m^{-3}) verursacht.

Ruß: Für diesen Spurenstoff stehen nur vereinzelt Daten zur Verfügung. Seine Emissionen resultieren überwiegend aus dem Betrieb von Dieselfahrzeugen sowie aus der Verbrennung von Kohle und Öl und dem Reifenabrieb. Die genannten Gründe dürften für die relativ hohen Konzentrationen dieses Spurenstoffs in Quito (120 µg m^{-3}), Athen (99 µg m^{-3}) und Mendoza (94 µg m^{-3}) verantwortlich sein.

Zusammenfassend kann für die hier ausgewerteten Spurenstoffe festgestellt werden, daß – im internationalen Vergleich – die gegenwärtigen Luftverunreinigungsprobleme hauptsächlich durch Schwebstaub, Ozon und NO_2 verursacht werden. Eine Belastung des in westlichen Industrieländern mittlerweile als klassisch anzusehenden Spurenstoffes SO_2 ist – abgesehen von Einzelfällen – dort eher gering geworden. Für eine Vielzahl von Schwellen- und Entwicklungsländer gilt dieses jedoch nicht.

4.4.8 Bewertungsaspekte des Stadtklimas

Wenn stadtklimabedingter Diskomfort der Menschen in den urban-industriellen Ballungsräumen vermieden werden soll, sind im Rahmen der gesundheitlichen Vorsorge wertende Aussagen zur klimatischen und lufthygienischen Qualität notwendig. Hierzu bedarf es objektiver, sich an Richt- bzw. Grenzwerten orientierender Beurteilungen der jeweiligen immissionsklimatischen Situation. Derartige Qualitätsbestimmungen erfolgen in der Regel jeweils getrennt für den aktinischen, thermischen und lufthygienischen Wirkungskomplex.

Aktinischer Wirkungskomplex

Unter dem aktinischen Wirkungskomplex soll hier ausschließlich der Einfluß der ultravioletten Sonnen-, Himmels- und Umgebungsstrahlung (200 nm $< \lambda <$ 400 nm) auf den Menschen verstanden (s. hierzu auch Kap. 4.1). Ihr Anteil beläuft sich auf etwa 7% an der Gesamtenergie des solaren Spektrums. Hinsichtlich ihrer Wirkungen auf den menschlichen Körper untergliedert man diesen Abschnitt in die UV-A- (315 nm $< \lambda <$ 400 nm), UV-B- (280 nm $< \lambda <$ 315 nm) und UV-C- (200 nm $< \lambda <$ 280 nm) Strahlung. Während der letztgenannte UV-Bereich aufgrund der Absorption durch das stratosphärische Ozon und den molekularen Sauerstoff den bodennahen Lebensraum bisher nicht erreicht und die UV-A-Strahlung aus medizinischer Sicht nur eine geringe Rolle spielt, lassen sich der UV-B-Strahlung sowohl positive (Produktion von Vitamin D3) als auch negative Wirkungen (Erythemgefahr) zuschreiben.

Da Hautschäden im allgemeinen erst nach ausgiebiger Strahlungsexposition auftreten und es dann für einen Schutz zu spät ist, stellt die Empfehlung für die Bevölkerung, vorbeugende Maßnahmen zu ergreifen, einen wichtigen Gesichtspunkt im Rahmen der gesundheitlichen Vorsorge dar. In diesem Zusammenhang spielt eine gezielte, d.h. auch in ihrer räumlichen Verbreitung möglichst genaue Vorhersage der zu erwartenden UV-Strahlungsflußdichte gerade für dichtbesiedelte Stadtgebiete eine ausschlaggebende Rolle. Beurteilungsgrundlage für die erythemwirksame Bestrahlungsstärke auf die horizontale Fläche wird durch Gl. 4.4-14 gegeben (nach SSK 1995).

$$E_{er} = \int_0^\infty E_\lambda(\lambda) \cdot s(\lambda)_{er,rel} \cdot d\lambda \,/\mathrm{W\,m^{-2}} \qquad (4.4\text{-}14)$$

mit

E_{er} = erythemwirksame Bestrahlungsstärke /W m^{-2}
$E_\lambda(\lambda)$ = spektrale Bestrahlungsstärke /W m^{-2} nm^{-1}
$s(\lambda)_{er,rel}$ = relative spektrale Empfindlichkeit der Erythemwirkung /1
λ = Wellenlänge der Strahlung /nm

Die erythemwirksame Bestrahlung, d.h. die zeitabhängige Dosisleistung, errechnet sich nach

$$H_{er} = \int_0^{t_1} E_{er} \cdot dt \ /W\ s\ m^{-2} \qquad (4.4\text{-}15)$$

H_{er} = erythemwirksame Bestrahlung /W s m^{-2}
E_{er} = erythemwirksame Bestrahlungsstärke /W m^{-2}
t_1 = Dauer des Bestrahlungsvorganges /s.

Um eine verständliche und damit problemlose Anwendung im Rahmen von Vorhersagen für die breite Öffentlichkeit sicherzustellen, wurde ein sogenannter UV-Index (UVI) eingeführt (Kerr 1994; Staiger et al. 1997), der auf o.g. Grundlagen basiert und als Tagesmaximum der Bestrahlungsstärke berechnet wird (Gl. 4.4-16):

$$UVI = E_{er} \cdot 40 / 1 \qquad (4.4\text{-}16)$$

mit
E_{er} = erythemwirksame Bestrahlungsstärke /W m^{-2}
40 = Faktor /W^{-1} m^2

Tabelle 4.4-20 enthält für helle Haut die UV-Schwellenwerte für mitteleuropäische Bedingungen, Angaben über die Möglichkeiten des Auftretens eines Sonnenbrandes bei Überschreitung der Expositionszeiten sowie empfohlene Schutzmaßnahmen. Die Intensität der UV-Strahlung ist von geographischen und meteorologischen Faktoren abhängig. Hierbei handelt es sich um den Sonnenstand, die geographische Breite, Meereshöhe, Bewölkung, atmosphärische Trübung und Reflexion an Oberflächen sowie um die stratosphärische Ozonkonzentration. Die Tages- und Jahresgänge der UV-Strahlung weisen deshalb

Tabelle 4.4-20. Schutzempfehlungen für verschiedene Bereiche des UV-Indexes sowie Sonnenbrandzeiten für den Hauttyp II (helle Haut) bei ungebräunter Haut. (Nach Staiger et al. 1997)

UV-Index	Belastung	Sonnenbrand möglich	Schutzmaßnahmen
≥8	sehr hoch	in weniger als 20 min	unbedingt erforderlich
7–5	hoch	ab 20 min	erforderlich
4–2	mittel	ab 30 min	empfehlenswert
≤1	niedrig	unwahrscheinlich	nicht erforderlich

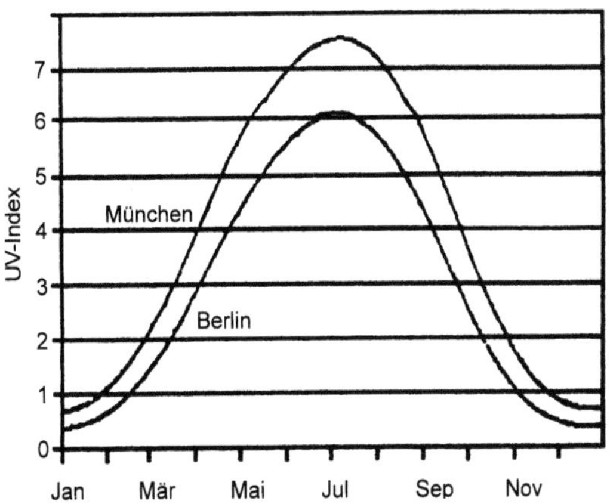

Abb. 4.4-6. Erythemwirksame Strahlung bei wolkenlosem Himmel für die Städte München und Berlin (1978–1991) auf der Grundlage einer Modellrechnung, dargestellt anhand der Tagesmittelwerte des UV-Indexes. (Nach Staiger et al. 1997)

starke zeitliche und räumliche Schwankungen auf, an denen sich eine gefahrlose, vom jeweiligen Hauttyp abhängige Expositionszeit ergibt. Eine für die Städte Berlin und München durchgeführte Modellrechnung auf der Basis des jeweiligen Jahresganges des UV-Indexes ergibt folgendes Bild (Abb. 4.4-6): In Berlin muß z.B. bei einem Aufenthalt im Freien während wolkenlosen Himmels von Mitte Mai bis Anfang September davon ausgegangen werden, daß Personen mit hellem Hauttyp bei Überschreitung einer Expositionszeit von 20 Minuten sonnenbrandgefährdet sind, wenn sie ungeschützt sind. In München vergrößert sich der Gefährdungszeitraum von Anfang April bis Anfang Oktober aufgrund der südlicheren Lage der Stadt, wobei sich zusätzlich die jeweiligen Expositionszeiten verringern.

Diese hier dargestellten mittleren Verhältnisse lassen sich für jeden Ort berechnen, so daß insbesondere von individueller, aber auch von stadtplanerischer Seite entsprechende Vorsorgemaßnahmen zum Schutz vor negativen gesundheitlichen Auswirkungen für die Stadtbevölkerung eingeleitet werden können. Für die Entscheidungsträger im Bereich der städtischen Planungs- und Umweltämter resultiert hieraus u.a. die Aufgabe, öffentliche Freiflächen in Abhängigkeit von der Nutzungsfrequenz und der Aufenthaltsdauer der Bevölkerung durch bauliche Maßnahmen vor zu starker sommerlicher Sonnenstrahlung zu schützen.

Thermischer Wirkungskomplex

Unter dem thermischen Wirkungskomplex werden die Bedingungen der Wärmeabgabe des menschlichen Körpers in Abhängigkeit von den außenklimatischen Verhältnissen verstanden. Mit Hilfe der Energiebilanzgleichung für den Menschen, welche die endogenen Produktions- und Steuergrößen mit den exogenen Einflußgrößen verknüpft, lassen sich die Wärmeflüsse zwischen dem menschlichen Körper und der Atmosphäre berechnen (Höppe 1984). Thermischer Diskomfort wird in mitteleuropäischen Ballungsräumen in erster Linie durch Wärmebelastung verursacht, deren Auftreten hauptsächlich an das Vorherrschen sommerlicher advektionsarmer Wetterlagen gebunden ist. Aufgabe einer human-biometeorologisch orientierten Vorsorgeplanung muß es sein, stadtklimaökologische Ungunsträume zu lokalisieren und Möglichkeiten zur Beseitigung bzw. Vermeidung von negativen thermischen Einflüssen aufzuzeigen. Verwendung finden von bioklimatischer Seite verschiedene Kenngrößen. Weite Verbreitung hat in diesem Zusammenhang eine auf Fanger (1982) zurückgehende Behaglichkeitsgleichung gefunden, die ursprünglich zur Bewertung von Innenraumklimaten entwickelt wurde. Mit dieser wird das thermische Milieu angegeben, das von einem bestimmten Personenkollektiv durchschnittlich empfunden wird. Es handelt sich hierbei um den sogenannten „predicted mean vote“ (PMV), einen vorhergesagten Mittelwert, der denjenigen Prozentsatz eines Probandenkollektivs rangmäßig angibt, der sich unter den jeweils ausgesetzten thermischen Bedingungen subjektiv unbehaglich fühlt. Der PMV-Wert ist dabei eine Funktion f der in Gl. 4.4-17 genannten Einzelgrößen:

$$\mathrm{PMV} = f(H/A_{Du},\, I_{cl},\, t_l,\, t_{mrt},\, e,\, v_r)\,/1 \qquad (4.4\text{-}17)$$

mit

H/A_{Du} = innere Wärmeproduktion bezogen auf die Oberfläche eines Einheitskörpers /W m^{-2}

I_{cl} = Wärmeisolation der Bekleidung/clo (1 clo = 0,155 K m W^{-1})

t_l = Lufttemperatur /°C

t_{mrt} = Mittlere Oberflächentemperatur /°C

e = Wasserdampfdruck der Luft /hPa

v_r = relative Windgeschwindigkeit /m s^{-1}

Um die ursprünglich zur Kennzeichnung von Innenraumklimaten verwendete Bewertungsgröße PMV auch auf außenklimatische Verhältnisse übertragen und als thermischen Referenzwert nutzen zu können, wurde die genannte Behaglichkeitsgleichung mit Hilfe des sogenannten Klima-Michel-Modells (Jendritzky et al. 1979) auf Freilandbedingungen erweitert. Hierbei handelt es sich um ein Modell, in das die in Tabelle 4.4-21 genannten meteorologischen und geographischen Größen eingehen und das auf einen „Normmenschen“ (= „Michel“,

Tabelle 4.4-21. Meteorologische und geographische Eingangsgrößen für das Klima-Michel-Modell. (Jendritzky et al. 1990; verändert)

- Lufttemperatur
- Wasserdampfdruck
- Windgeschwindigkeit in 1 m ü. Gr.
- Art der Bewölkung und Bedeckungsgrad des Himmels
- Atmosphärische Trübung
- solare Strahlungsflußdichte
- Ortskoordinaten
- Datum und Uhrzeit
- Raumwinkelanteile der Umschließungsflächen
- Albedo und Emissionsgrad der Umschließungsflächen

Tabelle 4.4-22. Bewertungsgröße PMV, thermisches Empfinden und physiologische Belastungsstufe. (Nach Jendritzky et al. 1990)

PMV	thermisches Empfinden	physiologische Belastungsstufe
-3,5	sehr kalt	extremer Kältestreß
-2,5	kalt	starker Kältestreß
-1,5	kühl	mäßiger Kältestreß
-0,5	leicht kühl	schwacher Kältestreß
0	behaglich	keine Belastung
0,5	leicht warm	schwache Wärmebelastung
1,5	warm	mäßige Wärmebelastung
2,5	heiß	starke Wärmebelastung
3,5	sehr heiß	extreme Wärmebelastung

männliche Person, Größe: 1,75 m, Gewicht: 75 kg, Körperoberfläche: 1,9 m^2) bezogen wird. Die thermischen Empfindungsgrößen und physiologischen Belastungsstufen sowie ihre Zuordnung zu den entsprechenden PMV-Werten enthält Tabelle 4.4-22. Der Einsatz dieses kombinierten Modells erlaubt auch Flächenaussagen zum thermischen Wirkungskomplex, die für die Stadtplanungspraxis bekanntermaßen eine wichtige Rolle spielen.

Lufthygienischer Wirkungskomplex

Unter dem lufthygienischen Wirkungskomplex wird der Einfluß der in der Atmosphäre enthaltenen Luftinhaltsstoffe auf die menschliche Gesundheit verstanden. Die Luftqualität wird in vielen Ballungsräumen gegenwärtig überwiegend durch Kraftfahrzeugemissionen beeinträchtigt (vgl. Abschnitt 4.4.7). Niedrig gelegene Quellhöhen und ein engmaschiges Straßennetz mit unterschiedlich großen durchschnittlichen täglichen Verkehrsmengen lassen spurenstoffspezifisch und flächennutzungsabhängig ein außerordentlich heterogenes Muster der Emissionsverteilung auf kleinem Raum entstehen, wie Abb. 4.4-7 exemplarisch zeigt. Die sich einstellenden Immissionskonzentrationen sind dabei abhängig vom Emissionsmassenstrom und dem Dilutionspotential der bodennahen Atmosphäre.

Die gesundheitliche Bewertung der Wirkung einzelner Luftinhaltsstoffe auf den Menschen ist weitgehend in verschiedenen Gesetzen und Regelwerken festgelegt. Die daraus resultierenden Kriterien (Tabelle 4.4-23) weisen allerdings in Hinblick auf ihre immissionsökologische Anwendung für den Stadtbereich zahlreiche Mängel auf, die mit Mayer (1990) wie folgt zusammengefaßt werden können:

Nicht für alle Spurenstoffe existieren Grenzwerte. Ferner wird die Kombinationswirkung verschiedener gleichzeitig auftretender Spurenstoffe vielfach kaum berücksichtigt. Darüber hinaus muß darauf hingewiesen werden, daß sich die meisten der genannten Bewertungskriterien grundsätzlich auf die Durchschnittsbevölkerung beziehen und gesundheitlich labile Gruppen (z. B. Kleinkinder, alte Menschen) ausschließen. Auch wird mit diesen Standards der Mobilität der Stadtbewohner kaum Rechnung getragen, d. h., die entsprechende Dosis von Luftinhaltsstoffen, der die Menschen in zeitlicher Abhängigkeit ausgesetzt sind, wird für die Bewertung vernachlässigt. Es wurde bereits darauf hingewiesen, daß die summarische Beurteilung städtischer

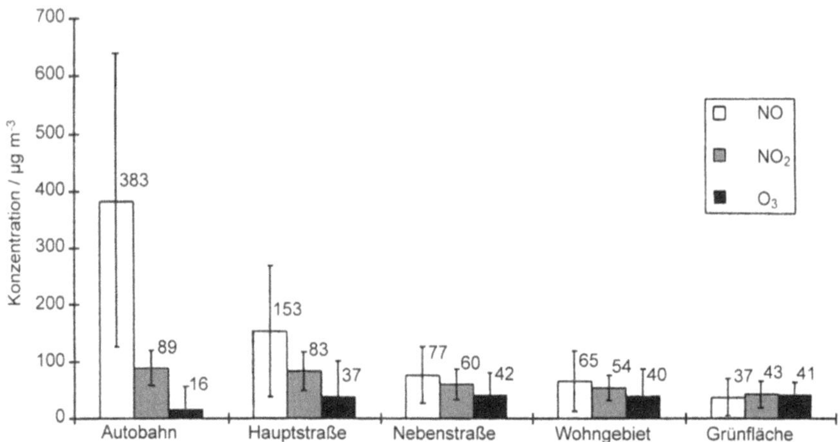

Abb. 4.4-7. NO-, NO_2- und O_3-Mittelwerte mit Standardabweichungen für verschiedene Flächennutzungstypen innerhalb der Stadt Essen aus 18 lufthygienischen Profilmeßfahrten. (Meßzeitraum: Februar 1995 bis Juli 1997; nach Kuttler 1998c)

Tabelle 4.4-23. Lufthygienische Bewertungskriterien. (Nach verschiedenen Quellen zusammengestellt)

1. Genehmigungs- oder Schutzstandards[a]
   - IW1-Werte (Langzeitgrenzwerte) aus TA Luft (1993)
   - IW2-Werte (Kurzzeitgrenzwerte) aus TA Luft (1993)
     Smog-Verordnung (Wintersmog)
     Sommersmog-Gesetz (1995)
   - 22. BImSchV
   - 23. BImSchV
2. Wirkungsstandards[b]
   - MIK-Werte (*M*aximale *I*mmissions*k*onzentration)
     VDI-Richtlinie 2310 (1974)
   - Luftqualität in Kurorten (Deutscher Bäderverband 1991)
3. Vorsorge- und Planungsstandards[c]
   - EG-Grenz- und -Leitwerte
   - LBI (*L*uft*b*elastungs*i*ndex) für Langzeit-, Kurzzeit- und Tagesbelastungen
   - Luftqualitätsstandards (Kühling 1986)
   - Luftqualitätsleitlinien der WHO (1987)

[a] Bestimmen die Grenze nicht mehr zumutbarer Umweltbelastung im Sinne von §3 Abs. 1 BImSchG.
[b] Wirkungsbezogene Werte für Mensch, Tier und Pflanze, die als unbedenklich gelten.
[c] Können über den Weg einer politischen Entscheidung auch regional unterschiedlich verbindlich gemacht werden.

Luftverunreinigungen eine wichtige Rolle bei planerischen Entscheidungsprozessen spielt. Zwar läßt sich eine derartige Gesamtbewertung der Luftqualität durch die Berücksichtigung einzelner Luftschadstoffe vornehmen, der Nachteil ist jedoch hierbei, daß nur eine bestimmte Auswahl an Leitsubstanzen berücksichtigt wird. So dienen dem in Deutschland relativ weit verbreiteten sogenannten Luftbelastungsindex (LBI-Wert), der auf Werte der technischen Anleitung zur Reinhaltung der Luft (TA Luft 1993) Bezug nimmt, als Eingangsgrößen SO_2, NO_2 und Schwebstaub. Hierzu muß angemerkt werden, daß SO_2 und Schwebstaub als Luftqualitätskriterien in deutschen Ballungsräumen z.B. wegen der dort überwiegend niedrigen Immissionskonzentrationen im Bereich der Luftbelastung kaum noch eine Rolle spielen. Bedauerlicherweise existiert kein summarischer Luftbelastungsindex (LBI), bei dem auch die im Sommer für die Luftqualität relevanten Photooxidantien berücksichtigt werden. Auch gehen Kfz-bedingte Kohlenwasserstoffe wie Benzol, Toluol und Xylole (BTX) bisher nicht in den LBI ein. Das erweist sich als außerordentlich nachteilig, da hierdurch eine gewünschte und letztlich auch notwendige summarische Beurteilung nicht in ausreichendem Maße erfolgen kann. In Hinblick auf eine anzustrebende Vereinheitlichung zur Beurteilung der Luftgüte sollte in diesem Zusammenhang eine rasche, zumindest europaweit gültige und damit länderübergreifende Lösung gefunden werden.

4.4.9
Anthropogener Treibhauseffekt und Stadtklima

Bis zum Ende des 21. Jahrhunderts wird aufgrund bisher vorliegender Ergebnisse von Klimamodellberechnungen davon ausgegangen, daß sich die Lufttemperatur in Europa – bedingt durch den anthropogenen Treibhauseffekt – um durchschnittlich 2 K gegenüber dem zugrundegelegten Vergleichsjahr 1985 erhöht (Houghton et al. 1996; vgl. hierzu auch Kap. 4.2). Da sich die städtische Überwärmung und der bodennahe atmosphärische Austausch nicht nur direkt auf das gesundheitliche Wohlbefinden der Stadtbewohner auswirken, sondern indirekt auch über die durch den Energieverbrauch freigesetzten Spurenstoffe, ist in diesem Zusammenhang die Beantwortung der Frage von Interesse, welchen Einfluß eine zukünftige globale Umweltveränderung sowohl auf die thermischen als auch auf die lufthygienischen Verhältnisse haben wird.

Thermisches Milieu

Die Auswirkungen einer globalen Temperaturerhöhung auf den thermischen Bereich wurden exemplarisch für die Stadt Berlin mittels einer modelltheoretischen Analyse untersucht und die Ergebnisse für ausgewählte klimatologische Ereignistage dargestellt (Tabelle 4.4-24). Es zeigte sich, daß z. B. die als Maß für die Winterstrenge herangezogene Anzahl an Frost- und Eistagen durch den zusätzlichen Treibhauseffekt um 18 bzw. 13 Tage pro Jahr abnehmen und die der Sommertage um 14 Tage pro Jahr zunehmen wird. Auch wird sich die Summe der heißen Tage pro Jahr erhöhen (+6 d/a). Die durchschnittliche Wiederkehrzeit der genannten Temperaturschwellenwerte dürfte sich somit für die sommerlichen Ereignistage verkürzen, für die winterlichen hingegen verlängern. Eine Abnahme der Winterstrenge wird in der Regel einhergehen mit einer Reduzierung des Heizenergieverbrauches. Eine Zunahme der Anzahl der Sommertage könnte hingegen zu einem steigenden Energieverbrauch durch den Betrieb von Klimaanlagen führen.

Für eine exemplarische Betrachtung der Veränderung des Energieverbrauchs werden die Stromverbrauchsdaten einer Großstadt in den

Tabelle 4.4-24. Klimatologische Ereignistage für den Ballungsraum Berlin unter gegenwärtigen und veränderten Klimabedingungen. (Urdaten nach Wagner 1994; hier nach Hupfer 1996; verändert)

	Gegenwart Mittlere Anzahl/Jahr	Modellierung nach Szenario A für Ende 21. Jh. Mittlere Anzahl/Jahr	Änderung Mittlere Anzahl/Jahr
Extrem heiße Tage $t_{max} \geq 39\,°C$	0,01	0,04	+0,03
Heiße Tage $t_{max} \geq 30\,°C$	5,4	11,7	+6,3
Sommertage $t_{max} \geq 25\,°C$	27,2	41,8	+14,6
Frosttage $t_{min} < 0\,°C$	56,6	38,6	-18,0
Eistage $t_{max} < 0\,°C$	22,0	8,8	-13,2
Extrem kalte Tage $t_{max} \leq -10\,°C$	0,7	0,11	-0,59

mittleren Breiten (Essen) sowie einer Millionenstadt in den Subtropen (Los Angeles) herangezogen. Das Beispiel Essen zeigt die zu erwartende umgekehrt proportionale Abhängigkeit des Stromverbrauchs von der Lufttemperatur (Abb. 4.4-8). Dieses ist typisch für eine Stadt mit winterbestimmenden Verbrauchswerten. So ergibt sich z.B. für einen Temperaturunterschied von 1 K bei 0 °C ein mittlerer täglicher Mehr- bzw. Minderverbrauch von rund 400 MWh K^{-1}. Das ist doppelt so viel wie vergleichbare Temperaturschwankungen bei hochsommerlichen Werten (> 25 °C) aufweisen, die nur rund 200 MWh K^{-1} im Stromverbrauch verursachen. Wie sich der monatliche Stromverbrauch unter gegenwärtigen und zukünftigen Verhältnissen darstellt, zeigt Tabelle 4.4-25. Unter der Voraussetzung, daß sich das Stromverbrauchsverhalten nicht verändert, errechnet sich für eine prognostizierte Temperaturerhöhung von 2 K ein durchschnittlicher Jahresminderverbrauch von etwa 8%, der sich ausschließlich auf die Monate des Winterhalbjahres verteilt. Während des Sommers ergeben sich hiernach keine Unterschiede, wobei allerdings ein eventuell höherer Energieverbrauch durch Klimaanlagen nicht berücksichtigt wurde. Für westlich geprägte Ballungsräume in den Subtropen ist hingegen davon auszu-

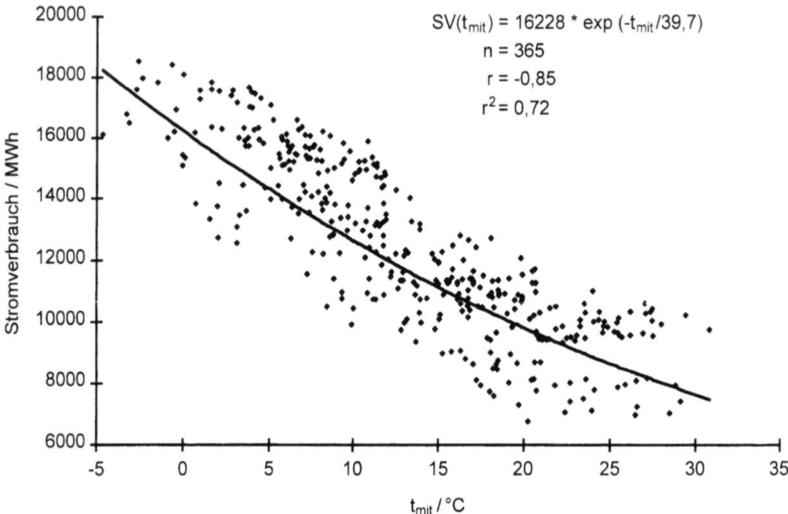

Abb. 4.4-8. Korrelation der Tagesmittelwerte der Lufttemperatur (t_{mit}) mit dem durchschnittlichen täglichen Stromverbrauch (SV) privater Haushalte und von Kleingewerbe im Jahre 1995 für das Versorgungsgebiet der Regionalversorgung Essen: Stadtgebiete Essen, Mülheim, Heiligenhaus sowie Stadtteile Hösel und Breitscheid der Stadt Ratingen (Quelle: RWE, Essen; pers. Mitteilung, 1997) (nach Kuttler 1998c)

Tabelle 4.4-25. Prozentualer Anteil des monatlichen Stromverbrauchs am Jahresverbrauch der Stadt Essen[a] unter gegenwärtigen (1995; (a) und veränderten (b) Klimabedingungen [1995: 4523 GWh[b] = 100%[c]]. (Nach Kuttler 1998c)

	I	II	III	IV	V	VI	VII	VIII	IX	X	XI	XII	Jahr
(a)	11	9	10	8	7	7	6	6	7	8	10	11	100
(b)	9	8	9	8	7	7	6	6	7	7	8	10	92
(b)–(a)	–2	–1	–1	0	0	0	0	0	0	–1	–2	–1	-8

[a] Versorgungsgebiet der Regionalversorgung Essen: Stadtgebiete Essen, Mülheim, Heiligenhaus sowie Stadtteile Hösel und Breitscheid der Stadt Ratingen; (Quelle: RWE, Essen; pers. Mitteilung, 1997)
[b] Jahresverbrauch in GWh = Gigawattstunden
[c] Werte gerundet

gehen, daß ansteigende Temperaturen insbesondere im Sommer höhere Stromverbräuche nach sich ziehen werden. Da der winterliche Energieeinsatz in diesen Gebieten eine untergeordnete Rolle spielt, stellt der verstärkte Verbrauch für die Raumkühlung die wichtigere Steuerungsgröße dar. Am Beispiel des werktäglichen Stromverbrauches in Los Angeles konnte gezeigt werden (Oke 1994), daß bei Tagesmitteltemperaturen zwischen 15 °C und 20 °C die Werte annähernd konstant bleiben, während der Stromverbrauch bei höheren Temperaturen (20 °C bis 25 °C) vergleichsweise um ein Drittel ansteigt. Der höhere Verbrauch dürfte zu einer zusätzlichen städtischen Überwärmung sowie einer stärkeren Luftverschmutzung führen und die für die Energiebereitstellung notwendigen Ressourcen verringern.

Auswirkungen auf die Luftqualität

Im Spektrum der städtischen Luftverunreinigungen erlangt der Spurenstoff Ozon als Leitkomponente des sogenannten Sommersmogs gegenwärtig besondere Aktualität. Für diese sekundäre Luftverunreinigung soll deshalb der Frage nachgegangen werden, wie sich ihr Verhalten unter den zukünftigen klimatischen Gegebenheiten in Städten verändern wird.

Grundsätzlich ist im Hinblick auf das Emissions- und Immissionsverhalten atmosphärischer Spurenstoffe zu berücksichtigen, daß die Geschwindigkeit chemischer Reaktionen bei ansteigenden Temperaturen in der Regel zunimmt. Diesem Einfluß unterliegen natürlich auch diejenigen Vorläufergase, die in besonderem Maße die Ozonproduktion beeinflussen (s. Bd. 1A, Kap. 3.2). Hierzu zählen das NO_2 sowie die anthropogenen (AVOC; s. Bd. 1A, Kap. 2.4 und 2.8.1) und biogenen flüchtigen Kohlenwasserstoffe (BVOC; s. Bd. 1A, Kap. 2.8.2). Stellt sich ein höheres Temperaturniveau ein, ist davon auszugehen, daß AVOC und BVOC durch Verdampfungsverluste bzw. Emission durch Pflanzen verstärkt in die Atmosphäre gelangen.

Zu den bekanntesten im städtischen Bereich auftretenden anthropogenen Kohlenwasserstoffen zählen Benzol, Toluol und Xylole (BTX), auf die bereits hingewiesen wurde. Allein die auf der Zunahme von Verdampfungsverlusten beruhenden Benzolemissionen, die z. B. durch Lekkagen in Raffinerien, bei der Herstellung von Benzin, durch die Betankung sowie durch „Tankatmung“ und „Abstellverluste“ von Kraftfahrzeugen entstehen, stellen neben der Abgasfreisetzung durch die Verbrennung eine wesentliche Emissionsquelle dar. Zu den bekanntesten Vertretern der biogenen Kohlenwasserstoffe, die Pflanzen emittieren, zählen das Isopren und die Gruppe der Monoterpene (s. auch Bd. 1A, Kap. 2.8.2). Die Emissionsstärke der BVOC korreliert ebenfalls positiv mit der Höhe der Lufttemperaturen und – im Falle des Isoprens – auch mit der solaren Strahlungsflußdichte. Biogene Kohlenwasserstoffe weisen selbst bei geringen Immissionskonzentrationen aufgrund ihrer großen Reaktivität ein relativ hohes Ozonbildungspotential auf. Diesen wird deshalb auch in Städten trotz der dort allgemein niedrigen Immissionskonzentrationen ein nicht unbedeutender Einfluß auf die Ozonbil-

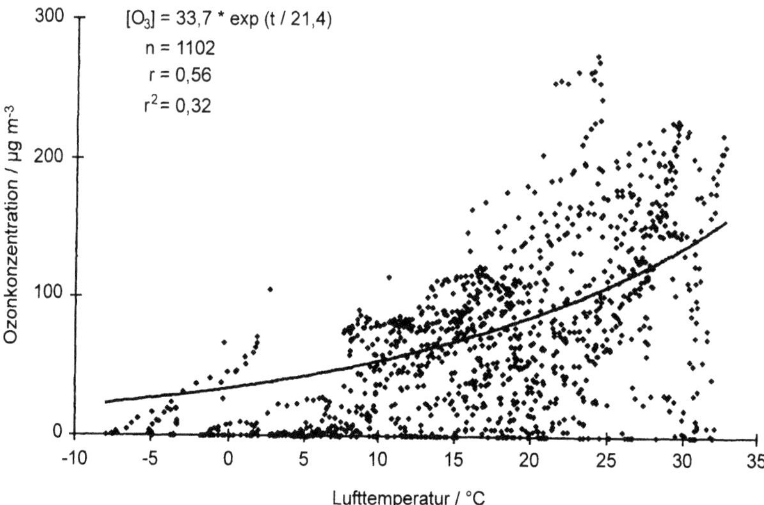

Abb. 4.4-9. Ozonkonzentration $[O_3]$ als Funktion der Lufttemperatur (t) für windschwache Strahlungstage (Bedeckungsgrad <2/8) innerhalb eines 70 ha großen innerstädtischen Parks in Essen; (Datenbasis: 1102 30-min.-Mittelwerte; Mai 1995 bis September 1997). (Nach Kuttler 1998c)

dung zugeschrieben. So wurde z. B. in Atlanta das auf die Beteiligung biogener Kohlenwasserstoffe zurückzuführende Ozonbildungspotential mit bis 30% - bezogen auf den Gesamtgehalt an Kohlenwasserstoffen - bestimmt (Chameides et al. 1988).

Das Auftreten bodennaher hoher O_3-Konzentrationen ist an bestimmte meteorologische und chemische Bedingungen gebunden, zu denen hohe solare Strahlungsflußdichten, das Vorhandensein von O_3-Vorläufersubstanzen sowie die O_3-Quelle NO_2 als Lieferant für atomaren Sauerstoff zählen (s. hierzu Bd. 1A, Kap. 3.2). Diese Voraussetzungen sind z. B. für große innerstädtische Grünflächen dann gegeben, wenn sommerliche austauscharme Strahlungswetterlagen vorherrschen (Kuttler u. Straßburger 1997). Für solche Fälle zeigt sich der in Abb. 4.4-9 dargestellte Zusammenhang zwischen O_3-Konzentration und der Lufttemperatur. Obwohl hiermit keine ausschließliche Kausalität zwischen beiden Größen begründet werden kann, werden die Lufttemperaturen häufig als einfach zu messender, stellvertretend wirkender Summenindikator für die O_3-Konzentration herangezogen. Das relativ niedrige Bestimmtheitsmaß der dargestellten Funktion ist u. a. Beleg dafür. Der Verlaufskurve ist zu entnehmen, daß z. B. bei einem Temperaturanstieg von 1 K innerhalb des Bereiches von 25 °C bis 30 °C die Ozonkonzentration um etwa 5% zunehmen wird. Unter der Prämisse einer Zunahme der Lufttemperaturen dürfte mithin nicht nur von einem Anstieg der Ozonkonzentrationen auszugehen sein, sondern die Verbreitung dieses Smogtyps wird sich auch auf Gebiete ausdehnen, in denen diese Luftverunreinigungen gegenwärtig noch nicht oder nur in geringen Konzentrationen nachzuweisen sind. In diesem Zusammenhang stellt sich die Frage, ob es Möglichkeiten gibt, dieser Entwicklung entgegenzuwirken.

Unabhängig davon, daß die Luftqualität bereits durch Einleitung technischer Maßnahmen an den verschiedenen Emissionsquellen verbessert werden sollte, könnte der vorbeugende Immissionsschutz mit dazu beitragen, einer städtischen Überwärmung durch das systematische Anlegen von Ventilationsschneisen und einer Vergrößerung urbaner Grünflächen entgegenzuwirken. Über die Einrichtung möglichst hindernisfreier Belüftungsbahnen könnte gewährleistet werden, daß saubere Umlandluft ins Stadtinnere transportiert wird. Das vermehrte Grün in Städten würde durch Beschattung und Transpiration die Strahlungs- und Lufttemperaturen senken, wodurch der thermische und aktinische Komfort für die Stadtbewohner erhöht würde. Darüber hinaus verringerte sich das Ozonbildungspotential durch eine Reduktion der temperatur- und strahlungsabhängigen Kohlenwasserstoffproduktionen. Allerdings müßte in Hinblick auf die Freisetzung der biogenen Kohlenwasserstoffe bei der Auswahl des Pflanzgutes darauf geachtet werden, daß möglichst nur solche Arten Verwendung fänden, die zur Gruppe der sogenannten „emissionsarmen Spezies" („low emitters") bezüglich der Kohlenwasserstoffabgabe zählen. Denn ein Nichtbefolgen dieses Sachverhaltes könnte dazu führen, daß die Ozonbildungsrate durch das verstärkte Anpflanzen von städtischem Grün erhöht werden könnte, was dem angestrebten Ziel einer Verbesserung der Luftqualität zuwider liefe.

Zusammenfassend muß festgestellt werden, daß sich der Charakter des Stadtklimas bei einem globalklimatischen Wandel ändern wird. Dabei spielen die urbanen Emissionen eine wichtige Rolle für das heutige und zukünftige Klimageschehen.

Der Städtebau ist deshalb aufgefordert, diese Entwicklung in seinen Planungen bereits jetzt zu berücksichtigen, um auch in Zukunft optimale Lebensbedingungen in den Stadtökosystemen zu gewährleisten.

4.4.10 Literatur

Barlag AB, Kuttler W (1990/91) The Significance of Country Breezes for Urban Planning. Energy and Buildings 15, 3-4, Lausanne, pp 291-297

Beckröge W (1990) Dreidimensionaler Aufbau der städtischen Wärmeinsel am Beispiel der Stadt Dortmund. Materialien Raumord 16, Bochum

Birg H (1996) Die Weltbevölkerung. Verlag CH Beck, München

Brunt D (1941) Physical and dynamical meteorology. Cambridge Univ Press, London

Chameides WL, Lindsy RW, Richardson J, Kiang CS (1988) The role of biogenic hydrocarbons in urban photochemical smog: Atlanta as a case study. Science 241:1473-1475

Davenport AG (1995) The Response of Slender Structures to Wind. In: Cermak JE, Davenport AG, Plate EJ, Viegas DX (eds) Wind Climate in Cities. Kluwer Academic Publishers, Dordrecht Boston London, pp 209-239

Fanger PO (1982) Thermal comfort. Analysis and applications in environmental analysis. Mac Craw-Hill, New York

Helbig A (1987) Beiträge zur Meteorologie der Stadtatmosphäre. Abhandl. Meteorol. Dienst der DDR, 137 S

Höppe P (1984) Die Energiebilanz des Menschen. Münchener Universitätsschriften. Meteorol Institut. Wissenschaftliche Mitteilungen, 49 S

Houghton JT, Meira Filho LG, Callander BA, Harris N, Kattenberg A, Maskell K (eds) (1996) IPCC WGI. Climate Change 1995. Cambridge University Press, London

Hupfer P, Chmielewski FM (1990) Das Klima von Berlin. Akademie-Verlag, Berlin

Hupfer P (Hrsg) (1991) Das Klimasystem der Erde. Diagnose und Modellierung, Schwankungen und Wirkungen. Akademie-Verlag, Berlin

Hupfer P (1996) Unsere Umwelt: Das Klima. Globale und lokale Aspekte. Teubner, Leipzig

Hupfer P (1998) Auswirkungen von Klimaschwankungen. Erdkundeunterricht 3:135-143

Hupfer P, Kuttler W (Hrsg) (1998) Witterung und Klima. 10. Aufl. Begr v E Heyer. Teubner, Leipzig

IPCC (=Intergovernmental Panel on Climate Change) (1996) Climate change. The IPCC Impacts Assessments. Australian Government Publishing Service, Canberra

Jendritzky G, Menz G, Schmidt-Kessen W, Schirmer H (1990) Zur räumlichen Bewertung der thermischen Komponente im Bioklima des Menschen: Fortgeschriebenes Klima-Michel-Modell. Akad für Raumforschung und Landesplanung, Hannover, 114 S

Jendritzky G, Sönning W, Swantes HJ (1979) Ein objektives Bewertungsverfahren zur Beschreibung des thermischen Milieus in der Stadt- und Landschaftsplanung. Akad. für Raumordnung und Landesplanung, Hannover, 28 S

Kalkstein LS, Maunder WJ, Jendritzky G (1996) Climate and Human Health, 2nd edn. WMO-No. 843, Geneva

Kerr JB (1994) Decreasing ozone causes health consern. How Canada forecast ultraviolet-B-radiation. Environmental science technology 28:514a-519a

Kuttler W (1985) Stadtklima - Struktur und Möglichkeiten zu seiner Verbesserung. Geogr Rundschau 5:226-233

Kuttler W (1994) Zur Analyse des städtischen Einflusses auf das Klima. PIK-Reports, No. 1, 3. Deutsche Klimatagung Potsdam 11.–14. April 1994, S 153–157

Kuttler W (1998a) Städtische Klimamodifikation. Jahrbuch 1998 VDI-Gesellschaft Energietechnik. VDI-Verlag, Düsseldorf, S 255–276

Kuttler W (1998b) Stadtklima. In: Sukopp H, Wittig R (Hrsg) (1998) Stadtökologie. 2. Aufl. Gustav Fischer Verlag, Stuttgart Jena New York, S 125–167

Kuttler W (1998c) Veränderungen des Stadtklimas. In: Lozán J L, Graßl H, Hupfer P, Sterr H (Hrsg) Warnsignal Klima - Verlag Wissenschaftliche Fakten, Hamburg, S 349–354

Kuttler W, Romberg E (1992) The Occurrence and Effectiveness of Country Breezes by Means of wind tunnel and In Situ-Measurements. Proceedings of the 9th World Clean Air Congress, Montreal Quebec Canada. August 30–September 4 1992. IU - 9 A 04, pp 1–12

Kuttler W, Zmarsly E (1995) Sommersmog. Zur Problematik aus naturwissenschaftlicher Sicht. Zeitschrift für Angewandte Umweltforschung (ZAU) 8: 2:153–159

Kuttler W, Straßburger A (1997) Analyse Kfz-relevanter Immissionen in innerstädtischen Verkehrs- und Grünflächen. Forschungsvereinigung Automobiltechnik (FAT) e.V. Frankfurt/M, 131 S

Landsberg H (1981) The urban climate. International geophysics series, vol. 28. Academic Press, New York, 275 S

Lettau HH (1969) Note on the aerodynamic roughness parameter on the basis of roughness element description. J Appl Met 8:828–832

Mayer H (1990) Human-biometeorologische Bewertung des Stadtklimas. Umweltmeteorologie, Kommission Reinh d Luft im VDI und DIN, Bd. 15. VDI-Verlag, Düsseldorf

Moon KC, Schimm SG, Ghim YS, Kim YP, Kim JS, Kim SD (1997) Airquality changes of the Seoul metropolitan area from year 1985 to 1995. Environmental Research Forum 7–8:45–50

Müller W (1979) Städtebau. Technische Grundlagen. 3. Aufl. Teubner, Stuttgart, 624 S

Oke TR, Fuggle RT (1972) Comparison of urban/rural counter and net radiation at night. Boundary Layer Meteorology 2:290–308

Oke TR (1973) Citysize and the urban heat island. Atmos Environ 7:769–779

Oke TR (1990) Boundary layer climates. 2nd edn. Routledge, London, New York, 435 S

Oke TR (1994) Global change and urban climates. Proc. 13th Intern. Congr Biomet, 12–18 Sept 1993. Calgary Canada, pp 123–134

Park H-S (1987) Variations in the urban heat island intensity affected by geographical environments. Environmental Research Center Papers No. 11. University of Tsukuba Japan

Parlow E (1998) Analyse von Stadtklima mit Methoden der Fernerkundung. Geogr. Rundschau 2:89–93

Shahgedanova M, Burt TP (1994) New data on air pollution in the former Sowjet Union. Global Environmental Change 4(3):201–227

SSK (= Strahlenschutzkommission) (1995) Einführung eines internationalen solaren UV-Index. Stellungnahme der Strahlenschutzkommission vom 8. Dezember 1995

Staiger H, Schubert U, Vogel G (1997) Solarer UV-Index. Definition, Einflußgrößen, Verteilung, Vorhersage im Deutschen Wetterdienst und strahlenhygienische Ziele. Annalen der Meteorologie 33:126–132

Steinecke K (1995) Stadtökologische Untersuchungen in Reykjavík. Essener Ökologische Schriften Bd. 7. Westarp Wissenschaften, Magdeburg, 289 S

Sundborg A (1950) Local climatological studies of the temperature conditions in an urban area. Tellus 2:222–232

TA-Luft (1993) Technische Anleitung zur Reinhaltung der Luft: Aktuelle immissionsschutzrechtliche Anforderungen an den Anlagenbetreiber. Weka, Augsburg

Theurer W (1993) Ausbreitung bodennaher Emissionen in komplexen Bebauungen. Mitteilungen des Inst F Hydrologie u Wasserwirtschaft. Univ Karlsruhe, H 45

UBA (=Umweltbundesamt) (1996) Umweltdaten Deutschland. Umweltbundesamt. Schmidt, Berlin

VDI 3789 (1994) Umweltmeteorologie - Wechselwirkungen zwischen Atmosphäre und Oberflächen - Berechnung der kurz- und der langwelligen Strahlung

Wanner H (1986) Die Grundstrukturen der städtischen Klimamodifikation und deren Bedeutung für die Raumplanung. Jahrbuch Geogr Ges v Bern 55:1983–1985

Wendling U, Pohl G (1979) Ein Beitrag zur regionalen Verteilung der Globalstrahlung im Einflußbereich industrieller Ballungsgebiete. Z Meteorol 29:189–190

Glossar

α-Tocopherol
Form von Vitamin E

Abbruchreaktion
chemische Reaktion, in welcher zwei reaktive Radikale in ein wenig reaktives Molekül oder zwei reaktive Moleküle umgewandelt werden

Abflußbeiwert
Quotient aus Wasserabfluß und gefallenem Niederschlag

abiotisch
leblos, aus unbelebtem Material

Absorption
Intensitätsverringerung beim Durchgang von Strahlung durch ein Medium durch Umwandlung von Strahlungsenergie in Wärme oder andere Energieformen

Abwaschverfahren
Methode zur Bestimmung der trockenen Deposition von atmosphärischen Spurenstoffen auf Vegetationsoberflächen. Dazu werden Sprosse und/oder Triebe mit kontrollierten Lösungen in einer Zeitreihe abgewaschen. Die auf der Oberfläche trocken deponierten Spurenstoffe werden zeitlich eher erfaßt als die Komponenten, die aus dem Pflanzeninneren heraustransportiert werden

Advektion
horizontaler Transport von Teilchen oder physikalischen Eigenschaften infolge gerichteter Luftbewegungen

Aerosol
die festen und flüssigen Teilchen in der Luft im Größenbereich zwischen 0,1 und 100 µm, außer Wassertropfen, Schnee- und Eiskristallen. Sie entstehen durch mechanische Prozesse wie Staubaufwirbelung, Blattabrieb und Emissionen aus Schornsteinen oder Autos sowie durch chemische Reaktionen und Kondensation von Gasen und Dämpfen in der Atmosphäre. Ihre strahlungsrelevanten Eigenschaften Streuung und Absorption sind wellenlängenabhängig und werden bestimmt durch ihre Größenverteilung und chemische Zusammensetzung. Die Modellierung erfolgt üblicherweise mittels

der Mie-Theorie, die kugelförmige Teilchen annimmt. Da Aerosolpartikel nur eine kurze Verweilzeit haben, sind sie stark variabel mit Ort und Zeit, sowohl in ihrer Menge als auch in der Zusammensetzung

Aitkenkerne
stets in der Luft vorhandene Partikel mit einem Radius kleiner als 0,1 µm, wirken als Kondensations- und Sublimationskerne

Akkumulation
Anreicherung von Stoffen in Organismen (Bioakkumulation) oder abiotischen Kompartimenten eines Ökosystems

Akkumulationsbereich
Bereich des Aerosolspektrums von etwa 0,1 bis 1 µm Durchmesser; die Partikel in diesem Bereich entstehen erst in der Luft aus kleineren Partikeln durch Akkumulation

akryogen
ohne Existenz bzw. Bildung einer Kryosphäre, d.h. ohne Eisbildungen auf dem Land und Meer

Albedo
Reflexionsvermögen einer Oberfläche; Verhältnis von reflektierter zu einfallender Strahlung. Von der Oberfläche nach oben reflektierte Strahlungsflußdichte dividiert durch die auffallende Strahlungsflußdichte, bei der gleichen Wellenlänge oder mit der gleichen spektralen Wichtung. Wird auf eine Oberfläche oder ein System (z.B. Erde/Atmosphäre) als Ganzes bezogen

allgemeine Zirkulation der Atmosphäre
Gesamtheit des Windfeldes der Atmosphäre. Davon wird die mittlere Zirkulation unterschieden, unter der man das entlang von Breitenkreisen gemittelte Windfeld versteht

Ammoniak
NH_3, farbloses, stechend riechendes Gas, reizt Schleimhäute und Augen

anthropogen
durch menschliche Einwirkungen verursacht oder ausgelöst

Antitreibhauseffekt
Treibhausgase erhöhen die globale Mitteltemperatur durch die Verringerung der langwelligen Abstrahlung in den Weltraum. Aerosol streut dagegen kurzwellige Sonnenstrahlung zurück, so daß weniger Sonnenstrahlung zum Erdboden gelangt. Dieser letzte Prozeß wird als Antitreibhauseffekt bezeichnet

Apoplast
Zellwand

Ascorbate
Salze der Ascorbinsäure (Vitamin C)

Assimilation von CO_2
photosynthetische oder chemosynthetische Aufnahme von Kohlendioxid durch Pflanzen sowie Bildung von Kohlenhydraten

Atmosphäre
gasförmige Hülle eines Himmelskörpers. Menschliche Aktivitäten beeinflussen die beiden unteren Stockwerke der Erdatmosphäre, die Troposphäre und die Stratosphäre mit Folgewirkungen auf Klima und Strahlung in der Biosphäre

atmosphärische Grenzschicht
unterster Bereich der Atmosphäre, in dem aufgrund der Reibung an der Erdoberfläche eine ungeordnete, turbulente Strömung vorherrscht

atmosphärische Spurenstoffe
Stoffe, die in der Atmosphäre in sehr geringen, auch stark variablen Konzentrationen auftreten

äußere Mischung
Aerosolpopulation, in der unterschiedliche Substanzen enthalten sind, wobei die Partikel jeweils nur aus einer Substanz bestehen

Austausch
durch unregelmäßige Luftbewegungen, besonders durch Turbulenz, verursachter Transport von Luftmasseneigenschaften in der Atmosphäre. Im Fall vorherrschender Turbulenz spricht man auch von turbulentem Austausch

Auswaschkoeffizient
beschreibt den Übergang von gas- und partikelförmigen Substanzen in die Tropfenphase einer Wolke bzw. eines Niederschlags. Verhältnis zwischen der vom Aerosolpartikel aufgenommen Masse und der im Luftvolumen befindlichen Gesamtmasse; wird auch als Nukleations-Effizienz ε bezeichnet

autotrophe Respiration
Atmung der Pflanzen

Azimut
Winkel auf einem Horizontalkreis zur Bezeichnung einer Position am Himmel, zwischen einer vorgegebenen Richtung (meist Nord oder Sonnenvertikal) und der Projektion des Himmelspunktes

Biodiversität
Vielfalt und Mannigfaltigkeit an Lebensformen

biogen
biologischen Ursprungs; im Gegensatz zu anthropogen

Biosphäre (Geosphäre)
Gesamtheit der von Lebewesen besiedelten Land-, Wasser- und Luftregionen

biotisch
belebte Natur betreffend

Biotop
charakteristischer Lebensraum (Lebensstätte, Standort oder Habitat) einer Art oder einer Lebensgemeinschaft. Biozönose und Biotop bilden ein Ökosystem

Biozönose
Lebensgemeinschaft aus pflanzlichen und tierischen Organismen, die an einem bestimmten Lebensort, dem Biotop, vorkommt

Blattflächenindex
gesamte oder einseitige Oberfläche aller Vegetationselemente einer Vegetation im Verhältnis zur Grundfläche

bodennahe Grenzschicht
unterster, unmittelbar dem Boden aufliegender Bereich der atmosphärischen Grenzschicht bis zu einigen Dekametern Höhe, von unmittelbarer Bedeutung für alle Lebewesen

Bowen-Verhältnis
Verhältnis zwischen fühlbarem und latentem Wärmestrom

Brownsche Molekularbewegung
zufällige, ungeordnete Bewegung von Teilchen aufgrund der Stöße der Moleküle und Atome

Bulk–Sammler
Gefäß zum Sammeln von Regenwasser, das in der regenfreien Zeit nicht geschlossen wird und dadurch auch Partikel und Gase aufnimmt

Carboanhydrase
Enzym zur Beschleunigung der Gleichgewichtseinstellung zwischen gelöstem Kohlendioxid und Hydrogencarbonat in wässrigen Systemen. Schlüsselenzym für die Hydrolyse der reduzierten Schwefelverbindung Carbonylsulfid

CCN
(engl.: „Cloud Condensation Nuclei"), siehe Wolkenkondensationskerne

Chemie-Transport-Modell
numerisches Modell zur Berechnung von Spurenstoffverteilungen und ihren Änderungen in der Atmosphäre durch chemische Umwandlung

Cluster
Zusammenballung von Teilchen

Corioliskraft
die ablenkende Kraft der Erdrotation. Die Corioliskraft wirkt auf ein Luftteilchen um so stärker, je höher die Windgeschwindigkeit ist. Der Einfluß dieser Kraft hat auf der Nordhalbkugel eine Rechts-, auf der Südhalbkugel eine Linksablenkung der Bewegung zur Folge

Cytoplast
Zellinhalt

Deflation
Bodenabtrag durch den Wind

demographische Transformation
Änderungen im Bevölkerungswachstum durch Verschiebungen der Relationen zwischen Geburten- und Sterberate. Das in vielen Entwicklungs- und Schwellenländern noch anhaltende Bevölkerungswachstum beruht darauf, daß sich hier die Natalitätsrate noch nicht an die verminderte Mortalitätsrate angepaßt hat

Denitrifikation
Reduktion von Nitrat (NO_3^-) zu N_2O und N_2 durch Bodenbakterien

Denitrifizierung
Sammelbegriff für Prozesse, welche NO_3^- in N_2 und N_2O überführen

Depositionsgeschwindigkeit
kinetische Konstante für den Geschwindigkeitsprozeß der Ablagerung von gas- und partikelförmigen Spurenstoffen aus der Atmosphäre auf die Erdoberfläche

Depositionsstromdichte
deponierte Masse pro Zeit- und Flächeneinheit

Destruenten
s. Zersetzer

Diffusion
Wärme- und Massentransport in Stoffen durch die Brownsche Molekularbewegung

direkter Klimaantrieb
ein Vorgang in der Atmosphäre, der sich direkt im Strahlungshaushalt der Erde auswirkt und damit auch das Klima beeinflußt

Dissoziation
Aufspaltung von Molekülen in andere Moleküle, Atome oder Ionen

Dissoziationsgleichgewicht
bei einem Dissoziationsprozeß eintretendes Gleichgewicht, bei dem genauso viele Teilchen wieder zusammentreten, wie andere dissoziieren

Dissoziationskonstante
Proportionalitätskonstante bei der Anwendung des Massenwirkungsgesetzes auf die Dissoziation

Dobson-Einheit
die Dobson-Einheit (DU) ist ein Maß für die Gesamtmenge des Ozons über einer Flächeneinheit in Bodennähe. 100 DU entsprechen einer Säule von reinem Ozon von 1 mm Höhe bei einer Atmosphäre und 273 K

Eindringtiefe
Dicke der Schicht, nach deren Durchdringung die auftreffende Strahlung auf 1% abgeschwächt ist

El Niño
episodisch auftretende (Zyklus ca. 3 bis 7 Jahre) markante Er-

wärmung der tropischen Ozeane („Warmwasserereignis"), insbesondere des tropischen Pazifiks vor der Küste von Peru, verbunden mit einer Abschwächung der atmosphärischen Walker- und Passatzirkulation (somit ozeanisch-atmosphärisches Wechselwirkungsphänomen); eng korreliert mit der sog. Südlichen Oszillation („Southern Oscillation"). Der Name enstammt der spanischen Sprache und bedeutet „Kind" bzw. „Christkind", da El-Niño-Ereignisse meist um die Weihnachtszeit einsetzen, mit einer Dauer von jeweils einigen Monaten

Elevation
Winkel zwischen einer Position am Himmel und dem Horizont (Elevationswinkel ist gleich 90° minus Zenitwinkel)

Emission
Übergang von Stoffen oder physikalischen Parametern aus einer Quelle (Emittent) in die Umgebung. Emissionen im Sinne des Bundes-Immissionsschutzgesetzes (BImSchG) sind die von einer Anlage ausgehenden Luftverunreinigungen, Geräusche, Erschütterungen, Licht, Wärme, Strahlen und ähnliche Erscheinungen

Emissionsfaktor
Angabe einer Freisetzung von Spurengasen bei einer definierten Grundtemperatur und Lichtstärke

Emissionsgrad
Verhältnis der von einem Körper emittierten spektralen Strahlungsleistung zu der eines schwarzen Körpers gleicher Temperatur

Emissionsminderung
kann prinzipiell erreicht werden durch Vermeidung oder Reduzierung der Entstehung von Luftverunreinigungen (Primärmaßnahmen, Substitution durch umweltfreundlichere Einsatzstoffe, prozeßintegrierte Technologien) bzw. durch Reduzierung der Freisetzungsrate bereits entstandener Spurenstoffe (Abgas- bzw. Abluftreinigung, End-of-Pipe-Technologien)

Emittent
Quelle von Luft- oder Wasserverunreinigungen

Energiebilanz
Summe aller Energieströme und -speicherterme eines Systems unter Berücksichtigung der Richtung der Ströme

Entropie
Zustandsgröße thermodynamischer Systeme und Maß für deren „Unordnung" bzw. für die Energie- und/oder Stoffentwertung durch einen Prozeß. Durch menschliche Aktivität wird der natürliche Trend in der unbelebten Natur zu größerer Unordnung insbesondere in Form von

Durchmischung und Verdünnung beschleunigt

Enzyme
Stoffe, die biochemische Reaktionen in Organismen katalytisch beschleunigen, ohne dabei selbst verändert zu werden

Erythem
Sonnenbrand

Eutrophierung
Anreicherung von Nährstoffen in Ökosystemen oder deren Teilen mit der Folge erhöhter Primärproduktion. Gravierende Probleme ergeben sich vor allem aus der anthropogenen Eutrophierung speziell durch Stickstoff und Phosphor

Evapotranspiration
Gesamtverdunstung von einer natürlich bewachsenen Oberfläche, wobei sich der Begriff aus Evaporation (Verdunstung einer Boden- oder Wasseroberfläche) und Transpiration (Pflanzenverdunstung) zusammensetzt

Evolution
in der Biologie: der im Verlauf der Erdgeschichte sich allmählich vollziehende genetische, morphologische und physiologische Wandel der Individuen innerhalb einer Population bis hin zur Ausbildung neuer Arten. Auf diesem Prozeß beruht die stammesgeschichtliche Entwicklung (Phylogenie) von einfachen, urtümlichen Formen zu hochentwickelten

Excess-Sulfat
der Anteil des Sulfates im maritimen Aerosol, der nicht aus dem Seesalz stammt

Extinktion
Schwächung von Strahlung durch Streuung und/oder Absorption

extraterrestrische Strahlung der Sonne
Strahlungsflußdichte der Sonne am Oberrand der Erdatmosphäre

FAO (Food and Agricultural Organisation)
UN-Sonderorganisation für Ernährung, Landwirtschaft, Forsten und Fischerei

Feuchtewachstum
Anlagerung von Wasser an Aerosolpartikel in Abhängigkeit von der relativen Luftfeuchte

Fluorchlorkohlenwasserstoffe
eine Klasse von chemischen Verbindungen, die sich durch besondere Reaktionsträgheit auszeichnet und die weder toxisch noch brennbar ist. Die FCKW wurden bereits 1930 erstmals produziert und haben in den 50er Jahren Einzug in die Kälte-, Verschäumungs- und Aerosoltechnik gefunden. Seit dem 1. 1. 1996 ist aufgrund des Montrealer

Protokolls die Produktion von FCKW in allen Industrieländern verboten. In der Stratosphäre werden die FCKWs durch UV-Strahlung in Radikale gespalten, die den Ozonabbau (Ozonloch) verursachen

Flüssigphasenchemie
Chemie der homogenen flüssigen Phase, ohne Berücksichtigung der Wechselwirkung mit der Gasphase, s. auch Wolkenchemie und Niederschlagschemie

Freilandregen
Niederschlag, den man ohne Vegetation am Boden messen würde

geobiochemische Spurenstoffkreisläufe
Kreislaufe der Elemente (u. a. Kohlenstoff, Sauerstoff, Stickstoff, Schwefel, Phosphor) im globalen Klimasystem durch physikalische, biologische, chemische und geologische Prozesse

Geosphäre
s. Biosphäre

Gradientkraft
diese Kraft, die aufgrund des Luftdruckgradienten auf ein Luftteilchen wirkt, steht senkrecht auf den Luftdruckflächen und ist immer zum niedrigeren Luftdruck hin gerichtet. Auf Wetterkarten ist die Horizontalkomponente der Gradientkraft direkt am Abstand der Isobaren erkennbar. Je enger die Isobaren verlaufen, um so größer ist die Gradientkraft und damit auch die Windgeschwindigkeit

Grenzschichtwiderstand
Übergangswiderstand beim Stofftransport von einem Medium in ein anderes

Halbwertszeit
Zeitdauer, in der die Hälfte der ursprünglich vorhandenen Masse zerfallen ist

Henry-Gesetz
Gesetz, wonach bei gegebener Temperatur die Konzentration eines gelösten Gases proportional zum Druck des Gases über der Flüssigkeit ist

Henry-Konstante
Proportionalitätsfaktor zwischen dem Druck eines Gases über einer Flüssigkeit und der Konzentration des gelösten Gases in dieser Flüssigkeit

heterogene Chemie
bezeichnet chemische Prozesse in Systemen mit mindestens zwei Phasen, wobei die Chemie an der Grenzfläche stattfindet (z. B. Gas-Wassertropfen, Gas-Aerosolpartikel). Wird häufig falsch gebraucht im Sinne der Multiphasenchemie. Die heterogene Chemie ist ein Teil der Multiphasenchemie, sie kann auch als Oberflächen- bzw. Grenzflächenchemie bezeichnet werden

heterogene Nukleation
Bildung von Wolken- und Nebeltropfen durch Kondensation von Wasserdampf an Wolkenkondensationskernen

heterotrophe Respiration
Atmung der Mikroben

Heterotrophie
Ernährungsweise bei Mensch und Tier, die auf Zufuhr von organischen Substanzen angewiesen sind

Himmelssichtfaktor
Verhältnis der real sichtbaren zur potentiell sichtbaren Himmelsfläche

Holozän
geologische Gegenwart seit der letzten Eiszeit vor etwa 10 000 Jahren

homogene Nukleation
Bildung von Partikeln (z. B. Wolkenkondensationskerne) aus Gasmolekülen durch Cluster-Bildung (Gas-Gas-Wechselwirkung) und weitere Partikel-Partikel-Wachstumsprozesse

hydrostatische Grundgleichung
beschreibt die exponentielle Änderung des Druckes bzw. der Dichte als Funktion der Höhe

Hygroskopie
Fähigkeit von Stoffen, Wasser aufzunehmen. Wichtigste Eigenschaft von Wolkenkondensationskernen. Besonders hygroskopische Partikel „zerfließen" (Deliqueszenz) und bilden einen Übergang zu Tropfen

Hysteresiseffekt
Aerosolpartikel enthalten bei sinkender Feuchte mehr Wasser als bei steigender Feuchte. Die Differenz wird als Hysteresiseffekt bezeichnet

Immission
das Einwirken von festen, flüssigen oder gasförmigen Spurenstoffen sowie von Geräuschen, Erschütterungen, Licht, Wärme und Strahlung auf die belebte und unbelebte Materie, oft auch Konzentration von Spurenstoffen in der Atmosphäre

Immobilisierungsrate
Geschwindigkeit, mit der ein Stoff immobilisiert (ortsfest gebunden) wird

Impaktion
Anlagerung von Teilchen aufgrund ihrer Trägheit an eine Oberfläche oder an andere Teilchen

Impaktor
Gerät zur größenfraktionierten Trägheitsabscheidung von Partikeln aus der Luft

in-cloud scavenging
Aufnahme von Gasen und Partikeln durch Wolken- und Nebeltropfen. Früher auch als Aus-

regnen („Rainout“) bezeichnet. Dieser Prozeß beginnt mit der heterogenen Nukleation und führt zu einer physikalisch-chemischen Veränderung des Tropfens, auch durch nachfolgende Flüssigphasenchemie. Nur ein Bruchteil (im Mittel 10%) der Wolken bilden Niederschläge, wodurch die gelösten Substanzen aus der Atmosphäre entfernt werden. Überwiegend verdampfen die Wolken und führen die Inhaltstoffe wieder in die Gasphase zurück

indirekter Klimaantrieb
ein Vorgang in der Atmosphäre, der mittelbar über die Beeinflussung eines anderen Parameters sich im Strahlungshaushalt der Erde auswirkt, wird als indirekter Klimaantrieb bezeichnet

inert
(chemisch ~), keine chemische Reaktion eingehend

Inkorporation
Aufnahme von Stoffen in einen Organismus

Innere Mischung
Aerosolpopulation, bei der alle Partikel aus einem einheitlichen Gemisch verschiedener Substanzen bestehen

Interzeption
Abfangen eines Teiles der Niederschläge durch die Benetzung der Vegetationselemente

Inversion
Umkehr des normalen Temperaturverlaufs, bei dem die Temperatur mit der Höhe abnimmt. Als Folge der Zunahme der Temperatur mit der Höhe wird die vertikale Verdünnung von Luftspurenstoffen eingeschränkt. Bei länger anhaltender Inversion kommt es durch Erhöhung der Immissionskonzentrationen zur Ausbildung von Smogwetterlagen

IPCC (Intergovernmental Panel on Climate Change)
Zwischenstaatlicher Ausschuß für Klimaänderungen

Isoprenoide
Gruppe von Verbindungen mit dem Grundkörper des Isoprens (5 Kohlenstoffatome)

isotrop
richtungsunabhängig

Katalase
Enzym, Radikalfänger, spaltet Wasserstoffperoxid in Wasser und Sauerstoff

Katalytische Zyklen
eine Folge von chemischen Reaktionen, die durch die Anwesenheit eines Katalysators die Umsetzung von Reaktanden beschleunigt. Der Katalysator selbst wird hierbei nicht verbraucht. Katalytische Zyklen sind insbesondere dann wichtig, wenn aufgrund der geringen Konzentrationen normale chemische Reak-

tionen nicht zu größeren Umsätzen führen können

Kettenlänge
Zahl der Wiederholungen in einem katalytischen Zyklus, bevor der Katalysator in Abbruchreaktionen verbraucht wird

Klimaelemente
Größen, die entweder direkt gemessen oder indirekt rekonstruiert werden und der Beschreibung des Klimas dienen, vor allem Temperatur, Feuchte, Niederschlag, Wind und Druck (auf der kürzeren Zeitskala des Wetters zugleich Wetterelemente)

Klimasystem
Verbundsystem aus Atmosphäre, Hydrosphäre (Ozean und Süßwassersphäre der Kontinente), Kryosphäre (Land- und Meereis), Pedosphäre (Boden), Lithosphäre (Gesteine) und Biosphäre (Leben, insbesondere Vegetation)

Koagulation
Verschmelzen von Tropfen eines Stoffes aufgrund der Oberflächenspannung; Anlagerung von anderen Partikeln an ein Partikel

Kohäsion
Aneinanderhaften von festen oder flüssigen Teilchen ein- und desselben Stoffes

Kohlenstoffisotope
natürlicher Kohlenstoff, besteht aus zwei stabilen Isotopen (^{12}C, ^{13}C) und dem radioaktiven ^{14}C (Radiokohlenstoff)

Kompensationskonzentration
Konzentration eines Stoffes in zwei Medien, bei der kein Transfer des Stoffes zwischen den Medien erfolgt

Konsumenten
in der Ökologie: heterotrophe Organismen, wie Mensch, Tiere und bestimmte Pflanzen, die auf organische Substanz als Nahrungs- und Energiequelle angewiesen sind

Konvektion
vertikaler Transport von Teilchen oder physikalischen Eigenschaften infolge gerichteter Luftbewegungen

Kosinus-Empfindlichkeit
Eigenschaft eines Strahlungsmeßgerätes, die aus dem Halbraum einfallenden Strahldichten entsprechend ihrem Einfallszenitwinkel mit dessen Kosinus zu wichten, um so die Globalstrahlung zu messen

kosmische Strahlung
energiereiche Teilchenstrahlung aus dem Weltraum (auch Höhenstrahlung)

Kronentraufe
gesamte unter einem Baumbestand gemessene Niederschlagsmenge minus Stammabfluß

Kutikula
eine lipophile Außenhaut bei oberirdischen Pflanzenorganen, die für Wasser und Gase schwer durchlässig ist und so eine Schutzfunktion ausübt

Küvette
in der Immissionsforschung System zum Einschluß eines Blattes, Zweiges oder eines kleinen Baumes. Es kann sich dabei sowohl um Beutel aus einer Folie oder auch Boxen aus Plexiglas handeln. Durch eine solche Küvette wird Luft gepumpt, deren Veränderung durch das eingeschlossene Objekt mit verschiedenen Meßmethoden untersucht wird

La Niña
Gegenstück zu El Niño mit Abkühlung der tropischen Ozeane („Kaltwasserereignis")

Lebensdauer
in der Regel die Dauer, nach der die Konzentration einer Substanz in der Luft auf den Bruchteil 1/e abgesunken ist

Lipide
Fette

Mangroven
Gehölz im Gezeitenbereich flacher tropischer Küsten, die bei Ebbe trockenfallen und bei Flut überschwemmt werden. Aufgrund ihrer extremen Lebensbedingungen bieten Mangroven spezifischen Biozönosen Existenzmöglichkeiten und stellen insbesondere einen wirksamen Küstenschutz vor Erosionen dar

Massen-Radien-Verteilung
Verteilungskurven der Partikelmassen als Funktion der Partikelgröße

Mehrfachstreuung
mehrfache Streuung eines Photons auf seinem Weg durch die Atmosphäre

Mesophyll
von Interzellulären durchsetztes Gewebe zwischen oberer und unterer Epidermis eines Blattes

Mesophäre
drittes Stockwerk der Atmosphäre zwischen 50 und ca. 100 km Höhe, oberhalb der Stratosphäre gelegen. Die Obergrenze wird als Mesopause bezeichnet

metabolische Wärmeflußdichte
die Gesamtmenge der stoffwechselbezogenen (metabolischen) Wärmeflußdichte setzt sich zusammen aus der Grundumsatzrate der Wärmeproduktion eines Organismus in Ruhestellung und der frei werdenden Wärme durch Muskelarbeit

Metabolismus
Stoffwechsel, Bezeichnung für Auf-, Um- und Abbauprozesse im Organismus

Methanhydrat
gitterähnliche, feste Substanz, in welcher einzelne Methanmoleküle in einer gitterähnlichen Wassermolekülstruktur eingeschlossen sind. Existiert in stabiler Form nur unter bestimmten Druck-/Temperaturbedingungen (u. a. an den Abhängen der Kontinentalschelfe und im Permafrost)

Mie-Streuung
Streuung von elektromagnetischer Strahlung an Kugeln mit ähnlicher Dimension wie die Wellenlänge. Benannt nach G. Mie, der die dafür gültigen Gleichungen hergeleitet hat, die die Rayleigh-Streuung als Grenzwert enthalten. Die Mie-Theorie, die auch die Absorption beschreibt, wird im allgemeinen verwendet, um die Wechselwirkung von solarer Strahlung mit Aerosolpartikeln zu berechnen

Mineralisation
Abbau toter organischer zu anorganischen Substanzen, insbesondere durch heterotrophe Mikroorganismen

Mischkern
Aerosolpartikel, das lösliche Bestandteile und einen unlöslichen Kern enthält

Mischungsschicht
Am Boden angrenzende Luftschicht, in welcher 80 bis 90% der Luft innerhalb der letzten Stunde in Kontakt mit der Erdoberfläche war

Mischungsverhältnis
Verhältnis der Konzentration einer Komponente zur Konzentration aller Komponenten, bezogen auf Masse, Stoffmenge oder Volumen

molekularer Diffusionskoeffizient
Maßzahl für die Stärke der Partikeldiffusion bzw. der Brownschen Molekularbewegung

Monitoring
Überwachungsmessung, d. h. kontinuierliche oder diskontinuierliche Messung von Luftspurenstoffen

Multiphasenchemie
bezeichnet chemische Prozesse in Systemen mit mindestens zwei Phasen, wobei die Chemie gleichzeitig in den verschiedenen Phasen abläuft und auch an den Grenzflächen ablaufen kann

Nachhaltigkeit
(Prinzip der ~) langfristige Erhaltung der Leistungsfähigkeit eines (vom Menschen genutzten) Ökosystems oder einer menschlichen Gesellschaft (ökologisch, ökonomisch, sozial, kulturell)

nasse Deposition
Ablagerung von atmosphärischen Spurenstoffen durch Niederschlag (Regen, Nebel, Hagel, Graupel, Schnee). Nasse Deposition kennzeichnet den Gesamtprozeß von der Wolkenbildung bis zum Niederschlag. Als nasse Deposition wird auch die mit dem Niederschlag auf der Erdoberfläche abgelagerte Menge des Spurenstoffe (im Sinne eines Stoffflusses) bezeichnet

Natrium-Kalibrierungsansatz
Bestimmung der trockenen Deposition von atmosphärischen Spurenstoffen auf der Vegetationsoberfläche von Ökosystemen unter der Annahme, daß sich Natrium im Kronenraum inert verhält und das Na/X-Verhältnis im Regenwasser dem Na/X-Verhältnis bei der trockenen Deposition von Partikeln gleicht (X steht für eine beliebige Partikelkomponente)

Nebeldeposition
Deposition von Nebelinhaltsstoffen auf einer Oberfläche infolge Anlagerung von Nebeltröpfchen

Neoklimatologie
auf direkt gewonnenen Meßdaten der Klimaelemente beruhende Wissenschaft vom Klima. Maximal reicht die N. bis zum Jahr 1659 zurück (Beginn der sog. Zentral-England-Temperaturreihe), in einigermaßen befriedigender globaler Abdeckung der Verfügbarkeit der Daten der Klimaelemente allerdings nur auf die letzten ca. 100 bis 140 Jahre

Netto–Kronentraufe-Methode
Bestimmung der in der regenfreien Zeit trocken auf der Vegetationsoberfläche abgelagerten Stoffmengen aus der Differenz der Spurenstoffmengen im Regenwasser über dem Kronenraum und in der Kronentraufe

N-Fixierung
Sammelbegriff für Prozesse, welche molekularen atmosphärischen Stickstoff (N_2) in Stickstoffverbindungen überführen

Niederschlagschemie
bezeichnet chemische Prozesse in fallenden Regentropfen (oder anderer Formen fallender Hydrometeore). Deren Bedeutung wurde früher überschätzt. Fallende Regentropfen existieren nur wenige Minuten, wodurch die Zeit für chemische Reaktionen begrenzt ist

Nitrifikation
Oxidation von Ammonium über Nitrit zu Nitrat durch im Boden und im Wasser lebende autotrophe Bakterien

NMHC
(engl.: „Non Methane Hydrocarbons“) alle Kohlenwasserstoffe unter Ausschluß von Methan

Nordatlantikoszillation (NAO)
Schwankungen der Luftdruckdifferenz zwischen den Azoren (dort i.a. Hochdruckgebiet) und Island (dort i.a. Tiefdruckgebiet). Ist der NAO-Index hoch, so bedeutet das eine relativ große (meridionale) Luftdruckdifferenz im entsprechenden nordostatlantischen Raum, die zu verstärkter Advektion atlantischer Luftmassen nach Europa führt (d.h. z.B. im Winter relativ warm-feuchte Witterung)

nuklearer Winter
nach einem weltweiten Atomkrieg würden großflächige Brände eine starke Aerosolschicht erzeugen, durch die kaum mehr Sonnenlicht zum Boden dringt. Dabei könnte es zu Temperaturabsenkungen um bis zu 30 K kommen, so daß bodennahe winterliche Temperaturen auftreten würden

numerische Simulation
Anwendung eines numerischen Modells zur rechnerischen Nachbildung eines gegebenen Zustandes

numerisches Modell
Beschreibung eines bestehenden Zustands und seiner Änderungen durch mathematische Gleichungen. Zur Lösung dieser Gleichungssysteme mit numerischen Methoden werden im allgemeinen Computer eingesetzt. Beispiel: Berechnung der Spurenstoffverteilung und ihrer Änderung in der Troposphäre durch Lösung der Kontinuitätsgleichungen der Spurenstoffe

OECD (Organisation for Economic Cooperation and Development)
Organisation für wirtschaftliche Zusammenarbeit und Entwicklung

okkulte Deposition
nasse Deposition

Ökosystem
ein Wirkungsgefüge aus Lebewesen und deren anorganischer Umwelt in einem geographisch und oft auch funktionell umreißbaren Ausschnitt aus der Biosphäre mit der Befähigung zur Selbstregulierung

Ökotoxikologie (Syn. Umwelttoxikologie)
interdisziplinäres Fachgebiet, das sich mit der Verteilung, Wirkung und Bewertung von Chemikalien und Strahlung auf Organismen, Populationen oder Biozönosen befaßt, soweit daraus direkt oder indirekt Schäden für Natur oder Mensch entstehen können

oligotroph
nährstoffarm

optische Dicke
Maß zur Beschreibung der optischen Wirksamkeit eines Atmosphärenparameters, spektral va-

riabel und deshalb meist wellenlängenabhängig angegeben. Die optische Dicke ist definiert als das Produkt aus geometrischer Weglänge der Strahlung und Extinktionskoeffizient. Je größer die optische Dicke, desto stärker ist die Schwächung von Strahlung beim Durchgang durch die Atmosphäre

optische Luftmasse
das relative Maß für die von der Sonnenstrahlung durchquerte Luftmenge der Atmosphäre wird als optische Luftmasse bezeichnet. Definitionsgemäß ist die optische Luftmasse m = 1 bei senkrechtem Strahlendurchgang und einem Bodenluftdruck von 1000 hPa, bei schrägem Strahlengang geht die Sonnenhöhe und der Einstrahlungswinkel mit in die Berechnung ein

Organellen
membranumschlossene Kompartimente des Protoplasten, wie Plastiden, Mitochondrien und Zellkern

oxidativer Streß
Belastung aufgrund der Einwirkung von Sauerstoffradikalen

oxidierender Smog
komplexe Luftverunreinigung durch Photooxidantien

Ozonloch
bezeichnet die starken Ozonverluste über dem Südpol während der Monate September bis November. Das Ozonloch wurde 1985 erstmals entdeckt. Seither hat es sich sowohl räumlich ausgedehnt als auch bezüglich der Verluste vertieft. Die beobachteten Ozonveränderungen über dem Nordpol werden in der Regel (noch) nicht als Ozonloch bezeichnet

Ozonschicht
die Schicht in der Stratosphäre, in der der größte Teil des atmosphärischen Ozons enthalten ist. In mittleren geographischen Breiten hat die Ozonschicht in 20 bis 25 km Höhe ihr Maximum. In der Ozonschicht wird die energiereiche UV-B-Strahlung absorbiert; eine Verringerung der Ozonkonzentration hat daher eine Zunahme der UV-B-Strahlung am Boden, verbunden mit der Gefahr von Zellschädigungen bei Mensch, Tier und Pflanze sowie Klimaveränderungen zur Folge

Paläoklimatologie
auf indirekt gewonnenen Meßdaten der Klimaelemente beruhende Wissenschaft vom Klima, die mit Hilfe einer Vielzahl von Rekonstruktionsmethoden (z. B. Baumringanalysen, Polareis- und Tiefseebohrungen, geomorphologische und petrologische Methoden) geologische Zeitskalen bis maximal 3,8 Milliarden Jahre vor heute abdeckt

PAN
Peroxiacetylnitrat ($CH_3CO_3NO_2$)

PAR
(engl.: „Photosynthetic Active Radiation“) s. photosynthetisch aktive Strahlung

Parametrisierung
empirischer, halbempirischer bzw. auf einer Annahme beruhender oder begründeter Ansatz zur Beschreibung eines Prozesses

Pedosphäre
Grenzbereich (Bodenzone) an der Erdoberfläche, in dem sich Gestein (Lithosphäre), Wasser, Luft und Lebewesen durchdringen und wo die bodenbildenden Prozesse ablaufen

Permeabilität
Durchlässigkeit für einen Stoff

Peroxidase
eisenhaltiges Enzym zur Katalyse des Abbaus von Wasserstoffperoxid

pH-Wert
negativer dekadischer Logarithmus der Wasserstoffionenkonzentration

Phenole
monozyklische Kohlenwasserstoffe mit OH-Gruppe (Benzenderivate)

photochemische Reaktion
chemische Reaktion, die nur unter dem Einfluß von (Sonnen-) Licht abläuft

Photooxidantien
Stoffe wie O_3, PANs (Peroxyacylnitrate), HNO_3 u. a., die unter dem Einfluß von Sonnenlicht aus den Vorläufersubstanzen (NO_x, flüchtige organische Stoffe und CO) in der Aussenluft gebildet werden und oxidierende Eigenschaften besitzen

Photooxidation
Sammelbezeichnung für Oxidationsreaktionen in der Atmosphäre unter dem Einfluß von Sonnenlichtenergie

Photosmog
s. oxidierender Smog

Photosynthese
Assimilation von Kohlendioxid in autotrophen Bakterien und grünen Pflanzen zum Aufbau von Kohlenhydraten unter Ausnutzung der Sonnenlichtenergie

photosynthetisch aktive Strahlung
Licht im Bereich von 380 bis 710 nm Wellenlänge (blau bis rot), jener Teil des Sonnenlichtspektrums, der von Pflanzen zur Photosynthese genutzt werden kann

planetare Grenzschicht
untere, bodennahe Luftschicht. Während des Tages bildet sich eine konvektive Mischungsschicht

über der Oberflächenschicht aus. Nach Sonnenuntergang wächst eine stabile nächtliche Grenzschicht heran, die bei Sonnenaufgang wieder aufgelöst wird

polare stratosphärische Wolken
Partikel in der Stratosphäre, die bei Temperaturen unterhalb von 220 K gebildet werden. Sie bestehen aus H_2SO_4, HNO_3 und Wasser. Sie können als flüssige und auch als feste Aerosole auftreten

Polarwirbel
sind stratosphärische Zyklone, in denen Luftmassen diabatisch, d.h. durch Abstrahlung von Infrarotstrahlung gekühlt werden und in denen der horizontale Luftmassenaustausch mit mittleren Breiten unterbrochen ist

Polyzyklische aromatische Kohlenwasserstoffe (PAK, engl. PAH)
aromatische Kohlenwasserstoffe mit mehreren Kohlenstoffringen

Präkursor
s. Vorläufersubstanz

primärer Luftspurenstoff
Spurenstoff in der Luft, der in die Atmosphäre eingebracht wird, d.h. nicht durch Umwandlungen in der Luft entsteht

Produzenten (Primärproduzenten)
in der Ökologie: autotrophe Organismen, die durch Photosynthese oder Chemosynthese aus anorganischen Grundstoffen energiereiche organische Substanz aufbauen

Quantenausbeute
der Anteil von absorbierten Lichtquanten, der zur Spaltung eines Moleküls in photochemische Bruchstücke führt

Quellstärke
Masse einer freigegebenen Substanz pro Zeiteinheit, aber auch pro Zeit- und Flächeneinheit

Radikal
Teilchen (Molekül) mit ungepaarten Elektronen, das meist sehr reaktiv ist

Radikalkette
zwei chemische Reaktionen, in welchen Radikale derart ineinander übergeführt werden, daß wieder dieselben Radikale gebildet werden

Radikalkettenreaktion
Reaktionssystem, an welchem reaktive Radikale als Zwischenstufen beteiligt sind, die in der Startreaktion gebildet, in der Radikalkette ineinander und in der Abbruchreaktion in nichtradikalische Moleküle umgewandelt werden

Radioaktivität
Zerfall von Atomkernen unter Aussendung von elektromagnetischer oder Teilchenstrahlung

Radionuklid
natürliches oder künstliches, instabiles Nuklid (Atomart), das spontan, ohne Einfluß von außen, unter Strahlenemission zerfällt

Rayleigh-Streuung
Streuung von Lichtstrahlen an kugelförmigen Teilchen (insbes. Luftmolekülen), deren Radius (ca. 10^{-4} µm) sehr klein gegenüber der Wellenlänge des Lichtes ist. Die von Lord Raleigh begründete Theorie wird verwendet, um die Wechselwirkung von solarer Strahlung mit den Molekülen der Luft zu berechnen

Reaktionskinetik
Lehre von der Geschwindigkeit chemischer Reaktionen

reaktionskinetische Transportmodelle
Modelle zur mathematischen Beschreibung von Massentransporten unter Berücksichtigung gleichzeitig ablaufender chemischer Reaktionen

reduzierender Smog
komplexe Luftverunreinigung, die Luftspurenstoffe wie SO_2 und Kohlenstaub enthält und durch die Verbrennung von Kohle entsteht

reduzierte flüchtige Schwefelverbindungen
hierzu gehören Verbindungen wie Schwefelwasserstoff, Schwefelkohlenstoff, Carbonylsulfid, Methylmercaptan oder Dimethylsulfid

Reservoirschicht
von der Erdoberfläche (und damit von den Emissionen und der Trockendeposition) durch eine bodennahe nächtliche Inversion abgetrennte Luftschicht, die den oberen Teil der Mischungsschicht des Vortages enthält

Reynolds-Zahl
Verhältnis der Trägheitskräfte zu den Zähigkeitskräften in einem strömenden Medium

Rezeptor
Organ zur Aufnahme von Reizen und/oder Stoffen

Riesenpartikel
Partikel mit einem Radius von mehr als 1 µm, besonders wirksame Kondensationskerne

Rißeiszeit
Kaltzeit zwischen 200 000 und 130 000 Jahren vor heute, Vorgänger der Würmeiszeit, auch Saale- oder Illionian-Kaltzeit

ROG
(engl.: „Reactive Organic Gas") reaktives organisches Gas

Sättigungsdampfdruck
Dampfdruck im Gleichgewicht mit einer Flüssigkeit oder einem Festkörper

Sauerstoffradikale
aktivierte Formen des Sauerstoffmoleküls oder Atoms, die durch ihre stark oxidierende Wirkung Schäden an Organismen hervorrufen können

Säureneutralisierungskapazität
Fähigkeit eines Stoffes, eine bestimmte Säuremenge zu neutralisieren

saurer Regen
journalistischer Begriff. Kennzeichnet eine im Vergleich zum natürlichen Zustand erhöhte Azidität des Niederschlags. Das Problem liegt in der Bestimmung dieses Referenzpunktes (natürliche Azidität), der geographisch und jahreszeitlich verschieden ist. Natürliche Emissionen führen zu einer Abweichung des pH vom „Referenzwert" für eine rein binäre Wasser-CO_2-Phase (pH = 5,6) sowohl noch unten als auch nach oben; der natürliche pH-Bereich wird auf 4,5–8,0 geschätzt

Schmidt-Zahl
Verhältnis der kinematischen Zähigkeit eines strömenden Mediums zum Diffusionskoeffizienten

Schubspannung
die parallel zu einer Fläche wirkende Reibungskraft pro Flächeneinheit, welche in der bodennahen Reibungsschicht von einer unteren Schicht auf die unmittelbar darüber liegende Schicht ausgeübt wird

Schubspannungsgeschwindigkeit
Geschwindigkeitsmaß, physikalisch begründete Größe für die Stärke der Reibung an der Erdoberfläche

schwarzes Dreieck
Gebiet von Sachsen, Nordböhmen und Schlesien, in dem hohe Emissionen zu starker Luftverschmutzung geführt haben. Das schwarze Dreieck stellt in Europa das Gebiet mit der höchsten Luftbelastung und den stärksten Pflanzenschäden dar

Schwefelzyklus
Kreislauf von schwefelhaltigen Verbindungen

Schwermetalle
Metalle mit einer höheren Dichte als 5 g cm^{-3}; meist sind deren allgemein giftig wirkende Vertreter (wie Cadmium, Blei, Quecksilber) gemeint

Sedimentationsgeschwindigkeit
Geschwindigkeit des Absinkens von Teilchen in der Atmosphäre allein aufgrund des Zusammenspiels von Auftrieb und Schwerkraft

Seesalzpartikel
an der Wasseroberfläche der Ozeane durch Dispersion in die Atmosphäre gelangende Salzaerosole

sekundärer Luftspurenstoff
Spurenstoff, der in der Atmosphäre aus Primärkomponenten gebildet wird (beispielsweise Photooxidantien)

Selbstreinigung
(~der Atmosphäre) Entfernung von Spurenstoffen aus der Atmosphäre durch chemische Reaktionen sowie nasse und trokkene Deposition

Skala
in der Atmosphärenforschung im Sinne des englischen Begriffs „scale" benutzt, womit typische Längen- und Zeitintervalle bezeichnet werden. Räumlich gesehen unterscheidet man z.B. zwischen der Makroskala (plantarische und synoptische Skala), der Mesoskala und der Mikroskala. Dabei überdeckt die Mesoskala den Bereich zwischen 1 und 1000 km. Die anderen Skalen schließen sich nach oben bzw. unten an

Skalenhöhe
gibt diejenige Höhendifferenz an, über die der Druck in der Atmosphäre um den Faktor ($1/e$) abnimmt. Sie ist von der Temperatur und dem mittleren Molekulargewicht abhängig

Smog
ein Kunstwort, gebildet aus dem englischen Smoke und Fog. Der Begriff bezeichnet die stark verschmutzten Zustände der atmosphärischen Grenzschicht. Man unterscheidet Wintersmog (Verschmutzung vor allem durch Schwefeldioxidemission, auch mit Rußbeimengungen, auch saurer Smog) und Sommersmog (Verschmutzung durch Ozon und andere Photooxidantien; auch Photo-Smog)

Smogkammer
Reaktionskammer, in welcher Photooxidationen unter kontrollierten Bedingungen untersucht werden

Solarkonstante
Intensität der Sonnenstrahlung an der Obergrenze der Erdatmosphäre, bezogen auf eine Einheitsfläche, die senkrecht zur einfallenden Strahlung steht (bei mittlerem Sonnenabstand von $1{,}4960 \cdot 10^8$ km). Neuere Messungen ergeben für die Solarkonstante einen Wert von 1368 Wm^{-2} (bei einer Unsicherheit von ± 2 Wm^{-2})

Sommersmog
s. oxidierender Smog

Sonnenaktivität
Phänomene der unruhigen Sonne, wobei am bekanntesten die in Zeiten der Sonnenaktivität vermehrt auftretenden Sonnen-

flecken sind (relativ dunkle Gebiete auf der sichtbaren Sonnenoberfläche, der Photosphäre). Diese Flecken sind mit anderen Phänomenen wie z. B. Sonnenfakkeln und Protuberanzen gekoppelt, so daß insgesamt zu Zeiten unruhiger Sonne die Sonnenausstrahlung etwas verstärkt ist

Spurengas
geringfügige Beimengung in Atmosphärenluft, die deren Dichte nicht signifikant verändert

Stabilitätsfunktion
Funktion zur Berücksichtigung des Einflusses der thermischen Schichtung auf das logarithmische Windprofil und die vertikalen Profile anderer Eigenschaften

Stammablauf
an den Stämmen der Bäume ablaufendes Niederschlagswasser

Standardatmosphäre
die ICAO-Standardatmosphäre stellt eine gute Annäherung der realen mittleren Schichtung der Atmosphäre in den mittleren Breiten dar. Sie gilt für reine trockene Luft, die sich wie ein ideales Gas verhält und in vertikaler Richtung chemisch einheitlich geschichtet ist. (ICAO: International Civil Aviation Organization = Internationale Organisation der zivilen Luftfahrt)

Startreaktion
photochemische Reaktion, in welcher reaktive Radikale gebildet werden

Stoffbilanz
Summe aller Stoffströme und -speicherterme eines Systems unter Berücksichtigung der Richtung der Ströme

stomatäre Leitfähigkeit
ein Maß für die Öffnungsweite der pflanzlichen Spaltöffnungen (Stomata)

Strahlstrom (jet stream)
enger Bereich hoher Windgeschwindigkeit in der oberen Troposphäre, wird unterschieden nach subtropischem und polarem Strahlstrom

Strahlung (langwellige-, kurzwellige-, radioaktive, kosmische)
Energiefluß in Form elektromagnetischer Wellen oder durch energiereiche Teilchen

Stratosphäre
über der Troposphäre liegendes Stockwerk der Atmosphäre, in dem die Temperatur mit der Höhe anwächst. Die Untergrenze ist abhängig von der geographischen Breite und liegt bei 8 km (Pole) bzw. 15 km (Äquator). Die Obergrenze dagegen ist einheitlich bei 50 km

Streufall
Abwurf der Blätter bei ausdauernden Pflanzen durch die Ausbildung eines Trennungsgewebes an der Basis des Blattstiels

sub-cloud scavenging
Aufnahme von Gasen und Partikeln durch fallende Hydrometeore, vorzugsweise Regentropfen. Früher auch als Auswaschen („washout") bezeichnet; jedoch führt die Verwendung dieses Begriffes leicht zu Mißverständnissen. Ein wichtiger Entfernungsprozeß für Partikel größer 1 µm und auch für mehr oder weniger lösliche Gase bei höheren Konzentrationen (Industriegebiete, Städte) in der Nähe von Emittenten

südliche Oszillation (Southern oscillation, SO)
Schwankungen der Luftdruckdifferenz zwischen Tahiti und Darwin (Australien), die im zeitlichen Ablauf eng mit dem → El-Niño-Phänomen (EN) korreliert sind (in der üblichen Definition negativ), so daß zusammenfassend vom „ENSO-Mechanismus" gesprochen wird

Superoxidismutase
metallhaltiges Enzym; katalysiert die Bildung von Wasser und Sauerstoff aus Wasserstoffperoxid

symplastisch
im Zellinnenraum ablaufend

Terpenoide
Gruppe von Verbindungen aufwärts von 10 Kohlenstoffatomen, abgeleitet von den Isoprenoiden

Tracer
Markierungsstoff (z. B. radioaktiv), der in ein Medium eingebracht wird und durch dessen Konzentrationsfeld man in der Lage ist, Transportprozesse zu studieren

Tragfähigkeit (carrying capacity)
in der Bevölkerungslehre: mögliche Bevölkerungsdichte eines bestimmten Gebietes bzw. der ganzen Erde bei (nach gegenwärtiger Definition) Einhaltung der Grundanforderungen der Nachhaltigkeit

Trägheitsabscheidung
Abscheidung von Aerosolteilchen aus einem gekrümmten Luftstrom aufgrund ihrer Massenträgheit

transient
insbesondere bei der Klimamodellierung verwendeter Begriff, der im Gegensatz zu Gleichgewichtssimulationen zeitabhängige Simulation bedeutet (mit expliziter Berücksichtigung von Zeitverzögerungen zwischen Ursachen und Effekten)

Treibhauseffekt
Absorptionswirkung bestimmter klimawirksamer Spurengase

(wie H_2O, CO_2, CH_4, FCKW, N_2O, bodennahes O_3 usw.), die die kurzwellige Sonnenstrahlung nahezu ungehindert zur Erdoberfläche passieren lassen, langwellige Wärmestrahlung jedoch stark absorbieren. Dies führt zu einer Erhöhung der Bilanz aus solarer Ein- und terrestrischer Ausstrahlung, wodurch die bodennahe Luftschicht erwärmt wird. Der Treibhauseffekt ist aufgrund der natürlich vorkommenden sog. Treibhausgase nicht anthropogen, wird aber durch zusätzliche Emission solcher Treibhausgase verstärkt. Treibhausgase besitzen eine Lebensdauer von Jahrzehnten oder länger, weshalb sie sich global ausbreiten und die Wirkung lange anhält

Treibhauspotential
Beitrag eines einzelnen klimawirksamen Spurengases zum Treibhauseffekt

trockene Deposition
Ablagerung von atmosphärischen Spurenstoffen in der niederschlagsfreien Zeit. Sie erfolgt durch einen vertikalen turbulenten Transportprozeß und einen Sorptions- oder Gasaustauschprozeß an der Erdoberfläche. Der Stofffluß bei der trockenen Deposition kann „negativ“ werden (d.h. er ist von der Erdoberfläche in die Atmosphäre gerichtet), wenn die Oberfläche emittiert

Troposphäre
unterstes Stockwerk der Atmosphäre bis zur Tropopause (Grenzschicht) in 8–15 km Höhe, hier finden alle Wettervorgänge statt

turbulent
eine Strömung wird als turbulent bezeichnet, wenn unterschiedliche Schichten des Mediums unregelmäßig durcheinander gewirbelt werden

turbulente Diffusion
Turbulenz entsteht durch die natürliche Variabilität der Luftströmung. Die Fluktuationen in der Windgeschwindigkeit erzeugen Turbulenzballen (sog. Eddies), die ein bestehendes Luftpaket über eine gewisse Entfernung transportieren, bis Reibungskräfte den Vorgang schwächen und das Luftpaket mit der Umgebung vermischt wird. Im Gegensatz zur molekularen Diffusion ist die Eddy-Diffusion nicht von der Masse des zu transportierenden Teilchens und dem Gesamtdruck abhängig, sondern nur eine Eigenschaft des Transportmediums

ultrafeine Partikel
Aerosolpartikel mit Radien unterhalb 0,01 µm

Ultraviolettstrahlung (UV-Strahlung)
elektromagnetische Energie mit höheren Frequenzen bzw.

kürzeren Wellenlängen als sichtbares Licht (unter 400 nm). Der UB-Bereich wird unterteilt in UV-A: 315–400 nm; UV-B: 280–315 nm; UV-B: 100–280 nm

Umleitungseffekt
Veränderung der Weglängen von Photonen beim Durchgang durch die Atmosphäre durch (zusätzliche) streuende Partikel. Je nach Sonnenzenitwinkel und Menge der Absorber kann dies zu einer Verminderung, aber auch Erhöhung der Strahlung am Boden führen

Umwelt
im herkömmlichen, ökologischen Sinn: Gesamtheit aller Komponenten der natürlichen Außenwelt, die direkt und indirekt auf Lebewesen einwirken können und deren Existenz auf der Erde ermöglichen. Die wirkenden Umweltkräfte werden als Umweltfaktoren, Standortfaktoren oder Ökofaktoren bezeichnet

Umweltbelastung
die anthropogene Beeinflussung der natürlichen Umwelt durch physikalische, chemische, biologische oder technische Eingriffe

UV-Kante
kürzeste Wellenlänge, bis zu der UV-Strahlung gemessen werden kann. Wegen der Ozonabsorption verschiebt sich dieser Wert mit abnehmendem Ozongehalt zu kürzeren Wellenlängen, sodaß die Verschiebung der UV-Kante manchmal zur Beschreibung eines geänderten Ozoneinflusses verwendet wird. De facto ist diese Wellenlänge jedoch durch die Qualität des jeweiligen Gerätes (Rauschen) festgelegt und somit ein nicht zu verallgemeinender Wert, der überdies von Sonnenstand und auch von anderen Atmosphärenparametern außer Ozon abhängt

Vakuolen
flüssigkeitsgefüllte Hohlräume, die insbesondere bei Pflanzenzellen als Speicherraum dienen

Verordnungen zum Bundesimmissionsschutzgesetz (BImSchV)
bis Ende 1998 sind 28 Durchführungsverordnungen zum Bundesimmissionsschutzgesetz erlassen worden. Diese gliedern sich in verfahrensbezogene, auf bestimmte Anlagenarten bezogene, schutzgutbezogene sowie produktbezogene Verordnungen

viskos
ein Medium wird allgemein als viskos bezeichnet, wenn es der Bewegung eines eingetauchten Körpers einen endlichen, aber doch deutlichen Widerstand entgegensetzt

Viskosität
Zusammenhang zwischen der Schubspannung und dem Geschwindigkeitsgefälle senkrecht

zur Strömung und zur Unterlage in einem Medium

VOC
(engl.: Volatile Organic Compounds) flüchtige organische Verbindungen

von Karman-Konstante
Proportionalitätsfaktor zwischen der Höhe über Grund und der Mischungsweglänge in den bodennächsten Luftschichten

Vorläufer(schadstoff)
Luftspurenstoff, dessen Photooxidation zur Bildung von Photooxidantien führt

Wasserdampfdefizit
Wassermenge, die am spezifischen Wassergehalt der Luft fehlt, um den bei einem bestimmten Luftdruck und einer bestimmten Lufttemperatur maximal möglichen Wassergehalt der Luft zu erreichen; oft wird auch die Differenz des Dampfdruckes zum Sättigungsdampfdruck verwendet

Wasserdampffenster
Spektralbereich (im elektromagnetischen Spektrum) der terrestrischen Ausstrahlung, in dem der Wasserdampf nicht absorbiert und somit andere dort absorbierende klimawirksame Spurengase besonders wirksam werden läßt

Wet-only-Sammler
Sammelgerät zur Bestimmung nur der Nassen Deposition, das nur geöffnet ist, wenn es regnet

Widerstandsmodell
Modell zur Beschreibung des Transports zwischen Atmosphäre und Vegetationsoberfläche bzw. -innerem mit Hilfe der Analogie zu elektrischen Widerständen

Wintersmog
s. reduzierender Smog

Wolkenchemie
Gesamtheit der chemischen Prozesse in einer Wolke. Sie kann nicht auf die Flüssigphasenchemie reduziert werden, da eine Wolke ein disperses System unterschiedlich großer Tropfen mit unterschiedlicher chemischer Zusammensetzung ist. Zwischen den Tropfen (das Gesamtvolumen der Wasserphase beträgt nur etwa 10^{-6} des Luftvolumens) befinden sich noch gas- und partikelförmige Spurenstoffe. Die Wolkenchemie ist daher immer eine Multiphasenchemie. Umgangssprachlich wird mit Wolkenchemie auch die chemische Zusammensetzung des Wolkenwassers, deren Analyse und chemische Veränderungen bezeichnet

Wolkenkondensationskerne
Partikel, die Voraussetzung zur Bildung von Wolken- oder Nebeltropfen durch Wasserdampfkondensation sind. Wol-

kenkondensationskerne (engl.: Cloud Condensation Nuclei, CCN) sind hygroskopische Aerosolpartikel, die entweder durch homogene Nukleation entstehen oder aus primären Partikelemissionen stammen. Durch wolkenzyklische Prozesse (in-cloud scavenging) und Gas-Partikel-Wechselwirkung werden sie modifiziert. So können CCN aus organischen und biogenen Substanzen durch Oberflächenveränderungen entstehen (die Oberfläche muß hygroskopisch werden)

Würmeiszeit
letzte Eiszeit (90 000–10 000 Jahre vor heute), auch Würm- oder Wisconsin-Kaltzeit

Xenobiotika
biotopfremde, also aus synthetischer Produktion stammende Substanzen, wie z. B. die FCKWs

Zenitwinkel
Winkel zwischen dem Zenit und einer Position am Himmel (Zenitwinkel ist gleich 90° minus Elevation)

Zersetzer
Lebewesen, welche organisches Material in anorganische Minerale, Gase (v. a. CO_2) und Wasser umwandeln, die den Pflanzen dann wieder als Nährstoffe zur Verfügung stehen

Zirkulation
dreidimensionale Bewegungsvorgänge in der Atmosphäre bzw. im Ozean, die aus groß- (z. B. Passat) und kleinräumigen (z. B. Land-See-Windsystem) Phänomenen bestehen und in entsprechenden Modellen approximativ simuliert werden. Die Zirkulation bzw. deren Änderung ist in Zusammenhang mit Strahlungsprozessen wesentlich für das Verstehen der Klimagegebenheiten und -änderungen. Auch Wettervorhersagen beruhen auf der Anwendung (atmosphärischer) Zirkulationsmodelle

Sachverzeichnis

E

N

O

X

Z

MIX
Papier aus verantwortungsvollen Quellen
Paper from responsible sources
FSC® C105338

If you have any concerns about our products,
you can contact us on
ProductSafety@springernature.com

In case Publisher is established outside the EU,
the EU authorized representative is:
Springer Nature Customer Service Center GmbH
Europaplatz 3, 69115 Heidelberg, Germany

Printed by Libri Plureos GmbH
in Hamburg, Germany